第七届中国建筑装饰卓越人才计划奖
The 7th China Building Decoration Outstanding Telented Award

用 武 之 地
COME IN HANDY

2015 创基金·四校四导师·实验教学课题
2015 Chuang Foundation · 4&4 Workshop · Experiment Project
中外13所知名学校建筑与环境设计专业实验教学作品

主　编	Chief Editor
王　铁	Wang Tie

副主编	Associate Editor
张　月	Zhang Yue
彭　军	Peng Jun
王　琼	Wang Qiong
巴林特	Balint Bachmann
赵　宇	Zhao Yu
段邦毅	Duan Bangyi
韩　军	Han Jun
陈华新	Chen Huaxin
齐伟民	Qi Weimin
谭大珂	Tan Dake
冼　宁	Xian Ning
陈建国	Chen Jianguo
石　赟	Shi Yun
刘　原	Liu Yuan

中国建筑工业出版社

图书在版编目（CIP）数据

用武之地　2015创基金·四校四导师·实验教学课题　中外13所知名学校建筑与环境设计专业实验教学作品／王铁主编. —北京：中国建筑工业出版社，2015.8

ISBN 978-7-112-18360-9

Ⅰ.①用… Ⅱ.①王… Ⅲ.①建筑设计－作品集－世界－现代②环境设计－作品集－世界－现代 Ⅳ.①TU206②TU-856

中国版本图书馆CIP数据核字（2015）第183974号

责任编辑：唐　旭　杨　晓
责任校对：姜小莲　赵　颖

第七届中国建筑装饰卓越人才计划奖
用武之地　2015创基金·四校四导师·实验教学课题
中外13所知名学校建筑与环境设计专业实验教学作品
主　编　王　铁
副主编　张　月　彭　军　王　琼　巴林特
　　　　赵　宇　段邦毅　韩　军　陈华新
　　　　齐伟民　谭大珂　冼　宁　陈建国
　　　　石　赟　刘　原

*

中国建筑工业出版社出版、发行（北京西郊百万庄）
各地新华书店、建筑书店经销
北京锋尚制版有限公司制版
北京顺诚彩色印刷有限公司

*

开本：880×1230毫米　1/16　印张：27¾　字数：850千字
2015年8月第一版　　2015年8月第一次印刷
定价：278.00元
ISBN 978-7-112-18360-9
　　（27618）

版权所有　翻印必究
如有印装质量问题，可寄本社退换
（邮政编码　100037）

感谢深圳市创想公益基金会对 2015 四校四导师实验教学的支持

  深圳市创想公益基金会,简称"创基金",于2014年在中国深圳市注册,是一个非官方及非营利基金会。

  创基金由邱德光、林学明、梁景华、梁志天、梁建国、陈耀光、姜峰、戴昆、孙建华及琚宾等来自中国内地、中国香港、中国台湾的室内设计师共同创立,是中国设计界第一次自发性发起、组织、成立的私募公益基金会。创基金以"求创新、助创业、共创未来"为使命,特别设有教育、发展及交流委员会,希望能够协助推动设计教育的发展,传承和发扬中华文化,支持业界相互交流的美好愿望。

课题院校学术委员会
4&4 Workshop Project Committee

中央美术学院建筑学院
王铁　教授　院长
Central Academy of Fine Arts, School of Architecture
Prof. Wang Tie, Dean

清华大学美术学院
张月　教授　系主任
Tsinghua University, Academy of Arts & Design
Prof. Zhang Yue, Department Head

天津美术学院　环境与建筑艺术学院
彭军　教授　院长
Tianjin Academy of Fine Arts, School of Environmental and Architectural Design
Prof. Peng Jun, Dean

苏州大学　金螳螂城市建筑环境设计学院
王琼　教授　副院长
Soochow University, Gold Mantis School of Architecture and Urban Environment
Prof. Wang Qiong, Vice-Dean

四川美术学院
潘召南　教授　处长
Sichuan Fine Arts Institute
Prof. Pan Zhaonan, Science and Technology Department Director

佩奇大学工程与信息学院
阿高什　副教授
金鑫　博士
University of Pecs, Faculty of Engineering and Information Technology
Prof. Akos Hutter
Dr. Jin Xin

山东师范大学
段邦毅　教授
Shandong Normal University
Prof. Duan Bangyi

青岛理工大学
谭大珂　教授
Qingdao Technological University
Prof. Tan Dake

内蒙古科技大学
韩军　副教授
Inner Mongolia University of Science and Technology
Prof.Han Jun

山东建筑大学
陈华新　教授
Shandong Jianzhu University
Prof. Chen Huaxin

吉林建筑大学
齐伟民　教授
Jilin Jianzhu University
Prof. Qi Weimin

沈阳建筑大学
冼宁　教授
Shenyang Jianzhu University
Prof. Xian Ning

广西艺术学院
陈建国　教授
Guangxi Arts Institute of China
Prof. Chen Jianguo

深圳市创意公益基金会
姜峰　秘书长
Shenzhen Chuang Foundation
Jiang Feng, Secretary-General

中国建筑装饰协会
刘晓一　秘书长
刘原　设计委员会秘书长
China Building Decoration Association
Liu Xiaoyi, Secretary-General
Liu Yuan, Design Committee Secretary-General

北京清尚环艺建筑设计研究院
吴晞　院长
Beijing TSINGSHANG Architectural Design and Research Institute Co., Ltd.
Wu Xi, Dean

深圳广田建筑装饰设计研究院
肖平　院长
Shenzhen Grandland Construction Decoration Design Institute
Xiao Ping, Dean

苏州金螳螂建筑装饰股份有限公司设计研究总院
石赟　副院长
Suzhou Gold Mantis Construction Decoration Co., Ltd. Design and Research Institute
Shi Yun, Vice-Dean

佩奇大学工程与信息学院
University of Pecs
Faculty of Engineering and Information Technology

硕士录取名单
Master Admission List

"四校四导师"毕业设计实验课题已经纳入佩奇大学建筑教学体系，并正式成为教学日程中的重要部分。在本次课题中获得优秀成绩的六名同学成功考入佩奇大学工程与信息学院攻读硕士学位。

The 4&4 workshop program is a highlighted event in the educational calendar of University of Pecs. There are six outstanding students get the admission to study for master degree in University of Pecs, Faculty of Engineering and Information Technology.

中央美术学院	赵　磊	Central Academy of Fine Arts	Zhao Lei
山东师范大学	亓文瑜	Shandong Normal University	Qi Wenyu
广西艺术学院	蔡国柱	Guangxi Arts Institute of China	Cai Guozhu
山东建筑大学	王广睿	Shandong Jianzhu University	Wang Guangrui
吉林建筑大学	曾浩恒	Jilin Jianzhu University	Zeng Haoheng
吉林建筑大学	姚国佩	Jilin Jianzhu University	Yao Guopei

2015年6月13日　　　　　　　　　　　　　　　　　　　13th June 2015

佩奇大学工程与信息学院简介

佩奇大学是匈牙利国立高等教育机构之一，在校生约26000名。早在1367年，匈牙利国王路易斯创建了匈牙利的第一所大学——佩奇大学。佩奇大学设有十个学院，在匈牙利高等教育领域起着重要的作用。大学提供多种国际认可的学位教育和科研项目。目前，每年我们接收来自60多个国家的近2000名国际学生。30多年来，我们一直为国际学生提供完整的本科、硕士、博士学位的英语教学课程。

佩奇大学工程与信息学院是匈牙利最大、最活跃的科技高等教育机构，拥有成千上万的学生和40多年的教学经验。此外，我们作为国家科技工程领域的技术堡垒，是匈牙利南部地区最具影响力的教育和科研中心。我们的培养目标是：使我们的毕业生始终处于他们职业领域的领先地位。学院提供与行业接轨的各类课程，并努力让我们的学生掌握将来参加工作所必备的各项技能。在校期间，学生们参与大量的实践活动。我们旨在培养具有综合能力的复合型专业人才，使他们充分了解自己的长处和弱点，并能够行之有效地表达自己。通过在校的学习，学生们更加具有批判性思维能力、广阔的视野，并且宽容和善解人意，在他们的职业领域内担当重任并不断创新。

作为匈牙利最大、最活跃的科技领域的高等教育机构，我们始终使用得到国际普遍认可的当代教育方式。我们的目标是提供一个灵活的、高质量的专家教育体系结构，从而可以很好地满足学生在技术、文化、艺术方面的要求，同时也顺应了自21世纪以来社会发生巨大转型的欧洲社会。我们理解当代建筑；我们知道过去的建筑教育架构；我们和未来的建筑工程师们一起学习和工作；我们坚持可持续发展；我们重视自然环境；我们专长于建筑教育!我们的教授普遍拥有国际教育或国际工作经验；我们提供语言课程；我们提供国内和国际认可的学位。我们的课程与国际建筑协会有密切的联系与合作，目的是为学生提供灵活且高质量的研究环境。我们与国际多个合作院校彼此提供交换生项目或留学计划，并定期参加国际研讨会和展览。我们大学的硬件设施达到欧洲高校的普遍标准。我们通过实际项目一步一步地引导学生。我们鼓励学生发展个性化的、创造性的技能。

博士院的首要任务是：为已经拥有建筑专业硕士学位的人才和建筑师提供与博洛尼亚相一致的高标准培养项目。博士院是最重要的综合学科研究中心，同时也是研究生的科研研究机构，提供各级学位课程的高等教育。学生通过参加脱产或在职学习形式的博士课程项目，达到要求后可拿到建筑博士学位。学院的核心理论方向是经过精心挑选的，并能够体现当代问题的体系结构。我们学院最近的一个项目就是为佩奇市的地标性建筑——古基督教墓群进行遗产保护，并负责再设计（包括施工实施）。该建筑被联合国教科文组织命名为世界遗产，博士院为此作出了杰出的贡献并起到了关键性的作用。参与该项目的学生们根据自己在此项目中参与的不同工作，将博士论文分别选择了不同的研究方向：古建的开发和保护领域、环境保护、城市发展和建筑设计等等。学生的论文取得了有价值的研究成果，学院鼓励学生们参与研讨会、申请国际奖学金并发展自己的项目。

我们是遗产保护的研究小组。在过去的近40年里，佩奇的历史为我们的研究提供了大量的课题。在过去的30年里，这些研究取得巨大成功。2010年，佩奇市被授予"欧洲文化之都"的称号。与此同时，早期基督教墓地及其复杂的修复和新馆的建设工作也完成了。我们是空间制造者。第13届威尼斯建筑双年展，匈牙利馆于2012年由我们的博士生设计完成。此事所取得的成功轰动全国，展览期间，我们近500名学生展示了他们的作品模型。我们是国际创新型科研小组。我们为学生们提供接触行业内活跃的领军人物的机会，从而提高他们的实践能力，同时也为行业不断增加具有创新能力的新生代。除此之外，我们还是创造国际最先进的研究成果的主力军，我们将不断更新、发展我们的教育。专业分类：建筑工程设计系、建筑施工系、建筑设计系、城市规划设计系、室内与环境设计系、建筑和视觉研究系。

佩奇大学工程与信息学院
院长　巴林特
2015年6月24日
University of Pecs
Faculty of Engineering and Information Technology
Prof.Balint Bachmann，Dean
24th June 2015

前言·用武之地
Preface: Come in Handy

中央美术学院建筑设计研究院院长　王铁教授
Central: Academy of Fine Arts, Prof. Wang Tie

经过三个半月的努力，顺利完成了联合指导教学——2015创基金"四校四导师"实验教学课题暨第七届中国建筑装饰卓越人才计划奖教学计划。今天汇集成册目的为二，一是交上完美的实验教学成果，二是想用这些成果与更多的同仁进行交流。目视眼前即将完成的书稿，在本书即将出版发行之际，真诚地向参加"四校四导师"实验教学课题的全体师生说声：你们辛苦了！特别是正在成长过程中的中青年教师，校际间交流是你们最好的交流平台。

中国的发展速度让世界看到了而且印象深刻。特别是在高等教育建设方面，30年间派出大量留学生前往世界各国学习，取得并完成了西方国家用几百年才能做到的成就，当下中国高等教育发展由高速到稳步发展，说明国人能够掌握自己的前途和命运。中国的环境设计教育乘上了高速发展的快车，与国内外优秀院校间的交流越来越快捷。时至今日，世界教育中的有识之师已经不能够满足只是停留在眼前的胜景中自我兴奋地度过每一天。面对新时期的思考，在小小成绩面前，兴奋之余教师们思考了许多……

教学上的交流只有传媒方式在虚拟世界惊现高低吗？敞开大门向先进学习势在必行，打破校际之间教学模式壁垒难道不可以尝试吗？国内所有学校的教学模式难道都像高校评估一样才好？这是不科学的人为规范。照此发展推理，未来的高等教育环境设计教学还能有特色与创新吗？自认风景这边独好的心理还能存活多久？让耕者无计可策的现象进入终点，反思是学者在荣誉面前的回报。反思让导师群中的有识之师能够深深地认识到，"危机就在眼前"。自检百花齐放的用地内，究竟有没有红线？也许这条红线就是努力教学提高全民素质。静心思考发展中的中国高等教育环境设计方向的速度和质量一直都是值得研究的课题，同时重视高质量更应是研究设计教育生命延续的精神内核。理性探索设计教育只有不断进取，才能为全民族教育导链中增添"润滑剂"，这是创立"四校四导师"实验教学课题的朴素价值，是导师群体中有目共睹的大业。

回顾人类建设历史在质量上的教训与代价，更加认识到严谨的教育与质量的重要性，所以高等教育环境设计方向的教学必须加强建构基础知识，设计审美的条件要以安全为生命。对于教者与学者来说，质量是不可逾越的红线。在不远的将来中国也将走上质量强国的行列。

七年来我一直在思考将实验教学课题组导师团队，发展成为一个具有教学研究能力的团体，集中国和外国优秀教师，根据整体教师的教育背景和专业特长，归纳四个方向：建筑与景观、风景园林、室内设计、陈设艺术，在联合辅导学生的教学中，学生可以根据自己的实际情况对导师方向进行选择，导师之间可横向互补，达到教学上立体概念的全时空模式。

毕业课题的选择强调分类而行的原则是值得研究的课题，有了设定的标准，在判断学生设计作品和评价标准方面就能够做到正确，对于课题的深度因选择方向可以设定，这样就可以做到可控下的百花齐放的教学原则。在环境设计专业的教学里，CAD图的表现必须加强，尤其是导师在这方面必须掌握维度空间转换的空间认知，防止出现到课题结束的时候导师也做不到正确地指导学生完成这个方面的表达，发现问题的态度和解决问题的能力对于导师非常重要。如果脱离对教与学的实践追求，教室里的讲台就不会有位置。

树立正确的学术态度，将指导落实到每一个层面。理论与实践相结合不是今天才有的名词，现实中国高等教育环境设计方向，在调整和确认学科后拿什么传授给学生，拿什么向关心教育界的人汇报，是当前最值得思考的问题。坚持客观地评价，尝试着多角度分析研究教与学，使教学研究成为不停止在道路中的前进，并不断投入理性实践中，找出一条主线。教师脑中永远映衬的是系统与质量的程序，只有这样，才有未来。

研究是为了更好的教学，让理论在实践中得到用武之地，思考、再尝试，也许我们的努力会为同业者提供些有价值的参考。

2015年7月2日于北京

目录

课题院校学术委员会
佩奇大学工程与信息学院　硕士录取名单
佩奇大学工程与信息学院简介
前言·用武之地
责任导师组 ··· 013
指导教师组 ··· 014
实践导师组 ··· 015
参与课题学生 ·· 016
获奖学生名单 ·· 017

一等奖学生获奖作品
天津近代历史博物馆建筑与景观设计 / 赵磊 ·· 019
改变视角——索尔诺克河岸驳船码头建筑及景观设计 / 本斯·瑞恩（Bence Rev） ······ 033
章丘市历史博物馆建筑及室内设计 / 亓文瑜 ·· 041

二等奖学生获奖作品
天津市近代历史博物馆建筑与景观设计 / 郭墨也 ·· 058
水与建筑——迈泽西洛什桥屋建筑及景观设计 / 蕾娜朵（Renata Borbas） ············ 068
清华大学校医院改造项目 / 杨嘉惠 ··· 077
廻映——天津市近代历史博物馆建筑及景观设计 / 刘方舟 ·································· 088
湖南安化黑茶博物馆室内设计 / 张婷婷 ··· 099
融·器——天津市近代历史博物馆建筑设计及景观设计 / 蔡国柱 ························· 114

三等奖学生获奖作品
装瓶厂建筑及景观设计 / 佰桃（Petra Sebestyen） ··· 132
栋博堡高中体育馆建筑及景观设计 / 马克（Mark Havanecz） ····························· 138
天津近现代历史博物馆及周边场地概念设计 / 陈文珺 ·· 149
苏州工业园区展览馆室内设计 / 姚绍强 ··· 160
天津市近代历史博物馆建筑方案及景观规划设计 / 张和悦 ·································· 177
济宁运河文化博物馆概念设计 / 王广睿 ··· 192
大连东关街博物馆设计 / 胡旸 ·· 205
钢城印象·主题文化博物馆设计 / 柴悦迪 ·· 214
天津市近代历史博物馆建筑及景观设计 / 曾浩恒 ·· 227

佳作奖学生获奖作品

首都儿科研究所门诊楼改造 / 明杨 ………………………………………………… 241
北京密云南山滑雪场服务空间改造 / 刘宇翀 …………………………………… 249
契·合——天津市近代历史博物馆建筑及景观设计 / 马文豪 ………………… 255
融——天津市艺术文化中心建筑及景观概念设计 / 马宝华 …………………… 264
痕记——湖南省醴陵市陶瓷博物馆建筑及景观设计 / 王莎 …………………… 275
启·承——天津市近代历史博物馆建筑及景观设计 / 角志硕 ………………… 284
苏州苏绣博物馆方案设计 / 薄润嫣 ……………………………………………… 295
让城市记忆升起——天津市博物馆地块建筑概念及景观规划设计 / 牛云 …… 309
天津市近代历史博物馆建筑及景观规划设计 / 李桓企 ………………………… 320
天津市近代历史博物馆建筑及景观设计 / 王明俐 ……………………………… 331
工业印记·主题博物馆空间设计 / 常少鹏 ……………………………………… 342
智趣·科普体验式博物馆室内设计 / 李逢春 …………………………………… 347
鲁班博物馆方案设计 / 杨坤 ……………………………………………………… 356
天津历史博物馆建筑及景观设计 / 肖何柳 ……………………………………… 367
长影旧址博物馆　当代影音艺术馆室内设计 / 姚国佩 ………………………… 379
教育·传承——滕州博物馆新馆设计 / 张文鹏 ………………………………… 399
山东抗日战争博物馆设计 / 乔凯伦 ……………………………………………… 414
天津近代历史博物馆景观与建筑设计 / 李思楠 ………………………………… 428
清华美院图书馆室内改造设计 / 邓斐斐 ………………………………………… 432

后记 ………………………………………………………………………………… 443

2015创基金·四校四导师·实验教学课题
2015 Chuang Foundation·4&4 Workshop·Experiment Project

责任导师组

中央美术学院建筑学院
王铁教授

清华大学美术学院　　天津美术学院　　苏州大学　　四川美术学院
张月教授　　　　　　彭军教授　　　　王琼教授　　潘召南教授

佩奇大学工程与信息学院　青岛理工大学　山东师范大学　吉林建筑大学
巴林特教授　　　　　　　谭大珂教授　　段邦毅教授　　齐伟民教授

广西艺术学院　　山东建筑大学　　沈阳建筑大学　　内蒙古科技大学
陈建国副教授　　陈华新教授　　　冼宁教授　　　　韩军副教授

2015创基金·四校四导师·实验教学课题
2015 Chuang Foundation·4&4 Workshop·Experiment Project

指导教师组

中央美术学院
侯晓蕾副教授

中央美术学院
钟山风讲师

清华大学美术学院
李飒副教授

天津美术学院
高颖副教授

四川美术学院
赵宇教授

佩奇大学
阿高什副教授

佩奇大学
阿基·波斯副教授

佩奇大学
诺亚斯副教授

青岛理工大学
王云童副教授

佩奇大学
金鑫博士

吉林艺术学院
刘岩副教授

苏州大学
汤恒亮副教授

沈阳建筑大学
孙迟教授

内蒙古科技大学
王洁讲师

吉林建筑大学
马辉副教授

黑龙江省建筑职业技术学院
曹莉梅副教授

2015创基金·四校四导师·实验教学课题
2015 Chuang Foundation·4&4 Workshop·Experiment Project

实践导师组

刘 原　　吴 晞　　姜 峰

林学明　　琚 宾　　石 赟

梁建国　　裴文杰

2015创基金·四校四导师·实验教学课题
2015 Chuang Foundation·4&4 Workshop·Experiment Project

参与课题学生

李逢春　刘宇翀　赵　磊　张婷婷　王　莎　邓斐斐　佰　桃

乔凯伦　角志硕　陈文珺　蔡国柱　本斯·瑞恩　张和悦　李桓企

马宝华　王明俐　杨　坤　李思楠　肖何柳　马　克　杨嘉惠

刘方舟　王广睿　胡　旸　马文豪　明　杨　常少鹏　郭墨也

牛　云　柴悦迪　曾浩恒　亓文瑜　蕾娜朵　张文鹏　姚绍强

薄润嫣　姚国佩

2015创基金·四校四导师·实验教学课题
2015 Chuang Foundation·4&4 Workshop·Experiment Project

获奖学生名单　　　The Winners

一等奖　　　　　　　The Frist Prize
1. 赵　磊　　　　　　1. Zhao Lei
2. 本斯·瑞恩　　　　2. Bence Rev
3. 亓文瑜　　　　　　3. Qi Wenyu

二等奖　　　　　　　The Second Prize
1. 郭墨也　　　　　　1. Guo Moye
2. 蕾娜朵　　　　　　2. Renata Borbas
3. 杨嘉惠　　　　　　3. Yang Jiahui
4. 刘方舟　　　　　　4. Liu Fangzhou
5. 张婷婷　　　　　　5. Zhang Tingting
6. 蔡国柱　　　　　　6. Cai Guozhu

三等奖　　　　　　　The Thrid Prize
1. 马　克　　　　　　1. Mark Havanecz
2. 佰　桃　　　　　　2. Petra Sebestyen
3. 陈文珺　　　　　　3. Chen Wenjun
4. 姚绍强　　　　　　4. Yao Shaoqiang
5. 张和悦　　　　　　5. Zhang Heyue
6. 王广睿　　　　　　6. Wang Guangrui
7. 胡　旸　　　　　　7. Hu Yang
8. 柴悦迪　　　　　　8. Chai Yuedi
9. 曾浩恒　　　　　　9. Zeng Haoheng

佳作奖　　　　　　　The Fine Prize
1. 明　杨　　　　　　1. Ming Yang
2. 刘宇翀　　　　　　2. Liu Yuchong
3. 马文豪　　　　　　3. Ma Wenhao
4. 马宝华　　　　　　4. Ma Baohua
5. 王　莎　　　　　　5. Wang Sha
6. 角志硕　　　　　　6. Jiao Zhishuo
7. 薄润嫣　　　　　　7. Bo Runyan
8. 牛　云　　　　　　8. Niu Yun
9. 李桓企　　　　　　9. Li Huanqi
10. 王明俐　　　　　　10. Wang Mingli
11. 常少鹏　　　　　　11. Chang Shaopeng
12. 李逢春　　　　　　12. Li Fengchun
13. 杨　坤　　　　　　13. Yang Kun
14. 肖何柳　　　　　　14. Xiao Heliu
15. 姚国佩　　　　　　15. Yao Guopei
16. 张文鹏　　　　　　16. Zhang Wenpeng
17. 乔凯伦　　　　　　17. Qiao Kailun
18. 李思楠　　　　　　18. Li Sinan
19. 邓斐斐　　　　　　19. Deng Feifei

一等奖学生获奖作品
Works of the Frist Prize Winning Students

天津近代历史博物馆建筑与景观设计
Tianjin Modern History Museum Architectural and Landscape Design

学　　生：赵磊
学　　号：131005455
学　　校：中央美术学院

区位分析

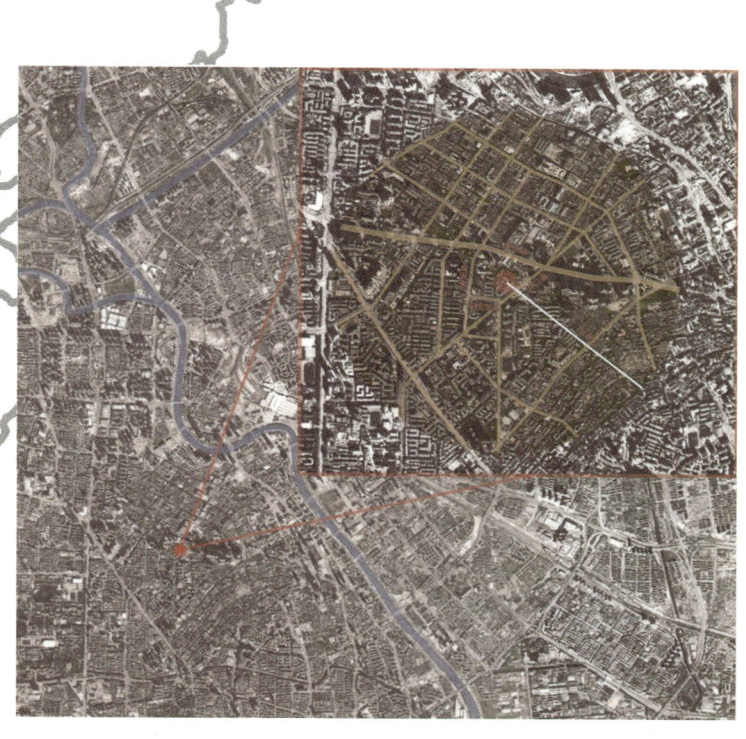

本项目位于天津市老城区的和平区。
基地是由西宁道、营口道与独山路三条道路围合出的一个三角形的地块。

道路分析

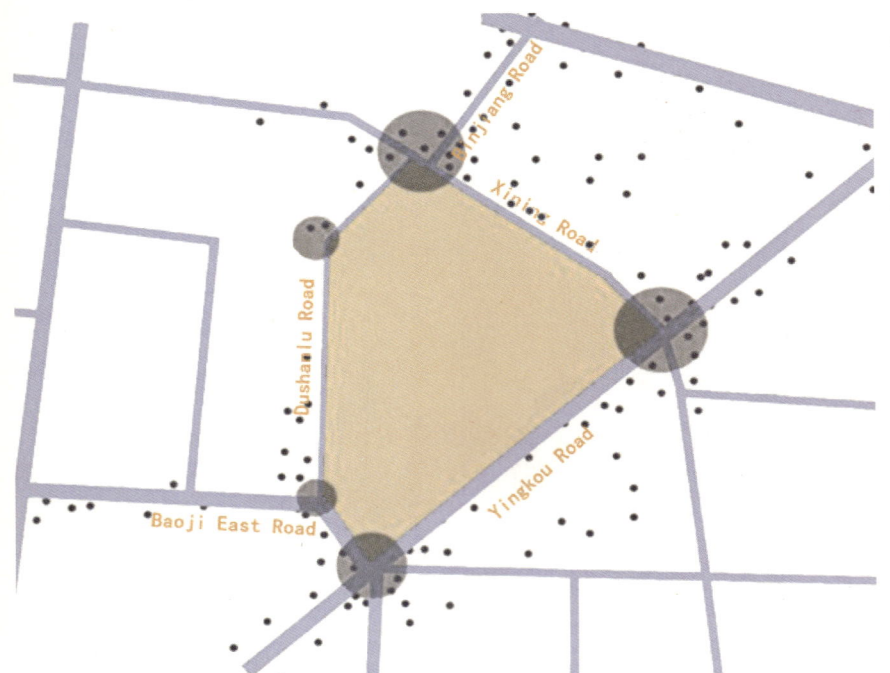

以人流为主的道路是独山路和西宁道,每逢上下班、上下学的时段,人流量较大,秩序相对混乱。

以车流为主的道路是营口道,同时段车流量较大。

道路现状

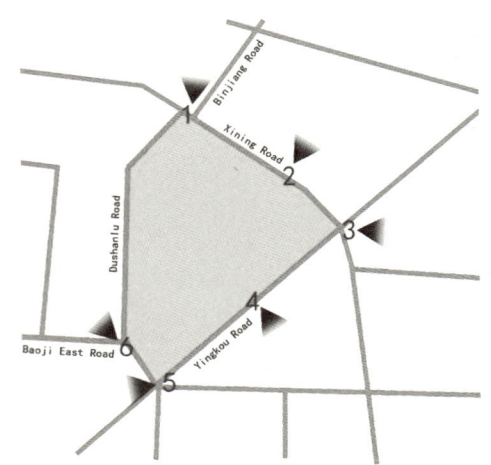

历史遗留建筑

这是基地内的历史遗留建筑——西开教堂。在20世纪20年代修建而成,西开教堂是法国罗曼式建筑风格。

020

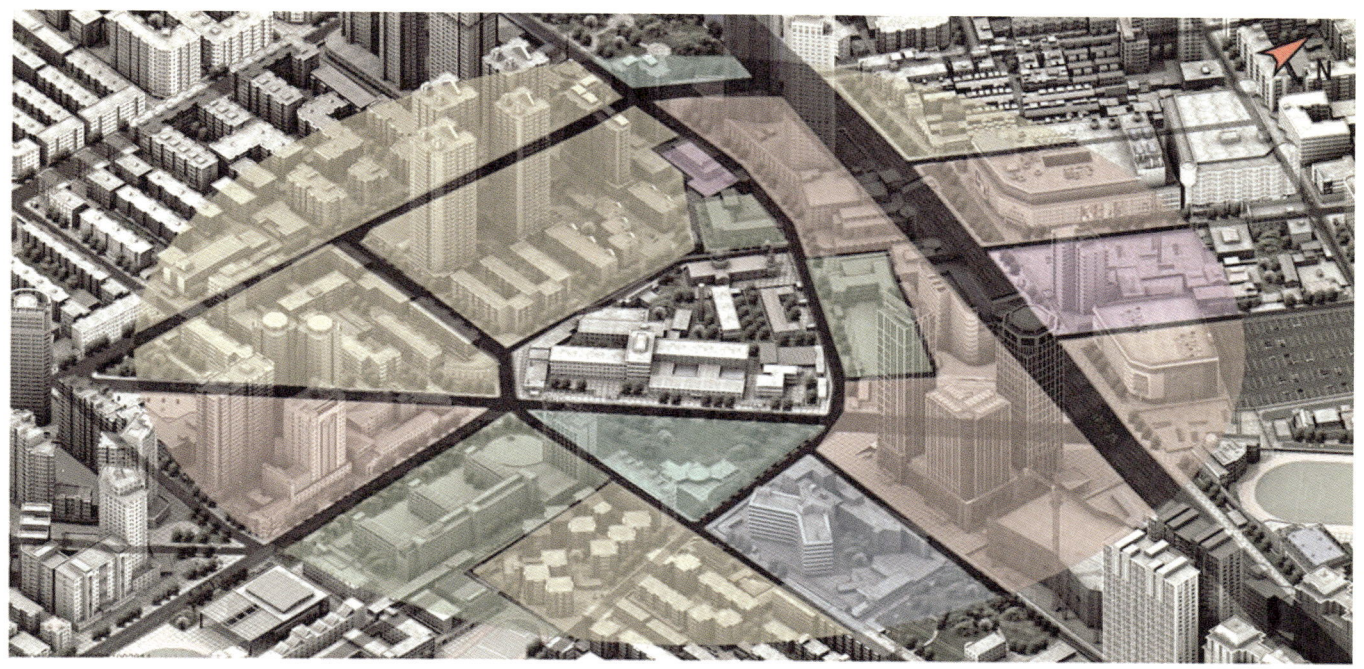

业态分析

基地周边构成比较复杂，以居民区、商业区、学校为主。

基地西侧黄色区域为居民区。

基地北侧橙色区域为商业区，绿色区域为学校，紫色区域为政府机构。

基地东侧青色区域为城市开放绿地、停车场，蓝色区域为医院。

建筑风格

从1860年美国在天津设立租界开始，最高峰时期，有9个国家在天津同时设立租界。

在天津近代史的进程中形成了天津的建筑风格，它是多元化的，不同国家的建筑风格碰撞，形成了天津特色的地域风格。

天津近代历史的发展

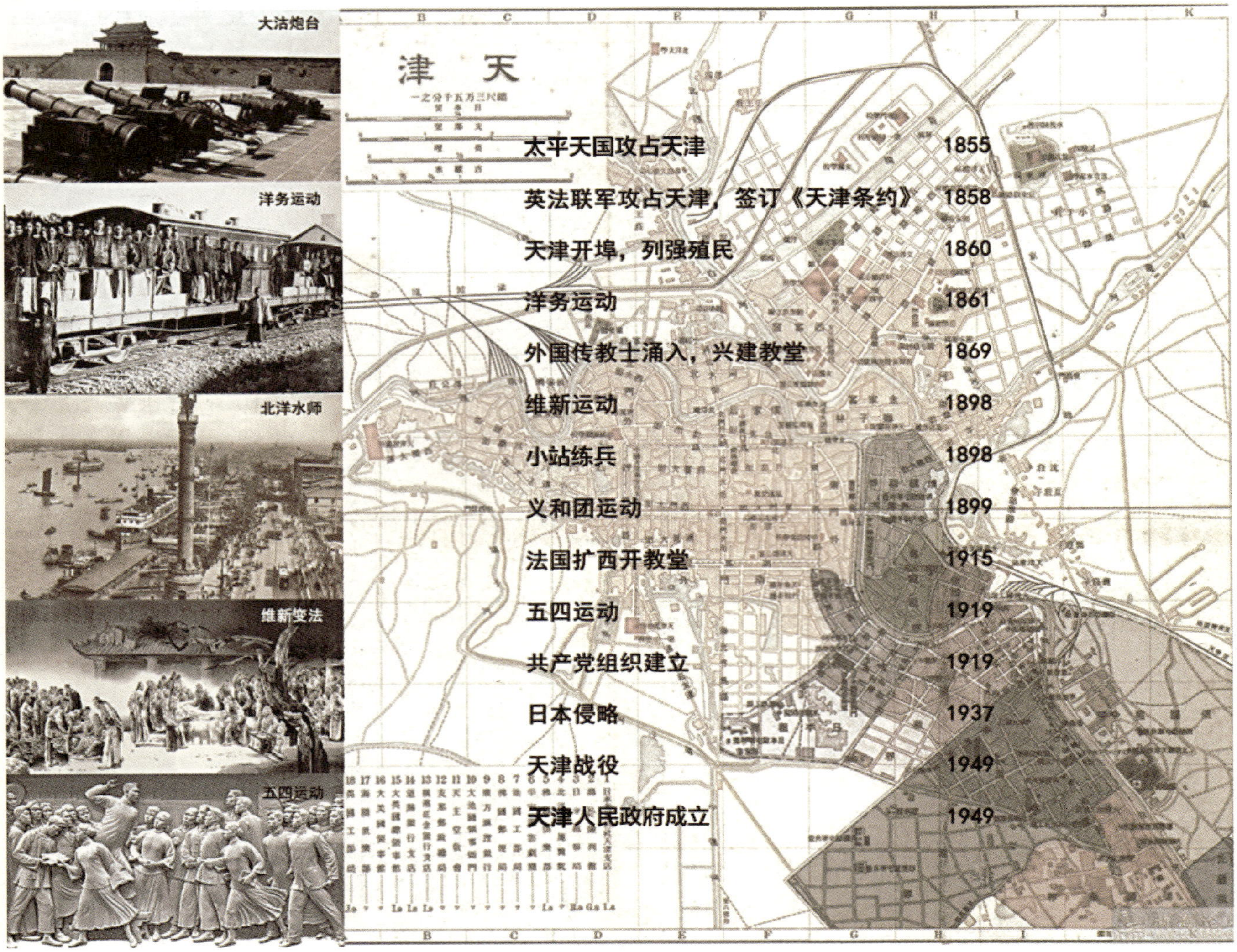

大沽炮台
洋务运动
北洋水师
维新变法
五四运动
津 天
太平天国攻占天津 1855
英法联军攻占天津，签订《天津条约》 1858
天津开埠，列强殖民 1860
洋务运动 1861
外国传教士涌入，兴建教堂 1869
维新运动 1898
小站练兵 1898
义和团运动 1899
法国扩西开教堂 1915
五四运动 1919
共产党组织建立 1919
日本侵略 1937
天津战役 1949
天津人民政府成立 1949

设计理念

Rationality
Sensibility

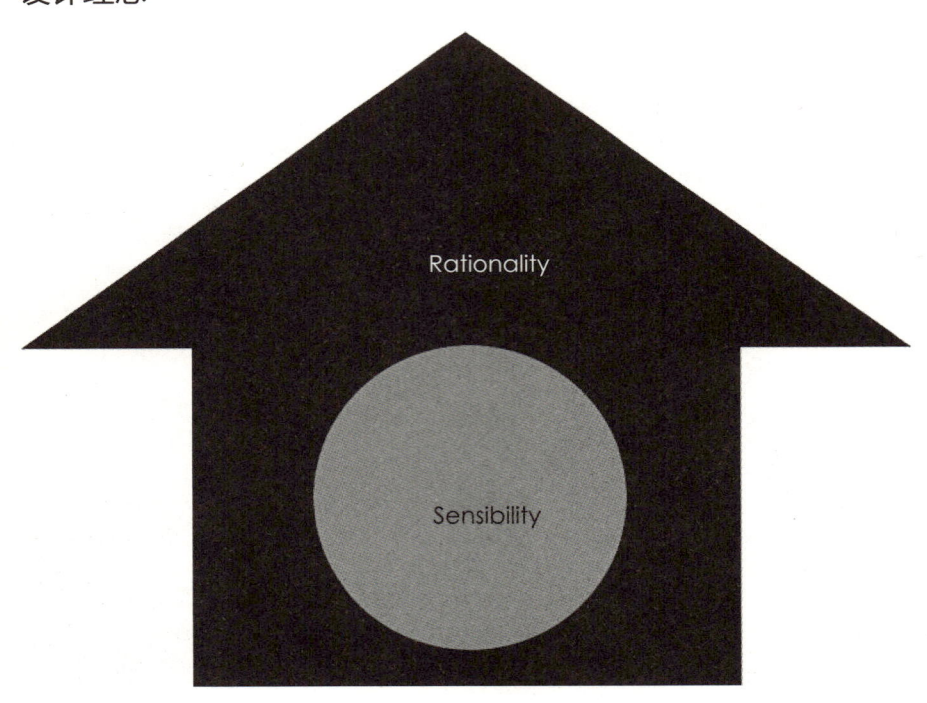

一个设计的形成是基于理性思维和感性思维的碰撞。

首先是对场地进行理性的调研分析。

其次是对理性调研资料进行感性思维的抽象提取。运用抽象提取的元素对场地做一个整体的规划，在大致形态初步形成时，运用理性的思维在最初形态上做进一步调整，形成最终的整个建筑景观的形式。

不同历史潮流的交汇

不同建筑风格的碰撞、不同国家文化的交融

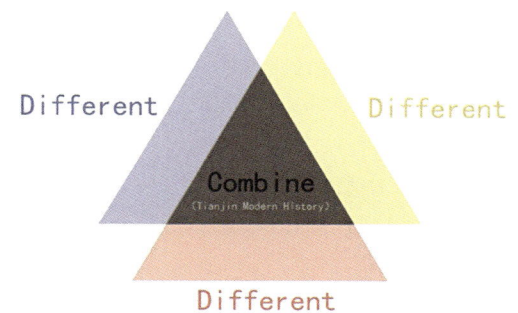

"Tangram"

概念形成

天津近代历史不同潮流的融合,不同国家建筑风格的碰撞,形成了天津特有的地域和文化风格。

天津西开教堂这块基地是一个不规则的几何形体,所以基于这些条件,我想到的概念是"tangram"。

之所以运用这个概念的原因,是因为不同的历史潮流和不同的建筑风格,各式各样的版块构成了天津的近代史。它的构成方式和"tangram"的概念相似。

所以,我用不同的几何形体拼接的形式来构成最初的建筑形态。

建筑意象

基于建筑的设计概念。我借鉴的建筑意象是贝聿铭的华盛顿国家美术馆东馆,东馆的建筑形式和我的概念相似。东馆的建筑形态的形成,是基于所处的场地。运用场地的边缘,我构成了两个三角形的组合,并运用两个几何体的边缘线,对两个几何体进行进一步的划分,以满足不同功能的空间需求,形成最终的建筑构成形式。

空间分析

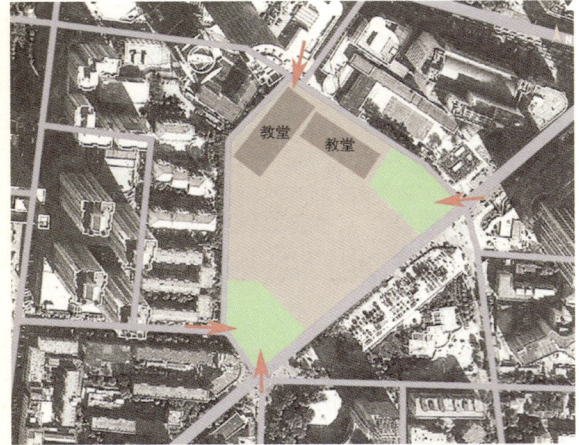

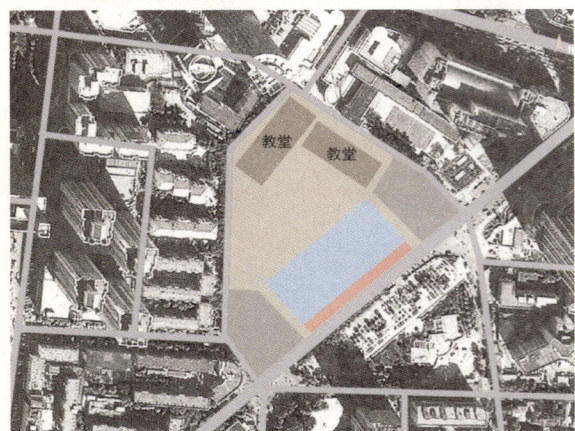

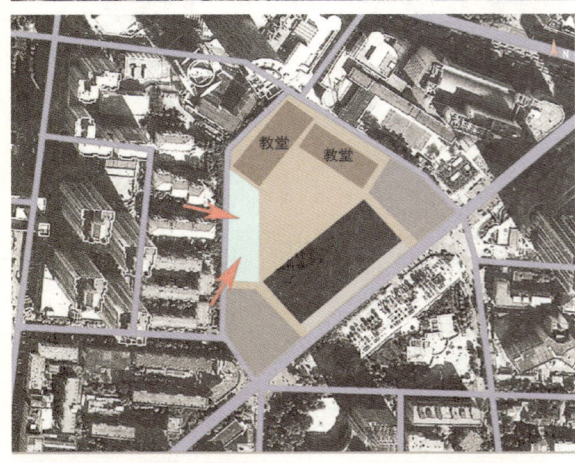

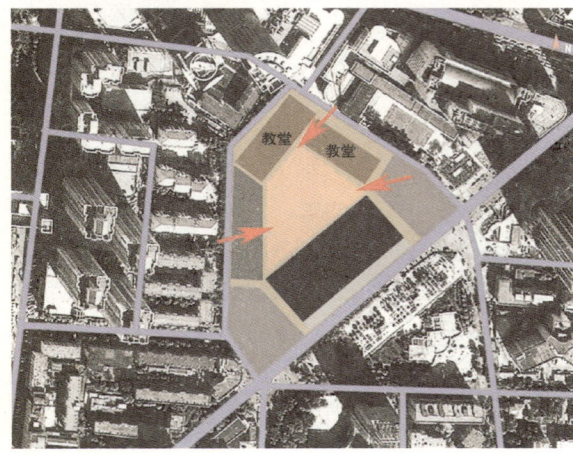

在基地东侧临营口道的两端是人流量相对集中的地方，也是人群进入到这个场地的"入口"。在人群相对集中的"入口"空间，需要设置缓冲空间来调节交通。

基地的东侧是一片开阔的公共绿地，建筑密度较低，没有高楼的遮挡。这个方向适宜作为博物馆建筑的正立面，可以为博物馆提供一个良好的视野。

基地的西侧是独山路，临居住区。独山路是一条很窄的小路，只能够三、四个人并行通过。每逢上下班、上下学、周末时段，交通混乱，非常拥堵。在基地的蓝色区域，需要设置一个开放式的绿地来缓解交通上的拥堵。

基地正中心为主要景观空间，是连接新建筑（博物馆）与老建筑（西开教堂）的景观节点。

建筑体块形成

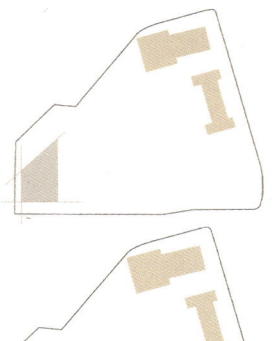

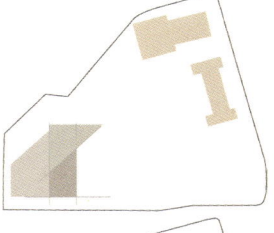

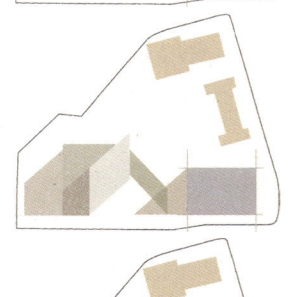
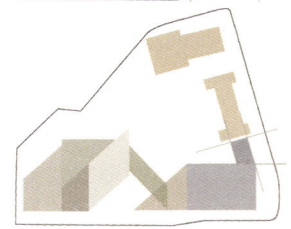

建筑体量

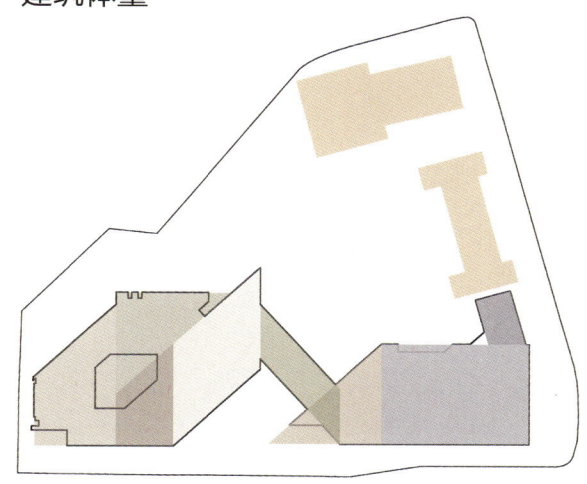

整个博物馆的形体是由几个几何形体拼接而成的。几何形体的构成是源于基地边线的平行线，这样的优势是尊重场地周边道路的同时，尽可能地利用场地内的空间。

在体块拼接形成的过程中，考虑了体块与基地、与教堂之间的关系，体块的位置摆放满足了缓解基地周边交通的需求，同时，又与教堂有着视线与轴线上的空间呼应关系。在从基地东侧，建筑正立面的主干道经过的时候，不仅能够看到博物馆的正立面，而且能够通过博物馆与教堂之间的预留视觉轴线，看到两个历史遗留建筑。

景观意向

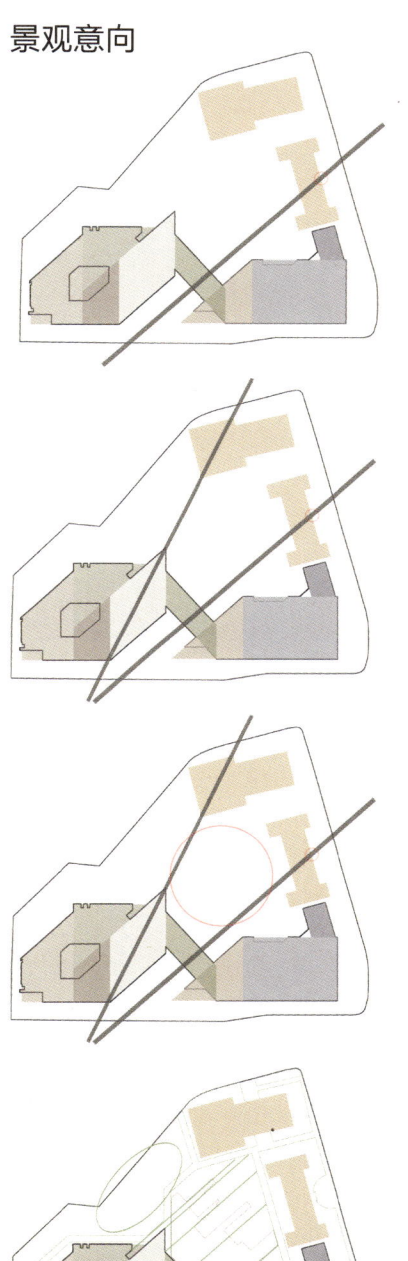

在博物馆与教堂的两条轴线围合出的空间，是主要的景观节点，为了使博物馆与教堂通过景观在节点空间上有一个相互对应的关系，运用了最直接的线性连接。我的景观节点肌理的参考意象是BGU大学的入口广场。从建筑几何体块中延伸出的延长线，指向两个历史遗留建筑。同时，在景观节点中做了一个下沉广场，丰富了整个景观节点在竖向上的空间关系。在基地临近独山路的区位，设置了一块空旷的绿地，在解决独山路交通问题的同时，整体景观在从西至东的方向上有一个由疏到密的节奏感。

设计表现

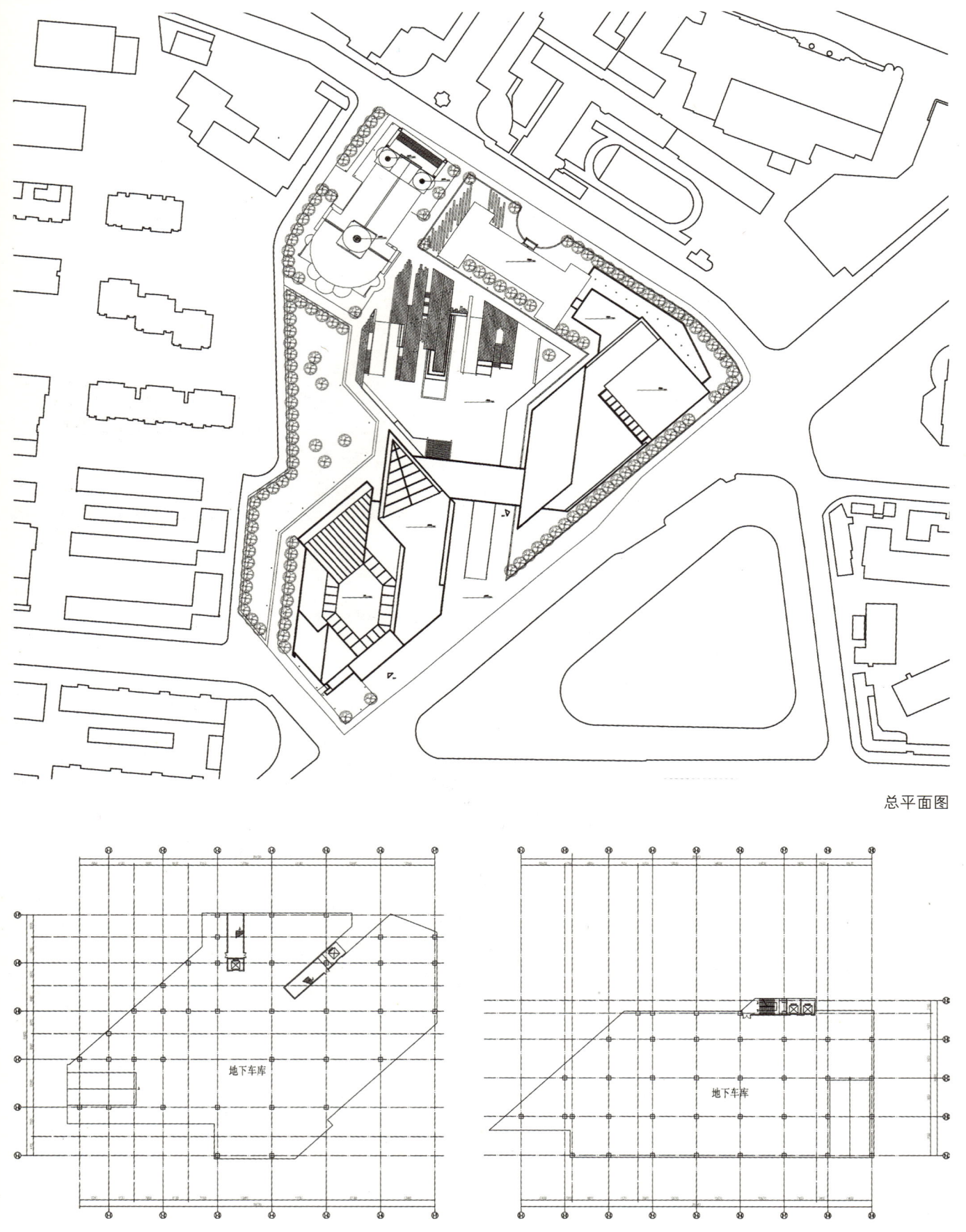

总平面图

地下车库

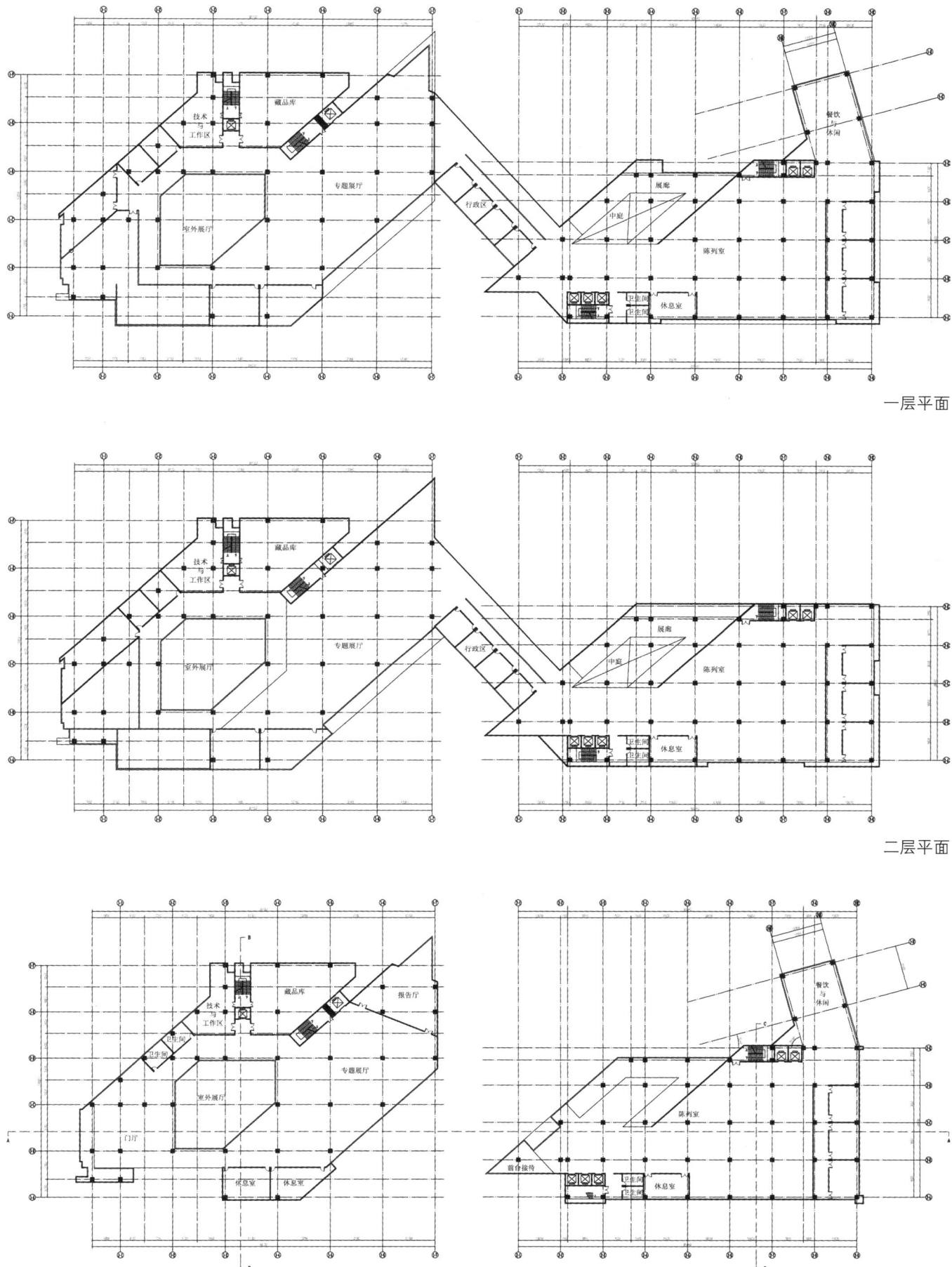

一层平面

二层平面

三层平面

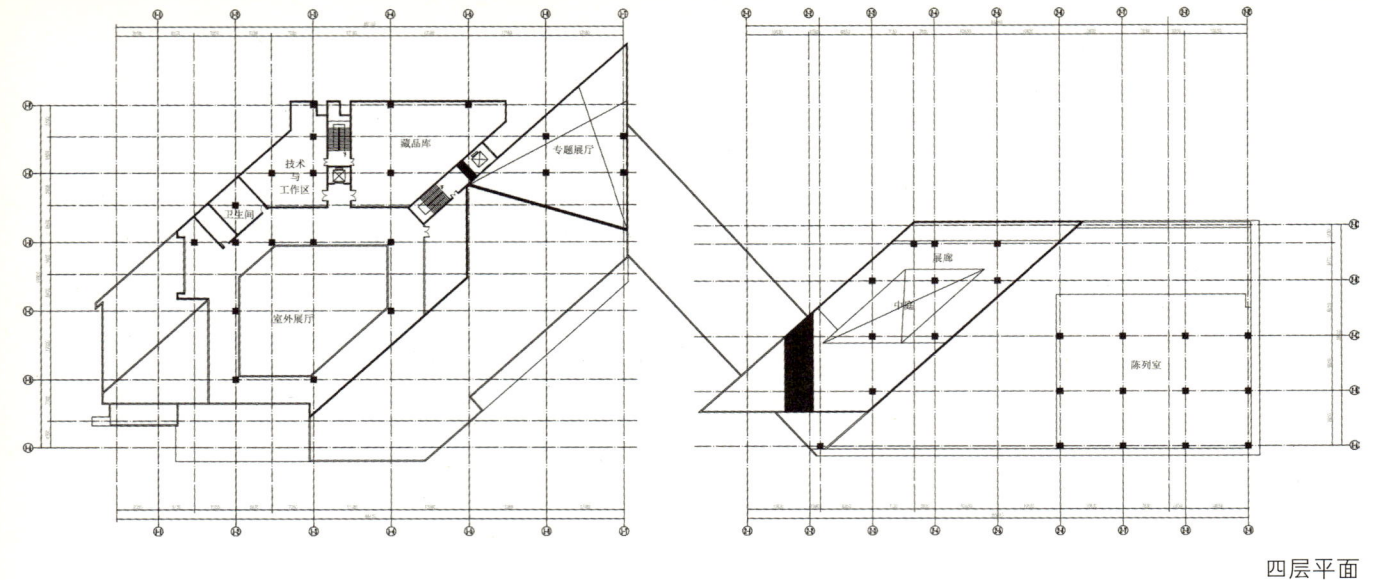

四层平面

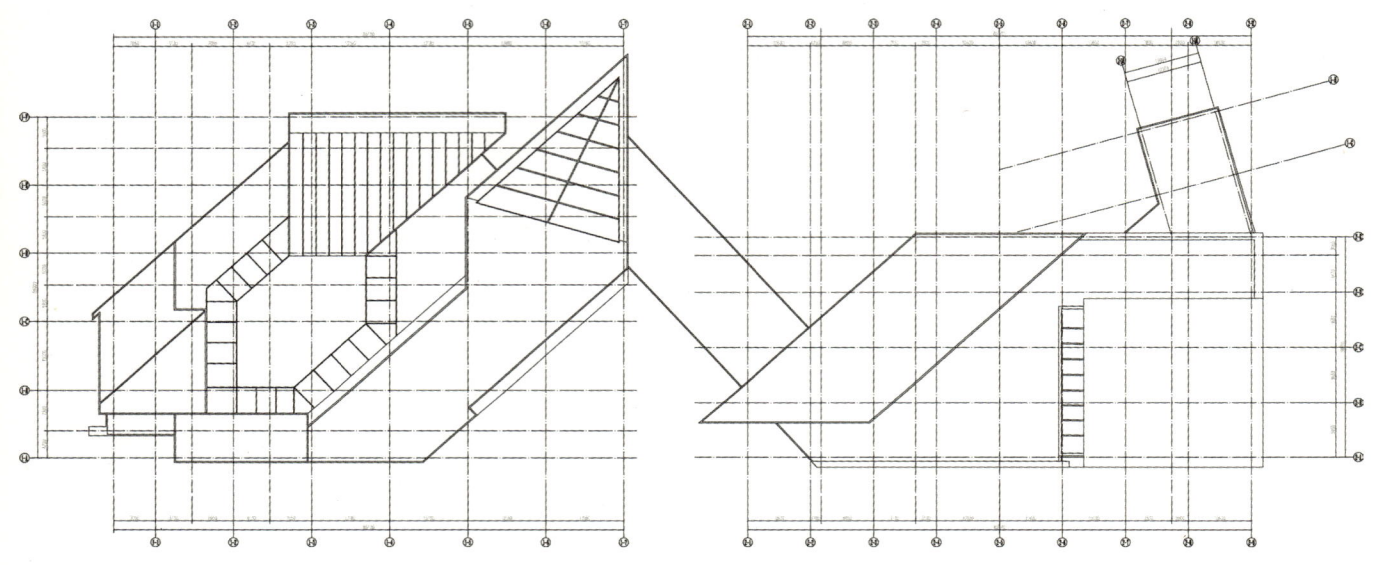

屋顶平面

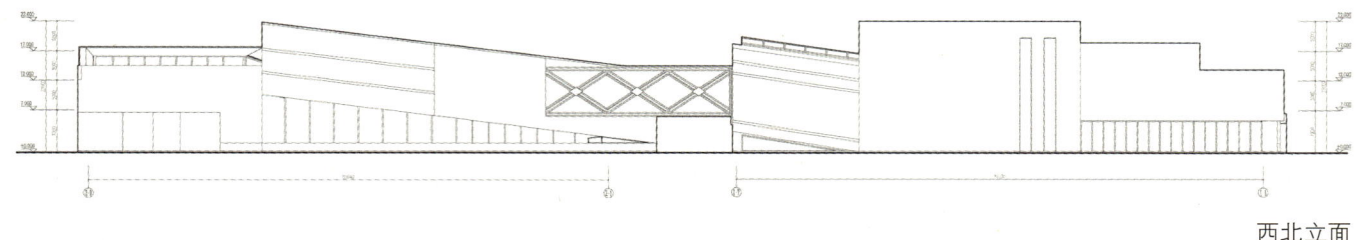

西北立面

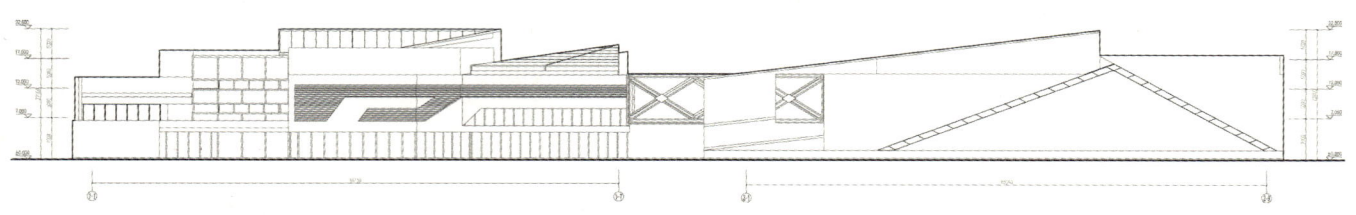

东南立面

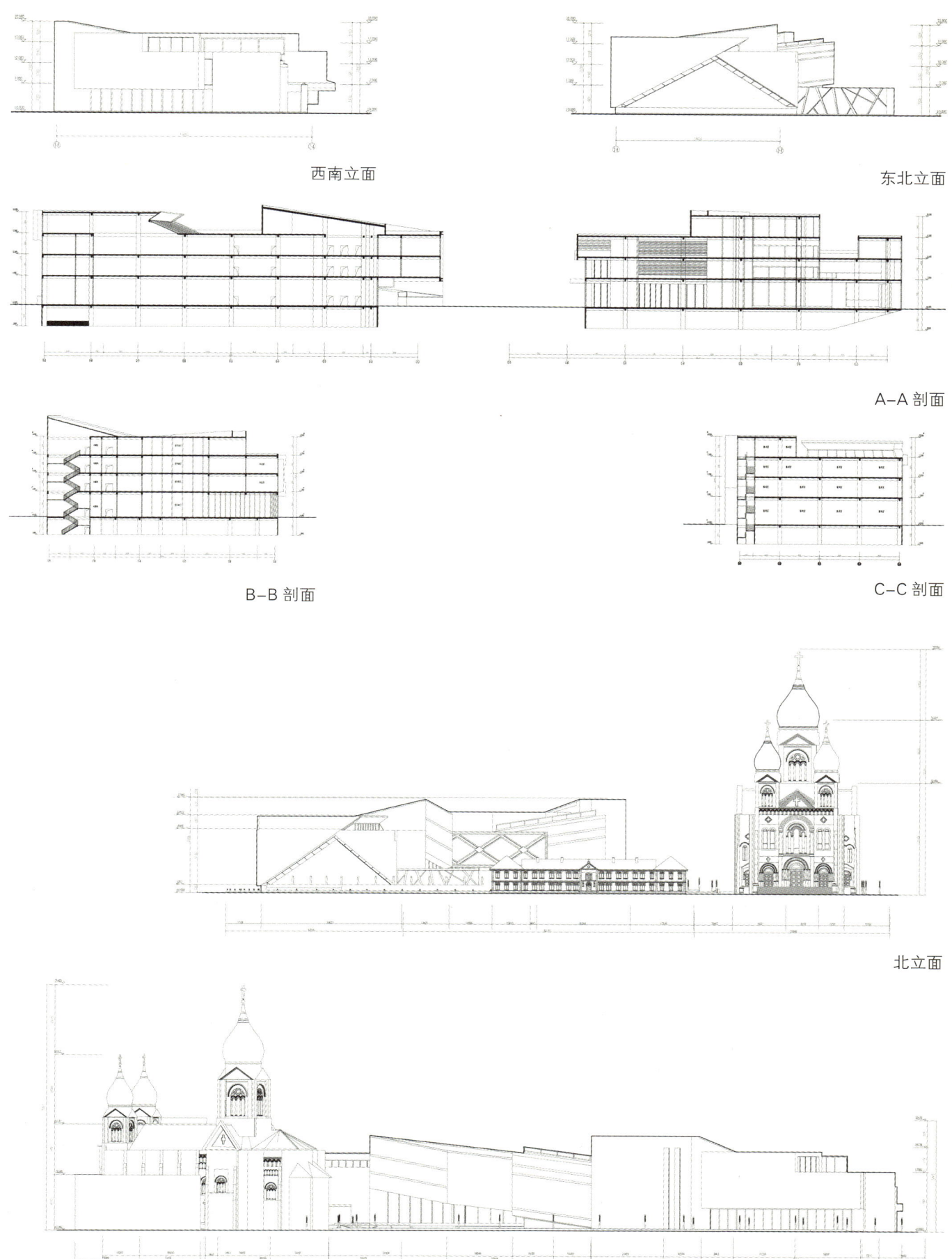

西南立面

东北立面

A-A 剖面

B-B 剖面

C-C 剖面

北立面

西立面

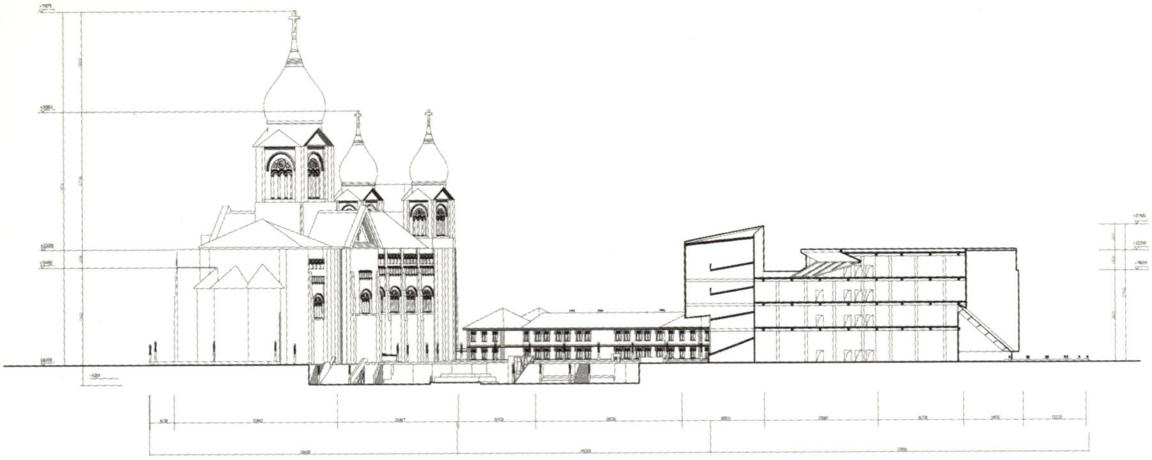

A-A 景观剖面

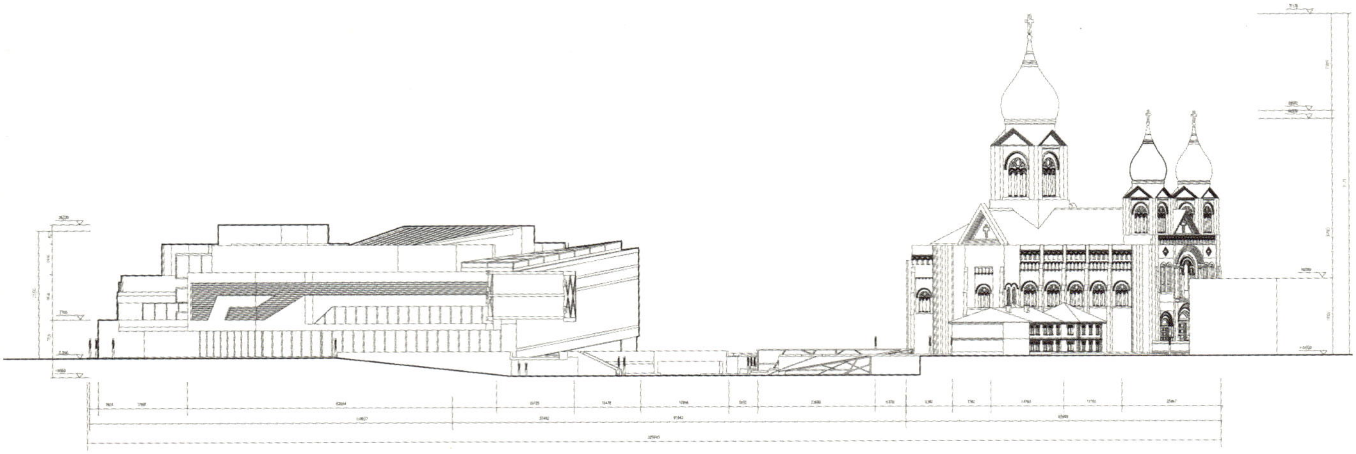

B-B 景观剖面

建筑材质

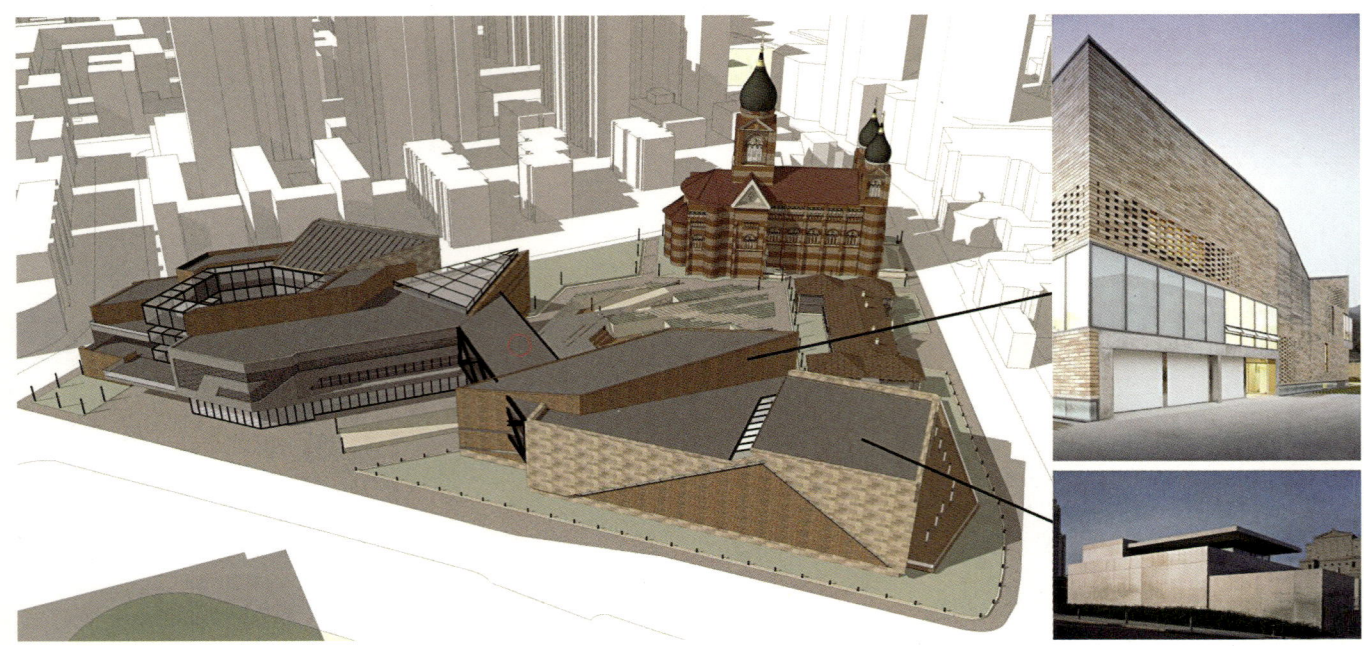

博物馆建筑的材质是红砖和混凝土，这么设计的目的在于统一基地与教堂之间的整体性，和建筑体量的厚重感。

空间竖向分析

上层绿化空间

上下缓坡交通空间

下层水体景观

下层广场活动空间

图例：

← 场地周边入口

← 地下广场入口

--- 场地内交通流线

--- 下沉空间交通流线

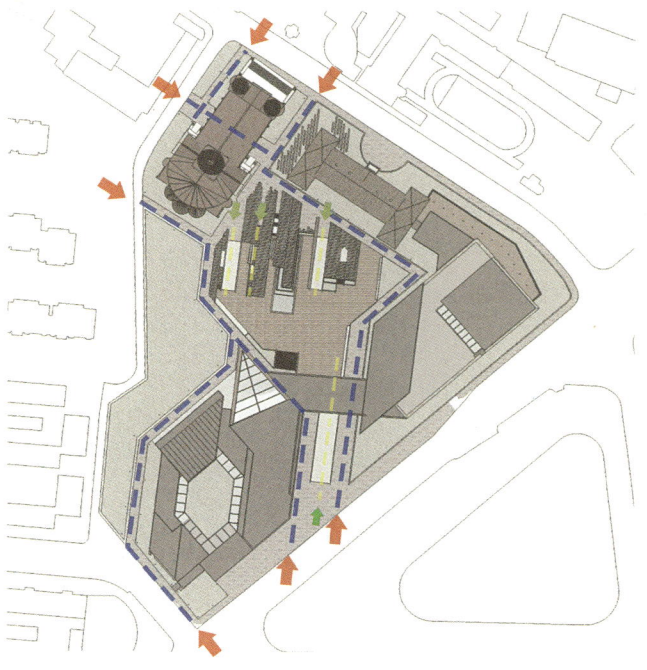

031

建筑内部竖向交通

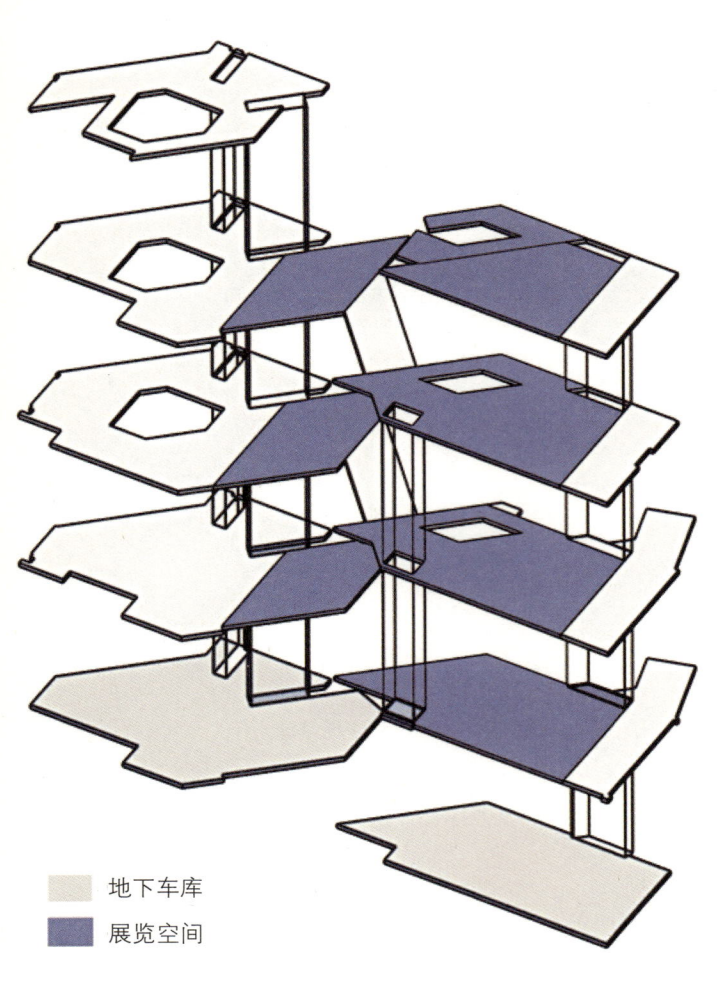

▢ 地下车库
▢ 展览空间

景观小品

效果图

改变视角——索尔诺克河岸驳船码头建筑及景观设计
Changing Views – Szolnok Bridge Architectural and Landscape Design

学　　生：本斯·瑞恩（Bence Rev）
学　　号：BE3529460
学　　校：匈牙利佩奇大学

With my work I'm experimenting, how to put architecture in the frame of the water and how can we enlarge the borders of the architecture.

在毕业设计中，我对如何将建筑与水资源和谐共处做了研究与实践，其中包括了如何合理地对旧建筑进行扩建。

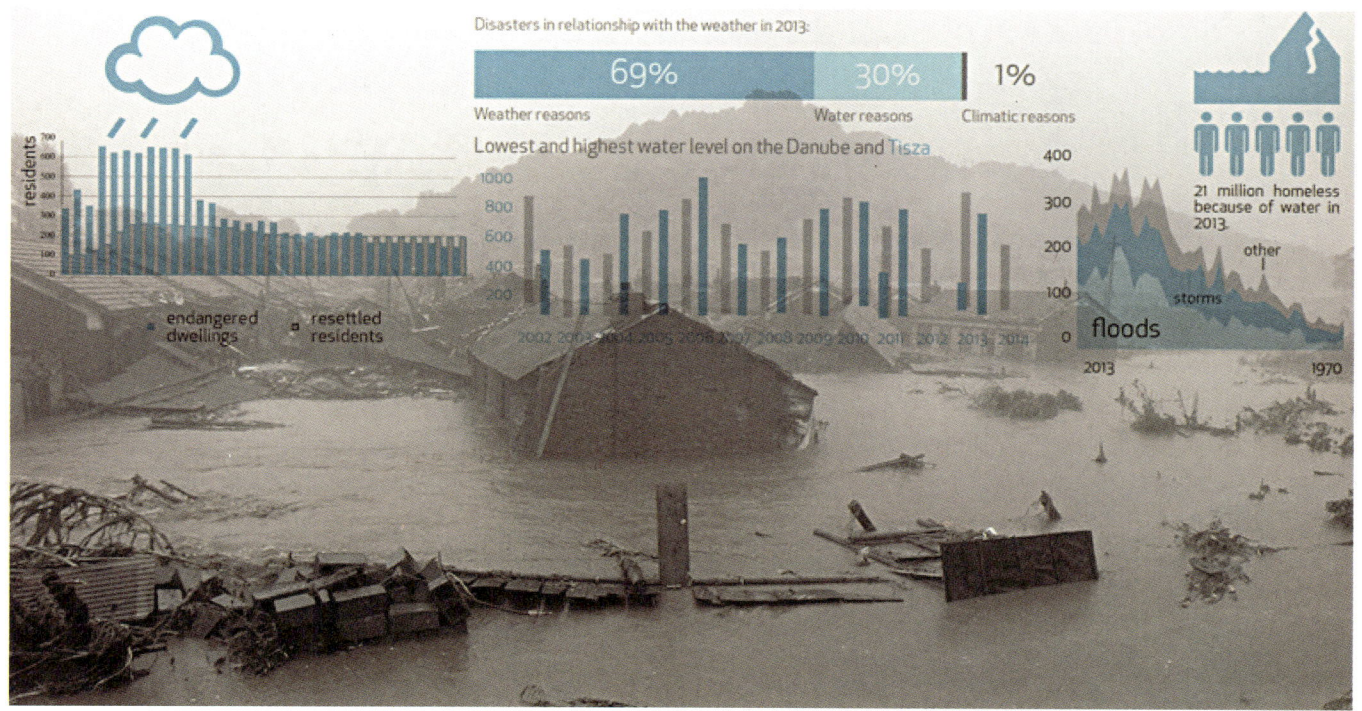

In the changing world, it is very important for every person to understand the behavior of our environment. Sadly we must say, that the climate change is in progress. The changing of the water's nature plays a very important role in this: there is less and less clear water on the planet, there are bigger and bigger tsunamis, overland flooding, the sea level is rising. We must know this process and adapt to the new situations. It is very important to collaborate and not to fight against our resources.

随着全球环境的不断变化，了解自然规律对于人类来说是非常重要的。可遗憾的是，我们不得不承认现在全球气候正在不断地恶化。其中水资源是影响全球的气候变化的重要的因素。目前地球上的淡水资源紧缺，海啸、洪水灾害频繁发生，海平面也正在上升。所以我们必须了解气候变化的过程，并试图适应新的形势。相比与自然对抗或是企图改变自然规律，与自然和谐共处才是明智的选择。

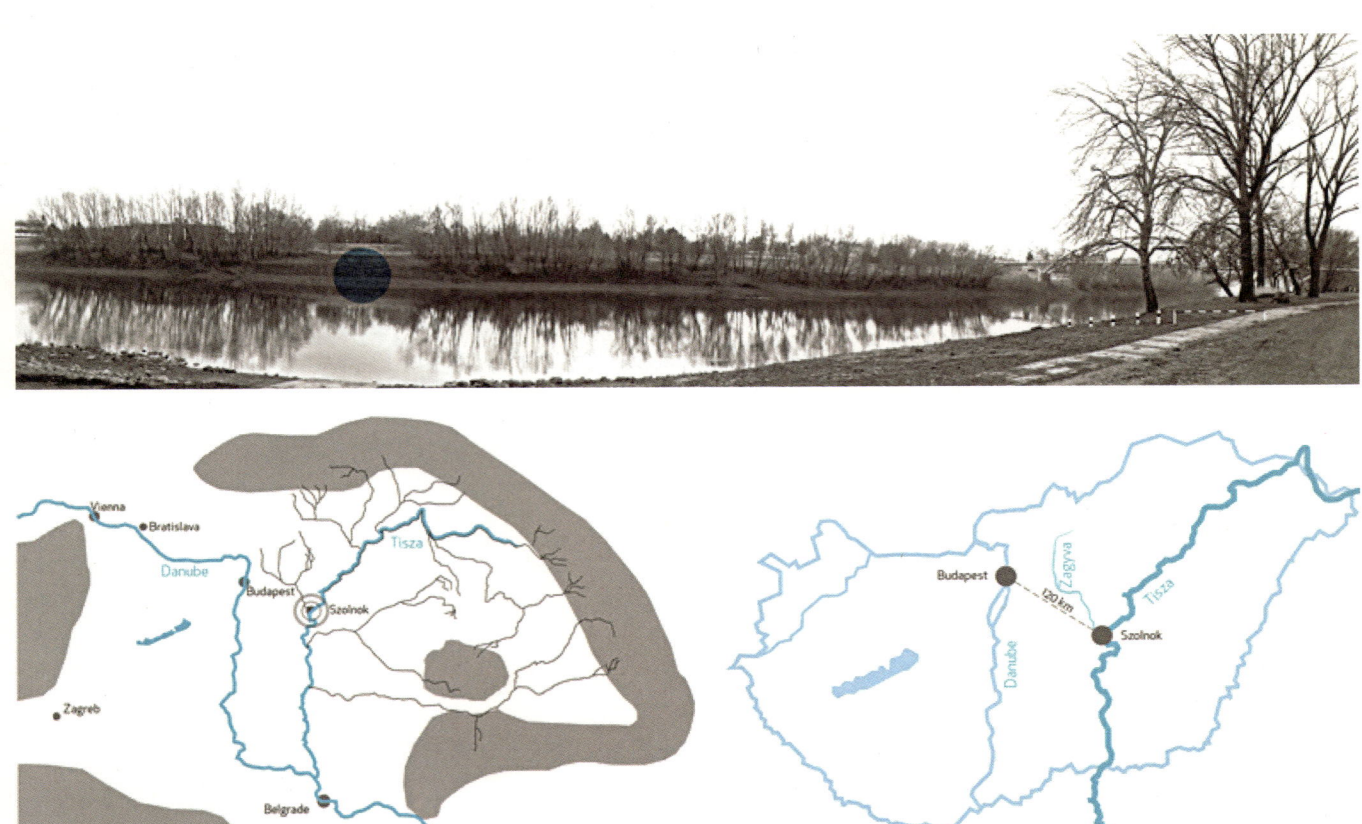

The planning area is in Szolnok, in the center of Hungary. The city is one of the 19 county seats and it has about 70 thousand habitat (The capital, Budapest has about 2 million, so it is in Hungary a common population of a medium city). There are two big rivers cross the country (The Danube, and the Tisza), one of them, the Tisza flows through the city. Szolnok gains a very beautiful example of the union between water and urban places.

我的毕业设计选址是索尔诺克，它位于匈牙利的中心，是匈牙利第19大城市，拥有约7万人（首都布达佩斯约200万，所以这个城市在匈牙利是一个中等城市）。匈牙利有两条大河穿越整个国家（多瑙河和蒂萨河），其中蒂萨河流经索尔诺克。索尔诺克是一个非常美丽的水城。城市的东、西两岸靠一座步行桥彼此相连接。

My project has 3 different design layers. Each layer represents separate scales. The first and biggest scale deals with the region: It tries to form effective connections between the small villages along the river and the city. The second layer deals with the site. It is looking for anchor points and functional connections with the city, to turn the project into its part. The third layer deals with the building and its functional design. This is the smallest scale. All three layers can be interpreted separately, but they are forming an inseparable unit at the same time.

我的毕业设计分为三个层面。每个层面都分别表述了不同的尺度。第一个层面是区域尺度，是村庄、河流与城市之间的关系；第二个层面的尺度主要是处理基地周边的关系，使基地与城市联系更为紧密；第三个层面主要针对建筑及其功能设计，是其中最小的尺度。虽然这三个层面可以被分别讨论，但它们同时又是密不可分的。

I designed the conception of a small barge, which is able to connect the small villages along the river. It provides knowledge about the flood protection and the behavior of the river. With the aid of the knowledge barge, the people can better prepare for the disasters.

I designed a teaching barge. Usually, it is connected with the planning area, but it also swims regularly along the river and stops by these small villages. The barge is equipped with teaching and experiencing spaces mainly for children.

On the lower deck, I designed an open-air teaching space with wide stairs for sitting. In the center of the barge, there is a container formed teaching room in connection with a small storage room and a toilet.

我设计了一个小驳船区，用于连接沿河的各个小村落。它为当地居民提供防洪知识及帮助人们了解河道的习性。这样，人们可以为洪水灾害做出充分的准备。

我设计了一艘教学驳船。平时它停靠在驳船区，有时它也经常沿河道行驶并在沿河的小村庄停靠。驳船配备教学和体验空间，主要针对儿童。

在甲板下层，我设计了一个露天教室，并配有宽大的台阶，孩子们可以坐在这里听课。在驳船的中心，是一个集装箱形状的教室，旁边是一个仓库和卫生间。

Furthermore, I designed a dock, which is the port of the barge, but also an urban place. The dock is constructed in that way, that the rural people can build it without any professional knowledge. The conception is to provide a job for the inhabitants of the small villages, and by the building process the structure will belong better to them.

此外，我还设计了一个码头作为驳船的港口。我对码头的结构是这样设想的：当地的村民可以在没有任何专业知识的前提下去搭建它。这样一来，不仅为小村庄的居民提供了就业机会，而且通过搭建的过程，使码头的结构更好地适用于当地居民。

Beyond that all, the goal is to make a cultural platform and relaxing place in each small village along the river, so the people can better feel the spirit of the river.

总的来说，我的设计理念就是要将这片区域的景观与建筑组成一个文化平台和休闲区，为这些沿河的小村庄服务，并让人们能更好地与河水和谐共处。

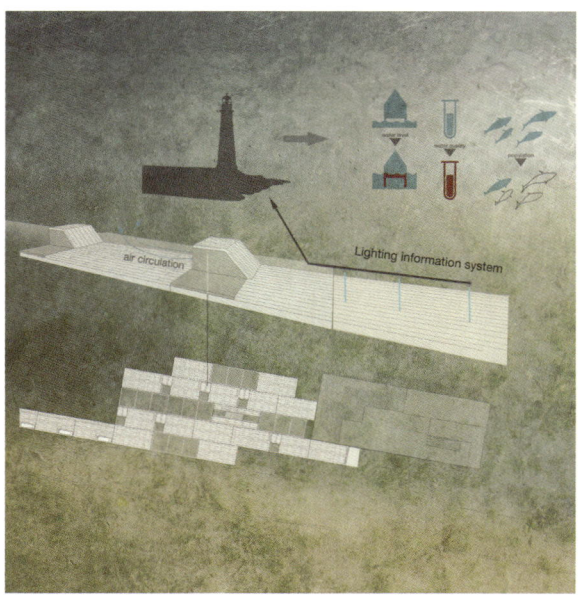

The new dike is more flood-resistant and able to raise the protection level by embedding of steel panels. The dike crest is made of water permeability reinforced concrete. The parapet on the waterside is designed in such a way, that it can be used as a bench. The railing has built-in LED lighting. It is supplied with solar panels, placed on the roofing of the planned building.

新的堤坝更耐涝，钢板的嵌入使之更加耐用。堤顶部是由透水性钢筋混凝土制成。水边的挡土墙我设计成了护栏，并可以当作长椅使用。栏杆有内置的LED照明，由太阳能电池板供电，安装在建筑物的屋顶。

I made sensitive changes on the catchment area, to form it as a natural park and meeting point. The focus point of this area is under the designed building. I planned this place mostly for younger people. They can use this roofed but open-air place for sport activities, open-air showing of films, small concerts etc.

我在集水区的部分设计了缓坡，从而形成了一个自然公园和交会点。这个区域的焦点是在设计的建筑下面。我预想这个地方大多为年轻人。他们可以利用这个屋顶，在露天的地方做体育活动，放映露天电影，开小型演唱会等。

The interior conception was to make the space like an underwater imitation. The ceiling and the lighting concept realize it.

室内的设计理念是通过在顶棚和室内照明营造一个模拟的水下空间。

The shape of the building follows the line of the dike crest. My main concept was to expand the promenade of the dike in a visual and physical sense. The parapet of the dike turns to the roof of the building, it covers the interior spaces. It has a fiber cement panel cladding. The main functional block has wide openings and timber cladding.

建筑采用大堤的造型，并夸张堤坝的视觉特点。堤坝的栏杆变成了建筑物的屋顶，并包含了内部空间。它由一个纤维水泥板覆盖。作为主要的功能块由宽开口和木材包层。

A dynamic bridge connects the building to the riverside. The construction of the bridge uses the dock-panels, which are resting on dynamic pillars. The columns are basing in reinforced concrete wells so they can move vertically. The end of the bridge is floating on the river, but it joins with two stilts in the water.

动态桥梁与河边的文化馆相连接。桥梁的结构采用了船甲板形成，并镶嵌在动态桥的支柱上。桥墩是建在有孔的钢筋混凝土中，所以可以上下移动。桥的一端漂浮在河上，但它会与水中的构筑物连接。

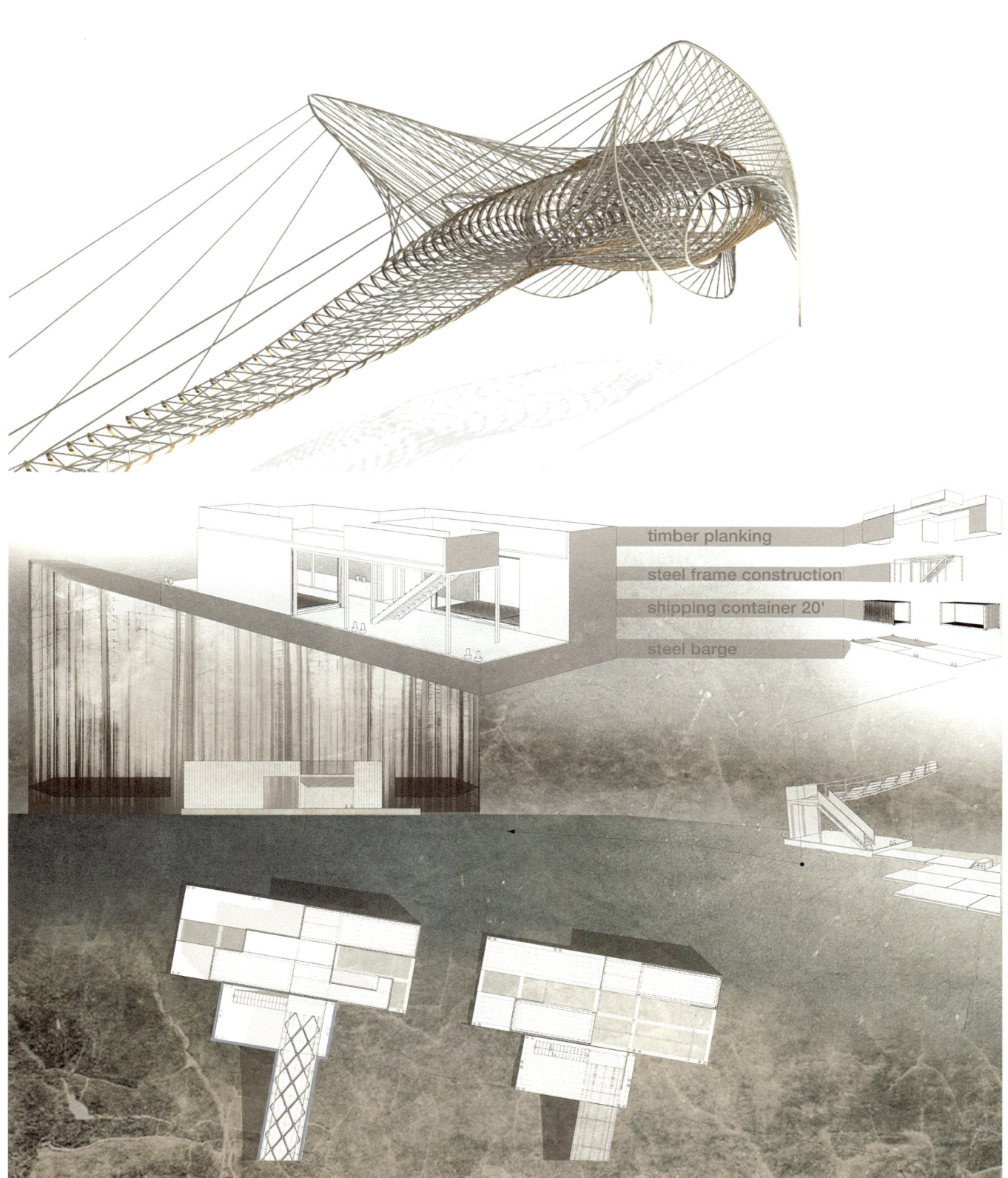

 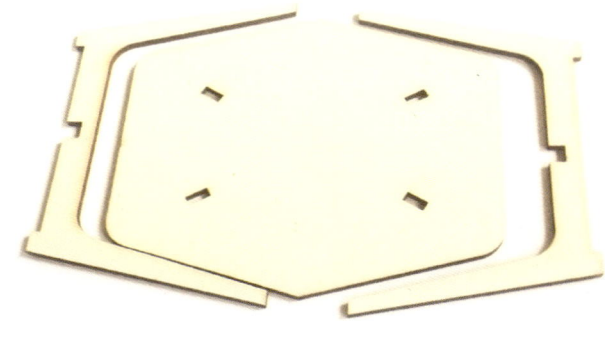

The furniture are helping the flexibility of the space. I planned a table, which is easy to take apart and to store in the small storage room. The whole table is made from one plywood panel with laser cutting. In the flooring, there are small metal pins, and from the ceiling we can tighten small chains. The movie screen or exhibition material can be fixed on it.

家具的使用使整个空间变得更为灵活。我设计了很容易拆卸的桌子，方便存储在小储藏室里。整个桌子是由胶合板面板采用激光切割制成。地板中藏有小的金属钩，从顶棚我们可以拉紧链条。投影的幕布或展览材料可以固定其上。

In short I'm looking for the dynamic in the form finding. It is very interesting how the static material can turn to dynamic. My goal is to put this dynamical form in the Hungarian regional architecture and to better understand our environment.

我正在探索动态桥的造型形式与结构。将静态材料通过巧妙的设计转化为动态的桥梁，这对我来说是非常有意思的课题。我的最终目标是把这个动态桥的结构形式运用到整个匈牙利的建筑领域，并更好地利用在改造自然环境上。

章丘市历史博物馆建筑及室内设计
Construction and Interior Design of the History Museum in Zhangqiu City

学　　生：亓文瑜
学　　号：201100720130
学　　校：山东师范大学

1. 博物馆主馆入口
2. 博物馆次馆入口
3. 博物馆大剧院入口
4. 休闲图书馆入口
5. 地下出库入口
6. 观景植被区
7. 室外拓展活动区域

总平面图

章丘市历史博物馆属章丘市城市文博中心主要的建筑单体项目，该项目以建筑群体的形态出现。

基地概况

本项目位于山东省济南章丘市政务服务区

济南，又以"泉城"著称，系山东省省会，是山东省政治、经济、文化中心。

章丘，位于济南的东部，著名的百脉泉位于此地，因此又有"小泉城"之称。

区位分析

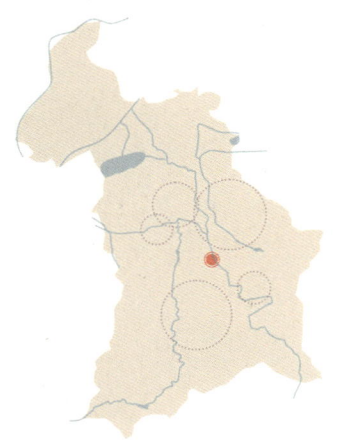 

项目周围分布着数十所高校和众多居民小区；背依黄河水系，南靠南部山区，地域内有胶济铁路和济青高速，交通便利。

周围重点城镇分布和水域分布　　周围重点交通公路和铁路分布

项目定位

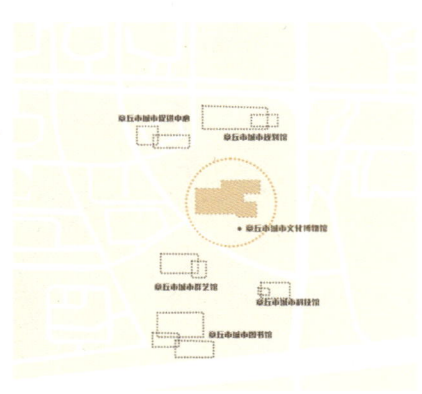

该项目结合地形地貌在中心绿岛的南、北、西方向设计了博物馆、图书馆、群众艺术馆、城市规划展览馆和科技展览馆5个文化建筑空间，建筑群整体呈环抱状，错落有致。

设计目的

1. 为集中展示、宣传章丘独具特色文化内涵、历史地位，弘扬民族精神，需要以国际化的视野、全新的理念，高起点、高水准的建设。
2. 充分发挥博物馆功能，提高当下民众的文化素质。

设计要求

在体现文化价值的前提下，尽可能考虑博物馆商业经营的可行性，如何能在商业运营与文化传承中并存下去。

现场调研

调研分析

1. 项目周围有图书馆、艺术馆、文化交流中心，此处人口密集，利用率高。
2. 该项目规划占地，有现成地块，便于开发。
3. 当代建设发展迅速，该项目周围传统文化深厚。
4. 该项目是政府支持投入的社会公益项目，项目建设具有根本保障。
5. 通过调查周围的居民以及大学城的师生，深知章丘文化传承弘扬的高度不够，有待进一步挖掘开发。

选题的文化意义

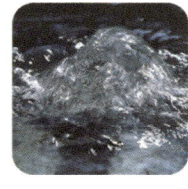

力求打造出一座反映章丘历史文化底蕴的专业性博物馆，成为弘扬章丘历史文化、提升章丘当代文化的场馆。

选题的经济意义

把深厚的文化资源转化为产业优势、发展优势和竞争力，把特色办成品牌，使文化经济成为最具爆发力的增长点。

历史由来

　　章丘地名的由来，是由女郎山，又名"章丘山"而得名，山体是由无数块山石堆砌而成，因此提取山石元素，对它们进行打散、重构，有规律地转化为高低错落、主次分明的形态，将山石的原型提取出来，把元素几何化地分割，将厚重的石块与现代感的玻璃墙体发生碰撞，使建筑与背景的山融为一体，相互辉映。

| 元素 | 提取 | 打散 | 改造 |

| 规律 | 高低错落 | 主次 |

提取山石原型

元素几何化

厚重与现代的碰撞

建筑与背景的山融为一体，相互辉映

综合分析

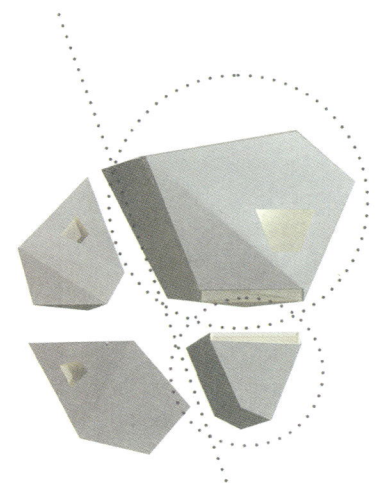

主建筑 + 次建筑 =7280m²+1600m²=8880m²

  通过对任务书的解读，在整个群艺中心，博物馆占地面积为 9000m²，因此，规划的博物馆建筑在规定范围内，建筑成立。

  通过计算，建筑的使用面积与交通面积的比例为2.7∶1。

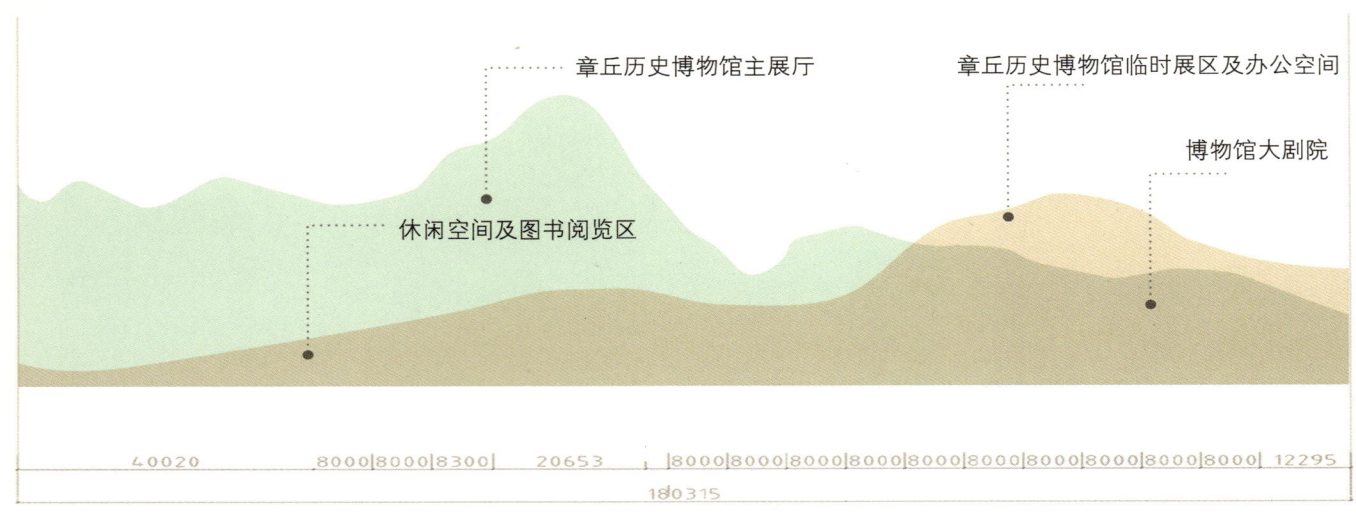

纵观整个建筑的高低及主次关系,形成一条虚拟的山体脉络

建筑前立面

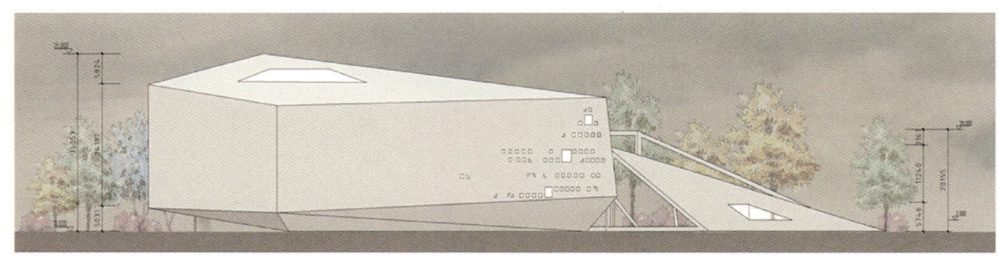

建筑后立面

建筑左立面

建筑右立面

材料：采用深灰色洞石

山东省美术馆：
室内外均采用米黄色洞石

采光分析　　　通风分析　　　局部采光分析

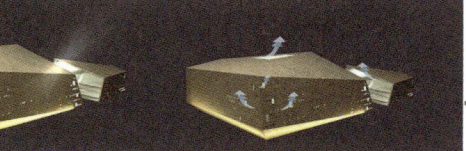

夜间效果分析　　　高效通风散热分析　　　局部采光分析

效果图 1

效果图 2

夜景效果图

室内空间序列

展示空间设计脚本

星星之火

史前考古文化
章丘史前聚落
考古圣地

古国影踪

夷人城堡
华夷前沿
古谭之谜
齐地一隅

济南故地

东平陵城
济南王侯
阳丘故城
盛世风物
画像石墓

汉代考古大发现

洛庄汉墓
危山兵马俑坑

章丘钩沉

女郎山
铜镜与瓷器
砖雕壁画
名人商贾

一层平面及空间功能分区

- 大厅
- 后备工作区
- 消防安全通道
- 贵宾室
- 卫生间
- 精品商店

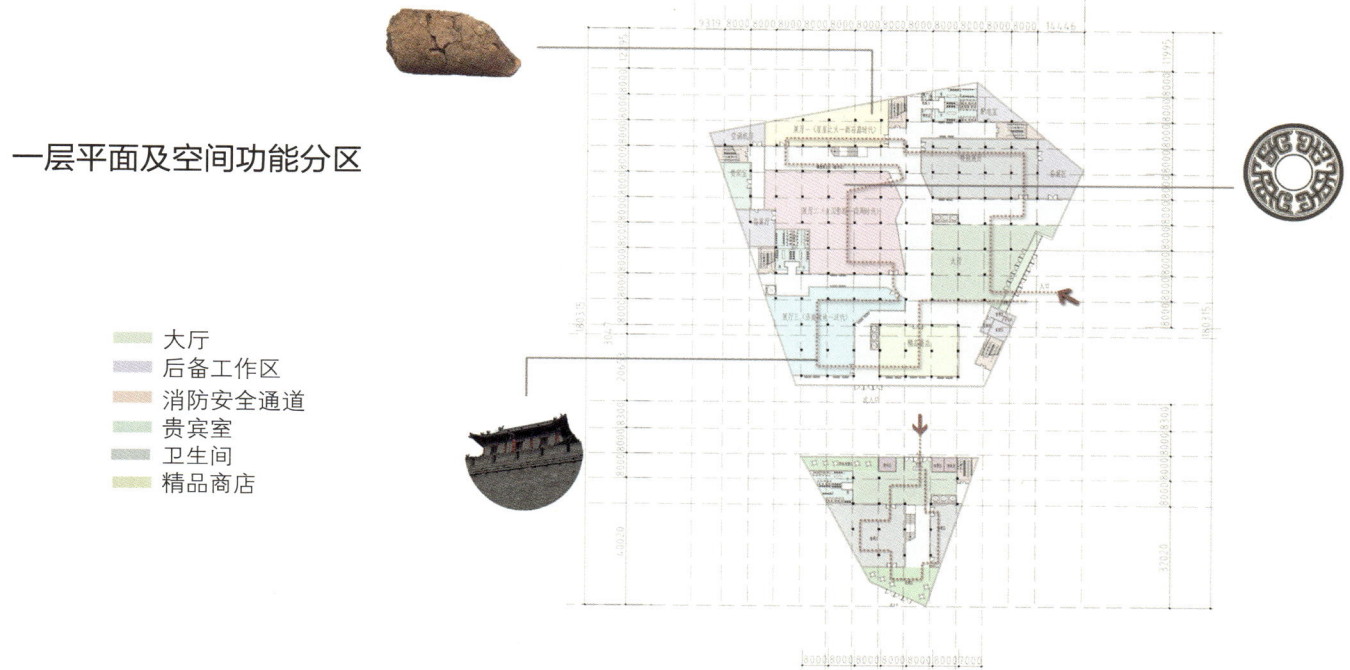

二层平面及空间功能分区

- 敞开式展区
- 中空空间
- 后备工作区
- 消防通道
- 报告厅
- 卫生间
- 阶梯教室和会议室
- 活动中心

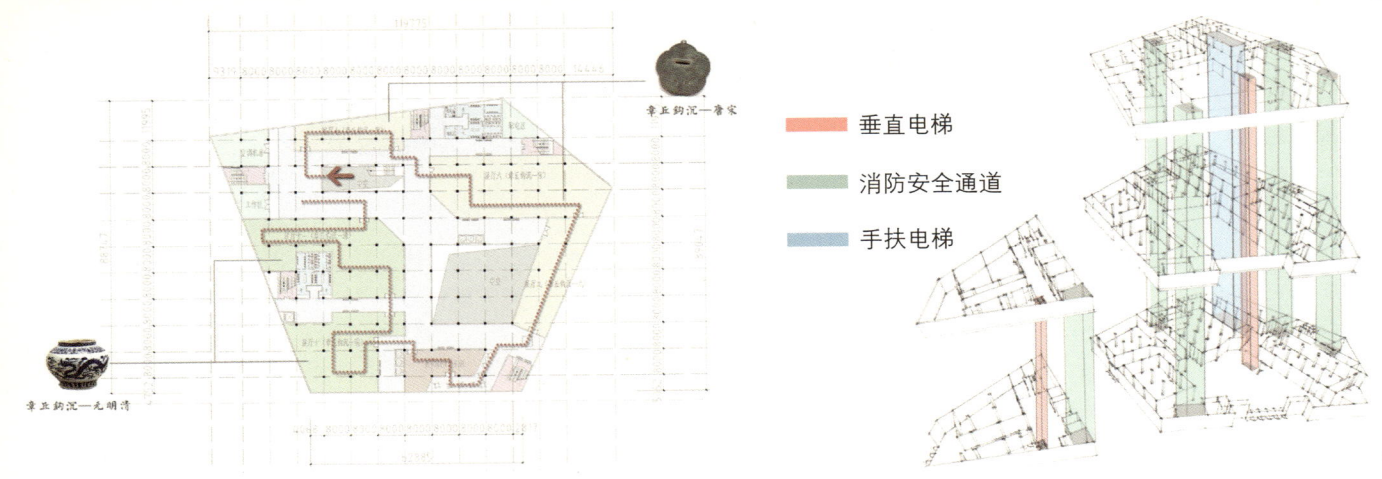

三层平面及空间功能分区　　　　　　　　　垂直交通分析

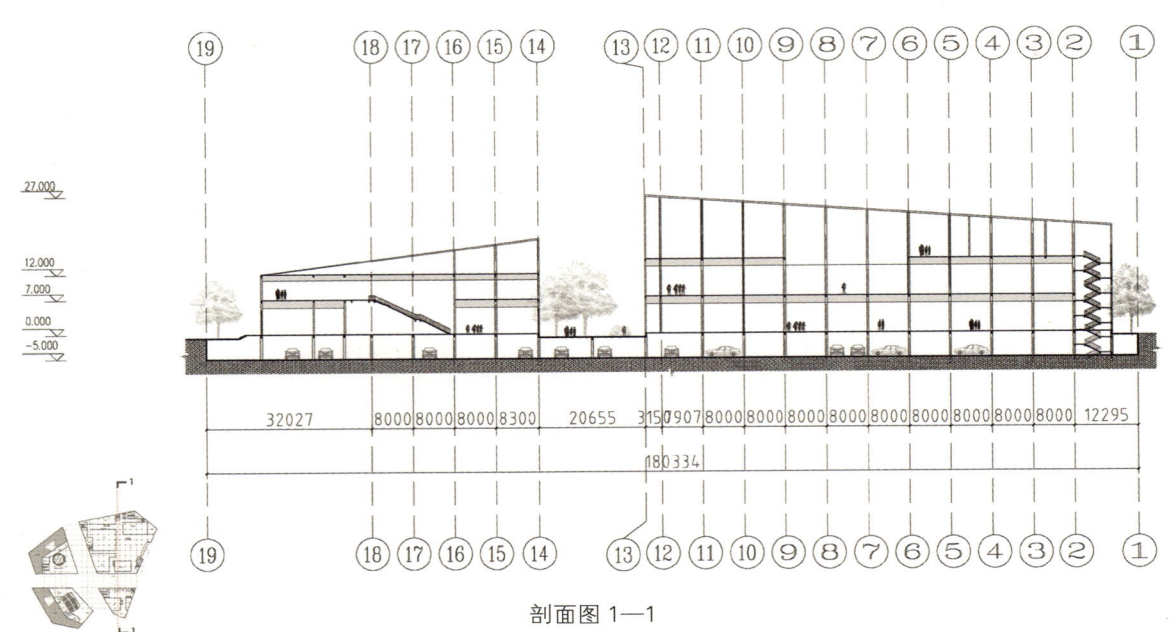

剖面图 1—1

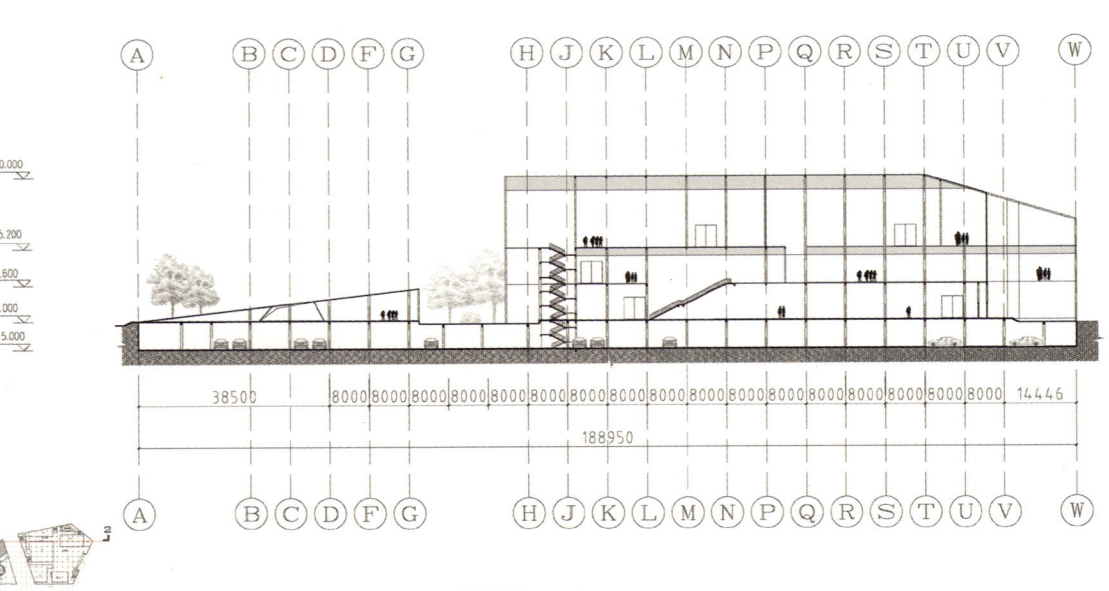

剖面图 2—2

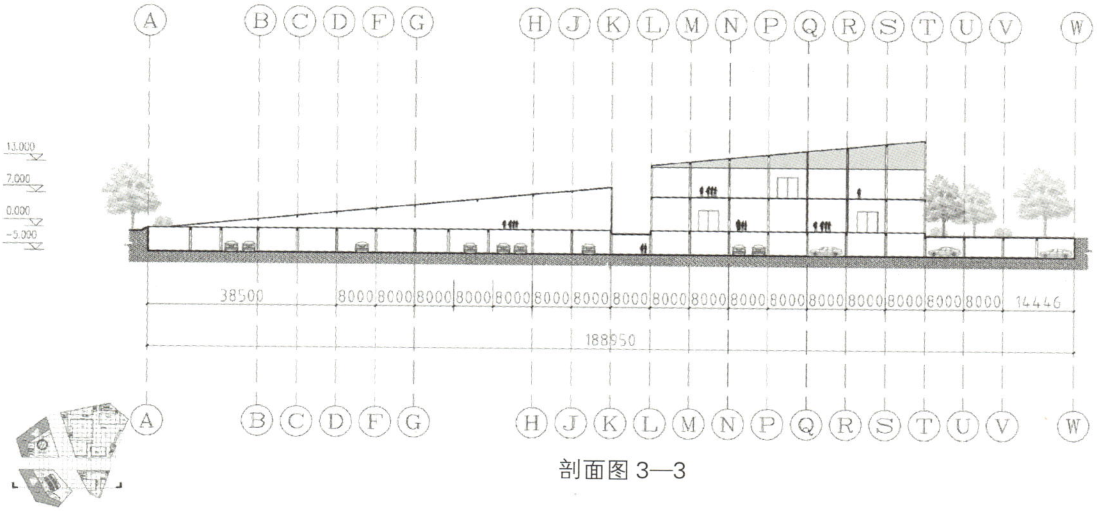

剖面图 3—3

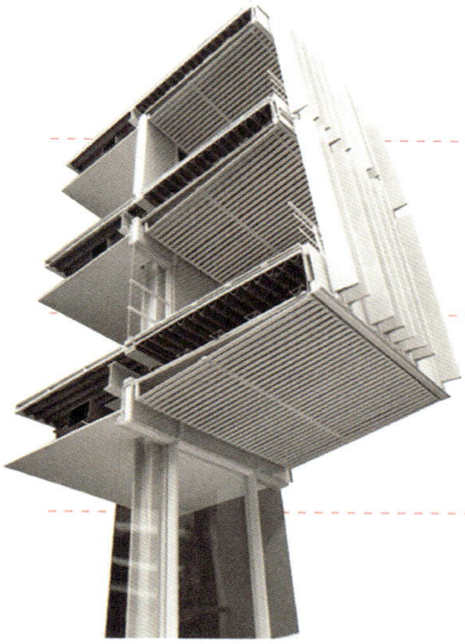

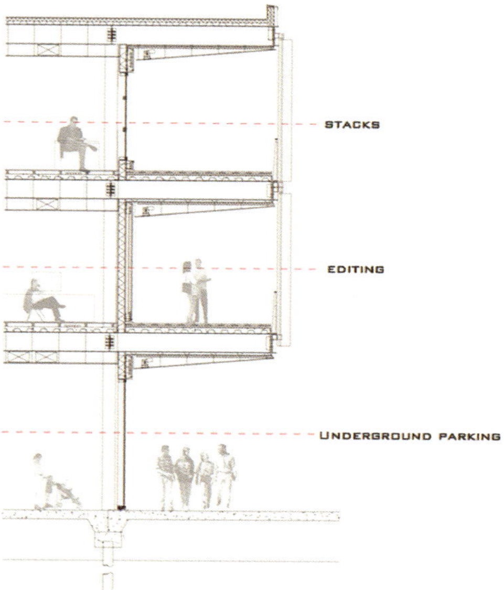

建筑构造示意图

外部装修
深灰色洞石材料
透明的玻璃窗
子结构
铝框
天然屏障
室内装修
混凝土墙面

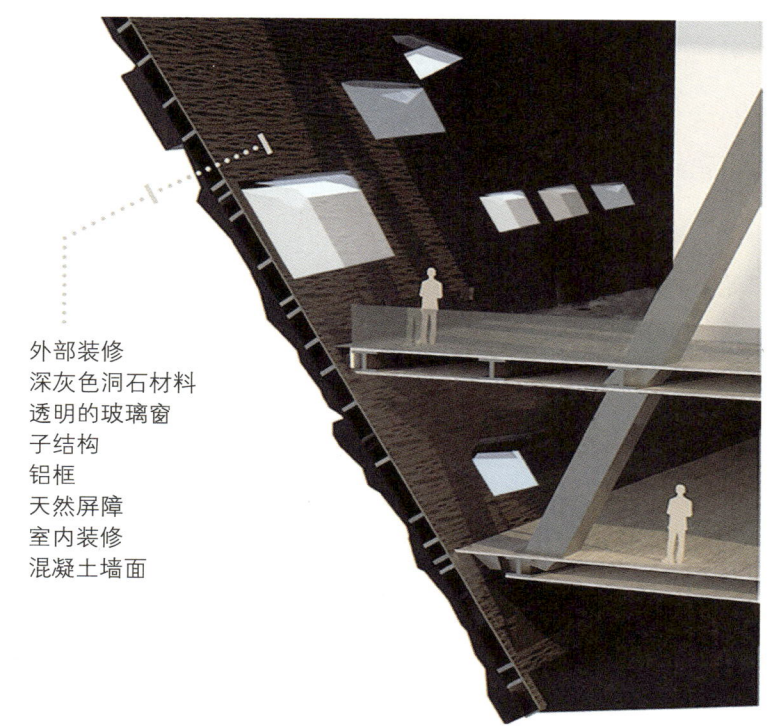

博物馆次馆建筑剖面图

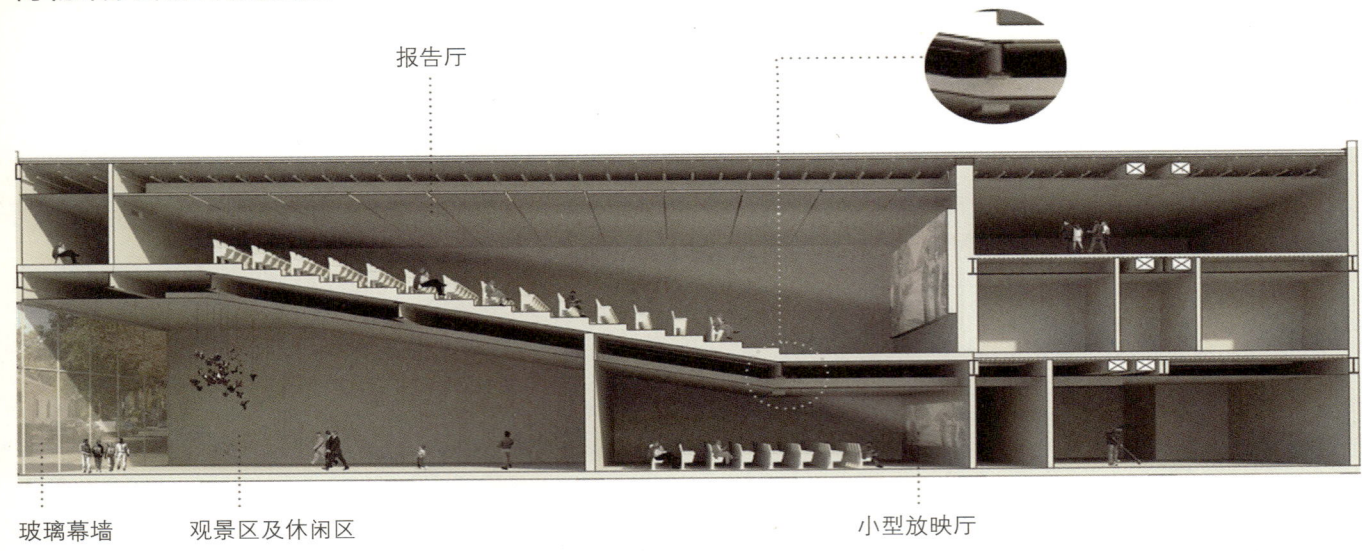

报告厅 — 玻璃幕墙 — 观景区及休闲区 — 小型放映厅

室内展厅效果图

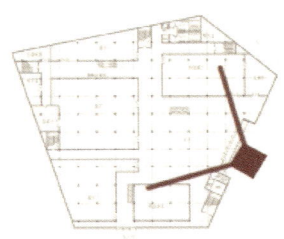

大厅平面图

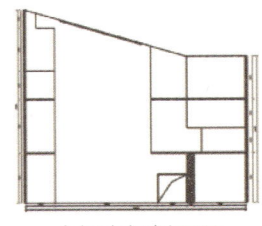

中间空间剖面图

　　为增加空间的纵深感，特采取将3层的中间空间打通的方式；在宽敞的中厅空间中，设置了一尊主题雕塑，雕塑下方设计了一座静水池，以代表泉城的水，滋养着整个山体。

过道,将自然光线引入,再加上材料本身的沉稳感,与中厅空间和展厅空间形成了有节奏的反差,在过道中自然光和人工泛光的相互交错,使整体空间富有灵动的效果。

博物馆公共空间廊道效果图

博物馆廊道平面图

博物馆次馆报告厅效果图

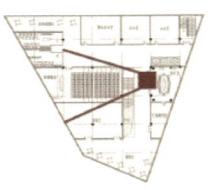

力求整体材料和氛围的统一，不采用木材或者是软包的材料，依旧沿用了洞石，通过特定的光线更好地诠释了墙面上折线效果。

博物馆次馆——报告厅效果图

以章丘历史人物的雕像，作为序厅开启通往济南故地的前序。马国翰的雕塑形象是序厅的中心。

博物馆济南故地——马国翰展厅效果图

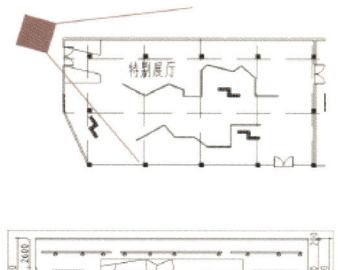
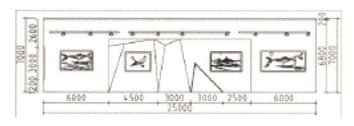
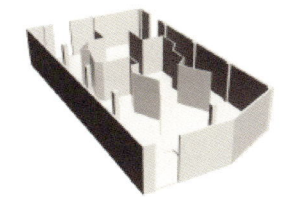

博物馆特别展厅效果图

主要是以展示画作为主，参观者由中厅高大、开阔的空间转入到这个展厅空间，使参观者体会到曲径通幽的感觉，又将中厅的水引入室内，产生灵动感，为安全起见，特别安放了一定厚度的夹胶玻璃。

结合文化、科技、现代、厚重的理念，通过直线的运用及材料的色彩展现，使观众能够体会到主题"山"的含义，同时折线的使用也体现了历史的曲折进展。

博物馆展厅入口效果图

灯光照明问题的解决

 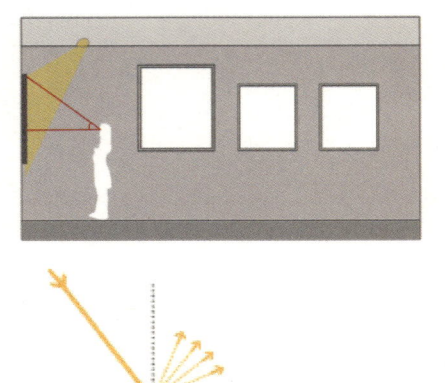  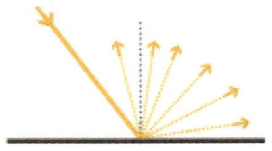

主要问题：

避免由参观者身影产生的投影，同时在正常的视野中也不应有照明设备的反射影像。

解决方法：

为避免由展柜玻璃前表面的明亮物体的反射光，要避免在不舒适视域中存在明亮物体，这就要求展厅的环境光相对弱。这样能合理地提高视觉舒适度。

所以选用低反射的玻璃，再协调好展柜内部和外部的光照亮度比值是很好的解决方法。

Lightpod

Pegasus

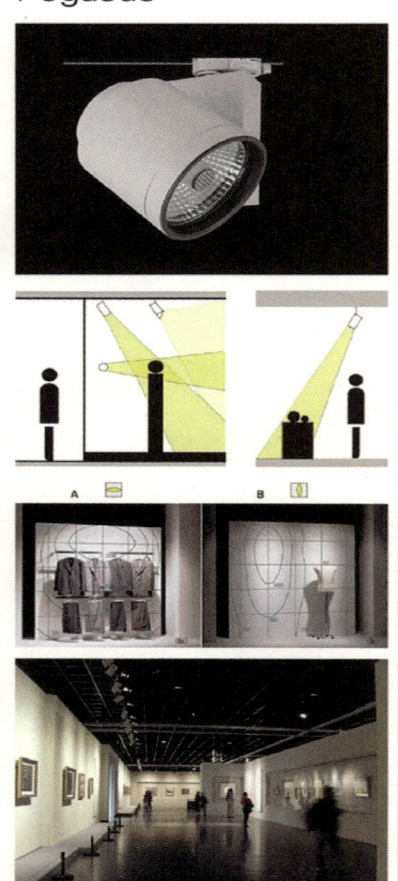

Jallery

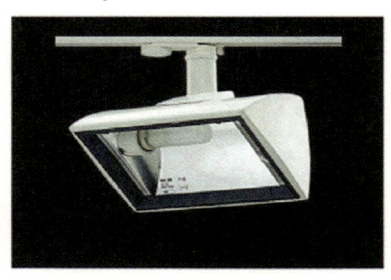

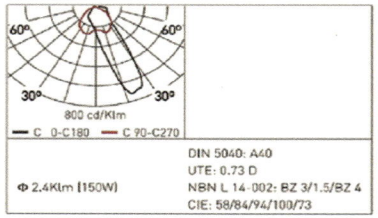

灯光照明系统

二等奖学生获奖作品
Works of the Second Prize Winning Students

天津市近代历史博物馆建筑与景观设计
Tianjin Modern History Museum Architectural and Landscape Design

学　　生：郭墨也
学　　号：131005426
学　　校：中央美术学院

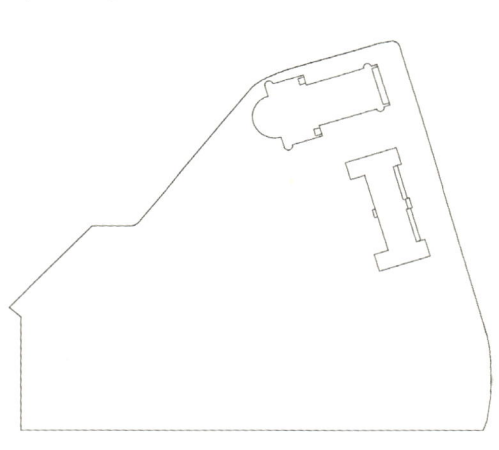

区域总平面图与设计用地

基地概况

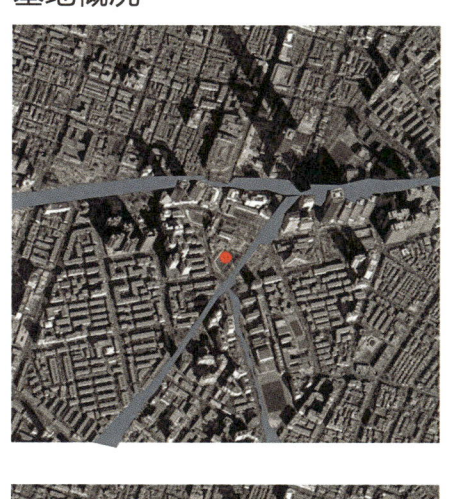

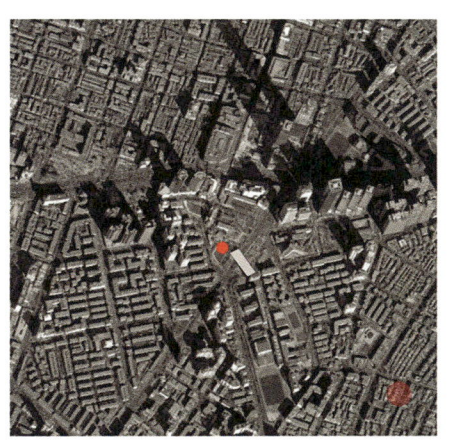
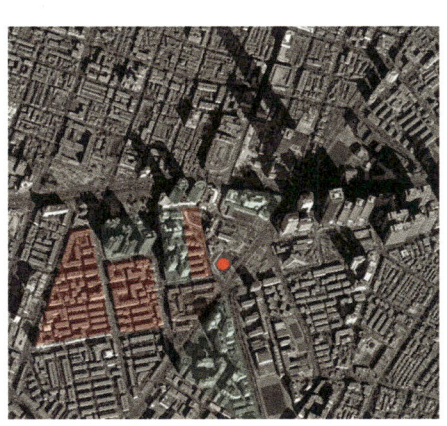
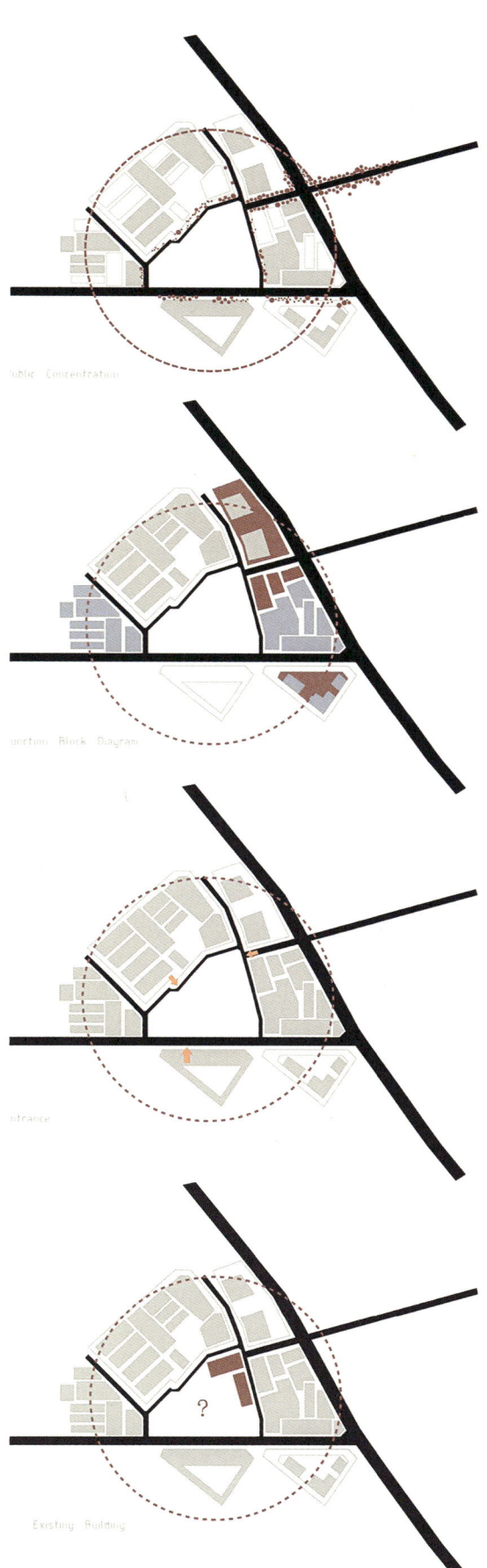

体块生成

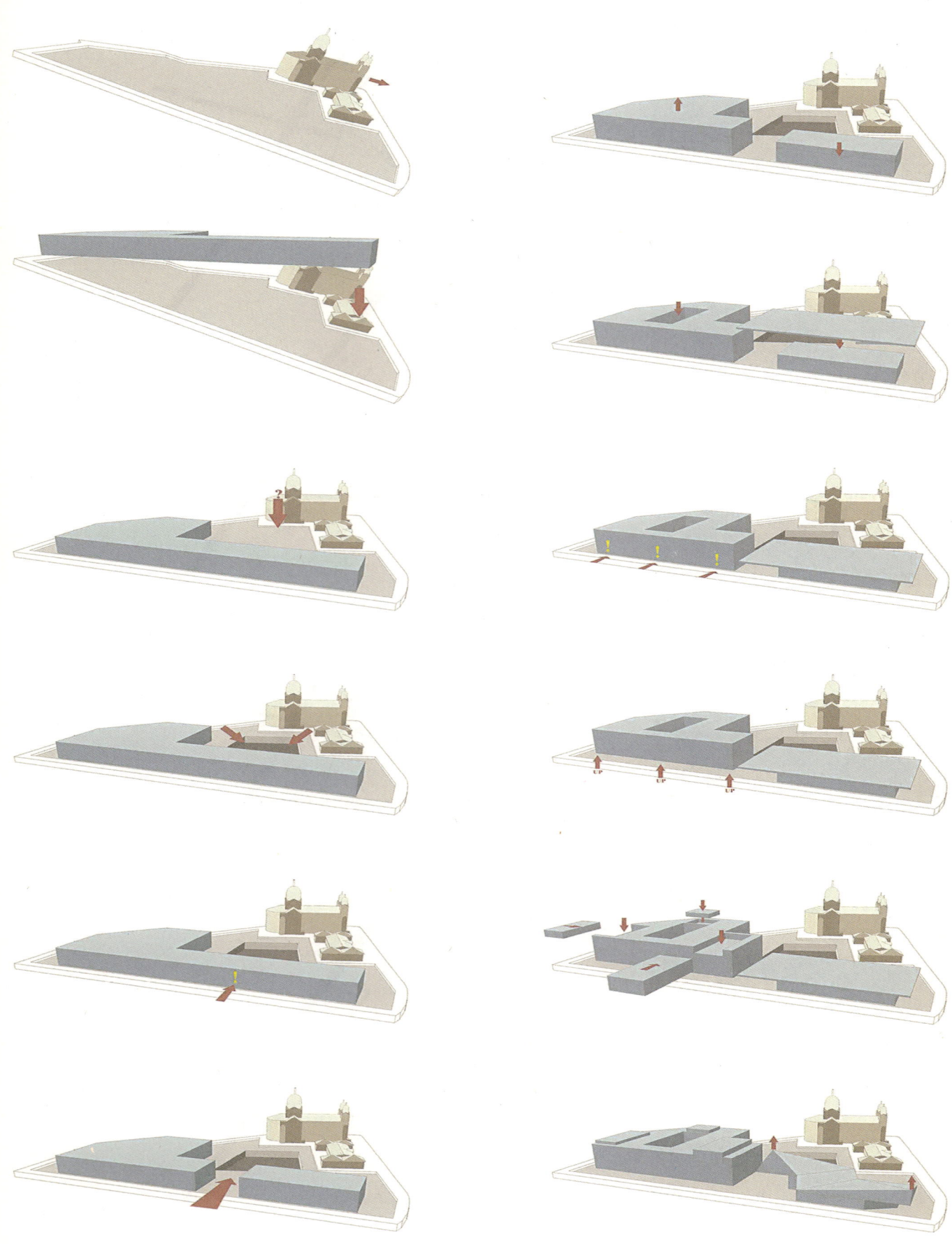

060

景观规划

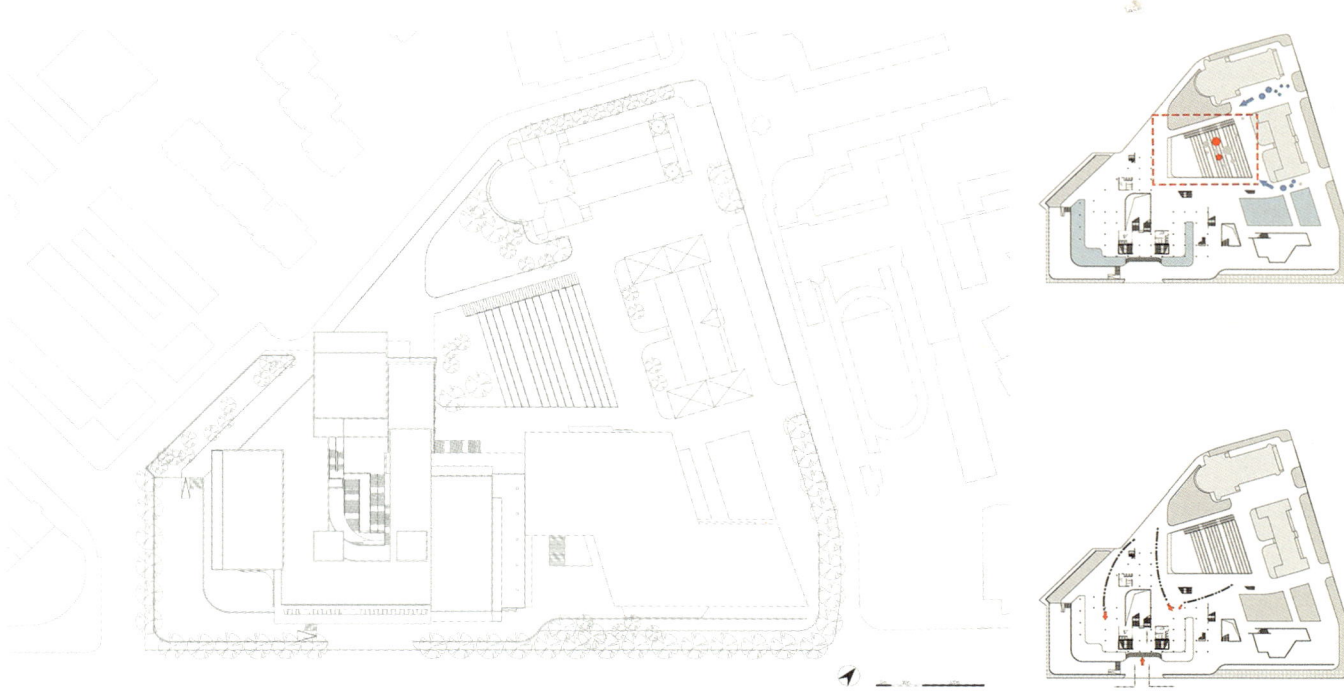

总平面图

061

建筑布局

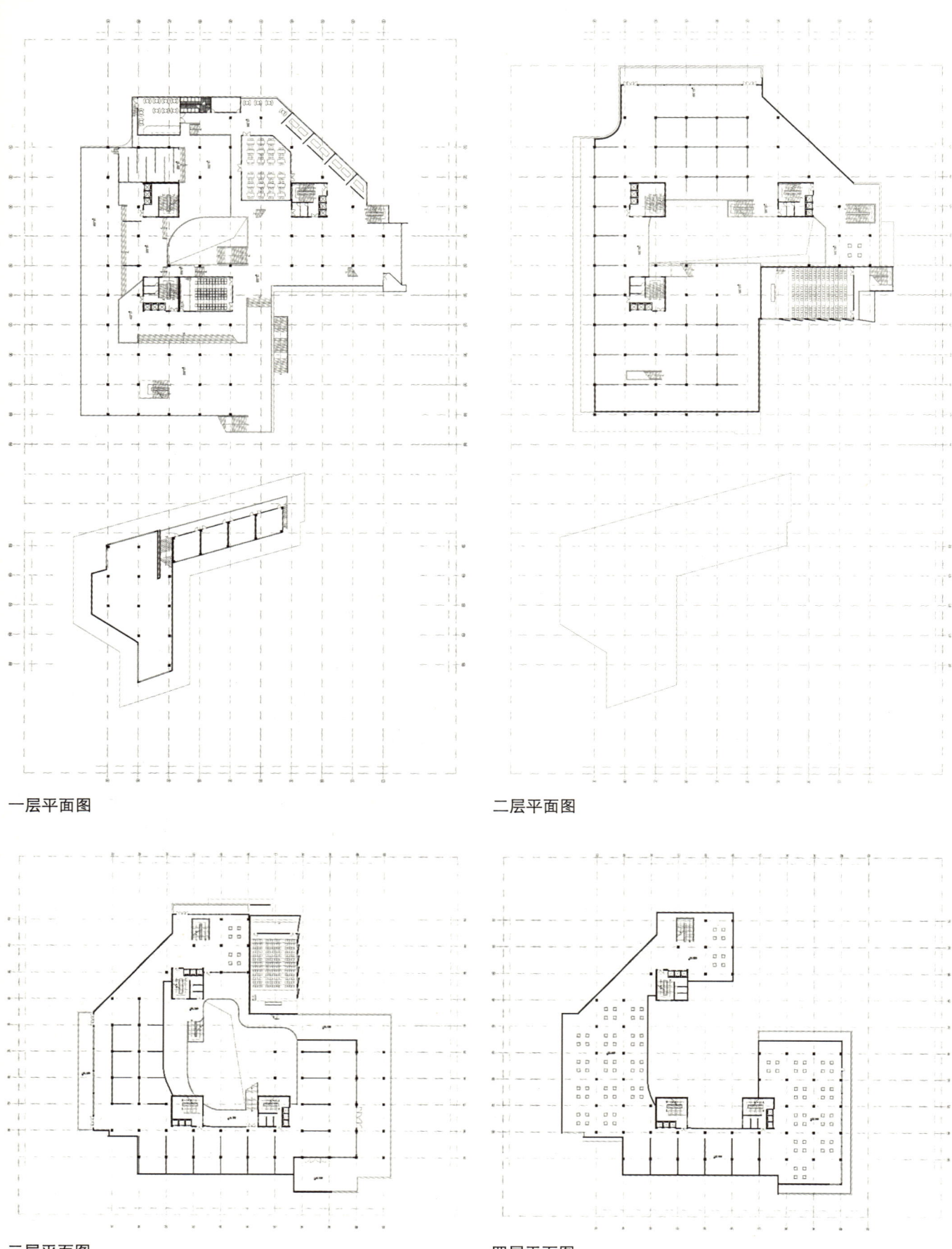

一层平面图

二层平面图

三层平面图

四层平面图

构造示意图

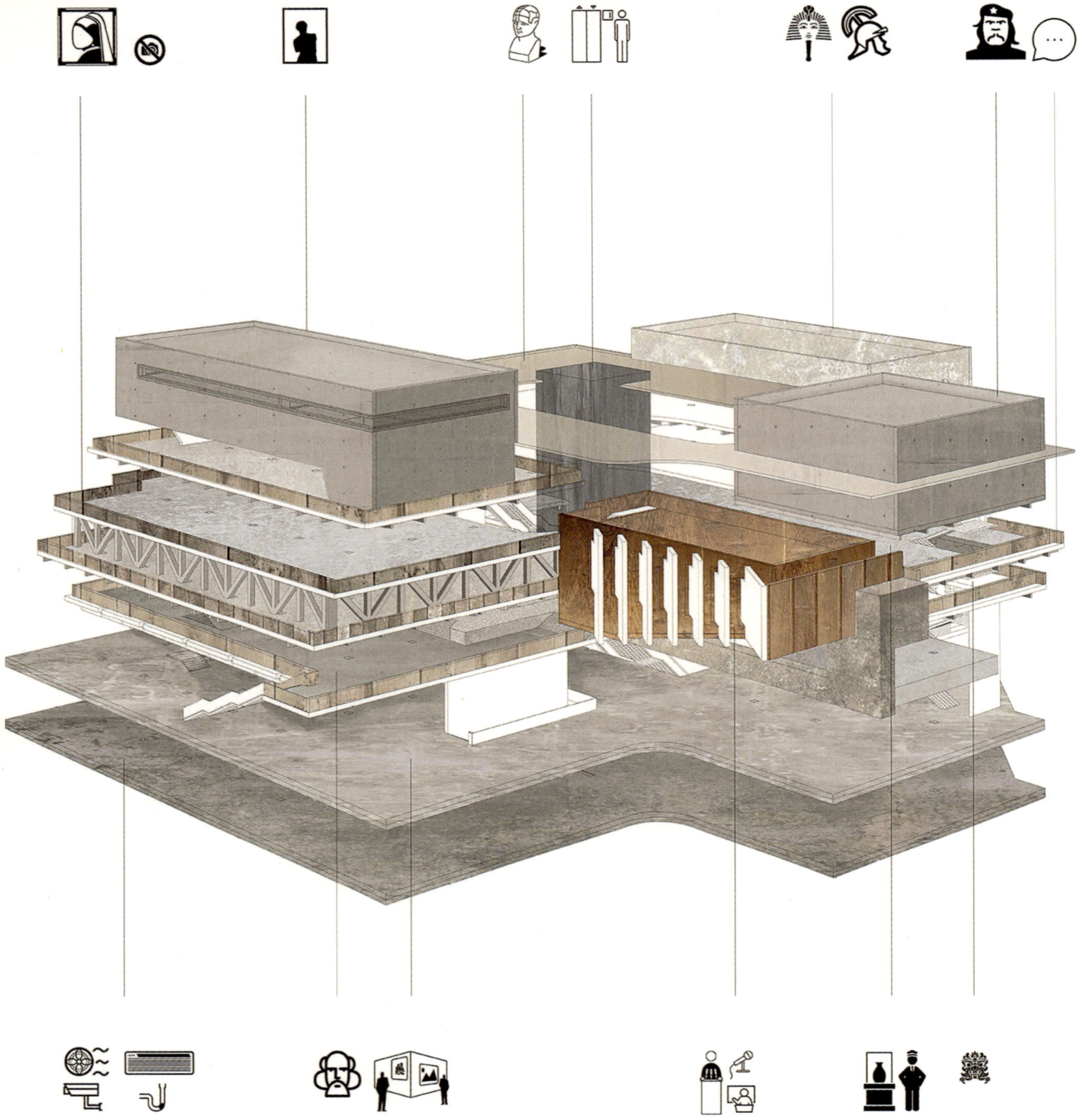

功能分区示意图

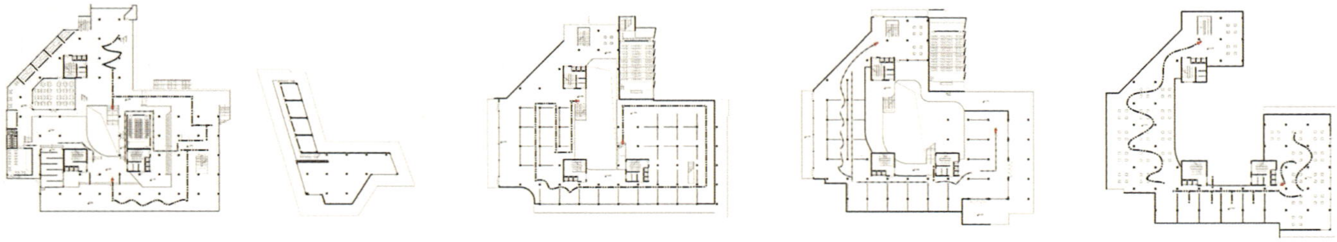

展览流线示意图

竖向设计

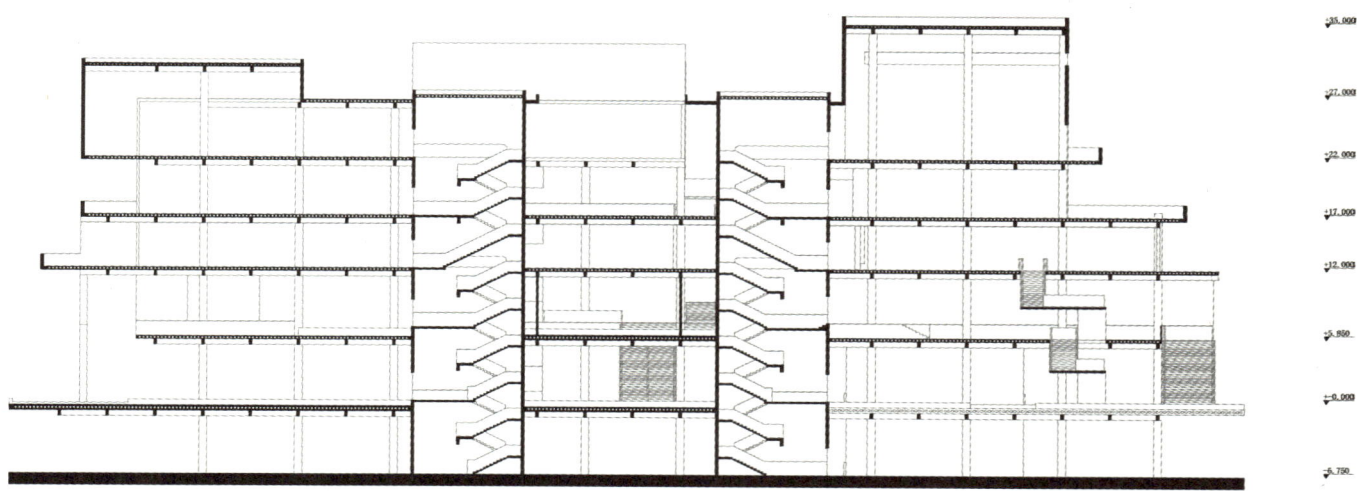

A-A 剖面图

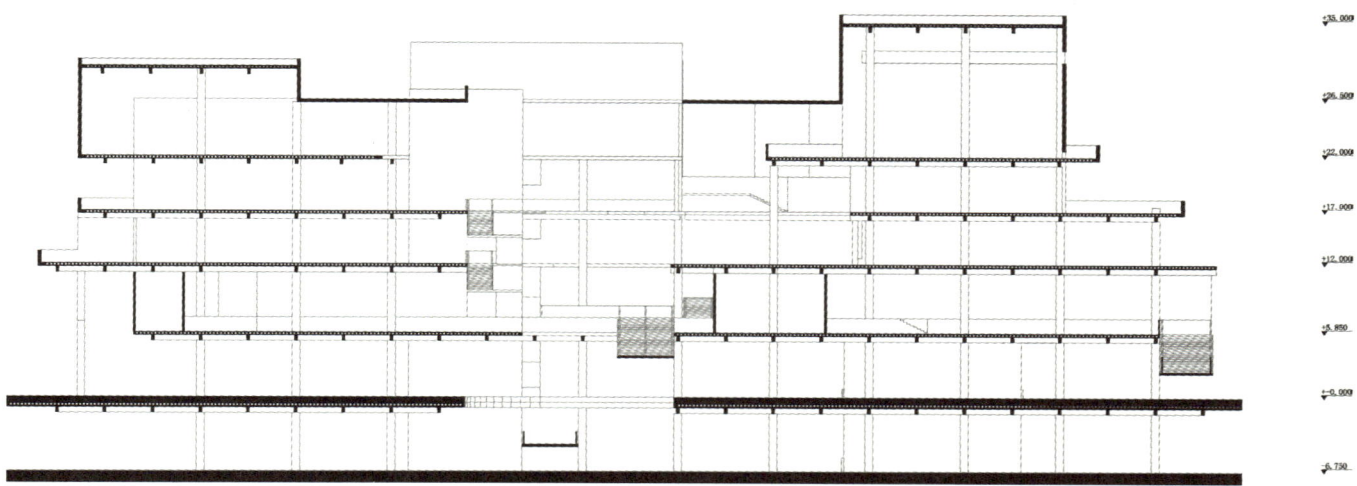

B-B 剖面图

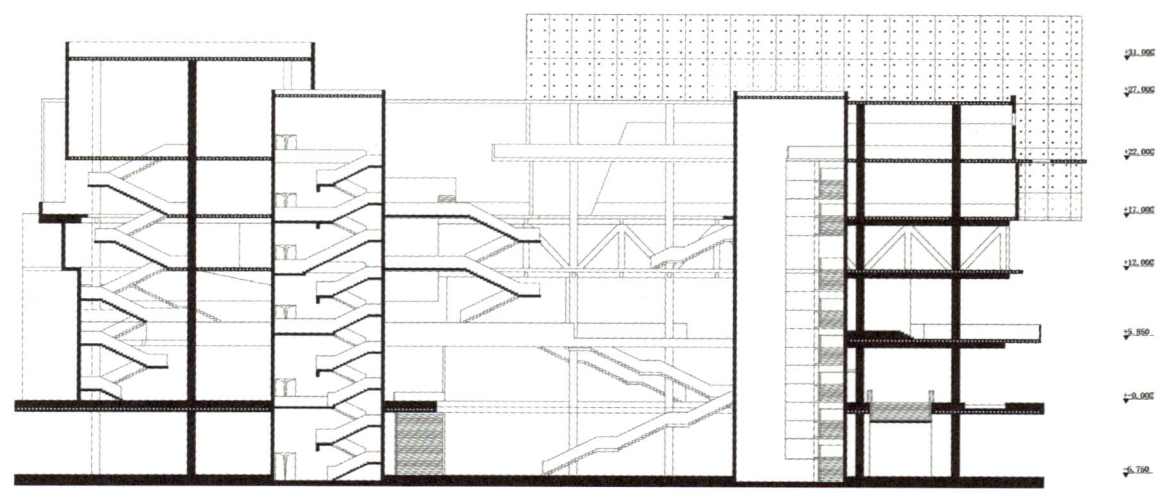

C-C 剖面图

剖面示意图

细部设计

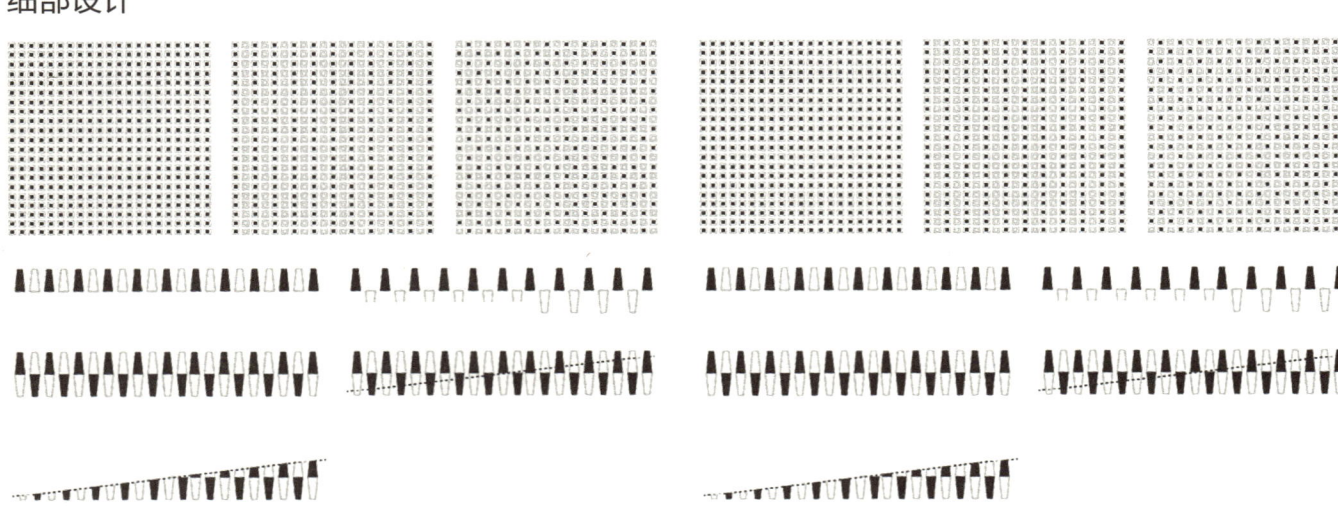

模型展示

体块模型1

体块模型2　　　　　　　　　　　构造模型

效果图展示

水与建筑——迈泽西洛什桥屋建筑及景观设计
Water and Architecture – Bridge House in Mezoszilas

学　　生：蕾娜朵（Renata Borbas）
学　　号：BD5524347
学　　校：匈牙利佩奇大学

The keywords of the semester for the final project is water and architecture. These are the leading words of our diploma. And after them you can see my answers for the keywords, for water– bridge, for architecture – bridge house.

我的毕业设计和论文的关键词是"水与建筑"。在毕业设计与论文中，我对水与桥的关系、建筑与桥的关系进行了探究。

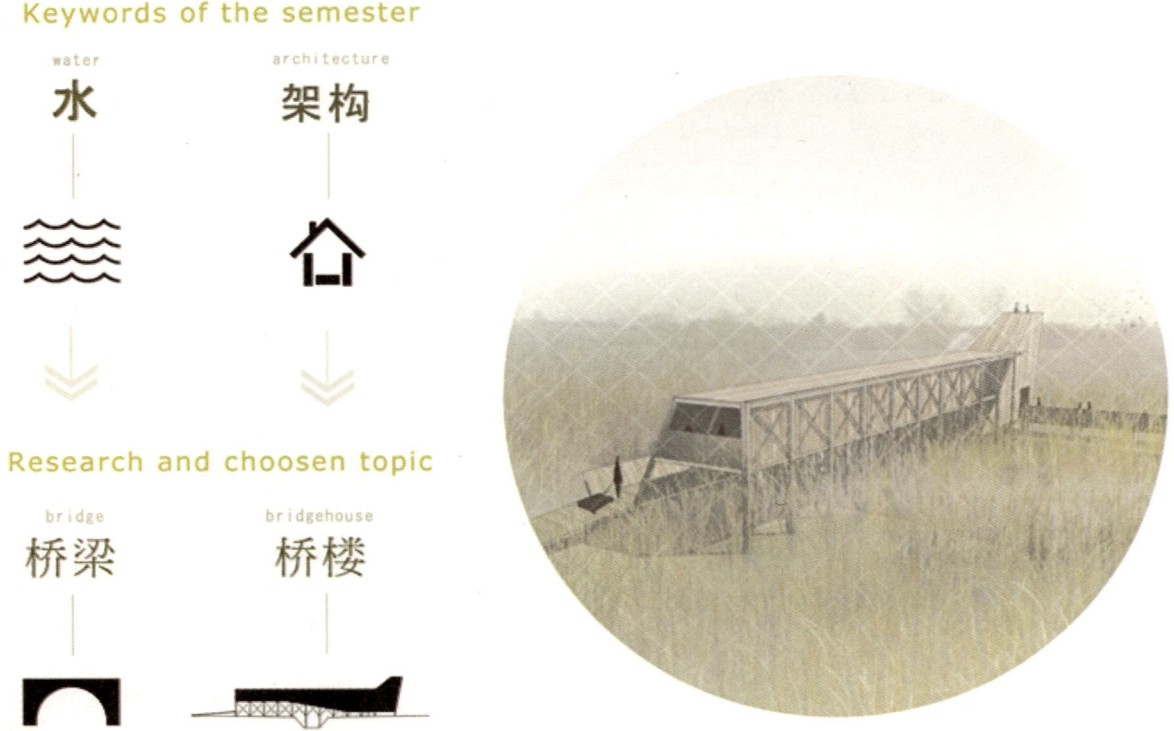

My home village Mezoszilas has a tiny creek, called Bozót- creek (Thicket- creek). This creek is running parallel with the main road number 64. The photos present the status of the bridge in February. During the rainy time the water bloats and comes out from its bed. So the keywords inspirited me to design a new bridge for the inhabitants. Luckily the area has a very special atmosphere. It's became a river protected area by Duna-Ipoly National Park. So next to the bridge I decided to plan a view point and an exhibition space as well. The visitors can make a circle around here, and spend free time here.

我的家乡迈泽西洛什有一条小溪，这条小溪与匈牙利的64号国道平行。这张照片是在2月份调研时拍摄的，我们可以看到这座桥的现状以及周边环境现状。由于2月属于雨季，溪水溢出河道，桥面无法通行。这启发我想要为当地居民设计一座新的桥梁。同时，该地区拥有非常美丽的自然环境和特殊的地理位置，因为这条小河刚好经过多瑙河国家公园，所以这片区域属于国家级河流保护区。于是，我决定在将要新建的桥梁的周边做一片整体景观设计，其中包括观景台和展览馆。游客可以在这里参观、游览、享受他们的休闲时光。

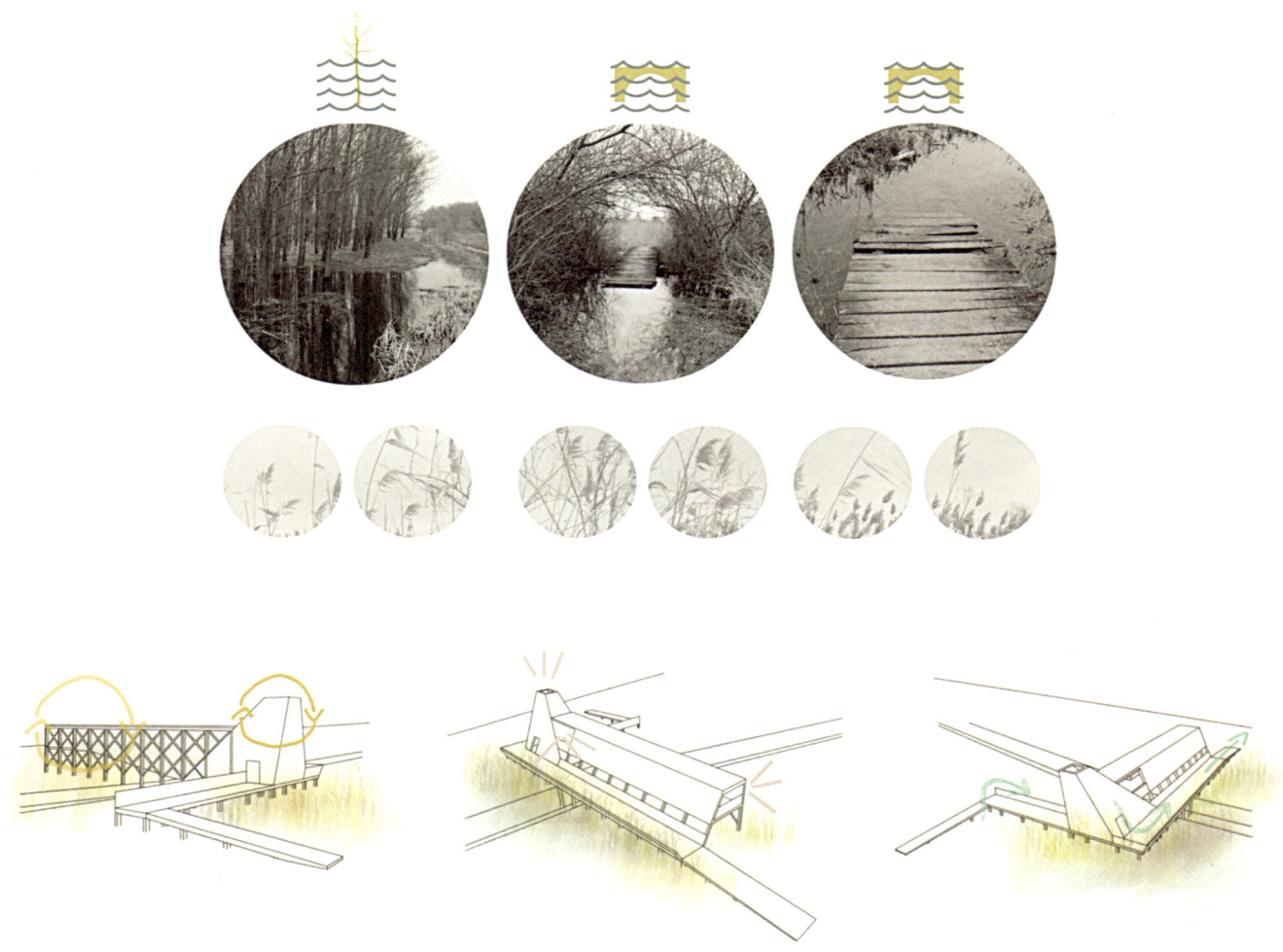

The concept of the building. The main function is the bridge and after the rest. They complement each other. At the middle I wished to show the main 'holes' of the building, two of them at the endings, and one is in the middle. And last picture is the walkway of the bridge. I kept the original way of it, from one case because of the landfill, and the other reason is to keep the connection between old and new.

建筑理念：建筑的主要功能是桥梁，同时又与其他次要功能相得益彰。中间这张图片展示的是建筑的三个主要"开口"，一个位于桥梁的中间部分，另外两个分别位于桥的两端。最后一个画面是大桥的人行道。我沿用了旧桥的原有位置，一是因为目前这片区域已经利用垃圾填埋的方式铺平了原有的沼泽地，二是我想要保持新老区域之间的联系。

1.
Bridge over the Church
2.
Bridge in the Centrum
(?)
3.
Békapest bridge

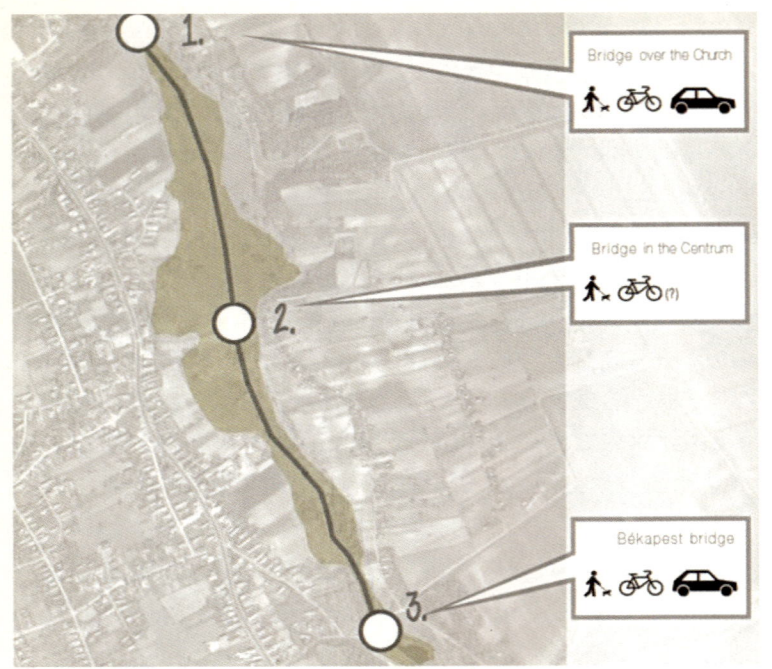

Here you can see the locations of the 3 bridges in the villages. 2 of them can be used by car and foot as well, but at the middle can be used only by foot. This is the location of my project. It is in the village centre, the most close to the public functions. If this problem could be fixed, so many people would have easier situations. On the left side I wished to create like a list of the permanent resident animals of the surrounding. This area is very important to them, but very important to the migratory animals as well. In this region of Hungary there is not so much water, and this place is ideal place to take a rest for the animals who are crossing here.

我们可以看到目前有3座桥横跨这条小溪：其中两座可以通车和行人，而中间的一座只能步行。但它刚好是最常用且最重要的桥梁。这是我项目的选址，它位于迈泽西洛什市的中心位置，是当地居民最常用的桥梁。如果翻新这座桥，将为当地居民的生活带来非常大的便利。我对这片区域的野生动物做了统计调研，自然环境对迁徙性动物来说，具有重要的影响。因为这片区域的溪水很少泛滥，所以这里是迁徙动物理想的中途栖息地。

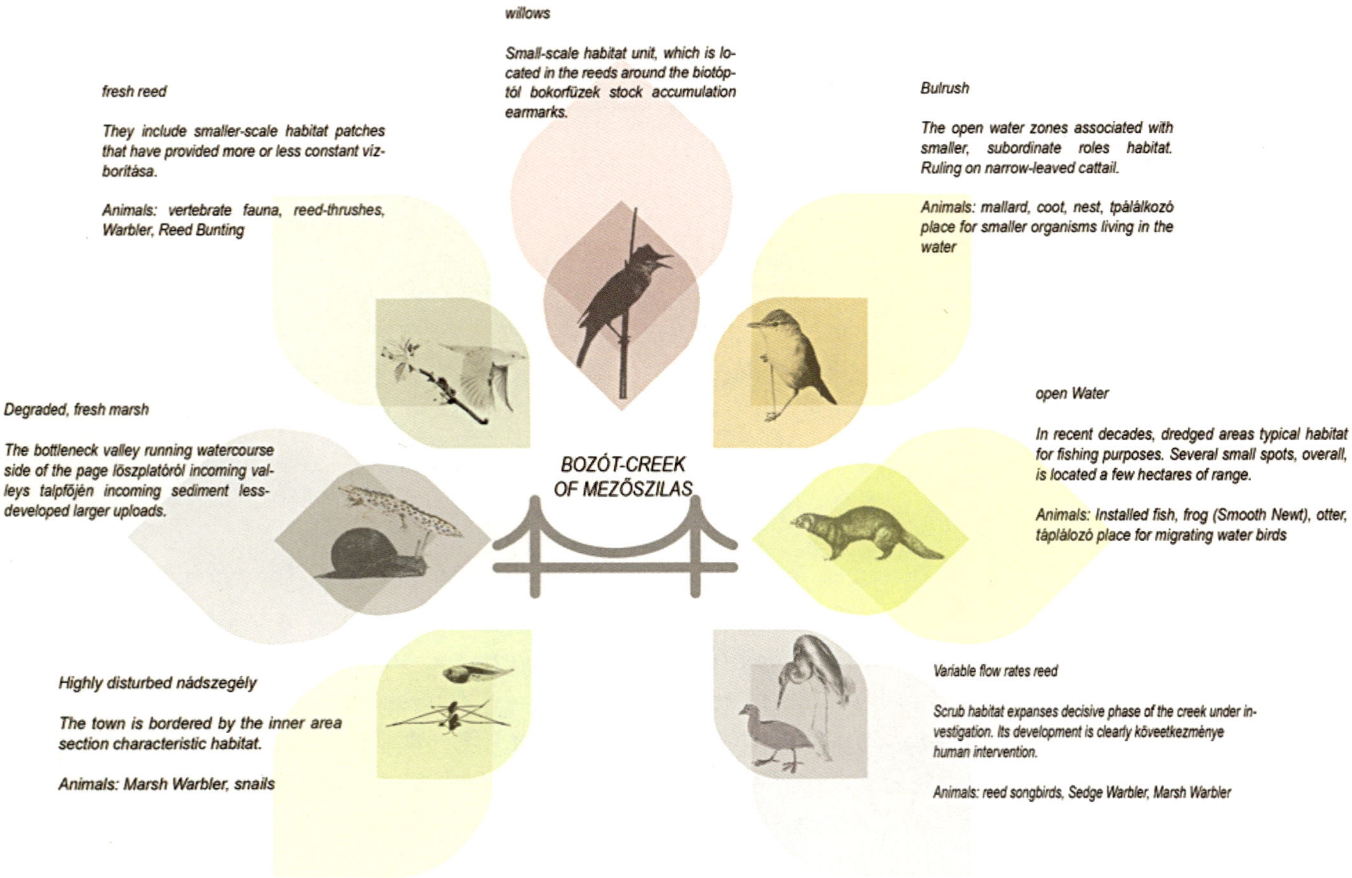

willows
Small-scale habitat unit, which is located in the reeds around the biotóptól bokorfüzek stock accumulation earmarks.
fresh reed
They include smaller-scale habitat patches that have provided more or less constant vízborítása.
Animals: vertebrate fauna, reed-thrushes, Warbler, Reed Bunting
Bulrush
The open water zones associated with smaller, subordinate roles habitat. Ruling on narrow-leaved cattail.
Animals: mallard, coot, nest, tpàlálkozó place for smaller organisms living in the water
Degraded, fresh marsh
The bottleneck valley running watercourse side of the page löszplatóról incoming valleys talpfőjén incoming sediment less-developed larger uploads.
BOZÓT-CREEK
OF MEZŐSZILAS
open Water
In recent decades, dredged areas typical habitat for fishing purposes. Several small spots, overall, is located a few hectares of range.
Animals: Installed fish, frog (Smooth Newt), otter, táplálozó place for migrating water birds
Highly disturbed nádszegély
The town is bordered by the inner area section characteristic habitat.
Animals: Marsh Warbler, snails
Variable flow rates reed
Scrub habitat expanses decisive phase of the creek under investigation. Its development is clearly köveetkezménye human intervention.
Animals: reed songbirds, Sedge Warbler, Marsh Warbler

The site plan of the project. As I noted before, I kept the walkway of the area and a place of the old bridge. Next to the main road there is a free parking area, I planned a small receptions house there, with a public toilet and bike locker.

总平面图：正如我前面提到的，我保留了该区域的人行道和旧桥。主路的旁边是一片免费停车场，停车场内的休息站设有公共厕所和停放自行车的地方。

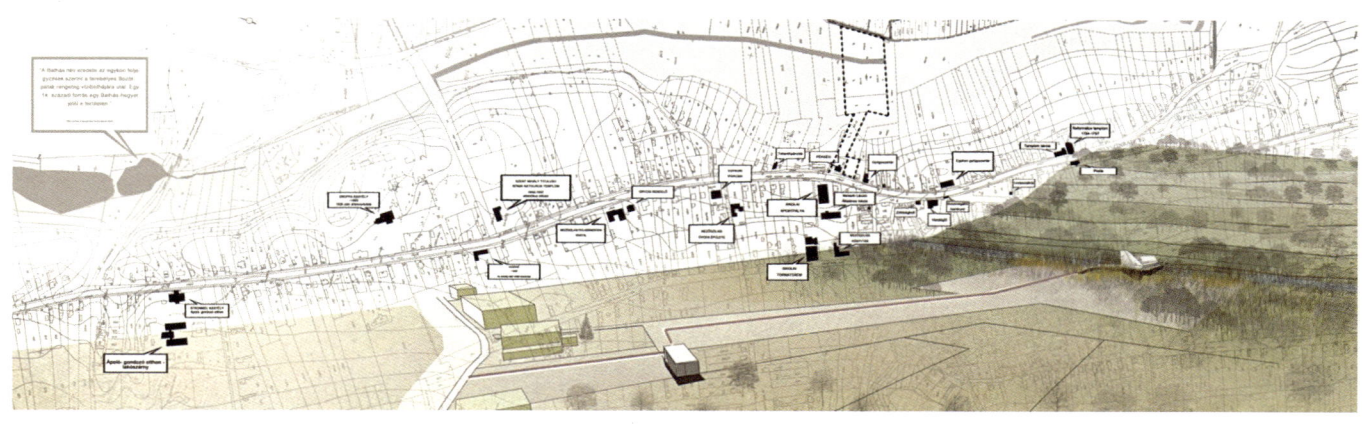

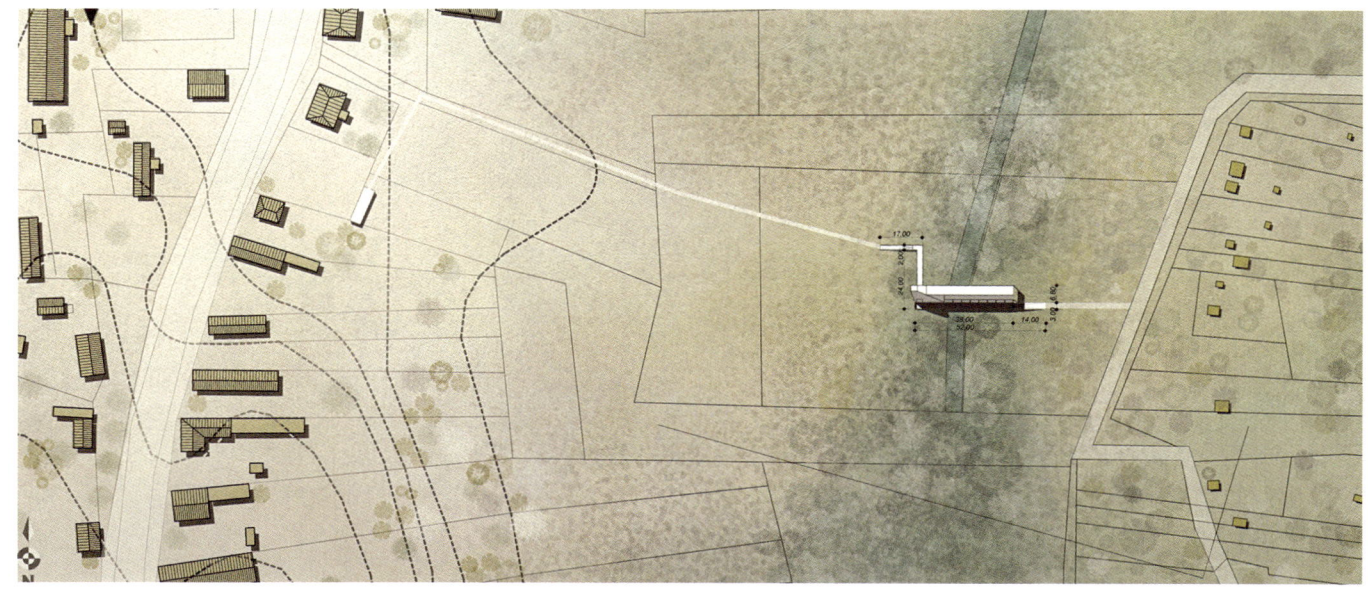

071

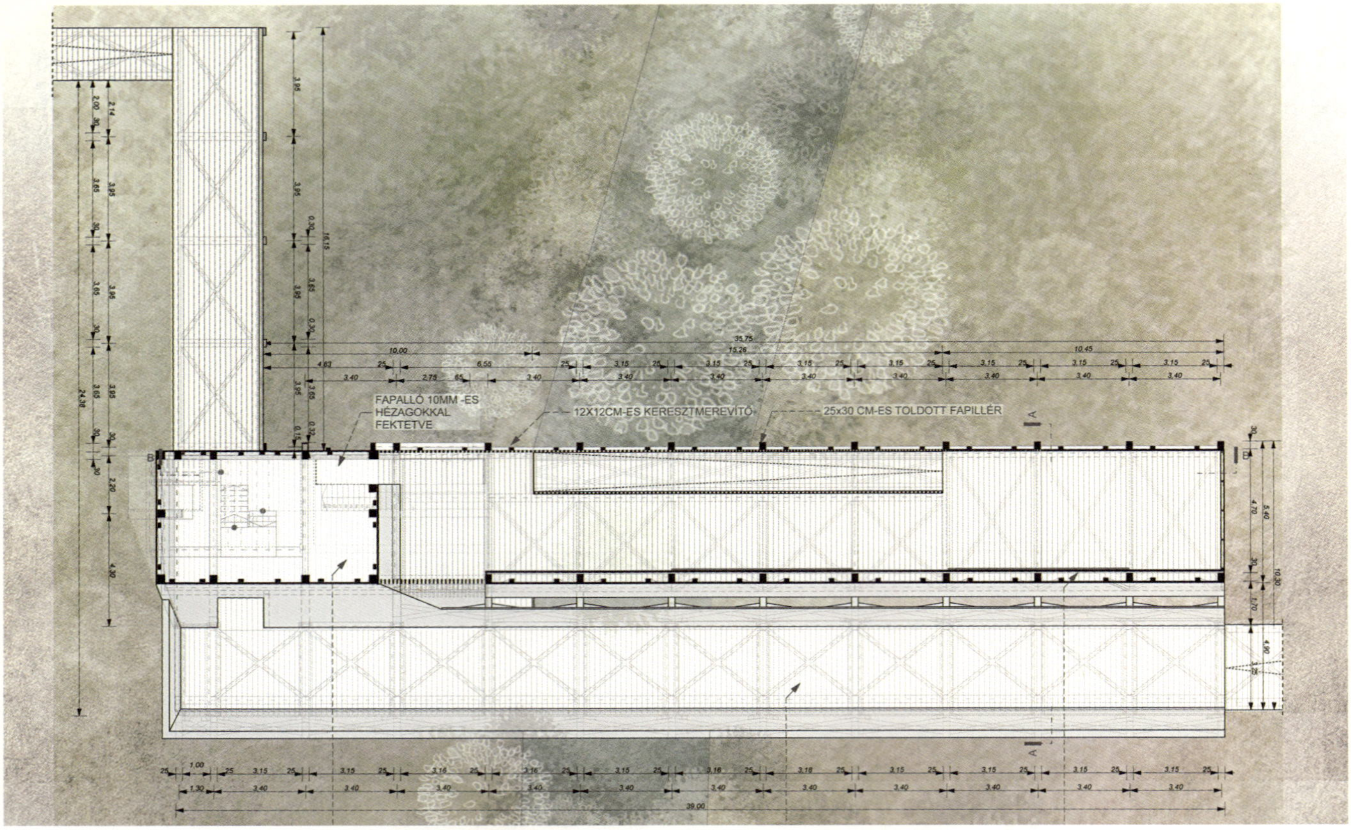

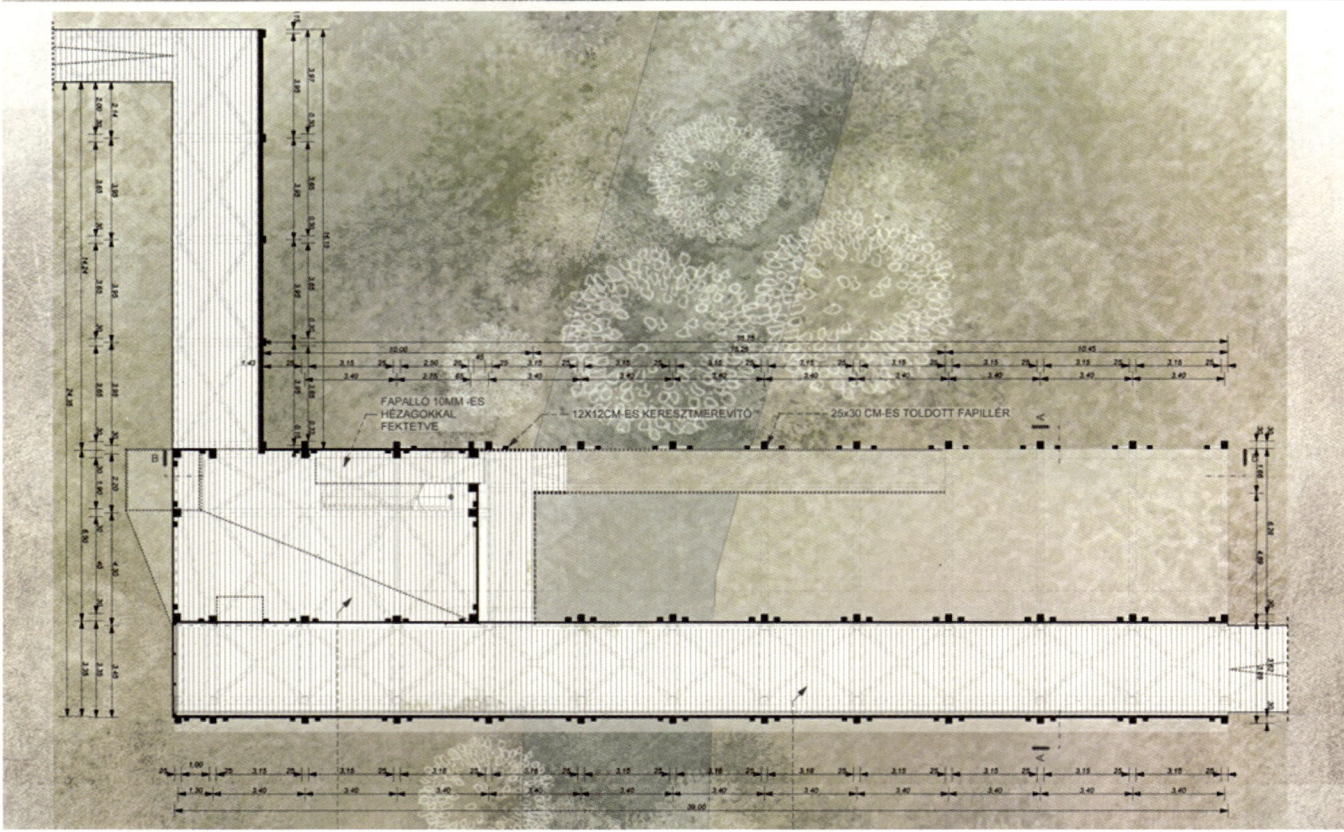

The starts of the view point and the way of the bridge. It is quite simple. The ramp leads to the exhibition space. Next the exhibition space is visible, we can approach it from the ground floor and from the staircase as well.

一层平面图：通过一个小斜坡可以进入二层展厅，从一层通道的斜坡或观景台的楼梯都可以到达二层。

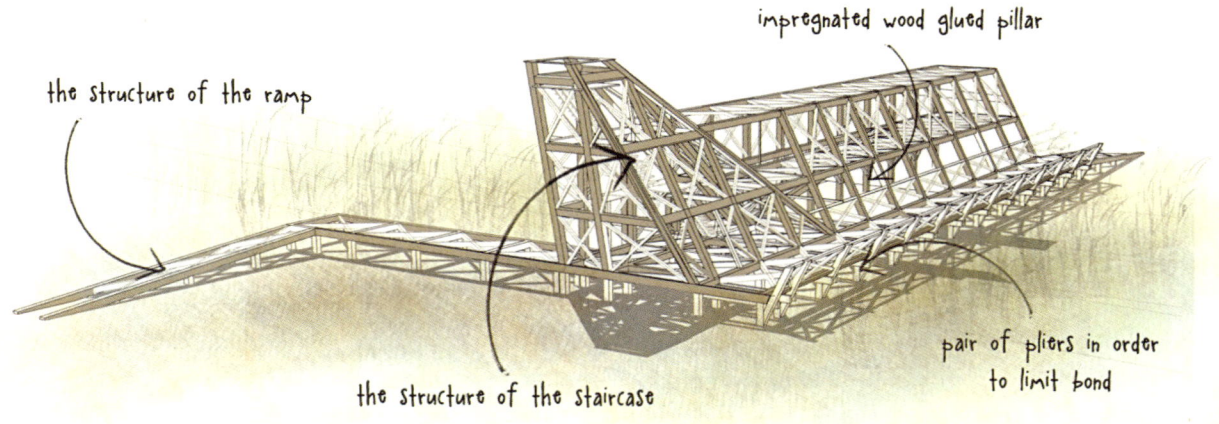

The structure of the building. It is a wood skeleton, which is braced by St Andrew's crosses. The main skeletons beam are 25/30 cm. The drainage is placed between 2 material lines on the facades with 4% slope.

建筑物的内部结构示意：它是由木结构搭建而成的，中间用圣安德鲁十字架来支撑。主结构的框架是25/30厘米。顶面有4%坡度用来排水，在中间的位置还有集水排水装置。

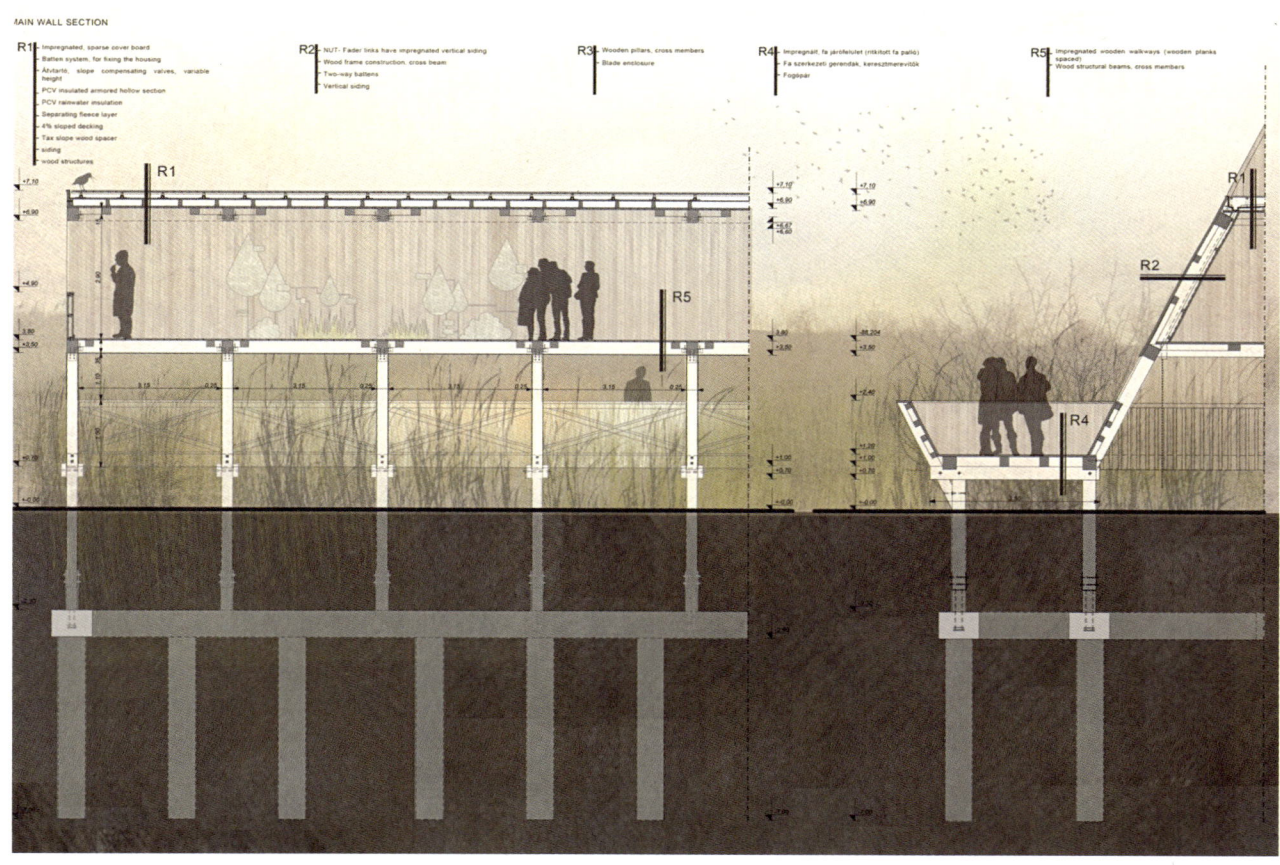

Here you can see the sections of the building. I had to analyze the foundations, because this area is swampy. I have got a geotechnical surveys from the village and check: the most deep of the foundation is 7 meters, it has to reach solid ground. On the reinforced concrete grid the wooden skeleton is standing. The material is wooden siding which connects with Nut–Feder connection to each other.

剖面图：由于这片区域是沼泽地，所以分析地基的土质情况尤为重要。通过到当地的有关部分和实地考察，我对这片区域的岩土进行了深入的调研，并实地验证我的调研结果：最深的基础须达到7米，结构必须建立在地下的硬土层之上，并与其他结构相互连接。

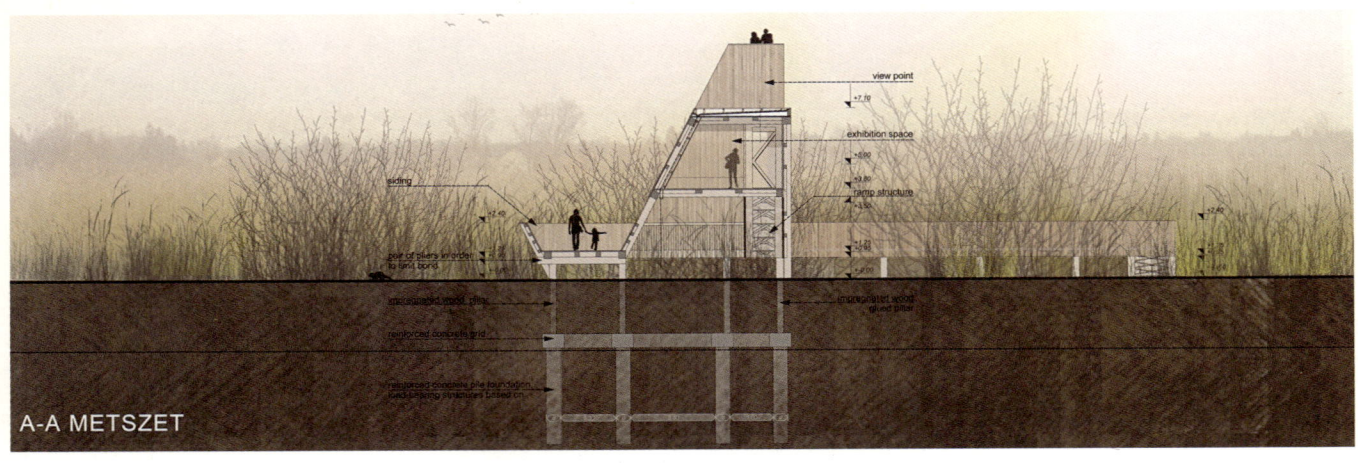

A-A METSZET

Next the main wall section in bigger scales. In the interior I tried to create a very sensitive visualization of the exhibition about the surrounding, to keep the silent and quiet space. On the wall some shame graphics analyze the animals of the area. It is more a space which allows to inspect to the nature.

展厅和观景台的局部剖面图：室内以视觉化的形式展示有关周边自然环境的科普展，展厅是一个十分安静的空间。墙壁上展示一些本区域内濒危动物的介绍。它更是一个审视自然的空间。

The facades. The shape of the windblown reed inspirited me in the siluett of the viewpoint. All of the material is impregnated wood to save the wood in good condition.

外墙：我的设计灵感来源于风中摆动的芦苇，所以立面材料选取与其相似的防腐木材，使之与自然融为一体。

This visualization shows the perspective from the main road direction. It could be a sign, like a flag from the reed, the flag of the bridge.

从主路方向看过去的效果图：它可以作为这座桥的一个标志，如同一面芦苇丛中的旗帜。

Visualizations of the interiors.
室内部分的效果图

Visualizations of the staircase of the view point (with railing in the real)。

观景台的建筑内部：出于对安全的考虑，在实际施工时楼梯是带扶栏的。

清华大学校医院改造项目
Tsinghua University Hospital Reconstruction Project

学　　生：杨嘉惠
学　　号：131005426
学　　校：清华大学美术学院

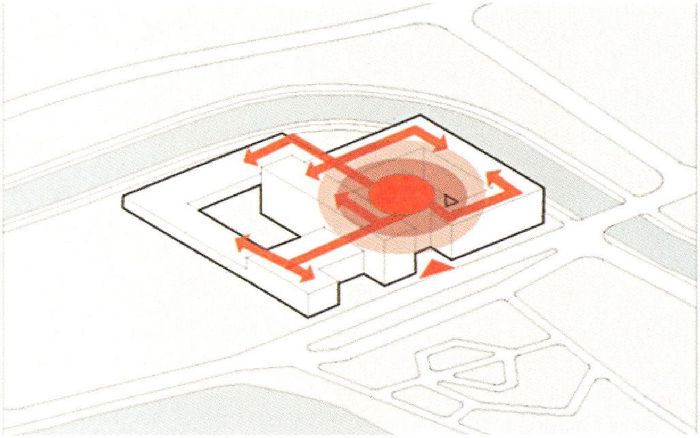

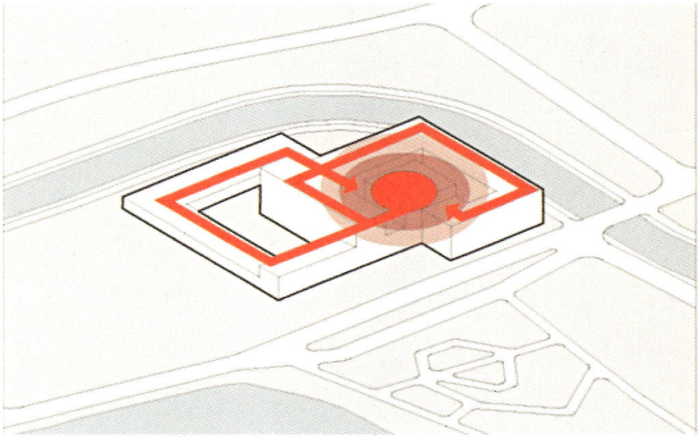

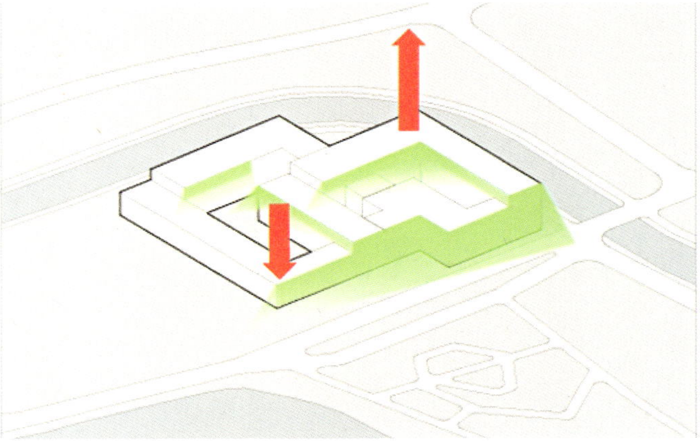

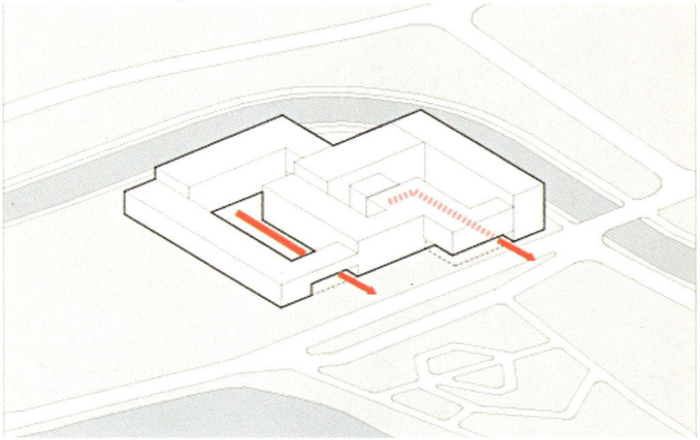

平面布局上，与原本的线性走廊不同，在校医院改造任务中争取将原建筑的末端相互连接形成环形的循环系统。明亮和环状的建筑构造是创造健康和舒适的重要元素，"建筑也能治病"的判断已经得到证实。

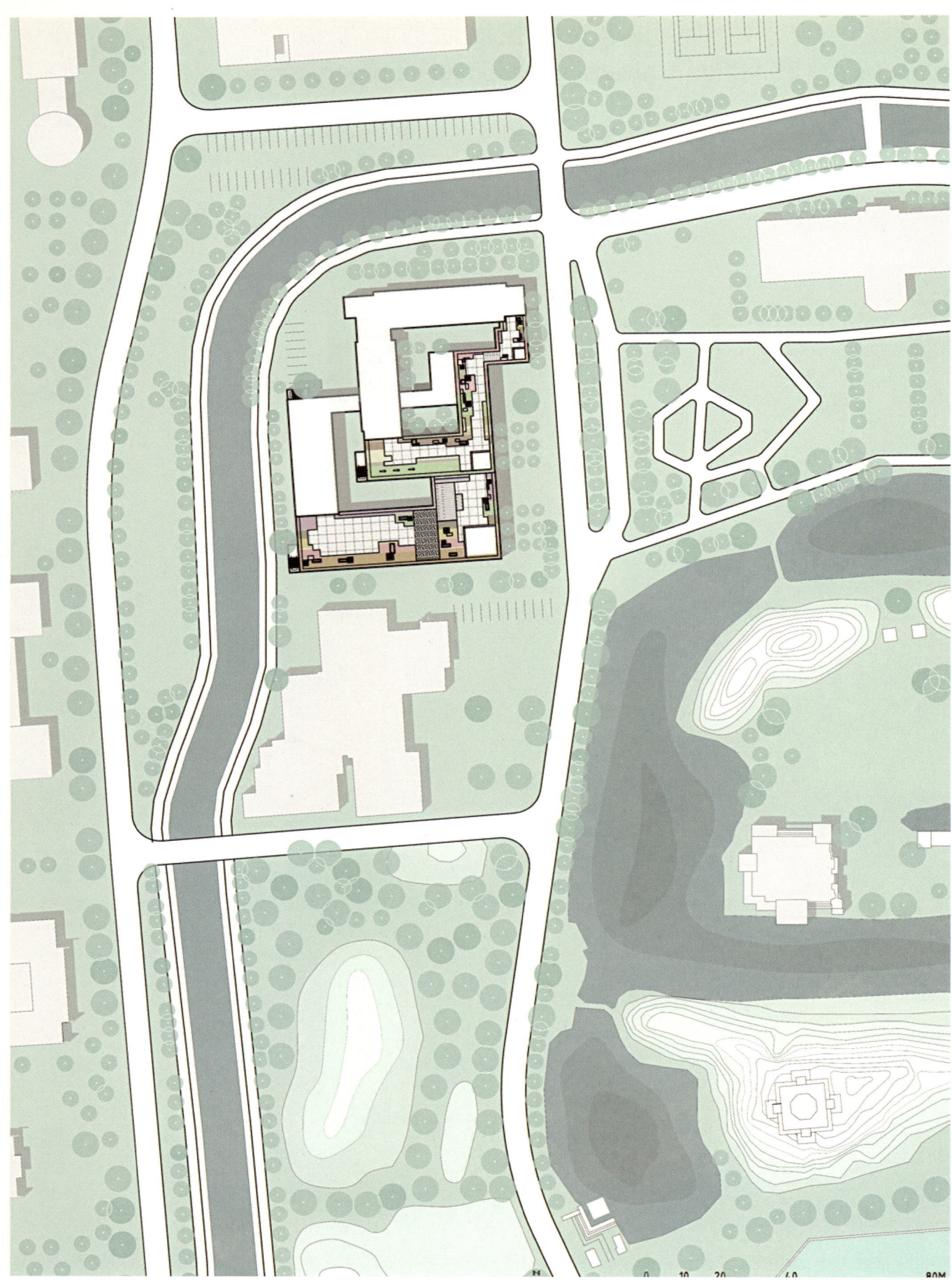

场地位于清华大学校园内的老建筑区，周边建筑有明显的时代风格，建筑周边自然环境优美且有一定历史文化，建筑使用者大部分为清华大学教职工及家属，是清华大学社区内部的公共场所。

校医院所处地块位于清华的著名景点荷塘月色的建筑圈中，有浓厚的人文气息与良好的绿色景观。荷塘月色是清华社区中最大的公共休闲中心，荷塘周边的建筑都在建筑朝向以及入口的设计中努力寻找与荷塘的关系。校医院位于荷塘月色的西北角，被清华校河围绕。校医院建筑的东面是良好的观景位置。在校医院的改造中，我特别强调这种观景关系，并将观景的位置尽可能多地散布在整个建筑中。

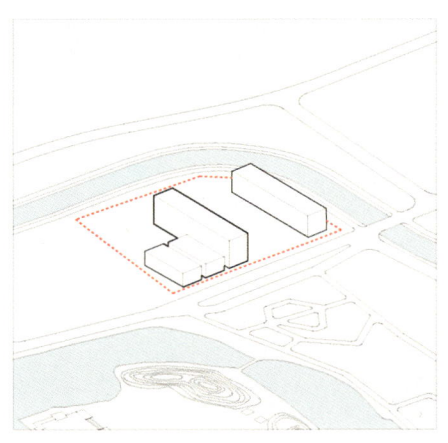
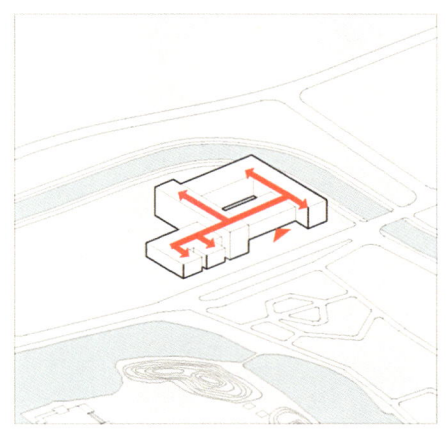
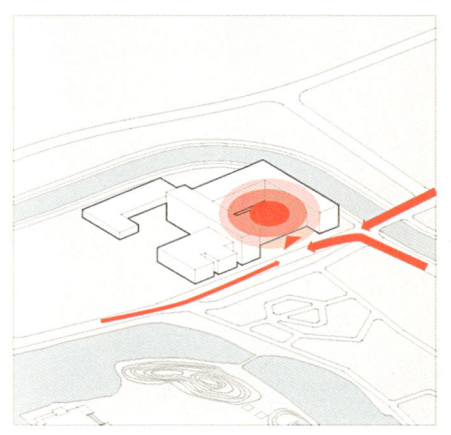

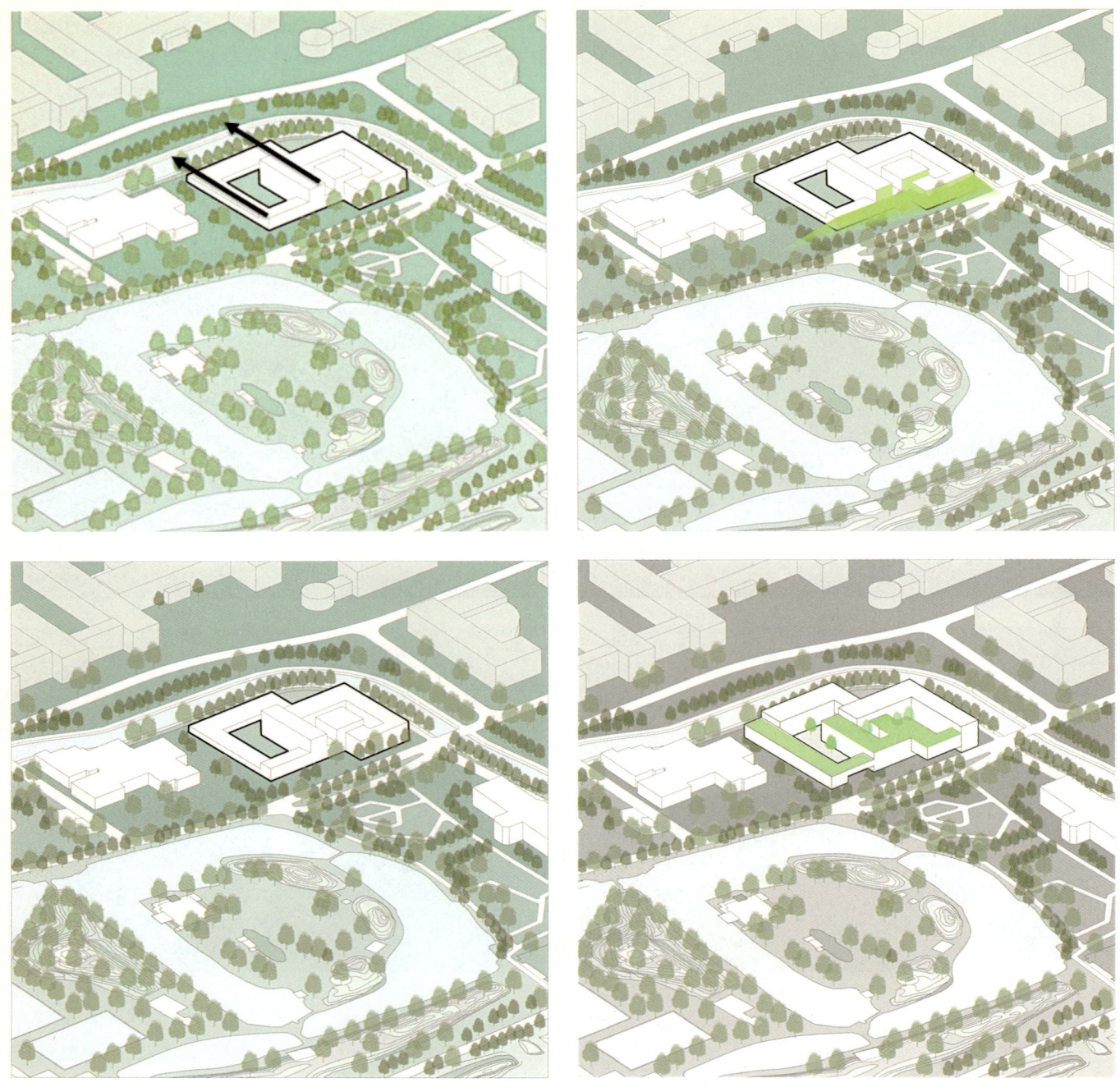

　　校医院作为社区生活的组成部分，应该与周边建筑及环境相融合，以"健康中心"为概念的医疗建筑早在古代遗迹中就已经出现。在"健康中心"中，医生对于患者的病情只是起到一个引导的作用，激励病人，让病人产生对于痊愈的渴望和激情有助于病人更快地走出病房。研究表明，在有绿色植物的环境中的病人的痊愈速度比普通环境中的病人的痊愈速度快30%。所以，在校医院的改造中，我注重将校医院与周围的社区环境相交融并让患者在室内环境中感受到更多的绿色植物的生命气息。

一层平面图

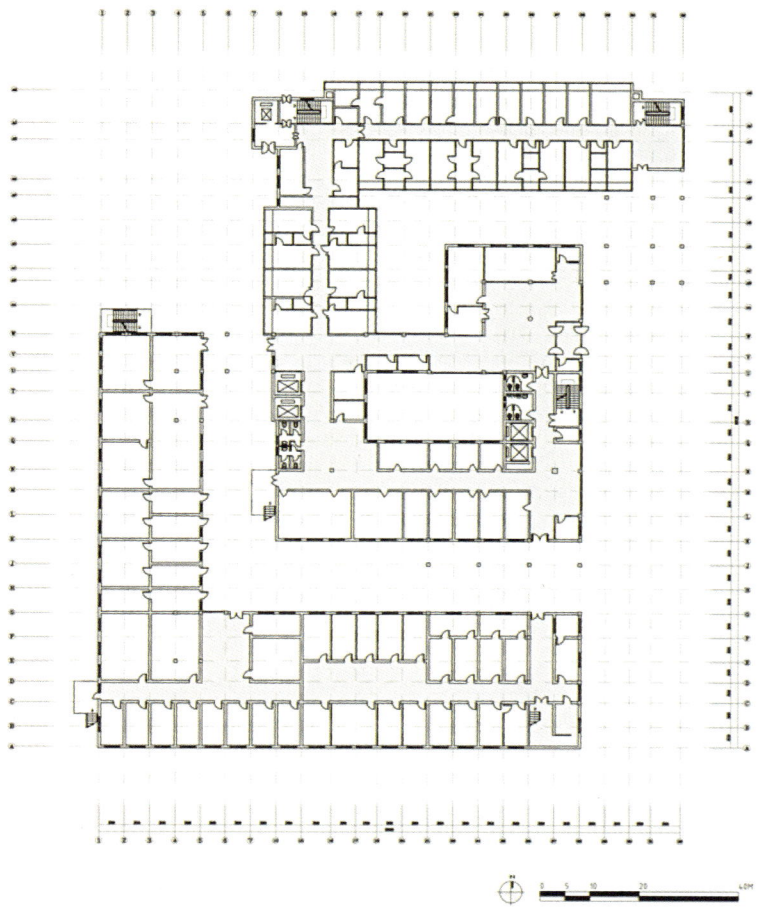

二层平面图

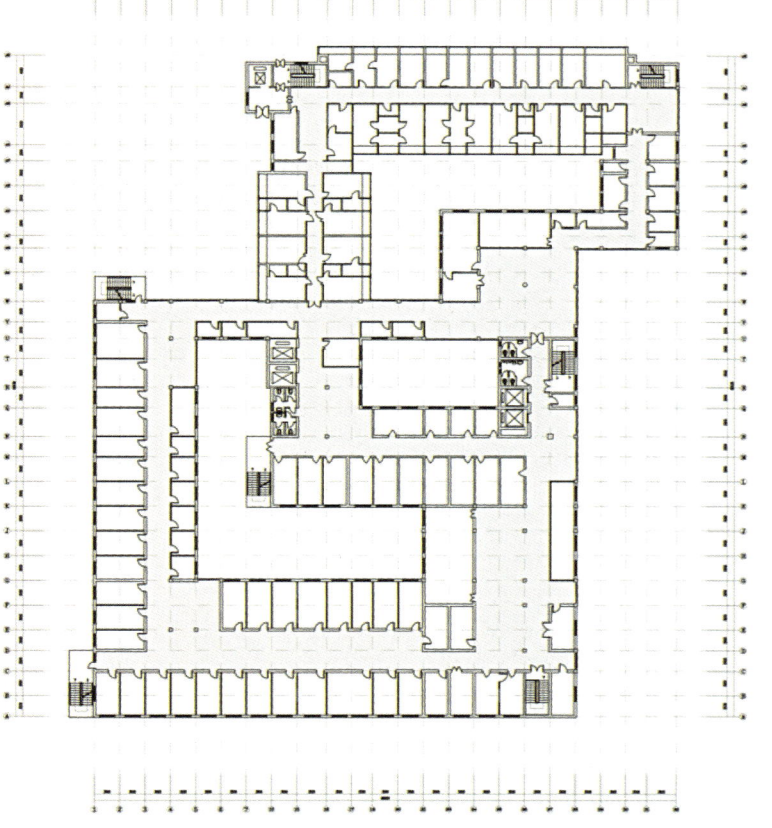

社会的进步以及人们文化水平的提高，使人们开始追求丰富而富有活力的生活，这也促成了城市的结构演变。这种演变的内容是街区氛围的生活化，它的演变过程是城市空间由原来的单一功能演变到复合功能的过程。

在社区医院中，治病效率的提高不意味着患者的就诊体验被忽视，校医院的改造中我着重关注于改善社区医院的冰冷和不尽人意，让患者在就医的过程中找到社区的归属感。

三层平面图

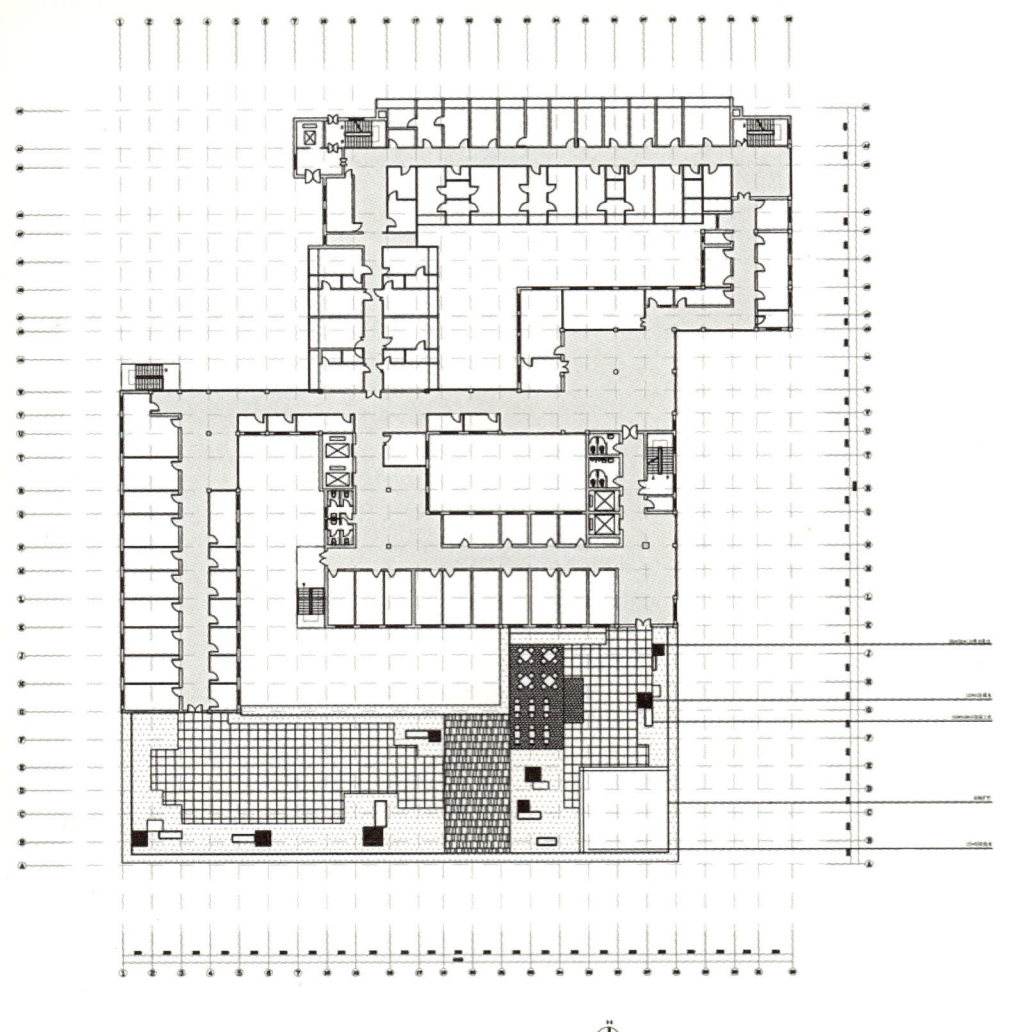

四层平面图

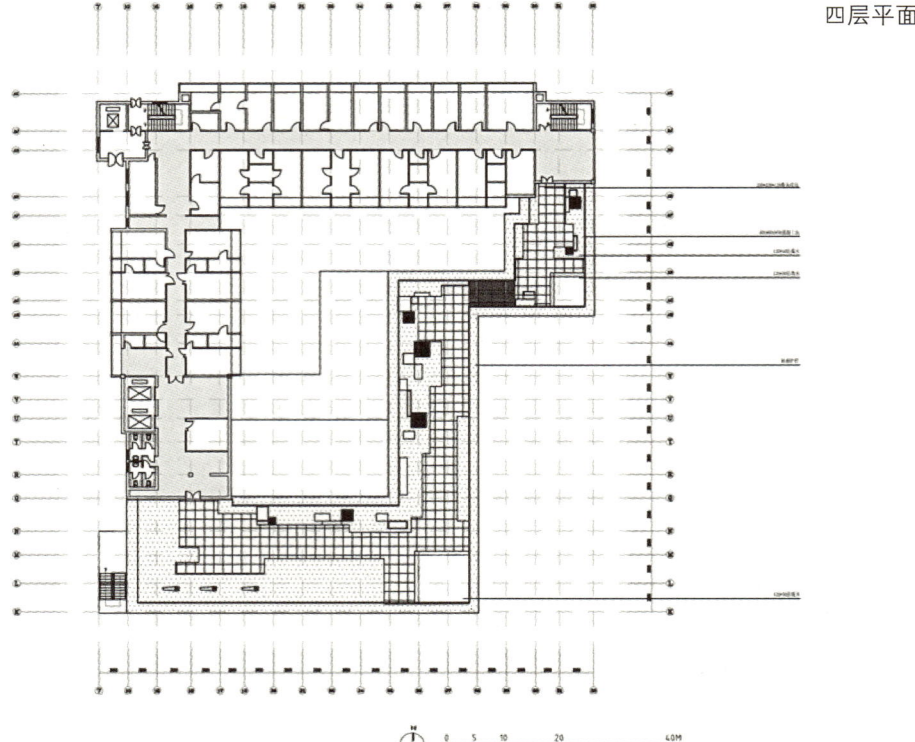

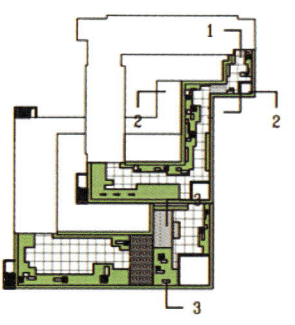
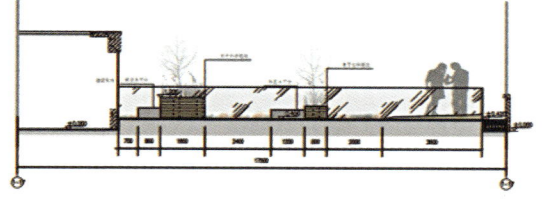

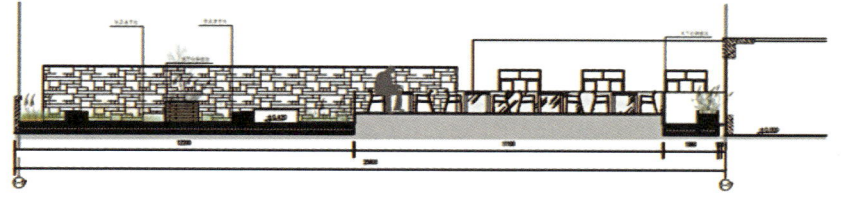

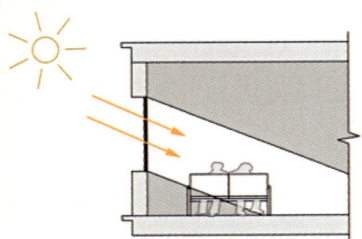
建筑东面等候区

改造前

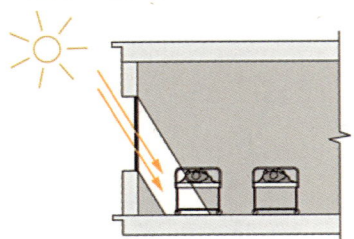
建筑北面病房

改造前

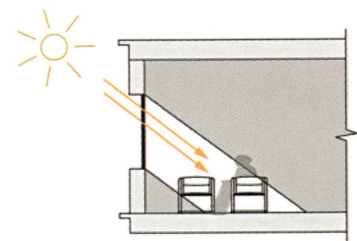
建筑南面候诊区

改造前

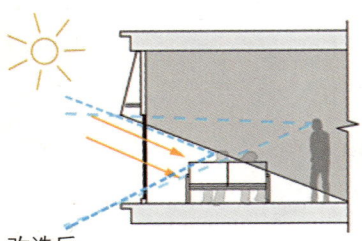
建筑东面等候区

改造后
使用者视线角度对于景观的关注

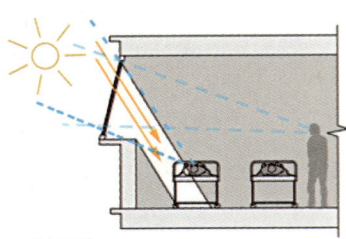
建筑北面病房

改造后
患者视线的丰富性提升

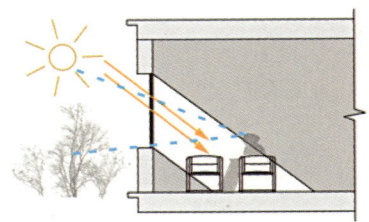
建筑南面候诊区

改造后
患者视线的丰富性提升

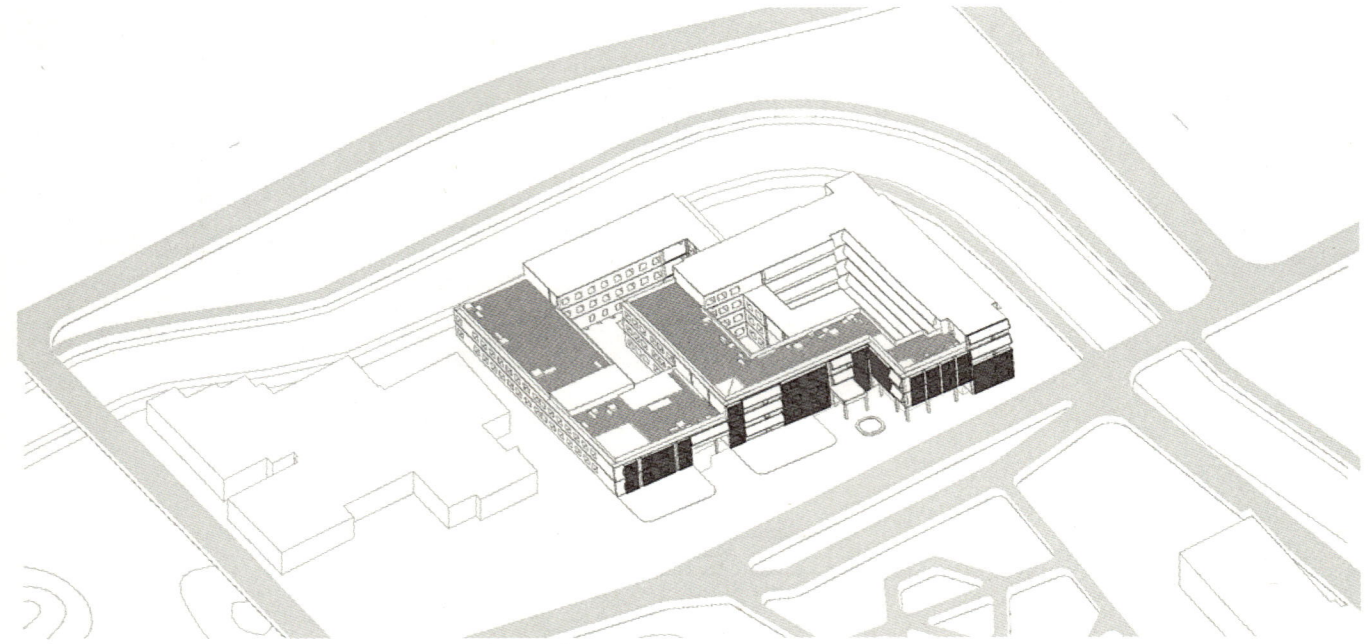

　　对于住院病人而言，改造后的病房，改变了自然光的照明方式。对于住院病人来说，病人的视线大部分时间的集中范围为顶棚以及病房的靠近顶部的墙体立面，而以往的病房设计并不注重这部分的设计，改造后，病房的自然光照明位于墙体立面的1400mm以上的高度并延伸至顶棚，病人可以透过开窗看见天空。勒·柯布西耶在威尼斯的一座医院的病房设计中，就不设置窗户，而是通过房顶的自然光进行照明，其设计意图在于激发病人走出病房，利用室外的游廊探索自然，欣赏城市风光。

　　对于候诊空间而言，除了大型集中的候诊空间外，改造后增设了许多小尺度的候诊空间。对于较为集中的大尺度候诊空间而言，设计者将其排布成可以间接观赏到户外荷塘的建筑东侧，并通过外立面的遮阳板辅助患者将视线集中于可以看见景色的下方，形成一个俯视的状态，并通过对该地全年太阳高度角的均值的计算调整遮阳板的角度，让候诊的患者有一个最佳的观景状态。

　　门诊病人的候诊空间与室外的阳光以及绿色景观产生联系，每个候诊空间都可以直接观赏到户外景观从而减缓病人的焦虑情绪。

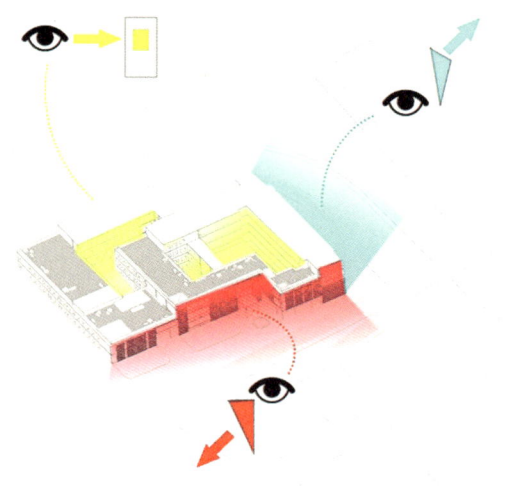

就医过程与就医流程有本质的区别，就医过程的涵盖面更广，它包括了患者在就医流程中的人、事、物，也包含了环境。

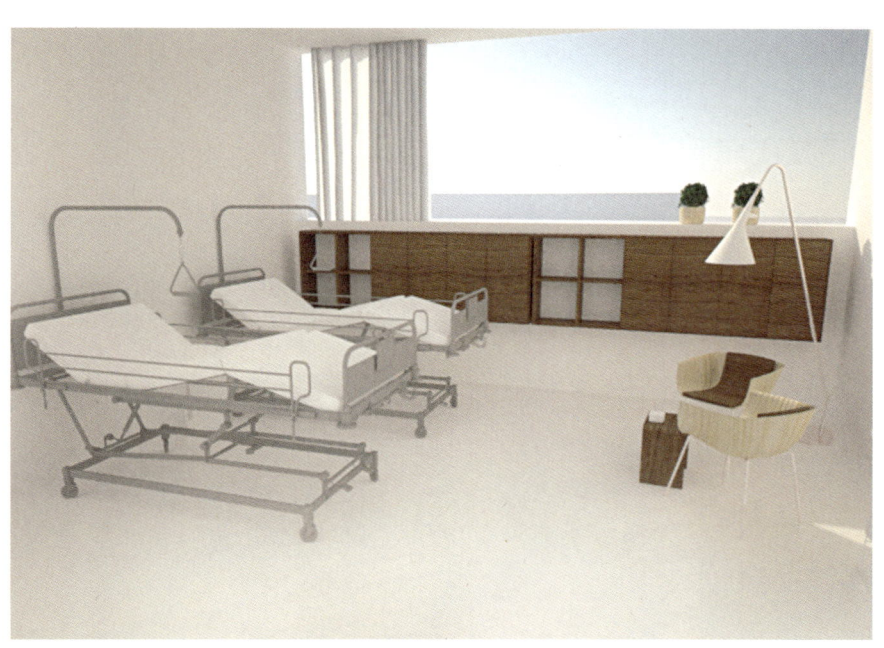

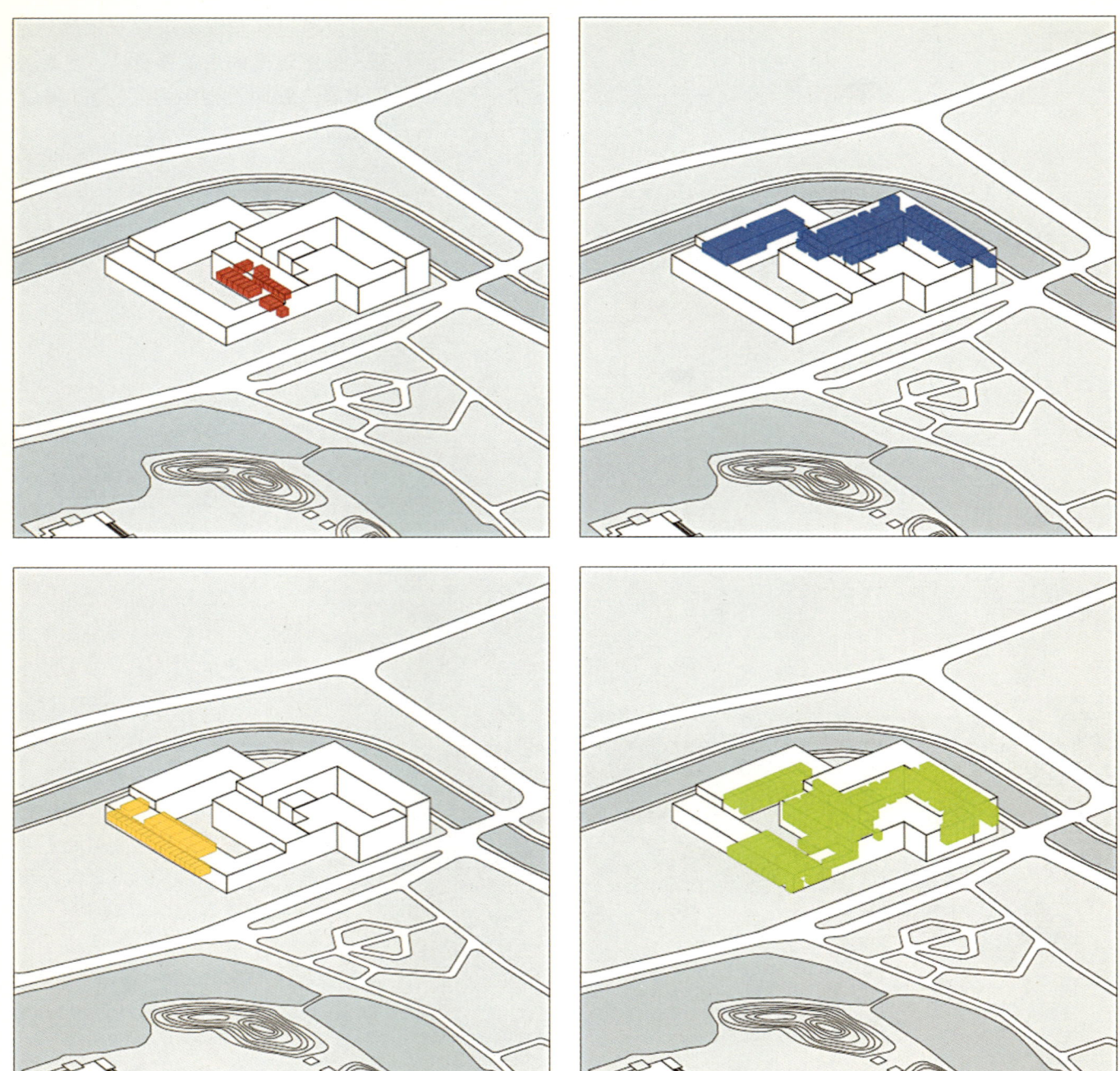

　　就急诊科而言，校医院的急诊科以轻伤型急诊为主，原本的急诊科排布对患者来说并不实用，患者进入医院之后即使先进入了急诊空间也必须穿行于狭窄的走廊先挂号后进诊室。改造后的急诊科不直接位于主入口处，患者从入口处进入中心服务区后进行分诊及挂科后可立即进入急诊科室以及手术室，增设的垂直交通可将治疗后的患者迅速转送到病房以及检查中心。就诊路径的缩短，可使患者迅速接受治疗，减缓病痛。当然，对于没有行动能力的急诊患者，改造中也给其设置了专用的车道以及入口。

　　对于门诊病人来说，原建筑的门诊空间相对集中，患者在高峰期的候诊中常常需要拥挤在阴暗狭窄的走廊中，对于医院环境不熟悉的患者以及行动不便需要坐轮椅的患者甚至不能从人群中顺利地穿行。改造后的门诊科室以相对分散的形式排布在中心服务区周围，并且根据不同需求在其周围分布呈放射性的检查科室。对于门诊病人的候诊空间也调节到更为舒适的尺度，让候诊空间与交通空间不产生冲突。

087

廻映——天津市近代历史博物馆建筑及景观设计
Reflection – Tianjin Modern History Museum Architectural and Landscape Design

学　　生：刘方舟
学　　号：1111130113
学　　校：天津美术学院

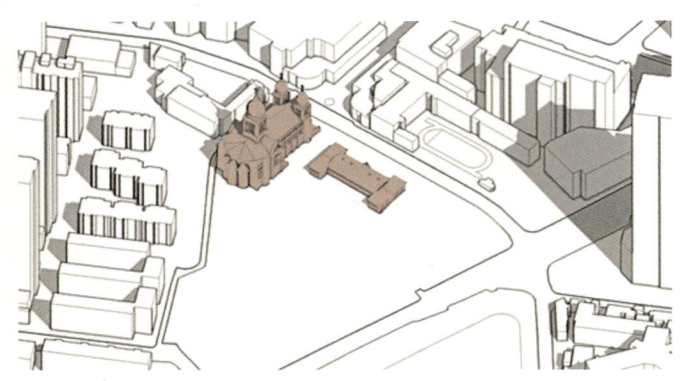

原场地古建

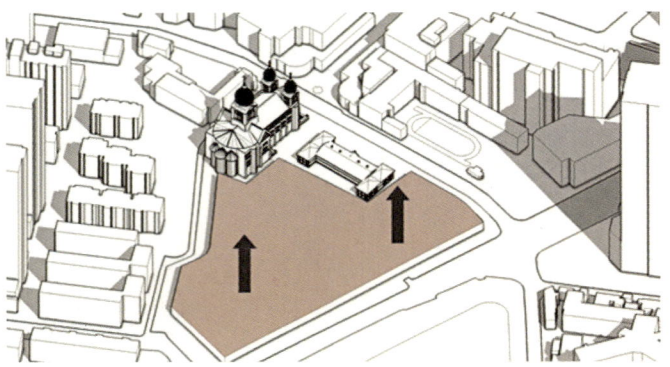

退红线、古建防火线得到范围

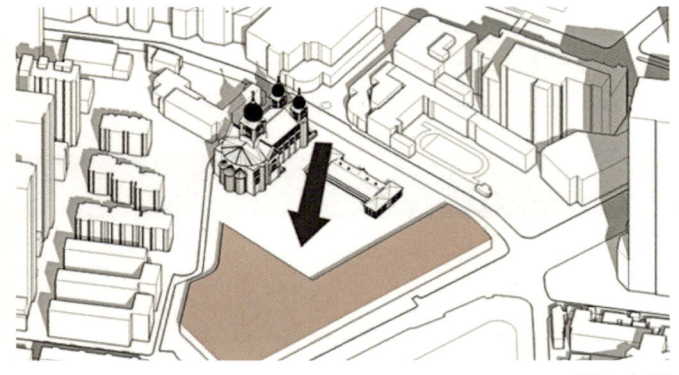

引入广场

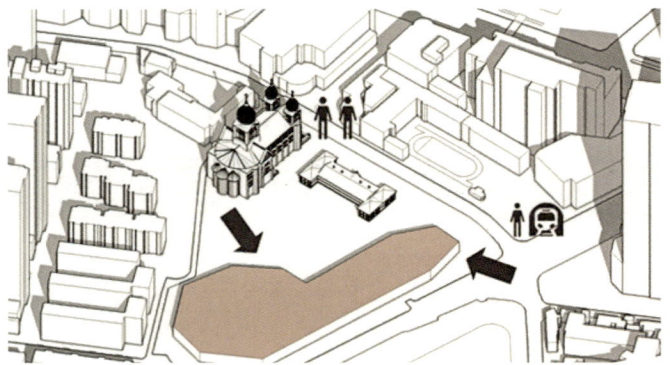

综合人流车流进行退让

　　让人们在高楼林立的环境下，首先注意到的是一个开放式的城市景观，随着在广场中探索，进而到达历史博物馆主体，最终有一种参与到历史的演变过程的完整观赏体验。

基地概况

位于天津海河下游、渤海之滨，属于冲积平原和暖温带半湿润季风性气候，拥有运河文化和殖民文化。基地处于天津城市的中心位置，为天津市重点规划区块之一。

基地分析

城市现状

运河文化

过往历史

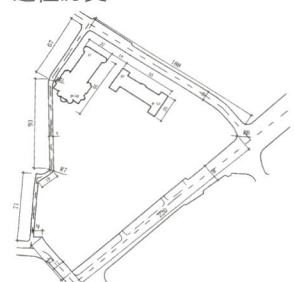
现场勘测

现场照片

场地周围紧邻滨江道商业街、写字楼、学校、住宅等。项目总体规划由西开教堂、天津妇产科医院、天津第二十一中学、宝鸡东道花鸟鱼虫市场等组成。

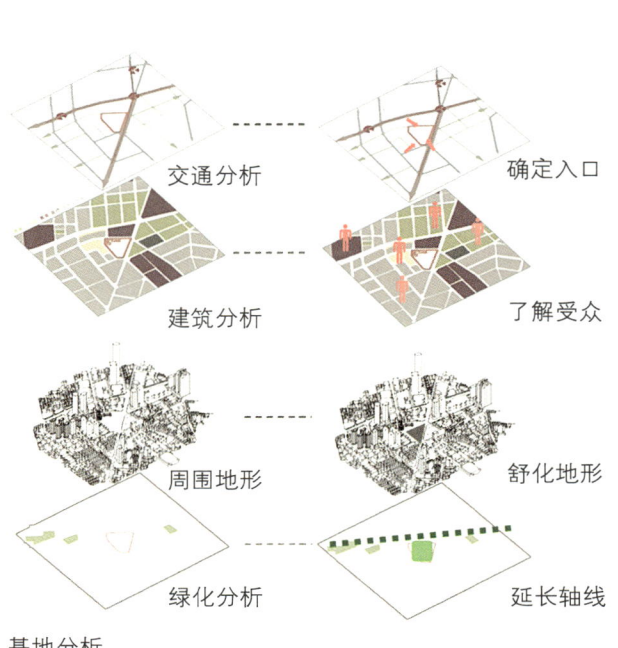

基地分析

场地视角图

调研反思

　　场地有两个问题，第一：场地周围人群拥挤，没有疏导、休息的地方；第二：教堂新旧建筑矛盾冲突大，是割裂还是统一。所以接下来的设计将缓解这些问题。首先从城市的精神特质进行分析，天津城市纷繁复杂，中西文化冲撞剧烈，从下图不难看出，结合任务书我想打造一处开放的城市景观。

城市分析

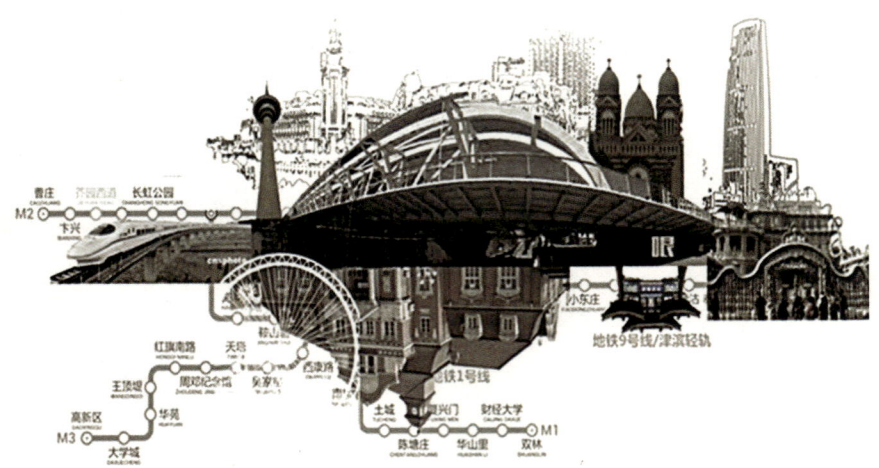

课题设计用地：天津近代历史博物馆规划用地
建筑用地面积：10000m²
规划容积率：控制在 1.5 左右
建筑退地红线：道路中心向用地退 10m
建筑限高：限高 40m，地上 4 层（地下 1 层）
设计风格：现代
功能要求：规划 7000m² 的现代化展厅及功能齐全的现代城市文化休闲设施

平面布局

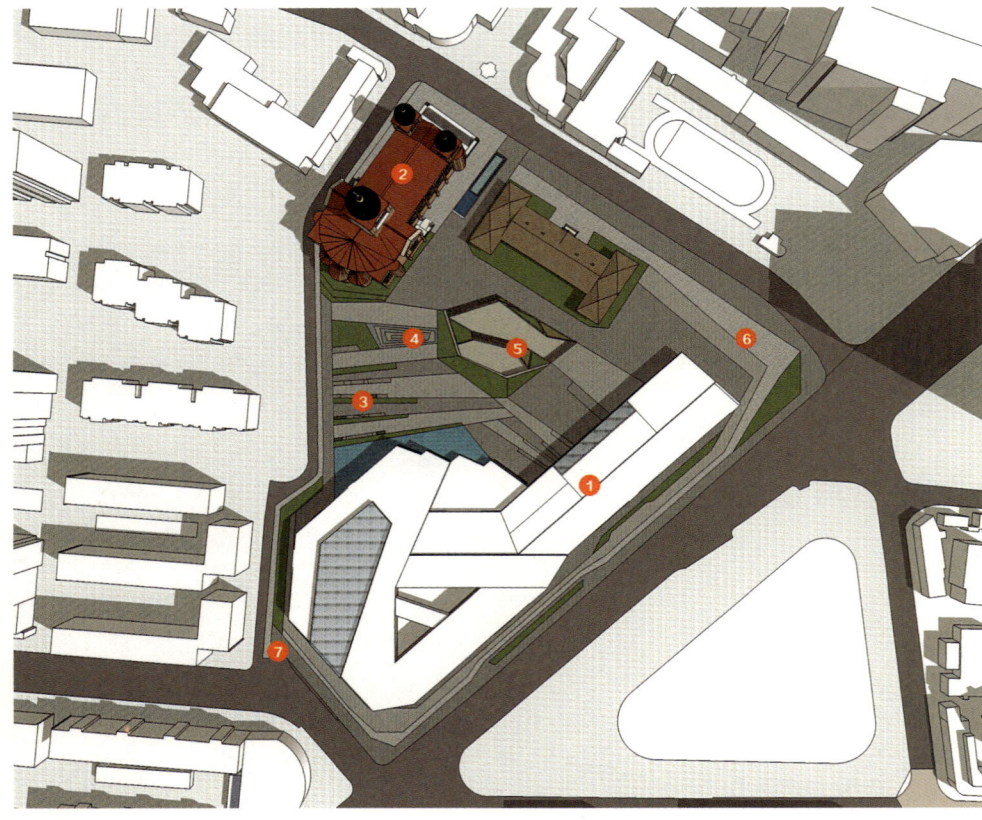

1. 博物馆
2. 老西开教堂
3. 休息座椅
4. 旱式喷泉
5. 下沉广场
6. 广场
7. 慢跑道

总平面图

天津历史的创造性演绎

　　天津人据民间考证是来自安徽一带运河边上的船民，随着运河逐渐北上，到天津集结上岸，就此，在天津运河一带就有了第一批长住居民，随着地域的稳定，逐渐形成了独特的文化。

运河与天津人的关系

环境特征的创造性演绎

　　天津近代历史变迁，运河的河水如同镜子一样把发生的事件倒映下来，而本设计以隐喻进行概念设计，从这样历史的河水提取水这样的元素，并以水波纹进行灵感创作，意把建筑外表皮呼应水波纹为主题。

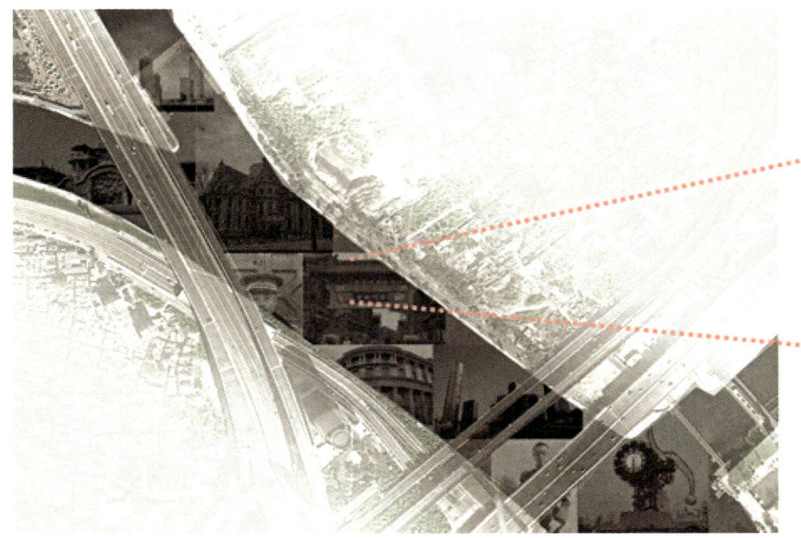  

记忆提取　　　　　元素演变

　　运用水波纹把物体回应下来的隐喻，把历史博物馆的形式比作是对基地历史(老西开)的回应。作为记录历史节点的博物馆，希望通过这种方式，进而能回映整个城市的历史，成为城市的缩影。

倒映　　　　　　　隐喻　　　　　　　缩影

景观推导设计

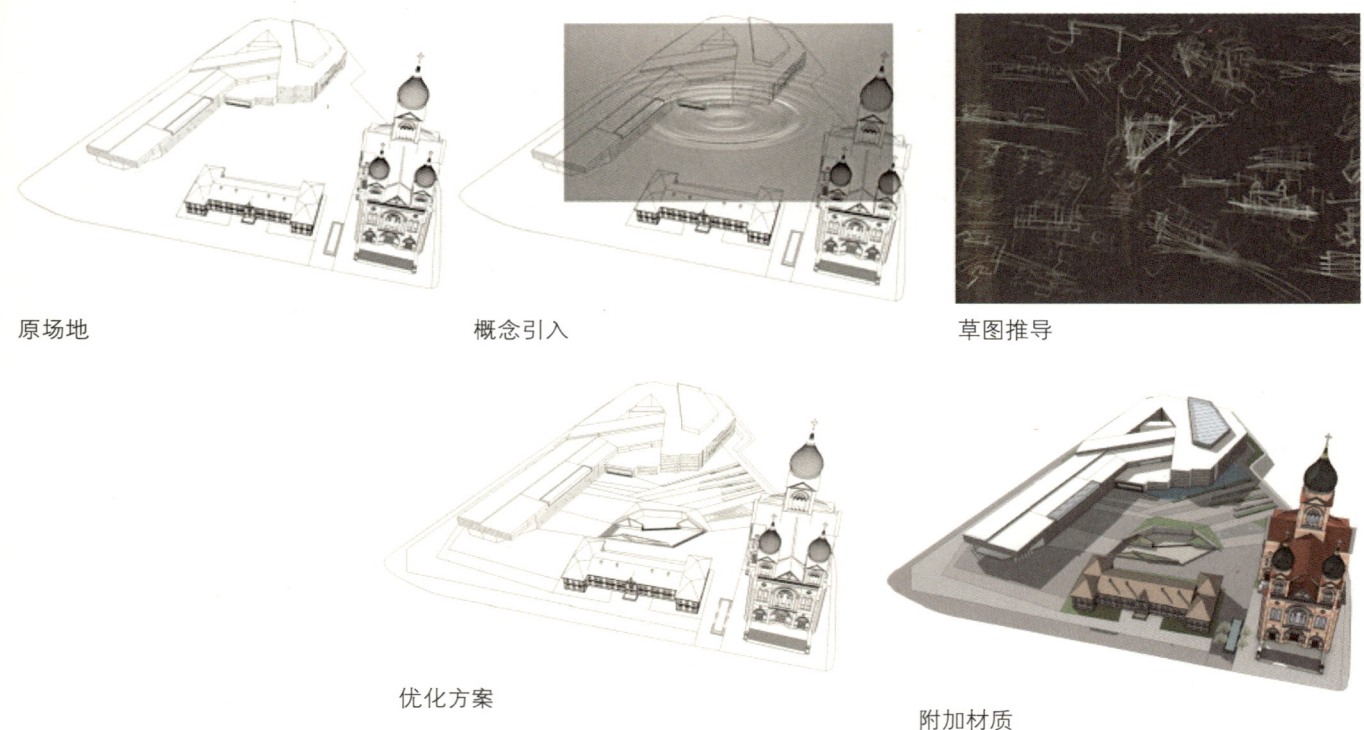

原场地　　　　　　概念引入　　　　　　草图推导

优化方案　　　　　　附加材质

在景观部分，设计巧妙运用水的元素中的涟漪状态，把功能融入其中，然后经一系列的草图推导方案，把最终形态确定下来，使景观既美观又丰富。

教堂沉静区
旱喷游戏区
广场休息区
下沉广场区
博物馆区
历史漫步区
前广场区

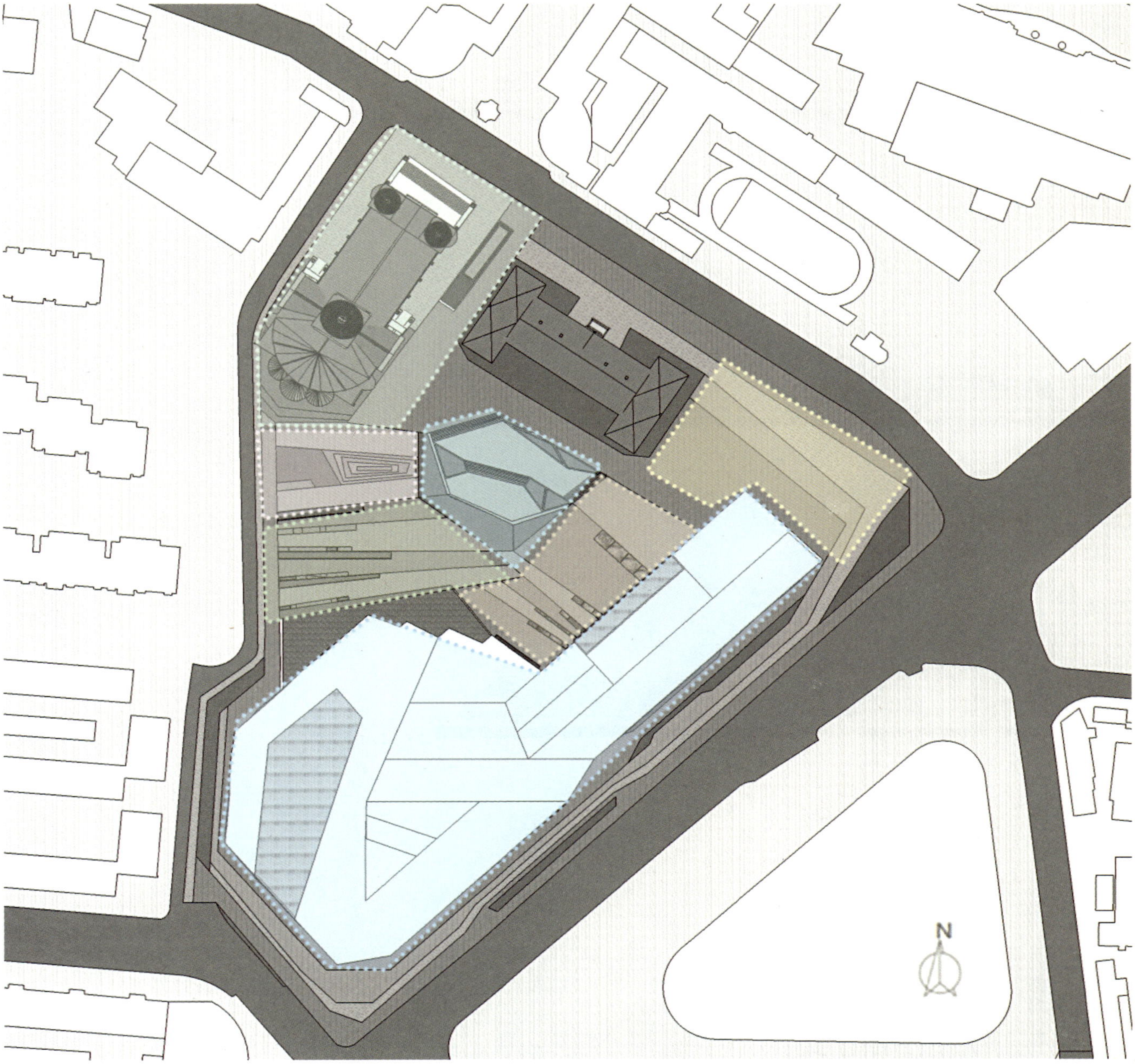

功能表现图

剖立面

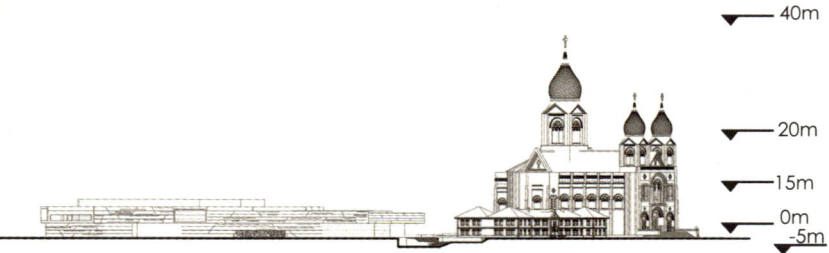

剖面表现图

东立面表现图

北立面表现图

西立面表现图

南立面表现图

平面分析

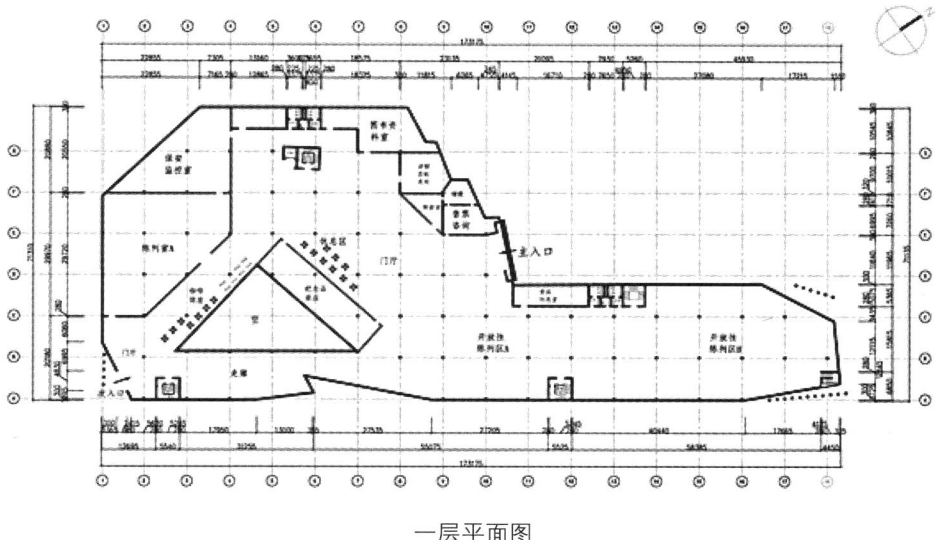

一层平面图

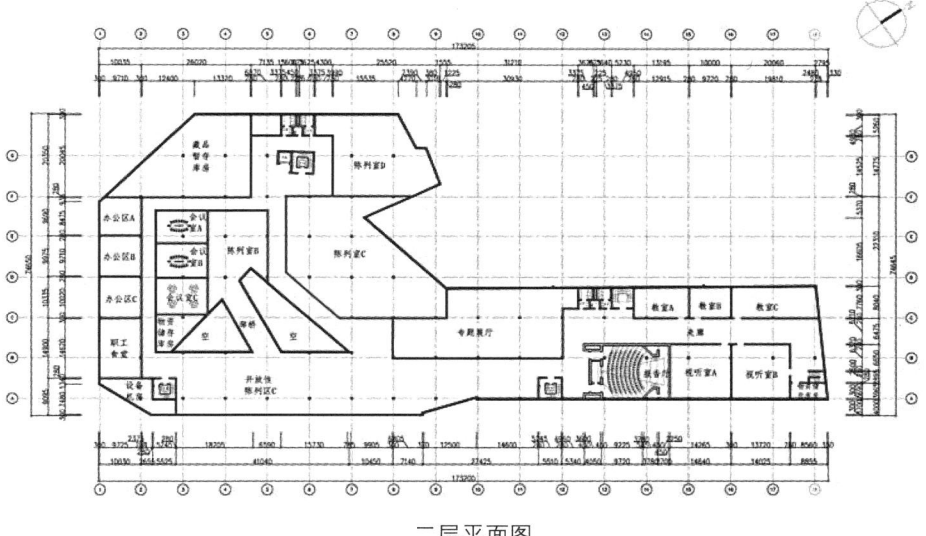

二层平面图

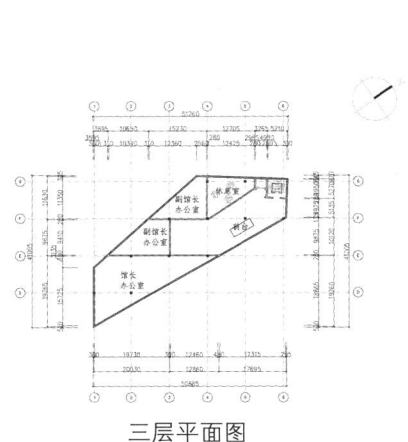

三层平面图

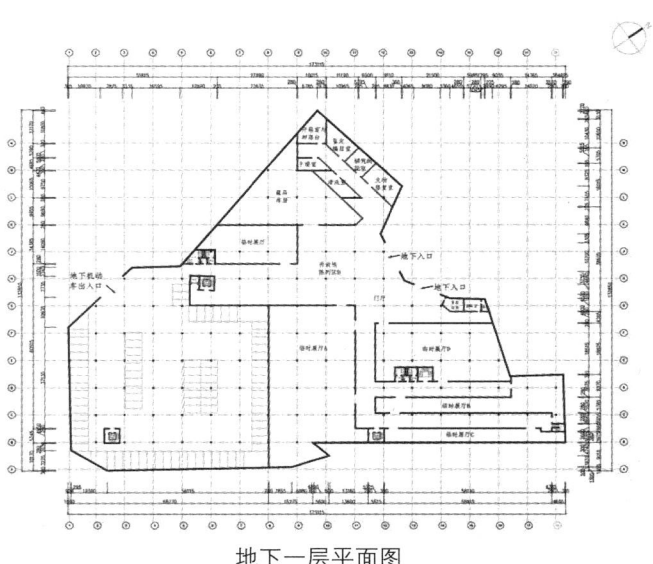

地下一层平面图

植物配置

- 绒毛白蜡
- 西府海棠
- 紫叶李
- 连翘
- 玉兰花
- 碧桃

　　植物配置上选用北方常见树种，尤其是选用天津市树——绒毛白蜡，传达出安静、力量、沉思和悠长的氛围，增加亲近感。

总平面图

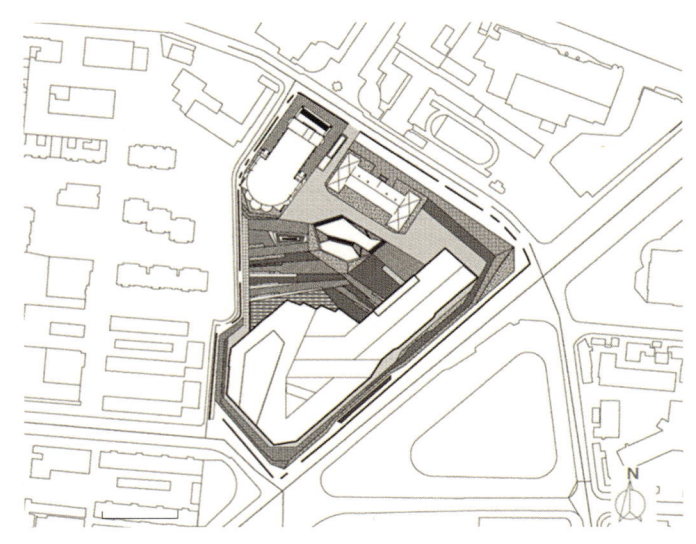

经济技术指标
规划用地面积：29000m²
建筑总面积：30596m²
建筑基底面积：9600m²
容积率：0.8
绿化率：12%
车位：600个

建筑与周边关系

景观设施

效果图展示

097

效果图展示

湖南安化黑茶博物馆室内设计
Anhua Dark Tea Museum Interior Design

学　生：张婷婷
学　号：1141401065
学　校：苏州大学

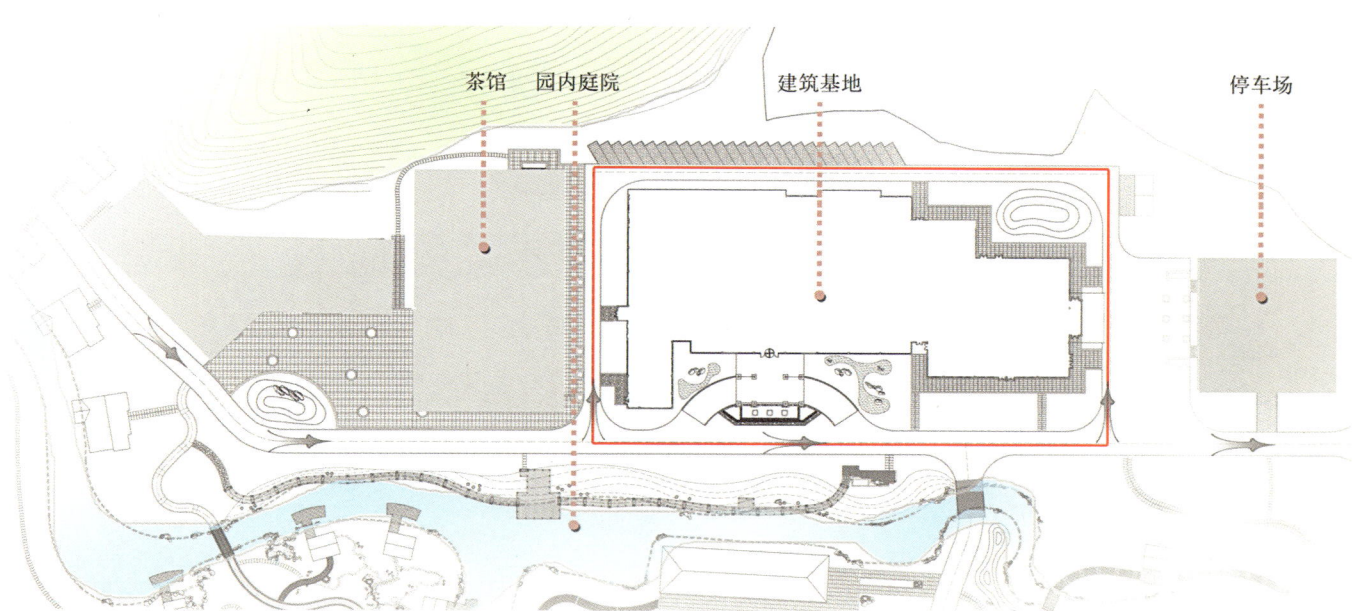

总平面图

基地概况

基地位于中国湖南省安化县的中华黑茶文化博览园。湖南的水土孕育了独具特色的湖湘文化，孕育着激越冲突的文化思想，以及"淳朴重义"、"勇敢尚武"的特殊品格。安化古称"梅山蛮地"，是梅山文化的发祥地、黑茶的起源地、万里茶路的南方起点，这里青山绿水，碧湖奇石，保持着最原始的自然状态。中华黑茶文化博览园旨在宣扬黑茶文化，园内彰显生态，建筑多富有古山庄韵，景观回归自然，以青石路、竹篱笆、花岗岩等传统材料为主。

中国 湖南

麓山风韵　　　　　　岳麓书院　　　　　　潇水低吟　　　　　　红色精神

安化古城

古宅茶香　　　　　　安化梯田　　　　　　伊水托兰　　　　　　渔歌唱晚

中华黑茶文化博览园

园内小品

功能定位

本项目是中华黑茶文化博览园中的黑茶博物馆室内设计方案。黑茶博物馆作为博览园的核心功能场所,既需满足黑茶文化宣传的首要功能,又需承载在潜移默化中将产品向参观者推广的角色。因此,在设计中,一是从黑茶文化中挖掘元素并用完整的主线串联,来实现从茶文化到室内视觉的虚实转换过程;二是以博物馆为主角考虑属性并以此推演到更多元化的功能空间与参观体验。

首先,黑茶具有悠久的历史,黑茶文化承载了湖湘地区的文明变迁;在黑茶经茶马古道由国内传至国外的过程中,也同步展现了湖湘的兴衰。

其次,从一片树叶最终成为杯中的茶饮,黑茶承载的是独具一格的地域文化。

最后,黑茶的传承至今未曾改变,当我们沿用古法煮茶,就可轻易地回归本真。

于是,从历史、地域、自然及人文角度,我们看到了黑茶这一事物的四维旅程,我们的博物馆概念也将由此产生。

黑茶文脉

关键词:茶马互市 万里茶路 赐福边疆

茶马互市的兴起,让安化黄沙坪成为"万里茶路"的南方起点;

安化黑茶的运输方式以船运、马驮为主,也就形成了我国独特的"船舱马背"式"茶马古道"。

关键词:梅山文化 茶马古道

梅山文化是一种古老的文化形态,似巫似道,尚武崇文,杂糅着人类渔猎、农耕和原始手工业发展的过程;具有浓郁鲜明的地域性、民族性以及表现形式的独特性。

在其发展过程中,衍生出茶钟、驿站、古道、风雨廊桥、茶亭等特色设施,孕育了独具特色的安化茶马精神。

特性:荒僻蛮地、巫挪之数基调氛围:神秘、诡异、神鬼

黑茶特性

绿茶：娇嫩、秀丽的"水性美"
黑茶：顽强、强烈的"火性美"

故事线

通过对黑茶的发展历史、地域文化、制作工艺的理解，提取出黑茶文化中的关键点：即力度。以此作为博物馆室内设计的设计导则。并依据黑茶的发展历史，对应到博物馆内的展陈脚本与故事线。

种茶 —— 制茶 —— 运输 —— 品茶 —— 传扬

安化风韵 —— 制作工艺 —— 茶马古道 —— 茶具茶艺 —— 交流休闲

项目概况

原建筑为博览园内一座4层的仿古式建筑,北侧面向自然山体,南侧紧邻主干道,并具有良好的景观朝向,西侧为茶馆建筑,东侧为停车场,交通流线清晰。

建筑鸟瞰图

建筑局部透视图

湖南安化黑茶博物馆效果图

茶文化作为中华传统文化的重要组成部分,自古以来,就作为特色文化传播发展,但主题性的茶文化博物馆却为数不多。本次课题,选取比较有代表性的湖南安化黑茶,选址安化,立足中国润和集团中华黑茶文化博览园,在原黑茶博物馆建筑的基础上,进行湖南安化黑茶博物馆的室内设计与展陈设计。

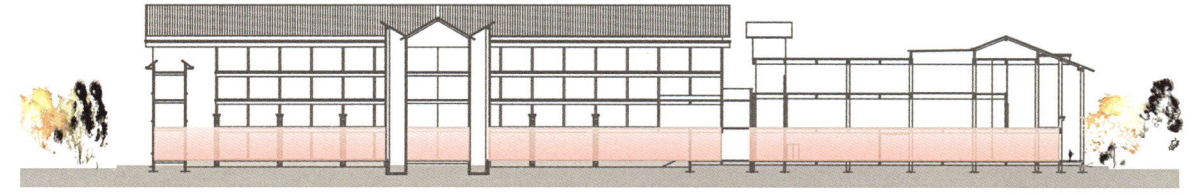
建筑东立面图

设计区域为原建筑的一层空间,面积约8000m²,层高6m。

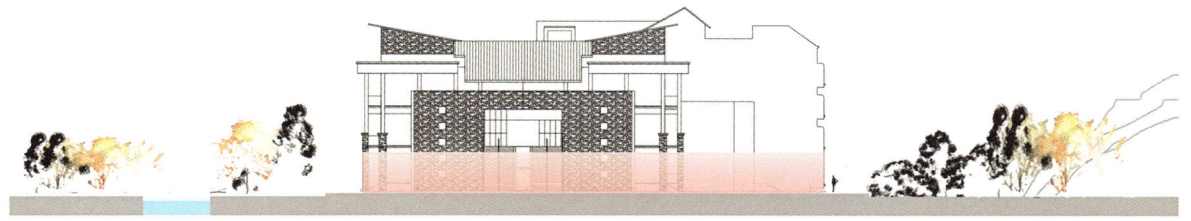
建筑南立面图

平面分析

平面布置
保留原建筑的2个内部庭院,以庭院分隔空间,划分为面向参观者与面向工作人员的2个区域,同时以东西向为轴线,将馆内各空间串联起来。

空间氛围
东西向的轴线,由于两个庭院的存在,形成了错落有致的封闭空间、开放空间。联系博物馆内的故事脉络,依次营造宽敞的大空间、封闭的小空间、氛围强烈的主空间、清朗的小空间四重参观体验。

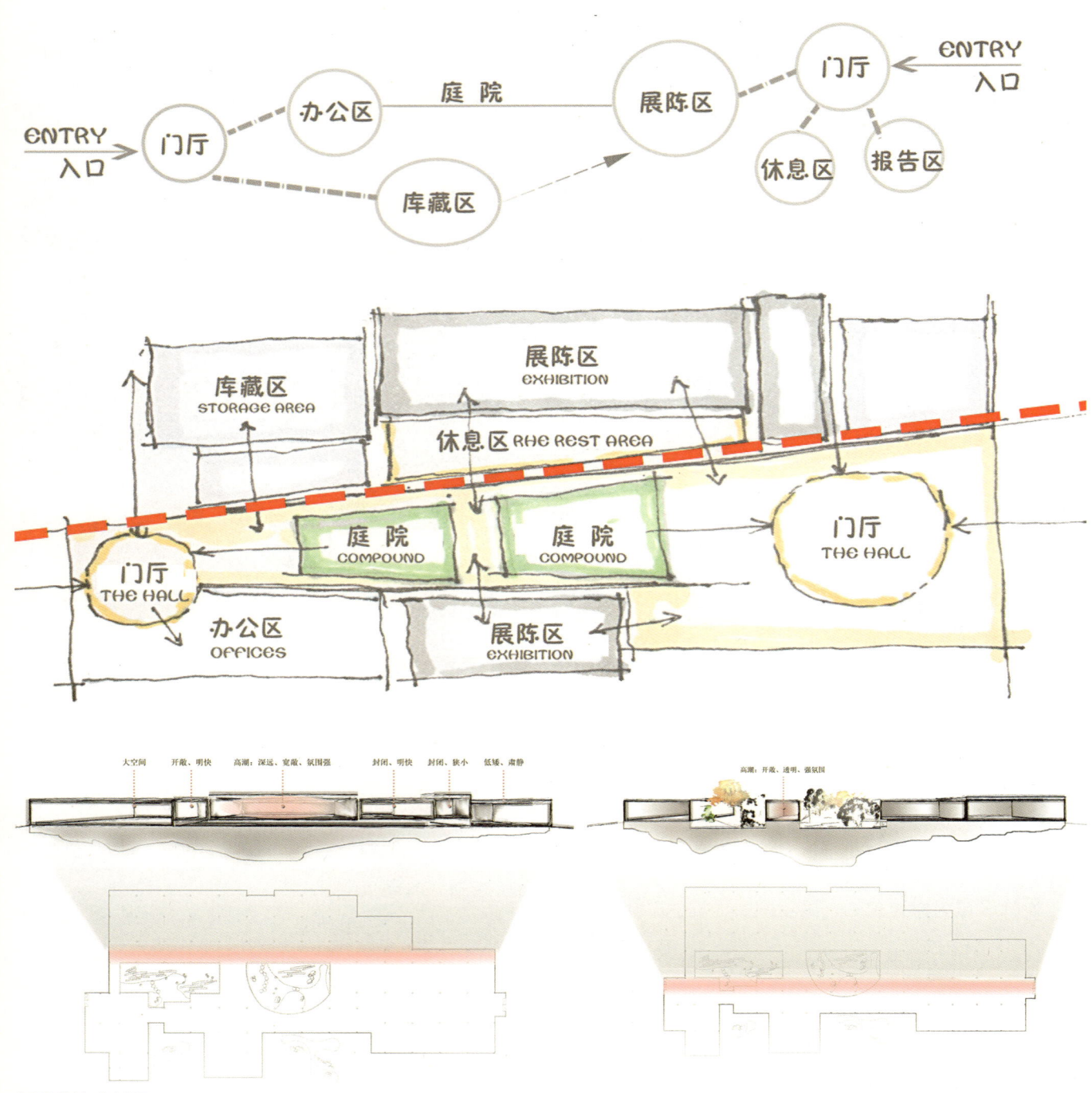

氛围营造分析图

平面分析

空间序列组织
1. 博物馆分为展陈、库藏、办公三个主要部分。
2. 以庭院为中心，发散布置各功能空间。
3. 以串联的形式贯穿各个展厅。
4. 以过道作为休息空间，兼具交通与停留功能。

流线组织
1. 观众入口位于临近停车场的东侧，参观区域围绕其中一个庭院，形成环形的参观流线，出口位于南侧；
2. 办公区域与储藏区域位于西部，流线独立，与展陈区相对分隔。

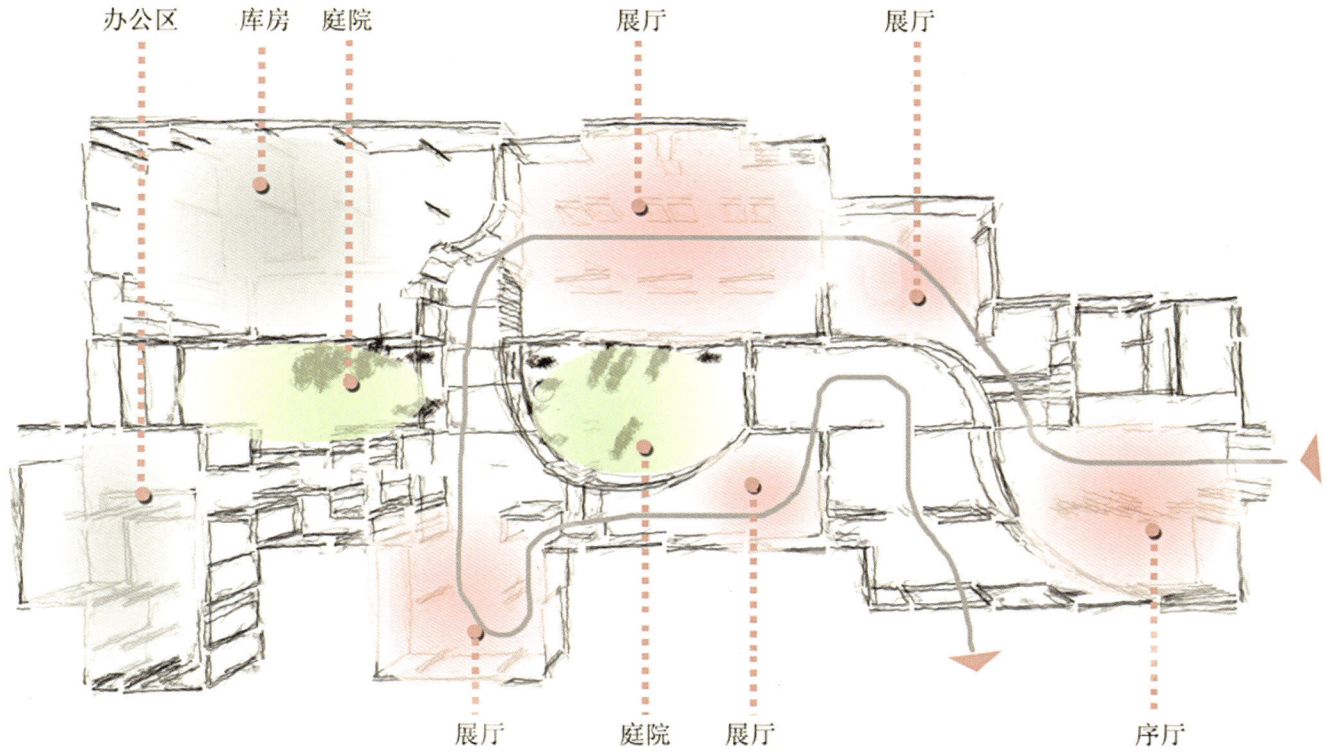

序列组织分析图

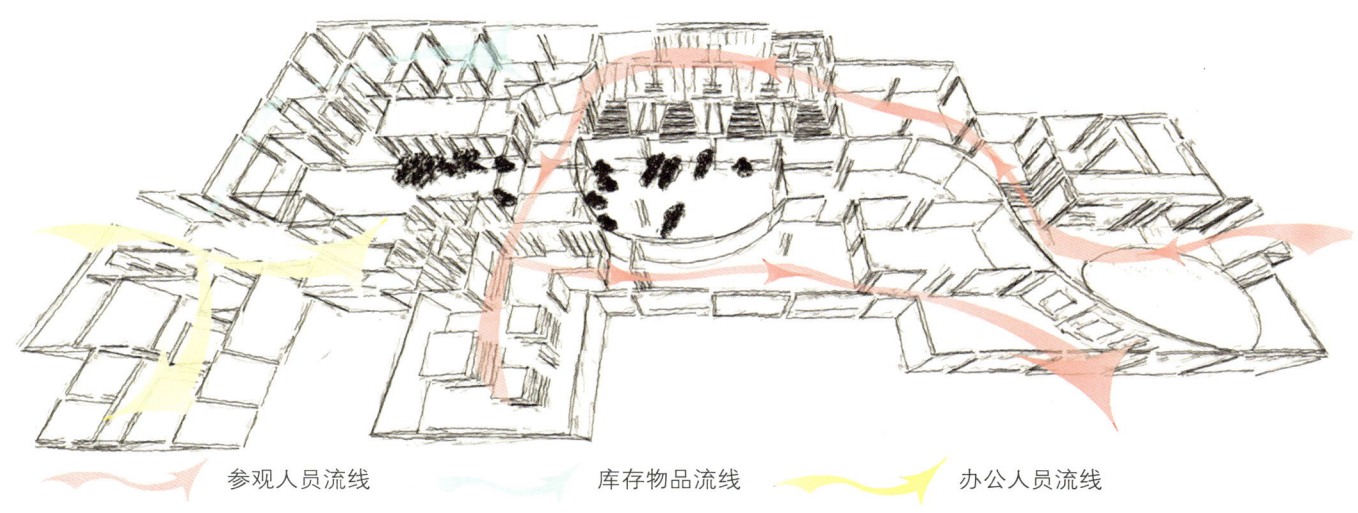

流线组织分析图

平面分析

在平面的组织上，满足博物馆的基本功能、流线要求的基础上，依据前期对黑茶文化的解读，分为人文风情馆、黑茶历史馆、黑茶民俗工艺馆、茶艺室、茶马古道馆、黑茶文化馆等主题空间。

展陈方式以展墙、展柜两种形式为主，局部配以千两茶、雕塑等实物展示。

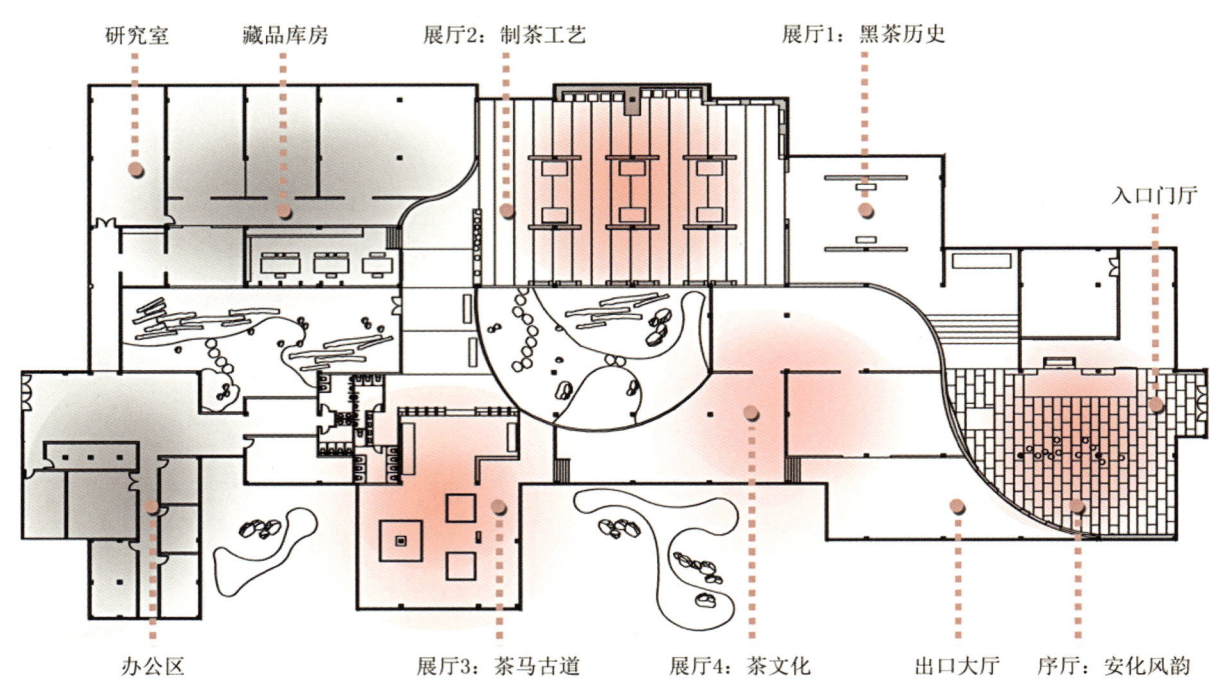

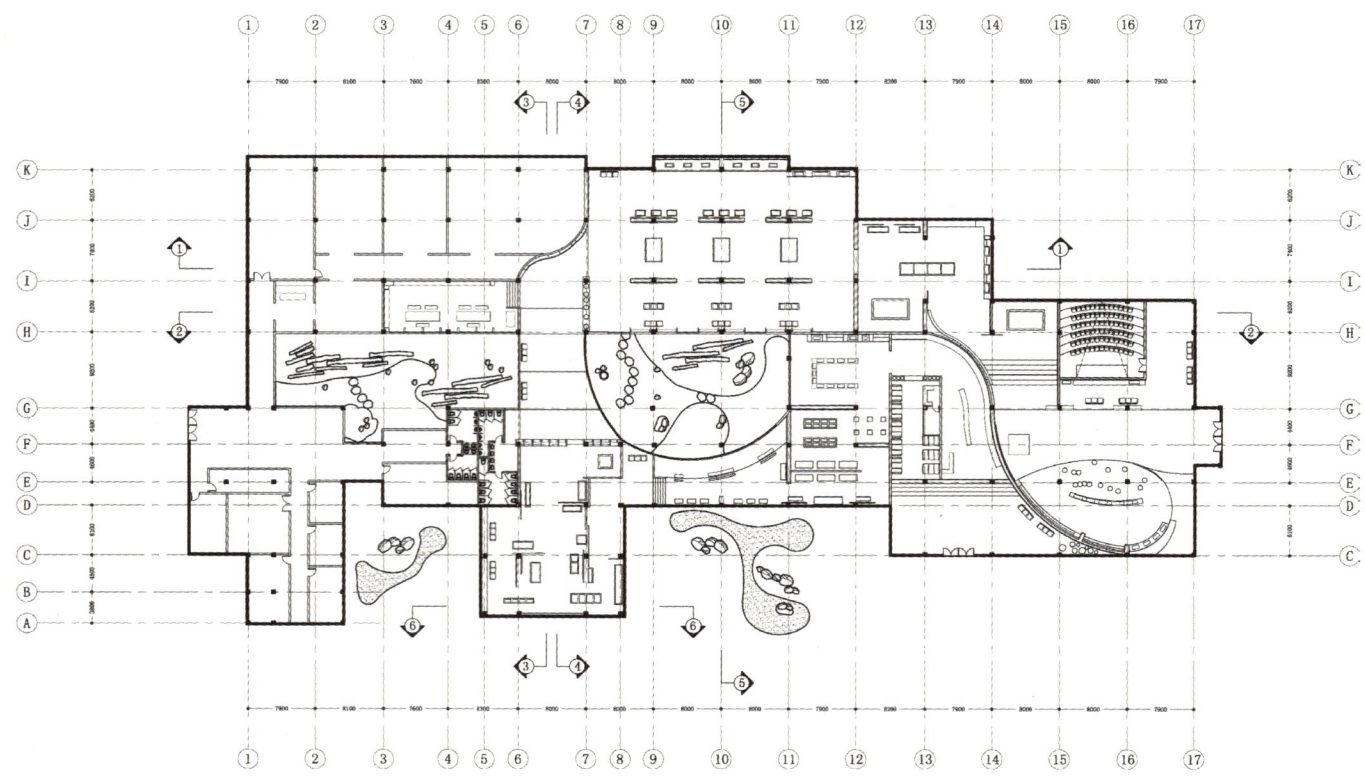

一层平面图

平面分析

在地拼的材质选择上，以灰色基调为主，局部配合以木地板。公共区域（入口大厅、出口大厅、纪念品商店等）为大理石铺地，展厅以灰色PVC板为主，休息区铺设木地板。

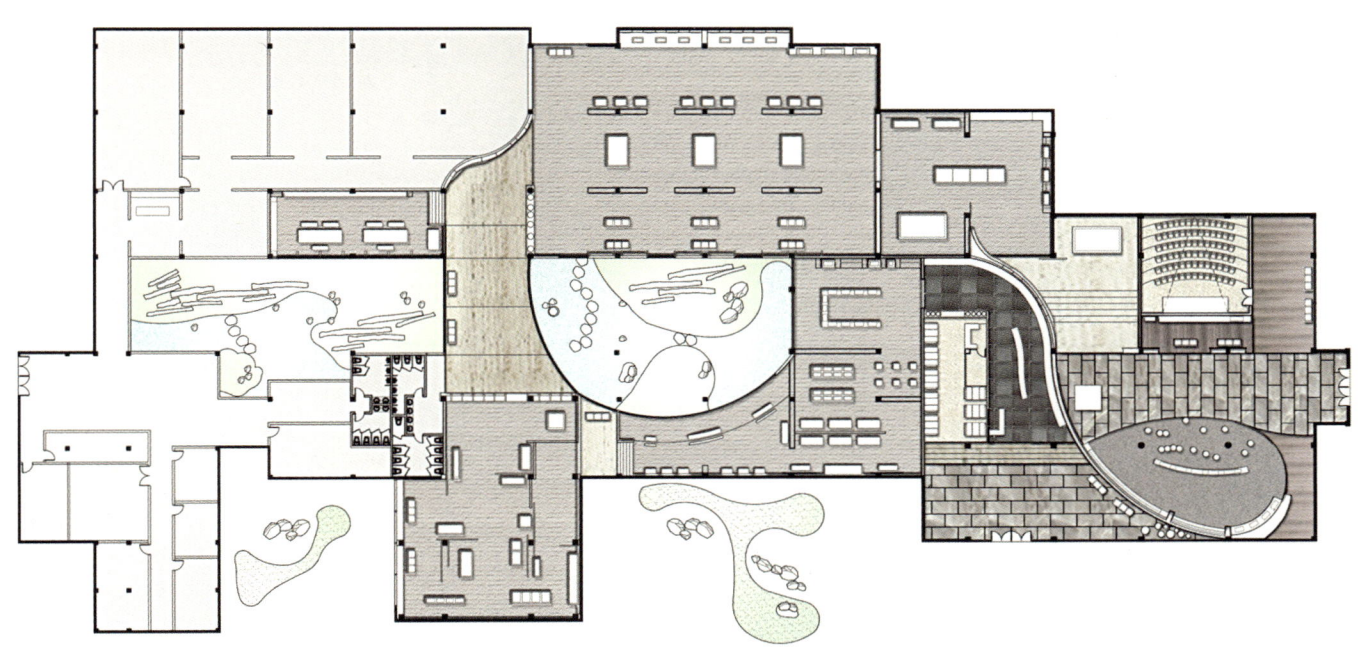

彩色平面图

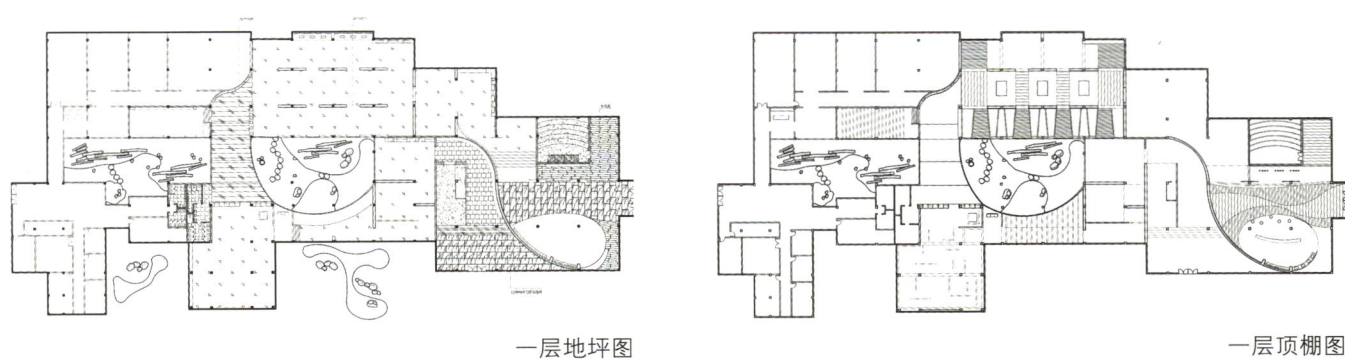

一层地坪图

一层顶棚图

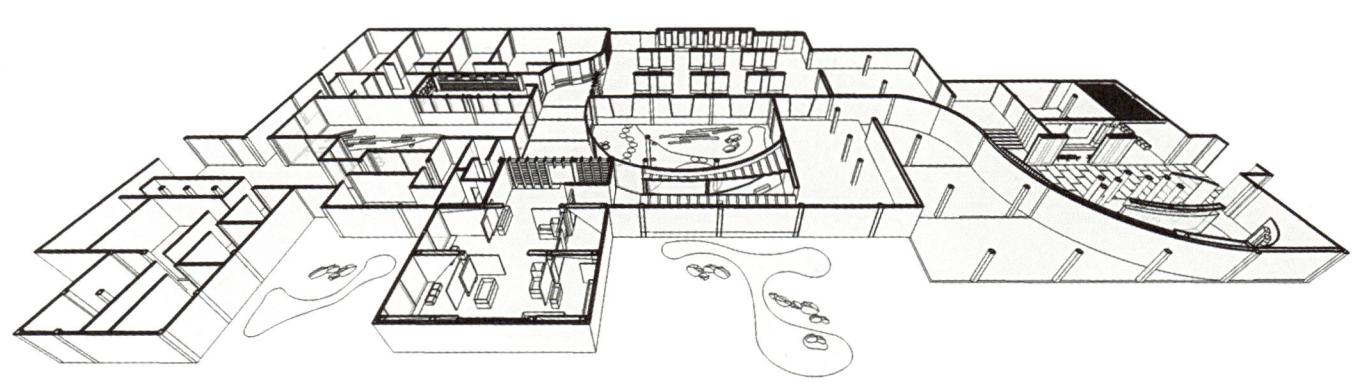

一层空间示意图

元素提取

　　提取木与石两种自然材料，通过其粗糙的肌理与坚硬的质感，营造室内空间的力度感与生态感，凸显张力。

　　对木材进行元素推演，如高大的木桩、长方体的木块、粗糙的木板，进行复制、错落、排列、分割、变形等手法。

古茶树

树木　岩石

木

石

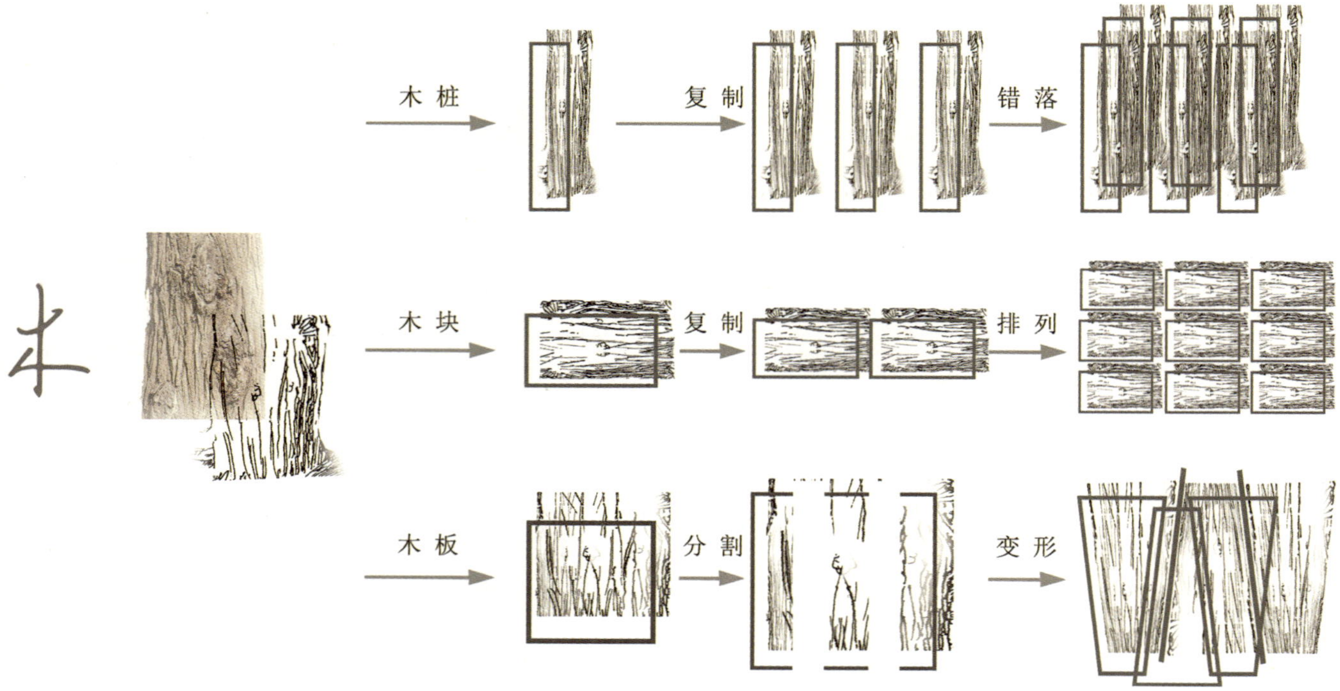

前期空间意象图：入口大厅

前期空间推演

展厅：黑茶民俗工艺馆

过渡厅

展厅：黑茶茶艺室

展厅：黑茶民俗工艺馆

剖立面图

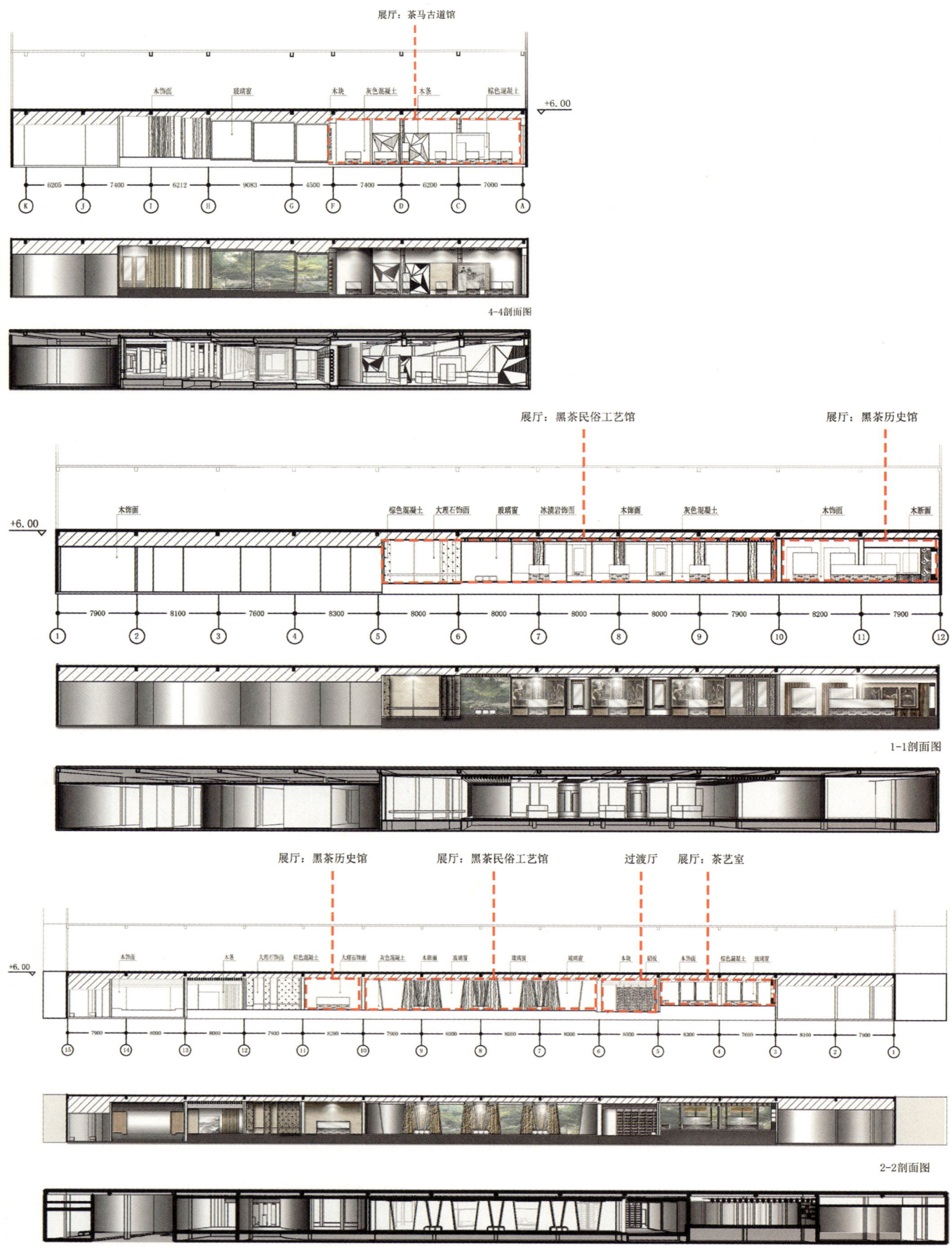

剖立面图

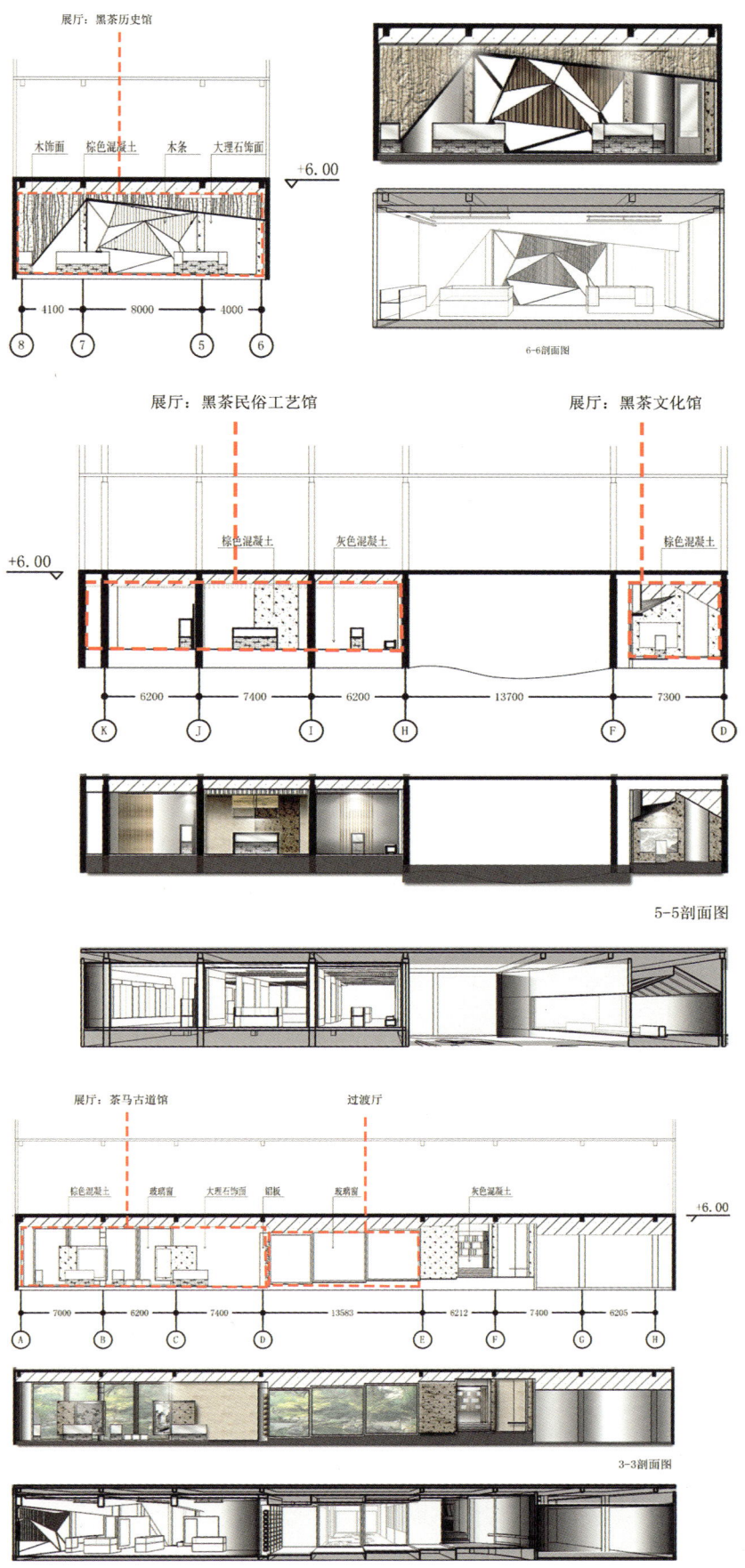

6-6剖面图

5-5剖面图

3-3剖面图

空间效果图

展厅：黑茶民俗工艺馆1

展厅：黑茶民俗工艺馆2

过渡厅

展厅：茶马古道馆

融·器——天津市近代历史博物馆建筑设计及景观设计
Cultural Container – Tianjin Modern History Museum Architectural and Landscape Design

学　　生：蔡国柱
学　　号：1140203020
学　　校：广西艺术学院

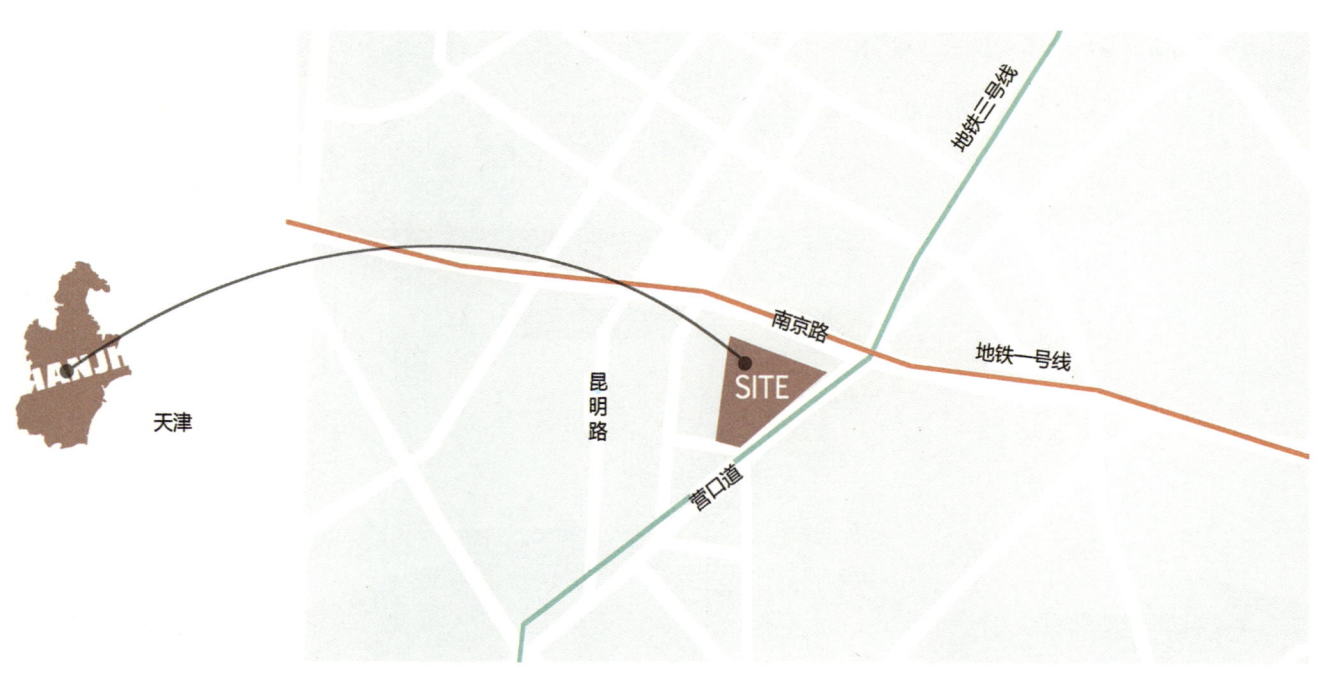

项目基地位于：天津市和平区营口道地区
项目设计范围：由西宁道、贵阳路、营口道，三条道路围合形成的三角形地块
项目设计面积：2.85万m²
由于基地周边存在多个景点，加上处于商业区与居住区之间，造成人口密度过大，交通拥挤。

天津印象

文化交汇

天津由于曾经有西方列强八国的租界地，使天津的文化形成了融合不同国家、不同民族、不同文化的独特风格。明清历史遗存与大小不一的洋楼形成鲜明对比。

退海之地

天津现处位置4000年前原为海洋，黄河改道前由泥沙冲积形成，因此天津为中国北方最大的沿海开放城市。

漕运文化

天津位于华北平原海河五大支流汇流处，因漕运而兴起，如今天津港是世界等级最高、中国最大的人工深水港，吞吐量世界第五的综合性港口。

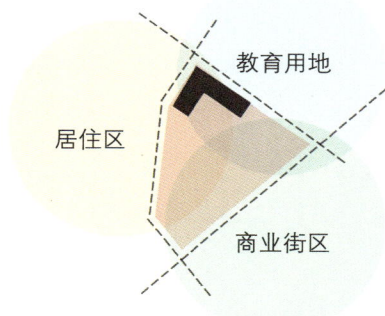

附近建筑对基地的影响

基地附近由商业区、住宅区、教育用地组成，新建的商业区、住宅区形成的现代街区与带有历史文化意义的西开教堂及学校形成对比。因此基地的设计必须是由一个可协调的现代街区及历史情感的新建建筑与可提供休憩场地及缓解交通过于密集的都市景观组成。

项目位于南京路高档商务区的核心，同时作为历史地标性建筑，是历史文化与当代文化的交汇处。该基地面临最大问题是如何在对现有历史建筑保留的前提下，协调历史建筑与现代建筑之间的关系，并使环境之中的建筑与景观形成互动，以此完成历史博物馆的建筑与景观设计。

建筑设计定位：天津近代历史博物馆，集旅游、休闲、饮食为一体的低碳绿色建筑。

景观设计定位：城市开放型绿地景观，提供游览的场所与城市公共空间。

项目面积
28500m²

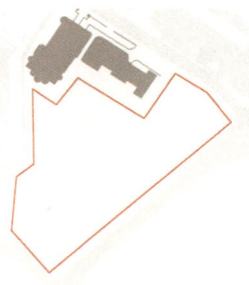
建筑可用面积
1860m²

建筑占地面积
1000m²

1.5 容积率
建筑总面积
4275m²

课题设计用地：天津近代历史博物馆规划用地
建筑用地面积：10000m²
规划容积率：控制在1.5左右
建筑退地红线：道路中心向用地退10m
建筑限高：建筑高度限高40m，地上层数4层（地下1层）
设计风格：现代
功能要求：规划7000m²的现代化展厅，功能齐全的现代城市文化休闲设施

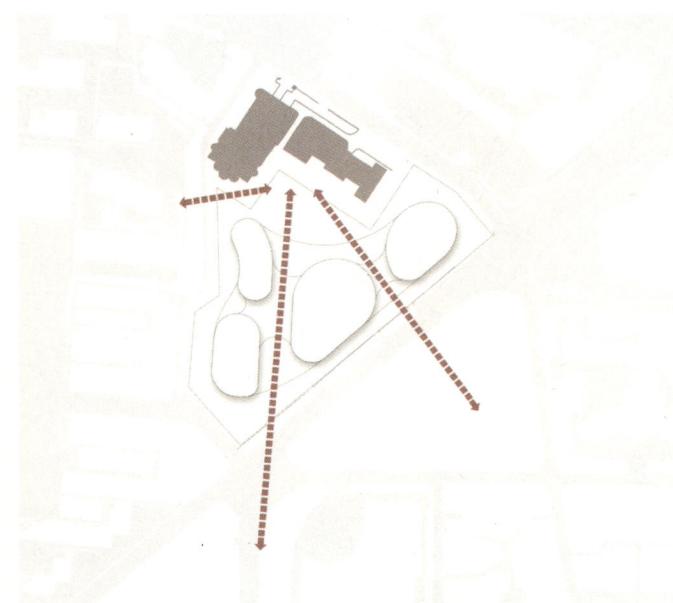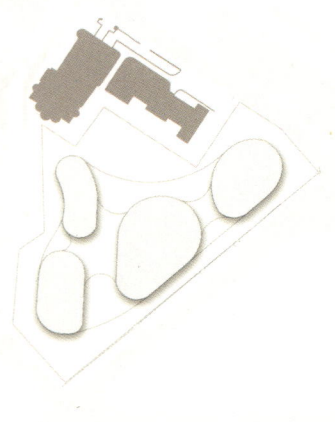

建筑外部连接西开教堂及各向街道

设计难点

西开教堂作为地标性历史建筑,新建建筑应该降低对教堂的视线阻隔,基地同时作为城市公共空间需要大片空地。

设计任务书

占地面积:10000m² 展览空间:17000m²(地上4层地下1层) 容积率:1.5

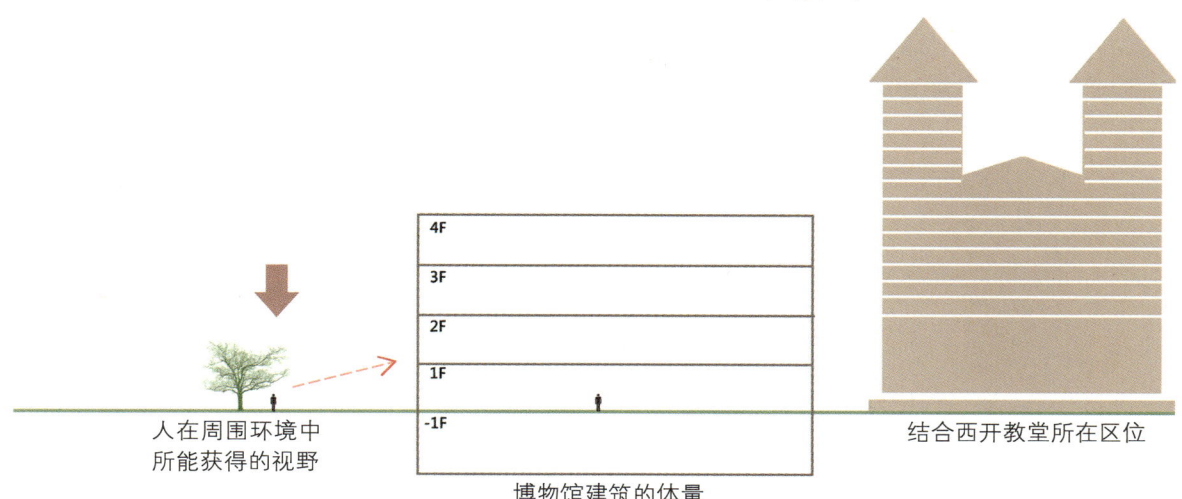

策略

将建筑隐藏,设计覆土建筑将空间隐藏于地下,以获得比起地表上建筑在视觉上体量较小的视觉效果。

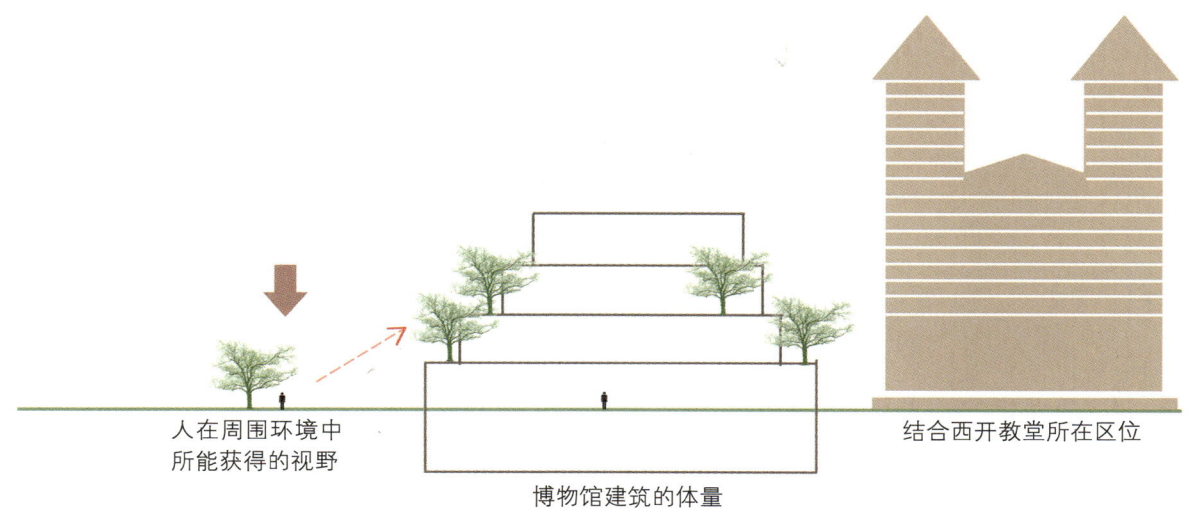

代价与问题

地下面积不计入容积率，导致将空间藏于地下。将牺牲任务书中对容积率的要求，并且也仅仅只能看见教堂顶部，没有实际意义。

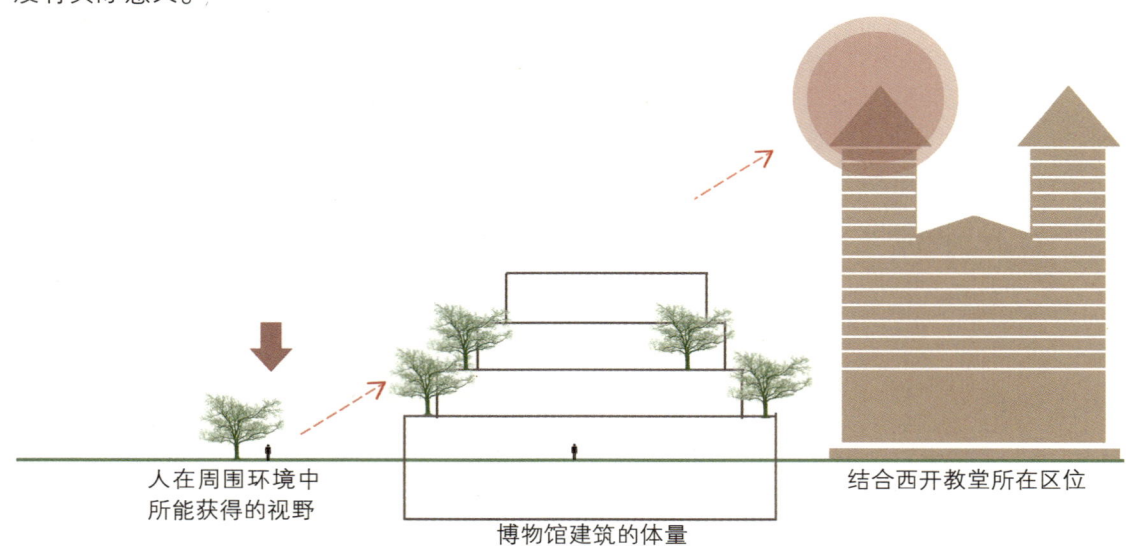

结论与思考

放弃对场地之中大体量新建建筑的隐藏进行反向思考，使新建建筑成为结合历史建筑象征时代的新标志物。

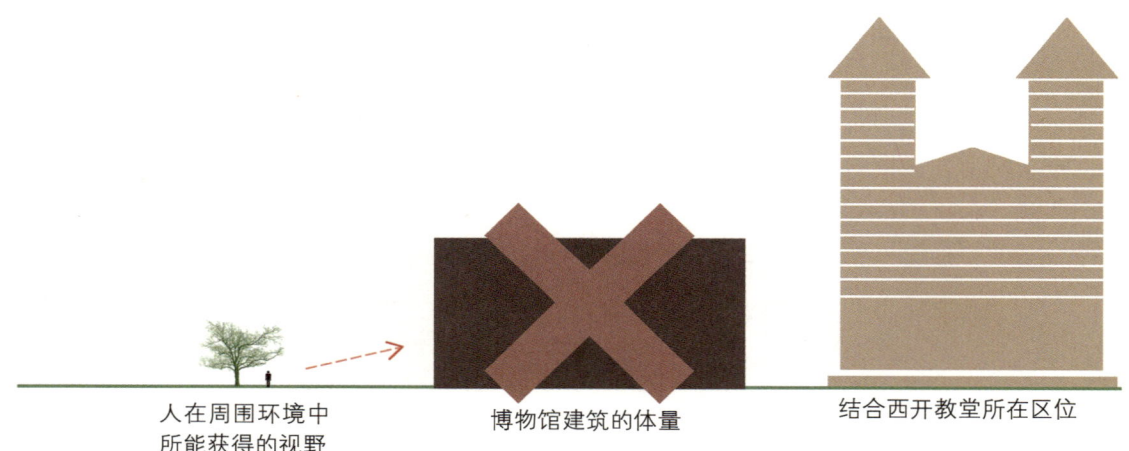

结论与思考

与其将原本就体量巨大的建筑物设法隐藏而教堂的观景效果依然不佳，不如将新的标志物进行抬升直接展现而获得教堂最大的观景图。

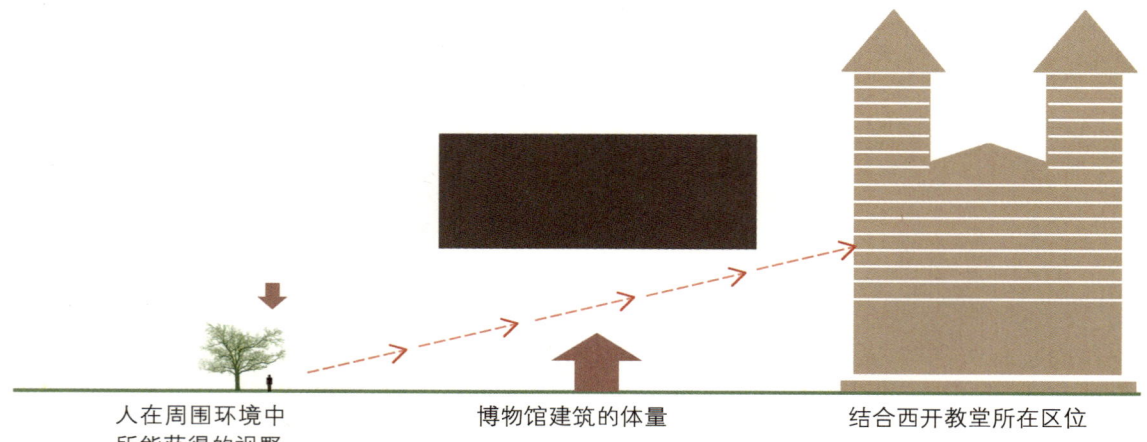

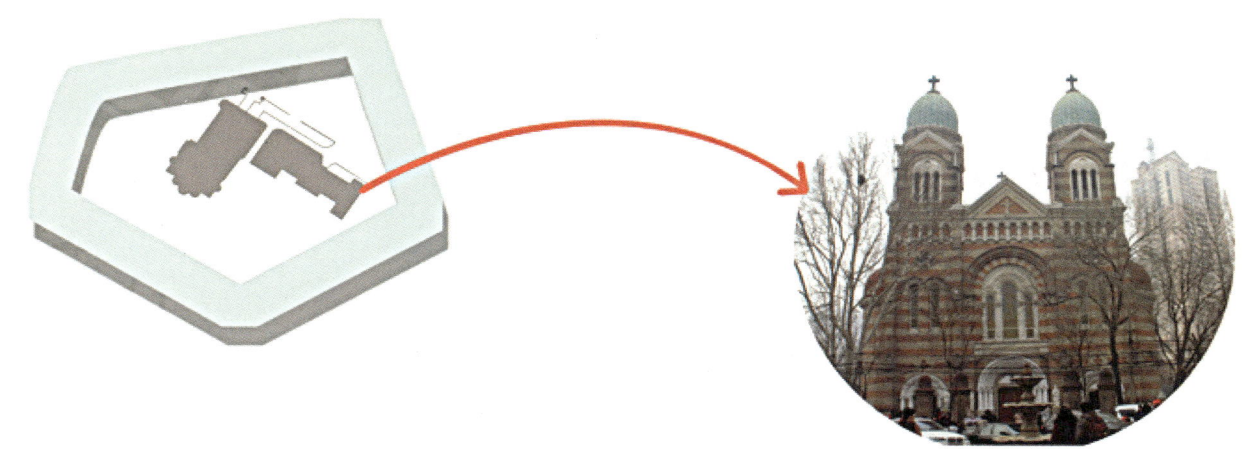

近代历史博物馆

中国的近代史是一段经历从"闭关锁国"到"开放包容"的历史。因此我将建筑比作容器，以中式园林设计手法中的框景形式表现，赋予博物馆最大的展示物：西开教堂，将西方文化收纳于容器之中，体现包容之精神。

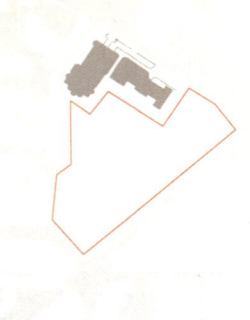 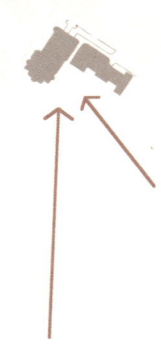 

1. 道路中心向用地红线退 10m
   教堂向用地红线退 13m
   留出高层建筑之间的防火间距
   得到博物馆可使用用地范围
   及建筑可用用地面积：18600m²

2. 找出观景效果最佳也最容易受到新建建筑阻隔的观景点

3. 留出场地最佳观景点

4. 基地与附近两个十字路口相连接，为现状主要人流聚集地
   教堂建筑与新建博物馆建筑围合的空间为未来产生新的人流聚集地

5. 空出人流缓冲区与教堂开敞空间

6. 根据以上分析，结合"融·器"概念得到四个建筑基地位置与建筑基础形态

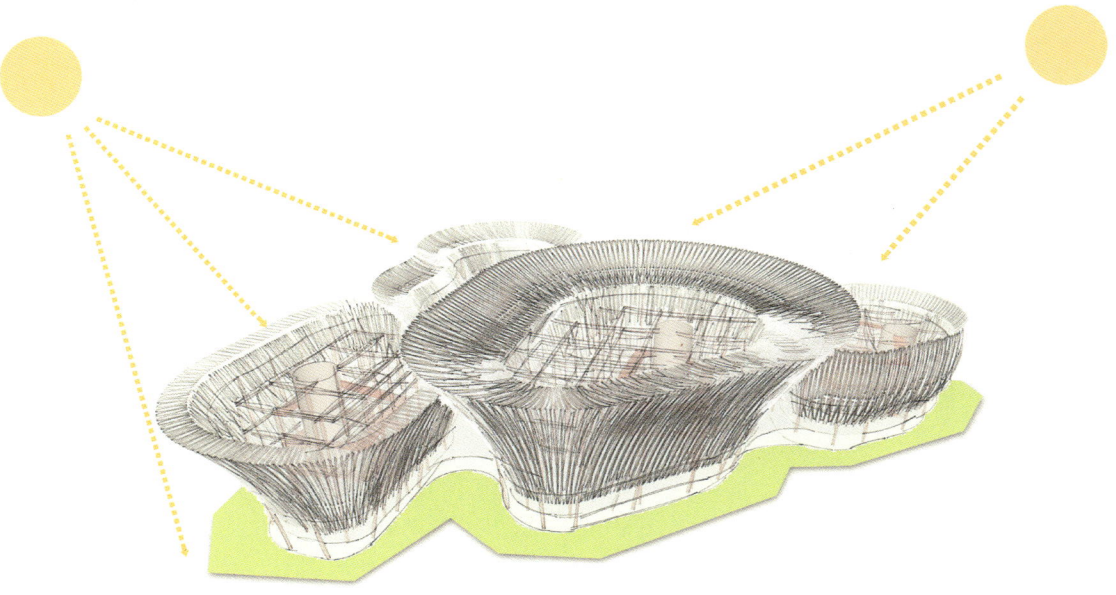

博物馆建筑的倒三角形态形成遮阳伞效果，对建筑外围形成完整一圈自然休憩空间。

历史沉淀

将建筑连廊及附近景观用地压低4m，形成下沉式景观，将串联各区的建筑体积藏进附近街道的视线以下。
获得：
· 连接各区的大体块建筑不影响到附近街区的观景视野；
· 形成下沉式景观，丰富城市景观空间。

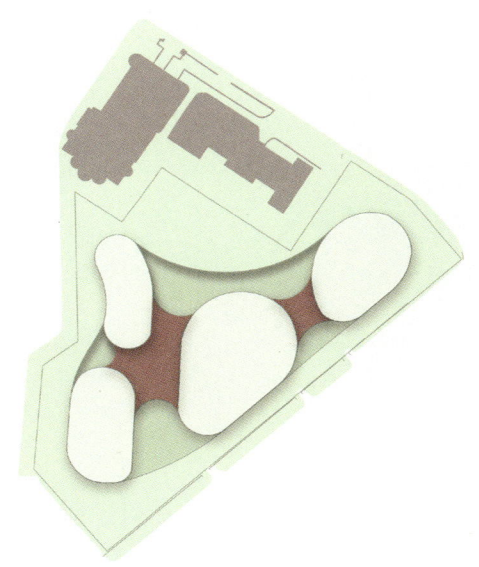

建筑内部连接博物馆各区功能空间

确定博物馆出入口方向，连接博物馆建筑与外部景观，南北向进入建筑内部，一层建筑顶部形成开敞空间，经东西向进入。

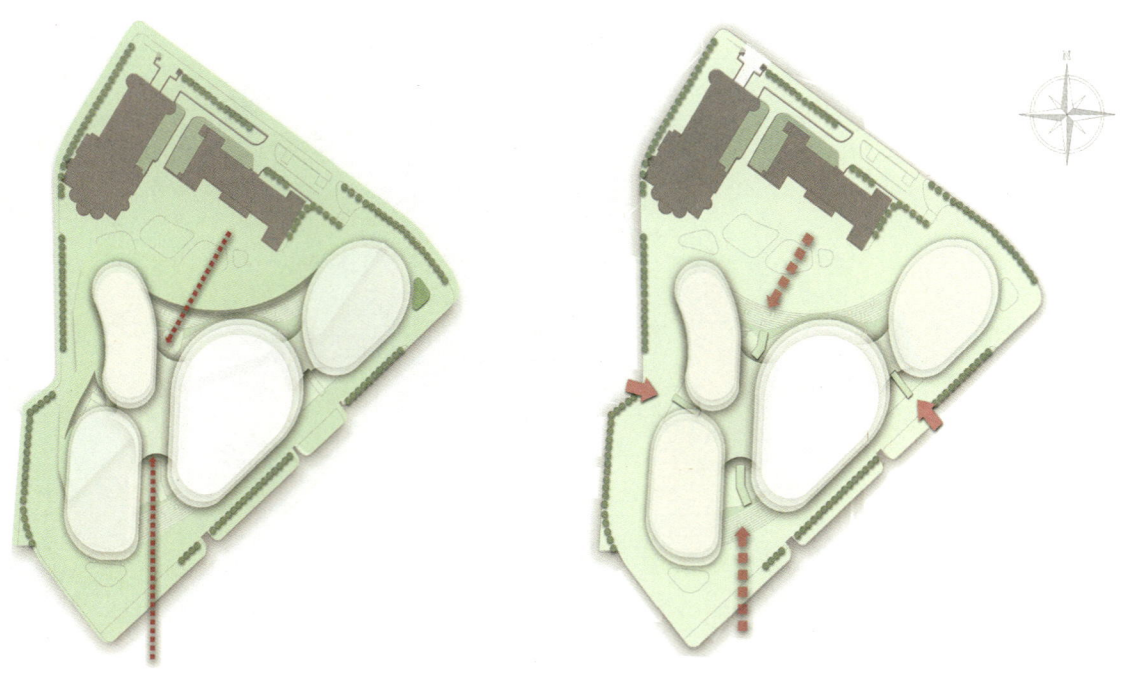

进入博物馆建筑前的人流缓冲带结合地形高差，结合通道与休憩空间，形成台阶式休憩座凳，形成半围合景观空间。

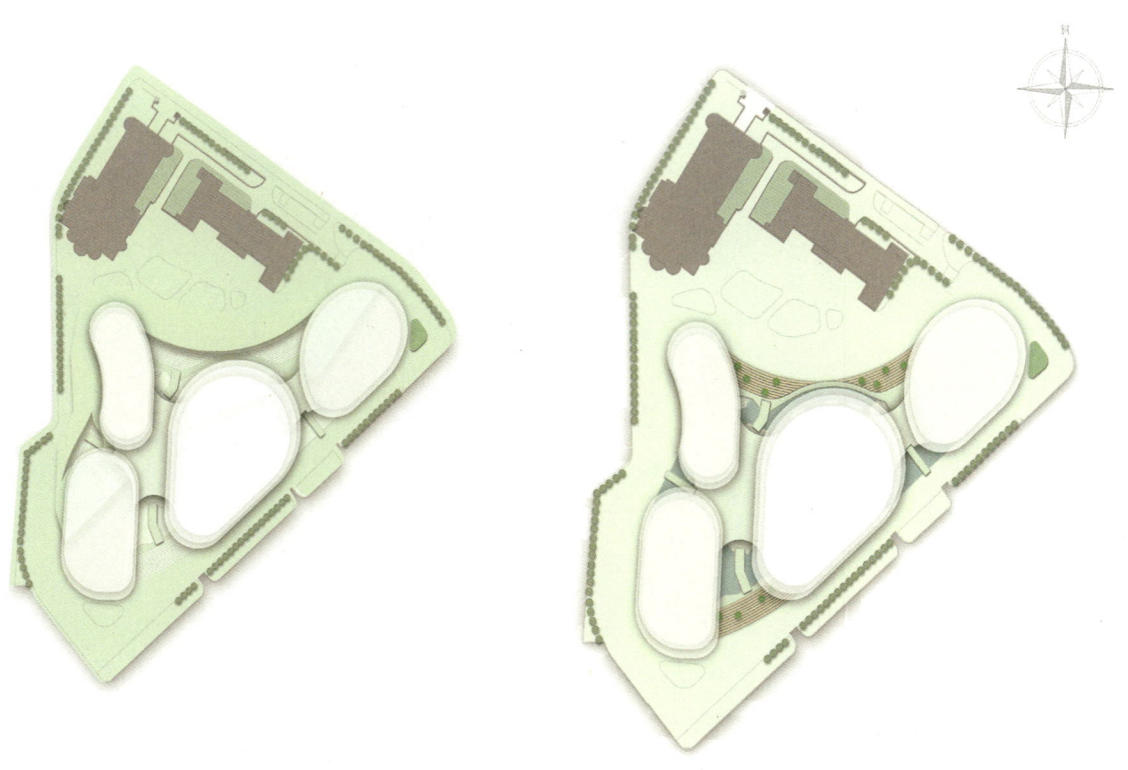

博物馆建筑与教堂外围空间人流密度与流动性较大，不宜布置过于复杂的景观与占用过多的场地，因此布置开敞型的广场空间，使人群在此短暂停留与根据目的分散交通，有利于人流的疏导与观景的视野。

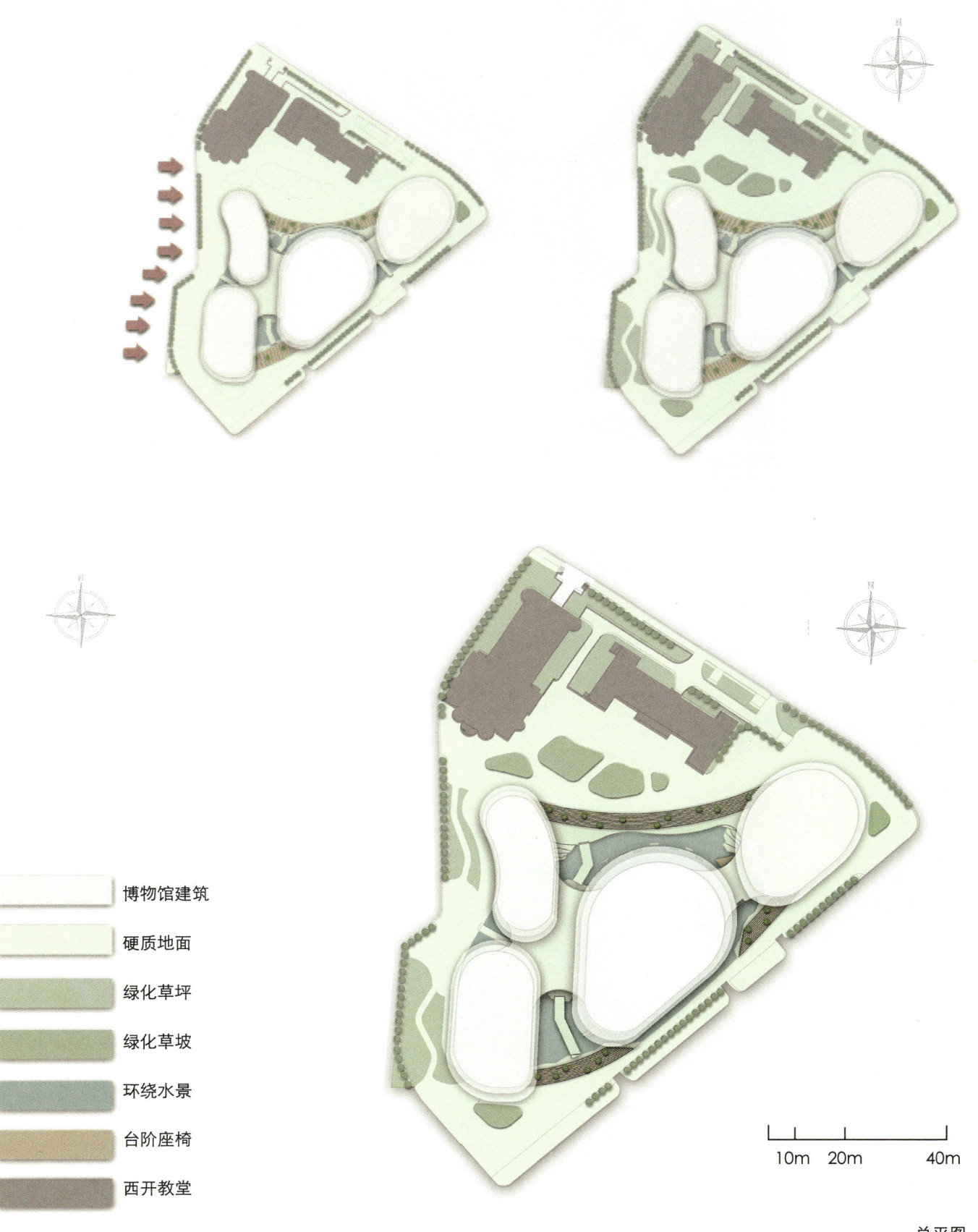

博物馆建筑
硬质地面
绿化草坪
绿化草坡
环绕水景
台阶座椅
西开教堂

总平图

文化"融·器"

根据任务书地上4层要求抬升建筑，呈倒三角形生长。

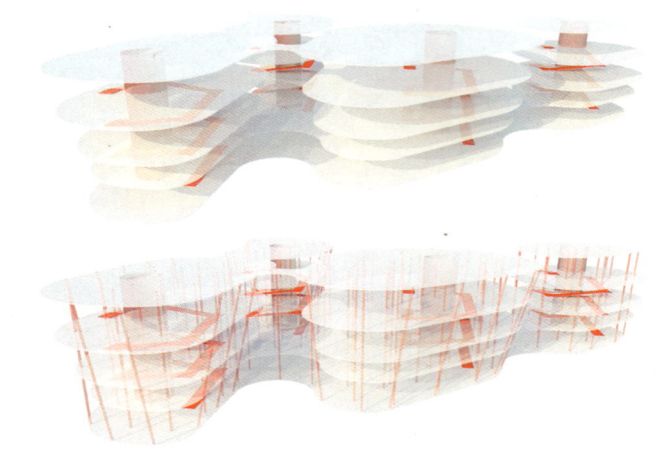

以核心筒为中心，各区展厅为放射点，形成环绕交通。

外围是由梁柱构成的框架受力体系，而中间是核心筒，形成框架—核心筒结构。

立面通过被誉为"会呼吸"的碳纤维材料作为曲线结构柔化建筑棱角，结构采用间隔式阵列，与墙体之间加入可控的活动窗面，可选择性透光及通风。

倒三角形态的建筑顶面形成大面积受光面设置太阳能发电系统，用于室内部分供电。

环境之中的建筑体量

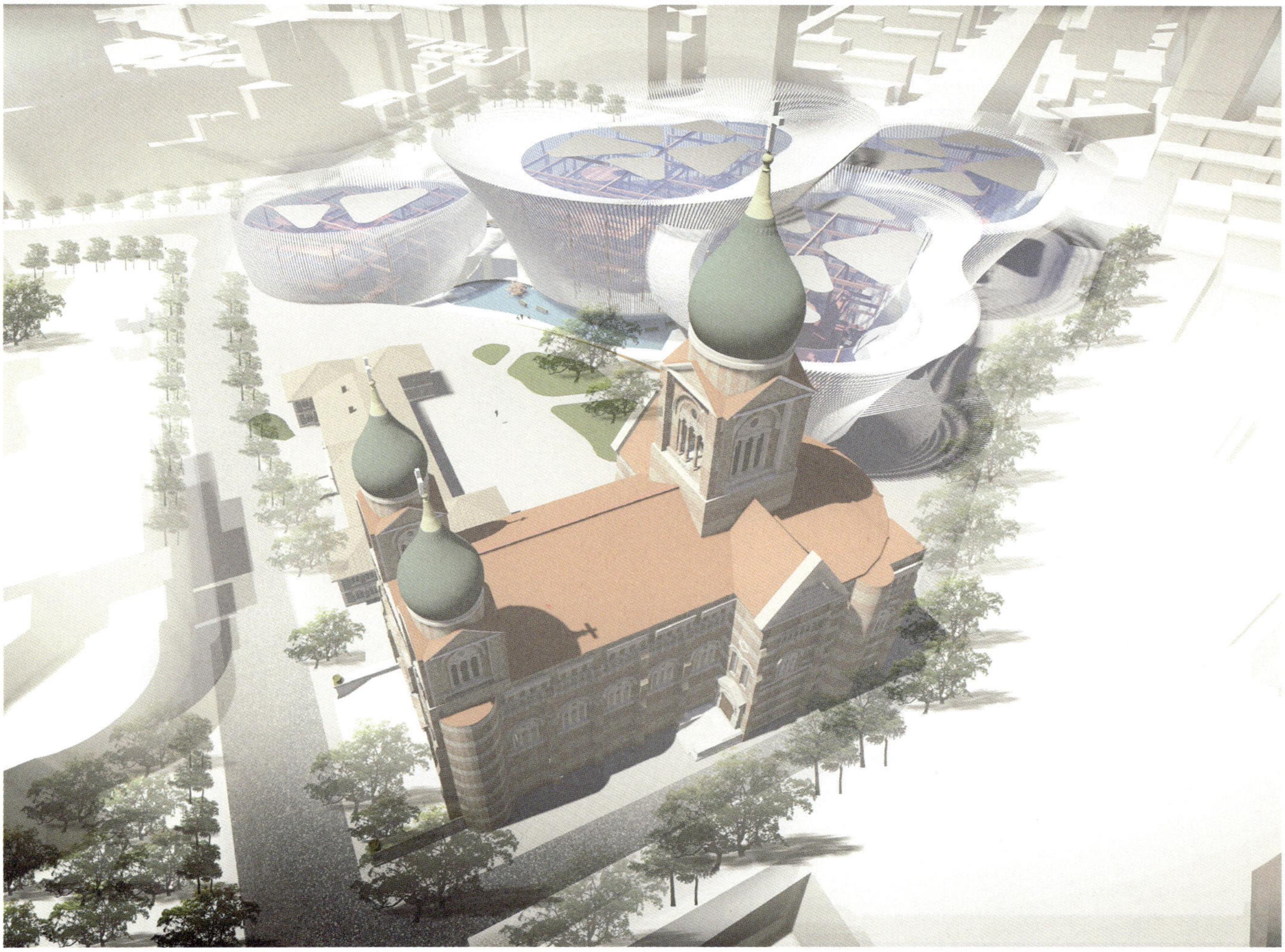

鸟瞰效果图

125

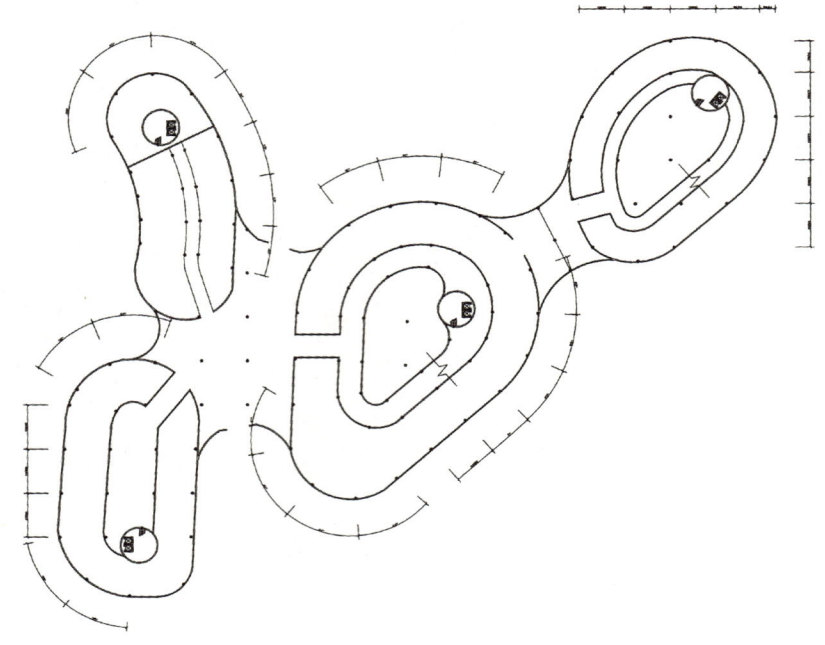

地下一层平面图

地下一层功能空间

地下一层形成完整的建筑平面，并连接各区建筑，为藏品运输提供最佳的运输线路。

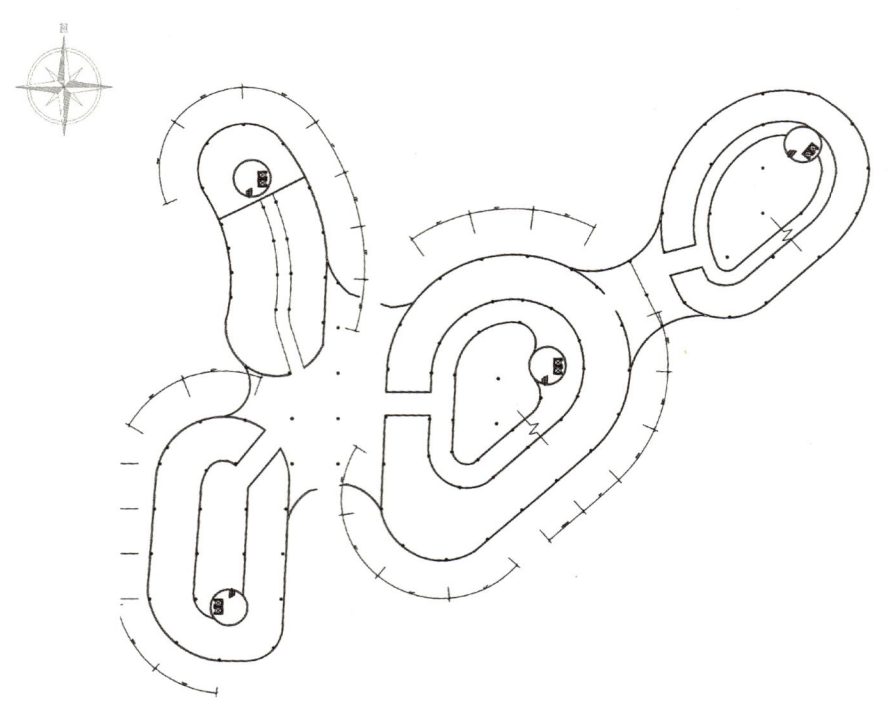

一层平面图

一层功能空间

　　一层串联分散式建筑，南北向各为博物馆主要入口，内部为博物馆门厅。各个区块建筑有各自独立的交通系统。东北向建筑为公共服务区，其余三向建筑为展示空间。

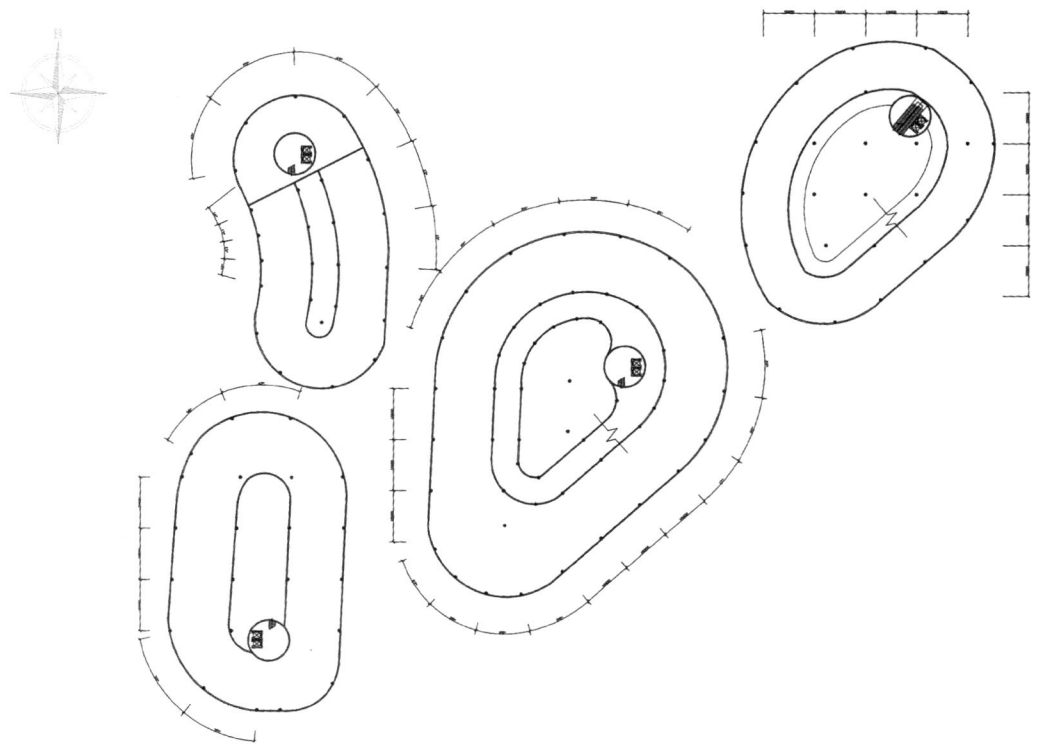

二层平面图

二层功能空间

二层空间以展示区与游客服务设施为主,由于办公区并不需要像展示区一样的层高,将办公区置于7m高的建筑夹层之中,得到高3.5m的两层办公空间。

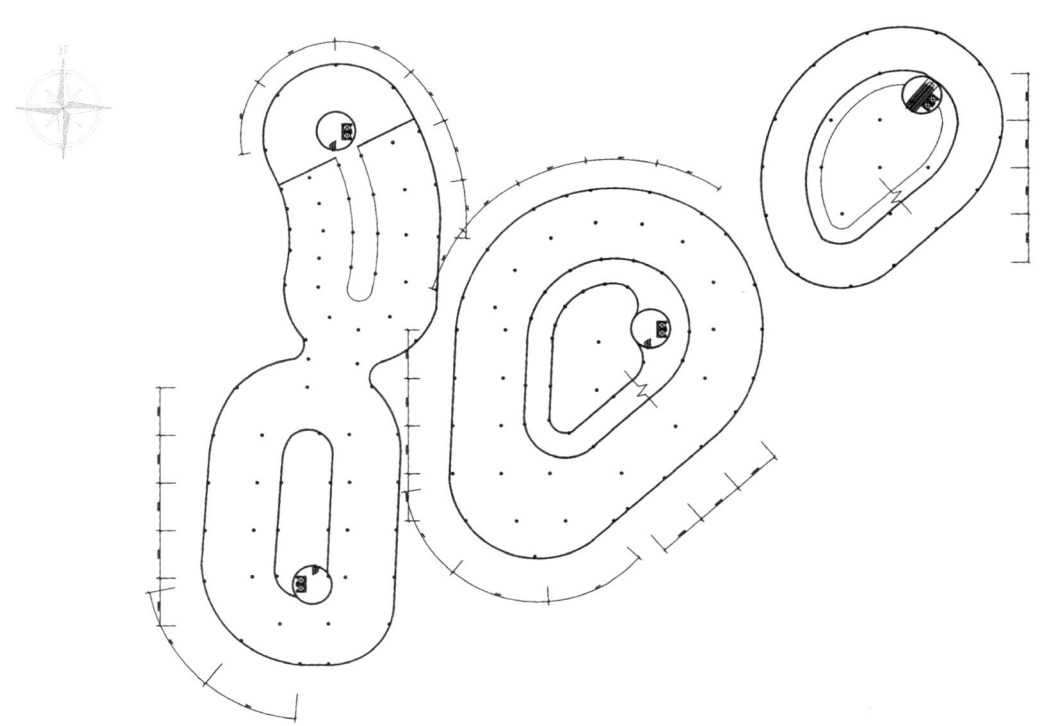

三层平面图

三层功能空间

三层空间以展示区与游客服务设施为主,由于办公区并不需要像展示区一样的层高,将办公区置于7m高的建筑夹层之中,得到高3.5m的两层办公空间。

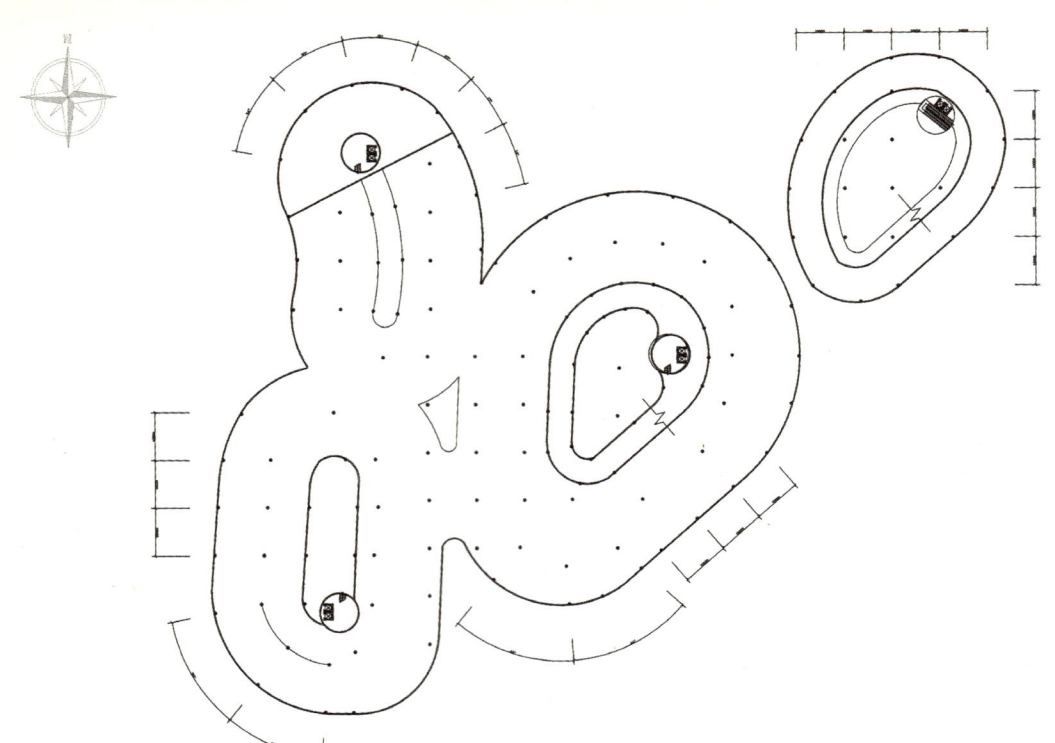

四层平面图

四层功能空间

四层空间以展示区与游客服务设施为主，由于办公区并不需要像展示区一样的层高，将办公区置于7m高的建筑夹层之中，得到高3.5m的两层办公空间。

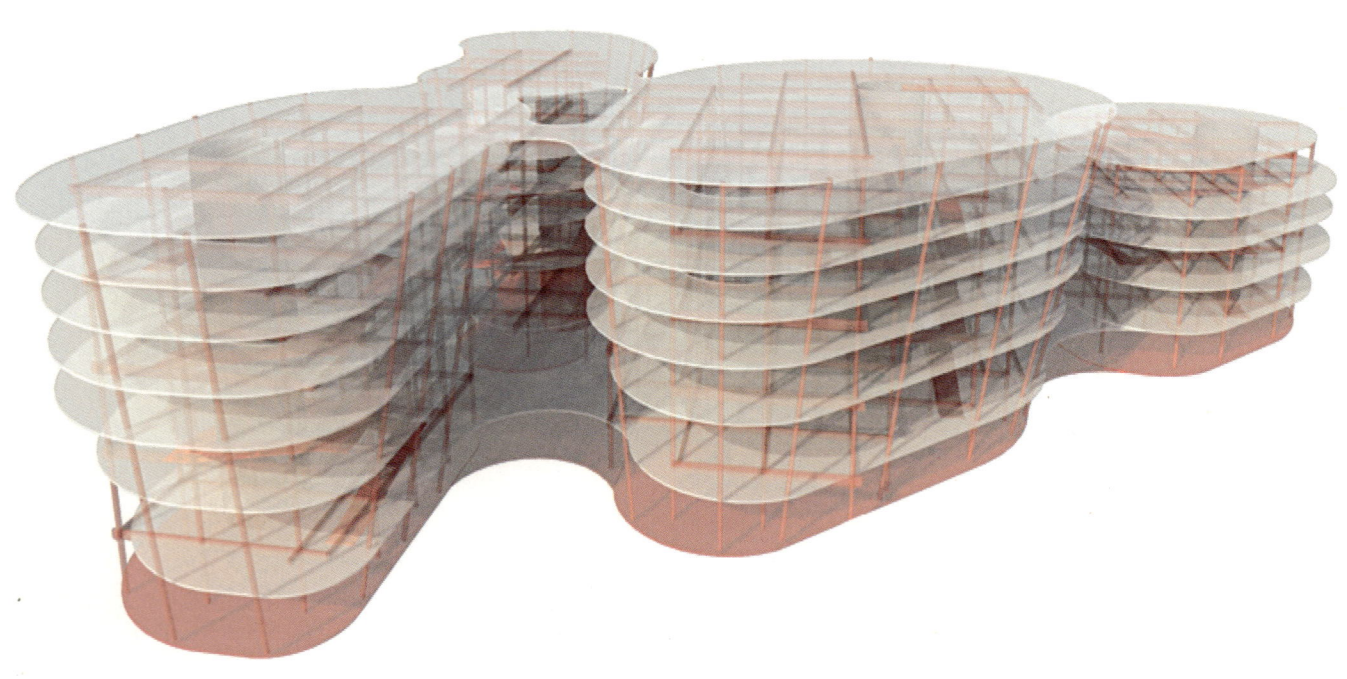

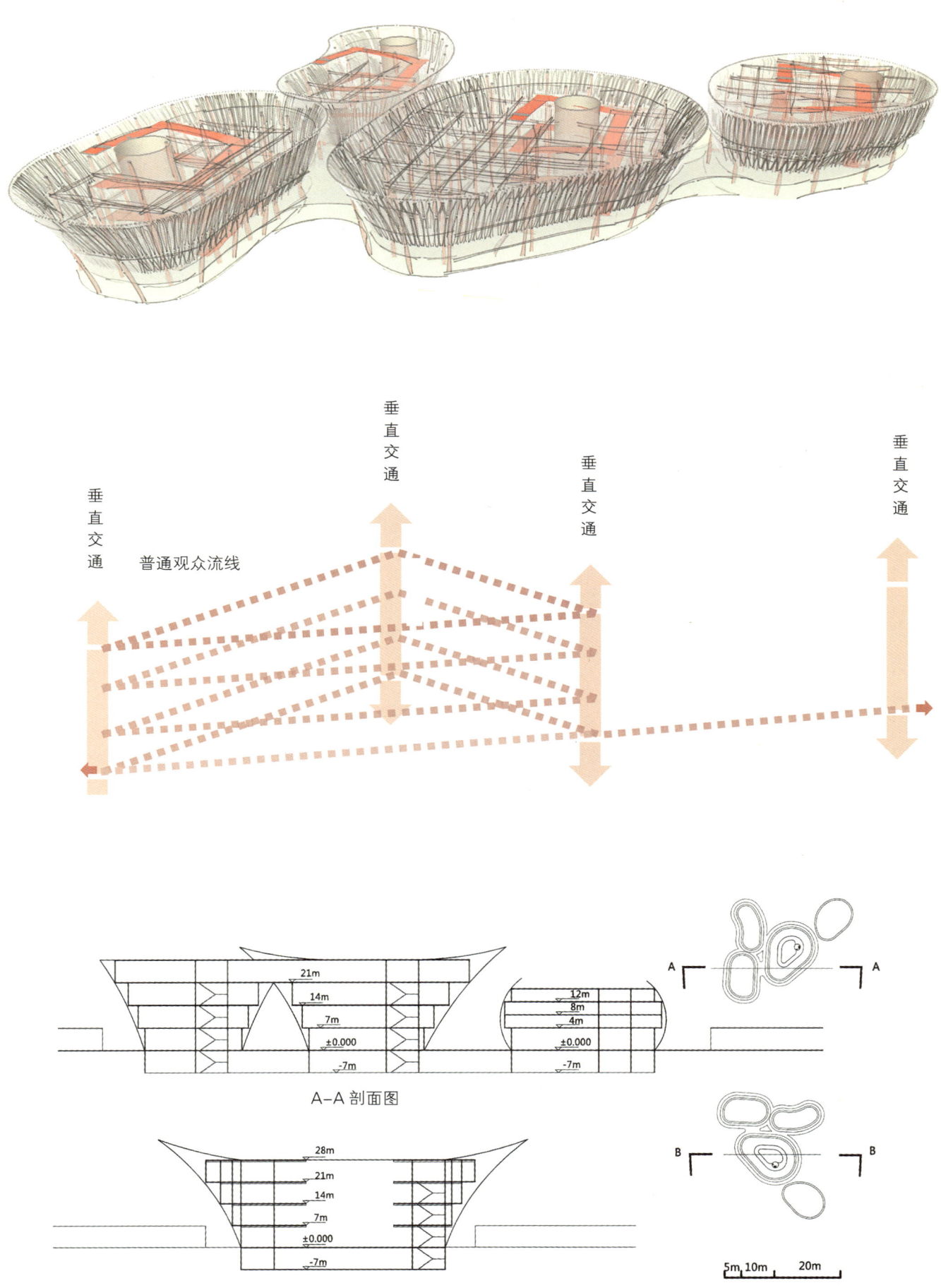

A-A 剖面图

B-B 剖面图

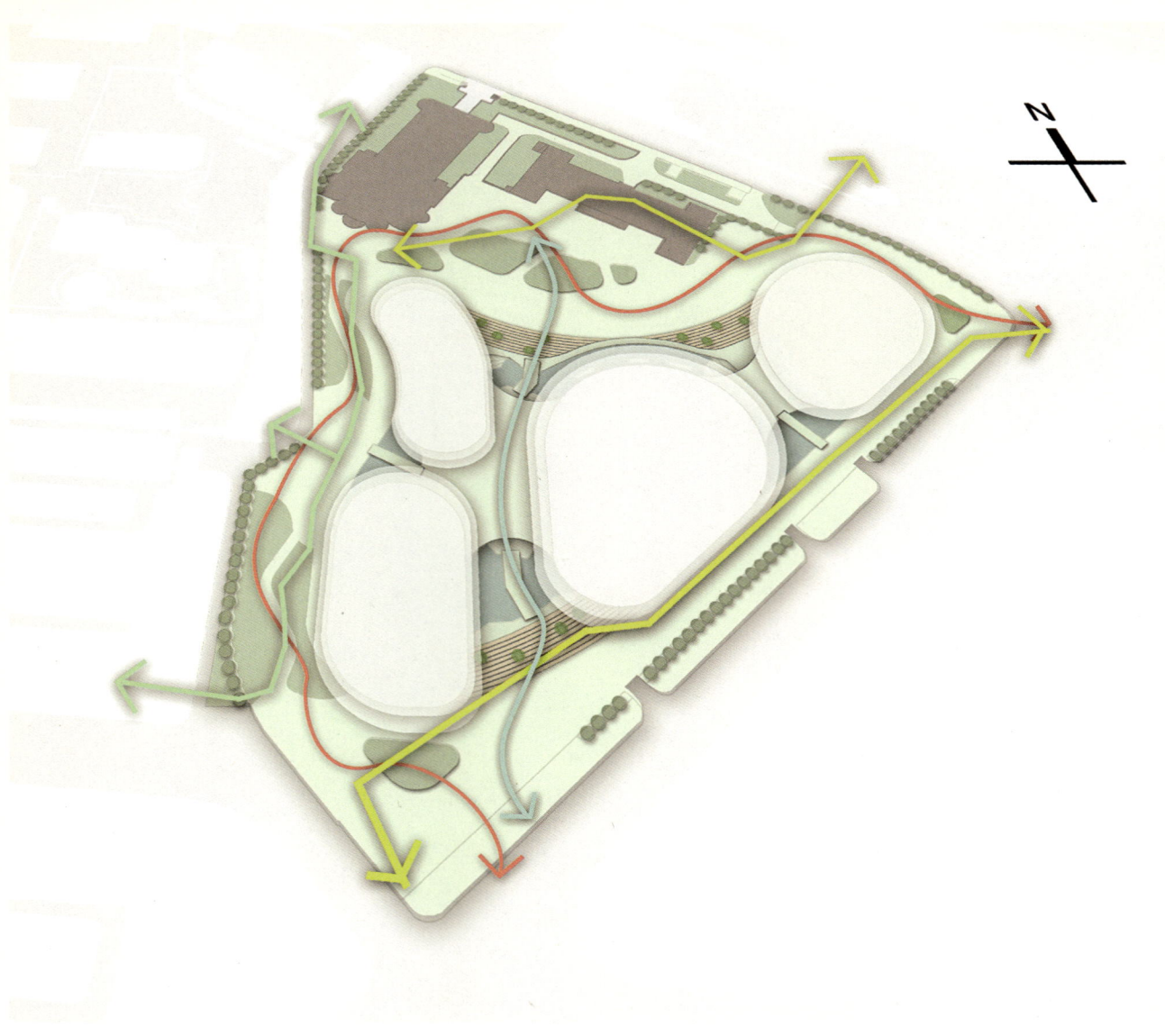

景观交通流线
根据不同受众将景观流线分为

外来游客观景路线 ————

博物馆出入口 ————

当地居民休憩路线 ————

商业区缓冲路线 ————

外来游客以观景与进入博物馆建筑为主要游览内容。
当地居民以日常休憩散步为主，居住区位于基地西向，将西向设计带状景观带，提供休憩场所。
商业区的大批人群流动较大，因此以大开敞空间为主，疏导人流。

三等奖学生获奖作品
Works of the Third Prize Winning Students

装瓶厂建筑及景观设计
Water Bottling Plant

学　　生：佰桃（Petra Sebestyen）
学　　号：BE3544023
学　　校：匈牙利佩奇大学

My diploma theme is a water bottling plant, with a connection between the building and the arboretum. The connection is a walkway, witch is going under the Cuha-Bakony creek. I chose this plot, because the well can be found here. My design area has two ending point. One of the ending point is the designed building, the other ending point is the fishing lake which is in the arboretum.

我的毕业设计选题是一个装瓶厂的建筑及其景观设计。基地在小镇的东部，临近植物园，我在装瓶厂与植物园的钓鱼湖之间设计了一条步行通道，这条通道与库哈河平行交织。

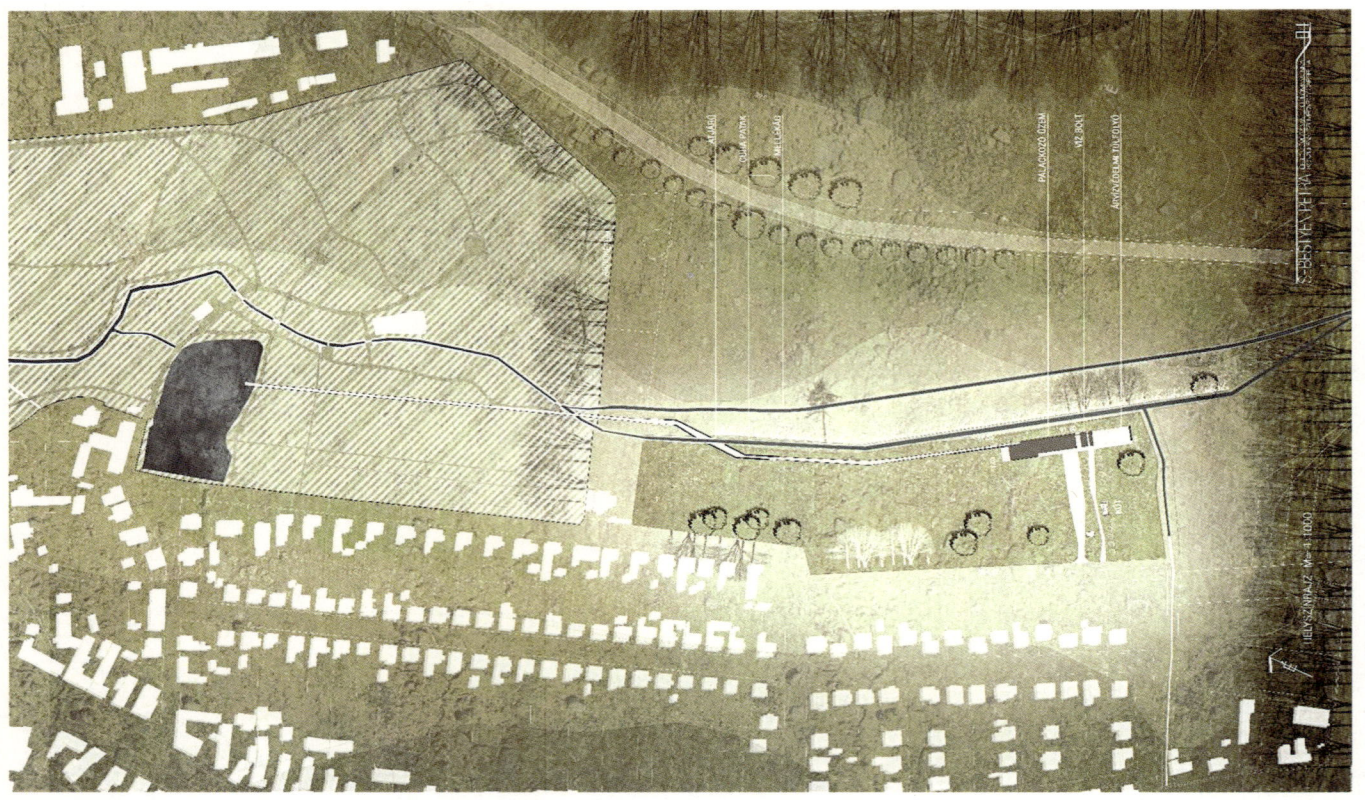

The water plant works as a separator axis, we separate the arboretum (which represents the nature) and separate the industrial sphere. The case is the same if we check the position of the plant, there is the city, and on the border of the city there is the plant, it can be separated easily.

装瓶厂就像是一个分离器，它将植物园与工业区域分隔开，同时从地理位置上来看，它位于城市的边界，所以它也是城市工业区与郊区的分界点。

The layer is the result of the function relationships. A concrete blade wall slashes into the building, which shows the path for the visitors. When we are getting close to the walkways end, the building is starting to "tear". The functions at the end of the plant where the "tear" part is, it made for the visitors.

厂房的楼层是按照功能分区的。我利用一面装饰墙，延展了观景空间，并将厂房的入口分为两个部分：一边是游客入口，一边是办公区。走到装饰墙的尽头，整个厂房的空间将对游客完全敞开。

Those function in the plant, which are secret from the visitors will be placed behind the blade wall.

工厂的办公室隐藏于装饰墙背后，不对游客开放。

They can relax at the shop, buy different products, they can go to the bathroom, sometimes at the very end of the plant if the conditions are fine, a cinema is working where the visitors can see a movie on the retaining wall. Where the bulding starts to "tear", glass walls can be found. The glass walls and the long skylights supplies the light for the building. The laboratories, changing rooms, and above these the offices and the tea kitchen can be found on the north side of the building. If we go south we can find the plant area, after it the water shop, and at the end the toilets.

游客们可以在纪念品店里休息或购买商品，在工厂的尽头，游客可以观看挡土墙上投影影片。我将装饰墙的一端设计成玻璃幕墙。玻璃幕墙和天窗为建筑提供了自然采光。办公区的实验室、更衣室、茶水间还有内部员工卫生间位于厂房的北侧；成品水商店和公共卫生间位于南侧的尽头。

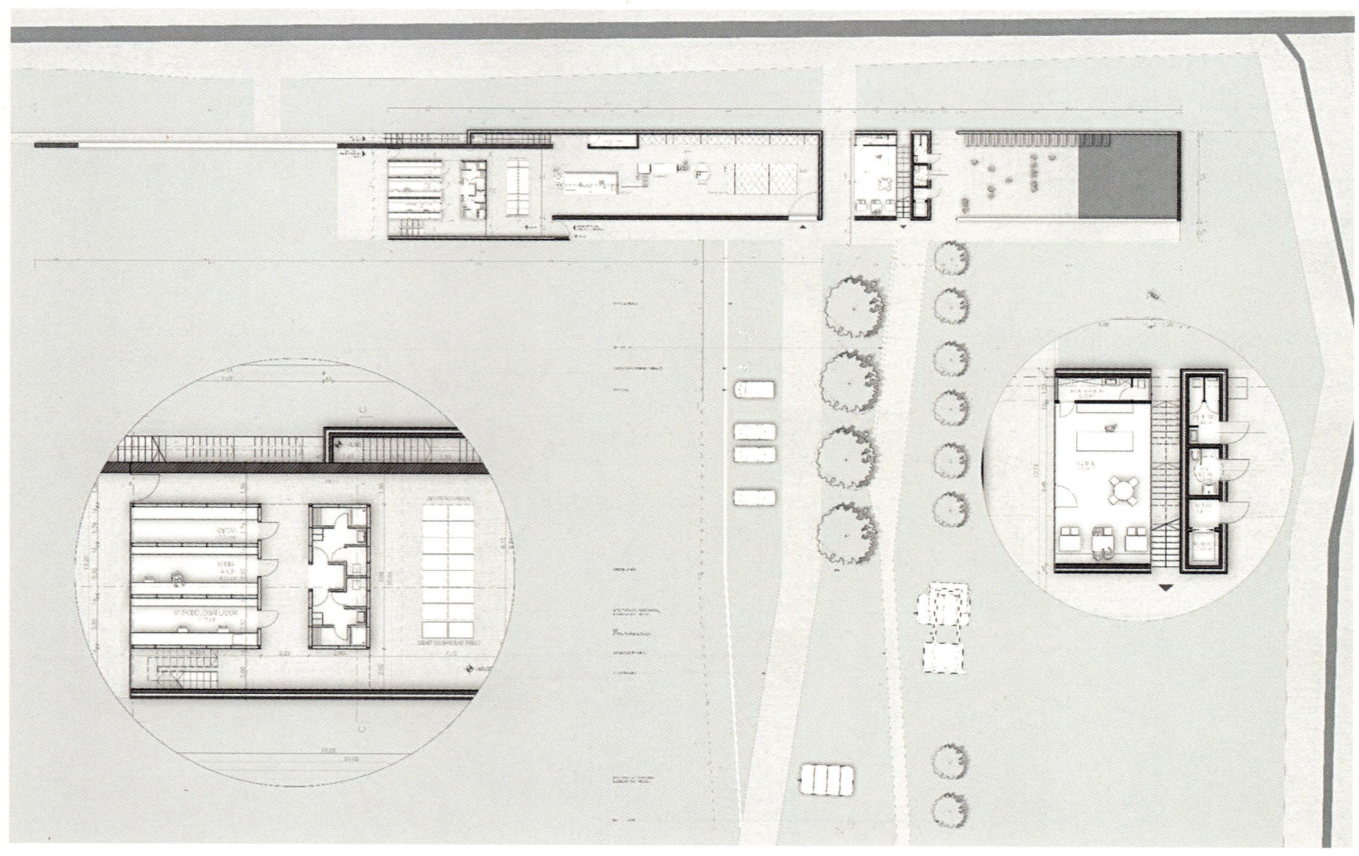

The function determines the second floor place. Where the funciton needs a second floor there is, where it doesn't need there isn't. So we can't say that we have a whole first floor. The visitors can see the bottling process from a galery (which is covered-opened), behind a glass wall. This galery (or corridor) goes through and connects the three building piece. At the end of the corridor the visitors have a beautiful view from the surrounding area and they can go downstairs.

在厂房的二层，游客们可以参观灌装水流水线。沿着走廊，可以从主体厂房走到其他两个附属楼。连廊的尽头是一个小型观景平台，也可以从这里的台阶下楼。

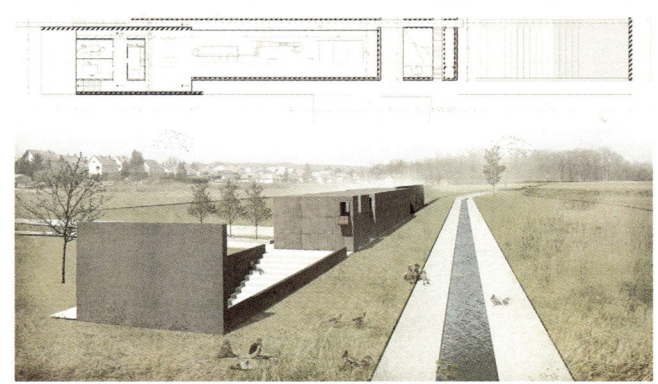

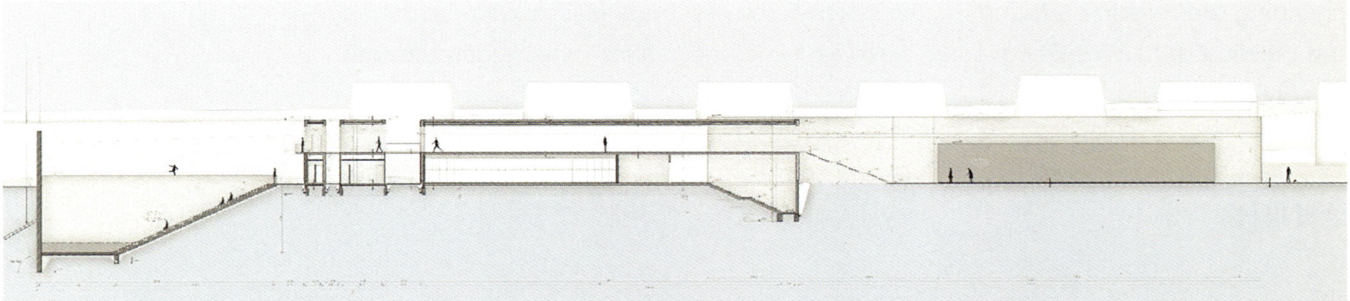

The concrete blade wall, which slashes into the building shows the path for the visitors. Inside this blade wall a water curtain wall can be found, which works with pressure, so the visitors can se a water wall. Atfer the wall, the visitors have to go upstairs to the corridor.

这面混凝土装饰墙及地面延长线的步行道，都是游客从外面的景观广场到瓶装工厂参观的引导路径。游客进入到厂房内后，需要步行上楼，然后经过空中走廊进入到另外两个建筑当中。

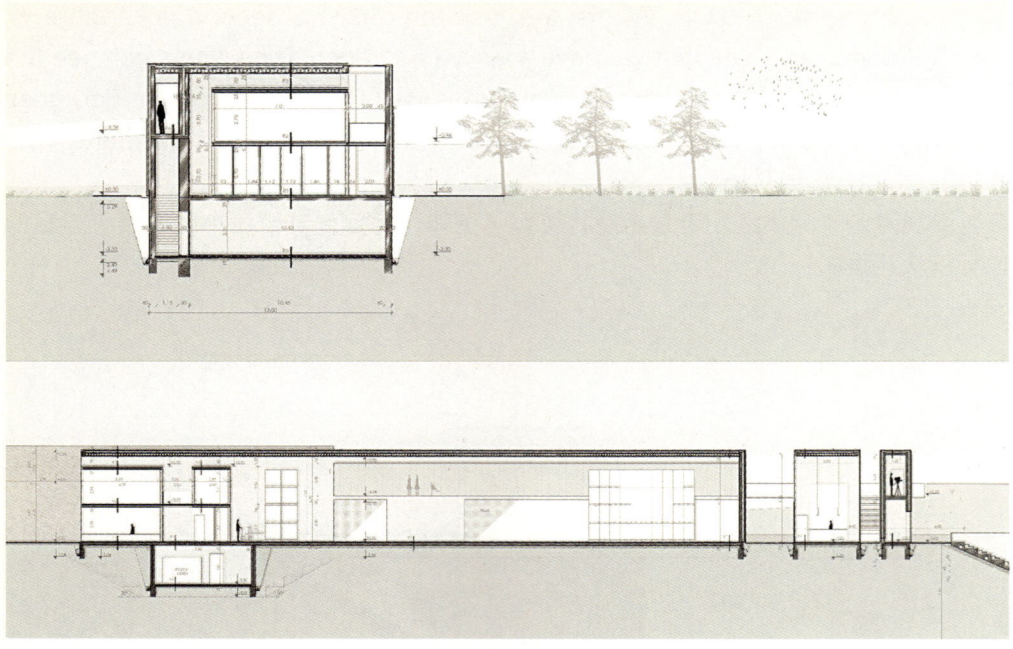

A mechanical room can be found in the basement. The basement is a small room, it occupies a small part under the plant building. The offices, laboratories, changing rooms can be found in boxes. These boxes' material is not the same as the building. It has metal covering, such as the corridor slab, which goes through the buildings.

机电室位于地下一层。地下室是一间很小的房间，办公室、实验室、更衣室位于机电室的上层，这部分空间的建筑材料与其他部分是不同的，主要使用的是金属板材。

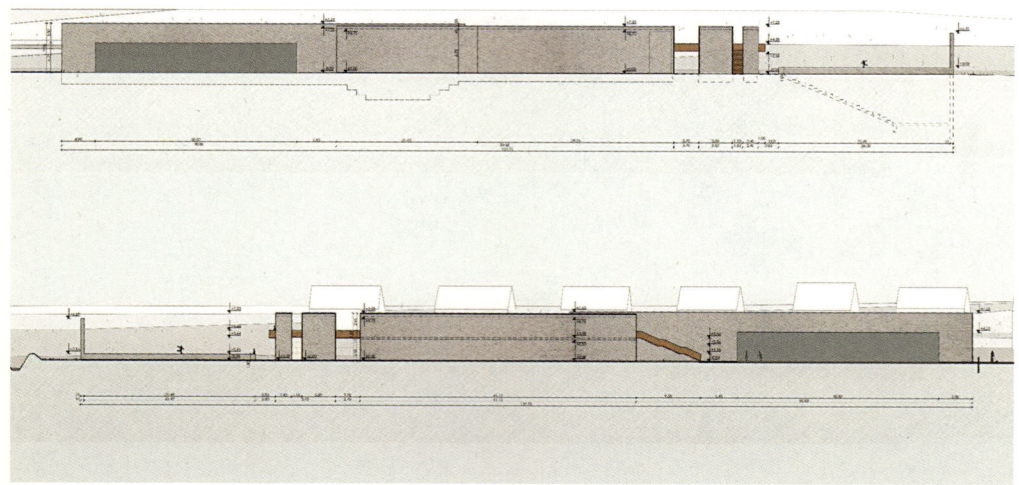

The plant building and the other two buildings have concrete covering, so it makes the feeling that the plant is part of the landscape.

厂房和其他两个附属建筑都使用混凝土作为主要材料，这样能够使建筑与周围的景观在视觉上融为一体。

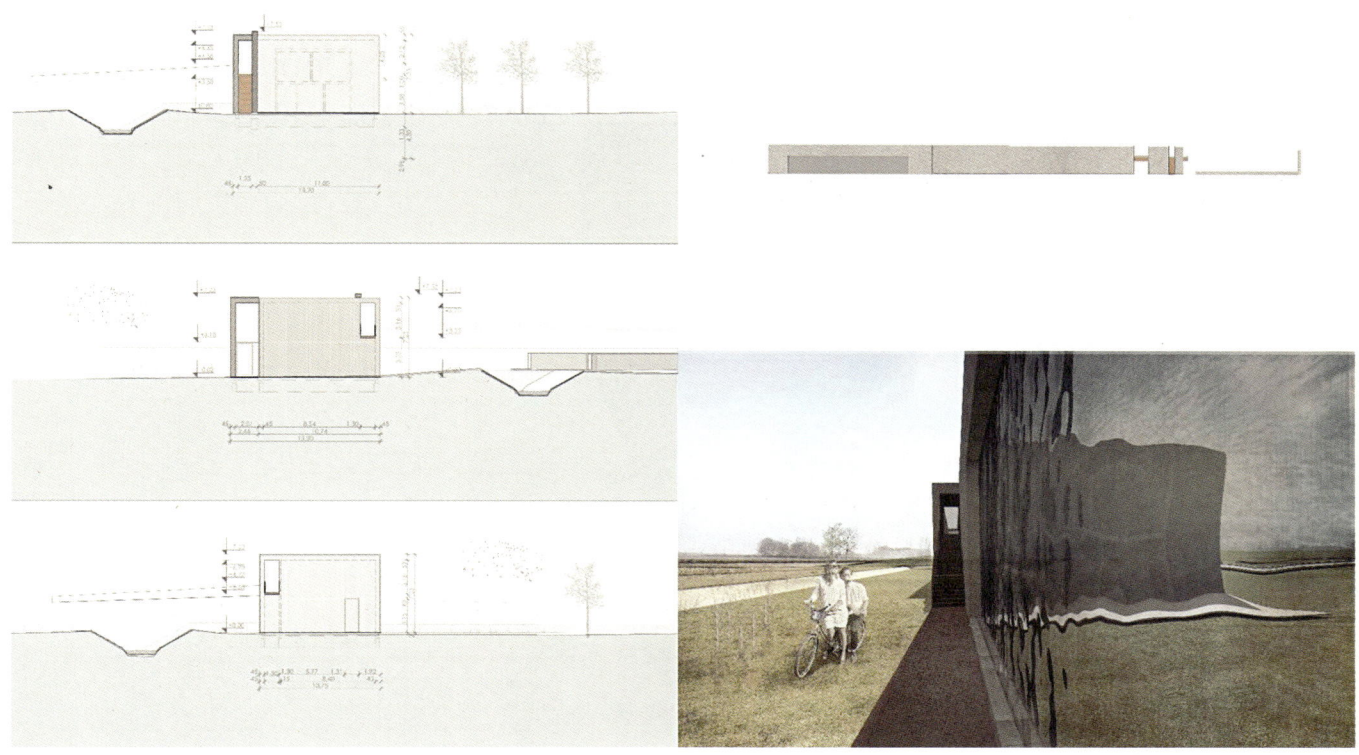

At the last two buildings their transverse walls are made from special glass.
两个附属楼的建筑横切墙是由特种玻璃制成的。

With these ingridients the plant can be a great place, where the visitors can have a pleasant time. They can enjoy all the program, get new experience about water bottling and they can have a beautiful view from the landscape.

通过我的设计，装瓶厂及周边形成一个集参观、休闲于一身的工业综合体。游客们不仅可以参观瓶装水的所有工作程序，同时还可以游览周围优美的景色。

栋博堡高中体育馆建筑及景观设计
Recreational Development for A High School in Dombovar

姓　　名：马克（Mark Havanecz）
学　　号：BH0416808
学　　校：匈牙利佩奇大学

My final project is a recreational development for a high school in my hometown, Dombóvár. It is near to Pécs where the university is situated.

我的毕业设计是为我的家乡栋博堡的一所高中设计一个体育场馆。栋博堡距离佩奇大学所在的佩奇市并不是很远。

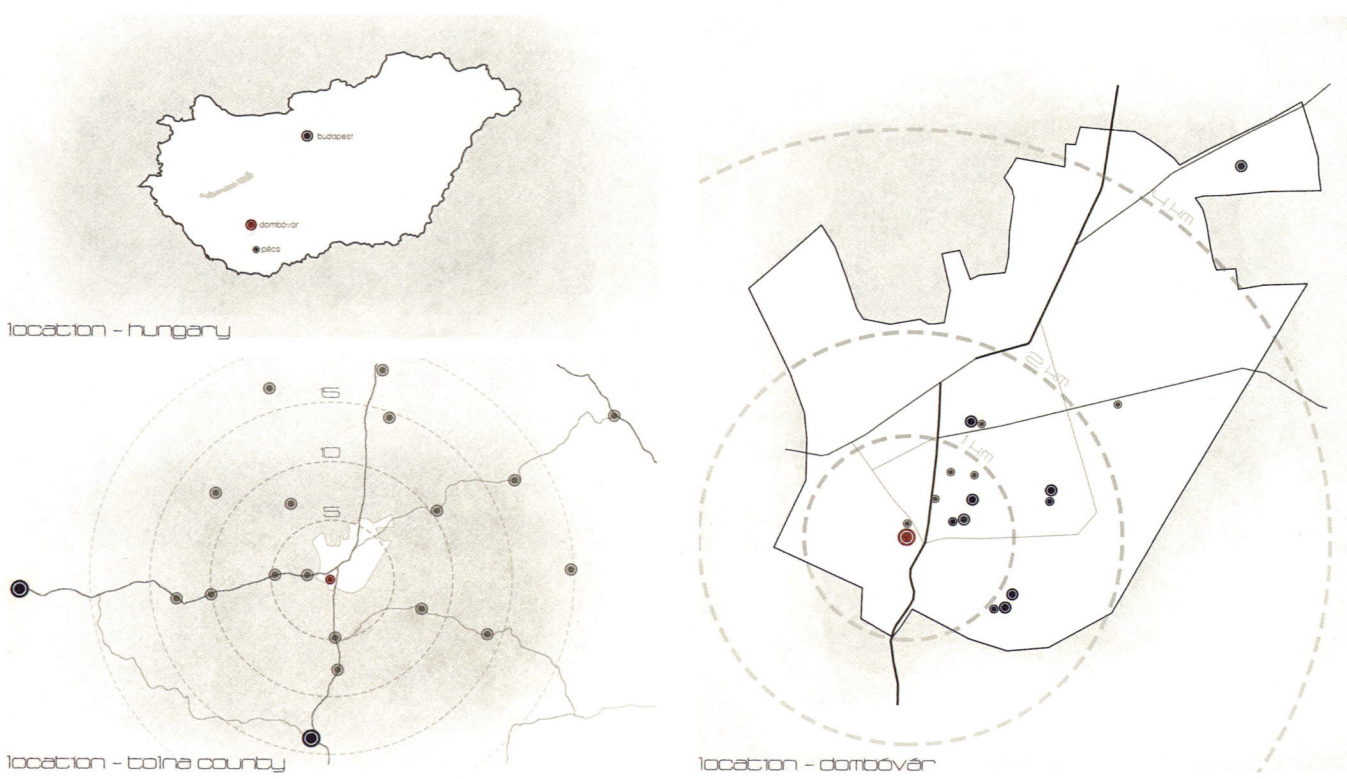

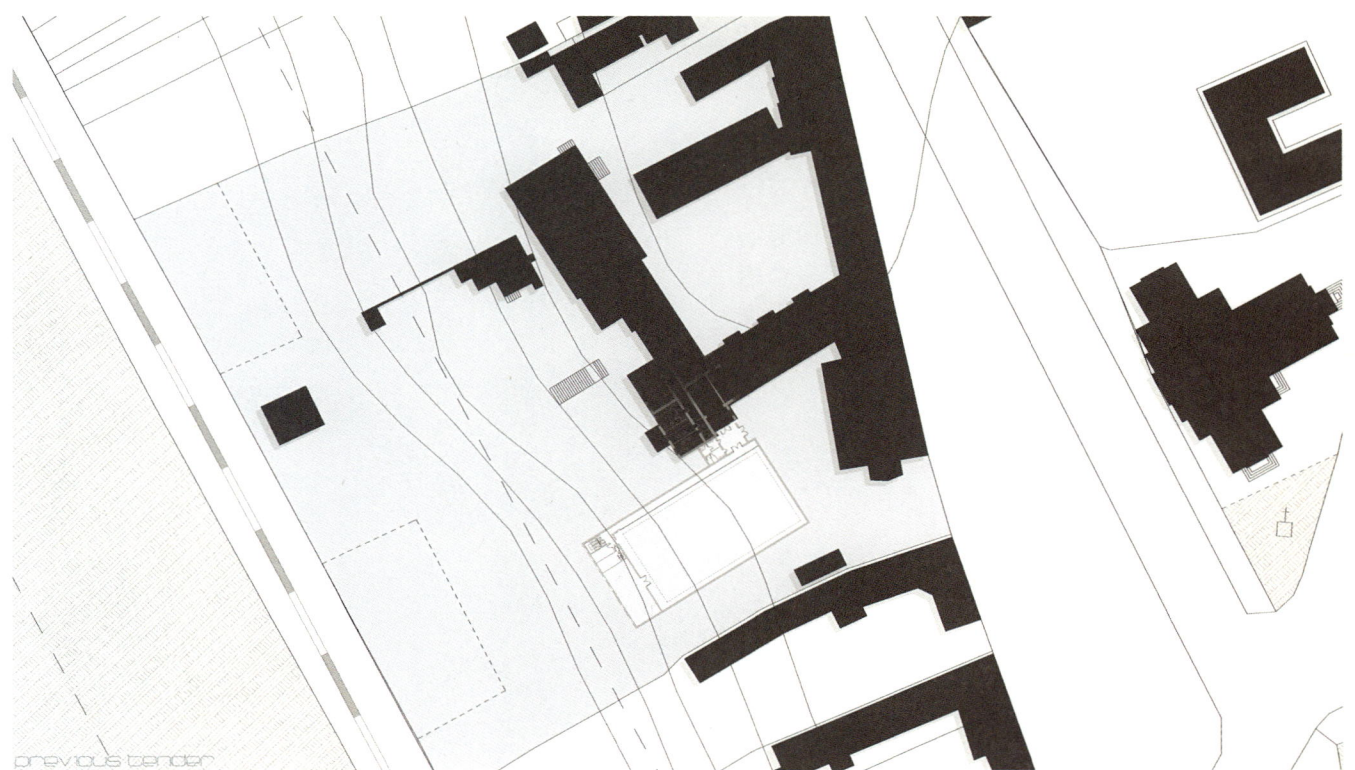
previous tender

It was a previous tender and it did contain a conception about a new gym hall and a training pool situated directly next to the school.
学校刚好有一个体育馆新建项目的招标，项目内容包括一个新的健身中心和一个游泳训练池，场馆的位置紧邻学校园区。

This tender was based on real problems and real needs. Actually now the school has a very tiny gym for five hundred students and the claim is even bigger since in Hungary every student should have at least one P.E. lesson every day.

Besides these, the town has a partly ruined swimming pool which is the only indoor pool in 20 kms. In spite of these, Dombóvár has many great succes in swimming.

本次招标是基于学校面临的实际问题和需求的。目前，学校只有一个非常小的体育馆，而这个体育馆无法满足五百多位在校生的使用需求。在匈牙利，每个学生每天都至少有一节体育课。

同时，这里还有一个年久失修的游泳池，它也是20公里内唯一的室内游泳池。尽管硬件条件如此艰苦，栋博堡在游泳方面还是取得了很大的成功。

It is easy to see the different parts built in different eras and the result is a bit confused.
学校内的各个建筑建于不同的时代，由于缺少整体的规划，所以校园内的动线显得十分混乱。

Currently this location is fitted with some outdoor sport grounds.
目前这个区域有一些户外运动场所。

Compared with the tender my program is extended. It is fitted with a multifunctional gym hall with spectator stands and a swimming pool with a 25 meters long competition pool also with stands.

根据招标的要求，我设计的新馆将在现有场馆面积的基础上有所扩展。新的场馆配有多功能体育大厅、观众看台和一个有长25m赛道的游泳池及看台。

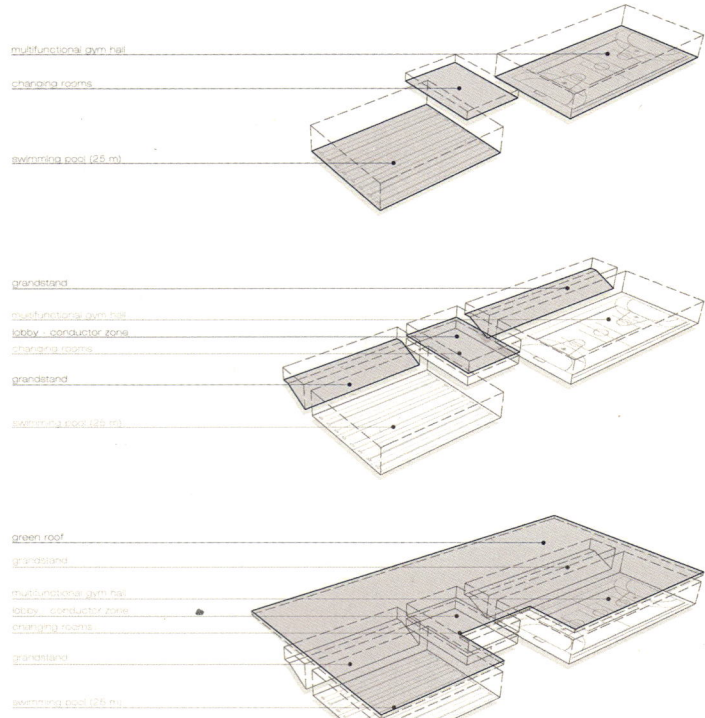

Because of the program and the ability of the site, the concept do not connect the building directly with the school.

由于地势的原因，我并没让体育馆与学校直接连接。而是将体育馆与山体的坡面融为一体，南面作为主要的出入口和建筑立面。

In this way the shape of the building could follow the functions and could be hidden from top of the site and does not make the already confused situated school building more chaotic.

这样一来，体育馆可以巧妙地隐藏于自然环境之中，不会使本来就很混乱的校园规划变得更加糟糕。

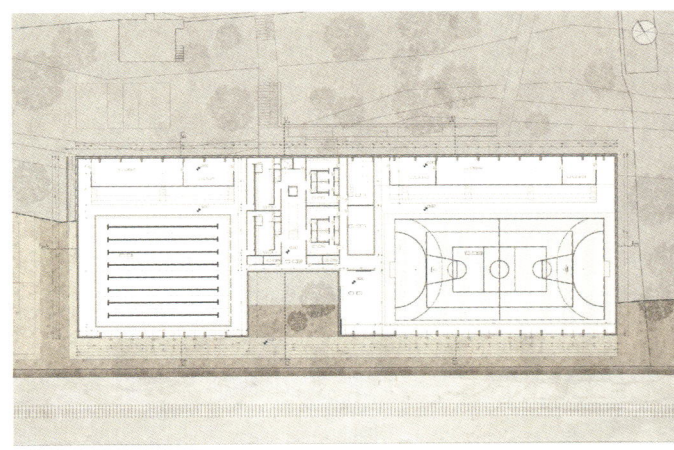
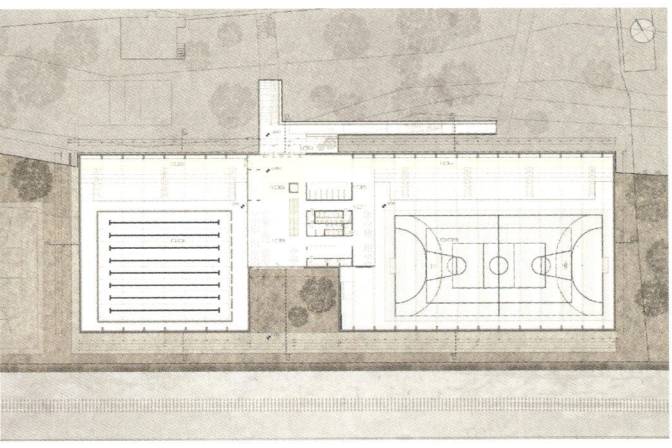

In the entrance level the conductor space can be found which do contains the public service functions (reception, cloakroom, restrooms, cafeteria) connection with the stands.

位于入口层的交通枢纽空间连接了公共服务区与看台，公共服务区同时也包含了接待区、衣帽间、洗手间、餐厅。

The changing rooms are situated below that conductor space. Each side can easily contain enough space for two classes. The gym hall is fitted with 2 separated training rooms and space for wall climbing. The equipment stores and the engineering rooms are situated under the stands.

更衣室位于交通枢纽空间的下面，两侧都具有能够容纳两个班的学生的空间。健身房大厅配有2个独立的培训室和攀岩空间。设备间和机电室位于看台的下方。

Except the school hours for the public the sport facility can be reached by crossing the school with a corridor system. To shape that, I used the school building's gate at the north part of the site. At the dormitory part I formed a corridor cross the building. It works like a tunnel that can separates the public corridor space from the private spaces.It is signed with vivid colour which is appeared in the entrance space as well and indicates the routes for the quests.

在课余时间，体育馆对外开放，为此我特意设计了一条通道，人们可以直接横穿过学校到达体育馆。我利用了学校北面的大门作为这条通道的一部分。走廊经过宿舍楼横穿校园直抵体育馆。这条像隧道一样的通道将学校教学空间与公共楼道空间合理地分隔。我使用了鲜艳的颜色作为这条通道的主色，其导视系统位于入口处。

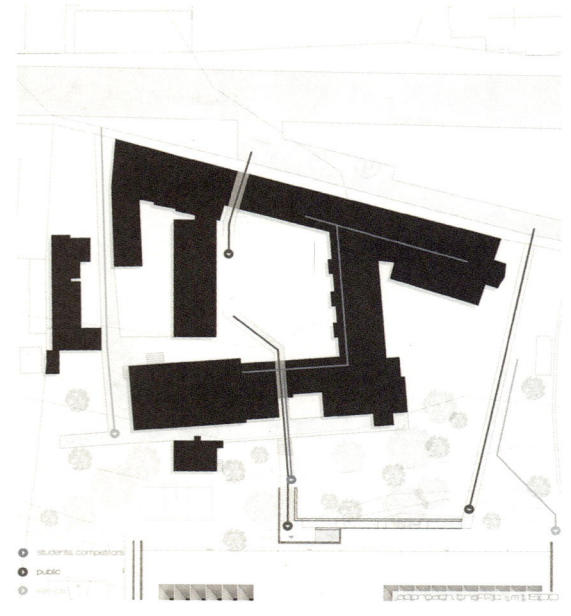

The institution will be available for students, for competitors, sport clubs and also for independent quests. So even the development is associated with the school it covers the whole town and the close region.

新建成的体育馆将为学生、专业运动员、体育俱乐部提供服务，同时也会举办独立的培训或比赛。因此，虽然它隶属于学校，但其功能是辐射于整个城市和周边城镇的。

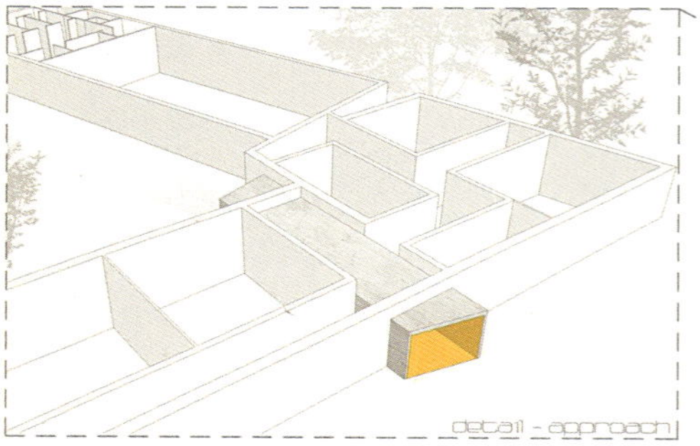

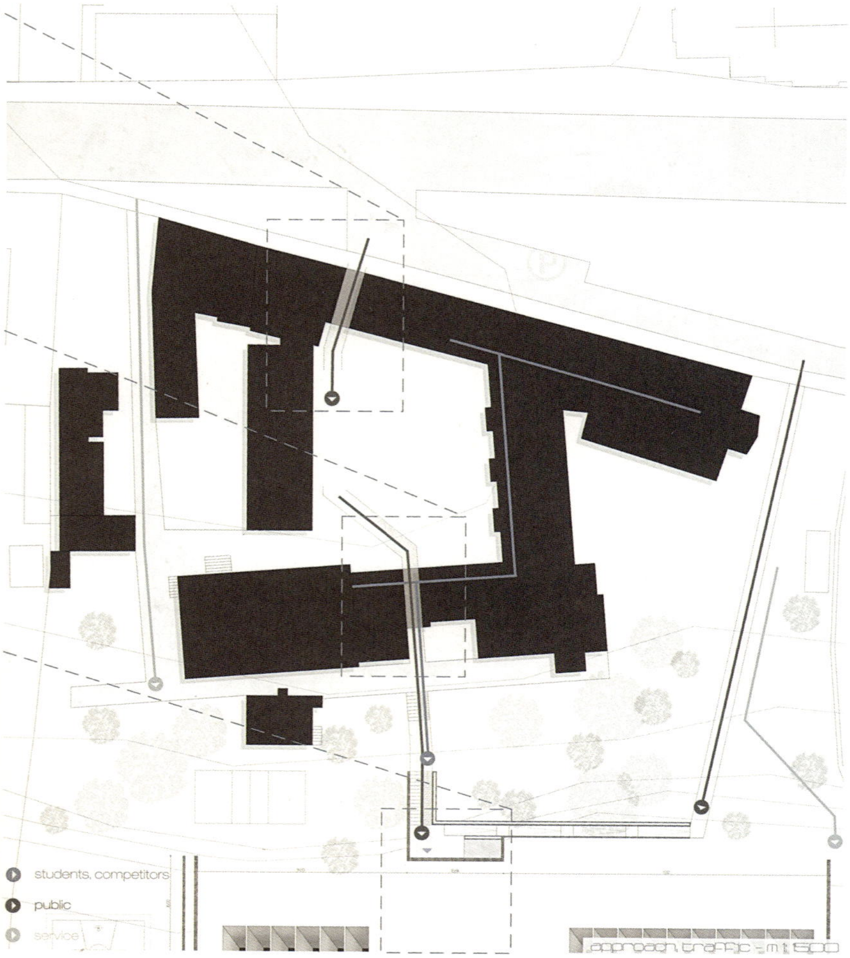

The primary structure of the building is reinforced concrete. Firstly it is suitable for climate conditions of the swimming pool. And because it is covered with an intensive green roof, it should be a massive structure.

体育馆的主要结构是钢筋混凝土。因为我首先考虑到钢筋混凝土结构更适合于游泳池的使用需求。其次，由于场馆的屋顶覆盖着密集的绿化层，所以屋顶应该是一个比较坚固的结构。

The details of the stucture can be seen. The building has slab foundation forced with monolit concrete piles under the main framework. The pillars are made on monolit reinforced concrete, the beams are prefabricated and tensioned. For the walls I used a Thermomass sandwich system.

建筑内部结构的细节。在建筑主体框架下采用钢筋混凝土板式结构。立柱使用加强型钢筋混凝土，梁是由预制件通过拉紧的方式搭建的。场馆的墙选用的是美国特迈斯混凝土三明治夹层保温墙。

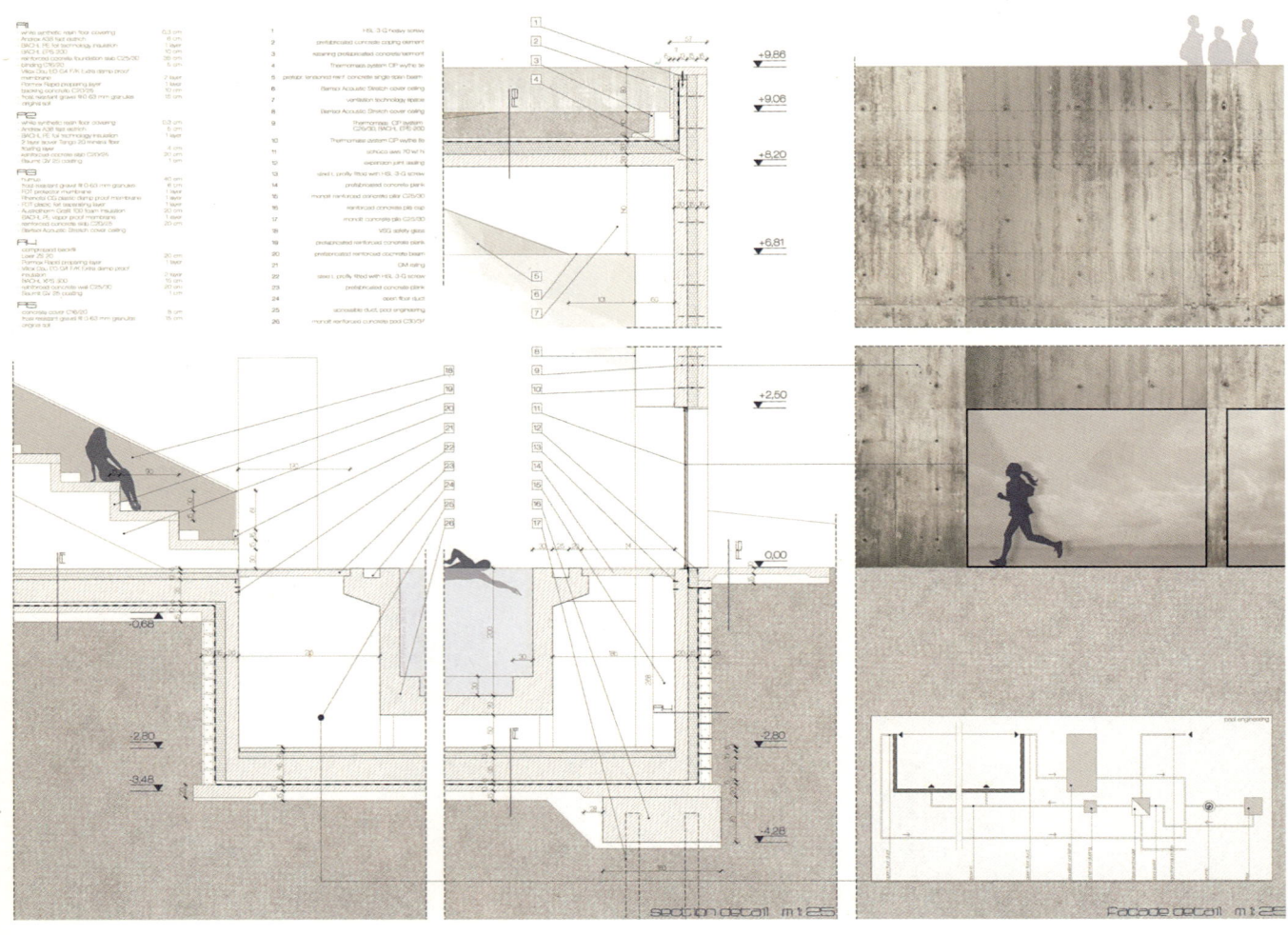

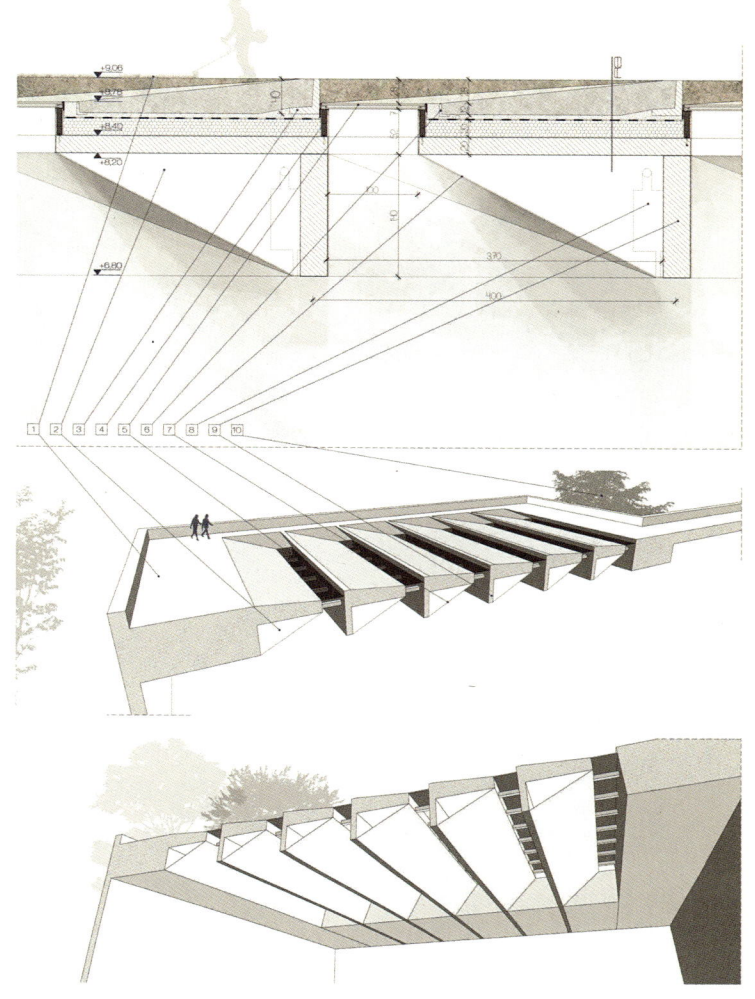

For the proper lighting of the spaces the roof is fitted with skylights just over the pool and the court, and by following the concept it is merged with the roof as well. It is fitted with three layers of 1 cm thick safety glass so it is walkable. The ventilation technology and the lighting is situated inside the space between the beams and hidden by Barrisol cover.

在泳池和主场馆的房顶我设计了几乎同等面积的天窗用于采光，并沿用了低碳环保的设计理念，尽量不破坏原有的自然形态。天窗配备了三层10mm厚的安全玻璃，以保障屋顶在荷载行人时的安全性。通风与照明设备位于梁与梁之间，并使用法国巴瑞索透光膜将其巧妙地隐藏。

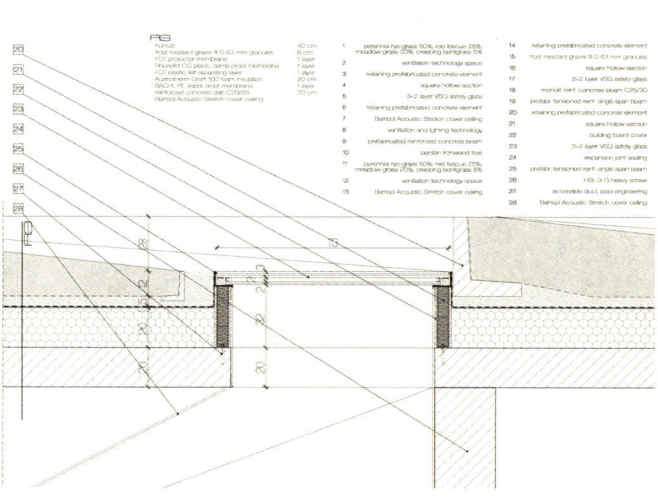

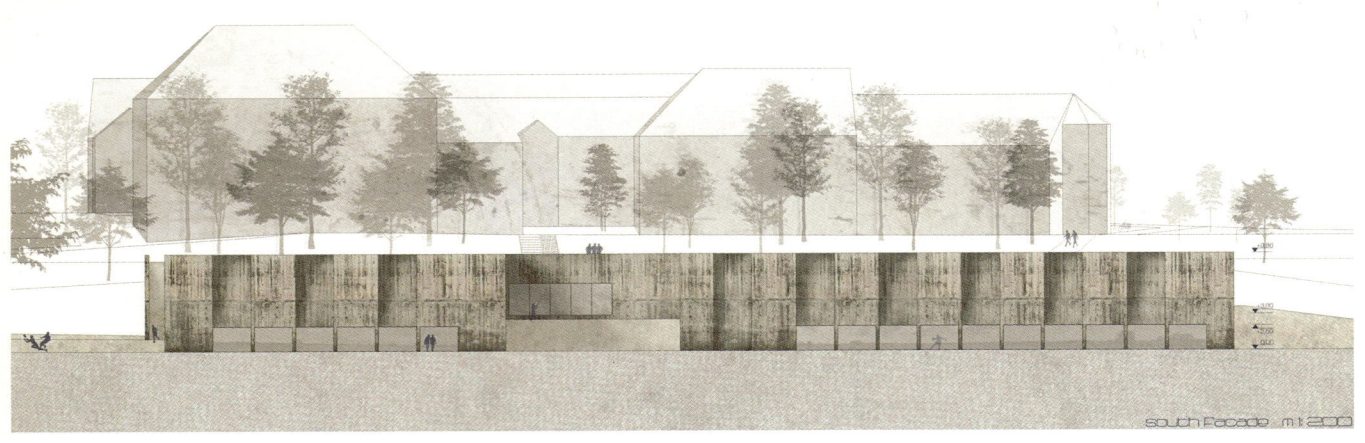

The building is opened for the south view, this facade is fitted with raw concrete cover which has a great contrast with the cleanness of the interior.

体育馆在南面开窗，这样有很好的采光。建筑表面使用混凝土保护层，与洁白细腻的内部空间在视觉上形成巨大反差。

3D View - Exterior
建筑外观效果图

3D View—Gym hall 体育馆大厅效果图

3D View – Swimming Pool 游泳池效果图

天津近现代历史博物馆及周边场地概念设计
Mirror Image of City – Tianjin Modern History Museum Architectural and Landscape Design

学　生：陈文珺
学　号：2011210308
学　校：四川美术学院

总体规划

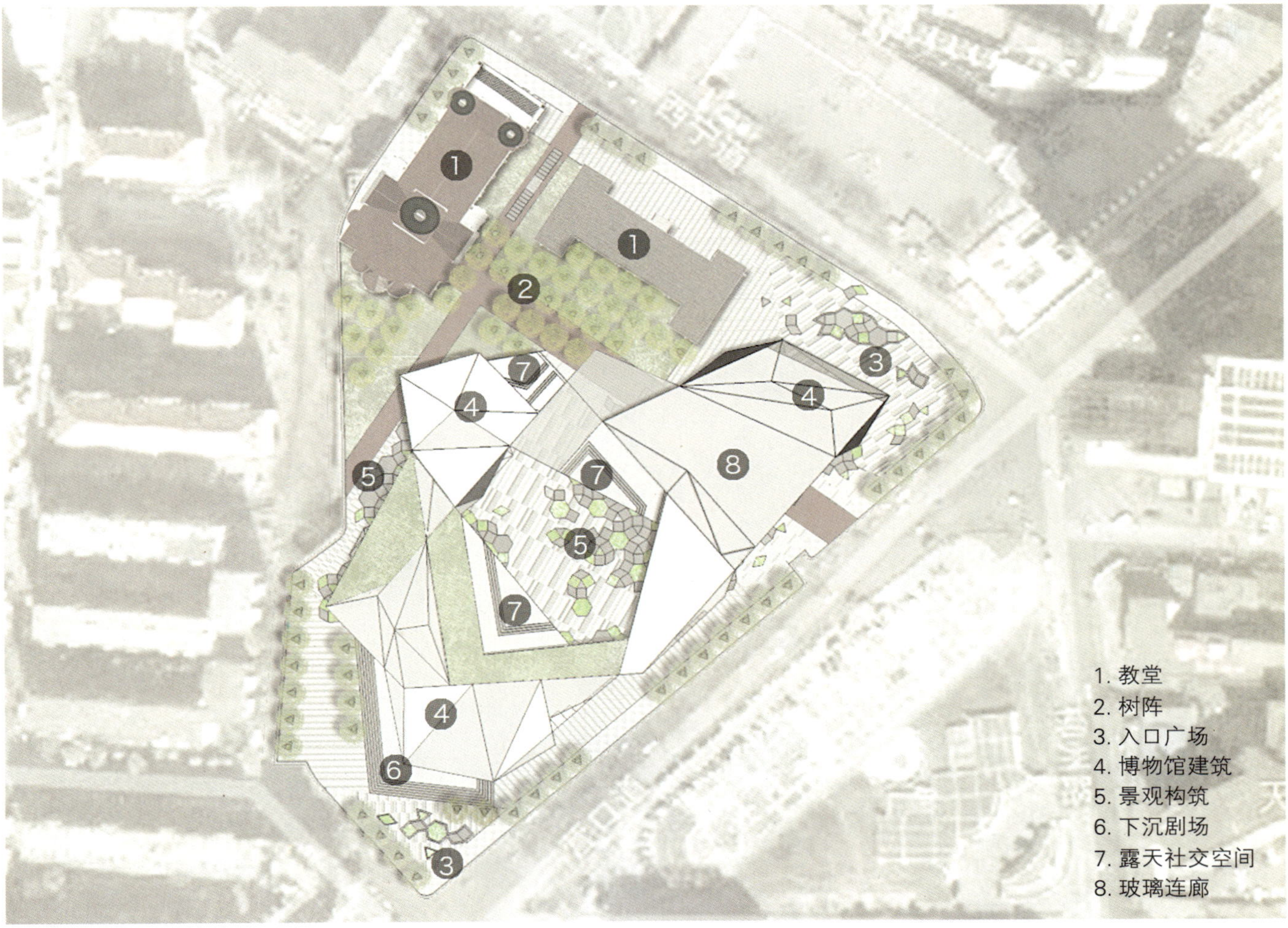

1. 教堂
2. 树阵
3. 入口广场
4. 博物馆建筑
5. 景观构筑
6. 下沉剧场
7. 露天社交空间
8. 玻璃连廊

总平面图

149

基地概况

基地位于天津市市中心，天津著名历史文化建筑西开教堂南侧，也是天津市滨江道商业街南端，是南京路高档商务区的核心。天津现代生活与历史文化的交界点。

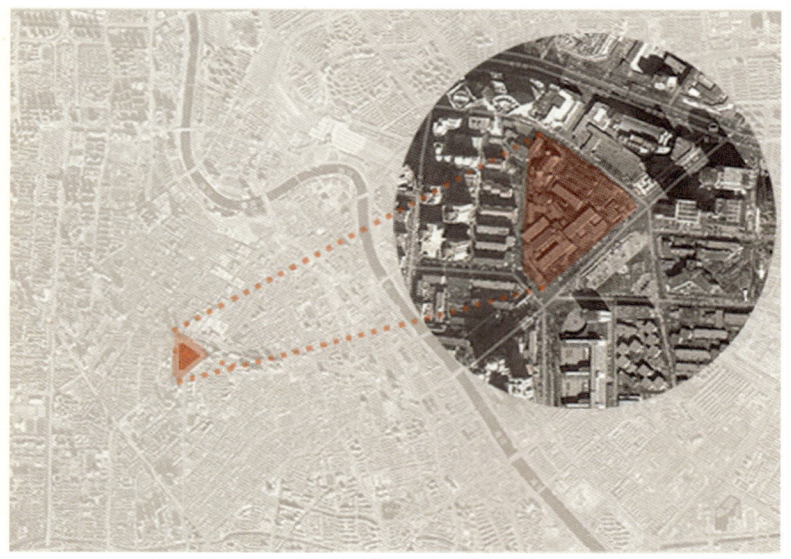

建筑规模：规划总面积约28000m²，建筑占地面积约10000m²。

场地周边交通

项目场地紧靠中心商圈主干道，同时又紧邻社区小巷，车水马龙，交通状况复杂。

交通站点（地铁、公交）集中在北侧，通达性强，交通便利。

场地周边人群

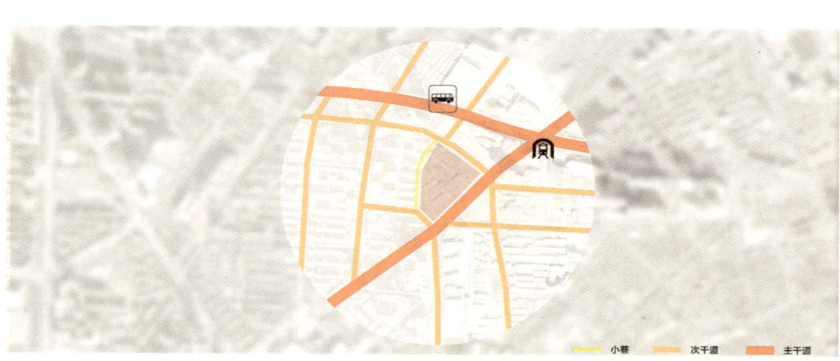

项目地块位于城市中心地段，人口密集，来往人流较大。

周边居民与基督信徒在往来人流中占大部分，同时包括一部分慕名前来观光的外地游客。

天津近现代历史博物馆效果图

当代博物馆已经成为公众休闲、交互教育及举办大规模展览的场所，不再是单纯而僵硬的教育展览。带有沉重历史责任的博物馆，更需要找寻适合当代大众的设计语言。

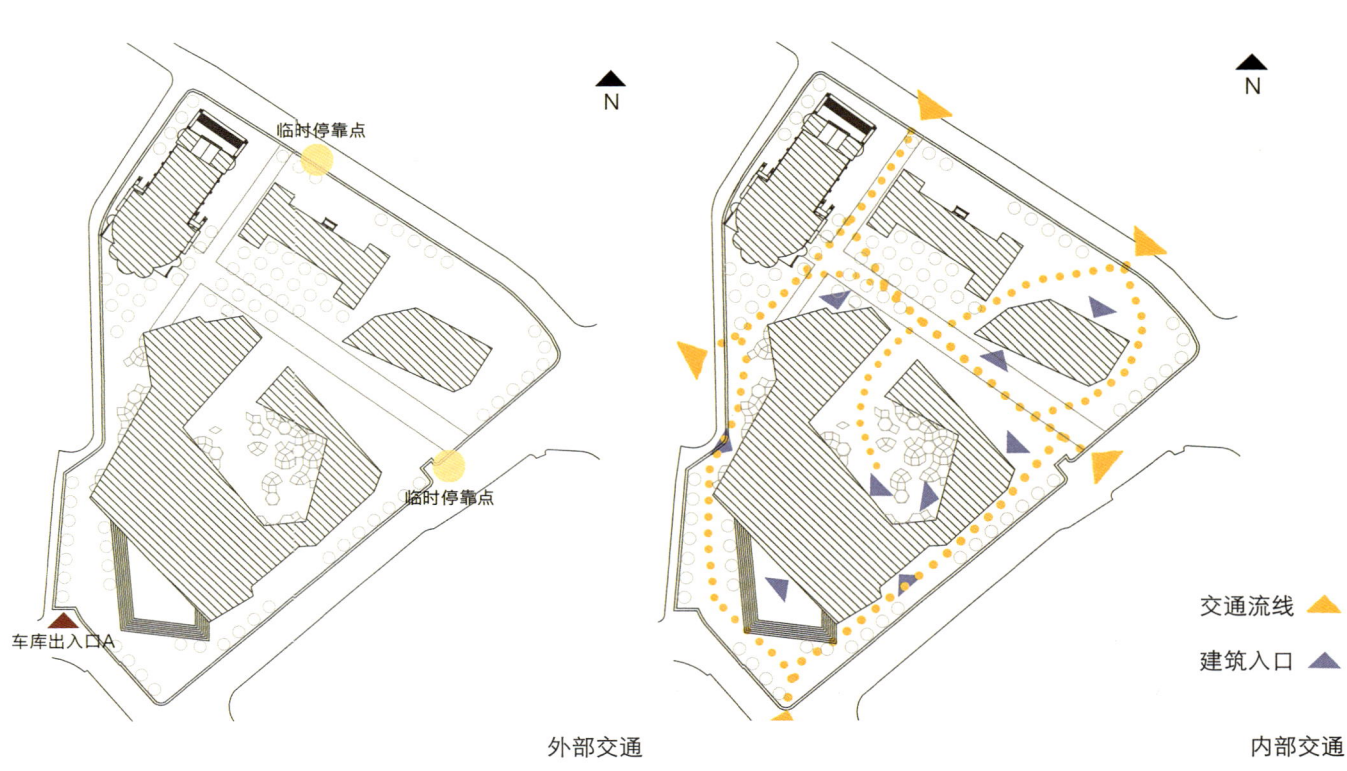

外部交通　　　　　　　　　　　　　　内部交通

消除距离感，增强人情味

随着社会发展，社会交往应成为当代博物馆公共活动的核心内容。

"周末去博物馆玩哟"、"等会在博物馆楼上的餐厅见咯"。设计的目的就是听到更多这样家人、朋友之间的声音。

建筑形体推导

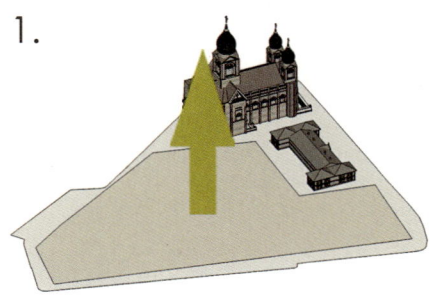

1.

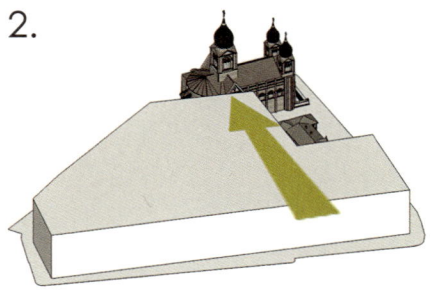

2.

不规则的形体

规则形体给人拘束感，产生距离。

不规则形体更具亲近感，使人轻松靠近。

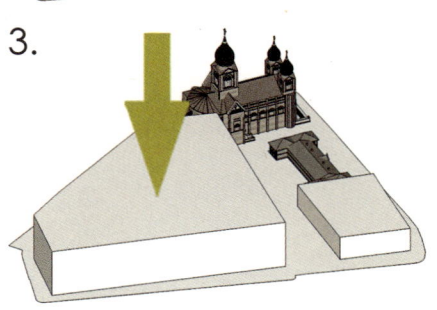

3.

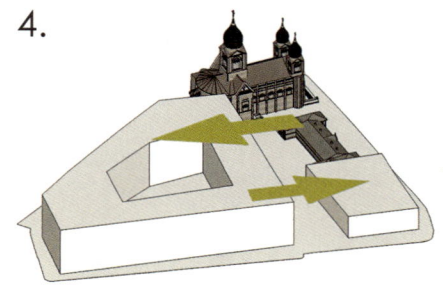

4.

建筑平面图

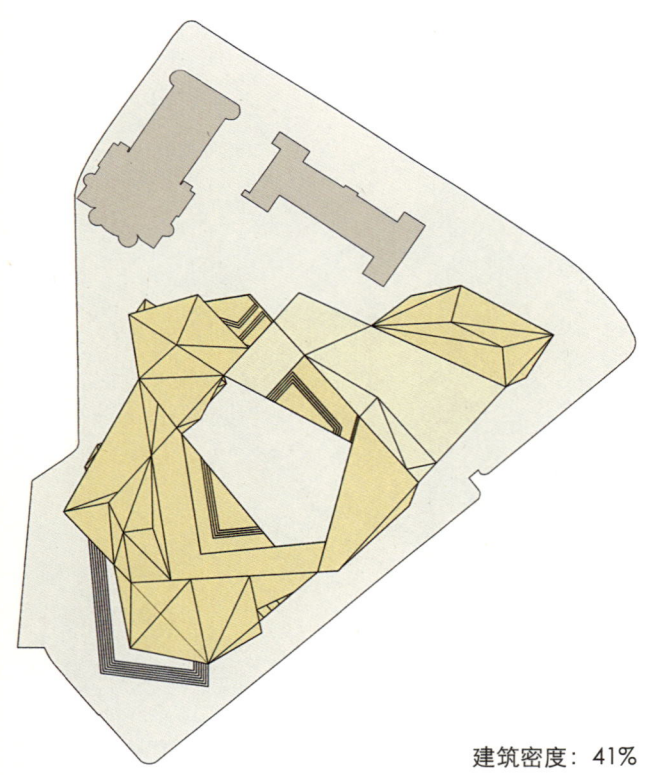

建筑密度：41%

5.

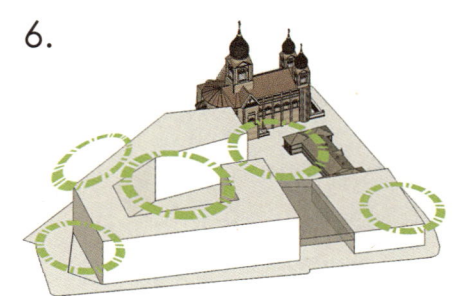

6.

建筑外形

界面转换

通过实、透、反射的界面转换,营造穿梭于现实、历史与未来的感受。变幻的墙面质感更吸引人群的靠近。

建筑表皮对城市景象的镜像投射——既承载历史记忆又包含对城市未来的希望。

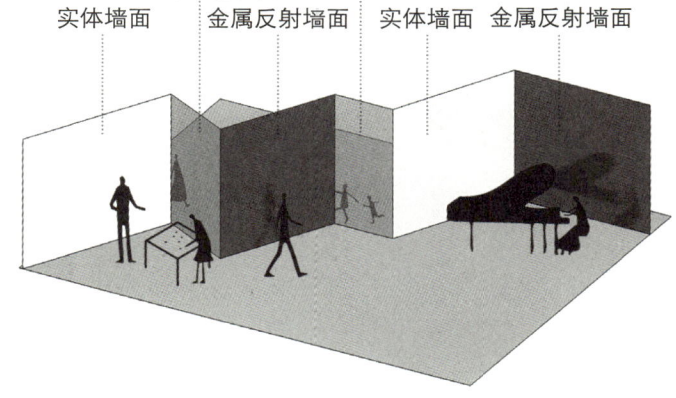

建筑东立面示意

既映射天津历史,又镜像城市今天。

建筑立面效果图

建筑屋顶空间

在建筑屋顶设置部分下沉阶梯,形成多个遥相呼应的露天开敞休憩空间。

市民或者游览者不仅可以在阶梯空间中进行社交活动,同时也可以在不同的角度去感受整个场地。

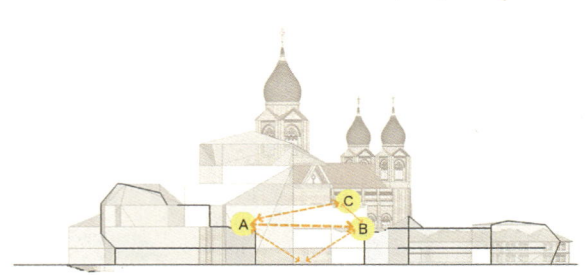

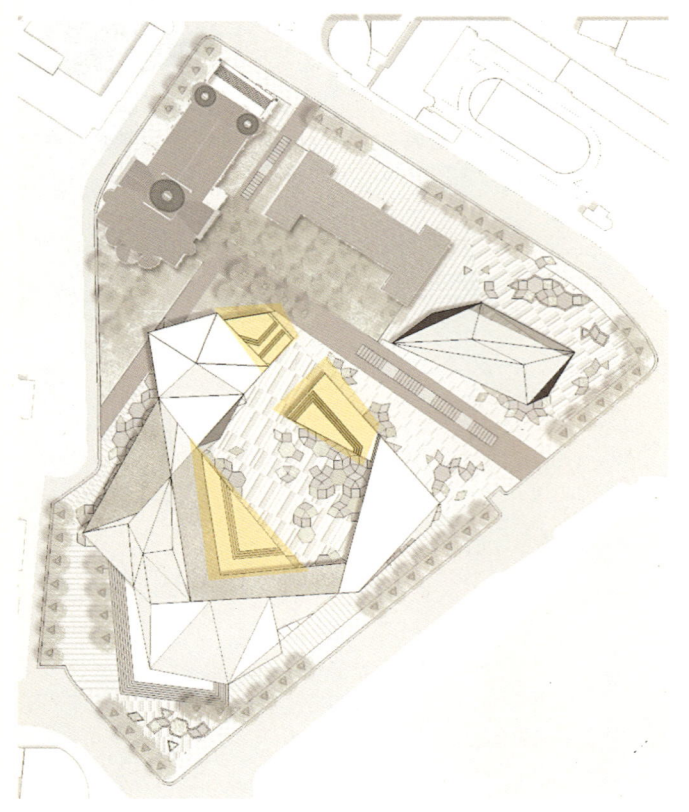

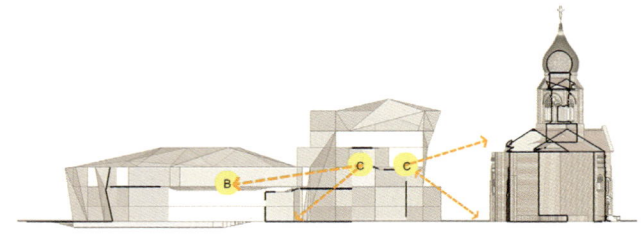

1-1 剖面

2-2 剖面

从场地剖面可以看出,各个社交空间之间有多重视线联系,并以不同的视角与周围的人、建筑、环境交流对话。

建筑屋顶效果图

景观空间1

在博物馆与教堂之间，一个相对静谧的思考与反思的空间。

平面布置

空间构成

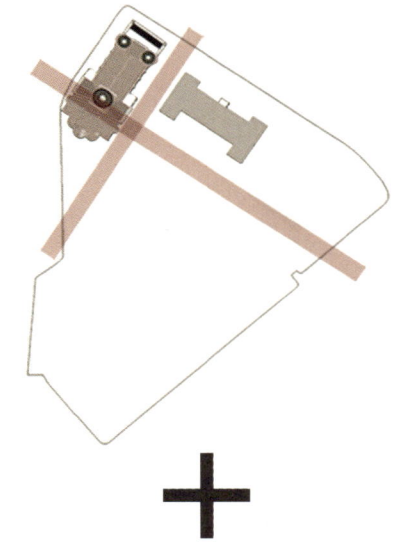

"十"字铺装

树阵

树阵下的草坪成为难得的思考空间。

不管是来自教堂的礼拜者，还是因博物馆而来的参观者都能享受到这片静谧，或沉思，或放空。

天津常见的绒毛白蜡，秋落叶，春发芽，传达的力量、安静、生与死的紧邻关系、变化和持久，与博物馆的历史线索一脉相承。

效果图

景观空间2

景观构筑物推导

1.

在教堂立面提取出

教堂圆顶平面呈

2.

3.

将新的图形组合拉伸立体化，得到新的体块关系。

4.

室外展陈玻璃箱

石面台阶

绿化池

赋予这些体块新的材质，新的形式，新的功能。

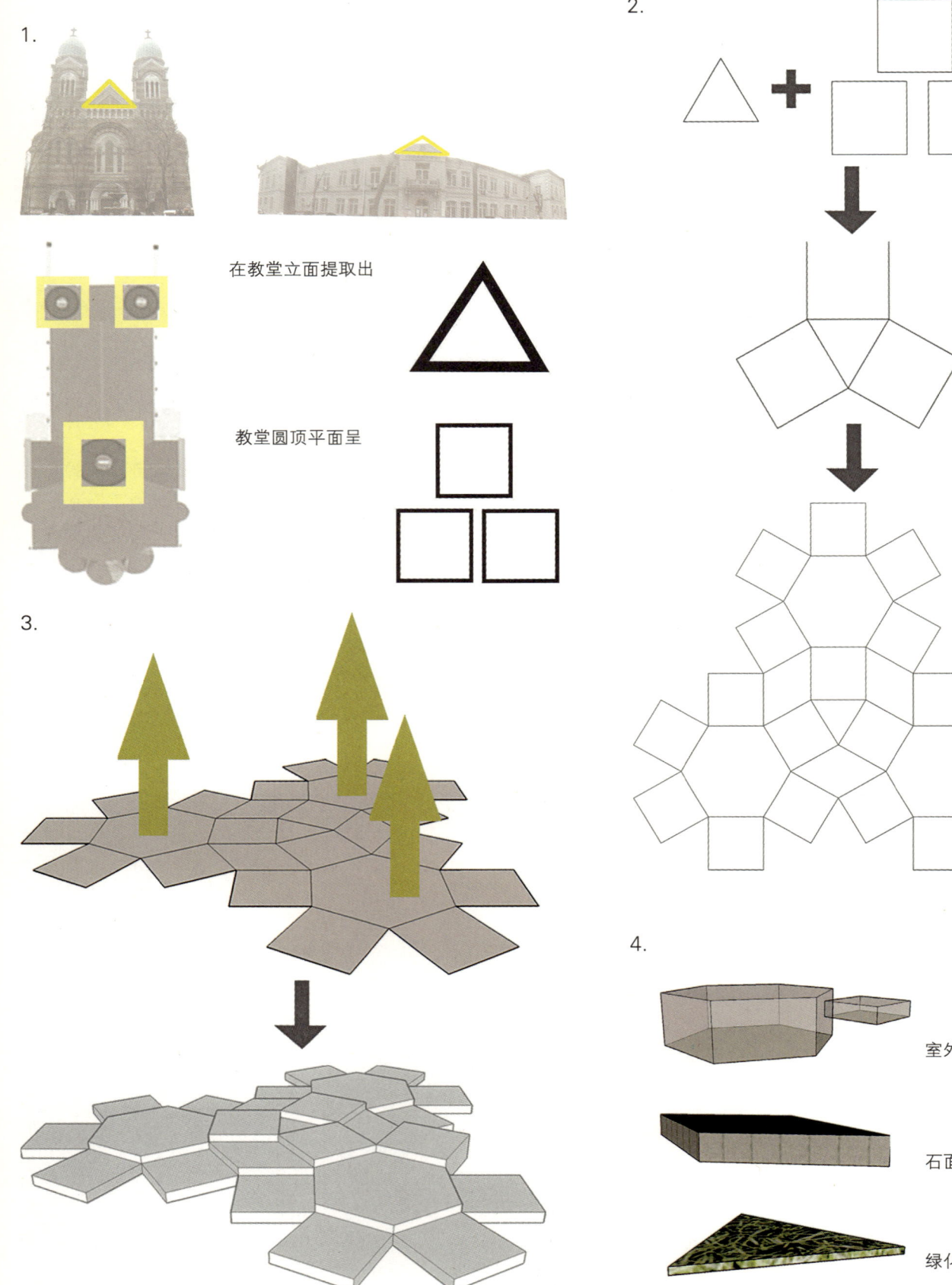

景观构筑物

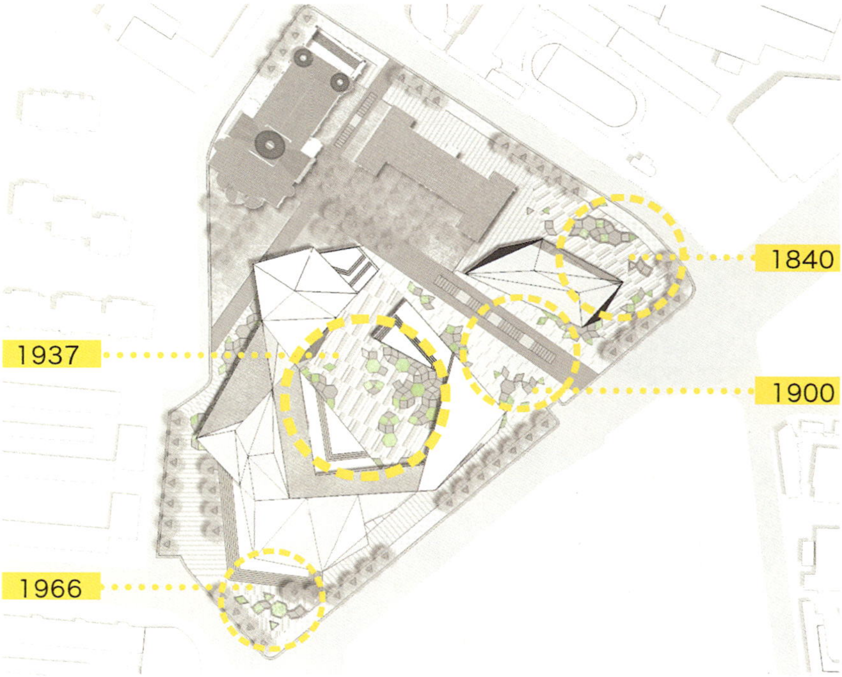

将天津近现代历史发展线索中的重要时间节点融入分布在场地中的景观构筑。由东北侧的主入口广场开始，逐步发展到南侧。

近现代历史的开端（1840）—八国联军侵华（1900）—抗日战争（1937）—恢复直辖市（1966）

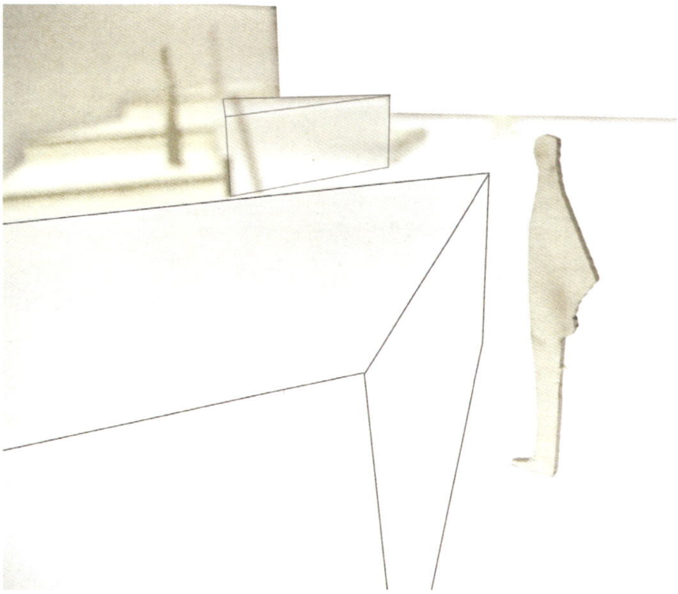

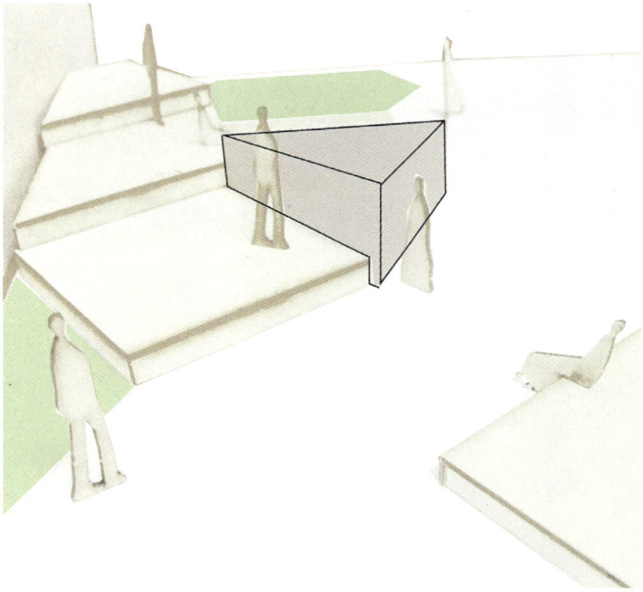

室外展陈玻璃箱：穿插于市民的日常活动中，历史也随之潜移默化地穿插于市民生活中。

景观效果图

景观空间3

场地西南侧以居住社区为主,周边市民活动频繁,有自发形成的集市。

在此,希望尽可能将活动场地归还市民。景观构筑的设计灵活,可以支持全年活动,从特殊纪念日的大型活动,到岁时节日的庆典活动,到属于市民的周末集市等。

邻近的社区也能分享景观空间来进行活动,包括特殊活动所需要的露天下沉广场(或是与建筑内部有一定衔接)。

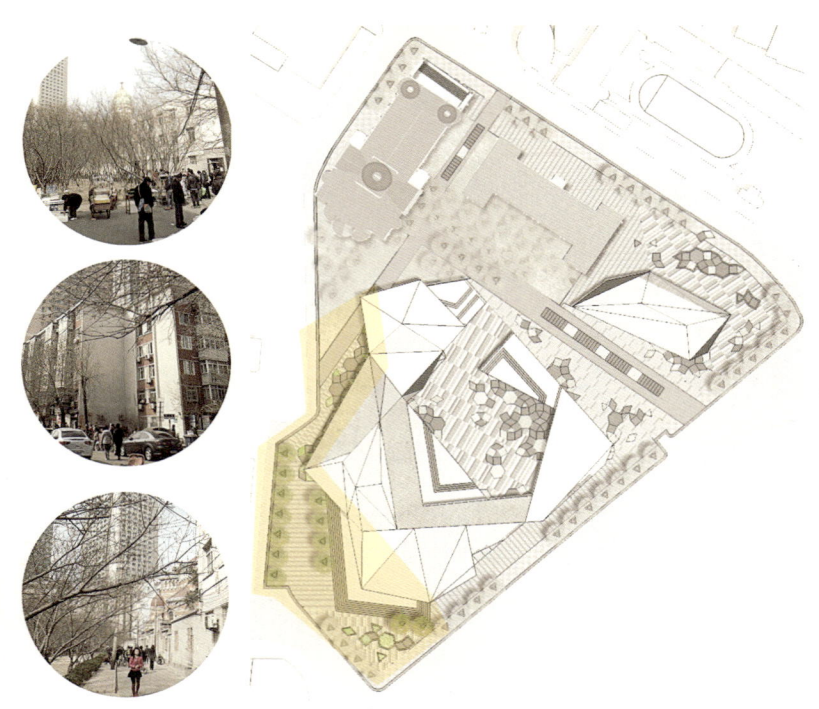

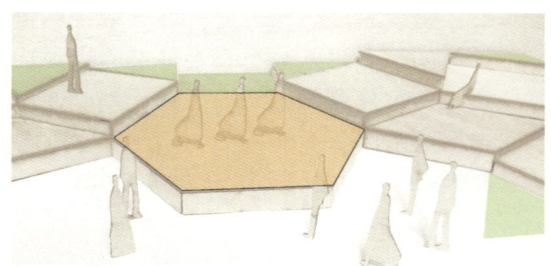

可做集会舞台的休憩空间

下沉广场效果图

临街效果图

场地立面图示

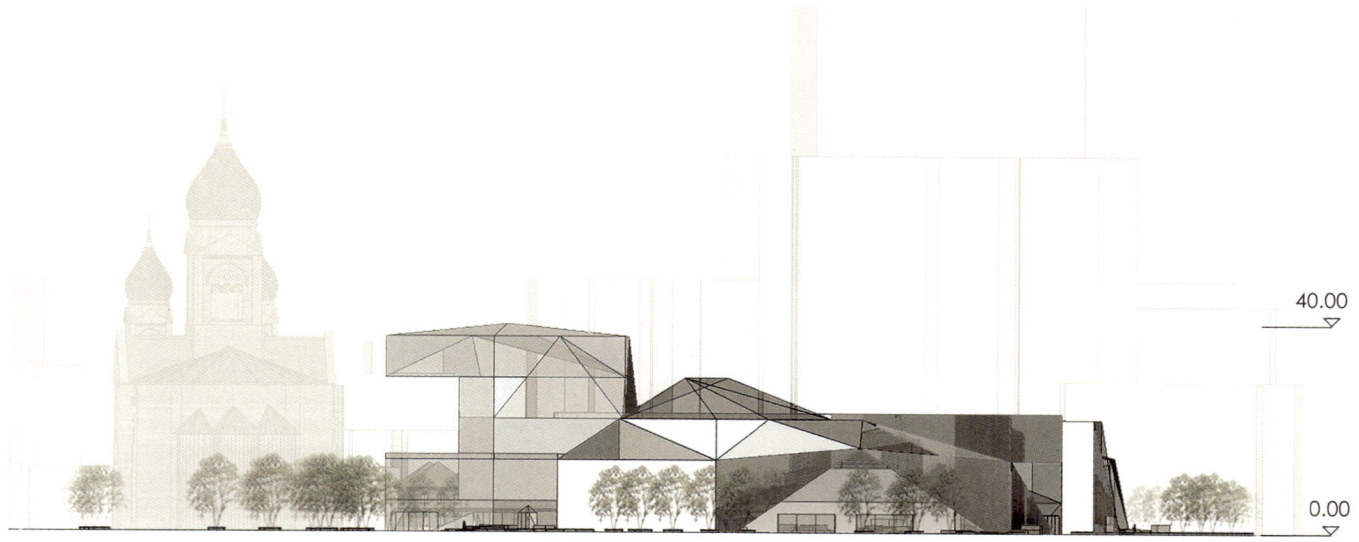

建筑南立面示意

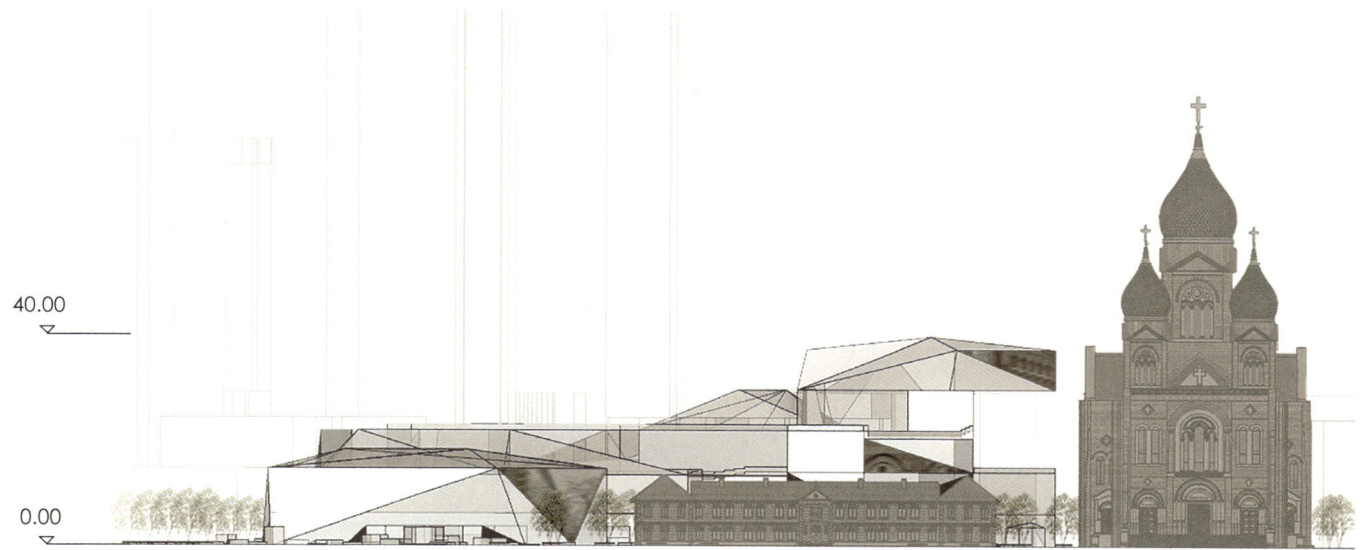

建筑北立面示意

实体模型

159

苏州工业园区展览馆室内设计

Soochow Industrial Park Exhibition Building Design

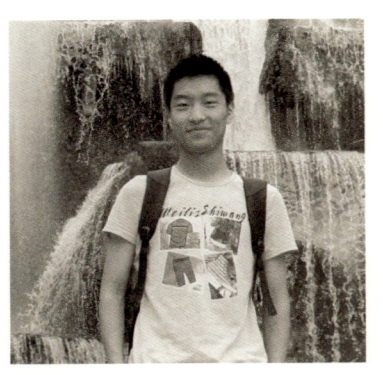

学　生：姚绍强

学　号：1141401040

学　校：苏州大学

设计区域

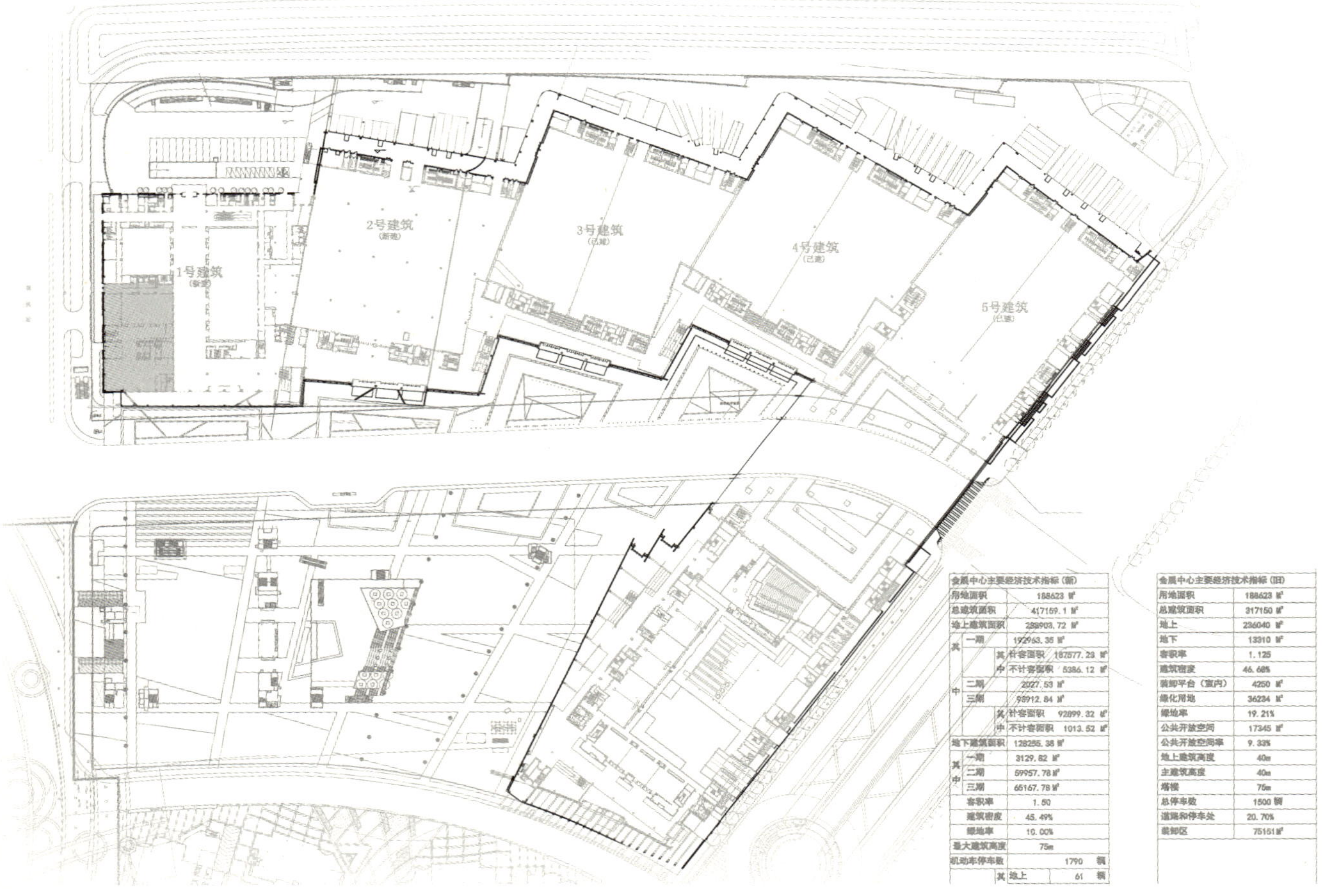

会展中心主要经济技术指标（新）			
用地面积			188623 ㎡
总建筑面积			417159.1 ㎡
地上建筑面积			289903.72 ㎡
其中	一期		192963.35 ㎡
		其中 计容面积	187577.23 ㎡
		不计容面积	5386.12 ㎡
	二期		2027.53 ㎡
	三期		93912.84 ㎡
		其中 计容面积	92899.32 ㎡
		不计容面积	1013.52 ㎡
地下建筑面积			128255.38 ㎡
其中	一期		3129.82 ㎡
	二期		59957.78 ㎡
	三期		65167.78 ㎡
容积率			1.50
建筑密度			45.49%
绿地率			10.00%
最大建筑高度			75m
机动车停车数			1790 辆
		其 地上	61 辆

会展中心主要经济技术指标（旧）	
用地面积	188623 ㎡
总建筑面积	317150 ㎡
地上	236040 ㎡
地下	13310 ㎡
容积率	1.125
建筑密度	46.68%
装卸平台（室内）	4250 ㎡
绿化用地	36234 ㎡
绿地率	19.21%
公共开放空间	17345 ㎡
公共开放空间率	9.33%
地上建筑高度	40m
主建筑高度	40m
塔楼	75m
总停车数	1500 辆
道路和停车处	20.70%
装卸区	75151㎡

项目名称：苏州工业园区展览馆室内设计

基地位置：苏州工业园区国际博览中心三期

设计区域面积：3600m^2

设计区域层数：2 层

基地概况

苏州古城始建于吴王阖闾时期，素来以山水秀丽、园林典雅而闻名天下，有"东方水都"之称；工业园区则是现代化、国际化、信息化的创新型、生态型新城；基地位于苏州工业园区国际博览中心三期，园区CBD的核心区域，如何在设计中处理老城和新区的关系，是特别需要注意的。

环境分析

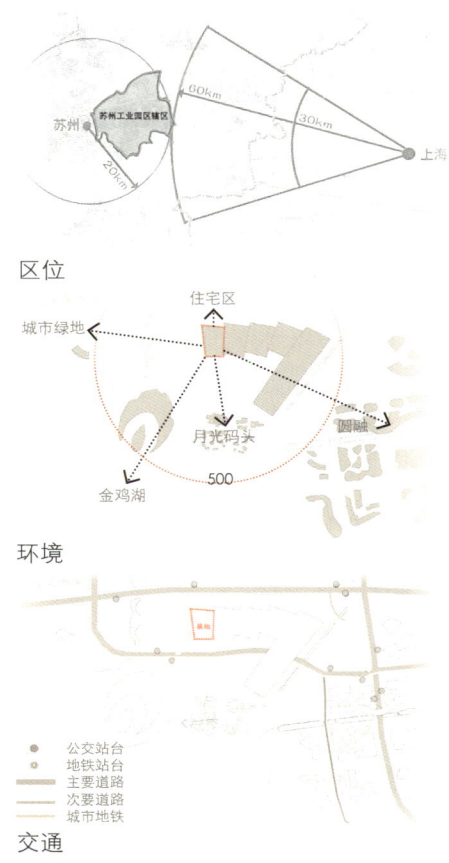

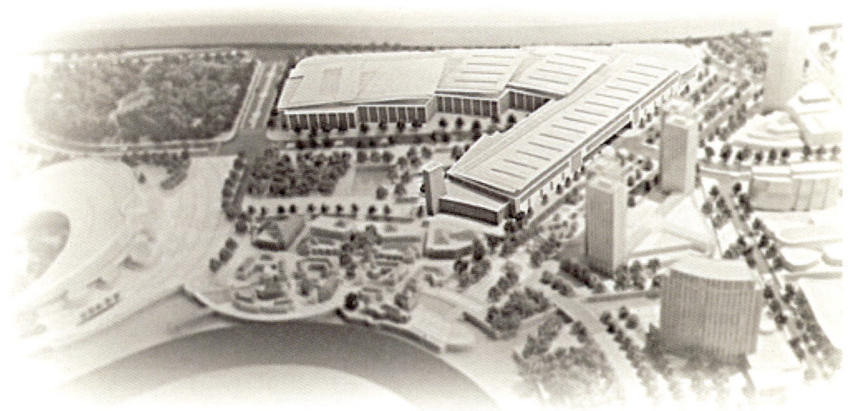

苏州国际博览中心建筑环境

在当代中国，城市的快速发展往往伴随着众多新城的建设，然而，植根于老城地方文脉的新城新区，在接受外来思潮的同时，如何更好保持城市特色，延续城市文脉，这是我在开始毕业设计时就一直思考的。

现场调研

设计区域

分区示意

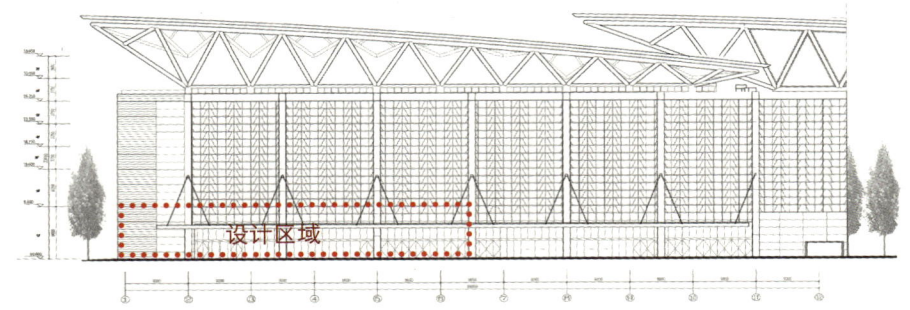

南立面图

分区示意

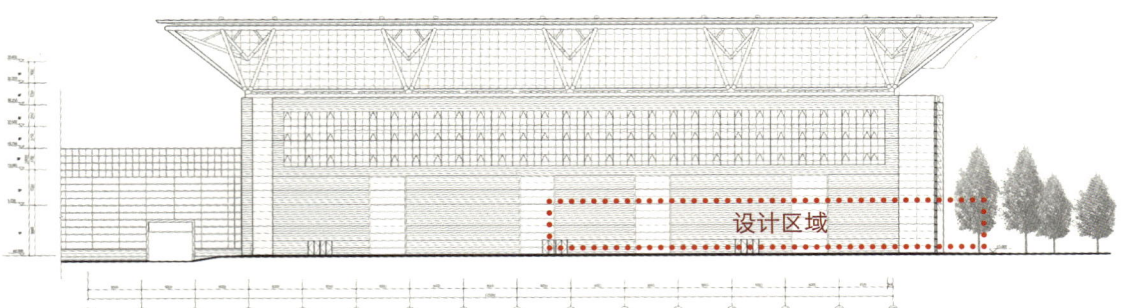

西立面图

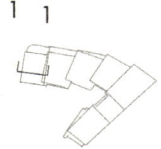

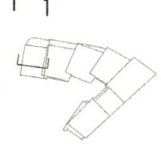

1-1 剖面图

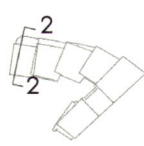

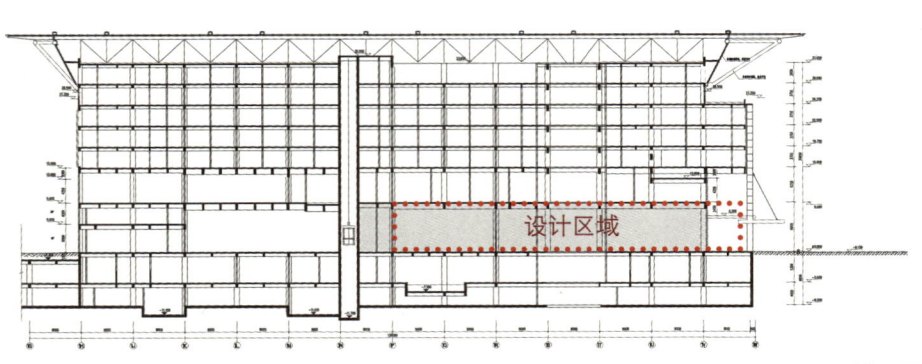

2-2 剖面图

概念提取

　　苏扇就地取材、因材施工、借工达艺，已经成为中国扇子的重要产地。苏州制扇技艺已经成为江苏第一批国家级非物质文化遗产。折扇，更是苏扇的典型代表，它不同于蒲扇的市井化和团扇的女子气息，是文人不屈和傲气的代表，也同样彰显了发展过程中苏州人民的优良品质。因此，苏扇折扇就成为本次室内设计的元素。苏扇，本身就是一座展览中心，在开与合、聚与散、动与静、曲与直之间，展现一个属于新苏州、新水城的精彩瞬间。

元素提取

苏州古城　　　场地形态　　　建筑语言　　　　　　　　苏扇

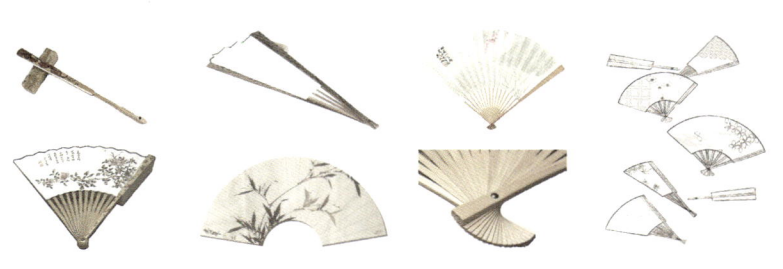

苏扇
　　一柄折扇，两种画面，多种形态。
　　一面阴，一面阳，一面过去，一面将来，一面联系着古城，一面辉映着园区；
　　在开与合、动与静、虚与实、直与折之间，展现苏州社会的发展。
　　形-折叠：模数化、可变性、韵律感

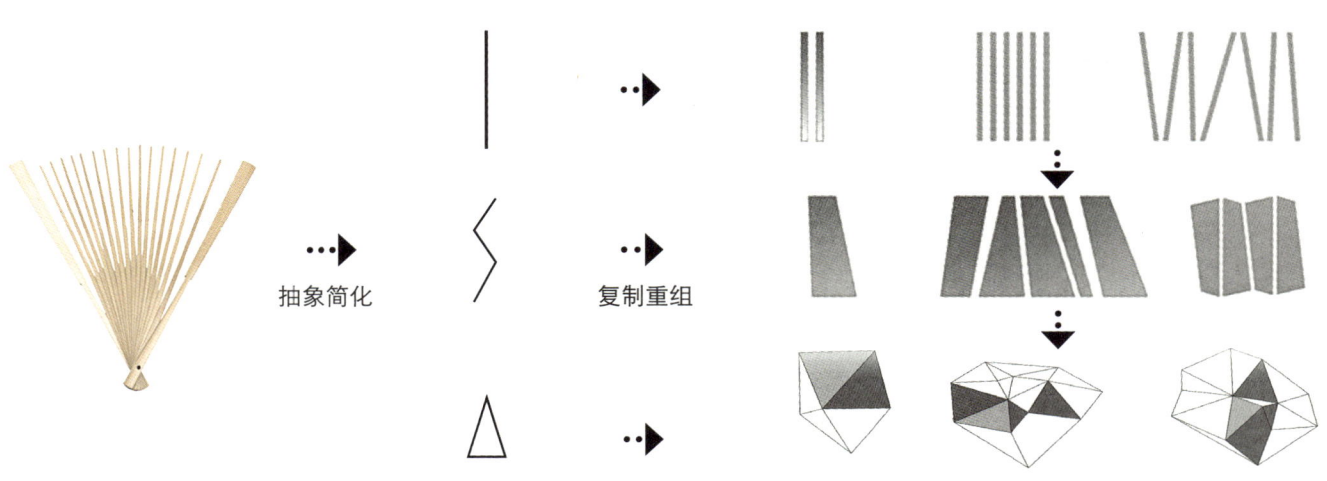

抽象简化　　　复制重组

形-重构
在折扇的基础上，进一步从折扇结构扇骨中寻找出线性关系；
线通过重构形成面，面的组成构成体的形态，对这种线性关系进行进一步探究。

构成探究

设计形态

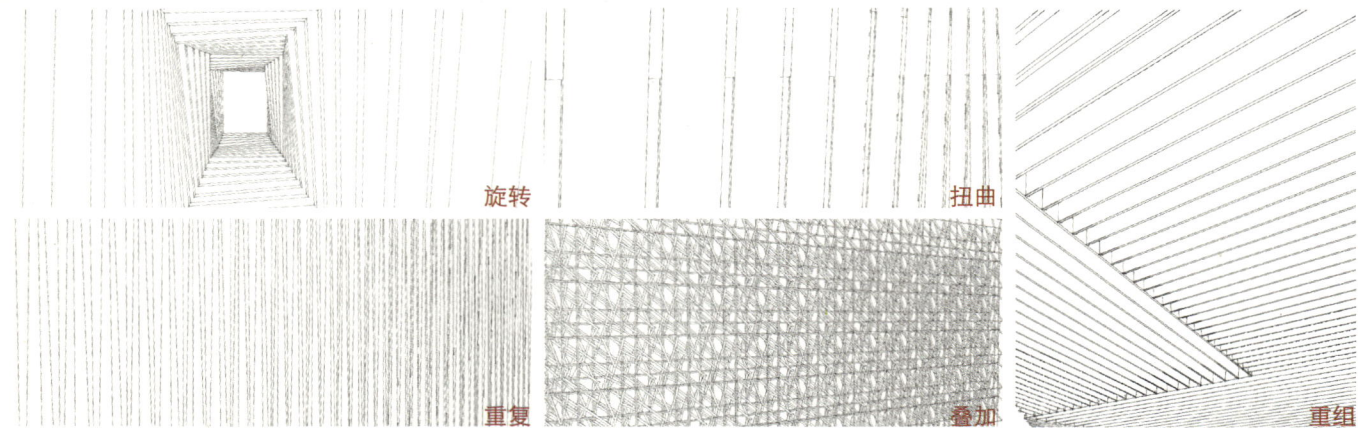

色

质

平面生成

部分博物馆面积构成表（%）				
博物馆名称	陈列区	观众服务区	藏品及技术区	管理及科研区
陕西历史博物馆	40.9	3.9	17.8	37.4
中国美术馆	53	8	4.2	34.8
上海自然博物馆	55	10	25	10
中国历史博物馆	53	2.8	10	34.2
南京博物院	34.9	3.8	55.9	5.4
上海美术馆	62	8	6	24
麦科德加拿大历史博物馆	29.6	11.7	30.6	28.1
明尼苏达儿童博物馆	50.9	18.9	18.5	11.7
滚石名人堂及博物馆	34.7	42.8		22.5

苏州工业园区展览馆面积配比（%）				
博物馆名称	陈列区	观众服务区	藏品及技术区	管理及科研区
苏州工业园区展览馆	62	21	6	11

适宜参观流量

■单位时间适宜参观流量≈200人

[展区面积（2100）/单位时间适宜参观流量（X）]×加权系数（1.1）≥10m²

■全天适宜参观流量=1800人

全天开放时间（360分钟）/[平均单位参观时间（40分钟）×加权系数（0.75）]×
单位时间适宜参观流量（200人）=全天适宜参观流量

项目	苏州工业园区展览馆展示内容设计		
编号	展项名称	展示命题	展示内容
	第一篇章: 回眸		
0	主入口形象	中英文馆名及题名	馆名、馆题及前言
0.1	大厅形象	掠影	千年苏州掠影: 现代都市、小桥流水、稻饭鱼食
	第一节: 往事		
1.1	序厅	遥远的吴歌	琼姬的故事
1.2	展厅1	一个渔村的梦想	昔日黄天荡的鱼稻文化、养殖珍珠
	第二节: 梦想		
1.3	展厅2	从黄天荡到金鸡湖	金鸡湖原貌及居民生产生活方式的变化
	第二篇章: 酝酿		
2.1	展厅3	历程	12年园区的艰辛发展
2.2	展厅4	发展	园区版图的扩张
	第三篇章: 蝶变		
3.1	展厅5	板块规划	园区的适当超前规划意识、邻里中心制度
3.2	展厅6	工业经济	园区入驻企业、园区工业成就等
3.3	展厅7	文化教育	独墅湖高教区的建立、文化艺术中心、重元寺
3.4	展厅8	医疗社保	医药科技的落户、纳米科技园等带来的社会变化
	第四篇章: 希翼		
4.1	尾厅	未来的关怀	下一代心目中的园区变迁、对未来的希翼

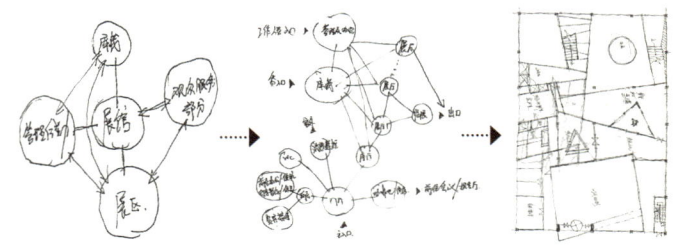

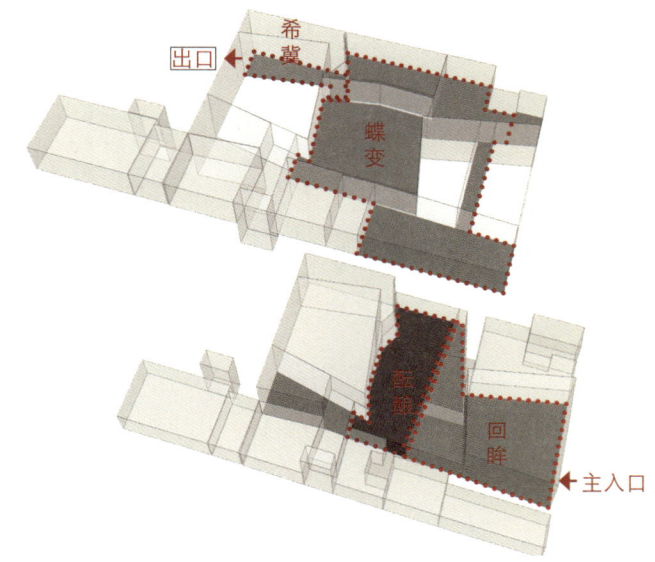

功能分区

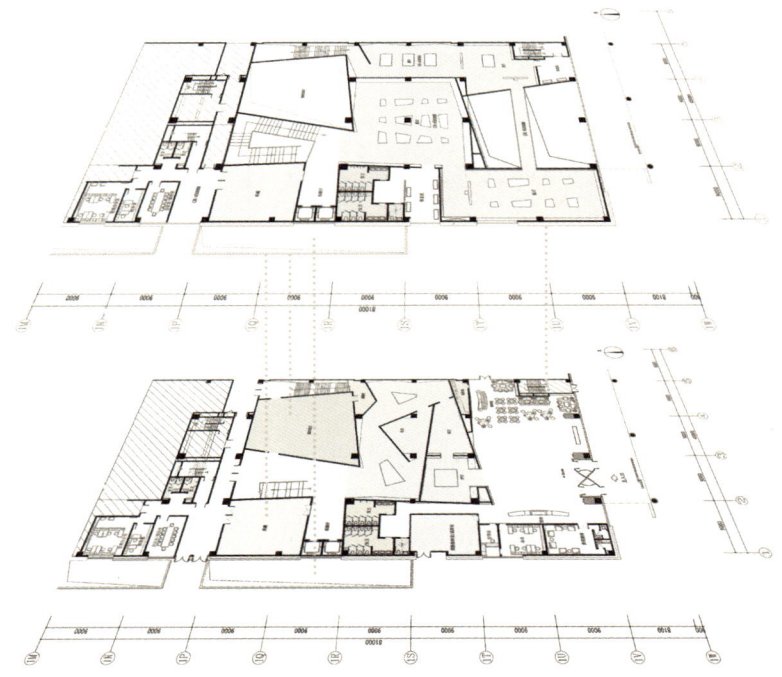

功能分区

公共交通
休息接待
卫生间
展示区域
库藏区域
办公区域

平面图

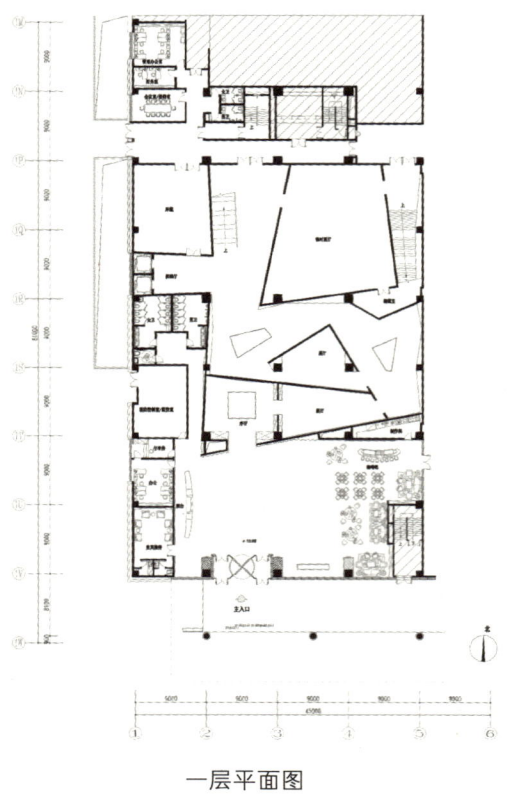

一层平面图

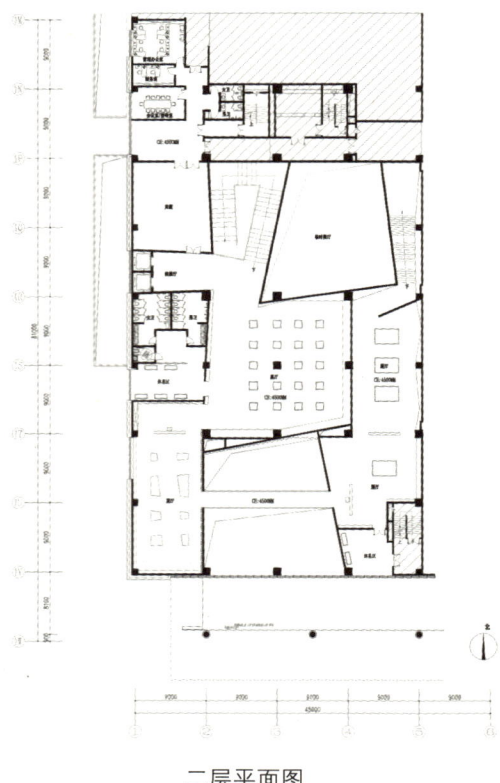

二层平面图

铺装图

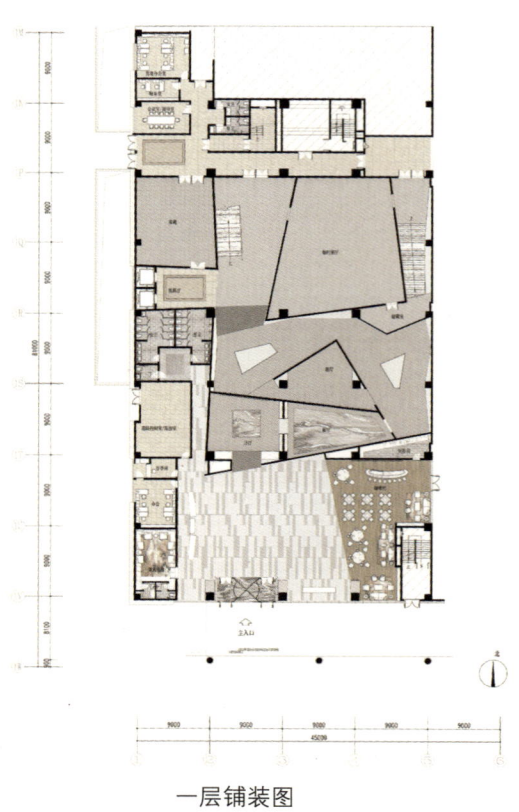

一层铺装图

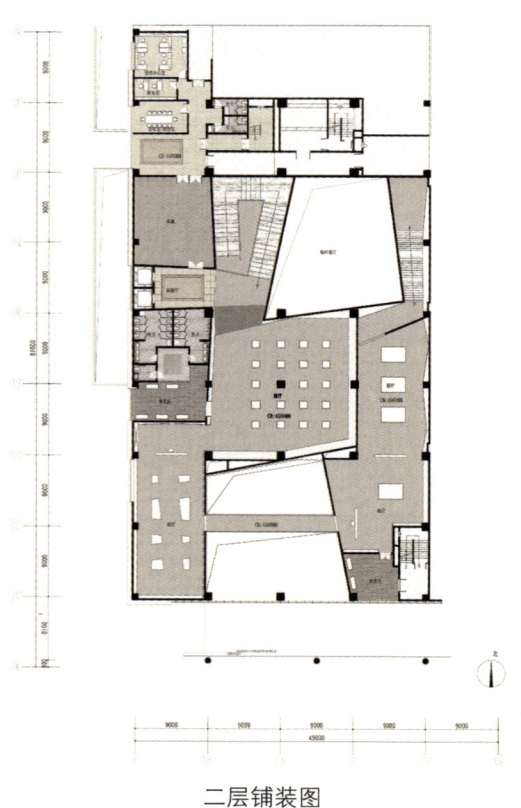

二层铺装图

顶平面图

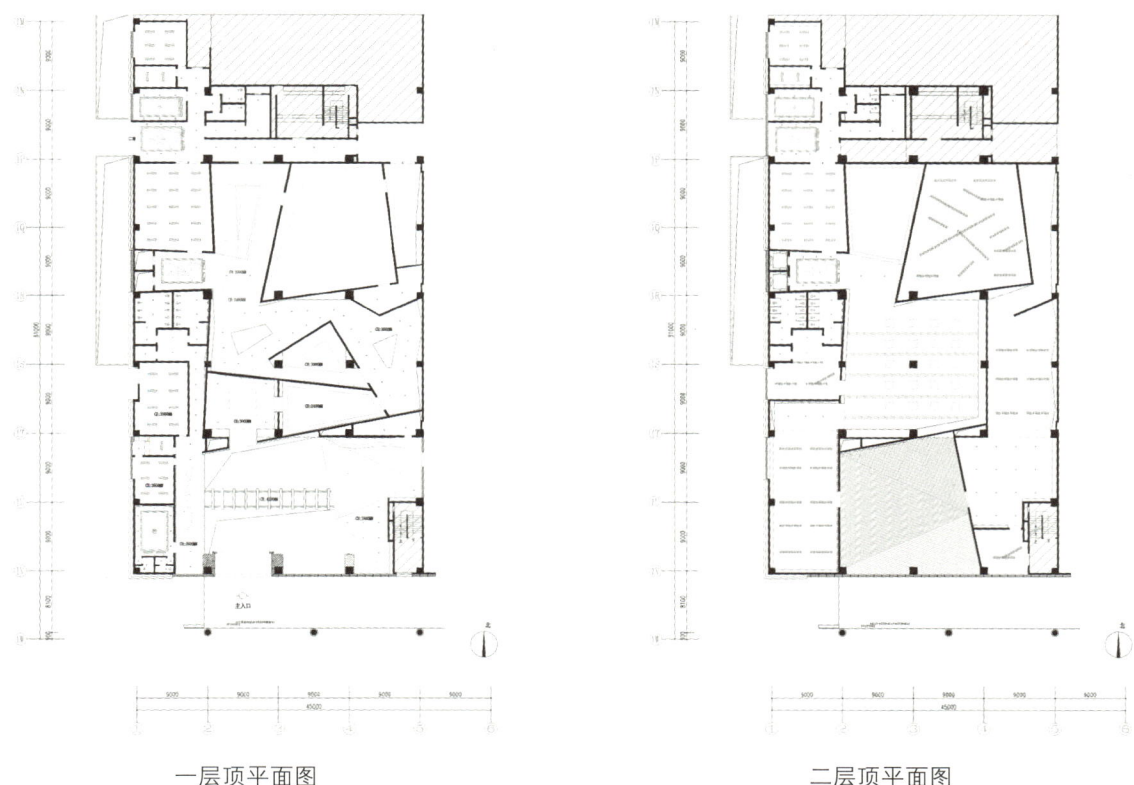

一层顶平面图　　　　　二层顶平面图

流线分析

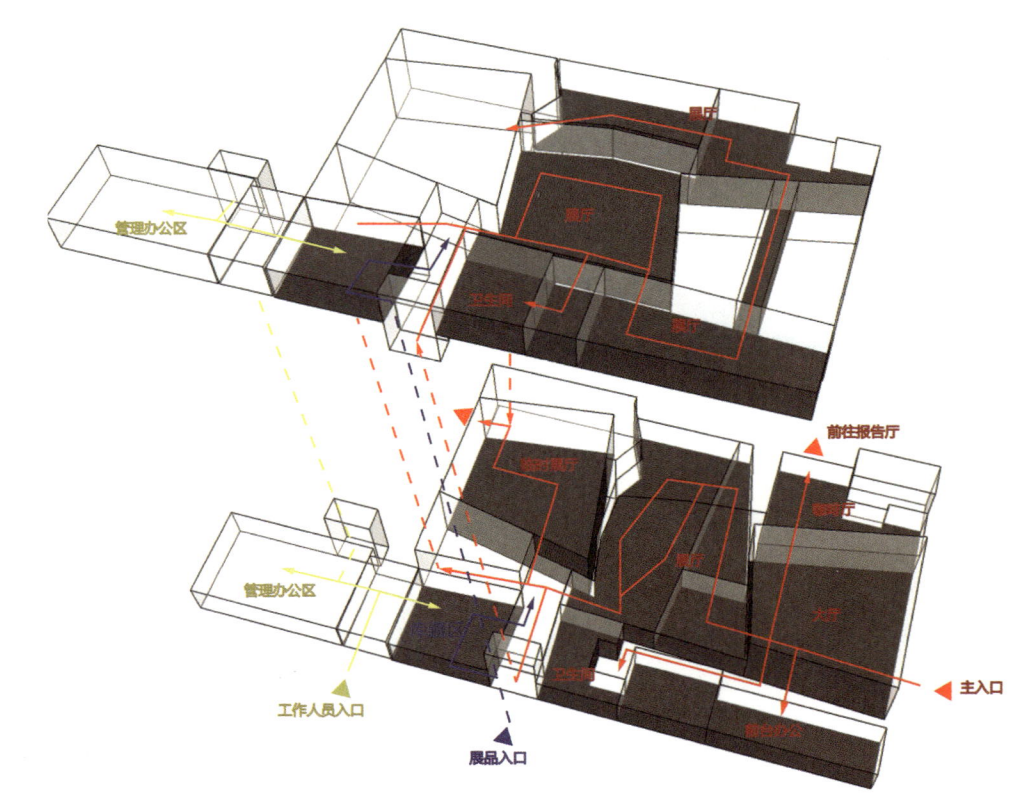

—— 参观人员流线
—— 工作人员流线
—— 藏品运输流线

空间生成

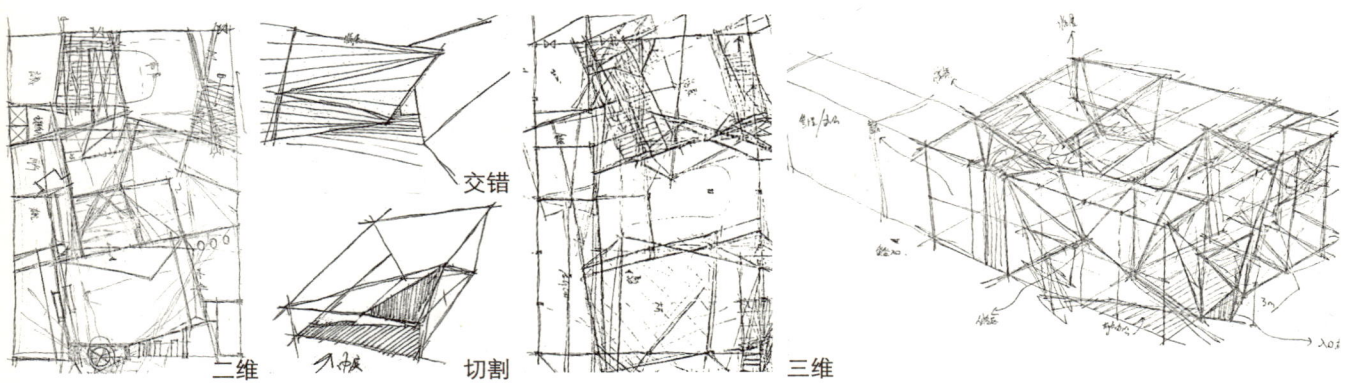

展陈心理

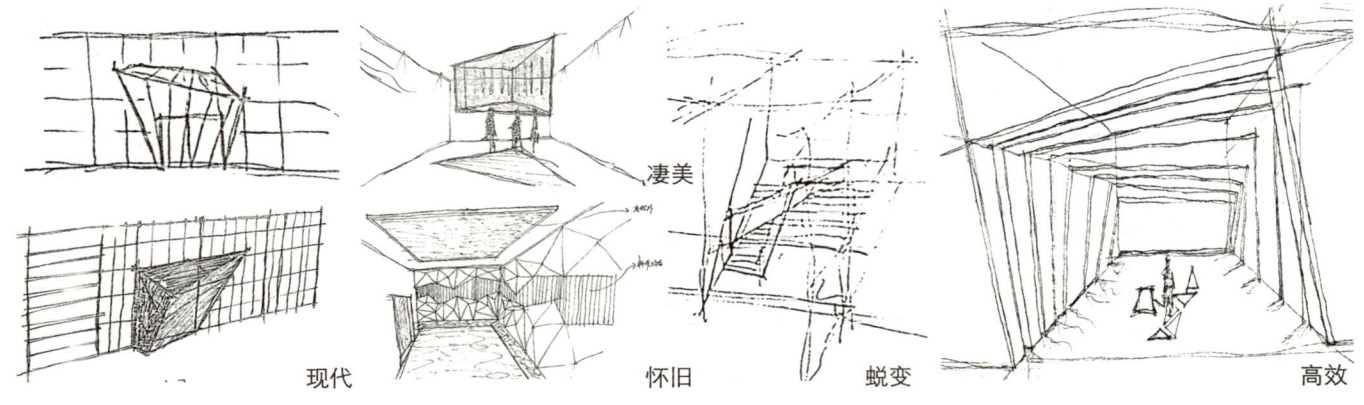

空间模型

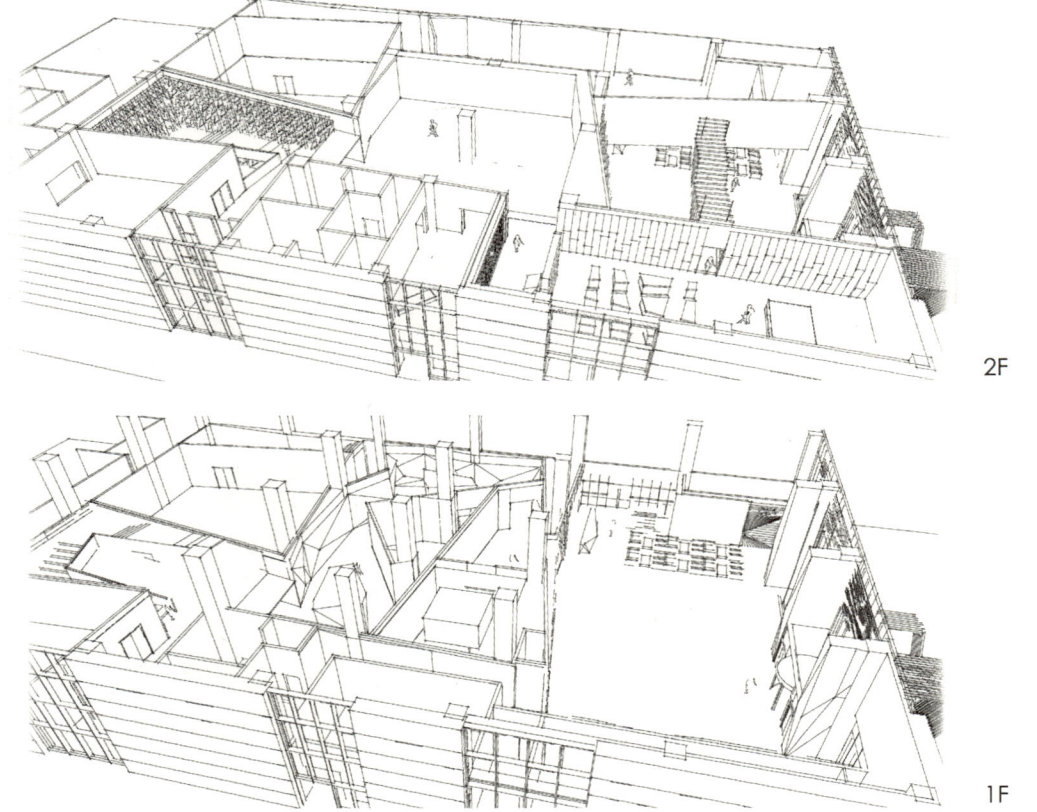

剖面分析

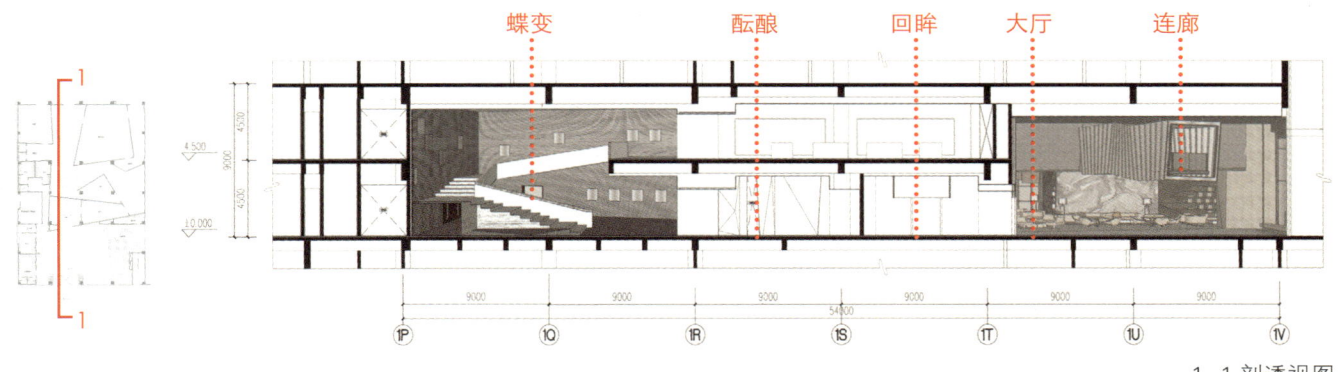

1-1 剖透视图

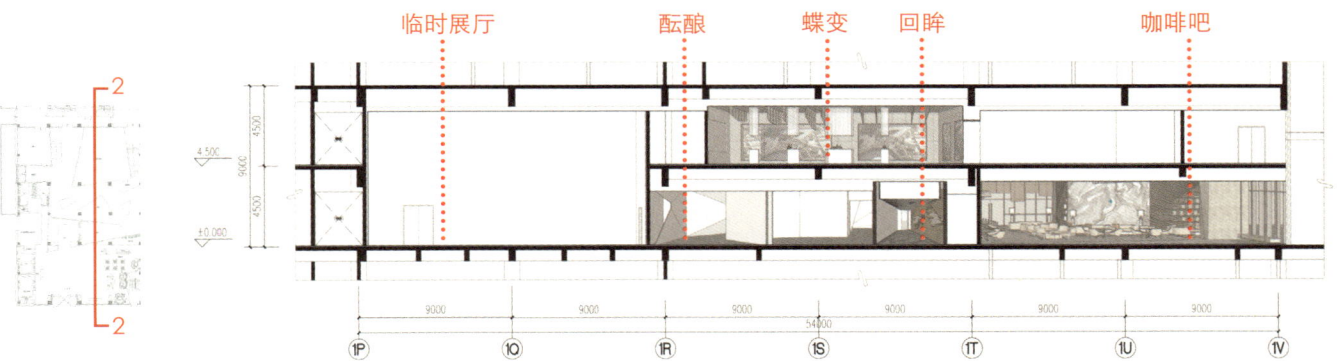

2-2 剖透视图

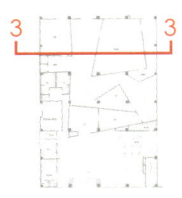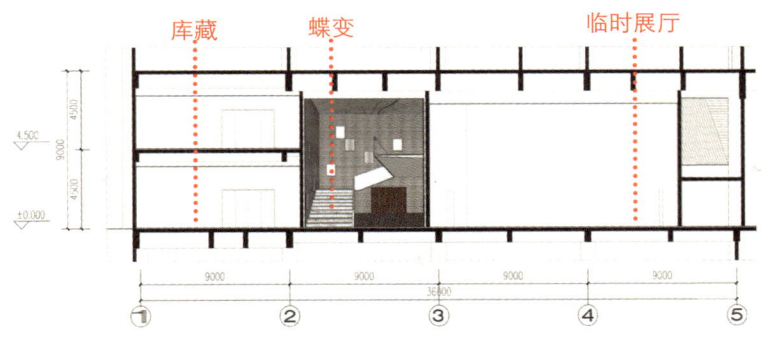

3-3 剖透视图

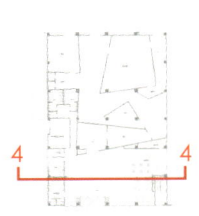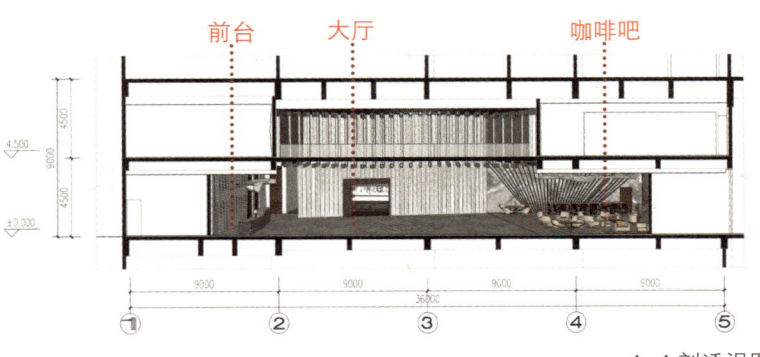

4-4 剖透视图

空间分析

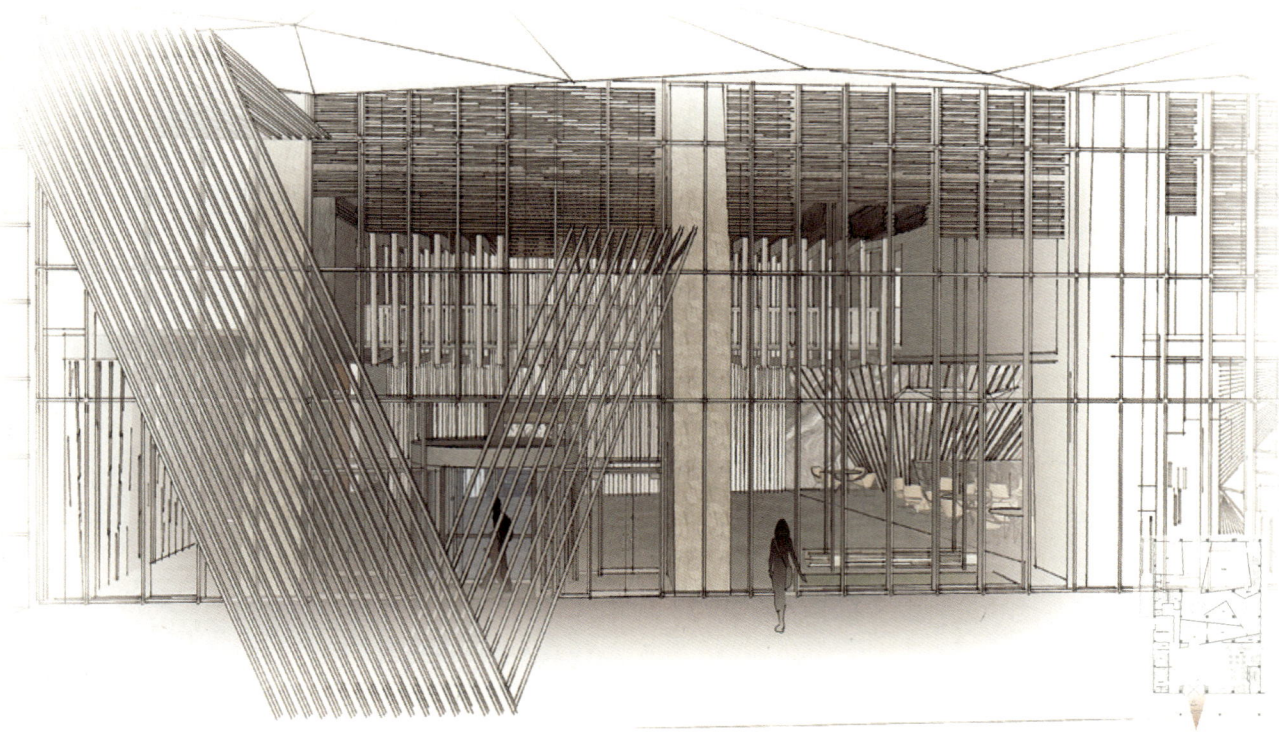

入口视角 1

入口视角 2

元素演绎

模数关系

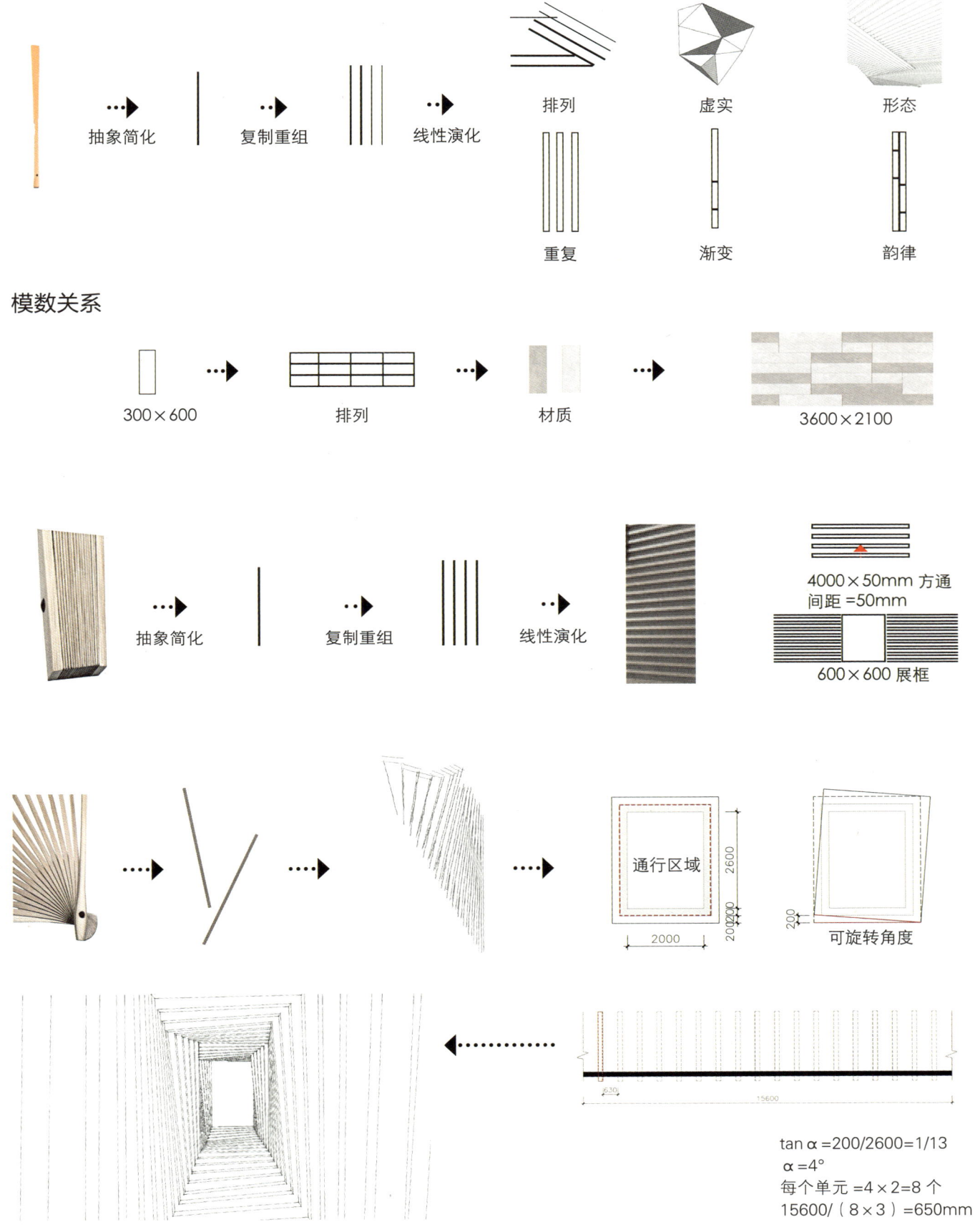

$\tan \alpha = 200/2600 = 1/13$
$\alpha = 4°$
每个单元 $= 4 \times 2 = 8$ 个
$15600/(8 \times 3) = 650mm$

空间效果

大厅

前台

大厅视角

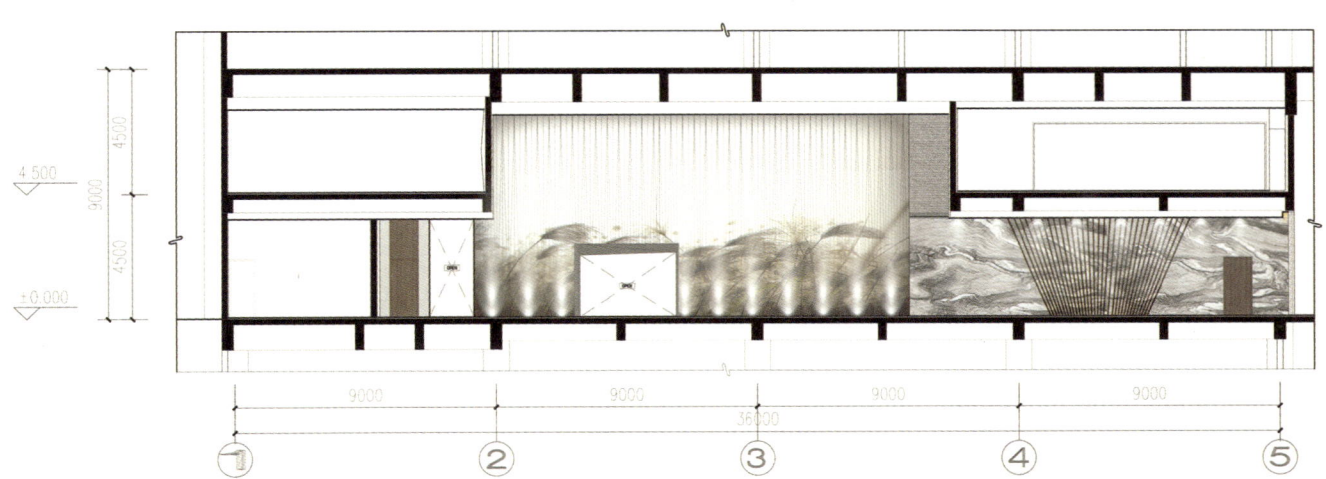

大厅主背景

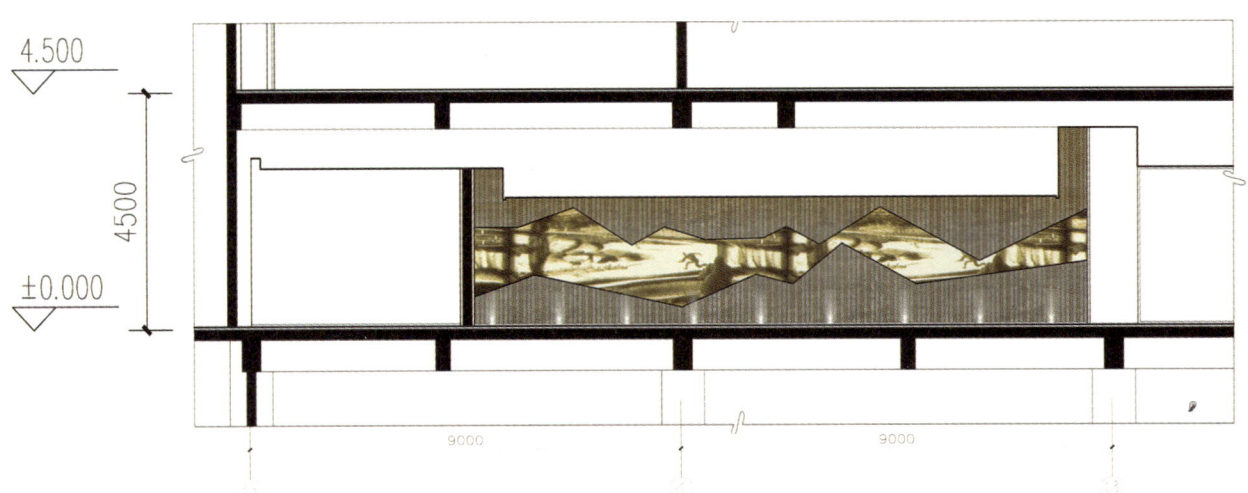

展厅 2 立面图

空间效果

咖啡吧

软装设计

序厅

展厅1

175

展厅 2

展厅 3

天津市近代历史博物馆建筑方案及景观规划设计
Tianjin Modern History Museum Architectural and Landscape Design

学　生：张和悦
学　号：201110063
学　校：青岛理工大学

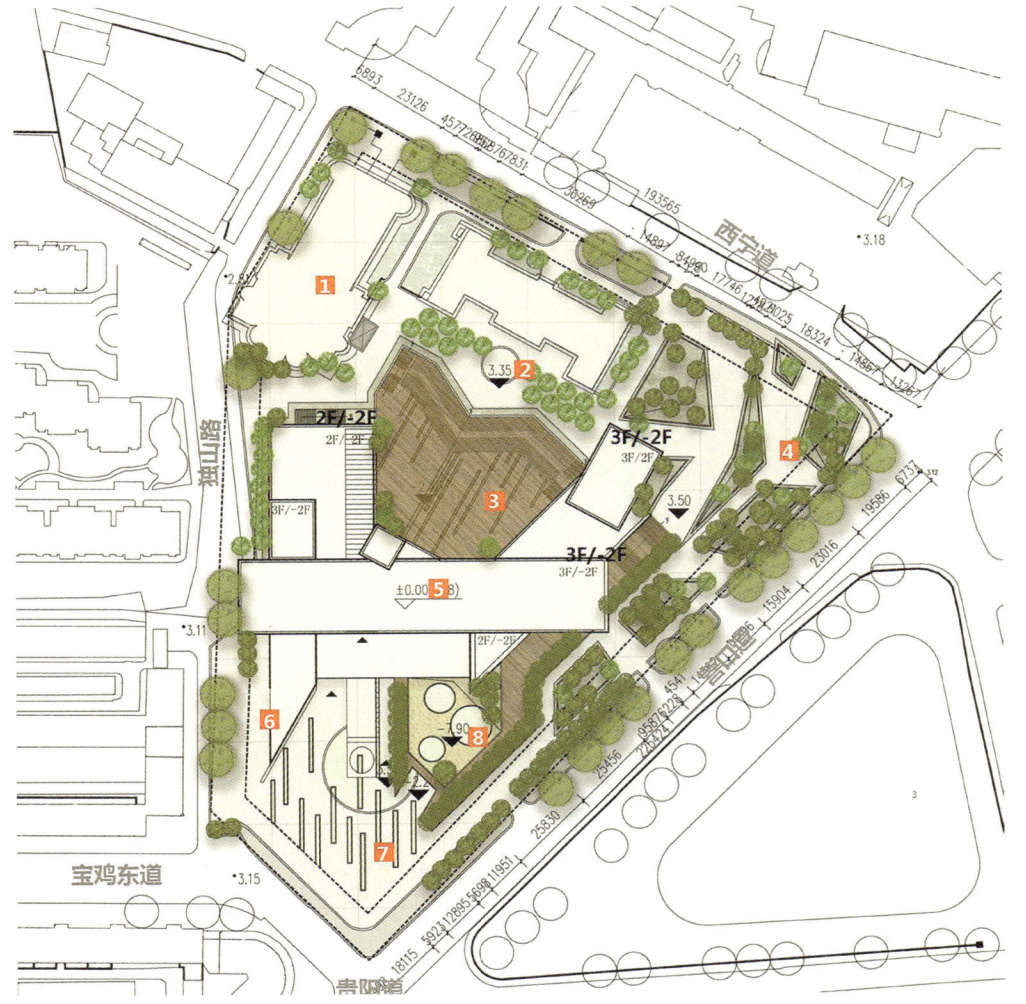

经济指标：
用地面积　　28000m²
建筑用地面积　　10000m²
建筑占地面积　　4515m²
地上面积　　13292m²
地下面积　　12150m²
建筑总面积　　25442m²
建筑层数　　地上3层地下2层
容积率　　1.33
绿化率　　55%

1. 西开教堂
2. 教堂花园
3. 露天展演广场
4. 公园式入口
5. 博物馆
6. 藏品区车行入口
7. 广场入口
8. 下沉庭院

总平面图

基地概况

基地位于中国天津和平区西开教堂风貌保护区。天津，我国四大直辖市之一，一座近京的码头城市，北方经济中心，国际港口城市，是中国大陆经济、金融、贸易和航运的三大中心之一，经历600多年历史的洗礼，造就了现在中西合璧，古今兼容的天津。

中国·天津

基地周边

用地以东·营口道

用地以西·独山道、宝鸡东道

休闲公园

休闲集市

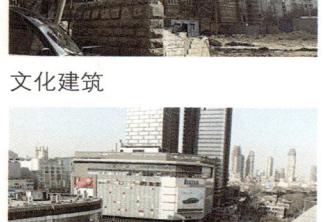
文化建筑

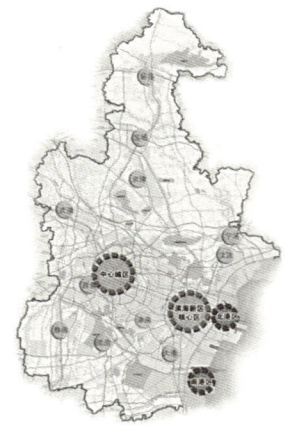

位置：天津市西开教堂风貌保护区，占地面积约28000m²
周边：用地北侧紧邻滨江道商业街、天津市第21中学，地处西宁道以南，营口道以西，西侧为居民区，周边多为商业区

商业区
建筑规模：用地面积28000m²，
建筑占地面积约10000m²。

用地以北·西宁道

设计规划地形图

用地周边图

任务书解读

课题设计用地：天津近代历史博物馆规划用地
建筑用地面积：10000m²
规划容积率：控制在1.5左右
建筑退地红线：道路中心向用地红线退10m
建筑限高：建筑高度限高40m，地上层数4层（地下一层）
设计风格：现代
功能要求：规划7000平方米的现代化展厅，功能齐全的现代城市文化休闲设备。
　　　　　使用面积满足23400m²以上（不含交通面积）

一、陈列、展览、教育与服务分区　约19000m²
门厅
基本陈列室10000m²
临时（专题）展览厅7000m²
教室60m²/间
讲演报告厅400m²
视听室50m²/间
休息室50m²/间
餐　厅200m²
会议室50/80m²/间

二、藏品库区2000m²
库前区
藏品库

三、技术工作区400m²
文物保护科学实验室
文物修复室/文物复制工厂

四、行政与研究办公区2000m²
行政区内设办公室、接待室、会议室、物资储藏库房、保安监控室、职工食堂、设备机房等
研究工作用房内设研究室、图书资料室

天津近代历史

主体功能展陈空间板块——三部曲
封建社会天津（1840~1860）
洋务运动开始，半殖民地半封建社会的天津（1860~1900）
各种思潮涌现的天津（1900~1919）

概念——BOX+

BOX 植入
植入人文历史的气息,植入自然阳光的环境,植入轻松愉悦的氛围。

+ 历史文化
+ 城市绿岛
+ 天津生活

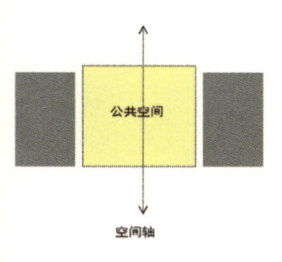
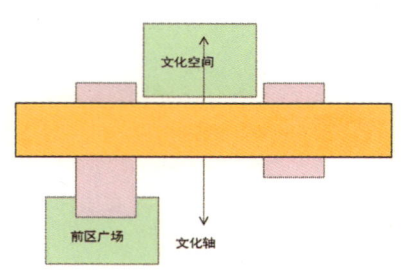
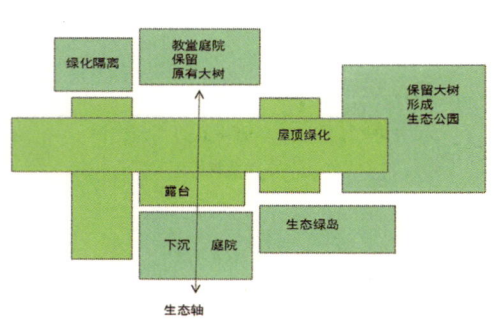

BOX生成
水平线生成方向感,天际线产生屋顶基准控制线,主轴线组织BOX空间。

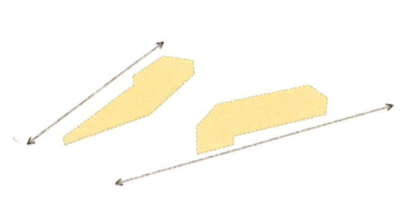

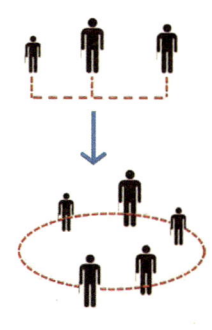

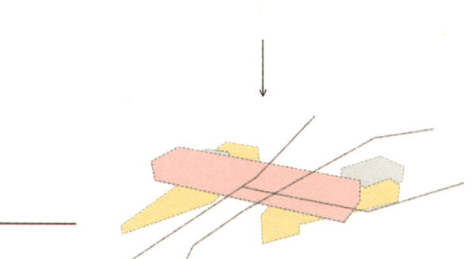

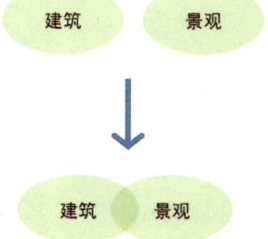

天津市近代历史博物馆建筑效果图

在环境日益恶化的"硬战"中,或许我们无法耗巨资、跋山涉水寻觅良方,但设计师必然肩负重任!生态节能的环保材料、清新的室内外垂直绿化和绿意盎然的会呼吸的屋顶花园,利用植物来对抗PM2.5,设计从自然中发现拯救自然的良药。

规划分析

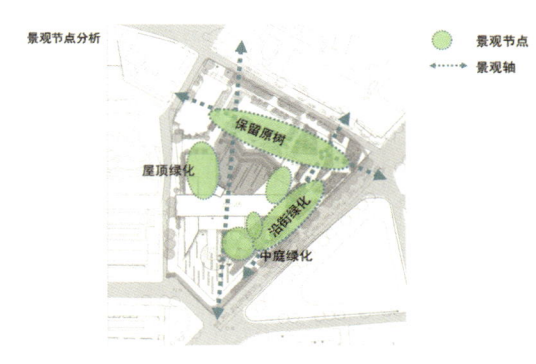

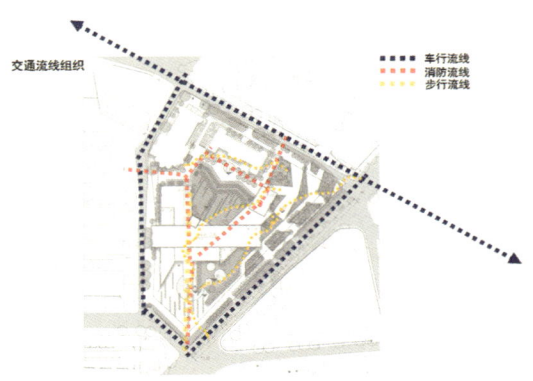

功能分区

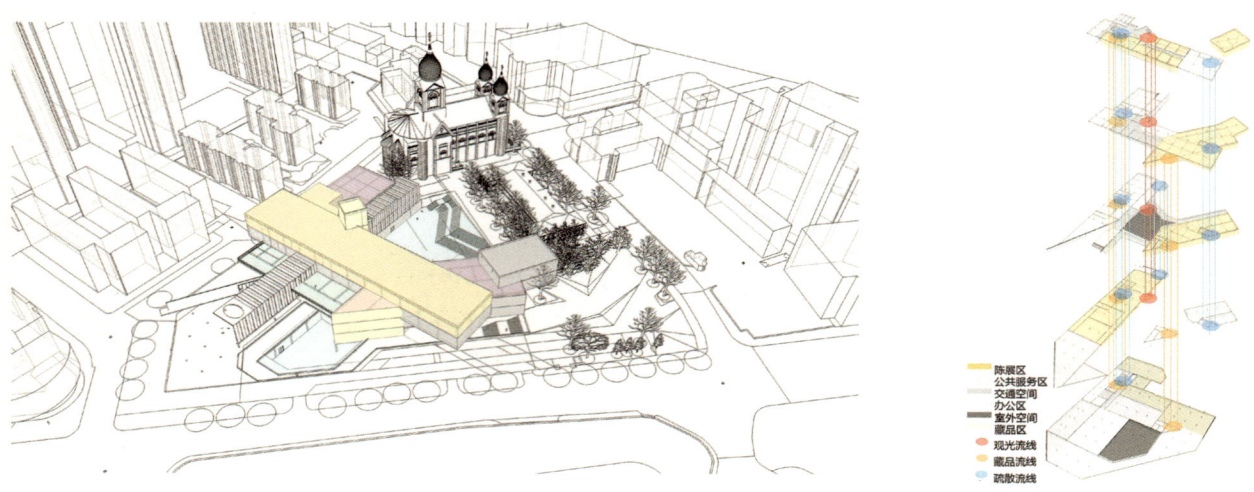

　　地下二层为藏品区、食堂、厨房及服务区，避开陈展区，并围绕食堂与办公空间，营造出一个下沉庭院，陈展品沿东西两边运输，降低对观光流线的干扰；地下一层沿西宁道及营口道充分保留场地内的原有树木，考虑教堂的特殊功能区位，设置教堂花园以及下沉式展演广场，更好的连接新老建筑；一层为博物馆两个入口，考虑参观流线、藏品流线以及消防流线能够合理通畅，采用局部架空，吸纳周围自然景观，设立消防环道，设置售票处、陈列室、室外展场、生态公园等对外服务区，便于形成教堂与博物馆之间的过渡空间；沿观光梯进入博物馆二层为主要入口，设置门厅、咖啡屋、陈列室、博物馆商店以及总台接待室等对外服务区；三层主要为陈展区域，同时，依托西开教堂的独特景色，设立特色屋顶花园交流休闲空间，为游客提供观光休憩的场所。

各层功能分区

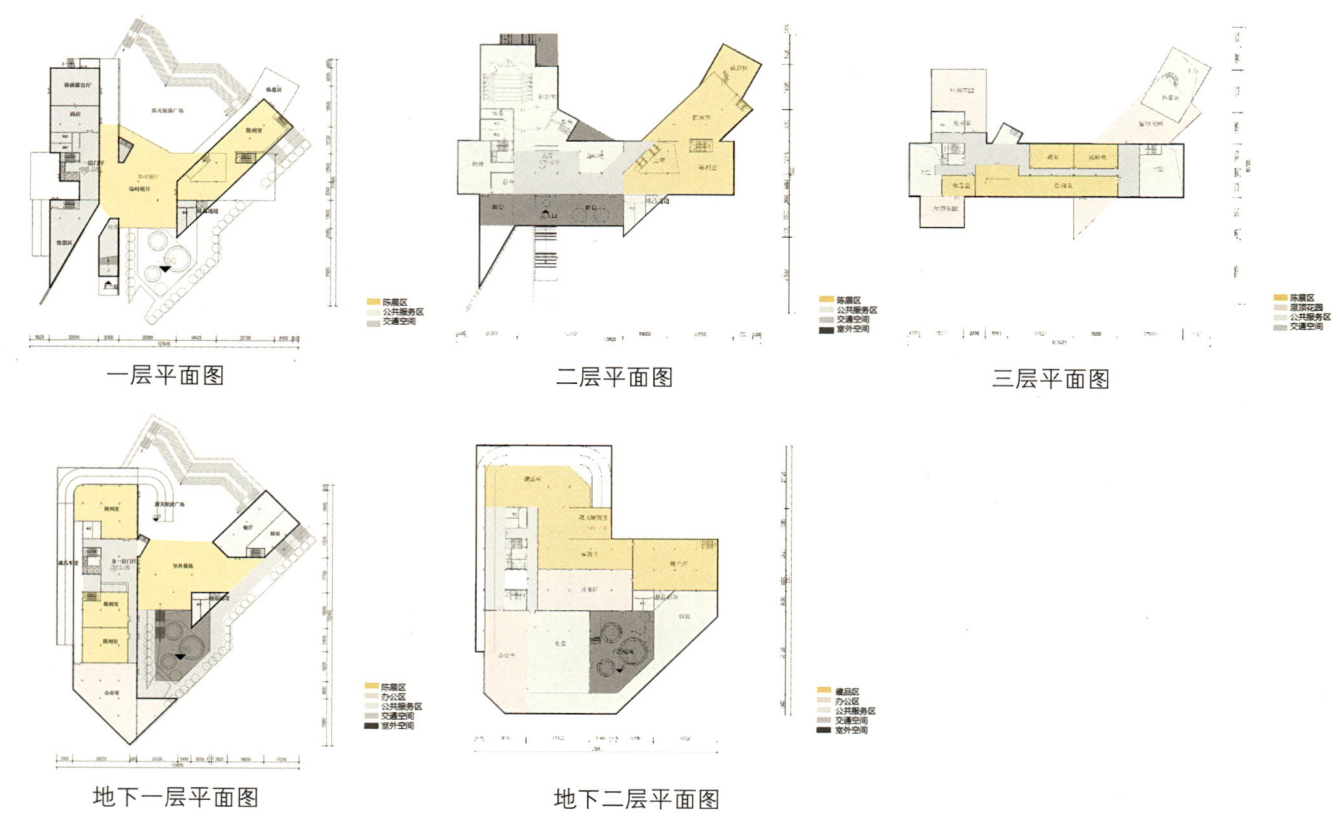

一层平面图　　　　　　　　二层平面图　　　　　　　　三层平面图

地下一层平面图　　　　　　地下二层平面图

建筑空间

通过教堂形成一个露天展演广场，顺着展演广场过来是一个架空空间，在地下二层食堂区域形成了一个下沉庭院，从主入口广场进入博物馆以后，形成一个双首层的概念，有选择的步入博物馆空间。

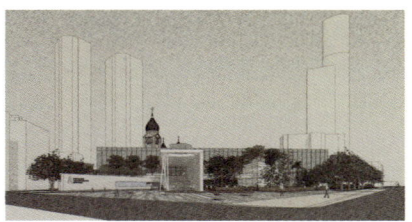

场地植被

方案设计

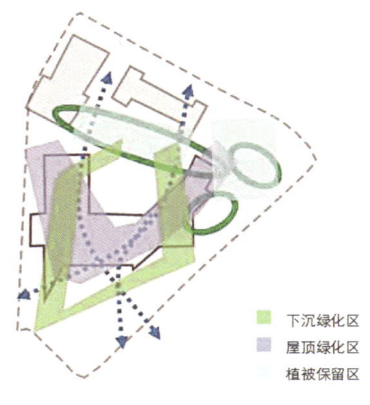

下沉绿化区
屋顶绿化区
植被保留区

A 视角

教堂门前的现有树木已经存在几十年，是这个地块历史的见证，不仅具有很高的保护价值也是老一辈人对这个地块的记忆。

B 视角　　　保留原树

在对营口道与西宁道入口区进行设计时，尽可能地保留部分原始树木，同时结合新建筑的设计，寓意继往开来，新旧结合，保留记忆的同时，也为游客提供了一个全新的绿色空间。

景观渗透

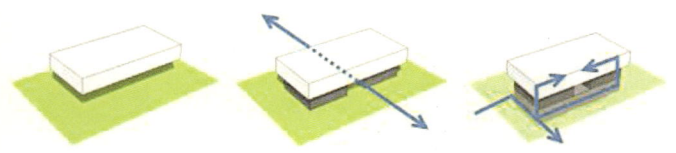

透气性水平空间

一层局部架空，形成一条连续的景观轴。三个景观节点将城市景观引入室内，将室内景观视野延续到室外。

透气性垂直空间

作为该方案的交通枢纽——中庭，又连接着竖向各层空间，使室内空间不受局限，突破各层局限，相互交流。

地下一层通廊、顶层分别设置立体式垂直绿化、屋顶花园，使视野由下至上延伸舒展。

植被选择

营造绿岛的第一考虑是植物，通过对现状植被的调研分析之后，得出如下结论：用地内的树木不仅是对生命更是对本地块历史的承载，因此本方案会在尽量保留树木的情况下进行设计。

尽量选用乡土树种，并且在各个片区内利用植物物种多样化使其在不同季节都呈现不同的欣赏特征；通过乔、灌、藤、草等植物的合理配置，营造各种类型的绿色环境和以树木为主体的绿地，形成以接近自然森林为主的生态系统。

乡土树种：合欢、栾树、刺柏、法桐、泡桐、垂柳、馒头柳、白蜡、洋槐、国槐、碧桃、西府海棠、金银木、石榴、月季等。

屋顶绿化

绿色屋顶可以减缓屋顶表面温度变化,进而减轻屋顶所受的张力和结构压力,从而起到保护建筑物的作用,并且产生良好地隔音效果,此外还能吸收空气中的污染物,并有效地利用雨水。

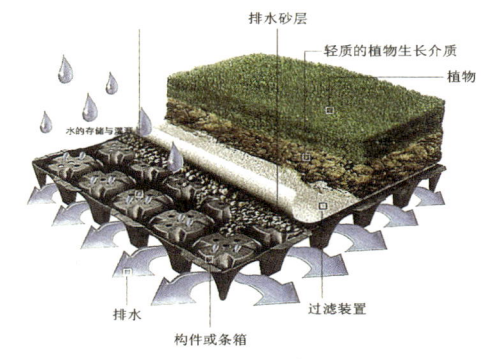

粗放型绿色屋面　　密集型绿色屋面

  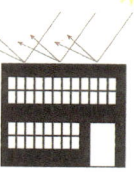 

热空气的运动会增加灰尘和泥土的产生　　屋顶植物能够起到净化空气的作用　　将太阳能以热量的形式反射出去　　吸收90%的太阳能

设计意向

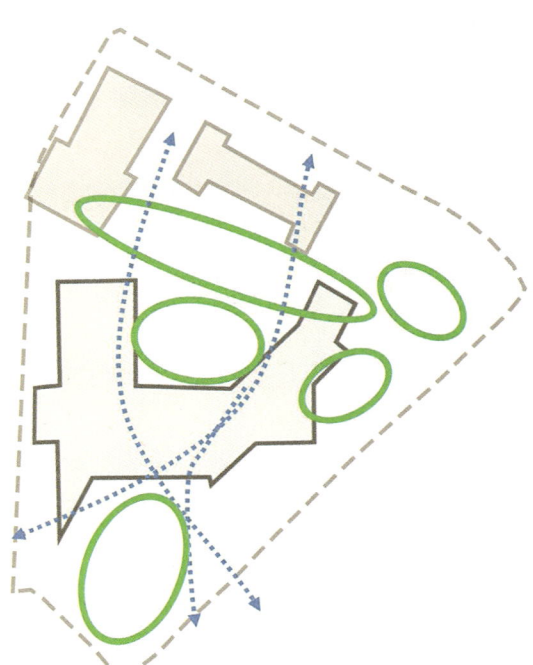

景观轴线
景观节点

185

平面图

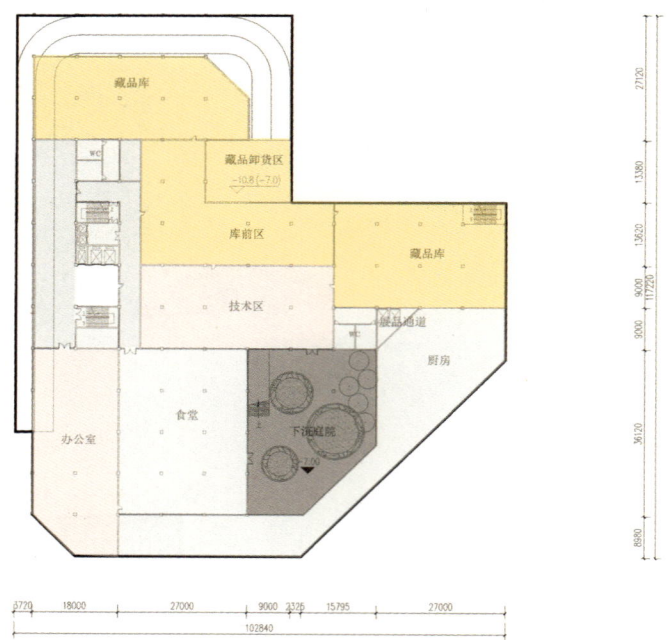

地下二层平面

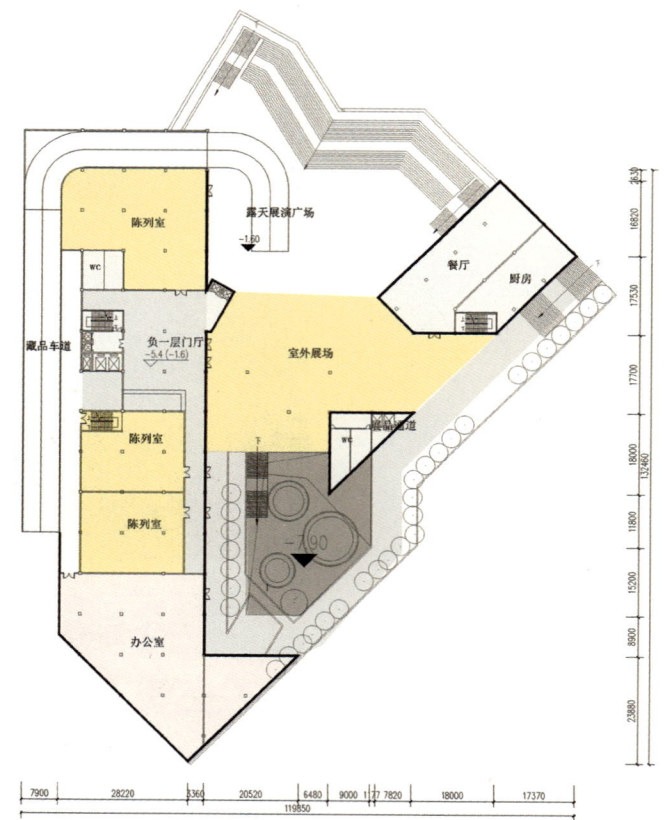

地下一层平面

一层平面

二层平面

187

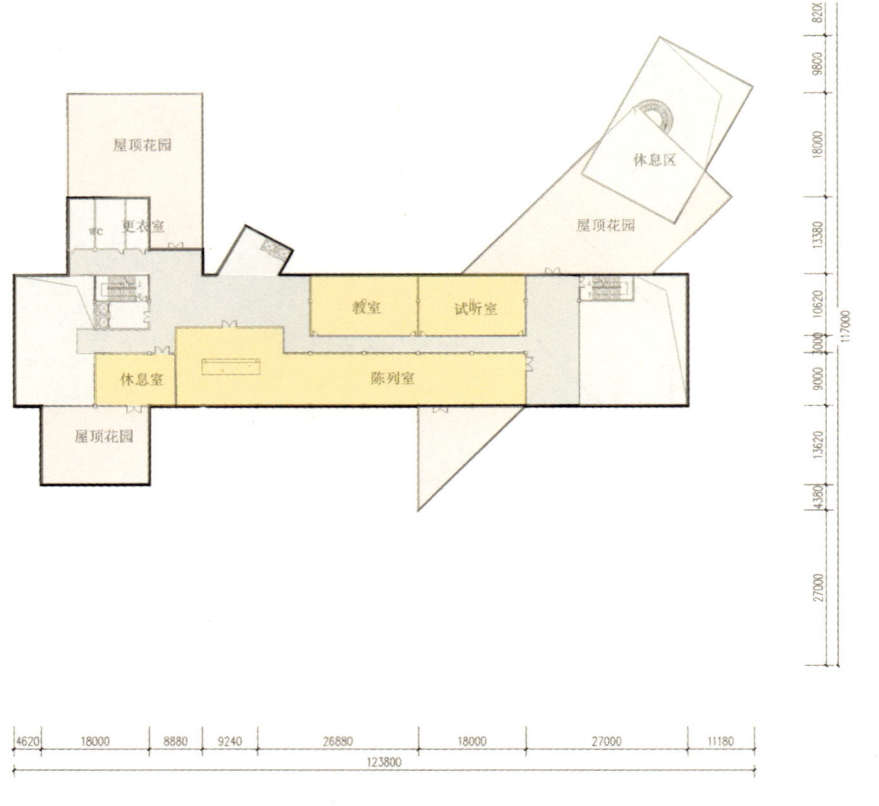

三层平面图

该建筑共五层，地上三层，地下二层。整个建筑的交通流线分明。一般游客主要通过东西客梯分流。藏品和管理人员则是通过专门设立的南北两向的货梯上下，有独立的交通流线。消防通道则贯穿始终，每一层每个馆都便捷的设置了疏散通道。

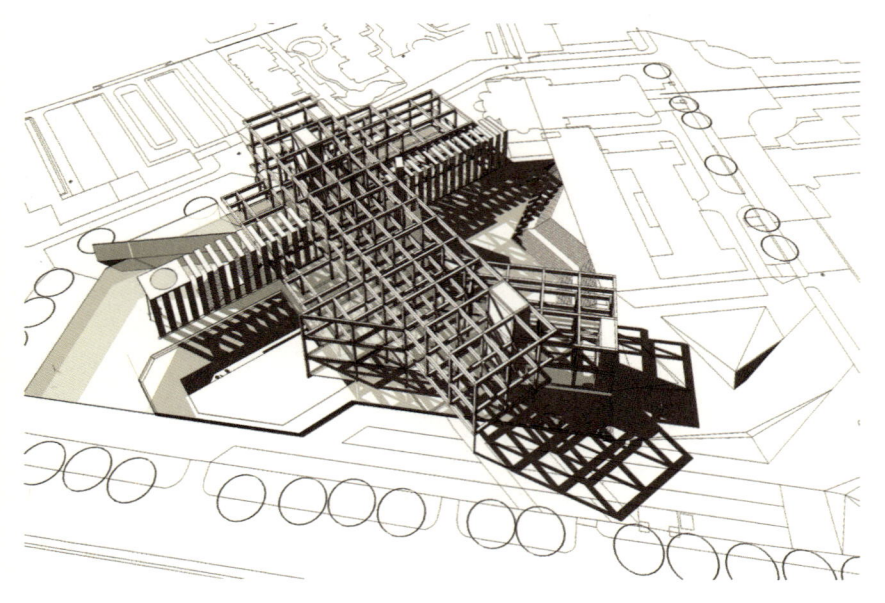

柱网结构关系图

柱网结构示意图

立面图

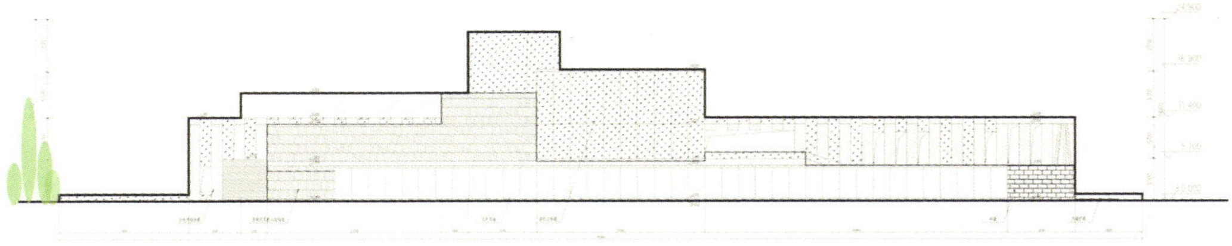

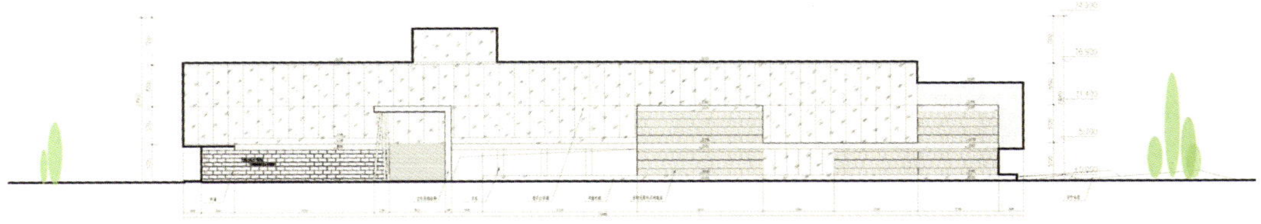

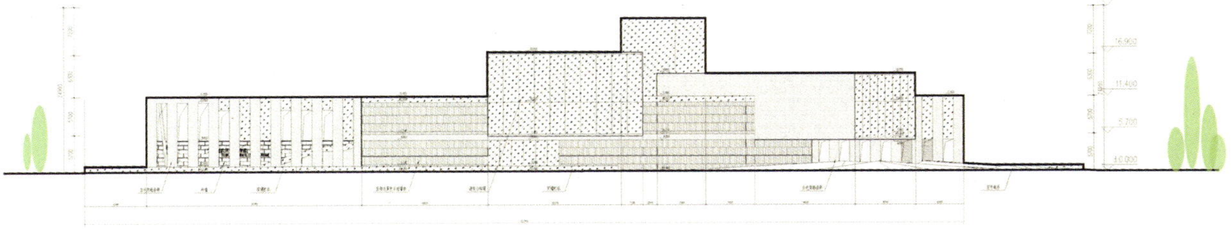

东立面图 1:300

剖面图

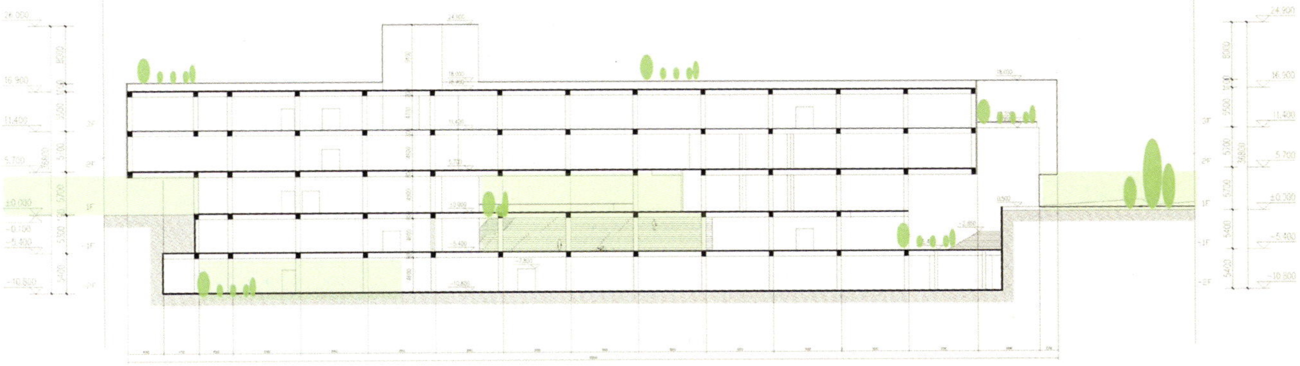

A—A剖面图 1:300

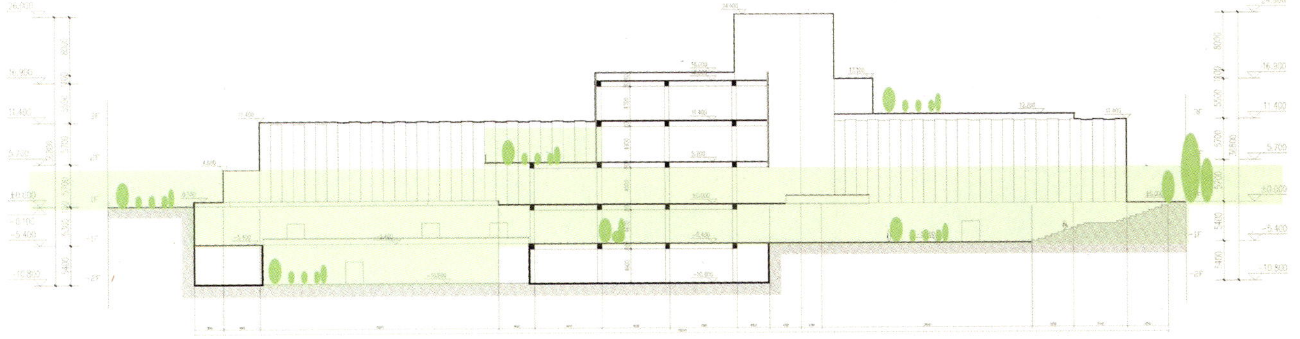

B—B剖面图 1:300

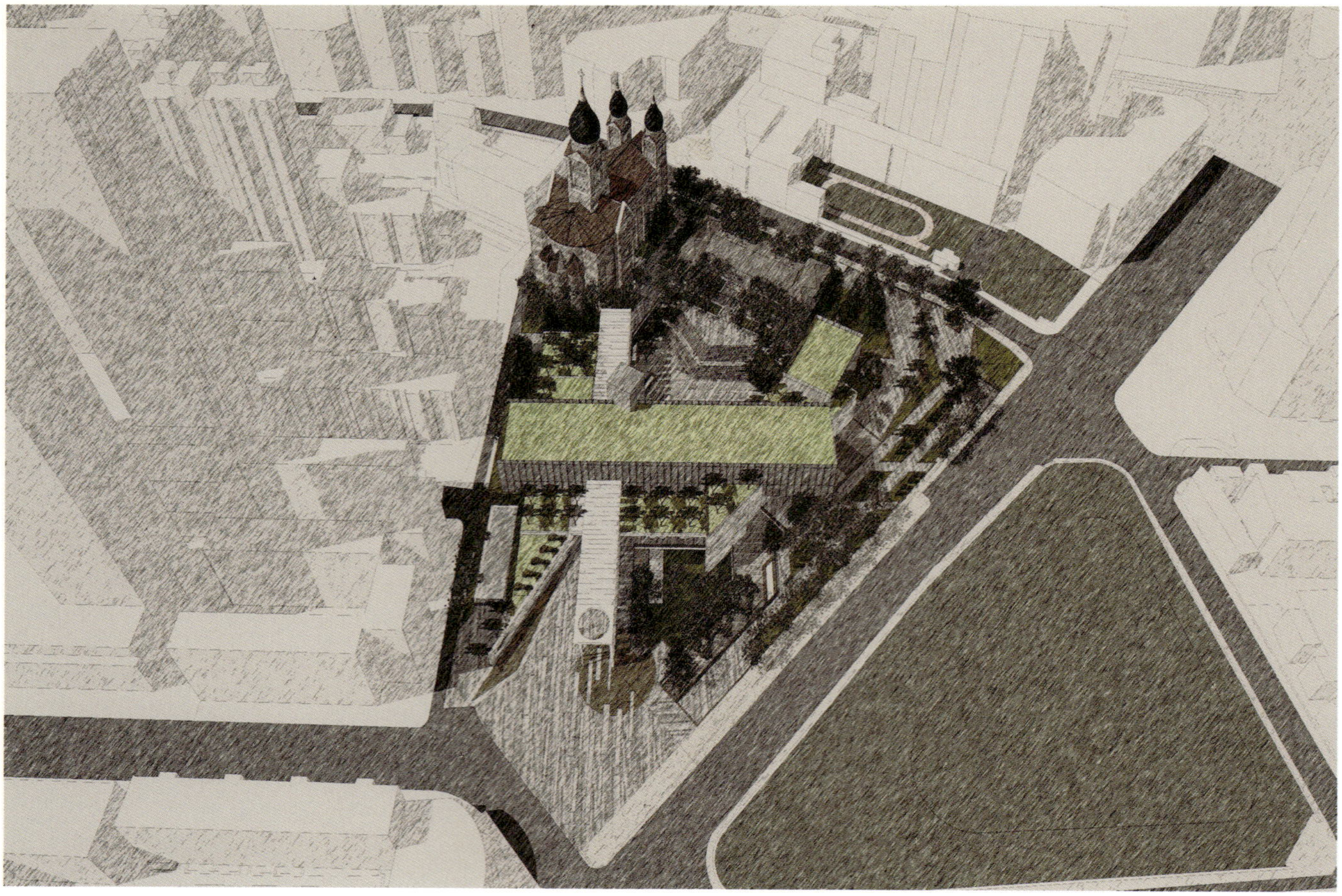

191

济宁运河文化博物馆概念设计
Jining Canal Culture Museum Concept Design

学　　生：王广睿
学　　号：2011061279
学　　校：山东建筑大学

山东省济宁市
面积：11187km²
人口数：808.19万人

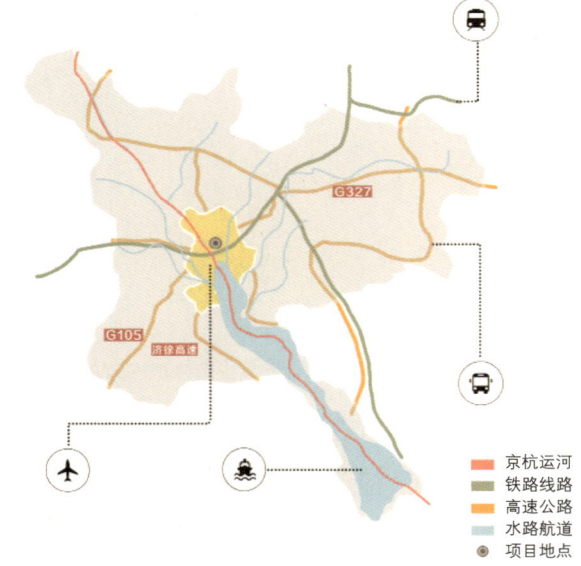

京杭运河
铁路线路
高速公路
水路航道
项目地点

区位概况

　　基地位于山东省济宁市市中心区，地处黄淮海平原与鲁中南山地交接地带。历史上的济宁又是"东鲁之大郡，水路之要冲"，运河的开通和兴盛，使得济宁"南通江淮，北达幽燕"，把济宁的城市文明推向鼎盛时期。在这个过程中，济宁开始出现许多以商业命名的专业化街道，其建筑风格也受到了文化交流的影响，城区河渠纵横和众多私家园林的交融，使其得名"江北小苏州"。

济宁运河博物馆概念效果图

历史悠久的济宁有着深厚的文化底蕴和文化积累，它的命运与运河的兴衰紧密相连，是一部因水而立，因水而强的历史。现今运河两岸散布的历史遗存，形成一条绚丽的文化长廊和景观生态廊道，所有这些宝贵的财富，不仅是济宁辉煌历史的见证，而且对现今济宁的文化生活产生着深远的影响。

用地调研

此项目规划地位于济宁市中区大闸口河南街和聚永巷交界处。地块东侧相邻商业区，拥有非常丰富的商业资源；北侧相邻市中心公园，交通便捷且有一定基数的流动人群；南侧坐落运河古建筑东大寺、竹竿巷等遗风活动区。用地距离市博物馆、音乐厅、学校等区域直线距离均在一公里以内，属市区文化商业圈。

基地片区功能规划图

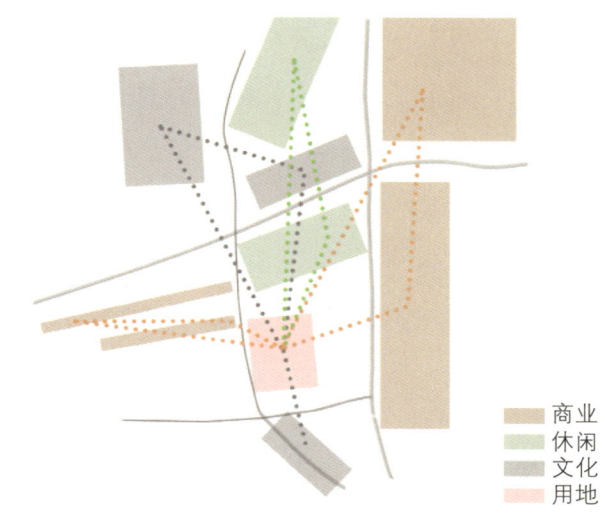

片区功能联系图

现场调研及周边现状

■ 基地运河弯道处

■ 基地概况鸟瞰

■ 基地西侧道路

■ 遗风活动区

193

场地现况分析

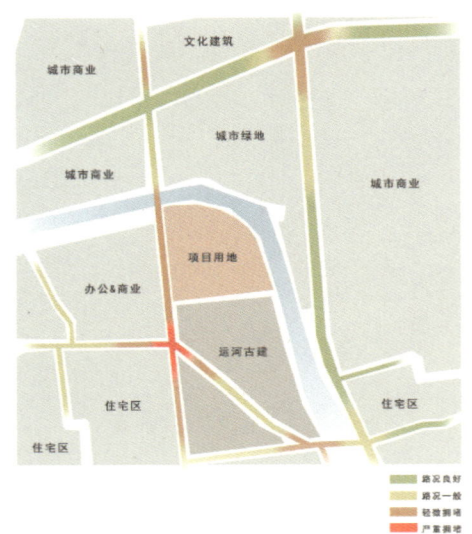

场地周边路线
场地位于运河弯道处西南侧，因此处纵向三级层级关系，在河堤和建筑相邻较窄处，行人流线密集。

周边交通密度
场地周边交通现状不佳，西侧唯一可以通车的道路较为狭窄，道路交汇处因古建区商业导致车流拥堵。

周边人流密度
场地虽处闹市，但由于现状业态不佳，导致场地使用率低下，交通和环境同时导致古建区手工艺业态欠佳。

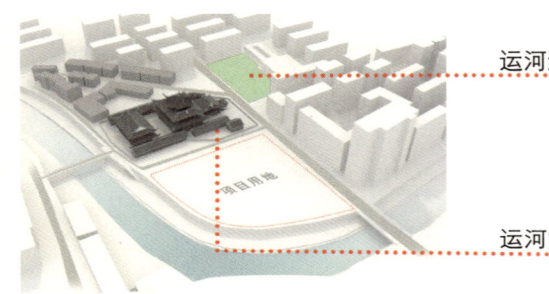

运河遗风活动区

运河古建筑区

场地关注重点
场地南邻申遗成功的运河古建东大寺和竹竿巷，是在运河文化中受关注度很高的建筑。且附近依旧保留一些运河遗风及相关手工艺业。新建筑区位关系与环境形成遗风活动—古建筑—博物馆的片区参观流线。

场地层级关系

基地濒临运河，地势呈阶梯状分为城市地面层、河堤层以及运河水面层。

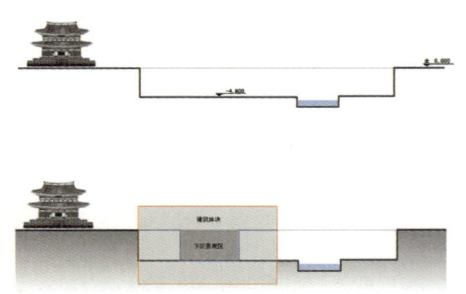

建筑场地关系
利用阶梯状的地势，将建筑镶嵌于场地中。在保证建筑容量的同时，尊重古建，构成形体退让的关系。

建筑形体空间概念

通过对济宁相关运河古建筑模型的研究，将建筑形体的特点简化概括。新建筑采用拥有中心庭院的回字形建筑形体。中庭景观区配合回字形动线，形成良好的空间交流体系，丰富行为动线，联系空间交流。

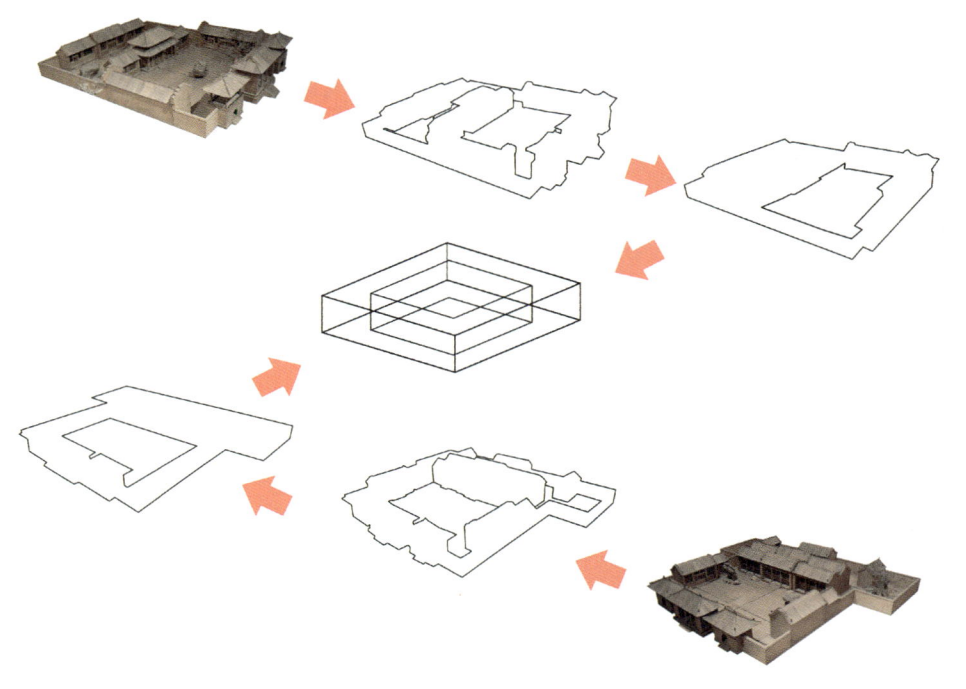

1 回字形动线

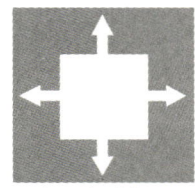

2 中心庭院枢纽

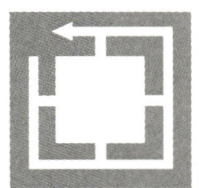

3 以中心庭院为枢纽的回形动线

建筑形体意向概念

济州河开通以后，因水浅舟大，恒不能达，元政府在济宁"增济州漕舟三千艘，役夫万二千人"，元代在济宁一地设置漕舟3000多艘，役夫、运军共14000多人。山东运河的船舶的年通航量约在8000艘次以上。满城的运船不仅为济宁带来商业的繁荣，更为城市烙印下文化的记忆。

扬帆运河上的运船是文化特定的历史符号，转换为现代几何的设计语言，寄托于建筑形体。

建筑形体演变

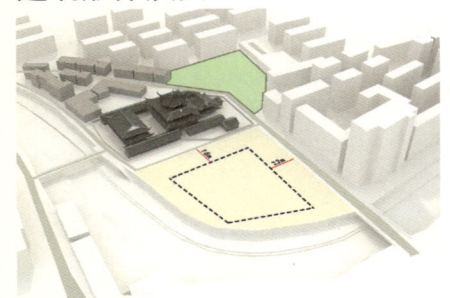

1. 建筑边界确定
将用地东侧道路拓宽至15m，向内退22m；建筑南侧道路向内退15m，新建筑南侧边缘平行于古建筑中轴线，西侧边缘平行于道路，确定建筑边界。

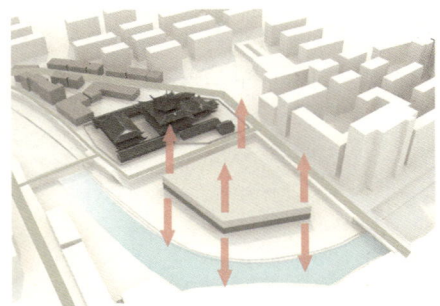

2. 建筑基本形体
将建筑平面定于+0.600的高度，并上下挤压形成建筑基本形体，使其镶嵌于三个层级的敌视之中，高于城市平面7.6m。

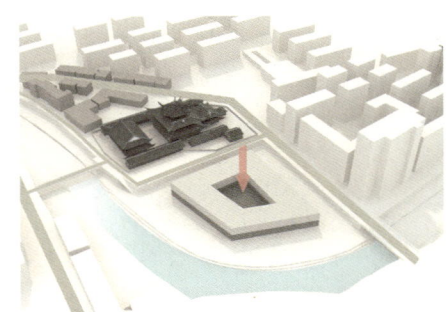

3. 形成回字形体块
根据古建和周边环境，确定建筑回形部分尺度，将建筑中心下压，确定中空下沉的回字形建筑形态。

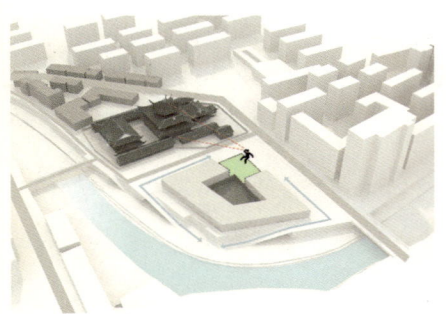

4. 设置入口前广场
在交通较为拥挤的北侧，设置博物馆入口前广场，使区域内形成一定的空间拉力，缓解因行人导致的过度拥挤的环境。同时为古建筑提供良好的观赏视角。

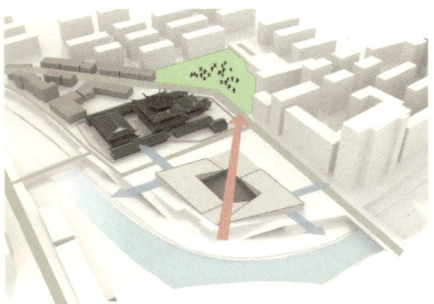

5. 对岸视角关注
将更多关注给予场地西南的遗风活动区，根据对岸视线将建筑形体向下退让，活动区不再被完全围合。同时使得建筑形体对场地环境的压迫减少，环境更和谐。

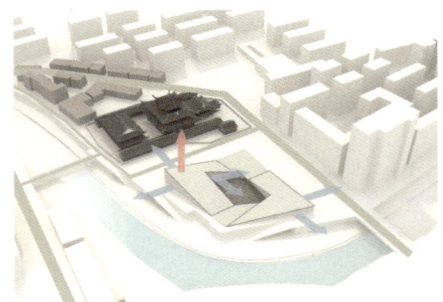

6. 形体局部抬升
将建筑东南角向上抬升，迎合古建筑的高大形体与场地和建筑的关系，另一方面为建筑室内提供更丰富的视角。

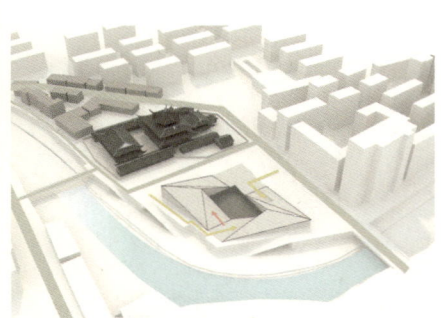

7. 确定形体结构关系，设置入口将建筑形体上的点进行连线，选择最佳的形体结构方案，并确定博物馆主入口方向。

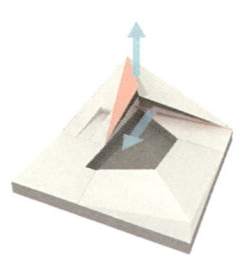

8. 屋顶形体
在博物馆大厅区域的上部，将建筑顶部两片体块旋转，以获得接收更多阳光的角度。

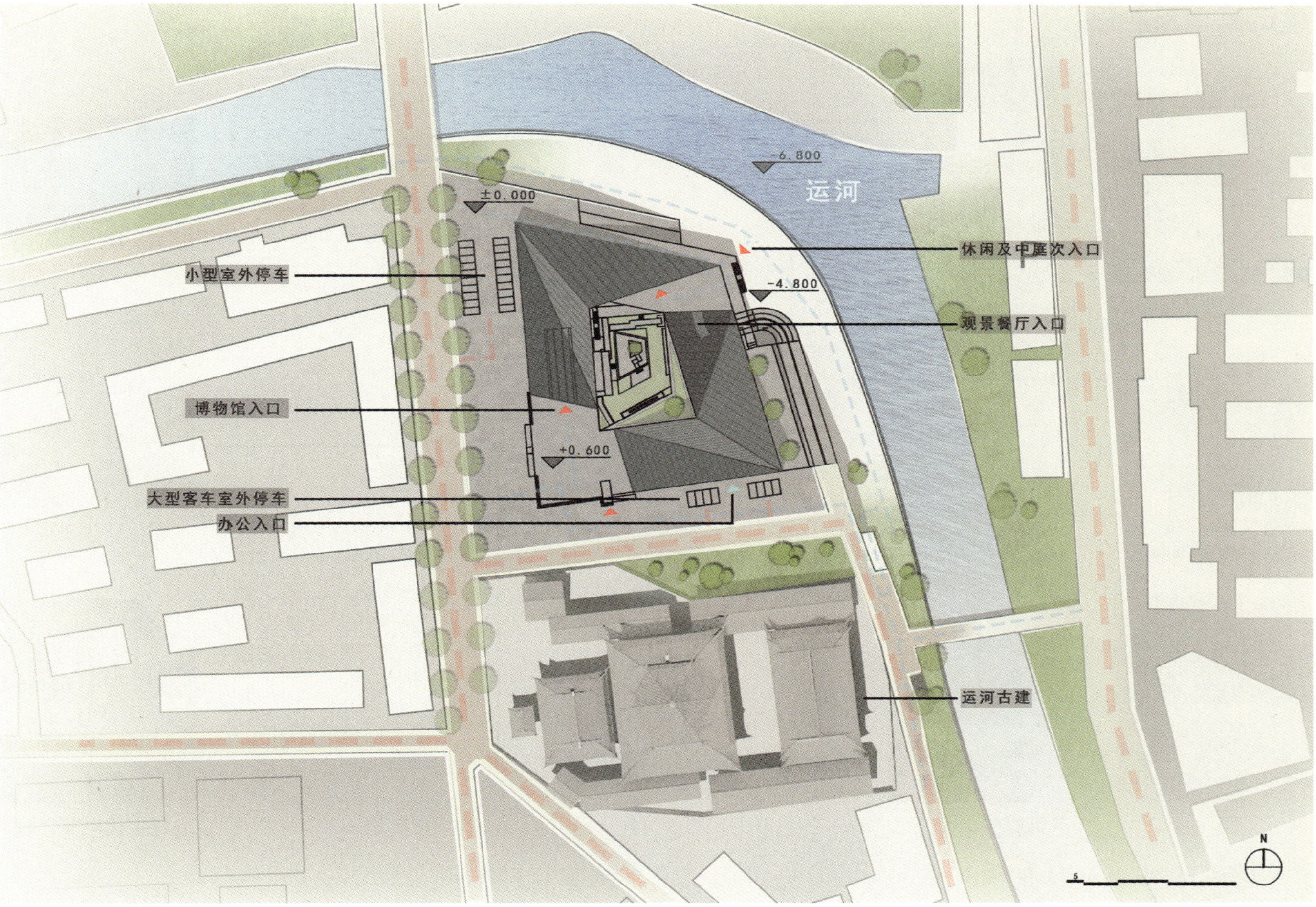

建筑总平面图

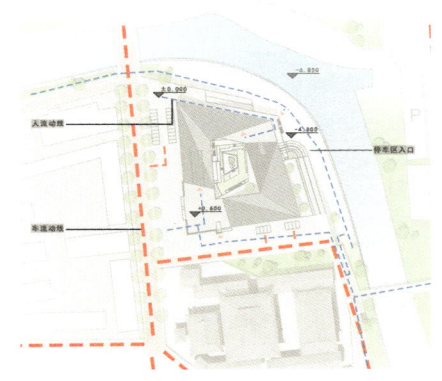

博物馆总平面与流线

博物馆设置五个入口，其中四个为游览入口，一个为办公入口。在建筑东侧设置汽车坡道和停车区入口，减缓对古建交叉路口的行车压力。道路的拓宽同时为行车提供了新的行车道路，缓解交通压力的同时增加了博物馆的到达路线。

建筑与场地关系

建筑最高处高于城市平面11m，建筑形体与古建筑形成阶梯状退级，迎合地势，蛰伏于古建筑北侧。

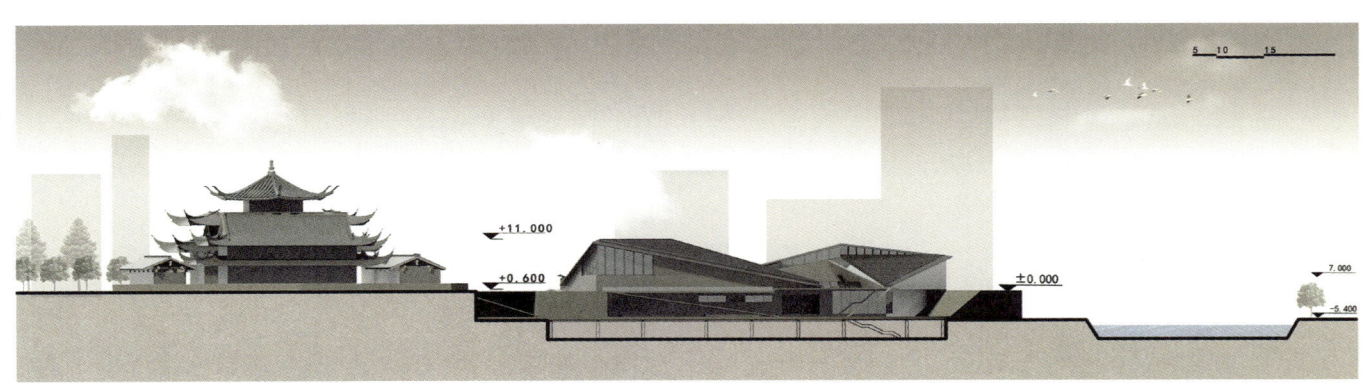

建筑场地剖面图

197

建筑概念元素分析

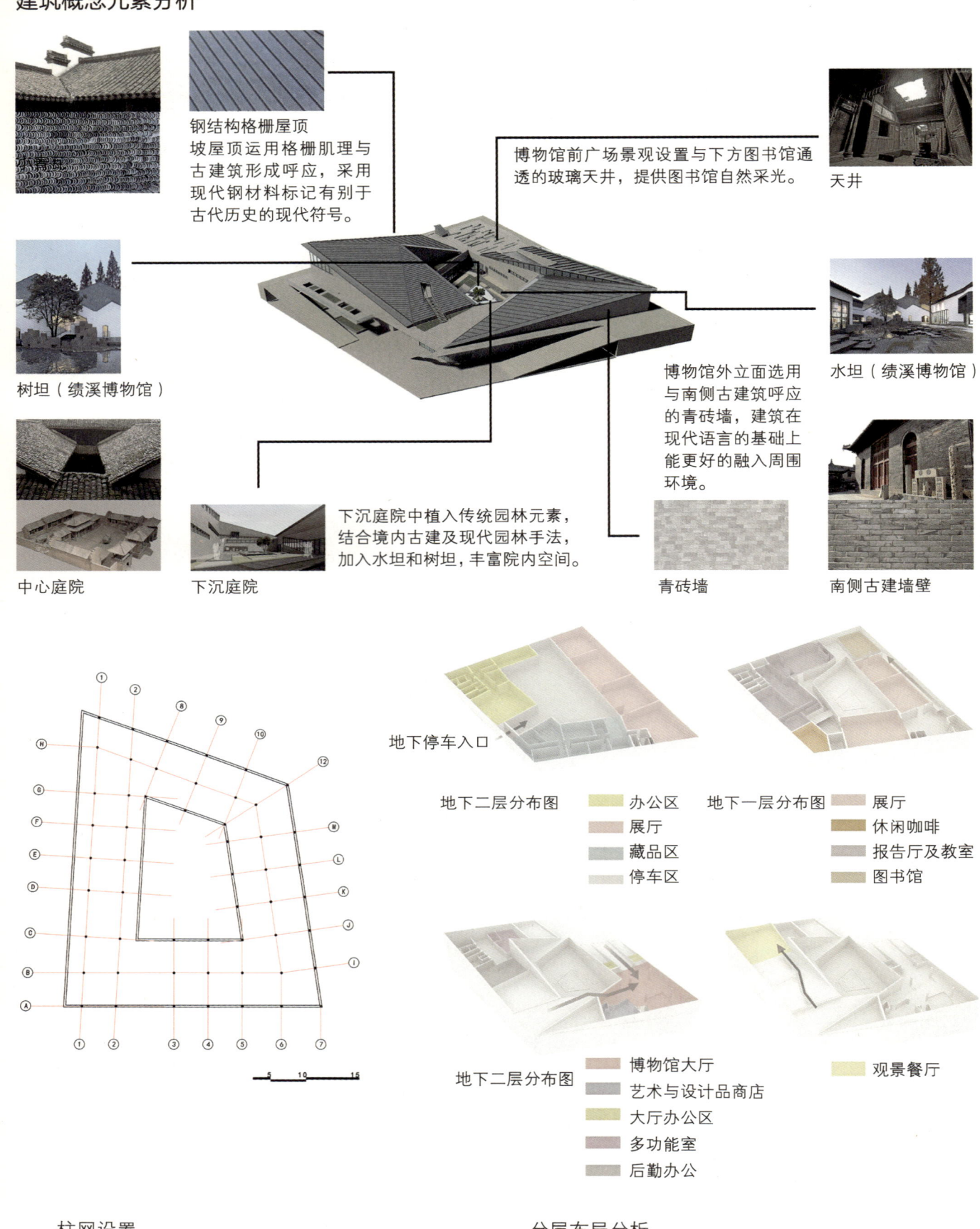

钢结构格栅屋顶
坡屋顶运用格栅肌理与古建筑形成呼应，采用现代钢材料标记有别于古代历史的现代符号。

博物馆前广场景观设置与下方图书馆通透的玻璃天井，提供图书馆自然采光。

天井

树坦（绩溪博物馆）

水坦（绩溪博物馆）

博物馆外立面选用与南侧古建筑呼应的青砖墙，建筑在现代语言的基础上能更好的融入周围环境。

中心庭院

下沉庭院

下沉庭院中植入传统园林元素，结合境内古建及现代园林手法，加入水坦和树坦，丰富院内空间。

青砖墙

南侧古建墙壁

地下停车入口

地下二层分布图　■ 办公区　地下一层分布图　■ 展厅
　　　　　　　　■ 展厅　　　　　　　　　　■ 休闲咖啡
　　　　　　　　■ 藏品区　　　　　　　　　■ 报告厅及教室
　　　　　　　　■ 停车区　　　　　　　　　■ 图书馆

地下二层分布图　■ 博物馆大厅　　　　　■ 观景餐厅
　　　　　　　　■ 艺术与设计品商店
　　　　　　　　■ 大厅办公区
　　　　　　　　■ 多功能室
　　　　　　　　■ 后勤办公

柱网设置
　　以10m×10m的柱网为基础，用围合的方式根据博物馆的形体进行局部调整。

分层布局分析
　　博物馆内部区域主要分为大厅、展陈区、办公区、报告厅及教室、图书馆、观景餐厅等相关辅助空间。

CAD制图部分

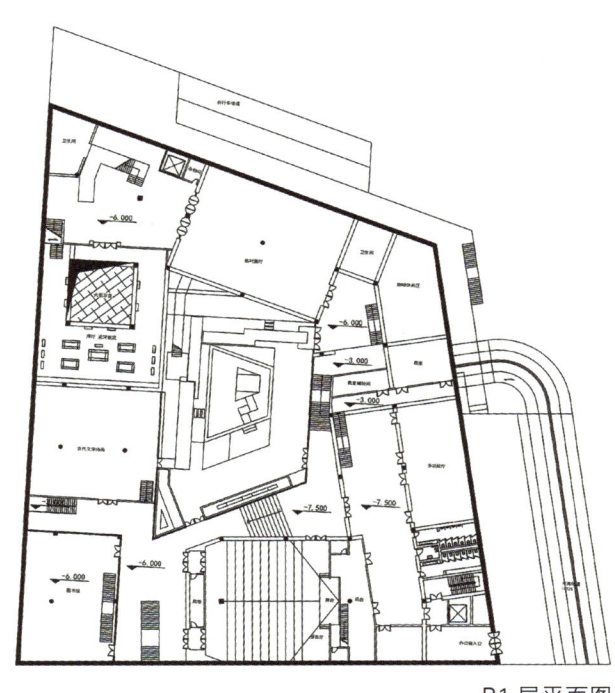

1层平面图

B1层平面图

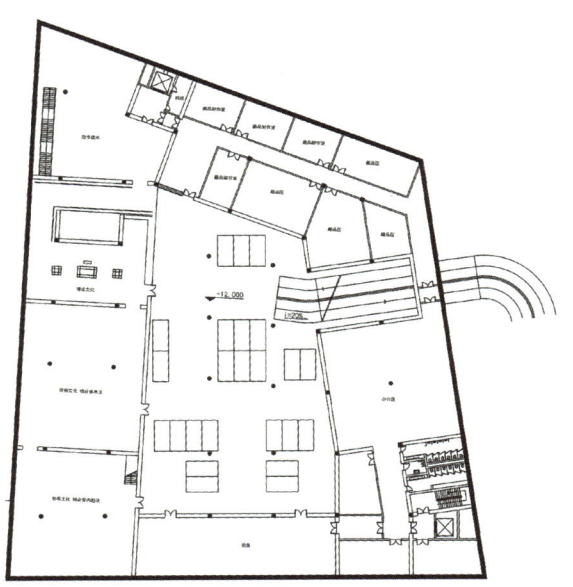

B2层平面图

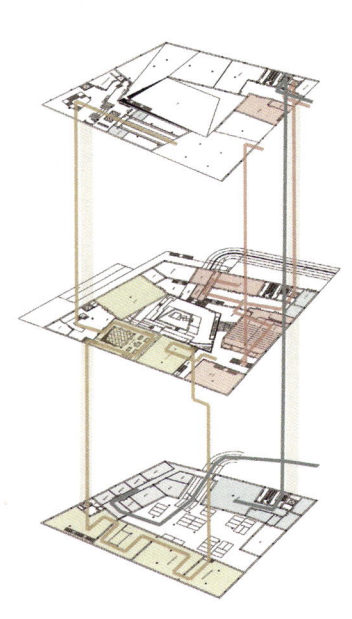

室内动线

主要分为三个类别，为报告厅分设出入口避免与展陈动线交叉形成交通压力；将办公路线入口设置于交通人流较少的地方，相对私密。

报告厅流线
展厅流线
办公流线

运河对岸视角效果图

博物馆大厅

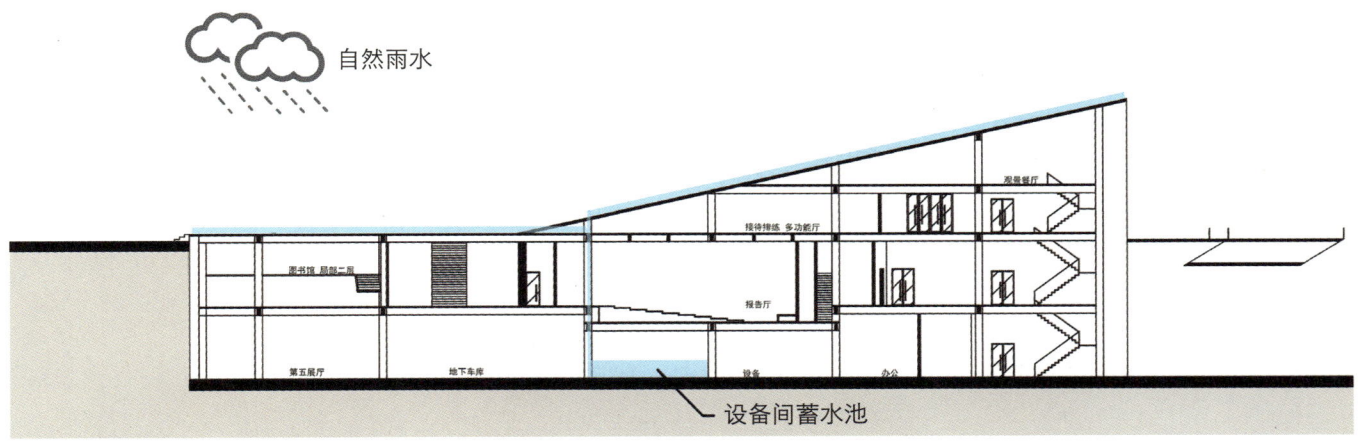

坡屋顶引导水的流向,部分景观设计植入雨水回收装置,流入蓄水池,用于景观灌溉和卫生洁具冲洗。

竖向交通设置

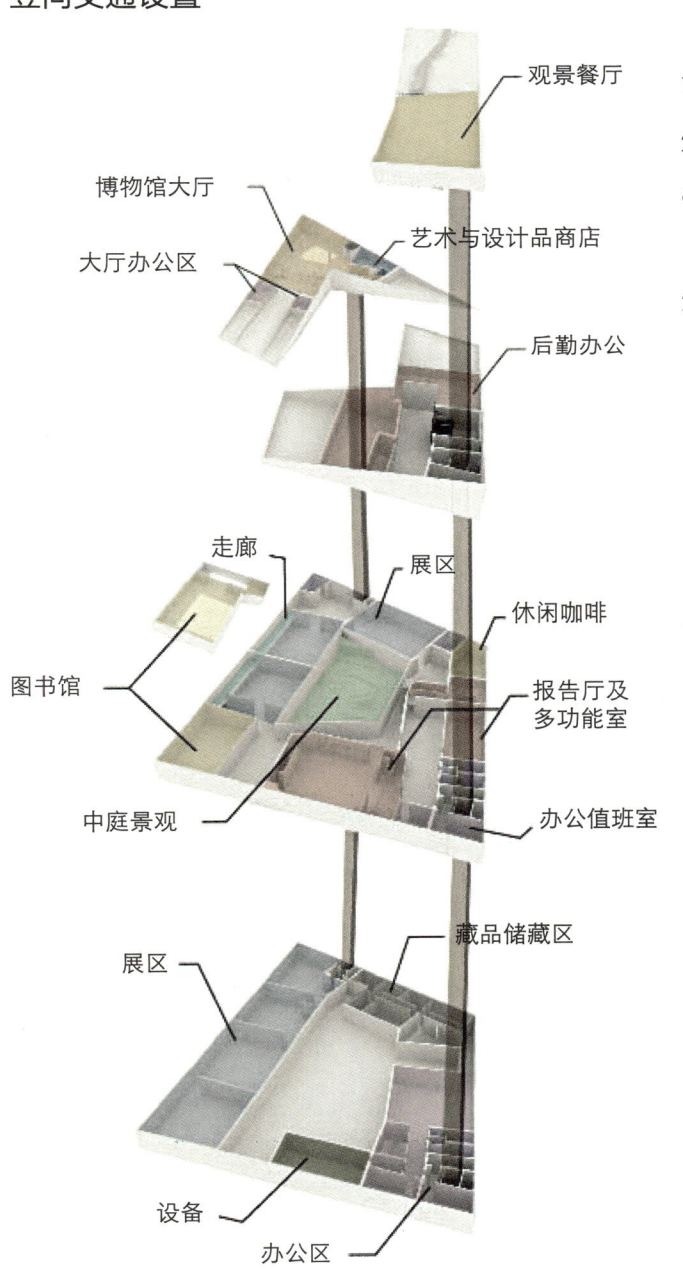

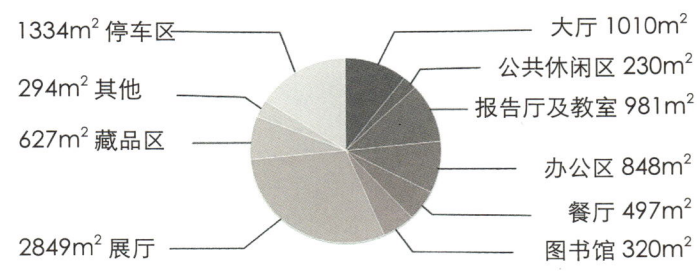

室内功能区面积比

经济技术指标

分项面积表		
项目		单位(m²)
常设展览	第一展厅 运河概况	428
	第二展厅 治水技术	380
	第三展厅 漕运文化	368
	第四展厅 民俗文化	443
	第五展厅 地名文化	383
	第六展厅 古代文学诗画	345
临时展览	临时展览	421
公共服务	博物馆大堂(门厅、艺术与设计品商店)	1250
	接待室、承担社会教育职能的教室	454
	图书馆	320
	餐厅	497
	报告厅	374
行政业务办公及文献研究		749
辅助用房	藏品库房	627
	车库	1334
	设备	297
合计		8670

博物馆大厅

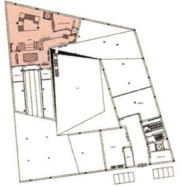

大厅位置示意

博物馆大厅

博物馆展厅部分均设置在大厅以下,向下行进的过程突出了对历史的发掘体验。作为衔接室内外的空间部分,大厅延续了部分建筑外观的元素,阳光自上而下经过格栅照射到地面,形成斑驳的光影,光影随时间的变化扫过大厅内部,增加空间中的对时间的体验。

设计与艺术品商店

博物馆前广场运用条形绿化景观结合休闲座椅，穿插能够为正下方图书馆采光的预留采光天井，依照规划人行道路分布。

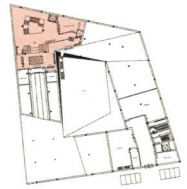

博物馆入口前广场

第一展厅，主要以大型沙盘和巨幕投影相结合的方式，从动态和静态视觉上展示运河历史沿革，并配合展出相关文物。

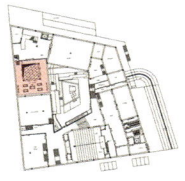

第一展厅·运河文化长廊

第三展厅，将更多的运河古建元素融入到空间当中，主要展示漕粮运输和运河衙役的相关古迹。

第三展厅·漕运文化厅

中心庭院根据中国传统园林手法和现代的造型艺术相结合，作为中庭交通枢纽，加入汉碑文化墙，增加庭院内的展示体验。

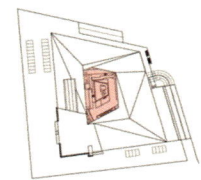

博物馆中心庭院

临时展厅设置了可以开合的天花和窗户，保证可以利用自然采光，同时为更多展品提供了展览条件，在低碳建筑和功能性中寻求平衡。

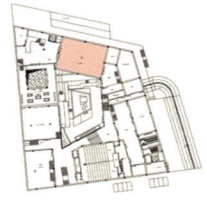

多功能临时展厅
展厅内避免日照

多功能临时展厅
展厅内自然采光

大连东关街博物馆设计
DaLian Dongguan Street Museum Design

学　　生：胡旸
学　　号：1109530419
学　　校：沈阳建筑大学

"注入与激活"大连东关街博物馆改造设计

　　大量的建筑遗产作为历史发展的轨迹和见证，面临拆除和保护的选择。近些年国内的建筑由于正处于转折期，中西建筑文化的碰撞尤为明显，由于遗留建筑的特殊魅力，对它们的研究更多的是集中在文化价值以及历史价值之上，空间价值却鲜有研究。

　　这种近现代遗留的建筑是人们心中的一种传承，它体现了不同地区、不同民族甚至不同肤色的传统，具有非常鲜明的可辨别性，表达出了这个城市深厚的文化底蕴。它是历史的载体，是半殖民地社会时期的重要建筑类型，它记录了时代的变迁，是人们在城市化进程中对原有文化传统与特征的渴望与努力。

　　因此近现代遗存建筑作为一段历史的建筑需要使其延续与再生。

　　本设计以大连东关街博物馆为例，分析近代遗留建筑的历史和现状，揭示存在的问题和隐患，评估保护和更新的必要性和可行性，探索保护和更新的方法和策略。以个案研究反映共性问题,辐射同类地段内的大连近代历史建筑，寻求近现代遗存建筑的延续和再生问题的合理对策。

现场照片

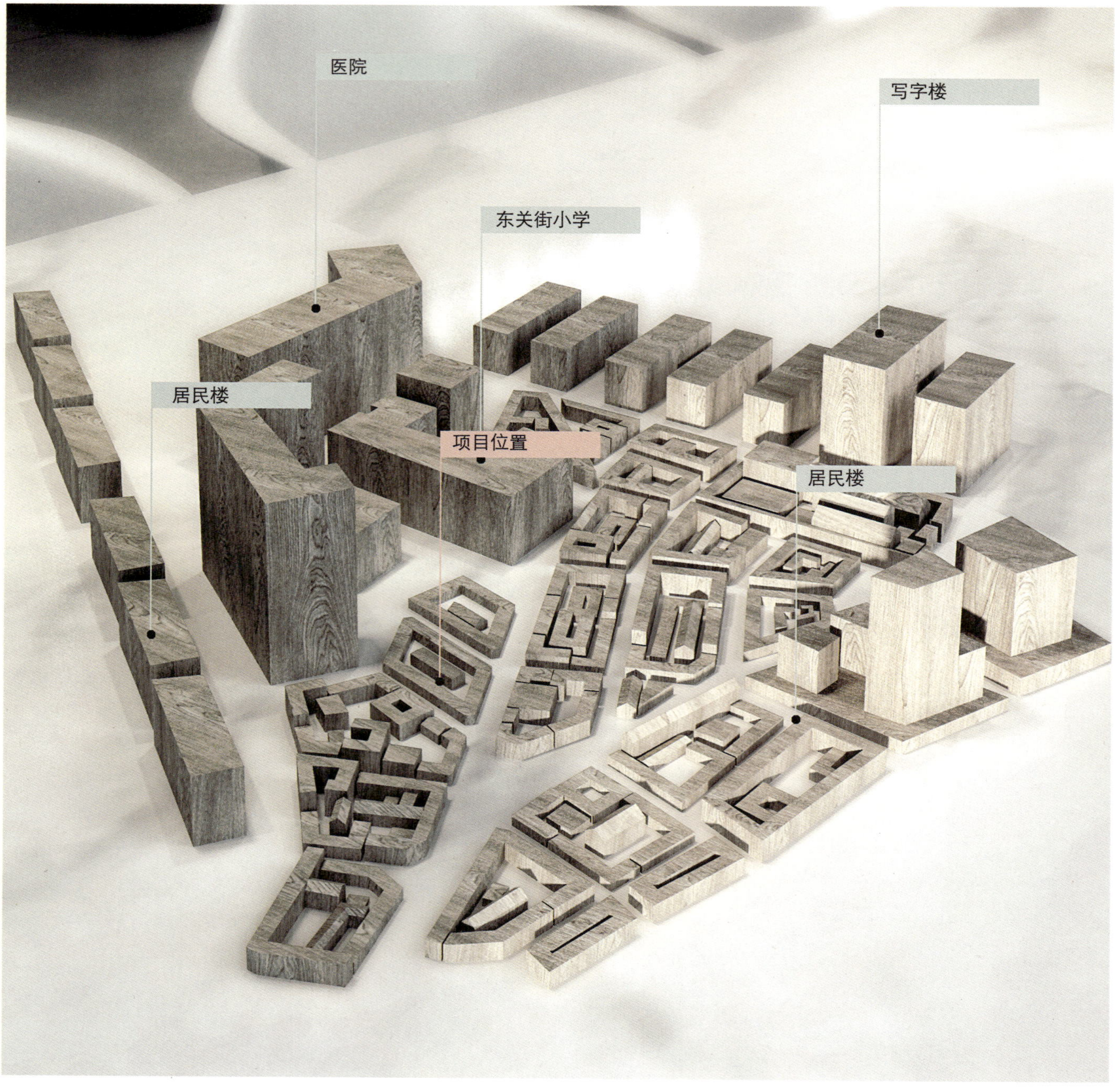

医院　东关街小学　写字楼

居民楼　项目位置　居民楼

概念生成图

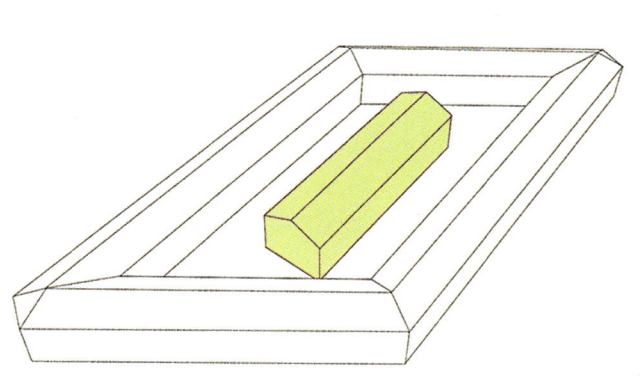

由于这次改造是将其改造成为博物馆,博物馆的展厅、中庭等都需要大空间,砖混结构无法达到这样的跨度。

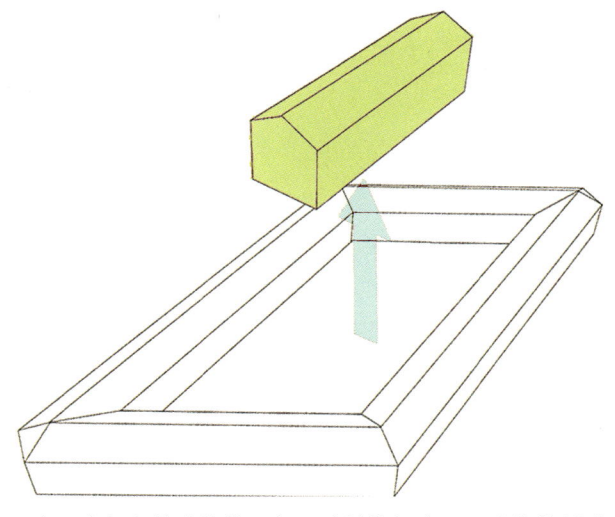

由于中部主体建筑物不与周边结构相连,因此将其拆除。

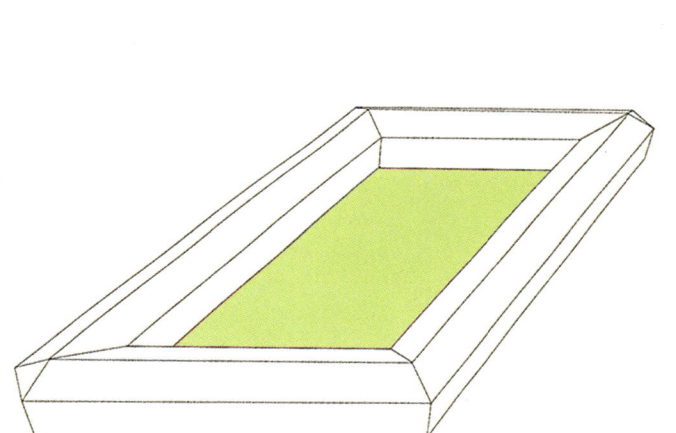

从而得到了大空间,来满足博物馆对大空间的需要。

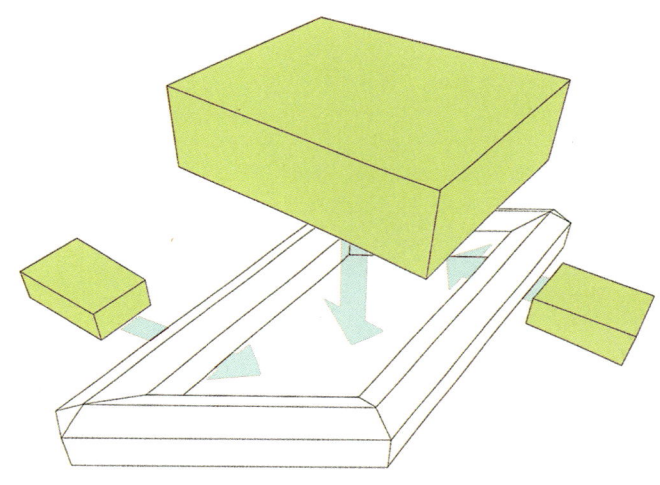

注入三个大空间,分别是博物馆的中庭、临时展厅和报告厅,满足博物馆的功能需要。

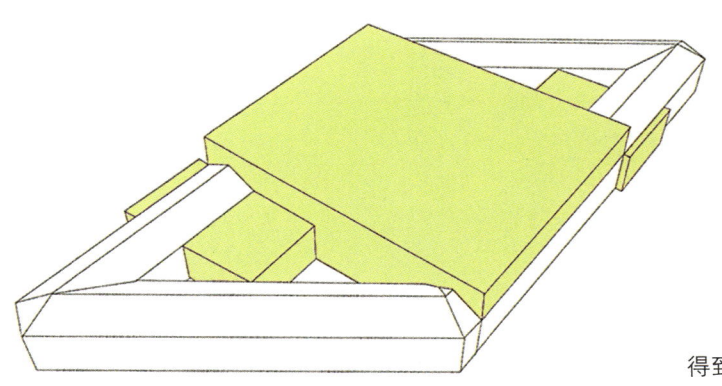

得到了最后的建筑形态。满足了该建筑新的博物馆的功能属性。

三层空间为临时展厅，主要布置整个博物馆的流动展。

建筑原有屋顶为木桁架架构，因此二楼可以做大空间改造，然而并没有将全部的墙体进行拆除，而是保留部分墙体，在新的空间里起到展板作用，来延续空间的记忆。

由于建筑结构为砖混结构，一楼墙体基本都是承重墙，不适合大空间改造。所以一楼大面积保留原有墙体，用作博物馆办公，馆藏和博物馆附属商业等功能空间。

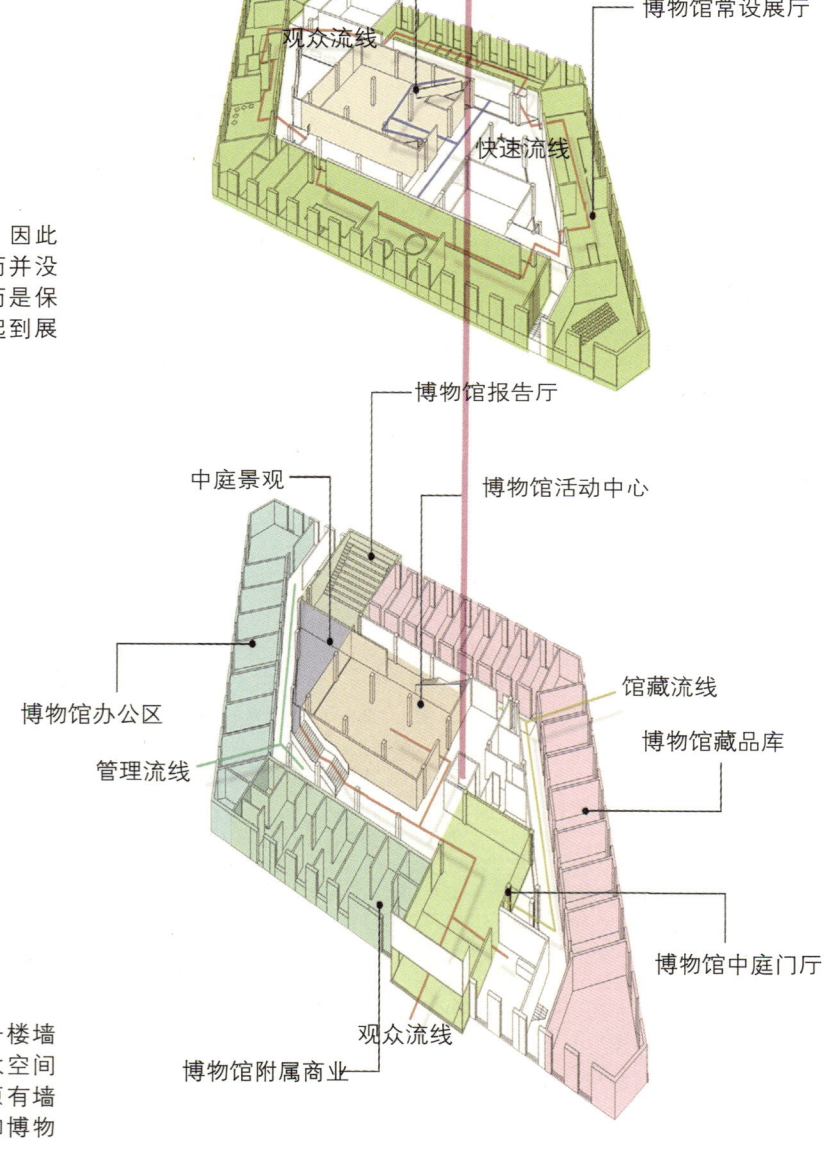

展厅效果图 1

展厅效果图 2

序厅效果图

展厅效果图 3

展厅效果图 4

展厅效果图 5

规划展厅效果图

展厅效果图 6

城市是历史文化的载体，城市中遗留的历史建筑都是城市历史文化发展阶段的映射。人们对旧建筑的关心已经从少量的历史文物建筑延伸到大量的一般旧建筑。

历史遗留建筑显然成为了历史文化的表现，充分反映着历史发展与时代变迁的特征。

因此近现代遗留建筑作为一段历史的建筑需要使其延续与再生。

钢城印象·主题文化博物馆设计
Steel City Impression · Theme Culture Museum Design

学　　生：柴悦迪
学　　号：1169144120
学　　校：内蒙古科技大学

基地概况

　　基地位于内蒙古自治区包头市昆都仑区中心区西侧，西临白云鄂博路，北靠少先路。地处"钢82"街坊与包钢同龄的老居民区的西北角。

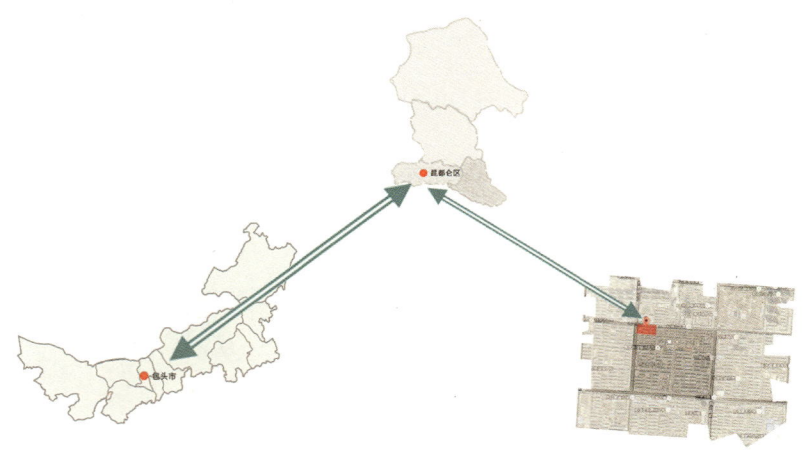

　　包头市是内蒙古自治区第一大城市，又叫草原钢城。它是一座典型的移民城市。老包头主要分布在东河区，新城区主要分布在昆都仑区和青山区。
　　昆都仑区是包头市的中心城区和自治区最大的企业包钢（集团）公司所在区。它是以钢铁、稀土、冶金、化工工业为主的新兴工业城区。因此，20世纪50年代，国家兴建第二个钢厂选址在这里。从火红的年代发展到如今，依然是包头主要的经济支撑点。

周边环境分析

1. 基地周围学校和居民区居多，受众人群一部分为学校学生，一部分为当地居民，还有一部分为商业用户。
2. 周边酒店多为经济快捷连锁型酒店，也有传统型宾馆。但都缺乏主题设计，更不具备综合体验功能。
3. 周边的商业空间很多很丰富，保证了人们的物质需求，但精神文化需求方面相对缺乏。
4. 建筑主体和包钢的老居民区同龄，具有历史感。

周边交通分析

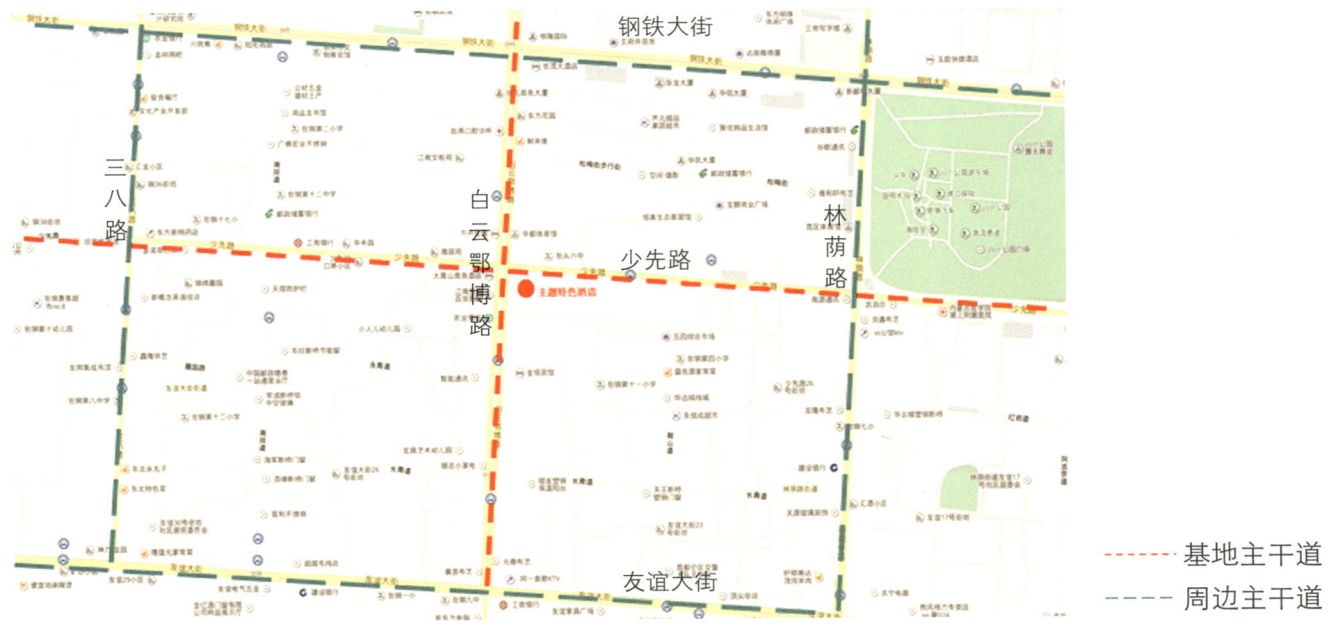

基地位于繁华地段，人口密集。而便利的交通路网使博物馆的到访游客得到了很好的集散，同时西部紧邻白云路公交运输路线，使游客的旅途更加方便快捷。

项目背景

世界发达国家主要城市均有代表其地方城市特色的主题文化博物馆。而在我国，很多城市均没有代表性的主题文化博物馆。从这个角度来讲，需要相关部门与设计师配合为我们的城市设计出具有代表性的主题文化博物馆，传播历史文化，提供给广大市民更多的业余文化活动场所。

博物馆大都是当地政府投资建设。而此次选址的基地由酒店运营，因此博物馆由当地政府与酒店运营商共同投资建设，其中1~4层作为博物馆的使用空间，5~8层为酒店运营空间。并且希望与酒店形成互动，互相促进运营。

设计方案要求

本设计属于博物馆主题性特色酒店类空间设计范畴，在满足建筑外观形象及内部功能等方面的基本要求外，还应体现酒店及与之相关配套博物馆的经营内容与形式特点。要着重考虑整个运营体系的主题概念与内部功能空间划分、流线设置以及相关配套设施的规范性和完整性。解决好相关主题文化的艺术定位和对地域文化重新认识的问题，以此来确立设计方向，凝练设计理念。

项目目的和意义

在酒店的基础上建立一个博物馆，无论从城市文化，还是工业性角度看，两者的结合能很好地打造该城市的名片。博物馆与酒店配套功能有很多共通之处，可以相互渗透。两者的相互交叉、体验、促进，更能体现钢城印象。

目前，包头缺少这种类型的酒店，因此具有很强的市场竞争力。

本次设计范围

1~4层的博物馆空间，约4000m²。

项目现状分析

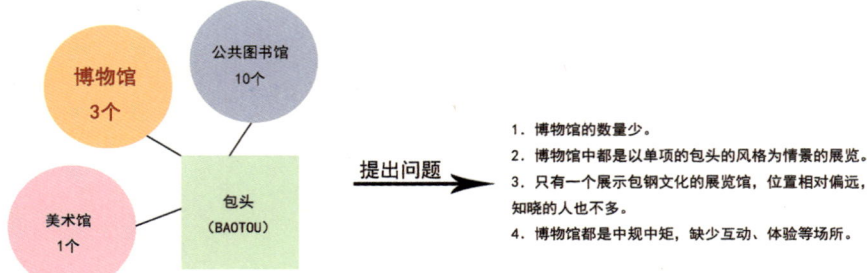

方案解决

项目定位

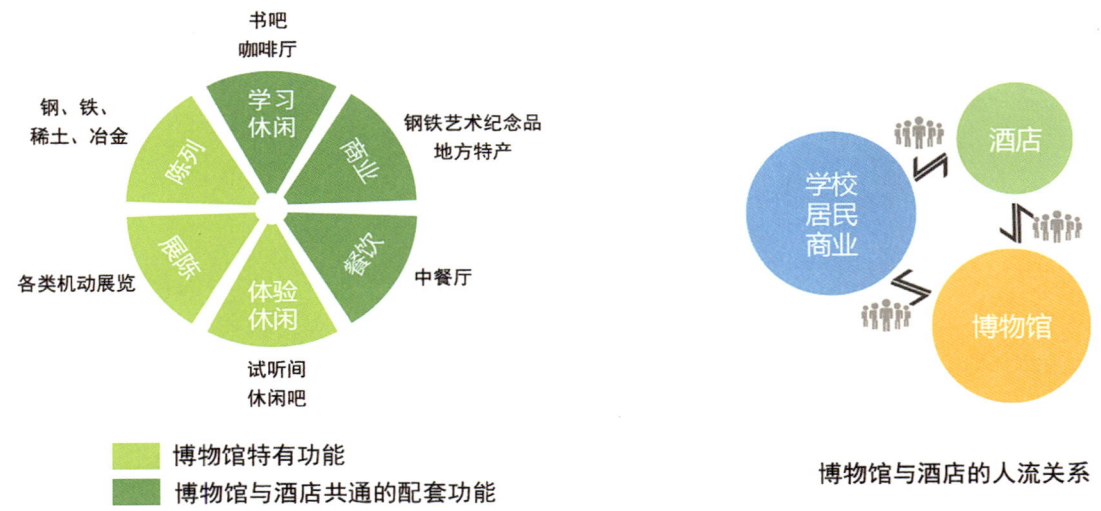

博物馆与酒店的人流关系

1. 根据任务书要求，平面图的功能规划主要根据酒店与博物馆使用的便利性来划分。
2. 如图所示，博物馆与酒店的人流来源于学校学生、周边居民、商业用户等。而住店的旅客在闲暇之余也可以参观博物馆来达到精神文化的提升。三者的人流路线都是可以相互交融的。

元素提取

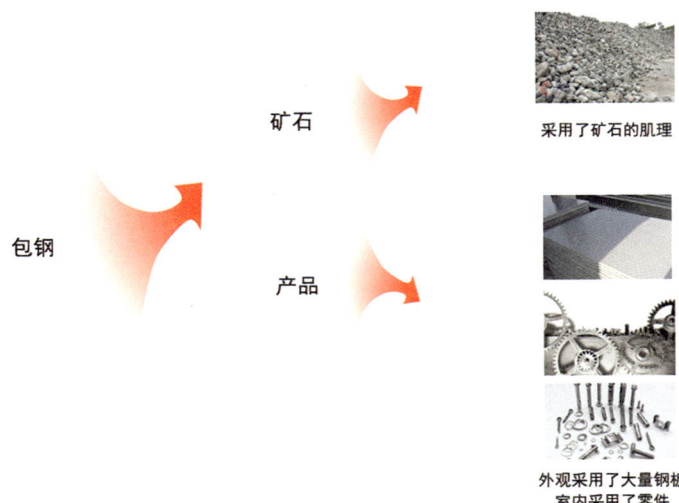

从地域文化特点提取出"包钢"，从包钢中提取出最具有代表性的"矿场"以及"钢铁产品"。

在设计的过程中，针对1~4层的博物馆建筑外观进行改造，使用了大量的钢板进行装饰。而在室内的设计采用了一些矿石的肌理及一些机械配件作为装饰元素。

空间功能分析

陈列区是固定展区,有固定展览时间,因此规划在二层。设有针对其配套的视听间和休闲吧。

展陈区是机动展厅,没有固定的展览时间,因此规划在三层,设有库房以及配合机动展厅的多功能会议厅和休闲吧。

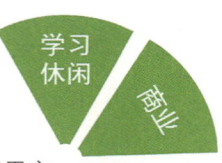

书吧和商业空间作为博物馆的缓冲空间,同时方便酒店旅客和周边居民同时使用方便性,因此规划在一层。

餐饮空间既要方便于酒店,又要方便与博物馆,因此规划在四层。

陈列区脚本分析

铸造历程   序厅——缓冲空间

炉外精炼   视频馆——炼钢技术

钢史第一   历史馆——地理位置、发展历程

热轧薄板   技术馆——薄板杯铸连轧技术

矿山开采   体验馆——讲述如何开采矿石

杰出作品   模型馆——艺术品展

高炉炼铁   视频馆——如何炼铁、炼铁技术发展

其他生产线   知识馆——稀土科研、化工、电厂

展陈区脚本分析

序厅	1954 兴建钢厂	60、70	80、90 大建设、大发展	2010	2014 科技进步
包钢岁月摄影展		钢花飞溅的岁月		创历史之最	

建筑立面图、剖面图

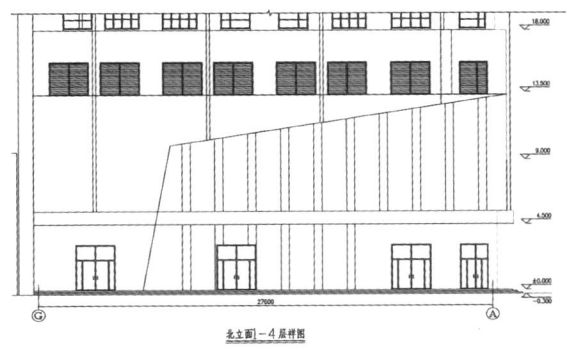

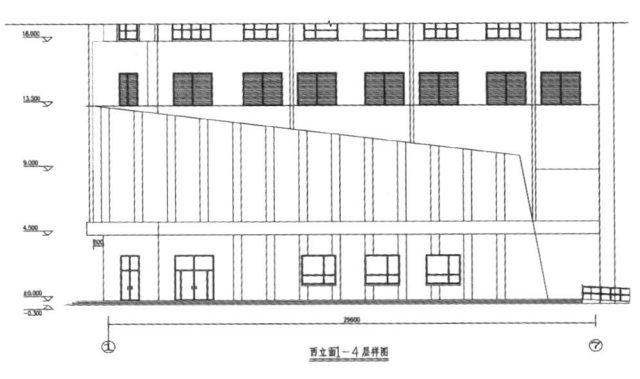

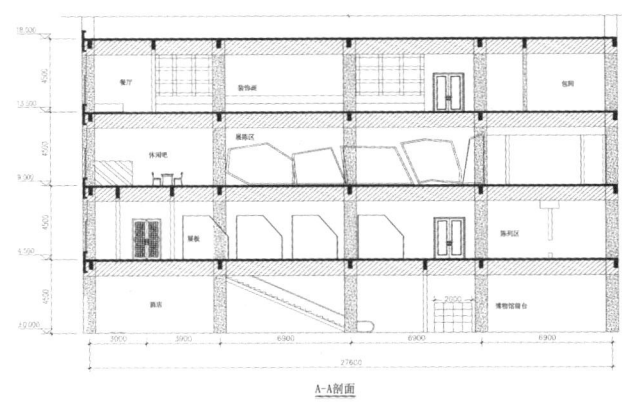

垂直空间

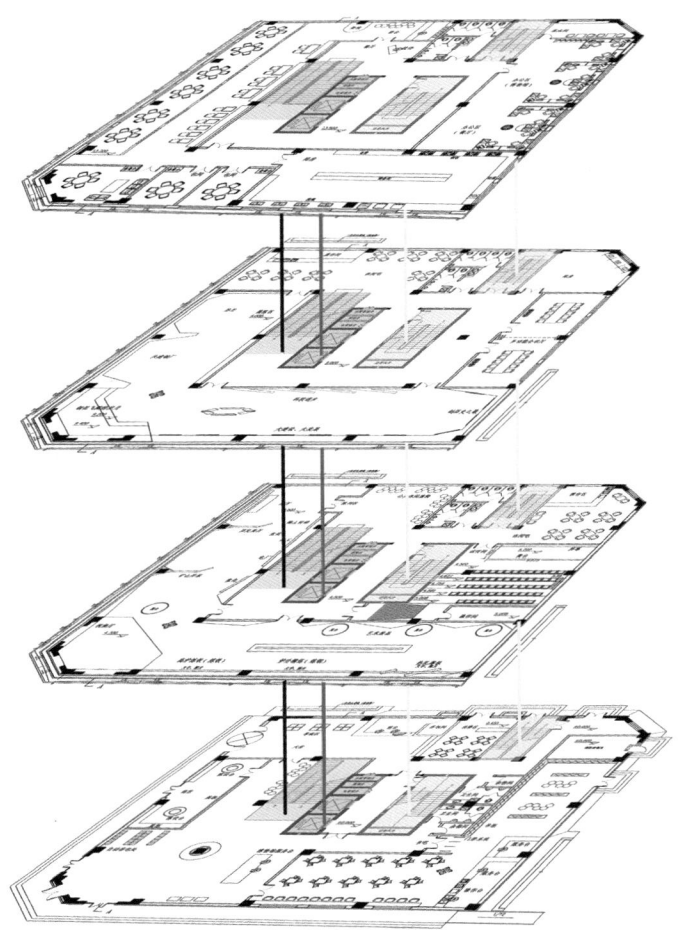

垂直交通分为扶梯、厢式电梯、消防梯三种形式。扶梯主要服务于博物馆参观者使用,由于酒店与博物馆共用厢式电梯,为安全以及防止闲杂人员到达客房,使用磁卡来控制楼层。

—— 消防楼梯
—— 厢式电梯
—— 扶梯

平面分析

一层功能分区、流线分析

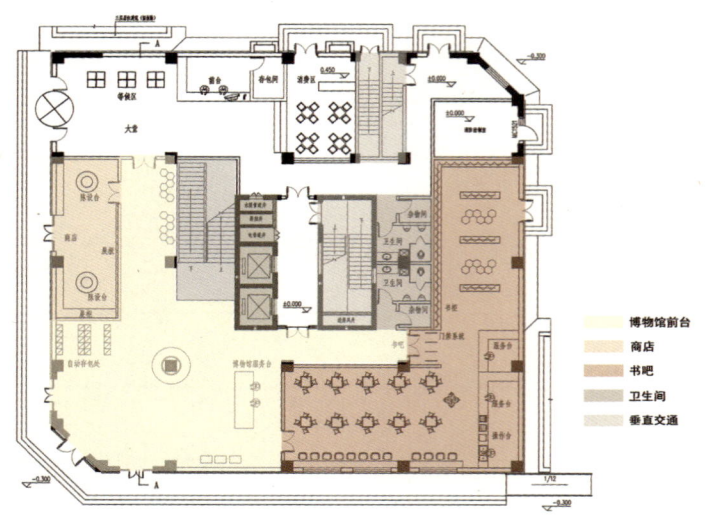
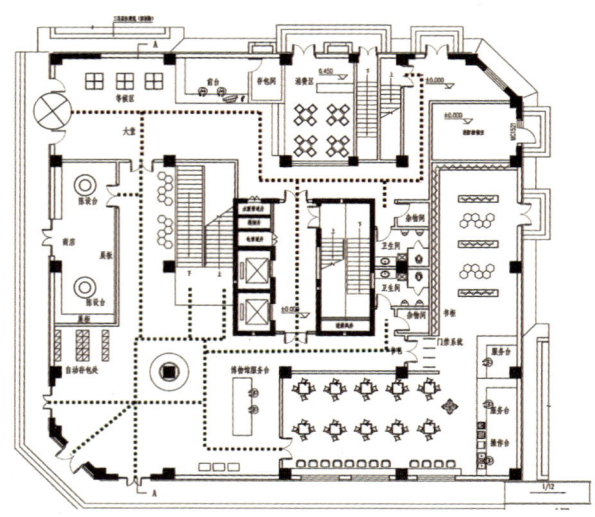

二层功能分区、流线分析

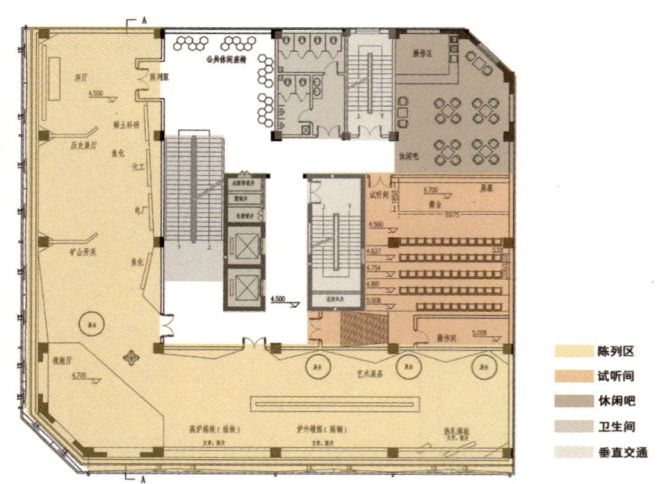
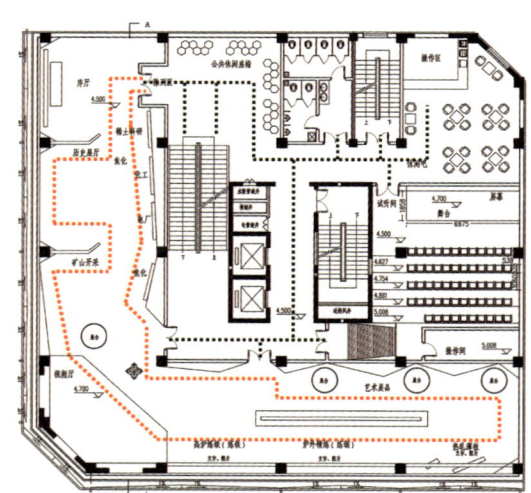

三层功能分区、流线分析

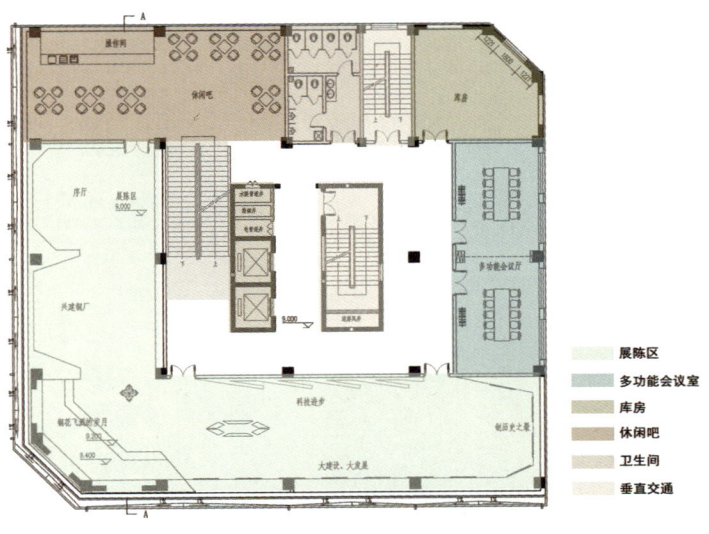 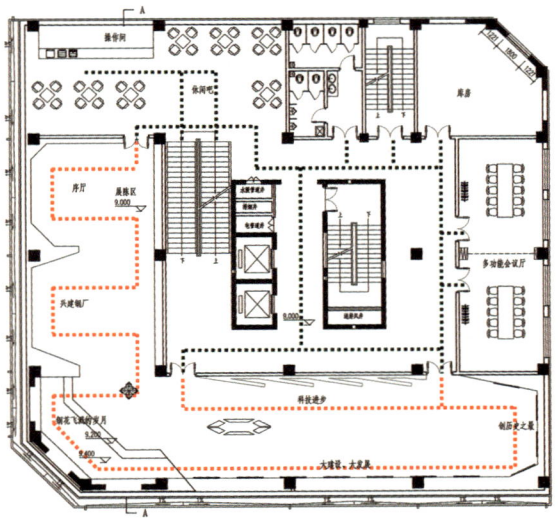

四层功能分区、流线分析

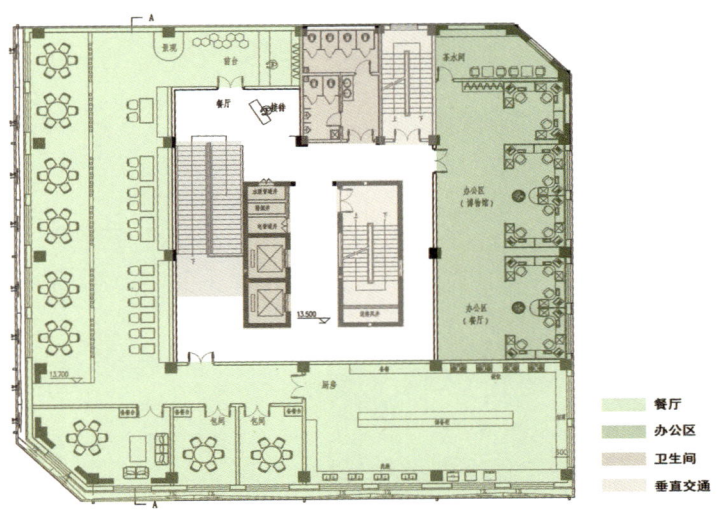 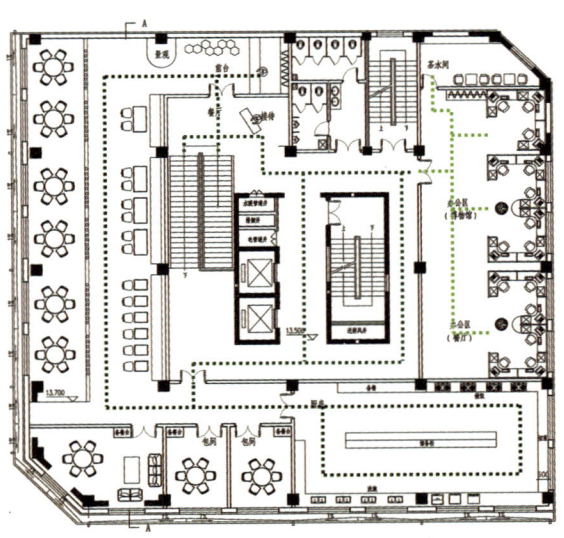

一层博物馆前台

博物馆前台是由服务台、自动存包处、扶梯组成。为了美化门口的柱子，对其进行外装，做成一个围合的休闲座椅。

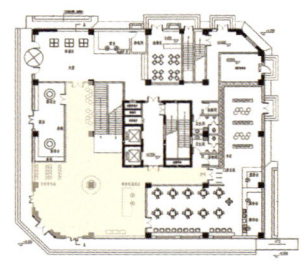

一层书吧

书吧是由咖啡厅和书店组成。书店大多为包钢工业的藏书，而咖啡厅可供阅览者提供阅读空间。

在书吧的设计上，墙面使用了室外的红砖墙来体现工业感。顶部使用裸露的管道。咖啡厅使用金属材质的家具，而书店的书架加以绿色植物相搭配，更加贴近自然。

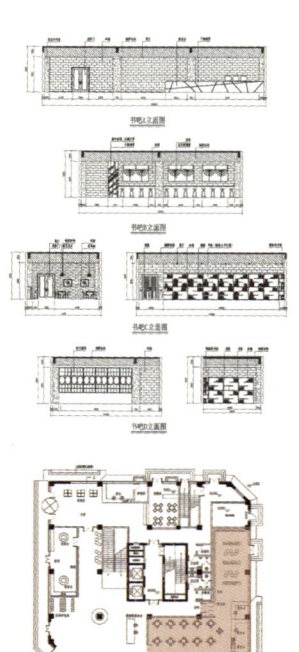

二层陈列区

陈列区主要是针对包钢文化进行展示，在时而开阔，时而围合的空间序列里穿行，以更贴近、更清晰的视角体会空间的象征意义。讲述一段值得体会的"铸梦"过程。

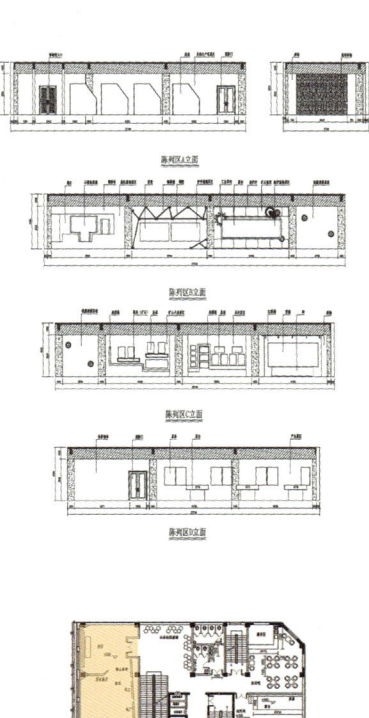

二层陈列区

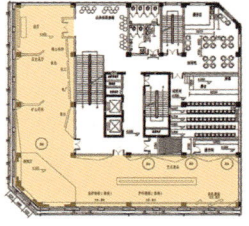

二层休闲吧

休闲吧可供参观游览者短暂的休息，同时还可以为博物馆带来盈利。

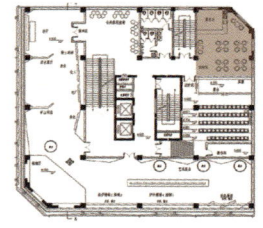

二层视听间

视听间是博物馆配套的体验区域，通过声光电等高科技手段给参观者更丰富的展示体验。

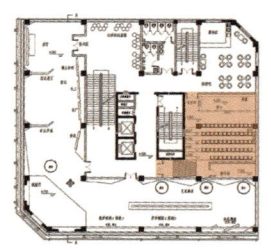

三层展陈区

展陈区是机动展厅，根据实际运营情况会有不同的形式和体裁。本次根据包钢为元素，模拟了一个包钢摄影展，以时间为轴线串联各个空间，而每个空间都讲述着不同阶段的岁月记忆。

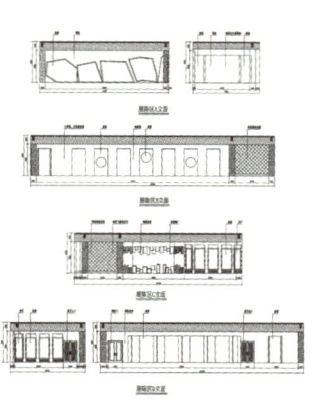

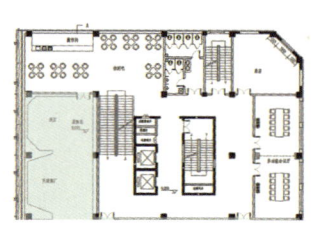

四层办公区

办公区作为博物馆工作人员以及餐厅工作人员使用的空间。在设计中顶部使用裸露的钢管，墙面使用不锈钢材质，并配以现代的办公家具，充满了现代工业的气息。

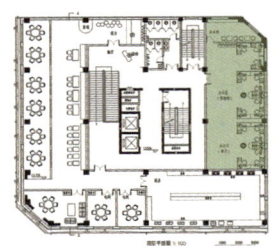

四层餐厅

餐厅的设计为配合整体空间的意义，以钢铁为主题进行设计。在设计中顶面以钢板吊顶，墙面使用白砖墙，两者结合更突显其工业气息。四人桌与六人桌通过刷白漆的钢管进行分隔，显得既闭合又通透。

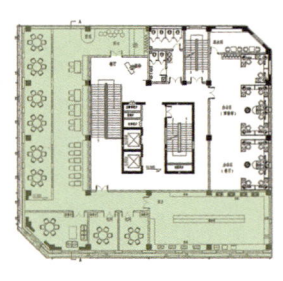

天津市近代历史博物馆建筑及景观设计
Tianjin Modern History Museum Architectural Design and Landscape Design

学　　生：曾浩恒
学　　号：08711133
学　　校：吉林建筑大学

基地概况

项目地块位于天津市西开街区，该街区为天津市重点规划区域。它位于天津市核心商圈——滨江道商业区南端。基地中坐落着租界时期建立的天主教西开教堂、西开总堂。昔日旧景早已退去，新的繁华已然出现。为了打造一张天津市的名片，政府决定对其重整规划。借此机遇，我们开始了本次项目的规划设计——近现代历史博物馆及其周边景观规划设计。

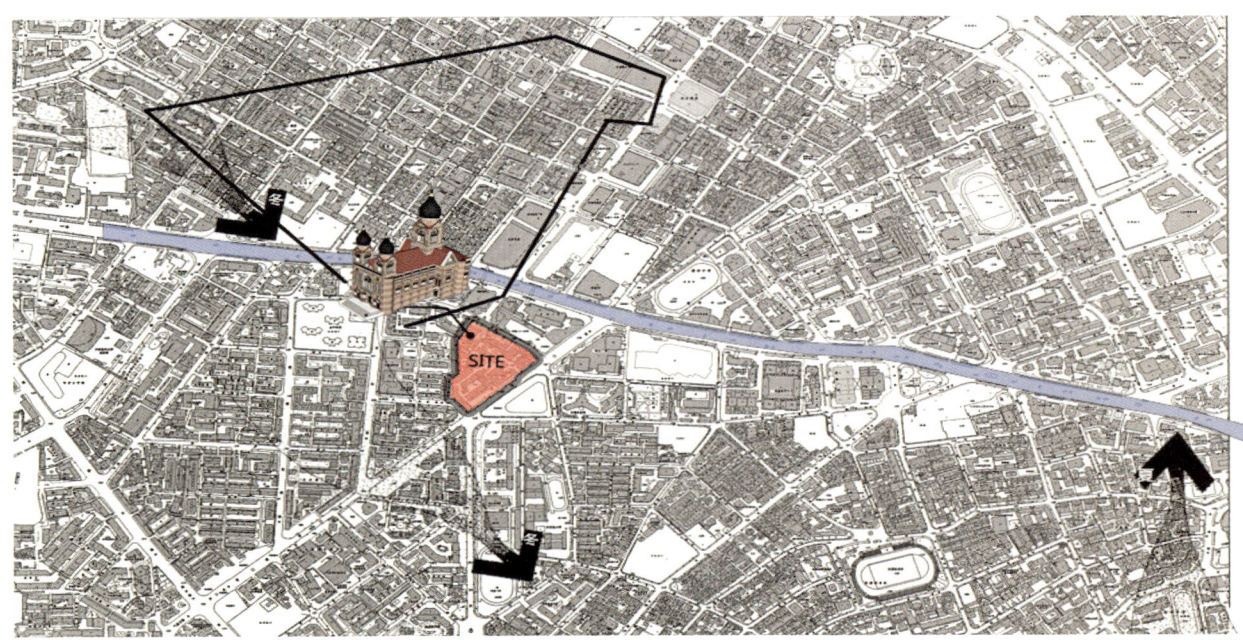

基地调研

◆场地现状

潜在使用者分析

西宁道商铺（便捷型西餐厅）刘女士：
1.住在附近约两个街区的地方。2.附近就是商业区，没有什么广场，好像没有什么户外活动场所。3.没有去过教堂。

附近居民 祁女士：
1.住在旁边的花园小区。2.小区里面有个小块地方可以进行户外活动，平时没事就在街上溜达溜达就算活动了。3.经常路过西开教堂，但因为不信仰所以从来没有进去里面看过。4.很喜欢独山路和花鸟鱼虫市场，有丰富便宜的东西，有趣就会买点回去。5.觉得基地现在这样围着不好，开放成为广场，那样买东西的会更方便。

天津一中初二学生 王同学：
1.住在附近的清华园，常来独山路和宝鸡东道这里的小店买吃的。2.这片没什么好玩的，好玩的就是滨江道、号外商场，常去KFC里写作业。3.从来没有进过教堂玩，同学有信仰的就常去。4.觉得基地变成开放空间会更好。

西开教堂天主教信徒 关女士、陈女士、严女士：
1.住在较远的地方。2.大约一周来4～5次教堂。3.不清楚周围的活动空间，但希望周边能有为教堂服务的开放空间，凸显教堂的地位。

天津游客 冯先生、李女士：
1.住在西城区。2.从小就知道西开教堂，但从来没去过。3.不太清楚附近的活动的地方。

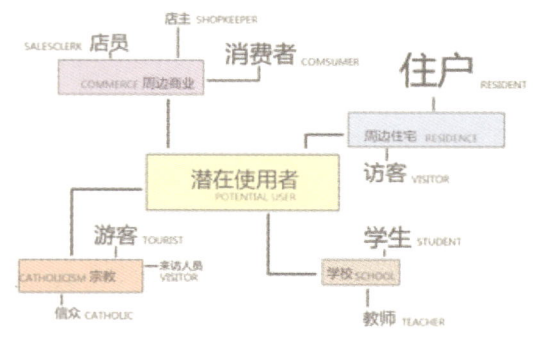

西开教堂住堂神父，张良先生：
1.不要和我谈，我没有什么想法，有什么想法也没有用，但每天都在教堂。2.西北侧建一栋教堂办公室。3.当然希望能够有大片的场地，凸显教堂的地位和氛围。

外地游客，杜先生：
1.来自云南。2.从五大道玩完过来，觉得教堂周围好像没有什么其他的景点。3.西开教堂很有名，来天津肯定要来看的，但周围有点太破了。

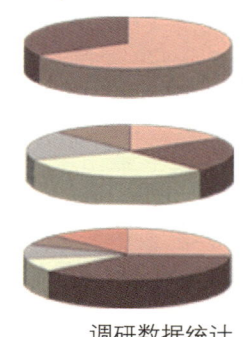

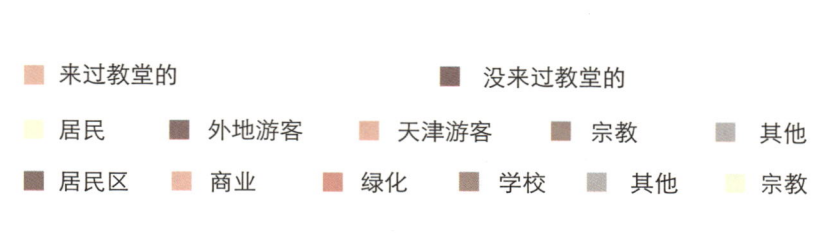

■ 来过教堂的　　　　　　　　■ 没来过教堂的
■ 居民　■ 外地游客　■ 天津游客　■ 宗教　■ 其他
■ 居民区　■ 商业　■ 绿化　■ 学校　■ 其他　■ 宗教

调研数据统计

设计理念

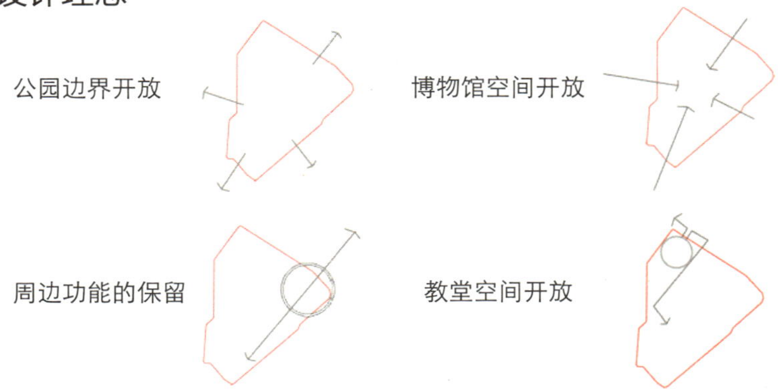
公园边界开放
博物馆空间开放
周边功能的保留
教堂空间开放

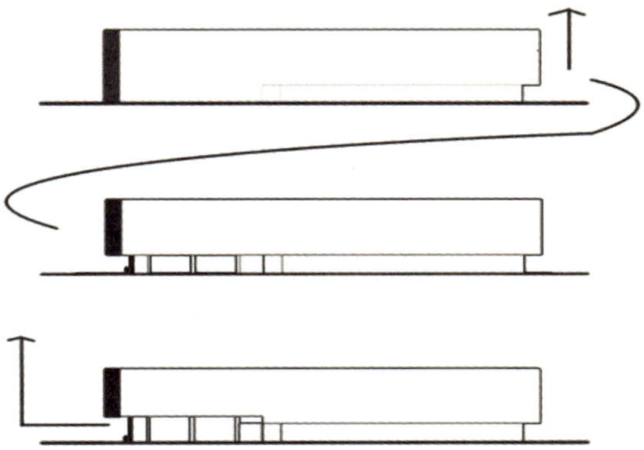

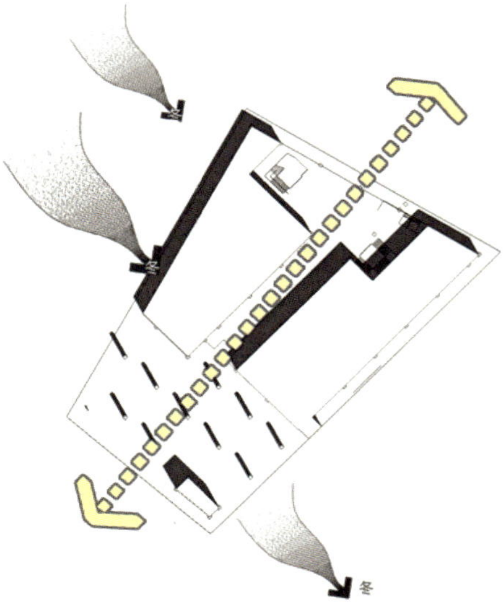
冬

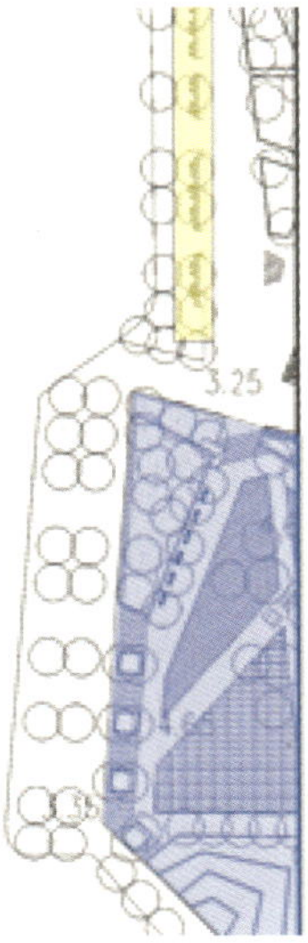

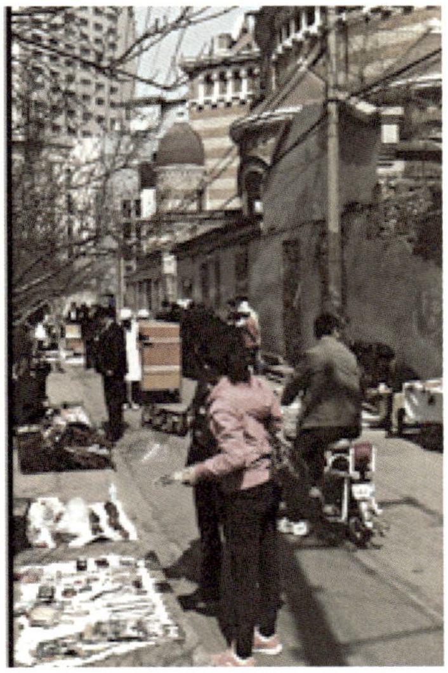

气候特点

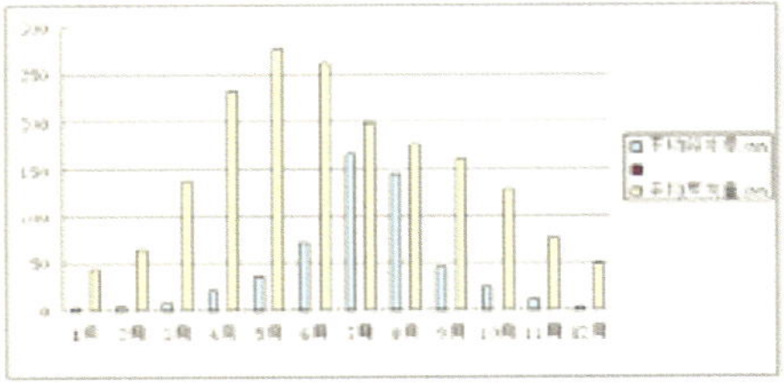

月均降雨量与蒸发量图表

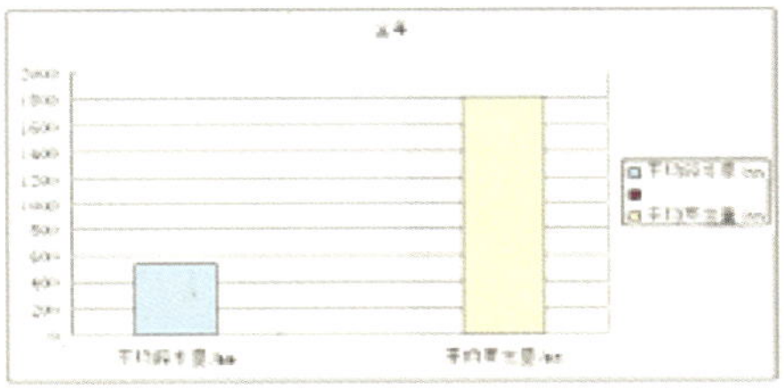

年均降水量与蒸发量图表

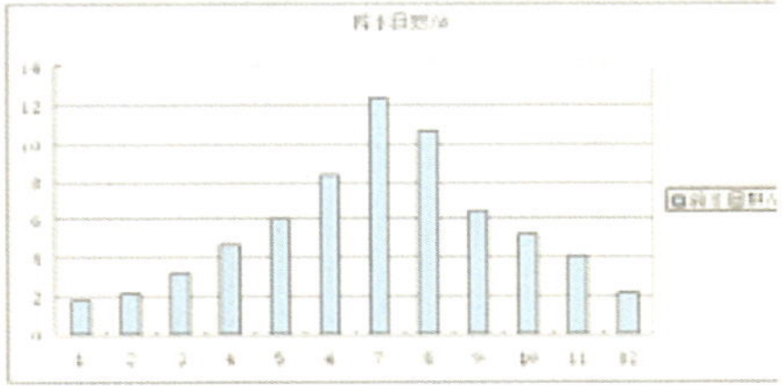

降水日数图表

降水量

蒸发量

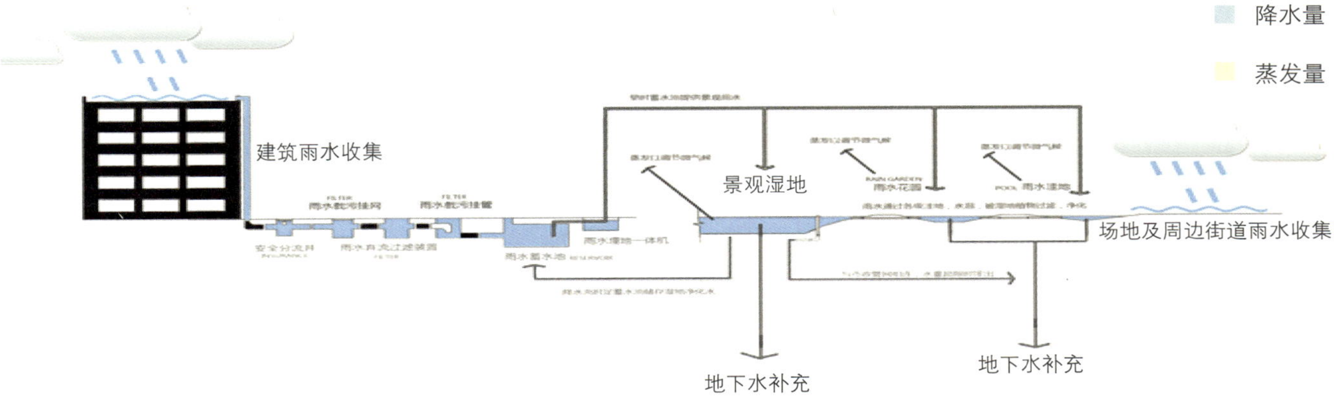
建筑雨水收集
景观湿地
场地及周边街道雨水收集
地下水补充
地下水补充

海绵城市微观模型

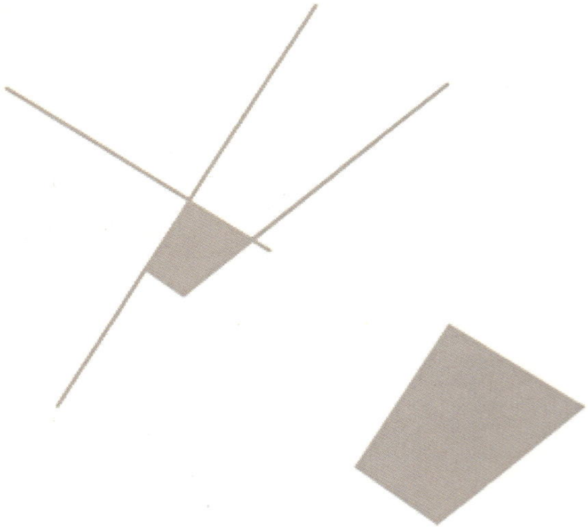

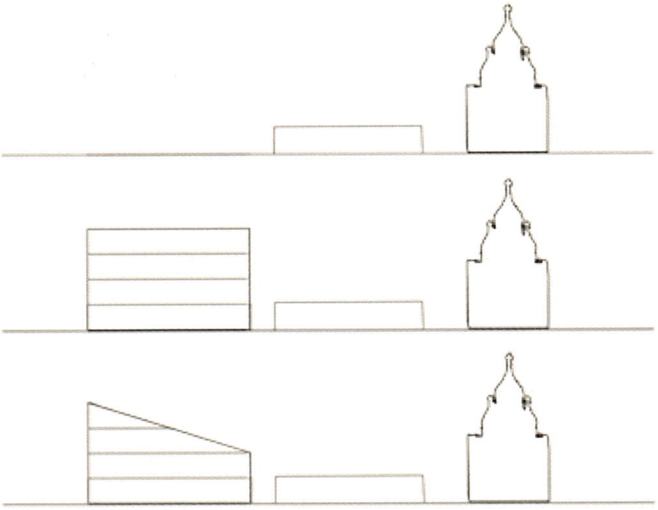

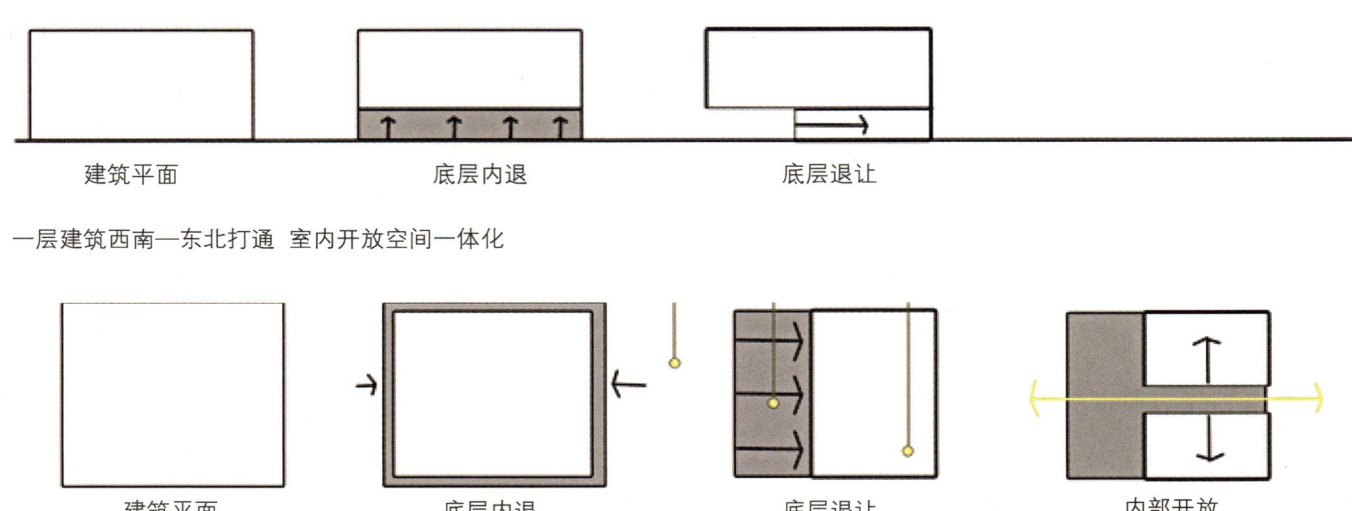

建筑的开放性

博物馆建筑应具其特有的气质——大气稳重，但在实际使用上是否能够更加亲近民众，而非像其外表一样冰冷，在关闭时间就不能再让人靠近？带着这个问题，我进行了探索，最后决定从建筑的一层入手。建筑的一层是博物馆使用人群和非使用人群（如路人）都会接触的建筑界面。1.形体上，将建筑一层的外墙内收1.7m，形成含蓄而友好建筑表情。2.交通上，打通西南至东北的建筑内路，对整个城市开放营造出"街"的氛围。3.功能上，将博物馆对外行使教育、传播、临时展览等功能集中于一层，如教室、多功能报告厅、咖啡厅、博物馆文创区、临时展览区等。这些使用功能在博物馆关闭以后还可以继续对外开放。甚至如教室，多功能报告厅还可以向社会出租以获取一定的资金供给博物馆运营。

| 建筑平面 | 底层内退 | 底层退让 |

一层建筑西南—东北打通 室内开放空间一体化

| 建筑平面 | 底层内退 | 底层退让 | 内部开放 |

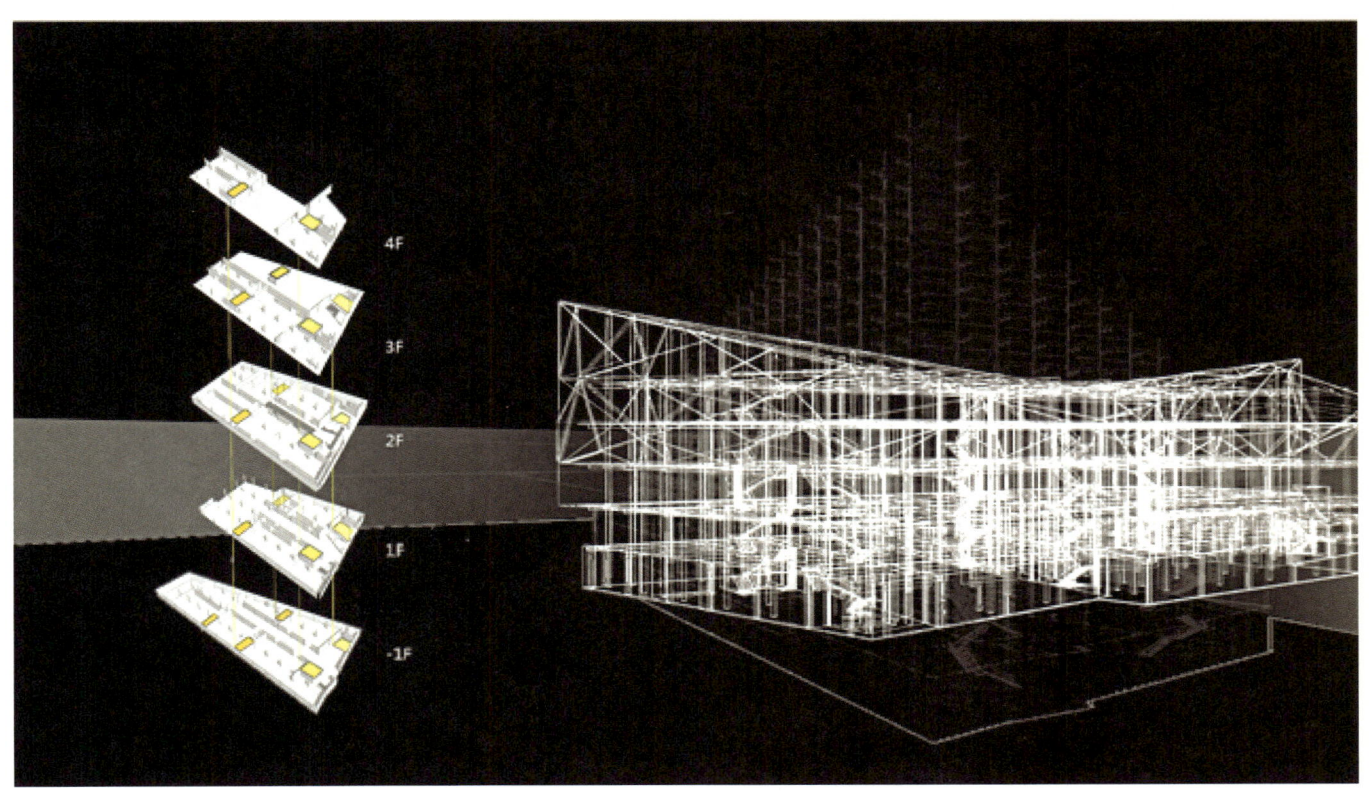

建筑剖面

建筑室内空间注重"流动"和"穿透",建筑的背部有一连通整座建筑的中庭,中庭的东西有两部三跑楼梯,一部为封闭式疏散楼梯,一部为开敞式景观楼梯。一阴一阳印刻左右。建筑一层以上的展览空间均为基本陈列室,这些陈列室都是隔而不断的流动空间。而除了建筑中庭可以连通建筑上下以外,建筑外墙上的多边形窗洞也是建筑室内外视线穿透的良好通道。

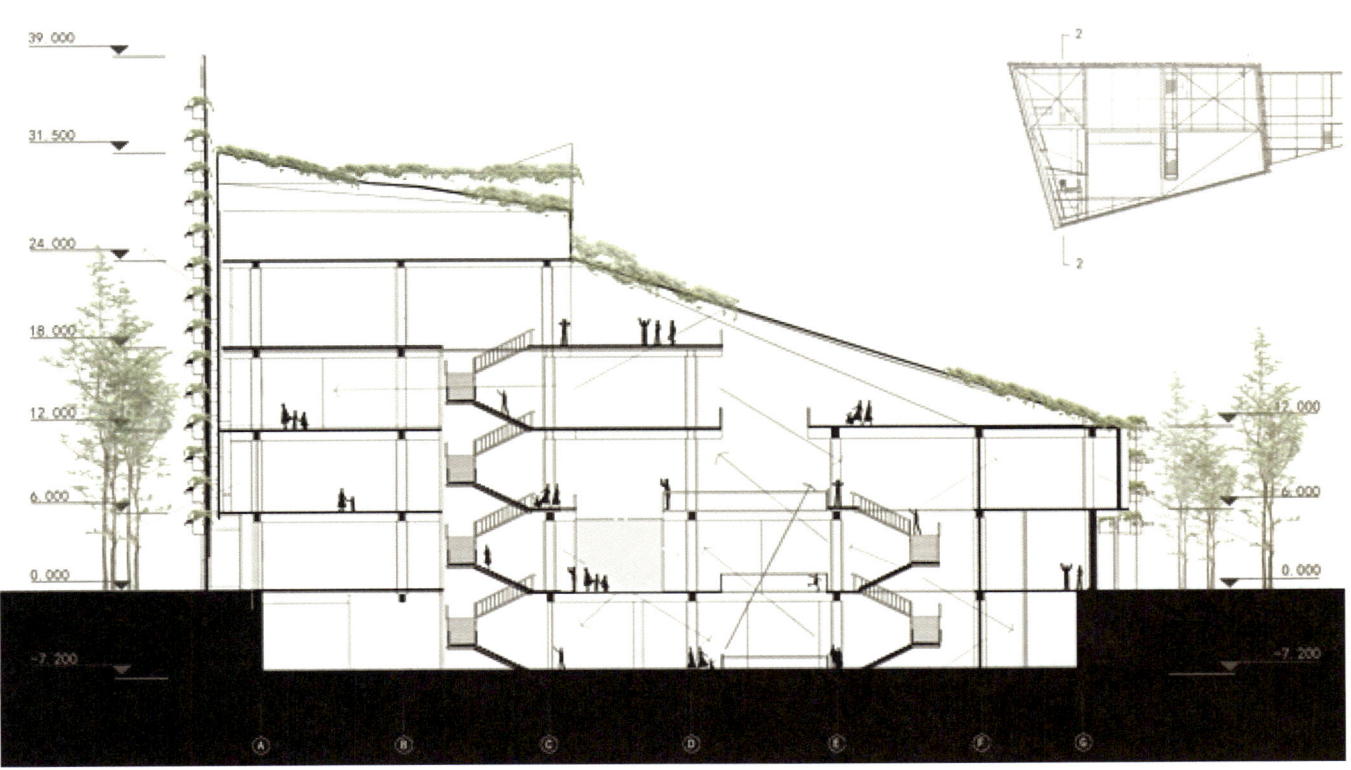

建筑平面图

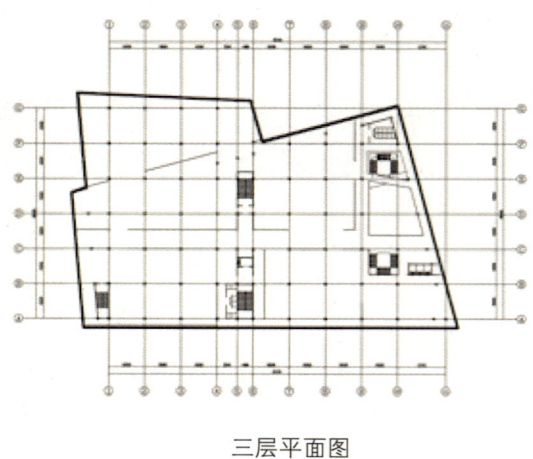

三层平面图

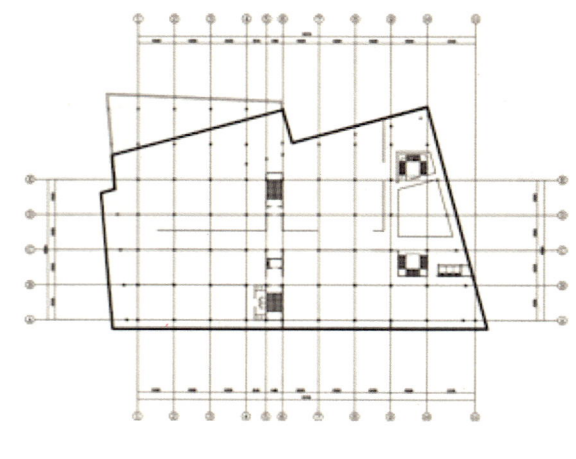

四层平面图

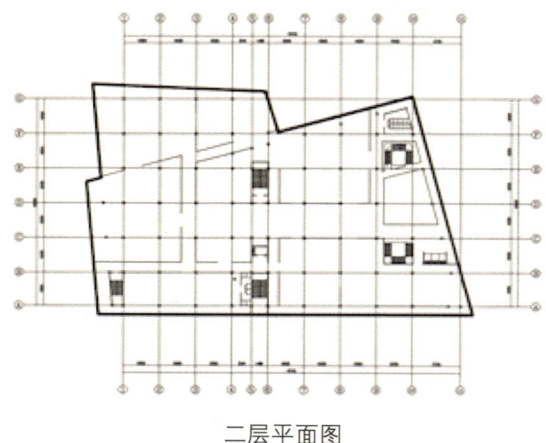

二层平面图

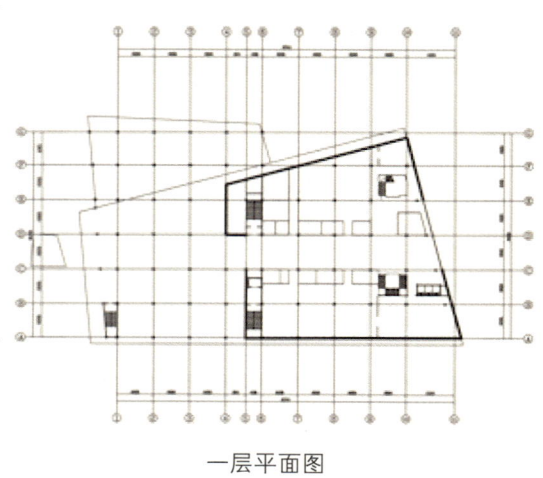

一层平面图

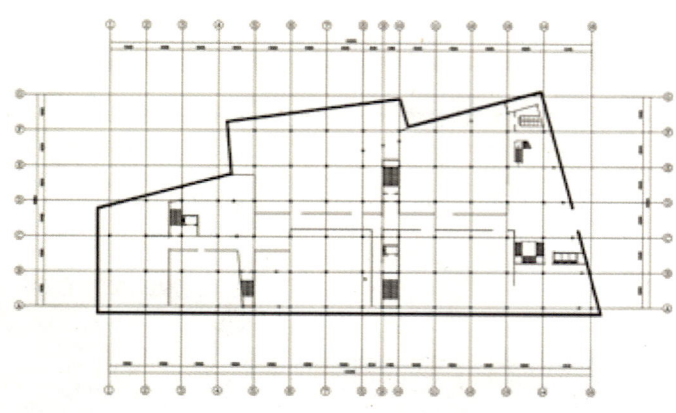

地下一层平面图

建筑功能分区图

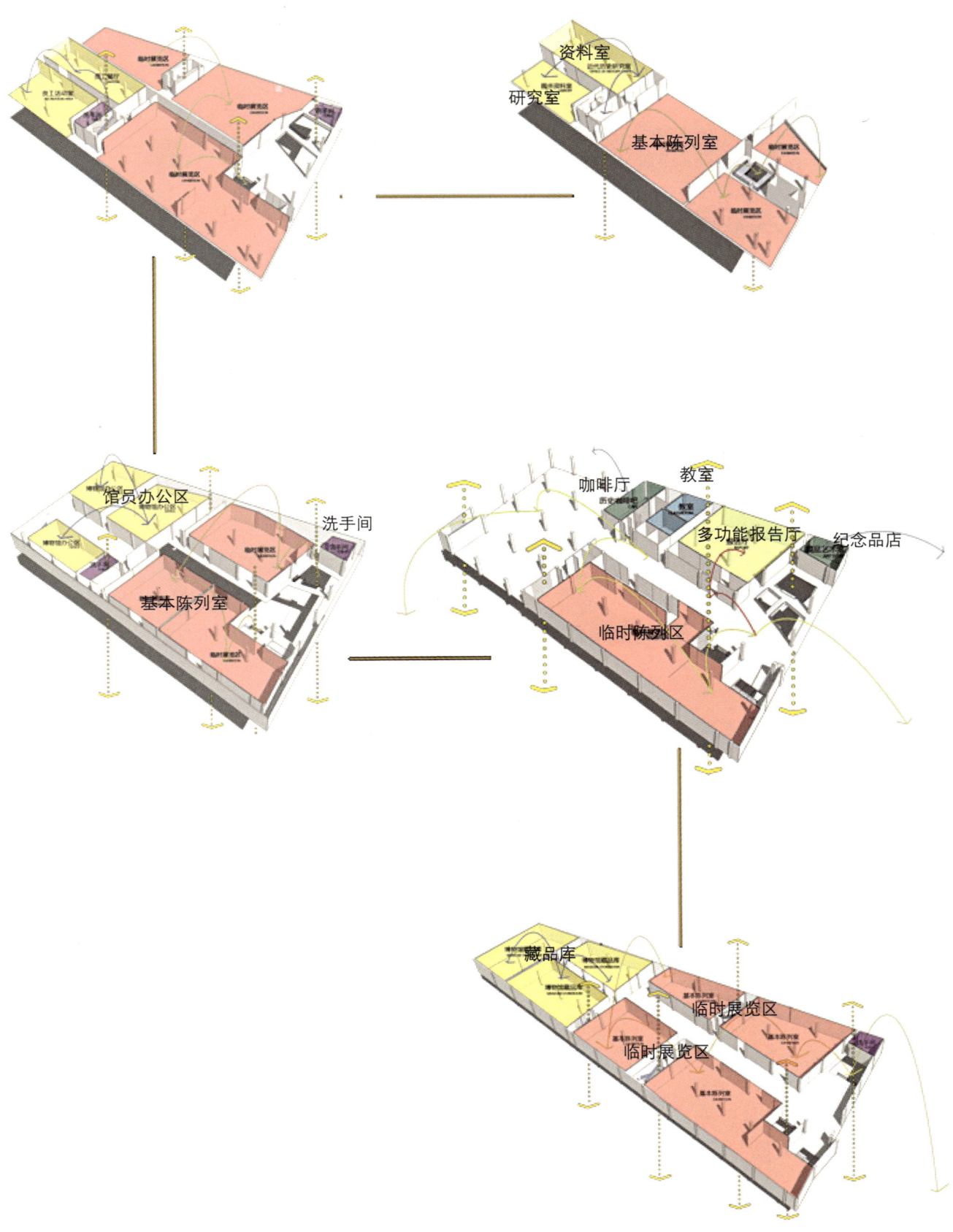

233

建筑形体模型

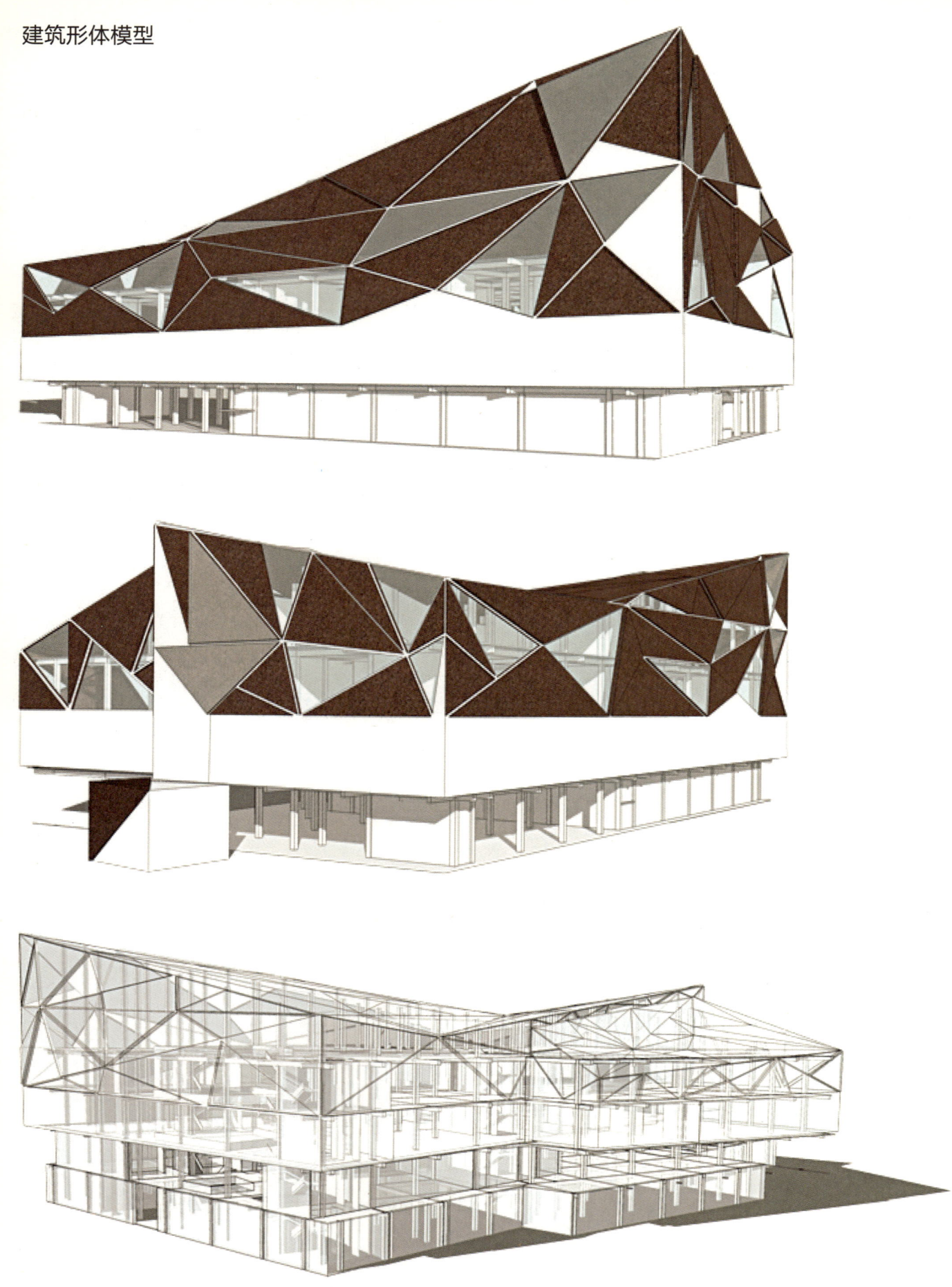

建筑结构模型

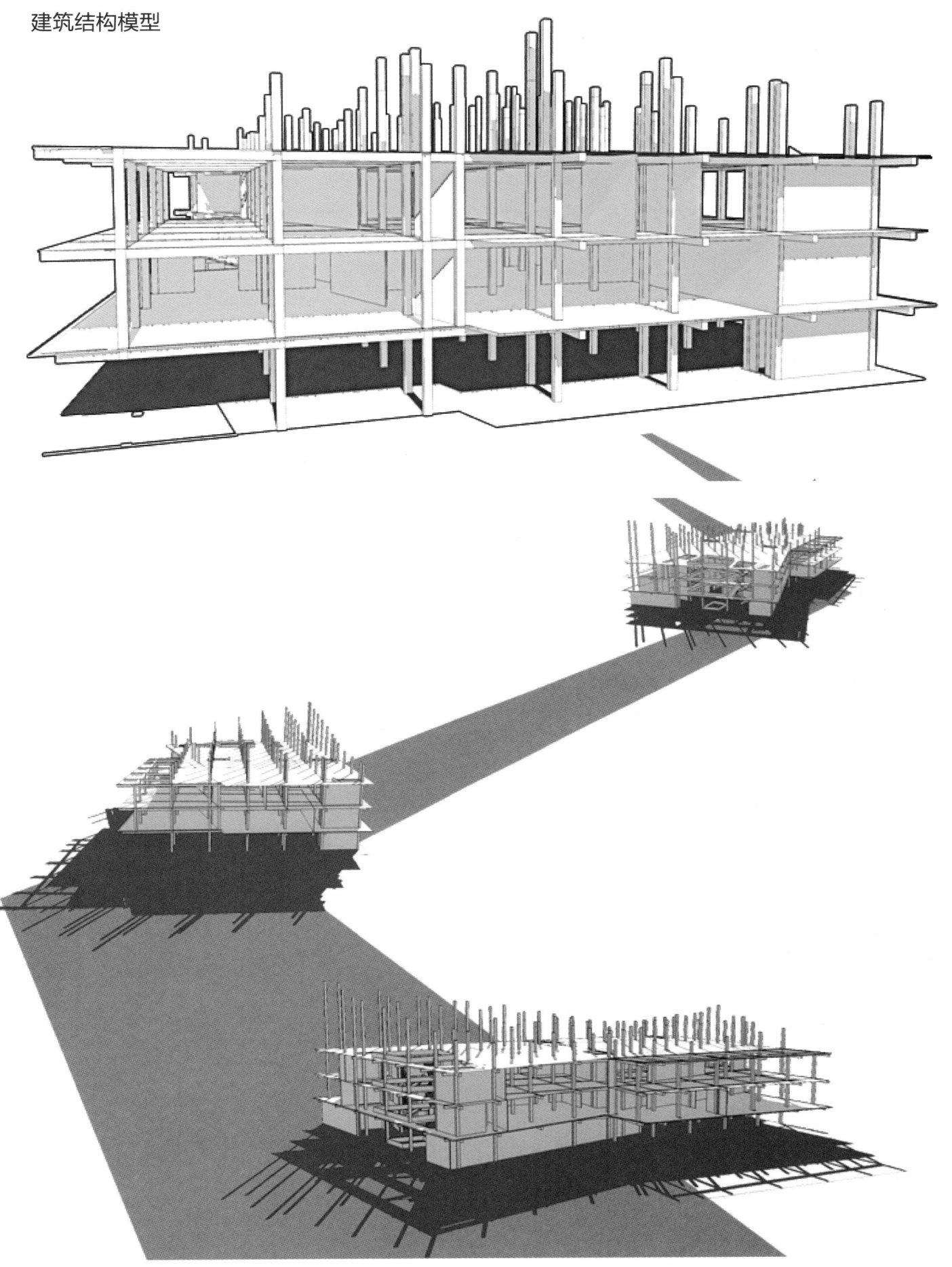

景观规划设计

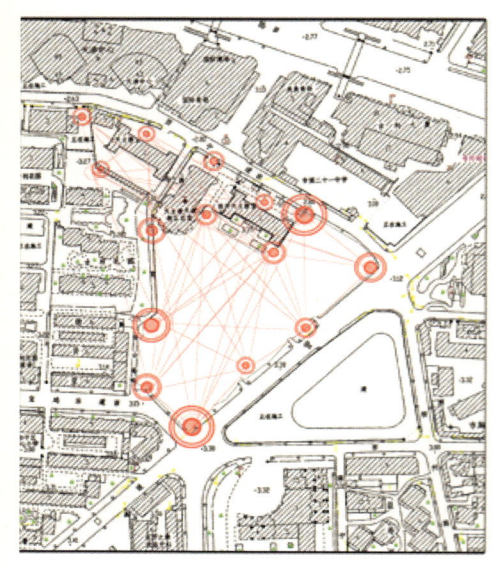

景观平面生成

通过基地调研，分析得出场地十五个潜在的出入口，然后排列组合依次相连，再筛选得出最为重要的五条主要路径，形成景观平面的道路骨架。通过场地的抬高和下沉丰富场地内的空间感受。在海绵城市理论的指导下，使场地及周边道路集中汇水，形成下渗洼地，一方面改善小环境的微气候，补充地下水；另一方面通过收集暴雨洪水，在旱季进行景观补水；此外让城市居民能有一块场地感受自然景观的过程，了解和体会景观的荣衰和野草的美学。

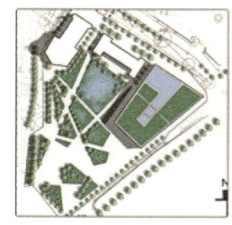 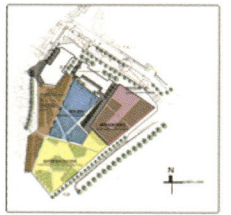

景观道路骨架确定后，功能根据前期场地调研分析置入。确立了交通功能平面形式的基础，平面形式影响着其他功能区的划分，功能置入后又对平面形式进行微调。在我的设计中，形式不追随功能，功能也不服从于形式，而是两者相互制约、相互影响，

前期调研发现，宝鸡东道一侧是基地人流最为密集的一侧，所以东南角是大面积的硬质铺装，以供人活动交往，较为喧闹的亲水区和儿童活动区也置于偏南部分，以保证教堂周围有相对宁静的氛围。

基地东侧独山路原有自发形成的自贸集市，周边居民甚至天津市其他地方的居民对其已有一定的认可度。设计时希望保留这一业态，以提高社区活力。但需对其占道经营的行为进行设计引导。天津冬季盛行西北风，设计在西侧密植以阻挡寒风对场地的侵扰，防风林下的空间即可作为自贸集市的场地。而为防止活动的无序扩散，设计上通过两个方面进行空间划分，1.旧有建筑内墙保留，2.局部场地抬高。

场地的北侧原有西开教堂和西开总堂，天津市政府计划，在教堂的西北侧新建一座与总堂一致的教会用房，形成"一"字排开的造型，所以我将近现代历史博物馆置于这里延续西宁道完整的沿街立面。

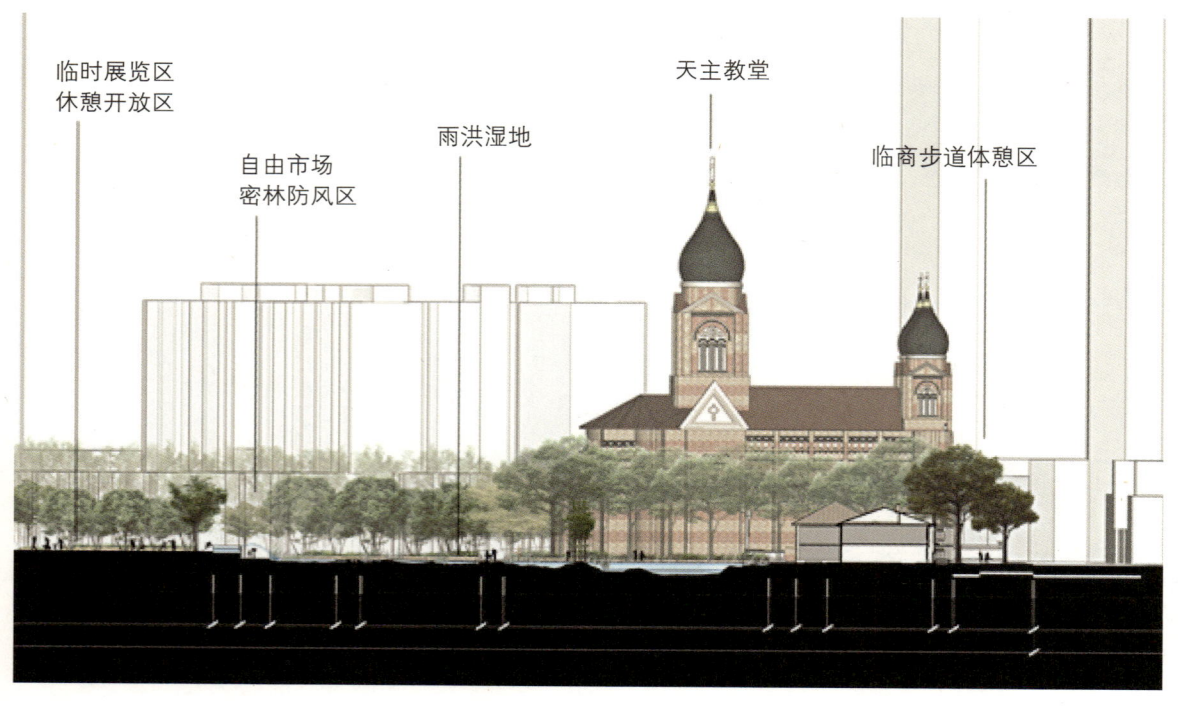

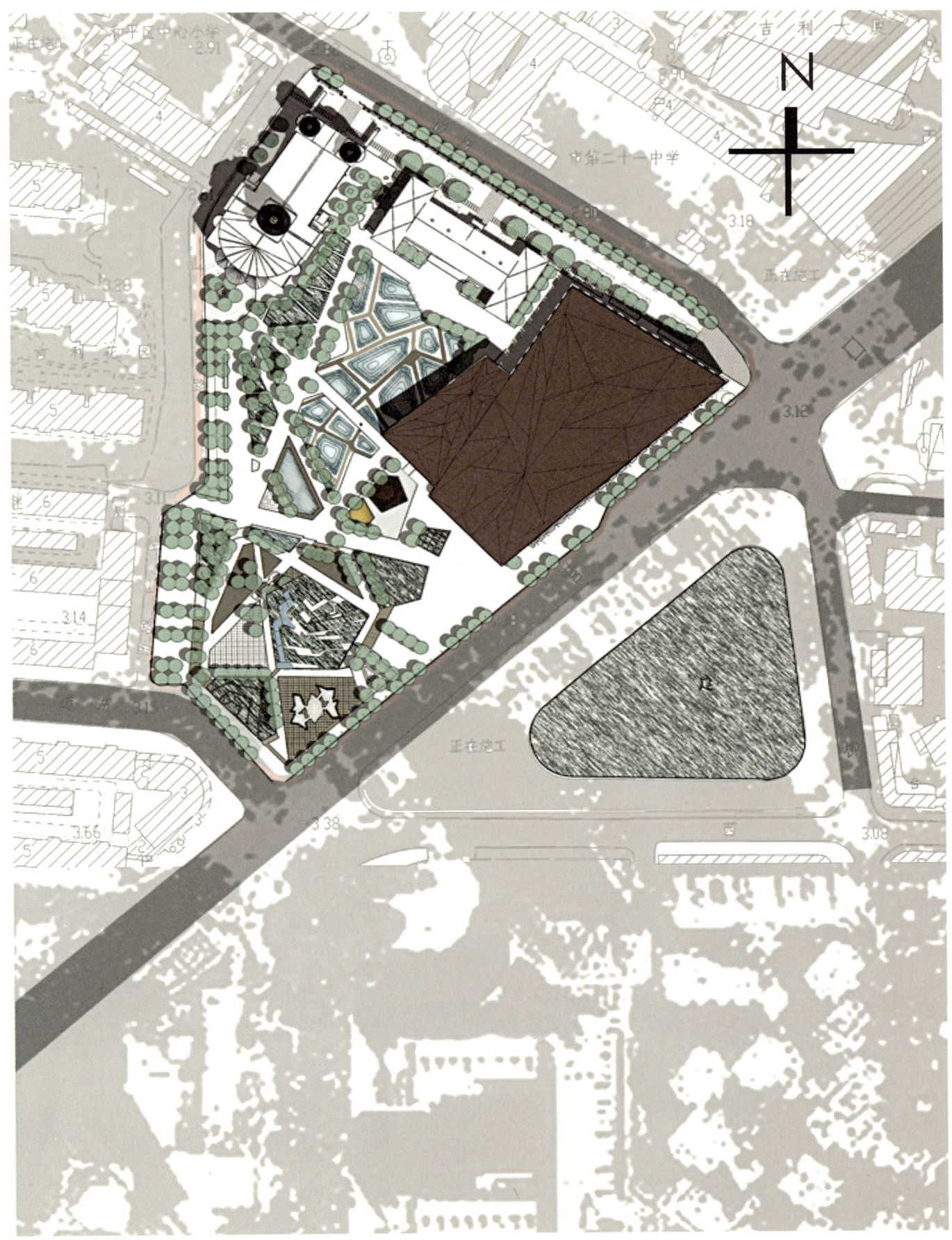

◆ 多义台地

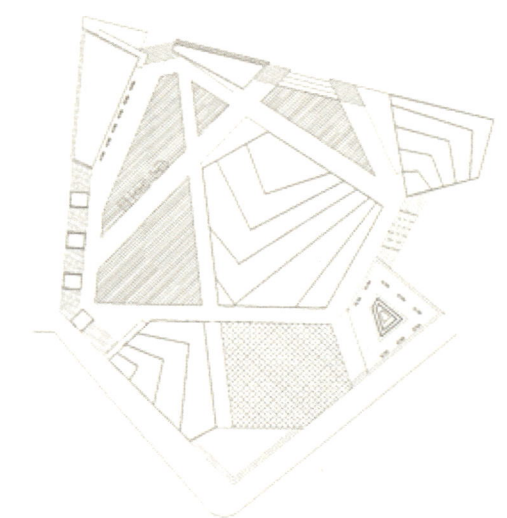
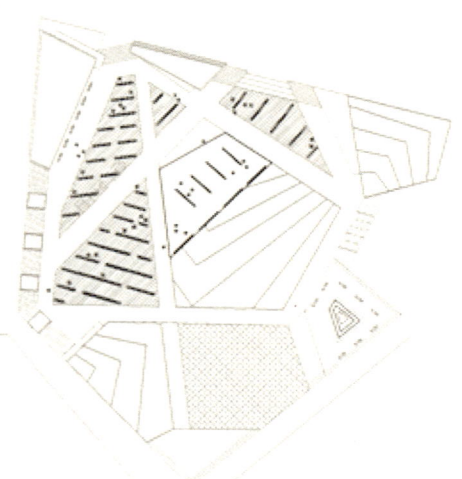

无展览时的开放活动场地　　　　　　　　　　　有展览时的开放活动场地

斜坡草顶设计

台地上有三个斜坡草顶，一方面为了形成视觉屏障，丰富空间，另一方面希望创造一个景观的高点，把控全局。由于西开教堂的存在，这个项目中的制高点不可以是凌驾于建筑之上的高架构筑物，于是我想通过高台筑土的手法，营造一个隐入景观中的斜坡。斜坡上覆土植以花草灌木，人们可以在阶梯上休憩、草地上交谈，可以凭栏幽思，也可以迎风呐喊。临时布展时，草顶又化身展览空间，讲述着一段段的故事与情思。斜坡下的空间可以用来收纳展板，展时也可作为小展室或者报告厅。博物馆和公园就可以这样在开放空间相互转变。

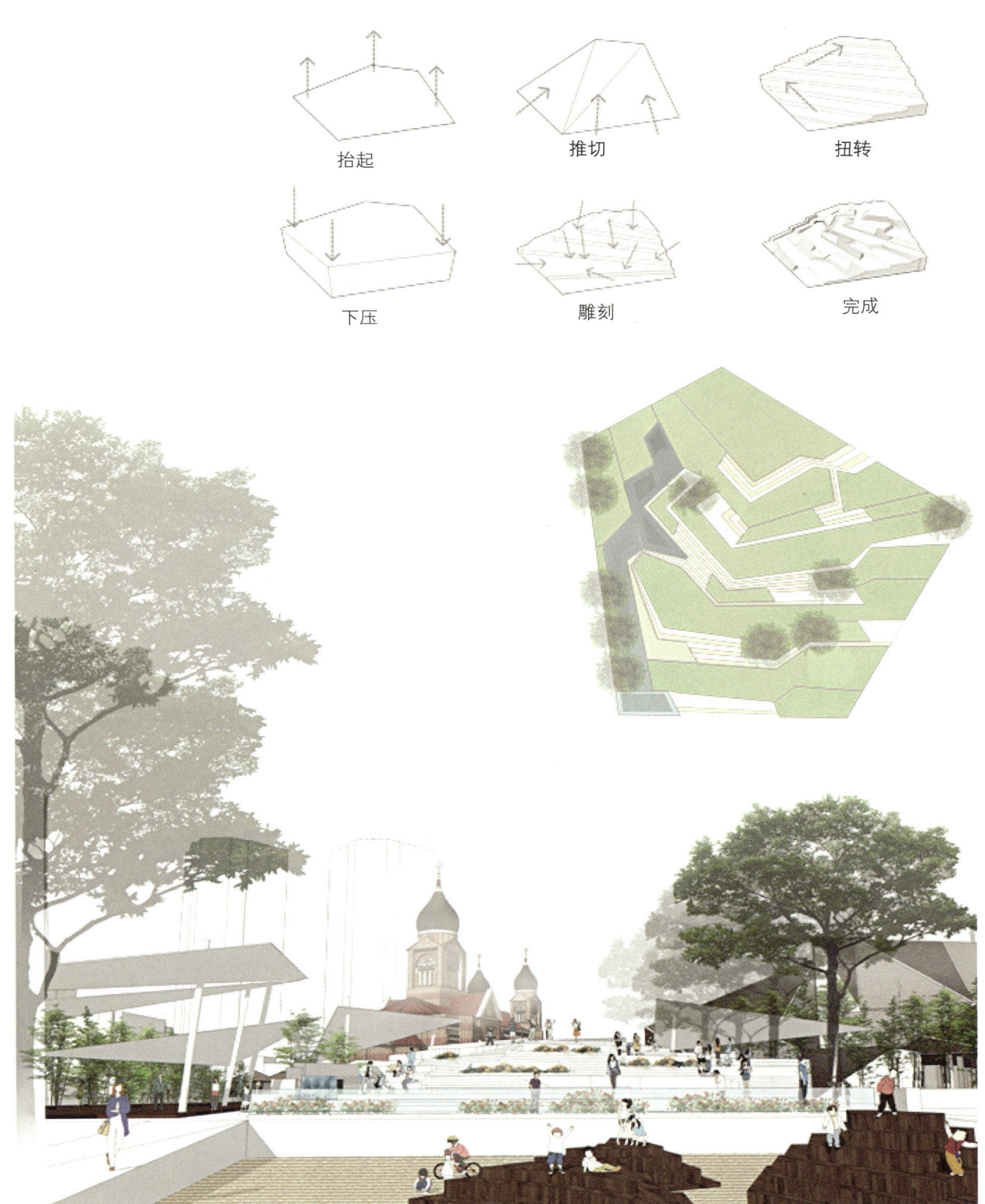

抬起　　推切　　扭转

下压　　雕刻　　完成

佳作奖学生获奖作品
Works of the Fine Prize Winning Students

首都儿科研究所门诊楼改造
Beijing Capital Institute of Pediatrics Clinic Building Reconstruction

学　　生：明杨
学　　号：2011013021
学　　校：清华大学美术学院

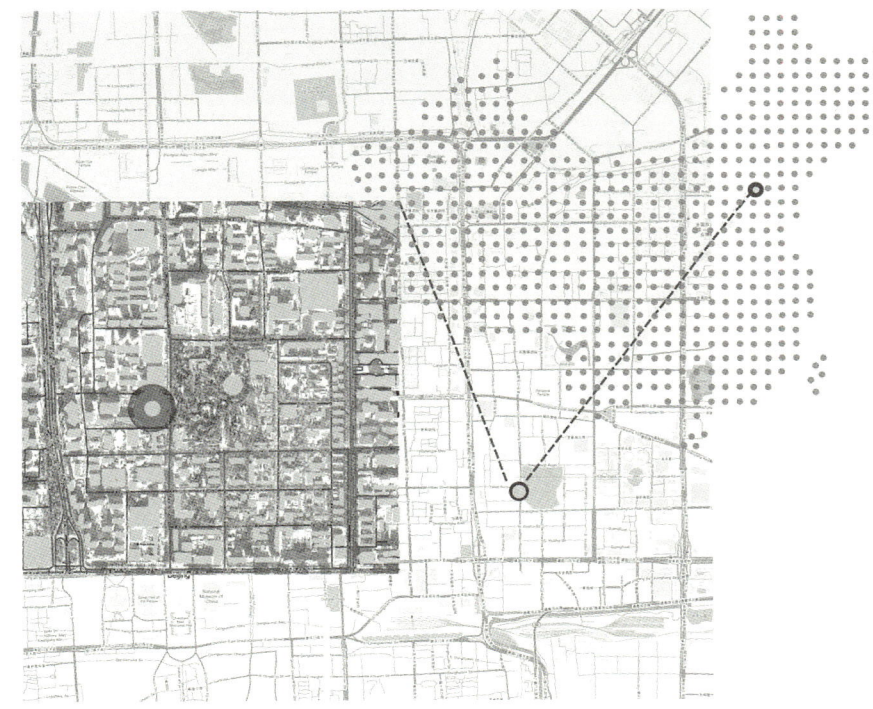

基地位置

改造原因

1）社会大背景，对儿童就医关注度提高，对医院的需求增多。

2）建筑建于20世纪五六十年代，年代久远，某些层面上讲，已经不能满足当代人的需求（功能需求、精神需求）。

基地分析

基地位于北京市朝阳区雅宝路2号，其东部为日坛公园，南部为各国使馆区，所以周边环境为儿研所的建立创造了良好的区位条件，如基地分析图第二部分，其周围交通便利，为前来就医的患者提供了多种可能性。

　　本课题设计内容为首都儿研所改造，分别从儿童医院的建筑、景观及进行改造或者重新设计，本课题的设计宗旨是设计一所符合儿童行为心理需求的儿童医院，所以在设计过程中作者对儿童的行为心理以及儿童的活动空间进行了大量的研究。

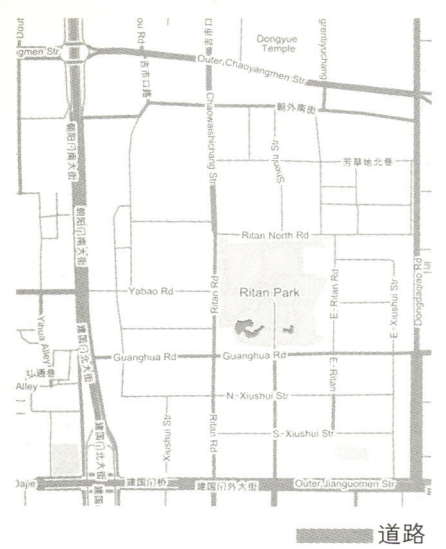 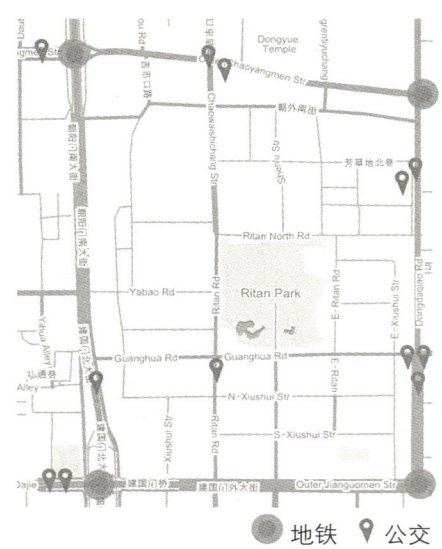 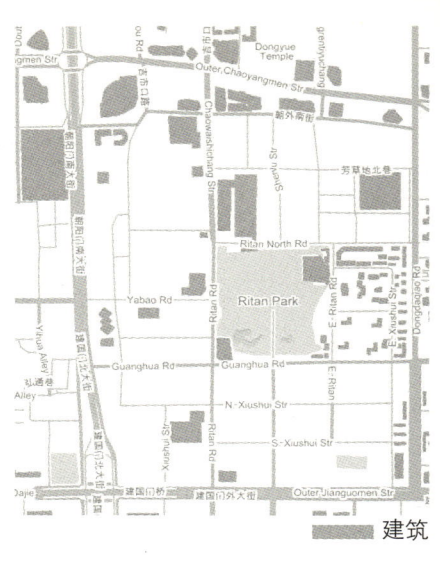

道路　　　　　　　　　地铁　公交　　　　　　　　建筑

现场照片

存在问题

a）空间缺乏独特性

b）缺少休息、等候空间

c）功能缺失：部分功能没有得到合理安排

d）缺少绿化

e）建筑周围交通混乱

概念图片

概念生成

儿童在医院极易产生恐慌焦虑的情绪，然而这种情绪往往是来自对未知的冰冷的空间的恐惧，然而当他们面对如右图所示空间时，他们产生的情绪是完全不同的，不同的空间会对人产生完全不同的情绪。

医院已经不仅是生命得到救治的场所，更不应该只是一座人体修复的加工厂，而是人们身心共同得到呵护的场所。

意向图

方案设计

建筑改造部分

思考？根据概念的设定，首先思考改变原来建筑形态，将原来封闭空间打破。

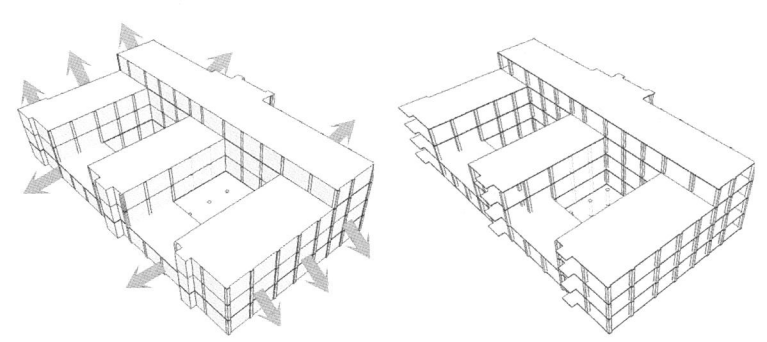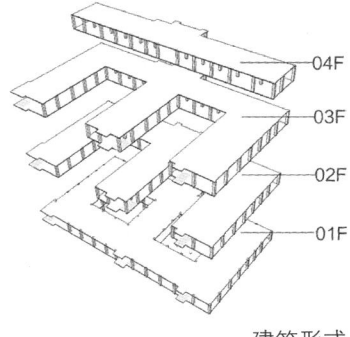

建筑形式

243

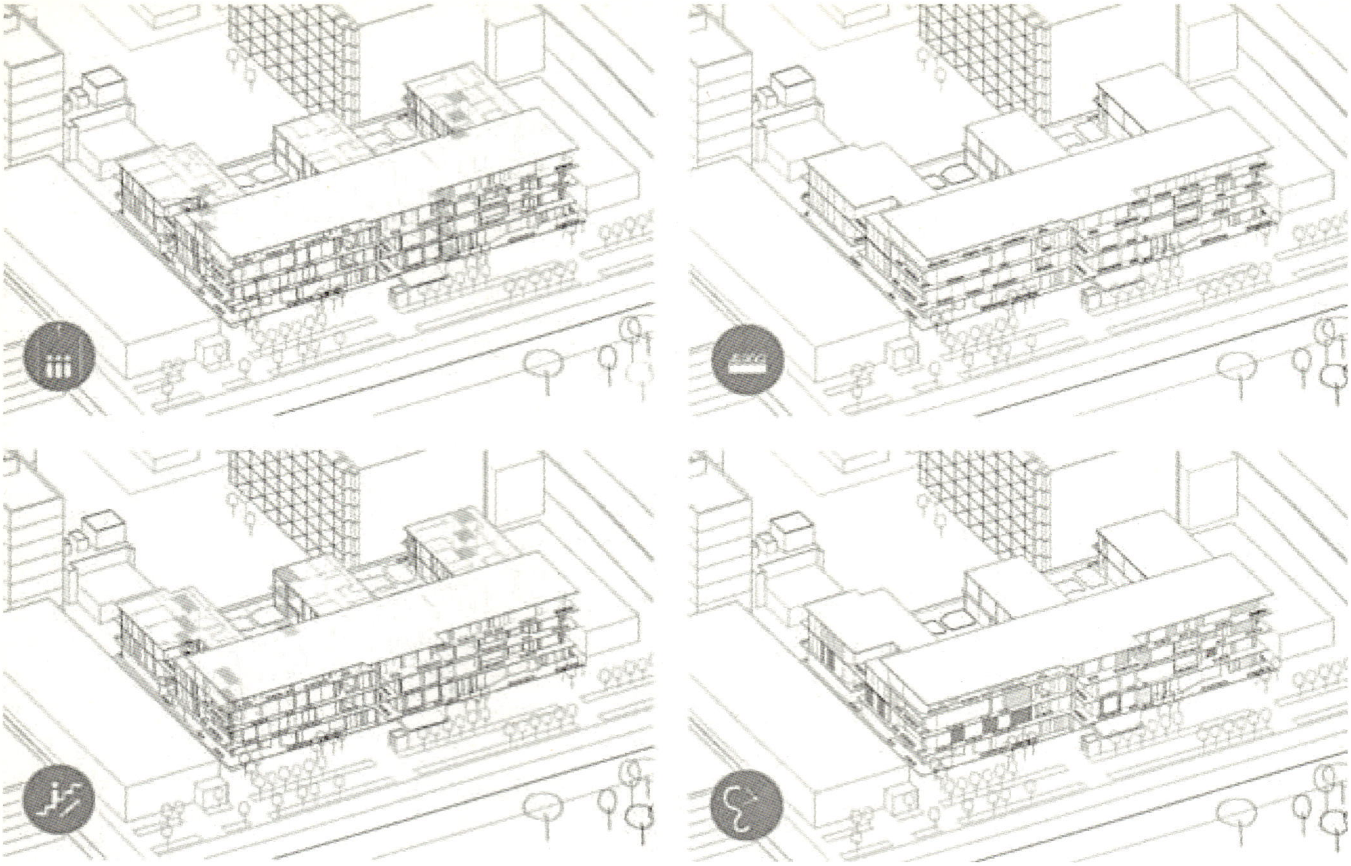

改造后的建筑形态

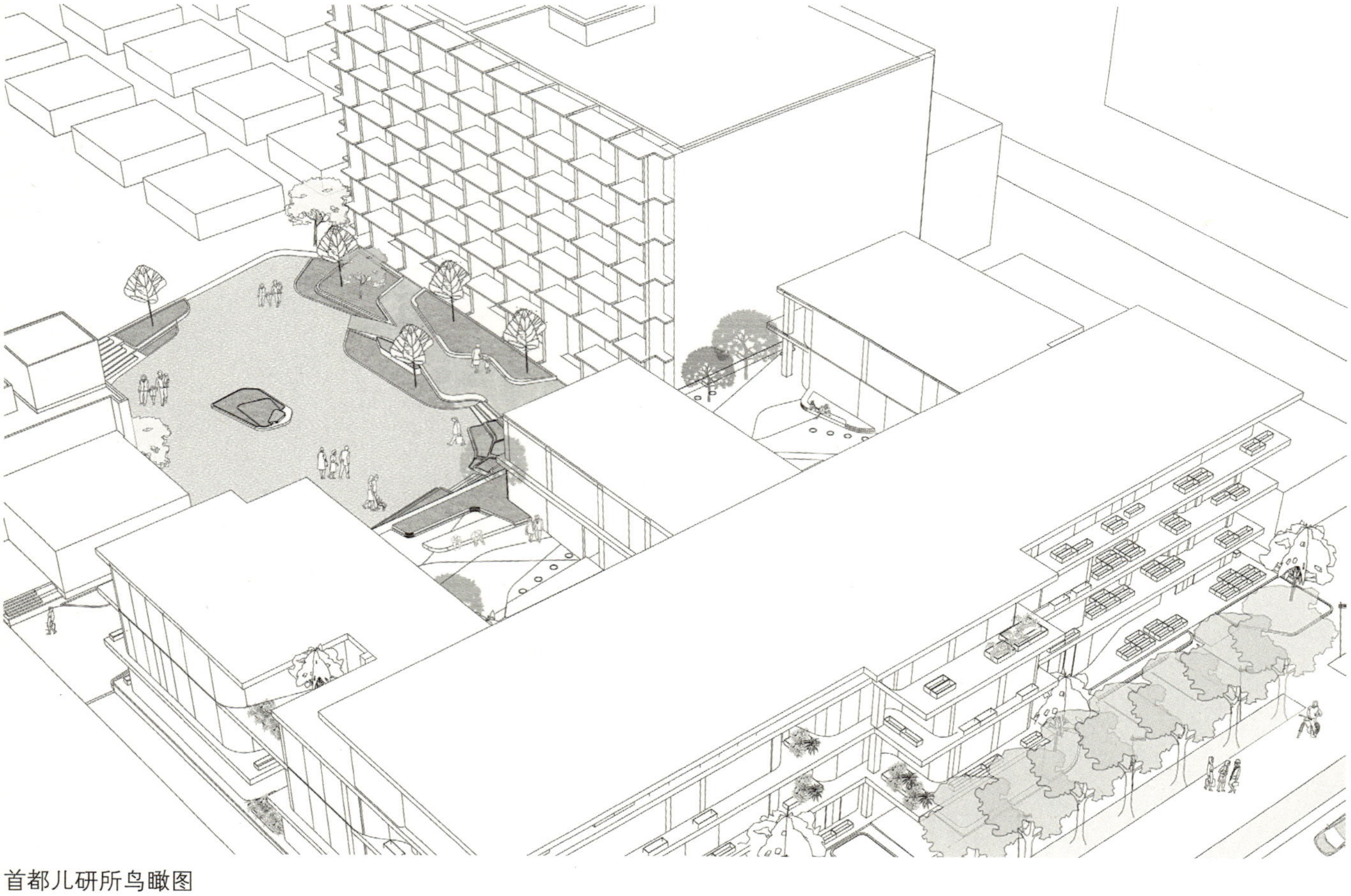

首都儿研所鸟瞰图

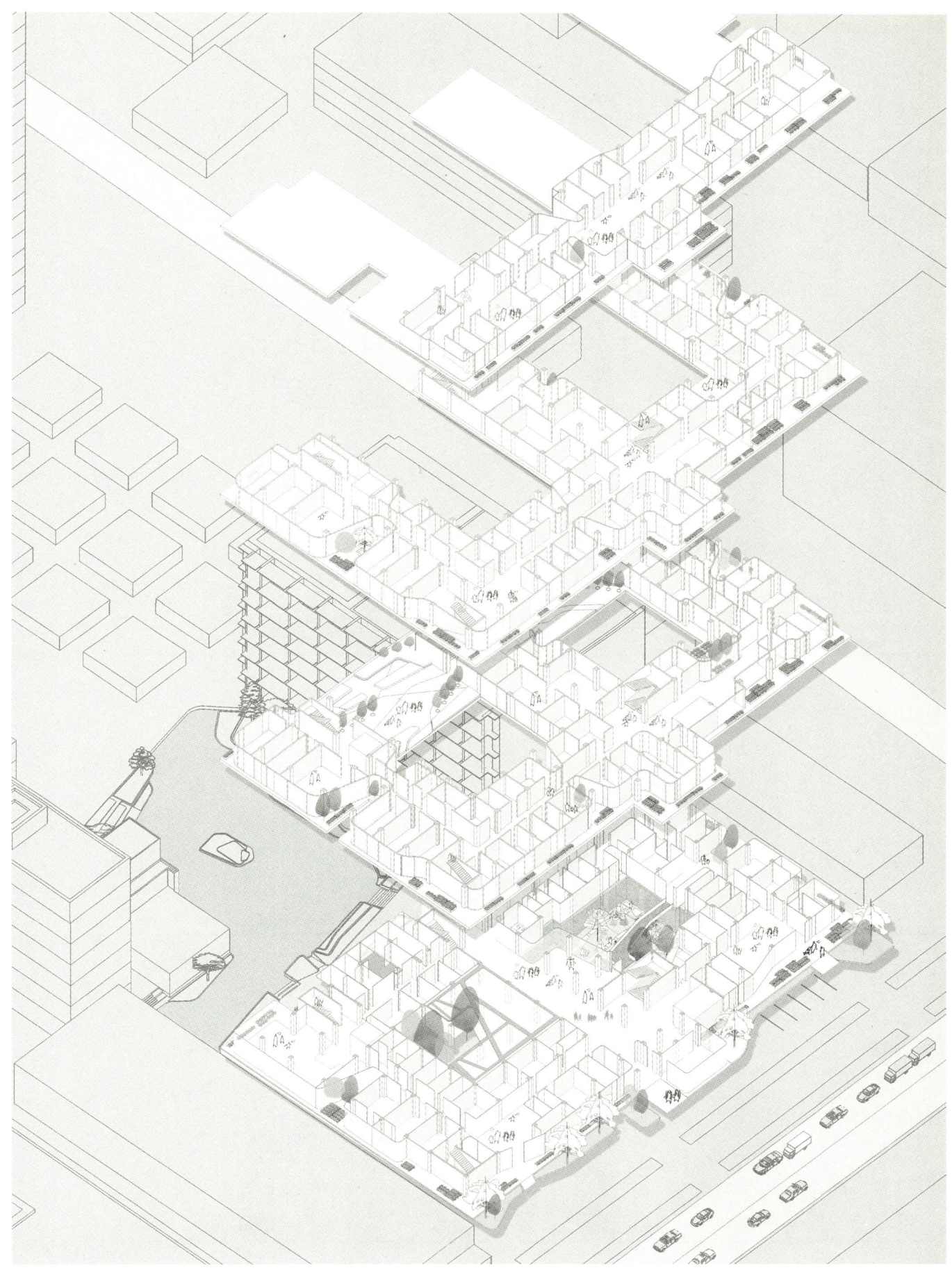

分层轴测图

建筑立面图

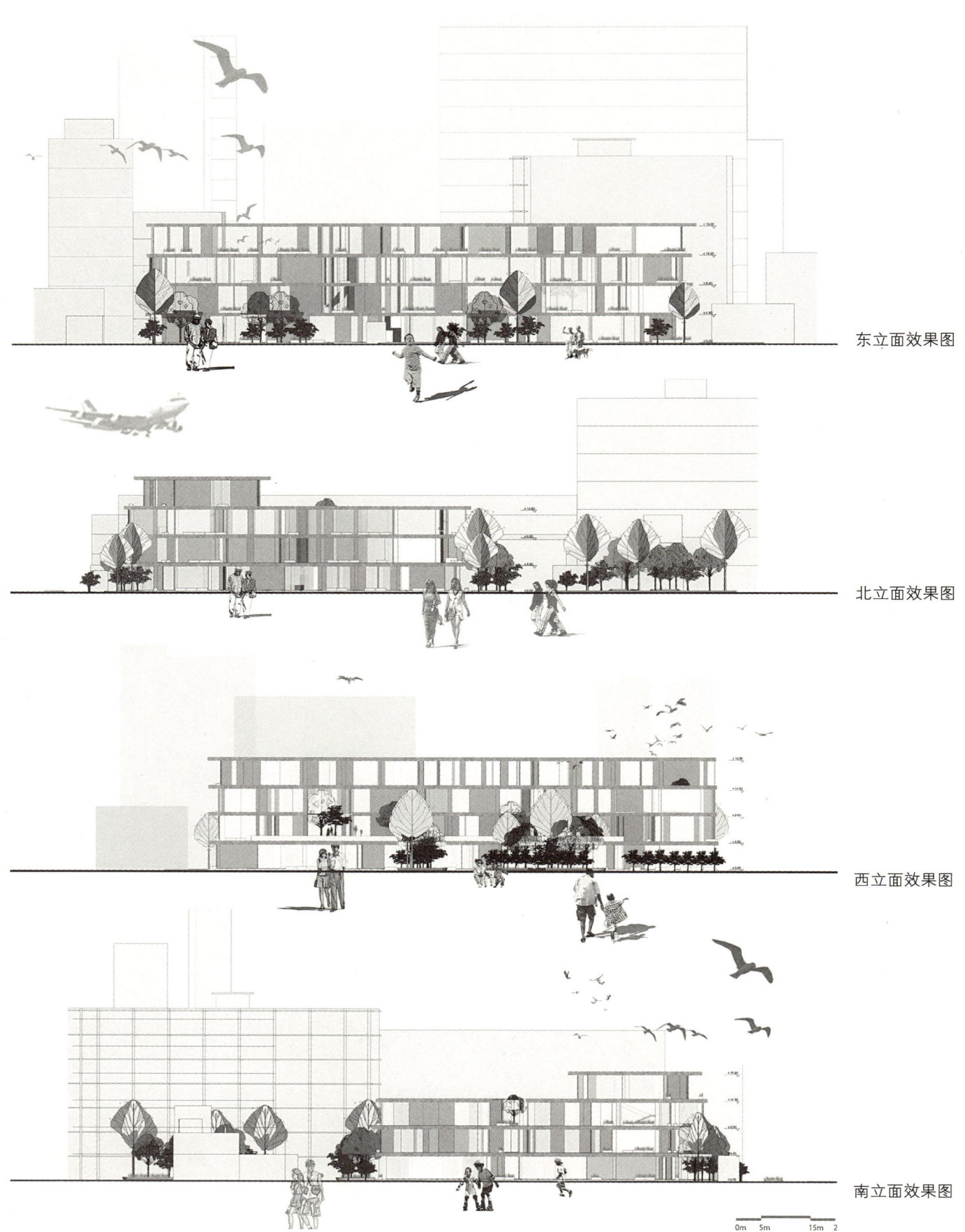

东立面效果图

北立面效果图

西立面效果图

南立面效果图

景观改造部分

在建筑一层加入连廊通道，有助于为保健科形成独立的入口，减少室内交叉感染，同时为病患提供良好的就医环境，并且对建筑地下一层的庭院景观进行设计，景观内部的设计概念体现儿童热爱游戏的理念，空间由不同宽度的小路贯穿，让儿童在空间内部有一种游戏感，这样能让患者在就医过程中分散注意力，有亲和感。下图为原建筑一层平面图。

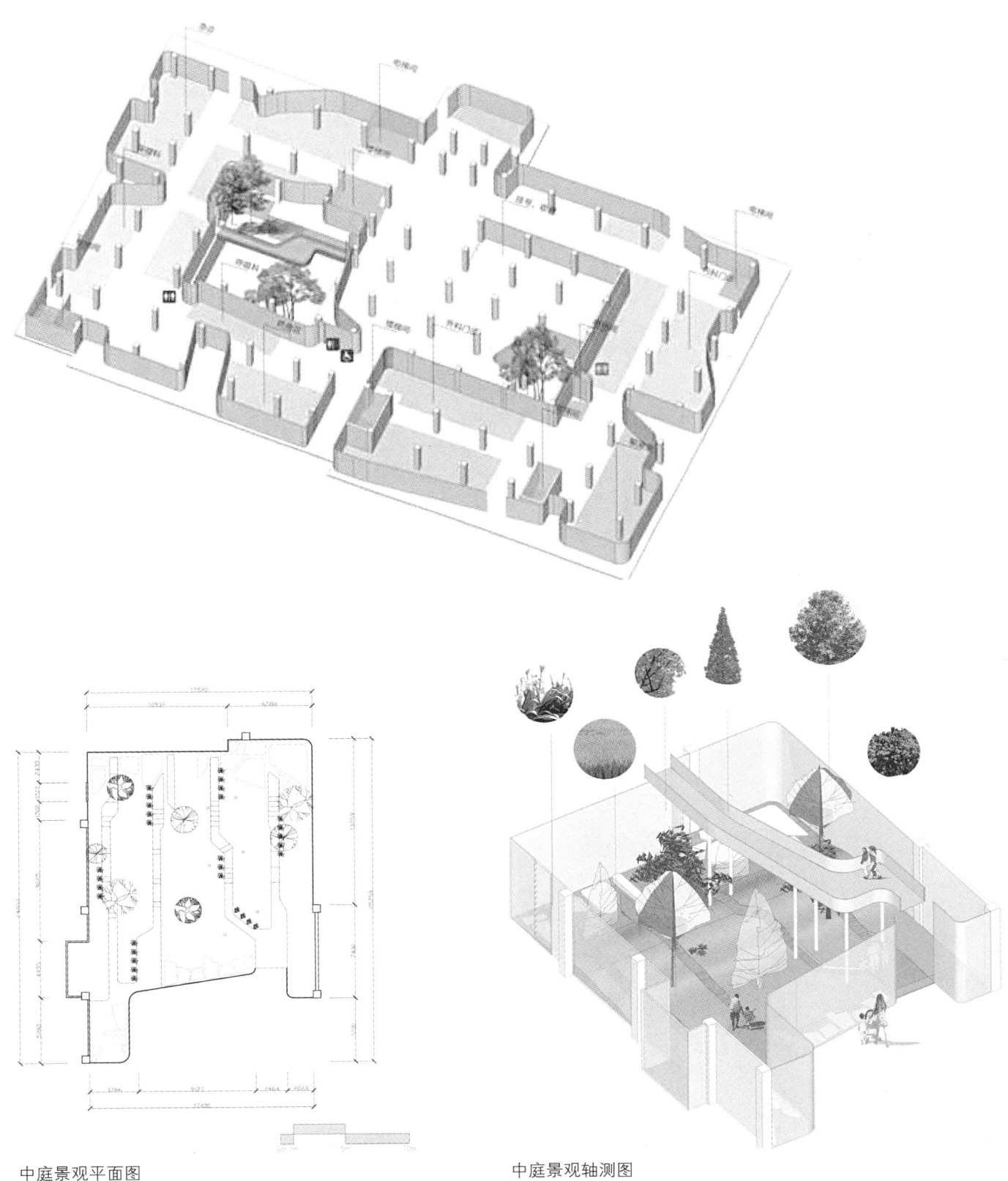

中庭景观平面图　　　　　　　　　　中庭景观轴测图

效果图展示

北京密云南山滑雪场服务空间改造
Nanshan Ski Service Space Transformation in MiYun, Beijing

学　　生：刘宇翀
学　　号：2011013039
学　　校：清华美术学院

地理区位

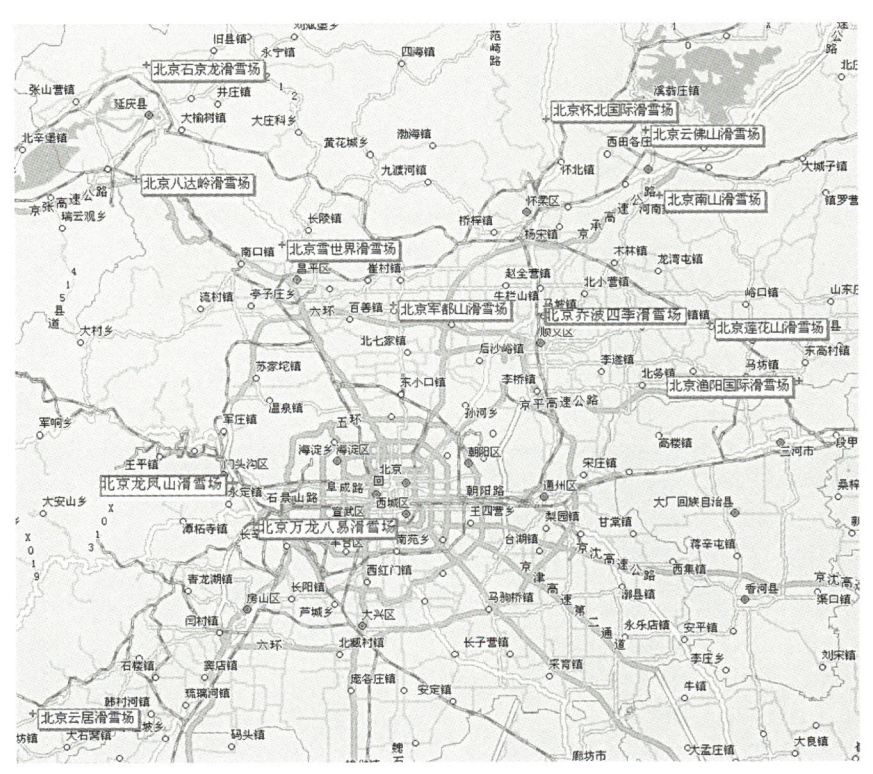

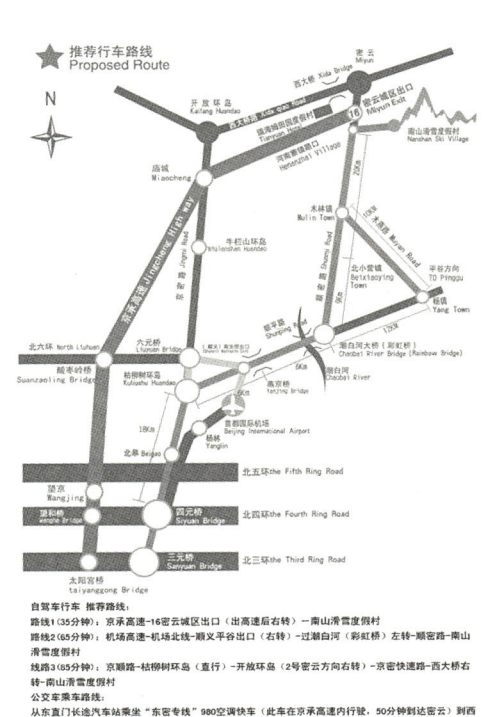

北京南山滑雪度假村：北京密云区河南寨镇圣水头村

位于密云县城正南方，距北京市四元桥62公里，占地面积4000余亩，是集滑雪、滑水、滑草、滑道以及滑翔等动感旅游项目为一体的四季度假村。度假村内景色优美，项目内容可概括为"冬季滑雪、春季踏青、夏季戏水、秋季采摘；项目特点为：动感旅游为主，观光旅游为辅，动静结合、冷暖兼容、四季经营。

交通状况分析：

从密云城区高速路出口到雪场分两条道路，大路路况较好，但需绕行很远；村间小路较近，但路况较差。

北京滑雪场部分硬件设施统计

滑雪场名称	所在位置	占地面积/m²	雪道/条	索道拖牵/条	雪具/套	同时就餐/人
南山滑场	密云河南镇	266万	21	11	5 000	2 000
怀北滑雪场	怀柔九谷口	960万	8	7	3 500	800
渔阳国际滑雪场	平谷青龙山	400万	11	11	6 000	2 500

参与年龄与参与人数

年龄结构（岁）	10~20	21~30	31~40	41~50	51以上
参与人数（人）	25	94	57	11	5
参与人数比（%）	13.0	48.9	29.6	5.7	2.6

滑雪消费水平

单次消费水平（元）	100~200	200~300	300~400	400~500	500~1000	1000以上
人数（人）	90	63	27	7	3	2
所占比例（%）	46.8	32.8	14	3.6	1.5	1

原室内空间的缺陷

环境较差：完全体会不到雪场的气息，氛围不够浓厚，且室内较为封闭，光线与室外形成强烈反差，对人的视线造成较大影响。

不适应四季发展：夏季内部炎热，不能大量吸引游客。

缺乏空间流线的引导性：室内缺乏标示性引导，对通往双板初学者教学区的游客造成诸多不便。

缺乏室内休息空间：大多为室外休息区，受天气环境条件影响大，一定程度上给人造成不便。

缺失对滑雪运动及雪场的宣传：大多为室外休息区，受天气环境影响大，一定程度上造成不便。

设计理念

简单、自然、淳朴

整个空间以简单、自然、淳朴为特点，运用冰雪元素带给人的感受为契机，以人为本，将人的情感、心理融入空间，将形式与功能相结合。让人在空间中感到身心舒畅，充满宁静、安逸的归属感。

曲面曲线的展示

体现柔和，舒适的空间感受，打破一切室内原有的直线直角，运用全曲面曲线的语言，打造一体化、纯粹的空间，并与建筑外部形成鲜明的对比。

形体变化与人的关系

整个空间依靠人的流量、流线及功能特点进行三维形体的变化，从而引导人的行为。

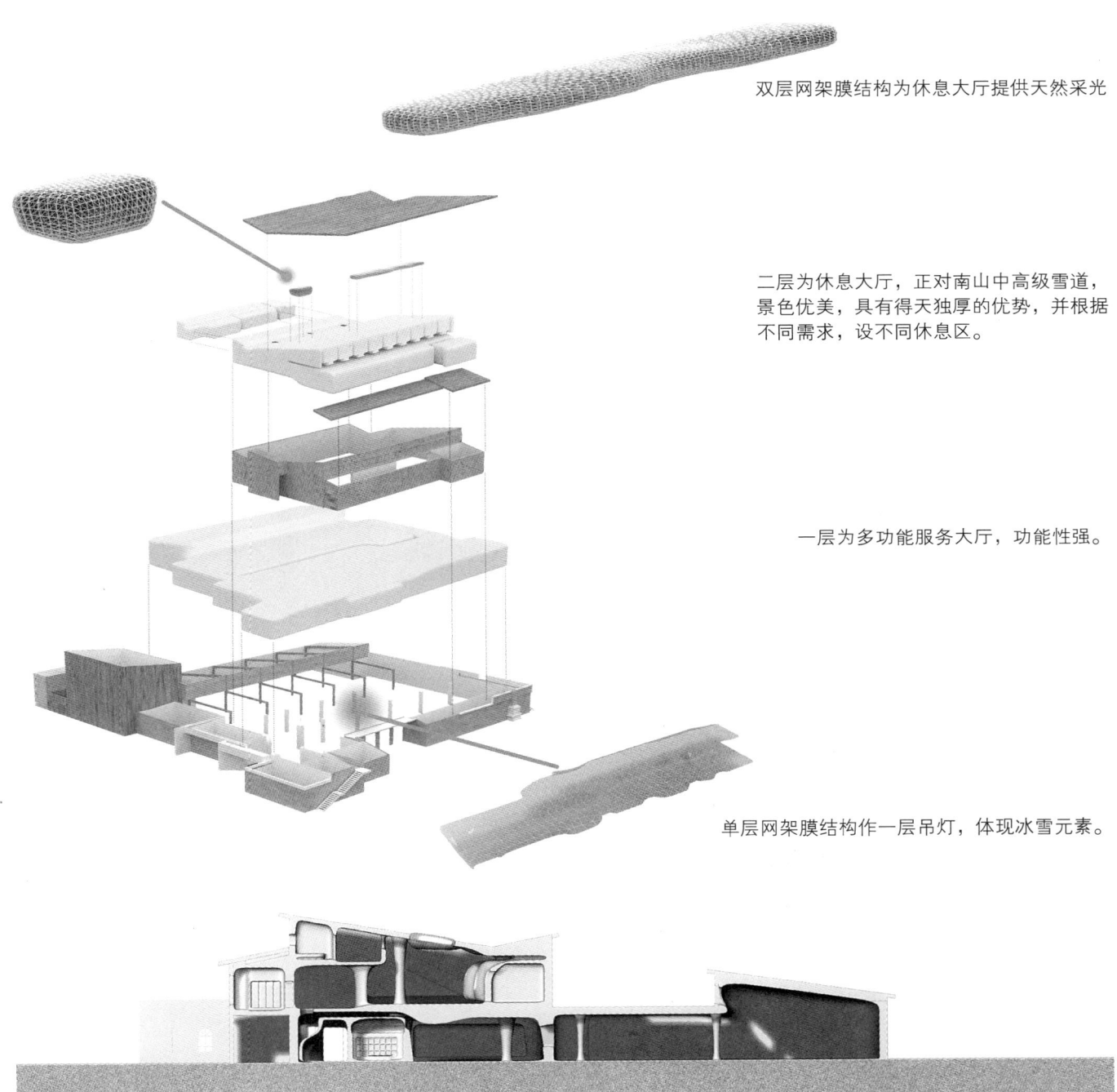

双层网架膜结构为休息大厅提供天然采光

二层为休息大厅，正对南山中高级雪道，景色优美，具有得天独厚的优势，并根据不同需求，设不同休息区。

一层为多功能服务大厅，功能性强。

单层网架膜结构作一层吊灯，体现冰雪元素。

剖立面

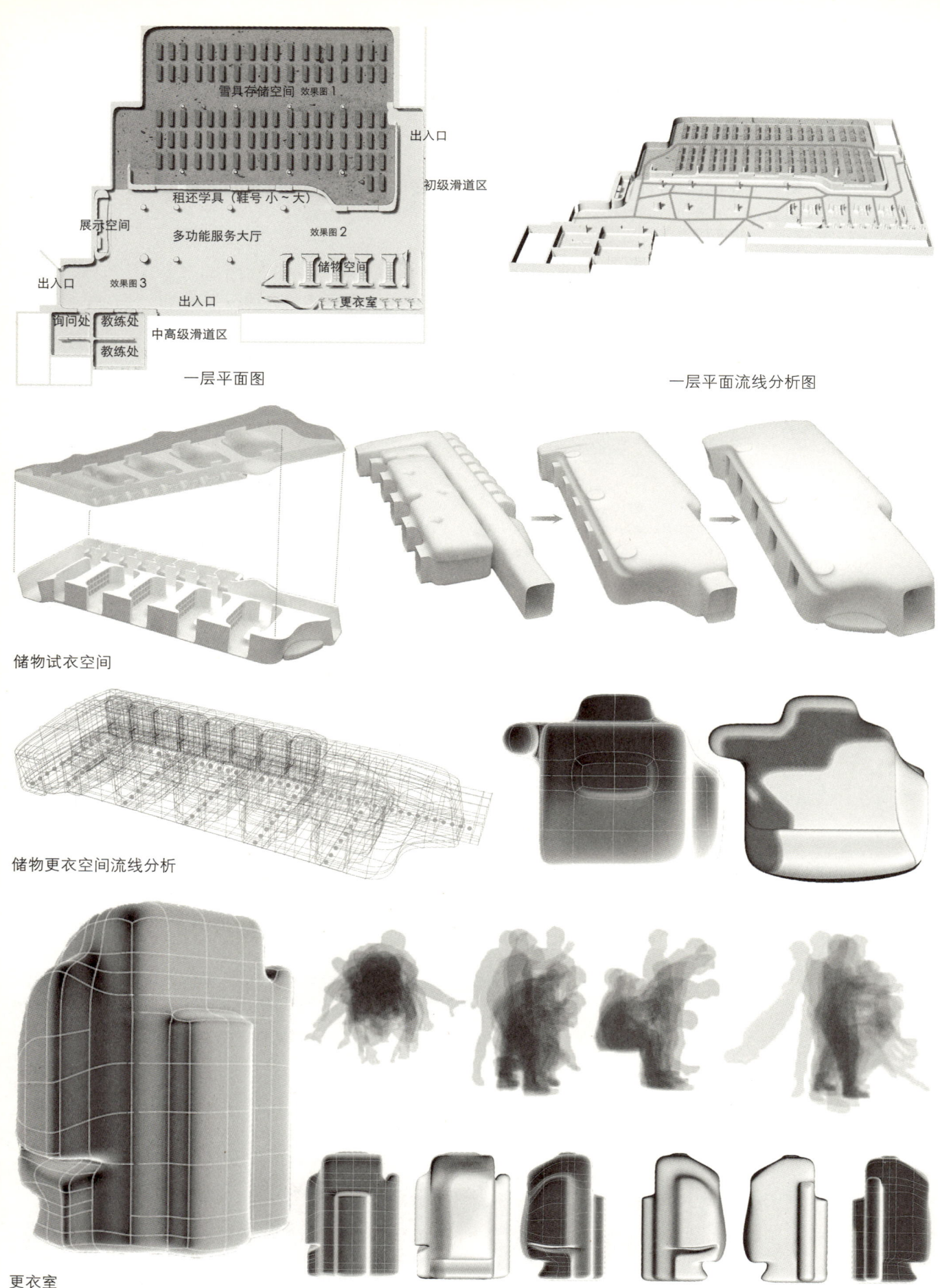

一层平面图   一层平面流线分析图

储物试衣空间

储物更衣空间流线分析

更衣室

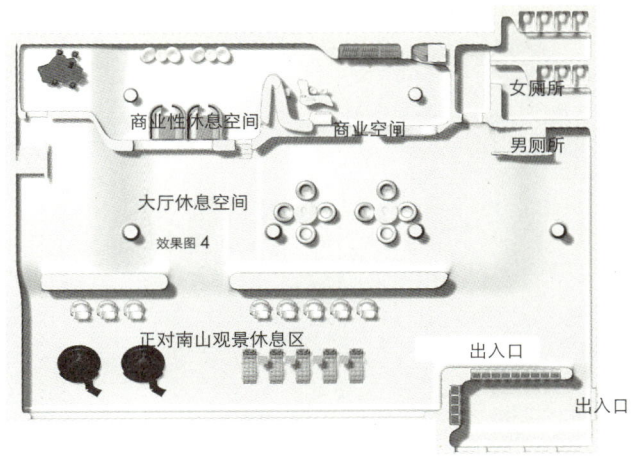

二层平面图

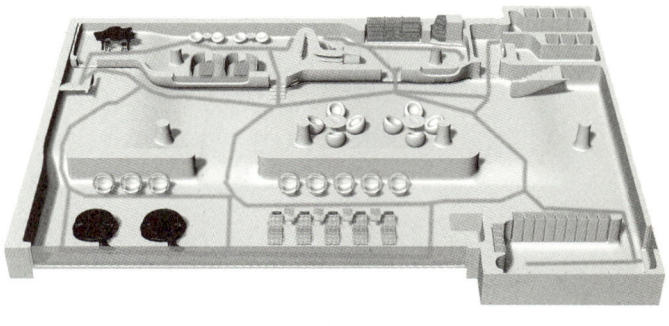

二层平面流线分析图

效果图 2

效果图 1

效果图 3

253

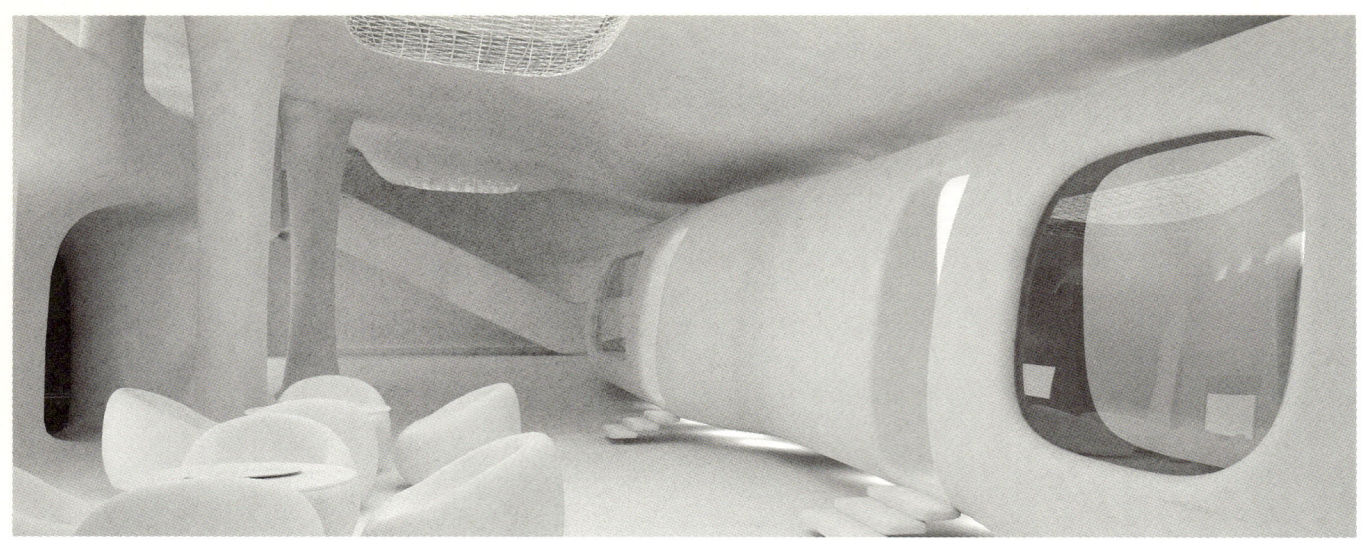
效果图 4

效果图 5

效果图 6

契·合——天津市近代历史博物馆建筑及景观设计
Consonance——Tianjin Modern History Museum Architectural Design and Landscape Design

学　　生：马文豪
学　　号：1111130117
学　　校：天津美术学院

项目选址周边分析

场地周边建筑密度大，人流车流错综复杂且高度密集，对基地形成压迫之势。

项目选址在天津市中心城区和平区西开教堂地块，西开天主教堂位于天津市滨江道商业街的南端，是南京路高档商务区的核心，是天津著名的地标性建筑之一。

此地块为天津市区重点规划区块之一，目前已提上议程并破土动工，具有很强的设计实践意义。

基地概况

基地内最大特色为保留建筑西开教堂及其附属建筑。基地周边用地性质复杂，人流、车流量大，周边高密度的城市环境对基地形成一种压迫之势。

项目选址区位概况

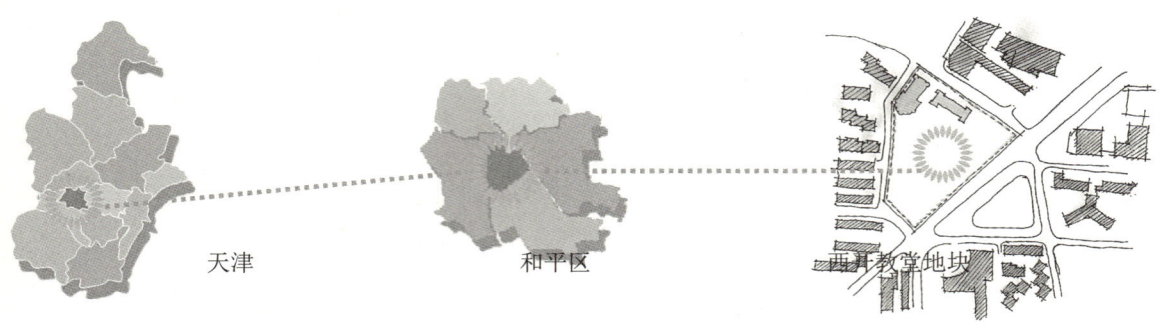

天津　　　　和平区　　　　西开教堂地块

场地现状调研

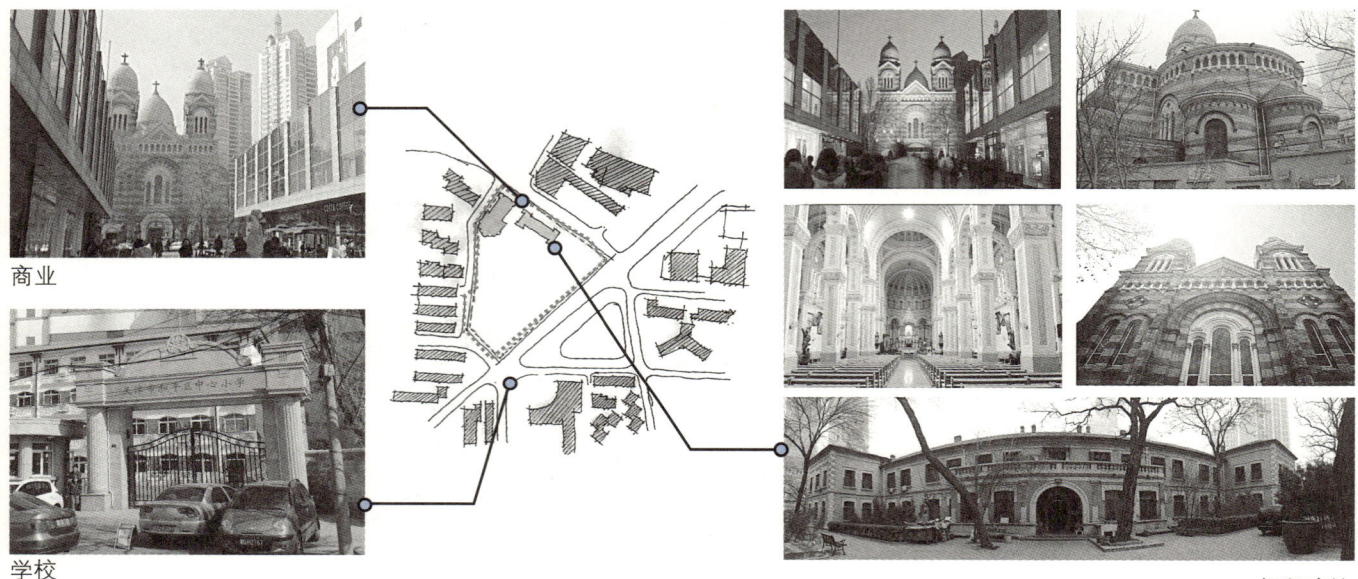

商业

学校

保留建筑

天津近代历史博物馆效果图

高密度城市问题

中心高密度城市中一系列城市问题在这里暴露,针对现在的城市弊病提出了我的设计愿景:建造一块城市绿地,缓解城市压力。

自然与城市引发人与建筑思考

人在建筑中　　　　　　　　　人在建筑外　　　　　　　　　人在建筑间

传统建筑更多的是考虑人在建筑中与建筑外的感受。我想模糊建筑与景观的界限,塑造一种人在建筑间的关系,人与建筑与自然成为一个和谐的共存体。

概念提取

租界时期天津城市肌理　　　　　当今天津城市肌理　　　　　　　　　　　　　　　　契合

通过研究天津近现代城市肌理,并没有发生大的差别,可见新旧建筑的契合,各个区域的契合,对城市的发展具有深远的影响。教堂作为一种精神活动场所,我不愿改变原有人们在此的社会活动,我的设计以一种尊重的精神去服从大的环境,使新旧建筑相互契合、相互衬托。

方案设计

依据项目用地进行退线。

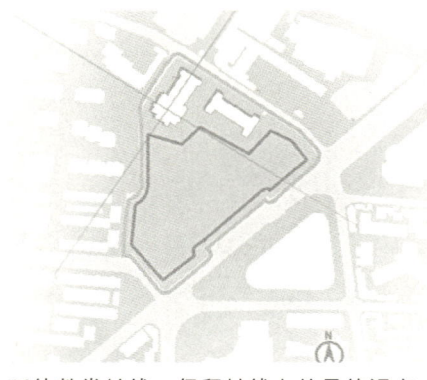
延伸教堂轴线,保留轴线上的最佳视点。

结合前期调研对道路及人流进行梳理。

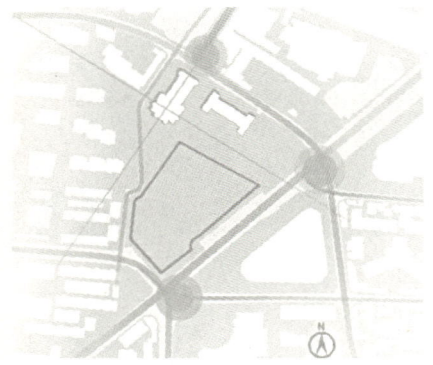
确定场地的三个主入口,北部为商业人流,东部为地铁人流,南部为道路交通枢纽车流。

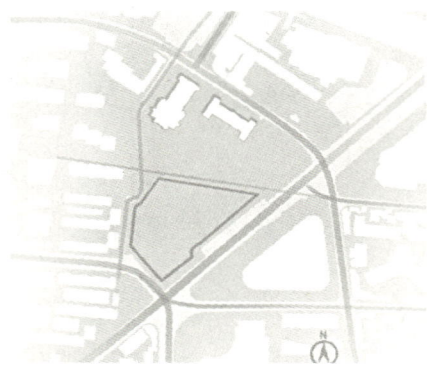
教堂前端更适合一片开敞的区域,一方面缓解人流压力,另一方面保证良好的视觉环境。

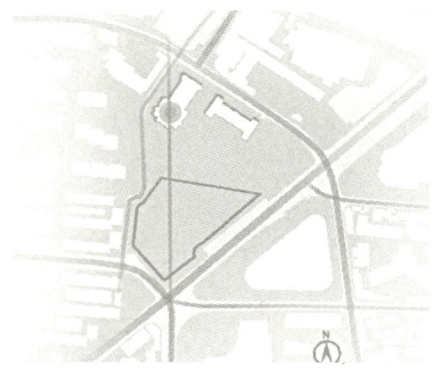
前期调研发现贵州道为场地周边道路中可直接观赏到教堂的道路,延伸这条轴线,保留这条视觉通廊。

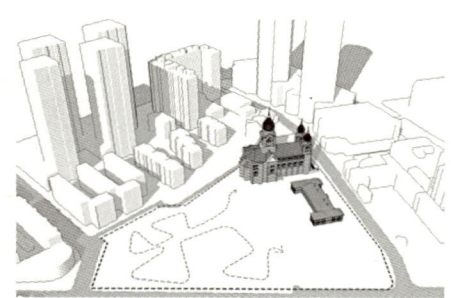
结和场地周边城市肌理,在场地平面布置流线。

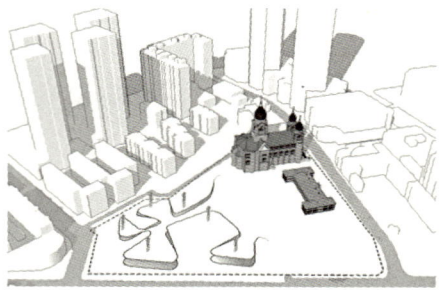
抬升建筑体块,体块间相互穿插。

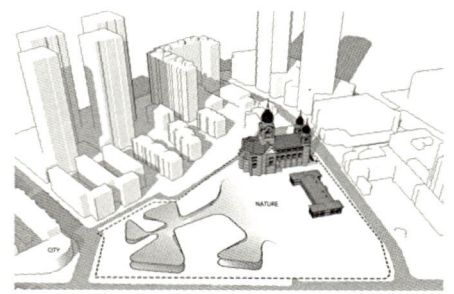
引入自然与城市的思考,弱化建筑与景观的界限,在这块场地,营造一种建筑与景观相互交融、相互契合的美好状态。

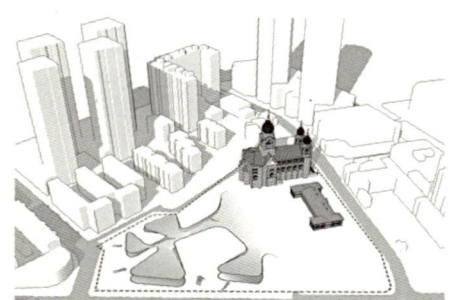
各建筑既相互连接又相互独立,每个建筑都有独立的出入口。

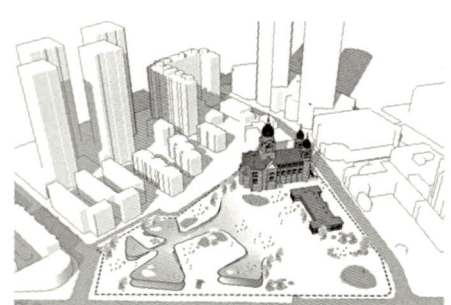
强化建筑景观一体化的理念,景观的引入更加亲和。

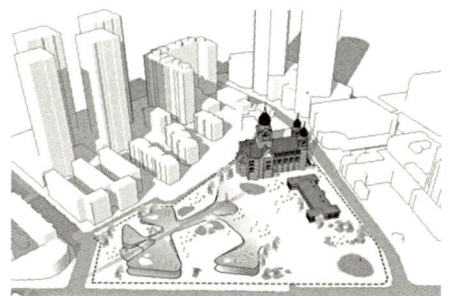
保留视觉通廊,并且做下沉处理,降低建筑相对高度衬托教堂,以获得更为丰富的视觉体验。

景观推导

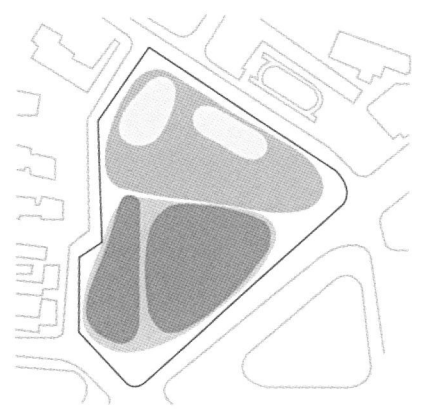

将场地合理划分为广场景观区与两个屋顶绿化区。

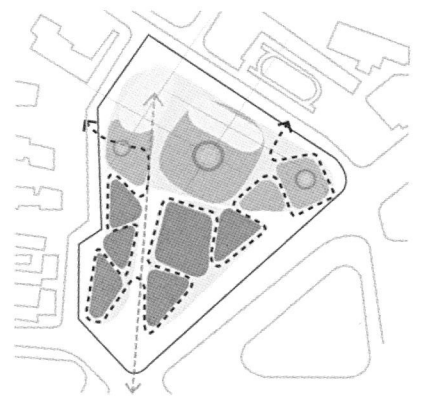

延伸建筑的形态,对场地进行合理切割,延伸附属建筑轴线,确定主要景观节点。

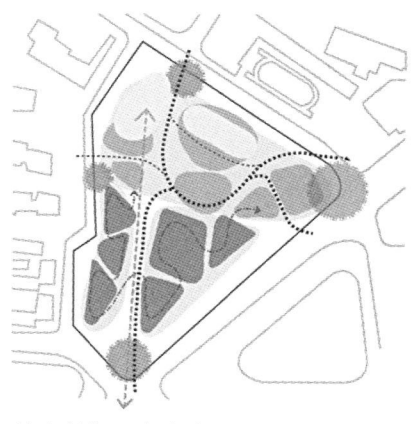

结合前期几个人流出入口对场道路进行合理的划分。

景观平面

1. 近代历史博物馆
2. 入口广场
3. 建筑主广场
4. 内部休息区
5. 屋顶共享景观
6. 屋顶休息区
7. 视觉通廊

平面分析

建筑的地下一层平面主要包括地下车库、藏品库房及技术研究。首层为藏品、陈列区、办公区及部分藏品库房。二层、三层、四层为陈列区、行政办公及教育学习区域。

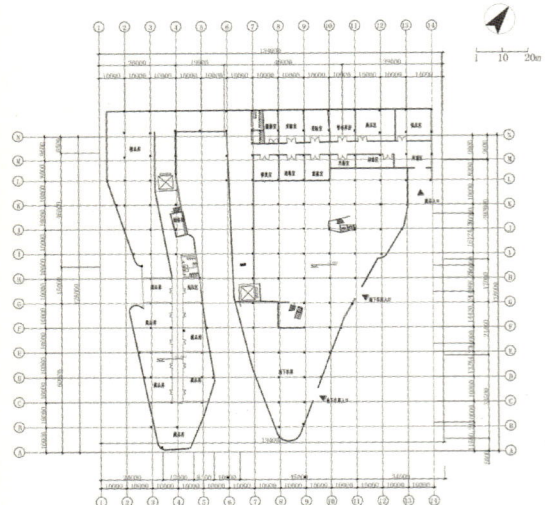

地下一层平面图

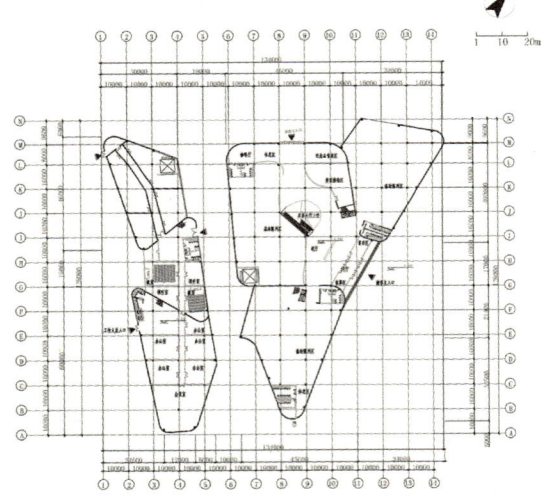

首层平面图

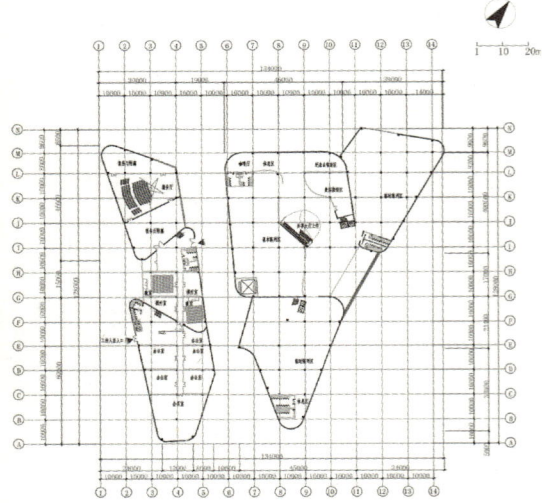

二层平面图

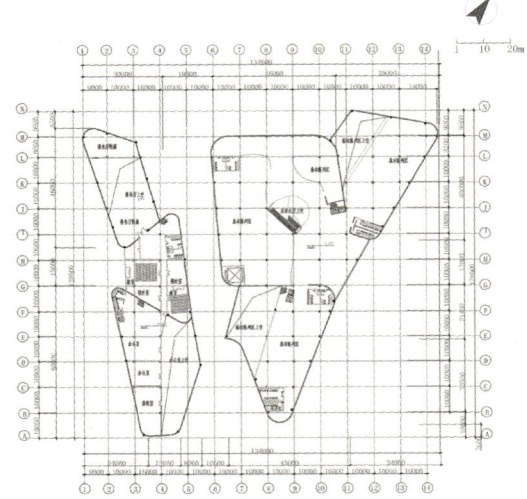

三层平面图

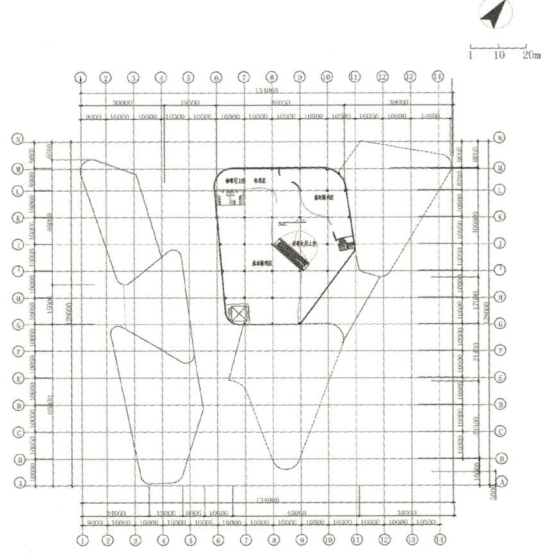

四层平面图

建筑立面

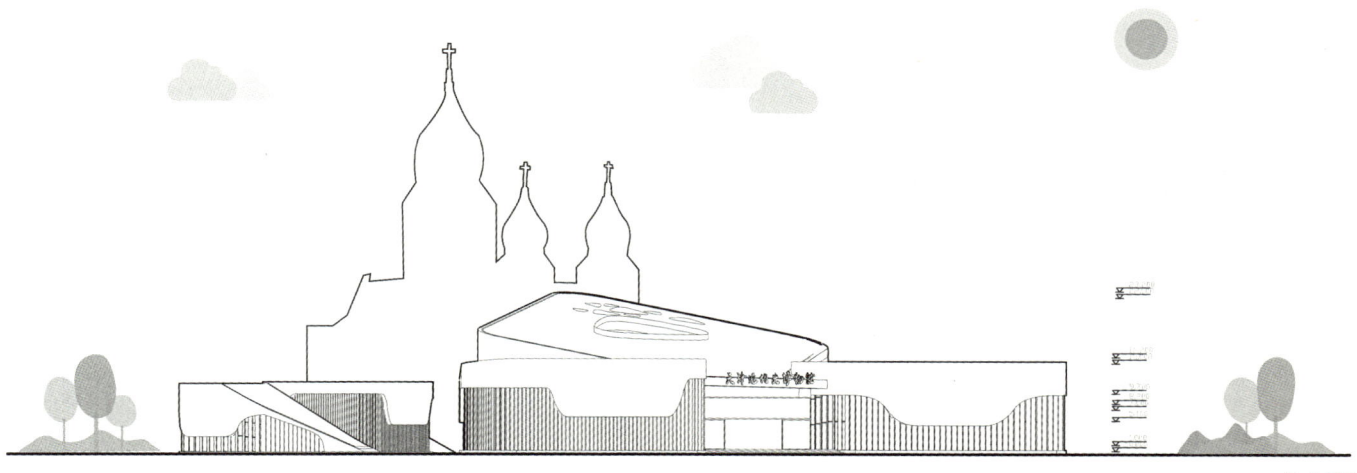
北立面

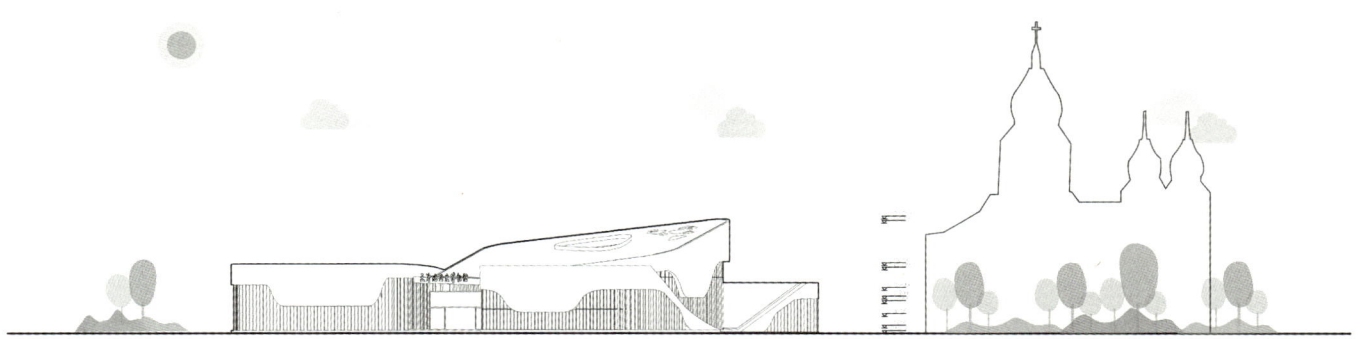
东立面

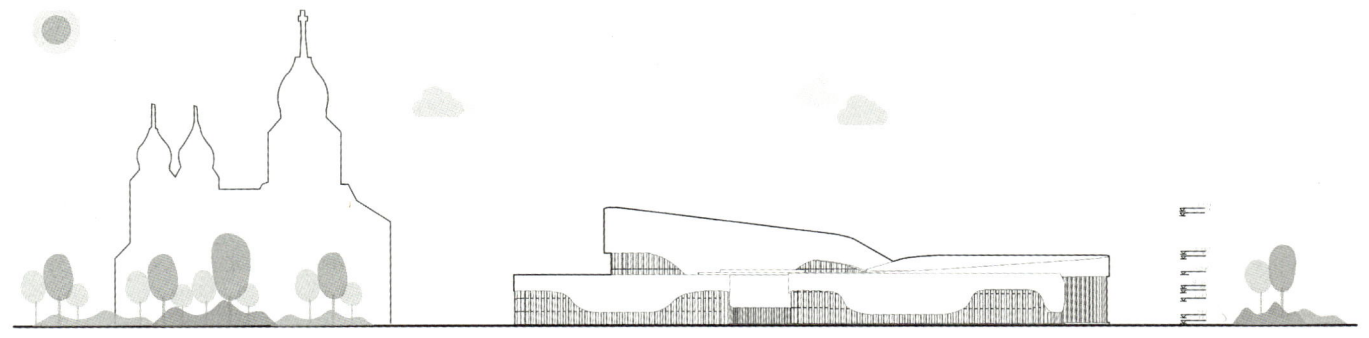
西立面

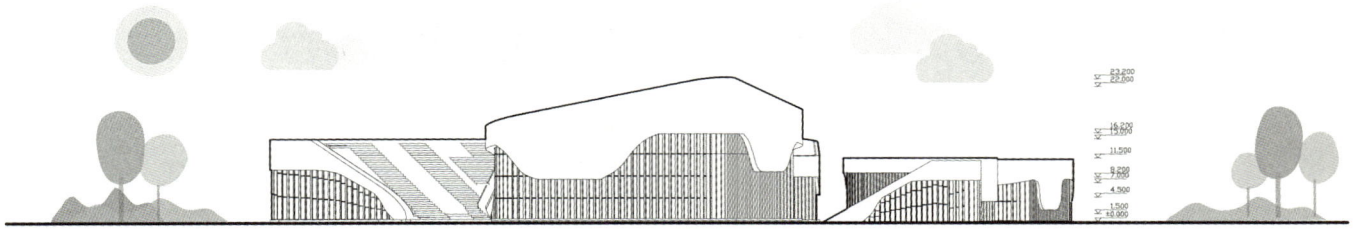
南立面

效果展示

手工实体模型

室内效果图

效果展示

融——天津市艺术文化中心建筑及景观概念设计
Tianjin Art Cultural Center Building and Landscape Concept Design

学　　生：马宝华
学　　号：1111130116
学　　校：天津美术学院

　　艺术文化中心作为一种综合性很强的文化建筑，在当前城市快速发展的进程中也在逐年增加。在品质参差不齐的文化中心出现后，我们应该探究如何用建筑语言表现独特的城市文化。

基地概况
　　项目选址位于京杭运河、新开河与子牙河交汇处。项目区域周边拥有复杂的交通网络，交通流线沿河岸呈扩散状分布。区域被三条主路包围，由东至西依次是：津浦北路、富堤路及孟家树林大街。

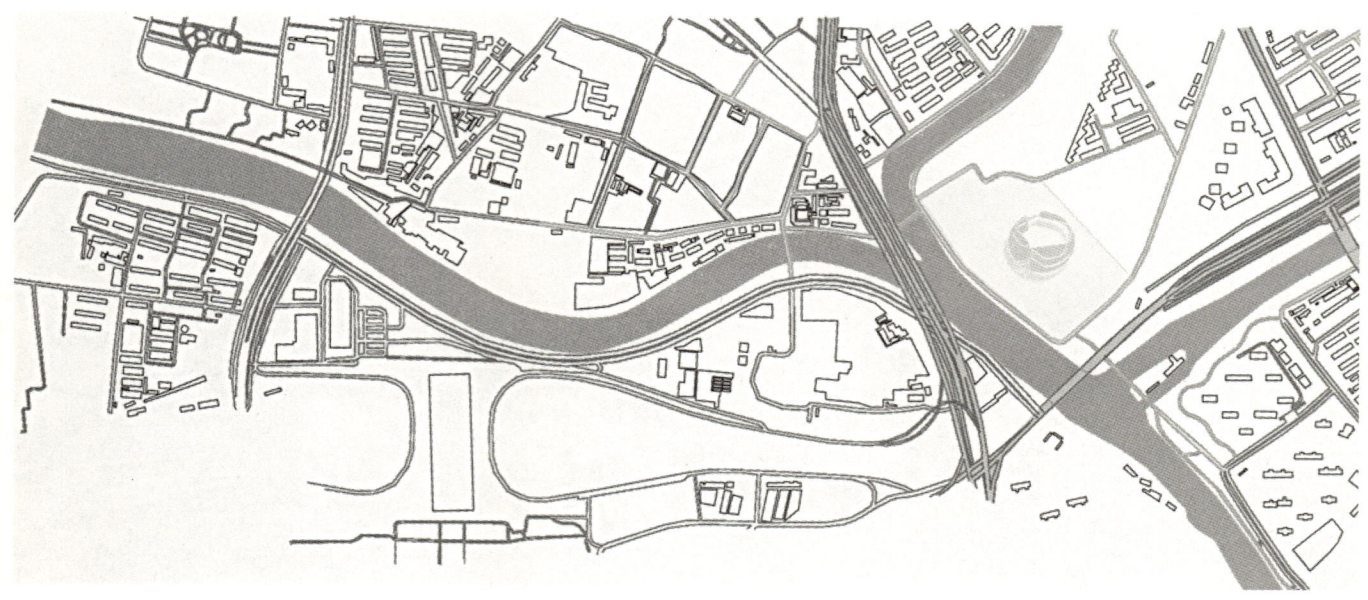

项目区域周边以居民区与学校为主,并且和清真寺、大悲院距离较近,与天津西站隔岸相对,人流相对密集。

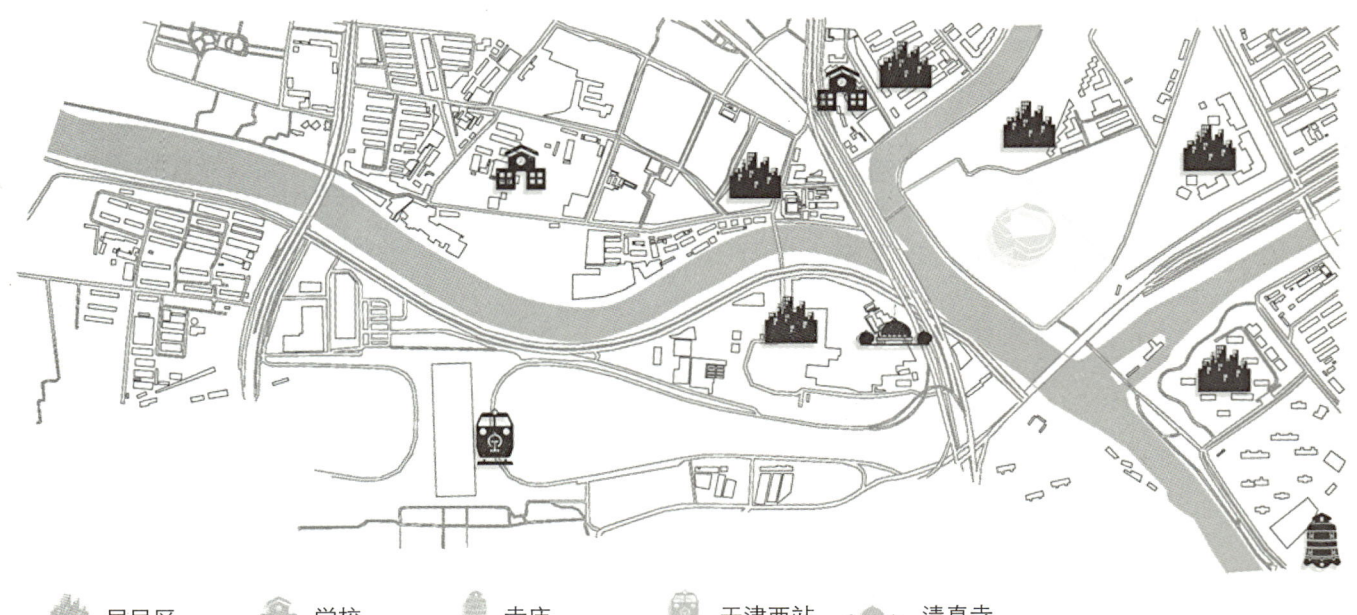

居民区　　学校　　寺庙　　天津西站　　清真寺

项目地段现状调研

265

海河文化

海河是中国华北地区的最大水系，中国七大河流之一。海河沿岸视觉资源丰富，多个景点构成海河沿岸风景链。设计项目区域延长了海河风景线，同时其设计理念延续了海河文化。

天津地区在特有的自然经济和社会历史条件下，祖先们创造了丰厚的文化遗产，形成了天津市所特有的津味儿文化特色。在天津众多的民间艺术中，最具代表性的就是杨柳青木版年画这一民间艺术瑰宝。天津民间工艺美术种类繁多，受宫廷美术、人文美术及世俗欣赏需求的影响，地域特色浓郁。泥人张彩塑、风筝魏风筝、刻砖刘刻砖、面塑、木雕、石雕、根雕、杨柳青年画、塘沽版画、剪纸、彩灯、地毯等民间工艺美术作品被称为民间艺术之绝品，名扬海内外。京剧、评剧、河北梆子、相声、时调、大鼓、快板等大众化戏剧和曲艺在津十分兴盛，这些戏曲虽大都起源于乡农村或城市社会下层，但最终在天津形成正规的艺术流派，有的在天津成熟或"走红"，从而使天津成为中国主要戏曲艺术产生的摇篮。

空间延伸

天津文化中心，是位于中国天津市河西区的市级行政文化中心。包括天津图书馆、天津博物馆、天津美术馆、天津大剧院、天津青少年活动中心、天津银河购物中心、生态岛等。原有场馆有天津博物馆、中华剧院、天津科技馆。天津文化中心覆盖范围较广，功能性较集中，相对会对河西区域造成一些压力，时间段交通障碍等。同时也会给距离较远的受众人群较长的距离阻碍。

为了分散河西区文化中心的压力，在项目区域建造天津第二文化中心，有效的分散、分担和化解了河西区文化中心的不利影响，让天津市内文化布局更合理。

建筑演化

天津文化离不开水，我们本次项目的选址也是临水，所以我们准备在水元素中来提取设计灵感。

当物体坠落水面时会形成一个漩涡。我把它归纳成一个包容性与开放性兼顾的圆环图形。

依据任务书及建筑规范对这个圆环进行切割、下沉、设计和归纳。设计出初步的三个建筑雏形。水花的溅射波浪，进行归纳抽象，形成建筑立面的初步效果，初步意向是建筑立面使用大面积的玻璃幕墙。

三个建筑中心区域设计成一个环绕性的亲水演绎广场。

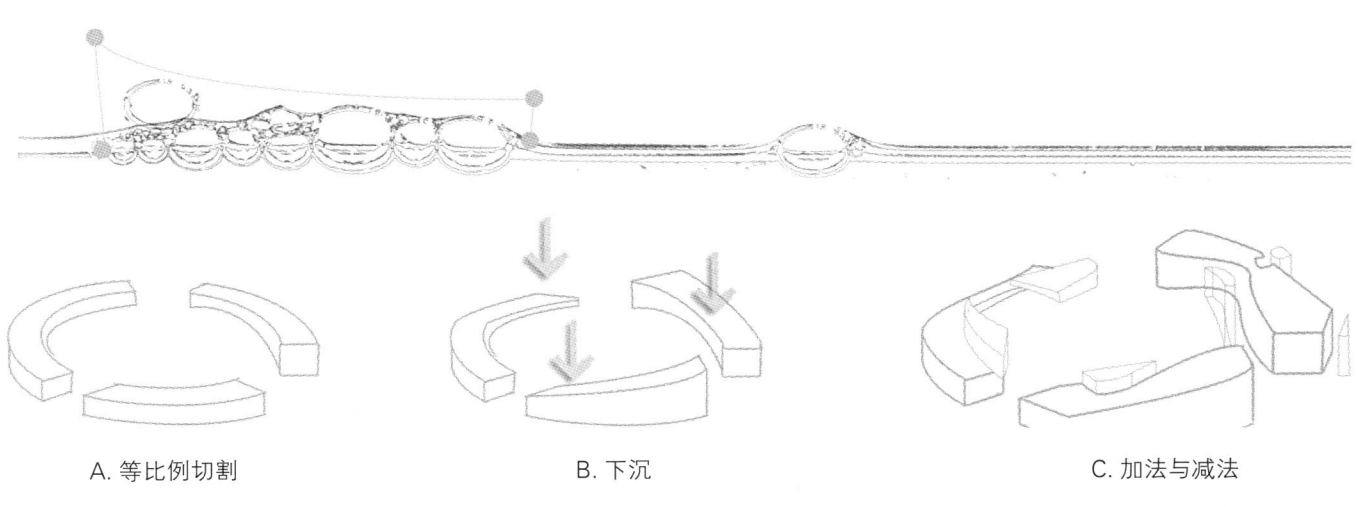

A. 等比例切割　　　　B. 下沉　　　　C. 加法与减法

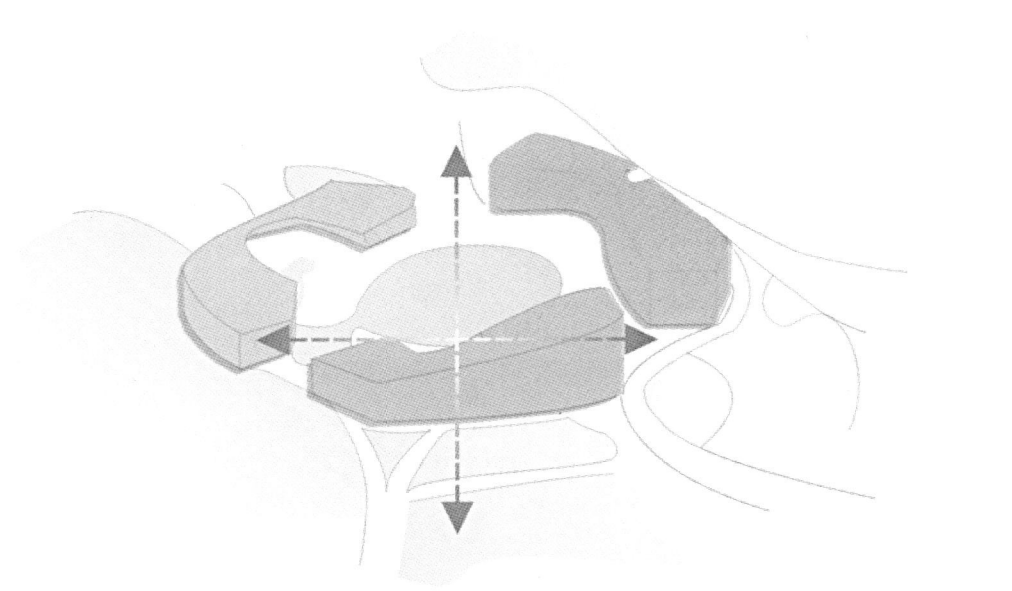

■ 音乐馆
■ 艺术展览馆
■ 艺术家工作室

267

方案设计

- 法桐
- 国槐
- 美国白蜡
- 银杏树
- 白皮松
- 五角枫
- 连翘
- 紫叶小檗
- 雪松

项目交通动线分析

项目道路分析

项目区域内交通流线通畅，具有很高的灵活性和通达性。加上建筑的回廊更是加大了建筑内、建筑外及建筑之间的联系。

分为主干道、次干道，艺术馆后面还有市民的慢跑动线，整个项目是开放式设计。四个入口，是根据我们之前的周边人流交通分析来确定主次入口的设置。最后使整个项目交通动线实现人流与建筑景观的融合。

道路A为两处抬升道路，抬升高度为2.1m，两侧面分别为下沉和辅路，达到一种视觉错位，同时在辅路或者主路上看到的景观感觉也会稍有不同。

道路B为缓坡下沉，可直接进入艺术馆一层。

道路C为绿化内部林荫路，圆弧形道路，达到更好的观景效果。

道路D主要分布于区域一侧，其流线主要将人群引入到艺术馆内。

道路E为水上道路，连接艺术家工作区与音乐馆，在这里可以得到更好的观景效果。

综合分析

	主要绿化节点
	主要景观节点
	次要景观节点
	景观中心
	绿化渗透
	水系渗透

2015天津 四种风向的强度表

类别	东北风	东南风	西南风	西北风
夏季	0.1367	0.3027	0.3960	0.1646
冬季	0.1151	0.2950	0.3426	0.2473
年强度值	0.2518	0.5977	0.7386	0.4119

该表为天津地区的四种风向强度的计算值。
该表显示了天津地区四种风向的强度由大到小的排列顺序为：
西南风、东南风、西北风、东北风。西南风为天津地区主导风向。
西南风从河面吹向三个建筑围合的圆形广场内部，加快广场内空气的交换与流通，并且建筑流线型的形态，有效减缓了风的强度，使区域内空气流动和缓。

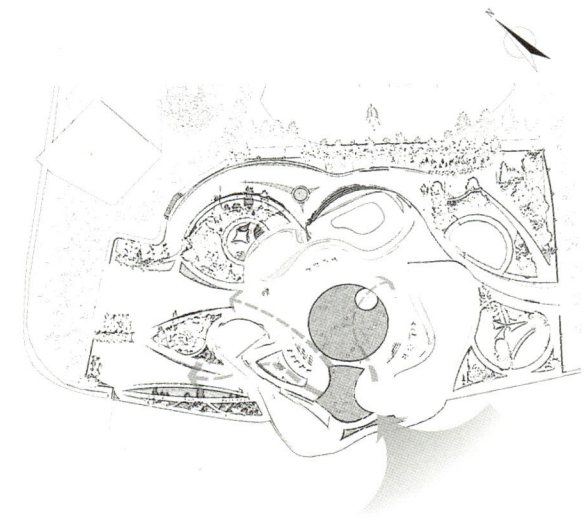

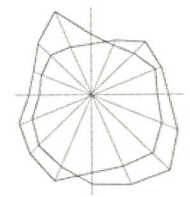

2015 天津风向玫瑰图

景观剖面

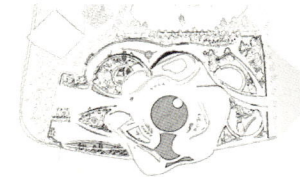
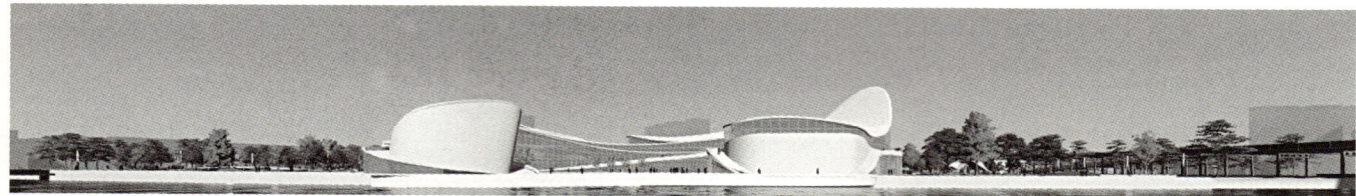
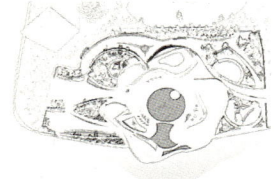

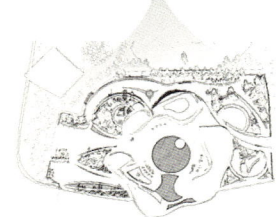

建筑单体

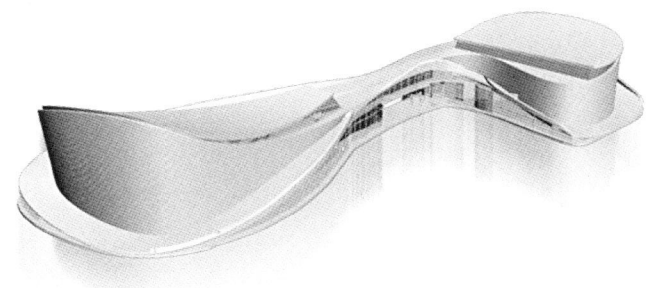

艺术家工作室

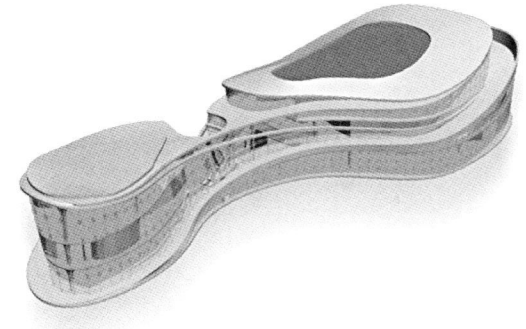

艺术展览馆

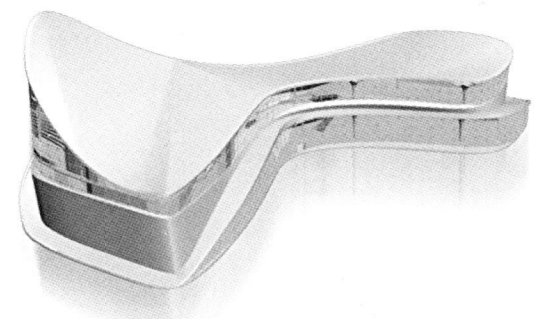

音乐馆

效果图

鸟瞰效果图

夜景

艺术家活动中心

音乐馆

中心演绎广场

音乐馆后广场景观

艺术馆后广场 　　　　　　　　　　　　中心演绎广场

艺术馆回廊　　　　　　　　　　　　艺术馆

主入口

手绘草图

模型

痕记——湖南省醴陵市陶瓷博物馆建筑及景观设计
Jining Canal Culture Museum Concept Design

学　　生：王莎
学　　号：1111130268
学　　校：天津美术学院

　　通过对醴陵陶瓷的历史、现状的深入了解，发掘了它精湛的工艺和灿烂的历史，但现如今这门技艺却没有得到应有的发展，这便是我们做这个方案的源起与意义，希望通过我们的设计让更多的人了解并热爱这门工艺，也期望游览过后，你我都是这份记忆的传播者。所以我们将设计主题定为"痕·记"，意为创造一种全新的痕迹对历史留下的痕迹进行记忆。灵感来源于陶瓷拉坯过程中出现不断旋转变换的指痕，这种痕迹是随着人的思想而变幻莫测的。我们对场地有意识的留下了我们手下的痕迹，与此同时也延续了这土地、山脉的痕迹。我们希望打造一个减压、放松的城中山脉，期望在这里你望得见连绵起伏的山、看得见碧波荡漾的水、记得住离别的乡愁。

区位分析

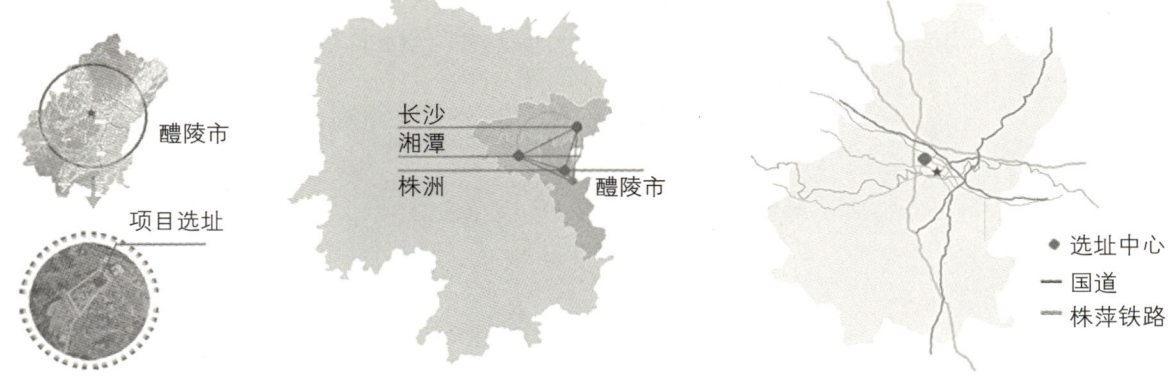

醴陵市位于湖南省的东部,是一座古老而充满现代气息的江南城市。地貌以山地、丘陵和岗地为主,属中亚热带东南季风湿润气候,年平均降水量在1300~1600mm之间,享有"瓷城"美誉,是举世闻名的釉下五彩瓷原产地。与江西景德镇、福建德化并称为中国三大古瓷都。

醴陵陶瓷的特别之处

醴陵釉下彩瓷的出现,突破了千百年来由唐代长沙窑创制的釉下单一彩瓷,以及元代景德镇青花,釉里红单色彩绘之风貌使釉下彩瓷进入了一个五彩缤纷的世界。

醴陵陶瓷历史

1. 东汉时期至今,醴陵陶瓷已有近两千年的历史,其经历更是一波三折。
2. 东汉时期,醴陵就有较大规模的作坊,专门从事陶器制作。清朝雍正七年(1729年)醴陵开始烧制粗瓷。
3. 民国首任总理熊希龄成功烧制出闻名世界的釉下五彩瓷。以其"白如玉、明如镜、薄如纸、声如磬"的卓越品质,成为了中国陶瓷走向世界的杰出代表。
4. 二十年代末,受多次战争影响,生产量开始下滑,醴陵百余家瓷厂停产,最终釉下五彩瓷生产中断。
5. 1949年,醴陵和平解放,窑火再次烧起。毛主席考察农民运动,十分喜爱醴陵精致独特的瓷器,釉下五彩瓷被首选为主席用瓷,即举世闻名的"毛瓷",许多人记忆中的老茶杯便是毛瓷的代表胜利杯。
6. 而后,醴陵陶瓷走进了人民大会堂,成为军事博物馆、民族文化宫、工人体育馆、天安门城楼用瓷、中南海和钓鱼台国宾馆用瓷以及国家礼品用瓷都指定由醴陵生产。2003年,醴陵陶瓷被题名"红官窑",醴陵釉下五彩瓷作为当代"红色官窑"进一步深入人心。
7. 2007年醴陵釉下五彩瓷成为国家地理标志产品,"醴陵釉下五彩瓷烧制技艺"被列入国家非物质文化遗产名录。

2010年,醴陵获评"中国陶瓷历史文化名城"。

博物馆调研

长沙官窑遗址博公园

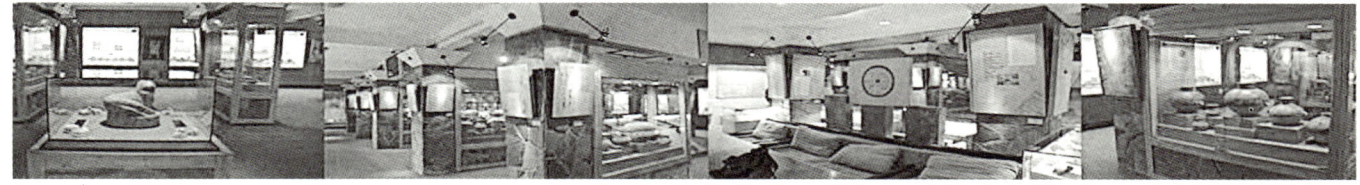

北京古陶文明博物馆

通过对许多专业类博物馆的调研，在陶瓷博物馆的设计中更希望博物馆以一种亲近包容的态度面对参观者。

周边场地分析

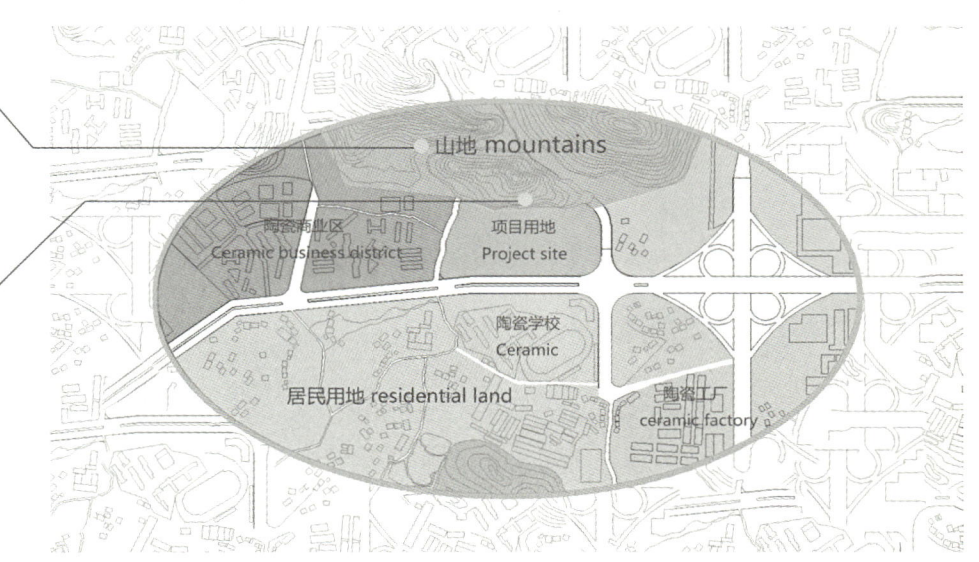

场地与周边形成一种互需共求的关系，但是在现场调研中发现由于对山体的过度开采，部分山体已经斑驳，希望通过设计来解决这一问题。

北靠山脉，南面紧邻凤凰大道，直通平汝高速、沪昆高速，东临国瓷路直通醴陵市中心。整体交通十分便捷，这是典型的小镇交通路网。

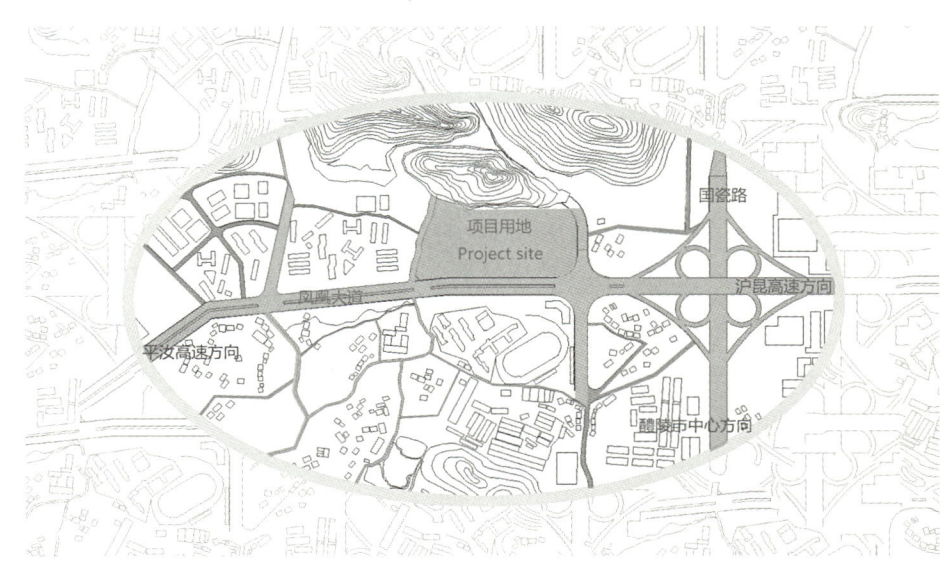

受众需求与现存问题：
1. 文化氛围浓厚
2. 开放性强、使用率高、多功能文化生活广场
3. 安静冥想空间和趣味动感空间
4. 实时信息交流
5. 柔和富有变化
6. 放松减压
7. 多功能服务站

现存问题：
陶瓷工厂生产释放有害气体，影响周围居民健康。对广场的规划将提高绿化比重，占广场的二分之一。

醴陵气象分析

地貌以山地、丘陵和岗地为主，属中亚热带东南季风湿润气候，年平均降水量在1300～1600mm之间。2013年5月醴陵洪水淹没了醴陵大街小巷。

小型湿地景观

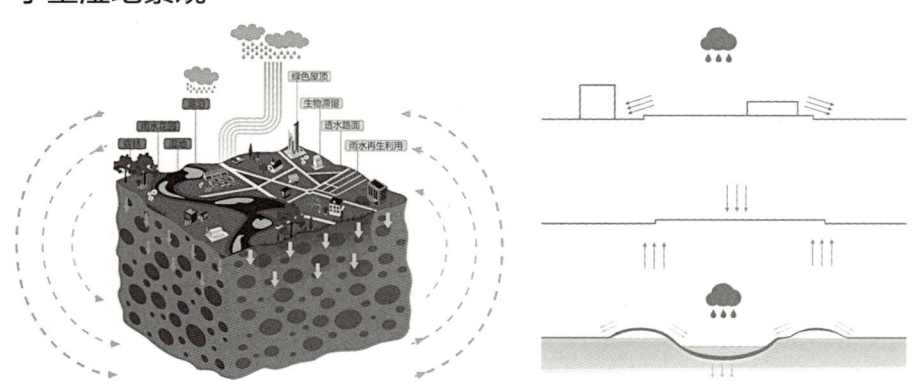

原始场地排水通过管道排送
模块化建筑排水通过管道

降地形柔化下沉抬升
抬升部分为建筑
下沉部分为蓄水池

海绵城市是指城市能够像海绵一样，在适应环境变化和应对自然灾害等方面具有良好的"弹性"，雨量充沛时吸水、蓄水、渗水、净水，需要时将蓄存的水"释放"并加以利用。引用海绵城市的设计理念，用广场中小型湿地景观来调节这一现象，让雨水自然积存、自然渗透、自然净化。

元素与概念

陶瓷拉胚过程中会出现不停旋转变换的指痕，线条场地的山脉也正是这工艺的源泉，由延绵起伏的线条组成，这正是大自然形成的痕迹。
延续山脉的连绵起伏和指尖不停旋转的痕迹，记忆历史，记忆时间留下的痕迹。
用全新的痕迹去延续历史，修复历史伤痕。

草模推敲

概念提出后用草模进行尝试表现，通过草模对方案进行推敲并确定了场地的处理方法及建筑形态。

平面与建筑生成

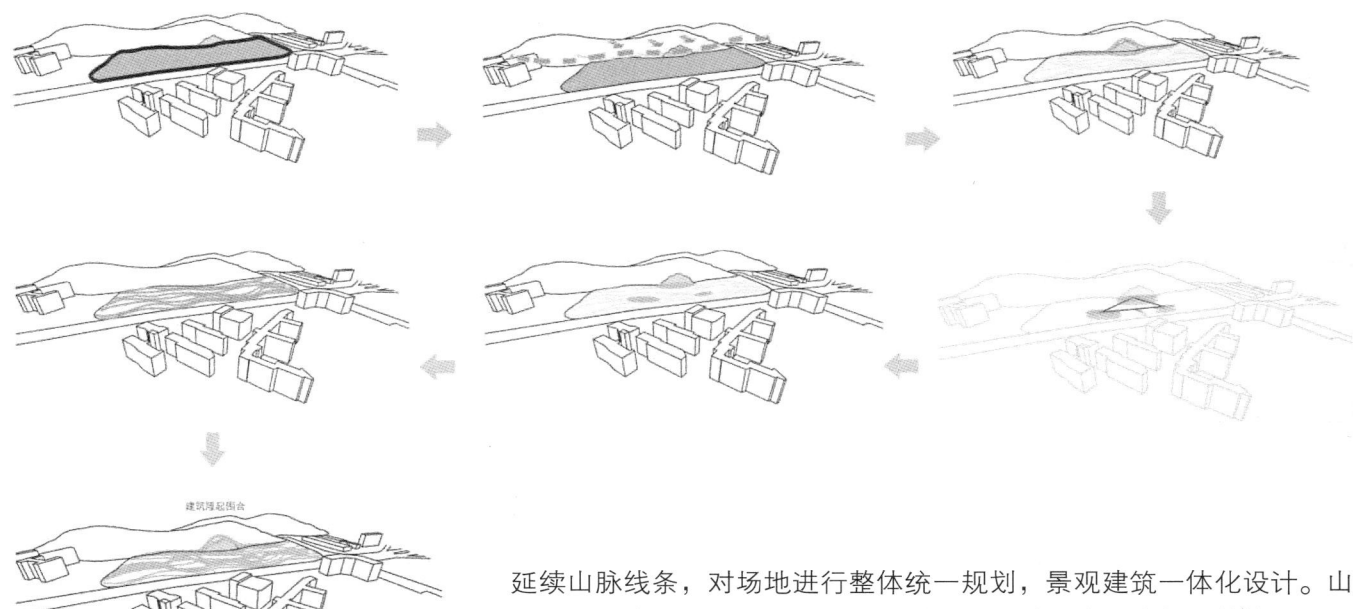

延续山脉线条，对场地进行整体统一规划，景观建筑一体化设计。山地边缘由于过度开采斑驳裸露，所以首先对其进行遮挡修复。整体平面形成延绵起伏状，对建筑位置定点，插入线条内，隆起山脉的建筑形态。

建筑分析
望得见连绵起伏的山，看得见碧波荡漾的水，记得住离家的乡愁。

建筑理念
　　整体建筑将裸露的被破坏的山体遮盖，建筑顶部运用屋顶绿化。将受损的山体运用到室内展示中，让游客直观了解高岭土的形态。

建筑材料
　　建筑材料主要使用废弃的瓷片经过二次加工，再用于建筑表皮。经过环保加工的陶土比原来陶土的使用寿命增加1.5倍。

方案设计

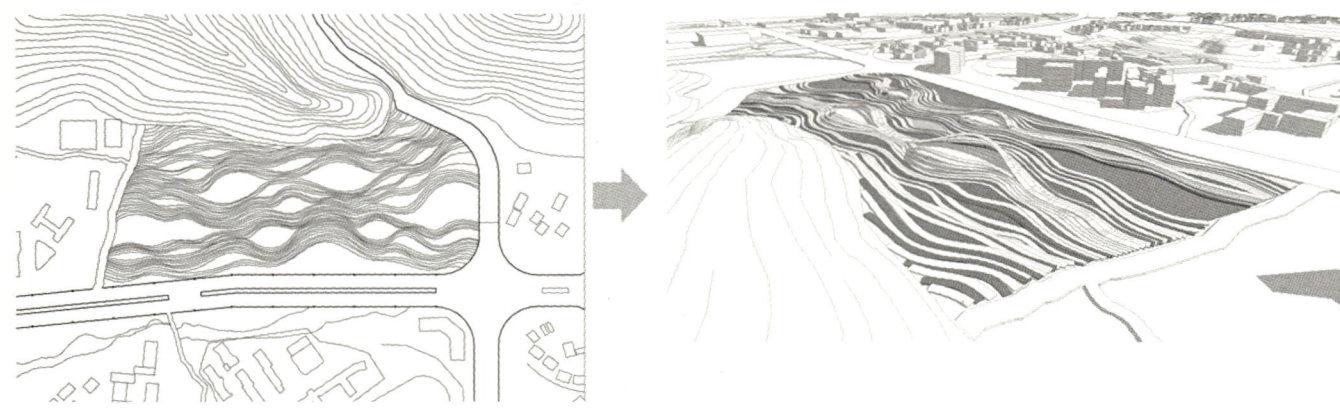

线条过于均匀,缺乏开阔性区域

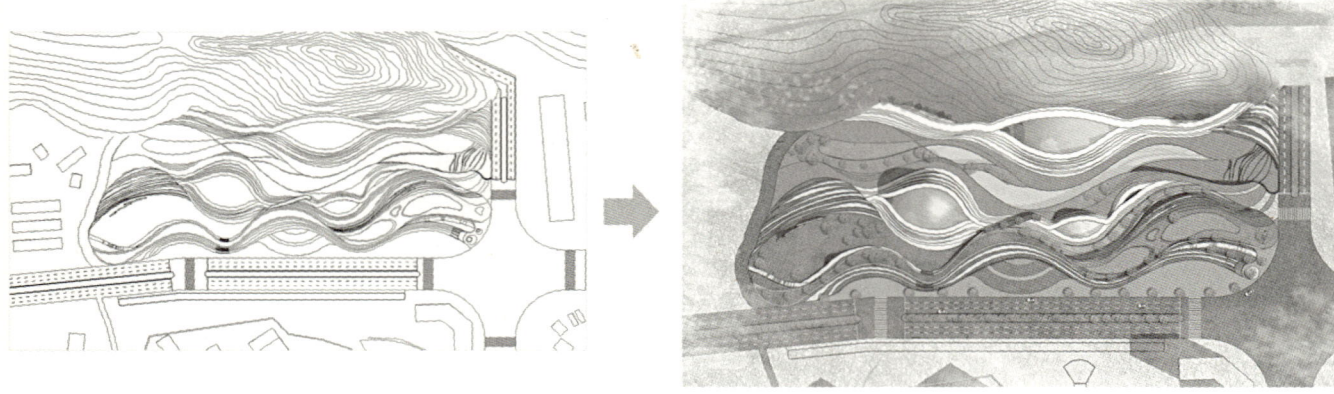

延续山脉痕迹,将建筑与景观融为一体

建筑立面图

正立面图

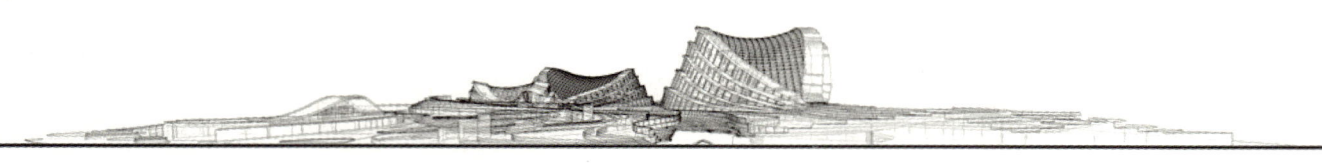

东立面图

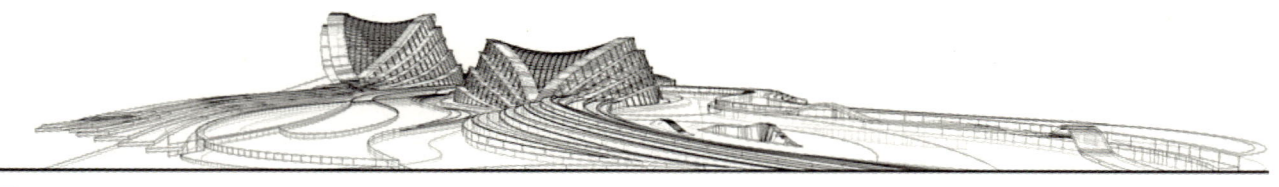

西立面图

1 博物馆入口缓坡
2 西侧停车场
3 东侧停车场
4 鸟瞰阶梯
5 全息投影信息森林
6 林荫湿地
7 空中广场
8 山地阶梯
9 下沉广场东侧入口
10 山脚冥想台阶
11 陶艺湿地广场

总平面图

醴陵市陶瓷博物馆建筑及景观鸟瞰图

博物馆广场入口景观效果图

建筑景观节点效果图

全息投影信息森林效果图

湿地广场效果图

建筑夜景效果图

283

启·承——天津市近代历史博物馆建筑及景观设计
Tianjin Modern History Museum Architectural and Landscape Design

学　　生：角志硕
学　　号：1111130106
学　　校：天津美术学院

  本课题设计内容为天津近代历史博物馆建筑景观设计。根据前期实地调研，对基地做了一系列分析，包括周边资源分析、交通分析、光照分析、可视角度分析、太阳辐射分析等。对基地有了合理的认知和安排。因为基地内现存历史建筑西开教堂，出于对古建筑的尊重和保护，在对新建筑的设计上保持了与古建的一定距离，并且建筑体量相对控制，在尊重古建的同时又展示自己的特色。整体建筑设计元素采用岩层来体现时间的积累与沉淀，表现天津历史片段交叠。整体建筑语言表现的是对天津近代历史的曲折蜿蜒，并且传达着一种张力、一种奋发的精神。

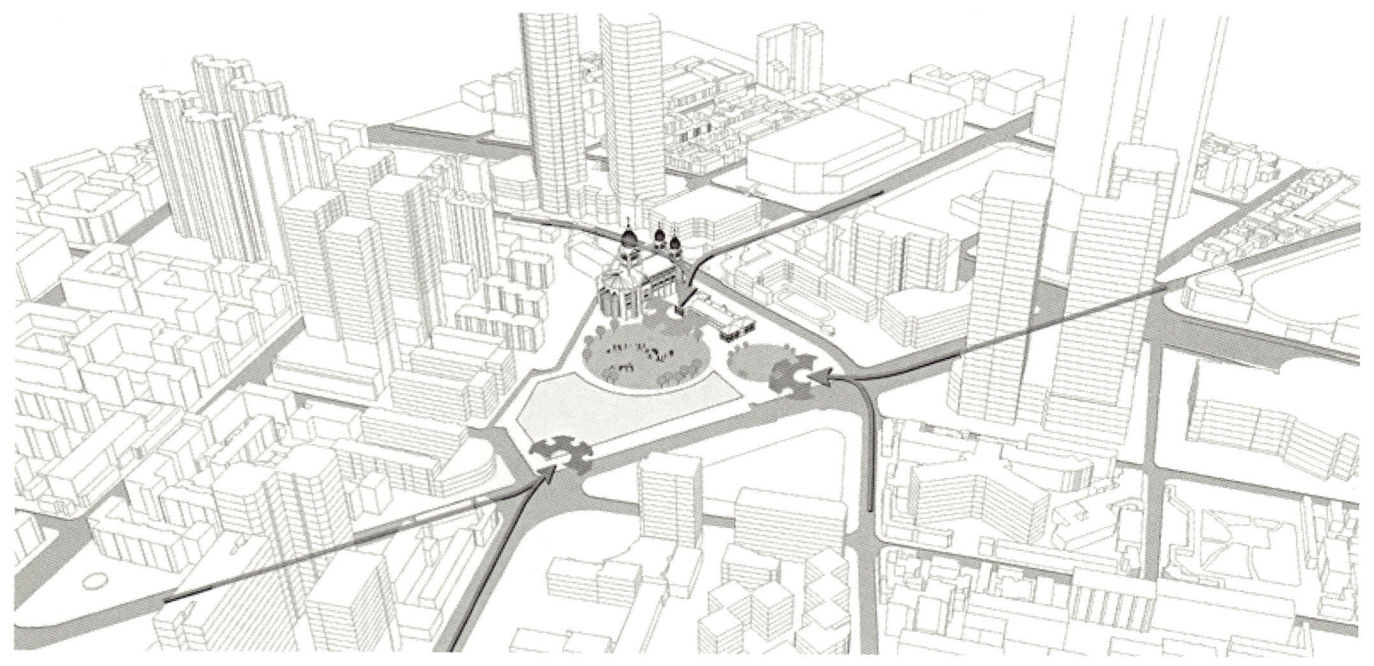

六线·三点
  通过项目周边的交通流线的分析，提取出项目周边主要的六条干道，对周边资源综合分析，结合整个项目的特点，设定三个重要的点，两者相结合，作为建筑及景观设计中的主入口。

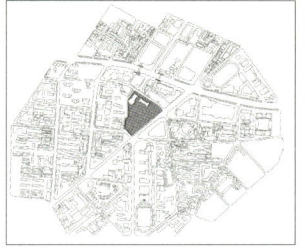

天津市和平区　　　　西开教堂区域

区位分析

课题基地东至营口道，南至宝鸡东道，西至独山路，北至西宁道。处于城市CBD、RBD区域，地理位置十分优越。规划总用地面积2.85万平方米。

现状分析

项目位于城市中心区域，周边高楼林立，商业群集，西开教堂区域的规划设计将进一步创造商业、文化与艺术的新契机，以提升此区域作为天津市中心的整体形象。

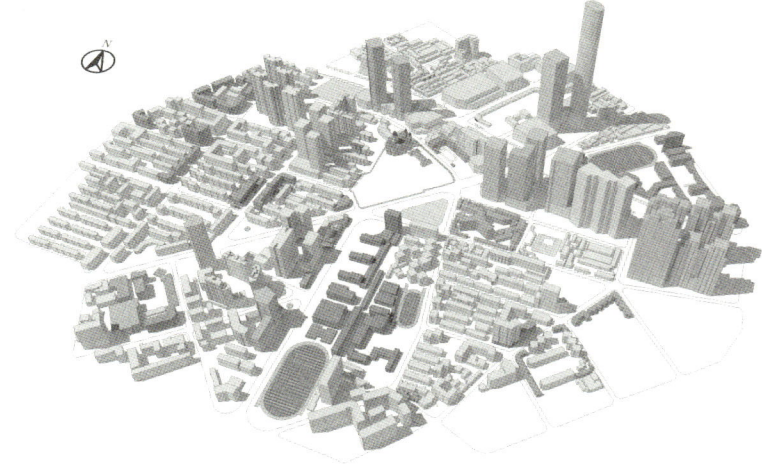

周边资源分析图

通过对周边资源的统计分析，可以发现周边教育资源，商业资源以及居住用户密集，人流量大，并且要做到博物馆及周边建筑环境达到和谐融洽，需满足不同年龄段人群的使用要求。

——— 商业群体
——— 酒店式公寓
——— 高端写字楼
——— 教育系统
——— 医疗系统
——— 多用途空间：
　　　零售商业、社区、其他

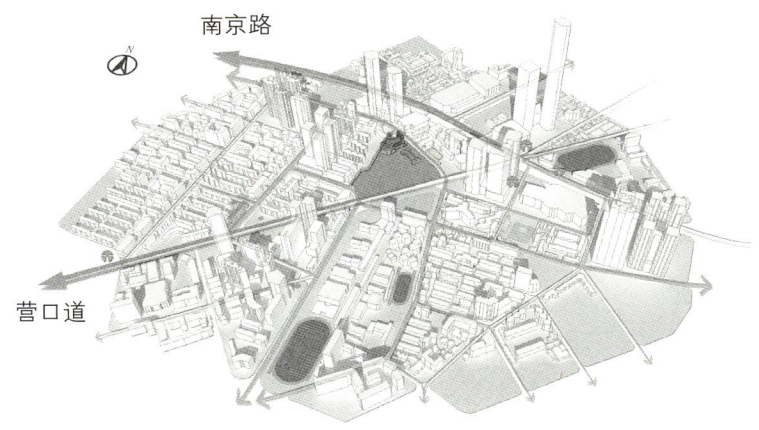

南京路

营口道

周边交通分析图

基地周边交通网络密集，城市主干道有南京路和营口道，处在两大干道的交汇处，坐拥天津市最繁华商业街南段，相邻地铁营口道站，地理位置十分优越。

 城市干道
🚇 地铁站

通过大寒日和夏至日日照分析可以看出，项目地块日照大部分处在6小时以上日照范围，大寒日有部分处在3~5小时日照范围内，光照充足，在建筑与景观设计上可充分利用日照时间合理设计建筑与景观廊道。

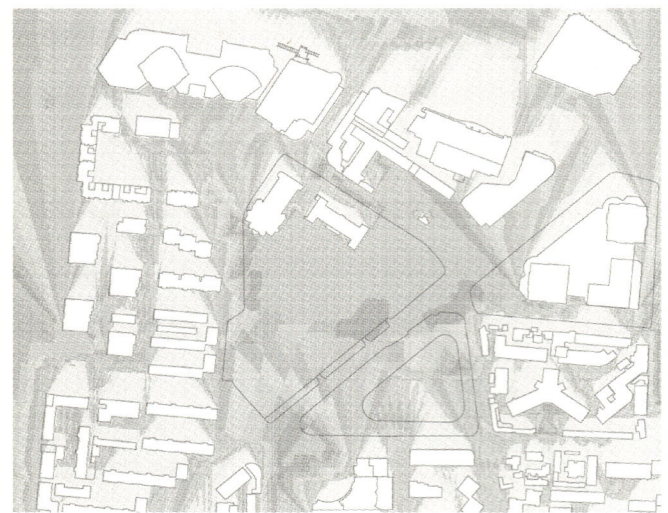

大寒日日照分析图

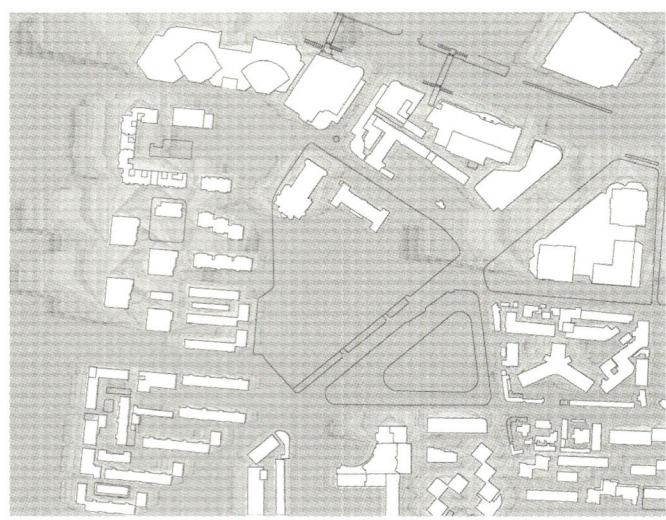

夏至日日照分析图

天津近代历史博物馆建筑及景观鸟瞰图

建筑概念

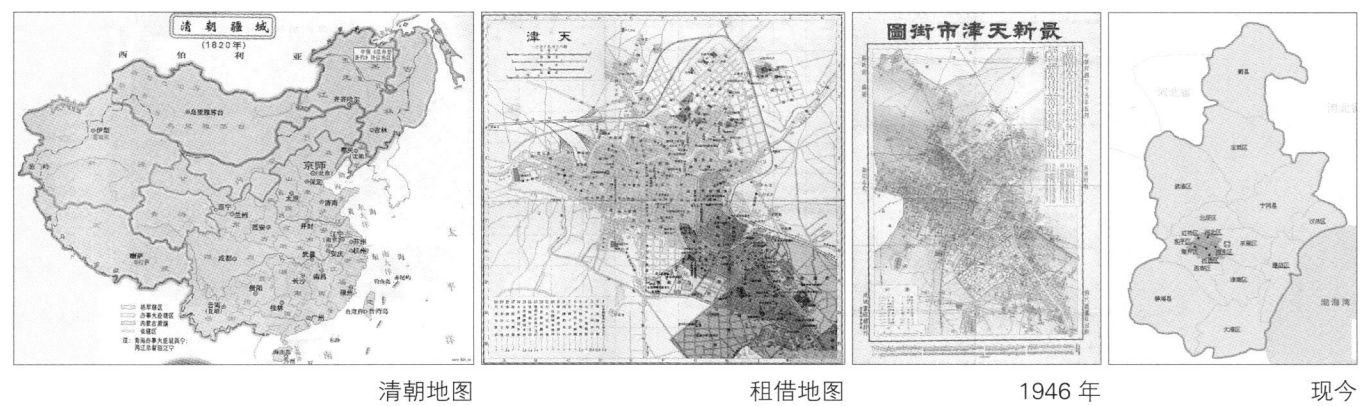

| 清朝地图 | 租借地图 | 1946年 | 现今 |

天津近代历史是从1840至1949年，通过对109年历史脉络的梳理，提炼出重要的历史片段，并将历史串联。

岩层，体现的是时间的积累与沉淀，是岩层历史的文脉。选取岩石的文脉肌理，表现天津历史片段交叠、延伸。它是文化的传承、积累和扩张，体现历史文明的轨迹。

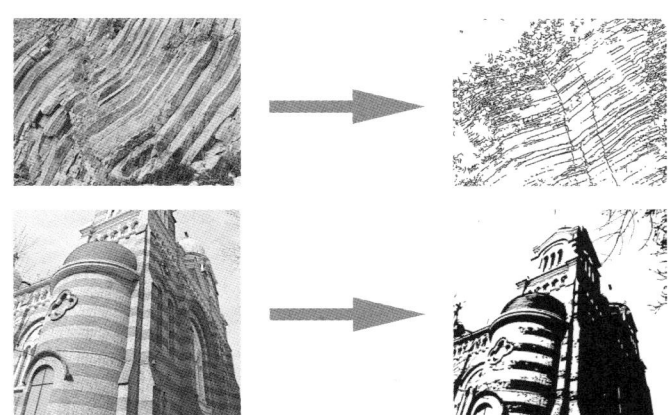

选取天津历史的109个片段，规律性的布置每层的单元和角度，为人们展现出惊人的历史交叠，它吸引人们阅读历史，它记录天津的古往今来，也留下当今的时代印记。

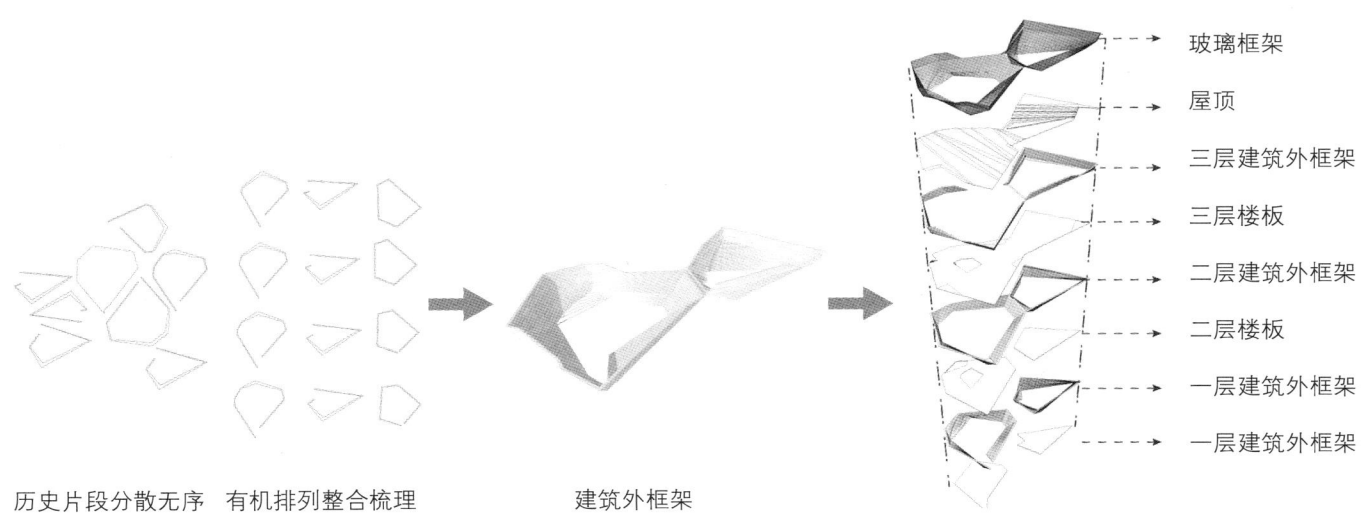

历史片段分散无序　有机排列整合梳理　　　建筑外框架

玻璃框架
屋顶
三层建筑外框架
三层楼板
二层建筑外框架
二层楼板
一层建筑外框架
一层建筑外框架

室内展示设计脚本

博物馆总面积 31700m² （停车场 12000m²）

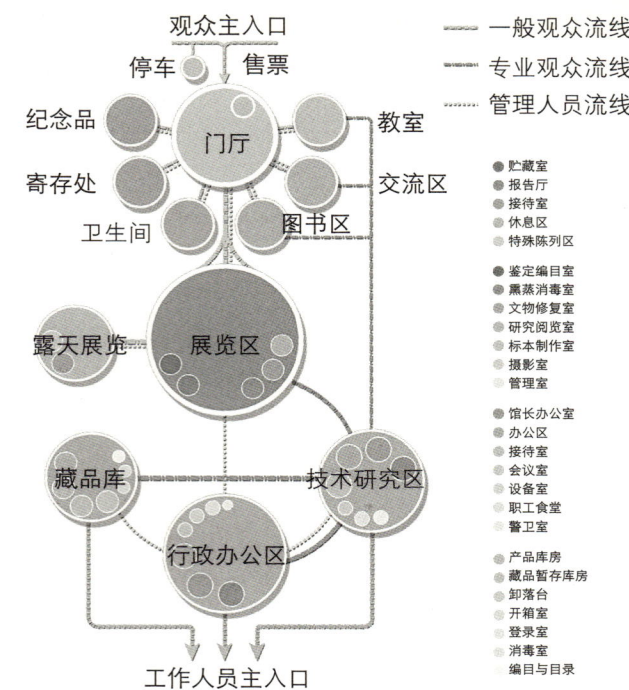

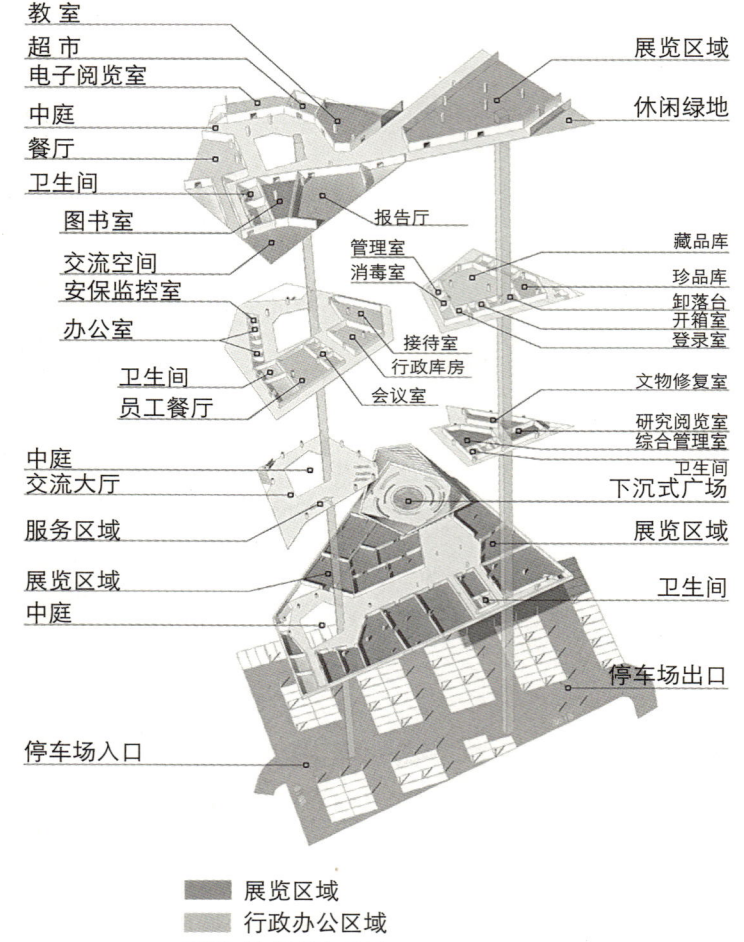

室内功能空间细化分析图

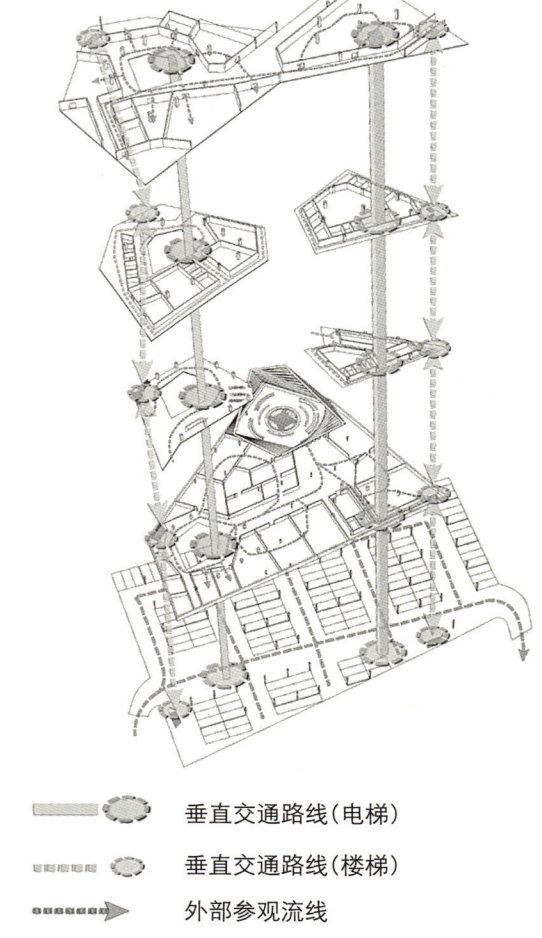

垂直交通流线及人员流线图

建筑立面图

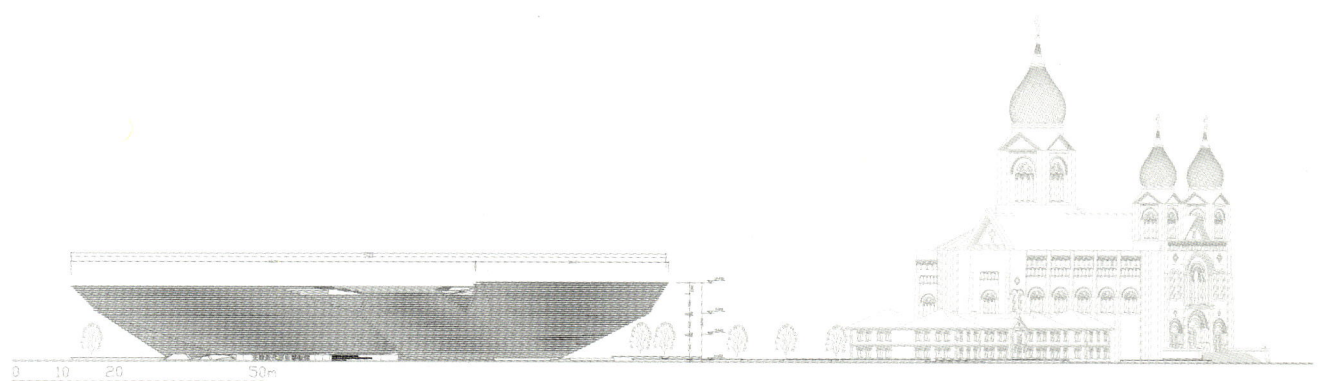

东立面图

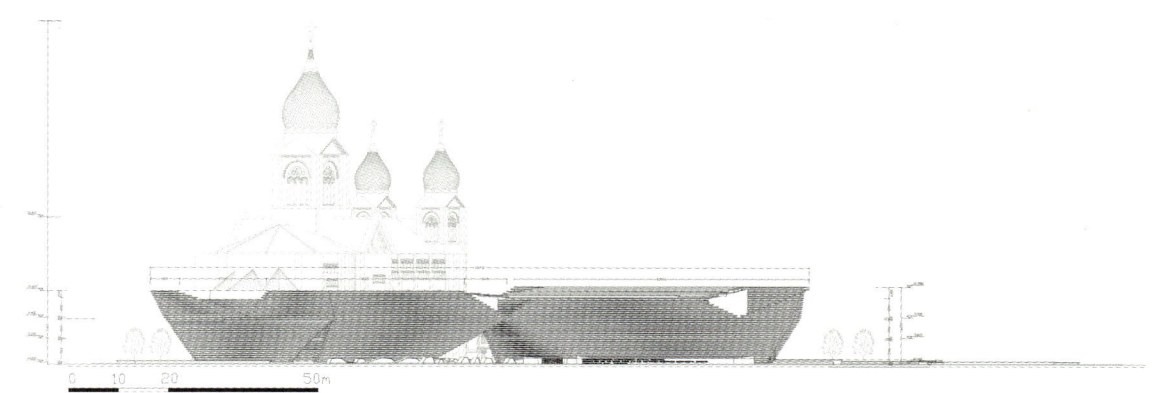

南立面图

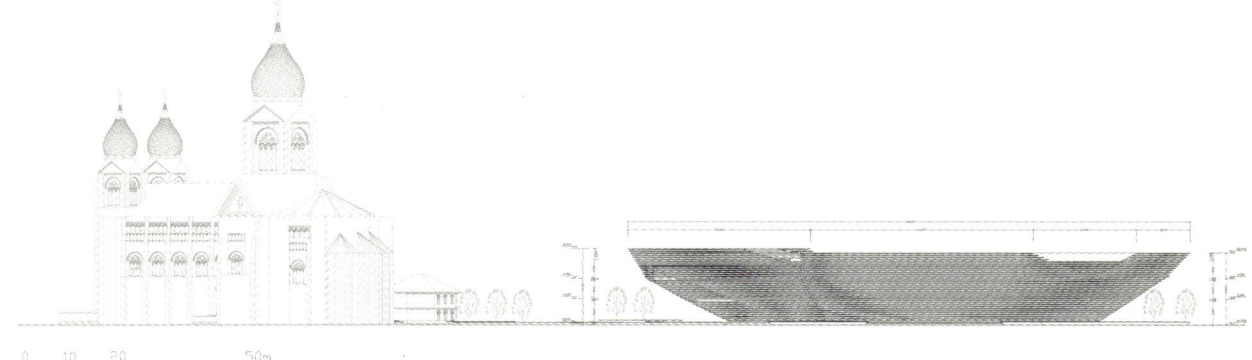

西立面图

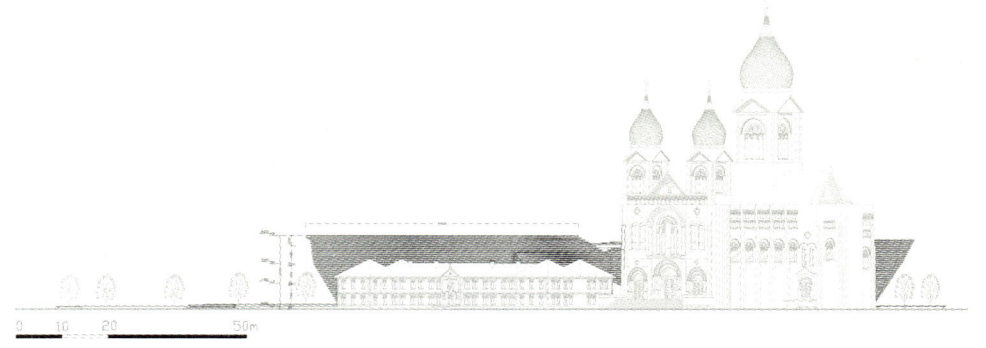

北立面图

东立面效果图

南立面效果图

北立面图

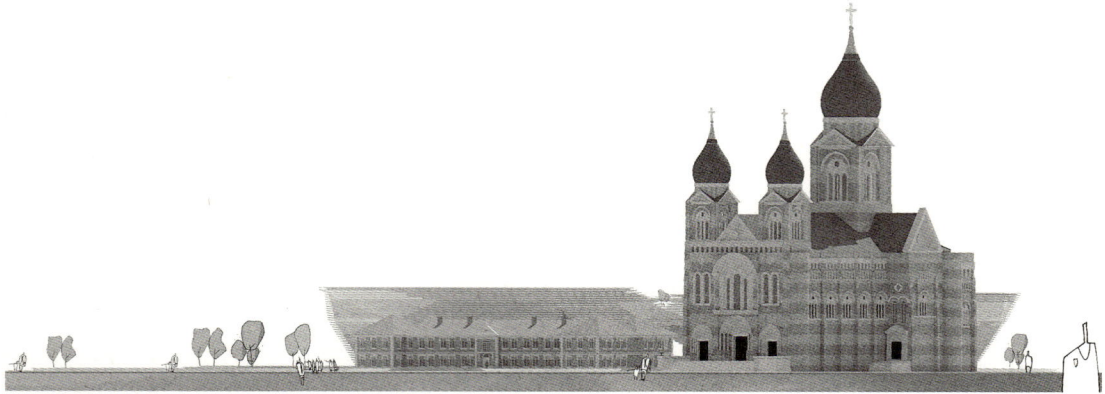
北立面图

景观设计策略

亲密 空间直径 0.45m		休憩空间
私人 空间直径 1.2m		休憩、冥想空间
社交 空间直径 3.6m		展览、学习
公共 空间直径 7.6m		中心广场 人群聚集空间

景观设计推导

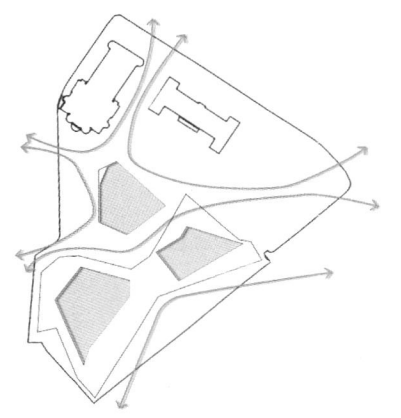

景观与建筑遥相呼应，在配合博物馆与教堂的同时，又将二者联系起来。

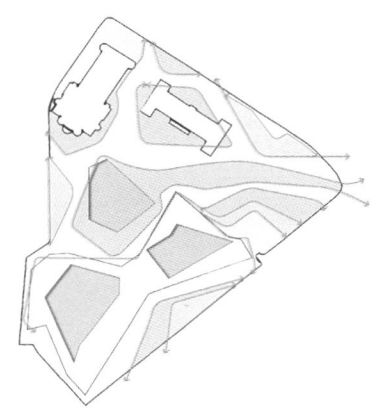

空间的流动性和导向性：通过道路、台阶，将人群引入特定区域参观、休憩。

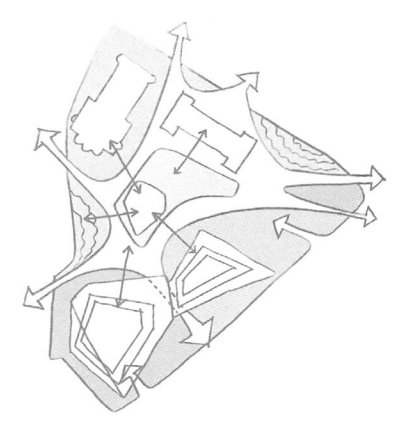

人群分流：通过景观道路将主要人群自然分流，并创造出小区域休憩空间，打造私密与公共、封闭与开放并存的空间，满足不同人群的心理需求。

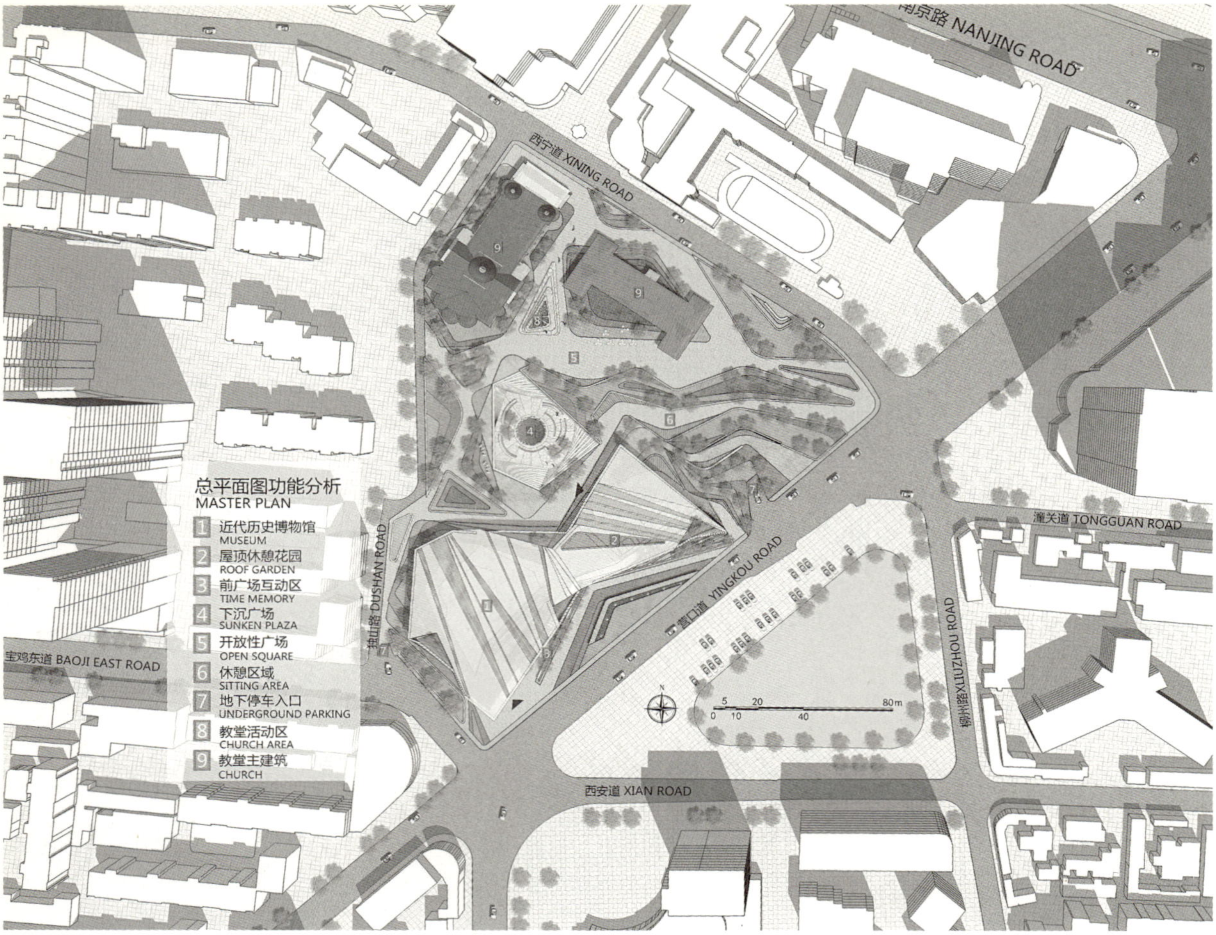

总平面图

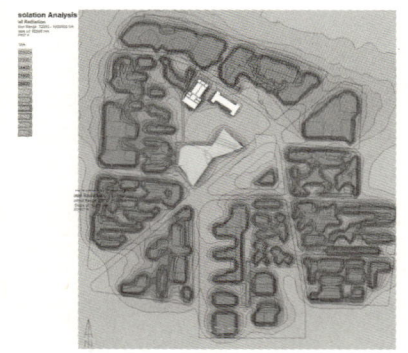
12、1、2月太阳辐射平均累计分析

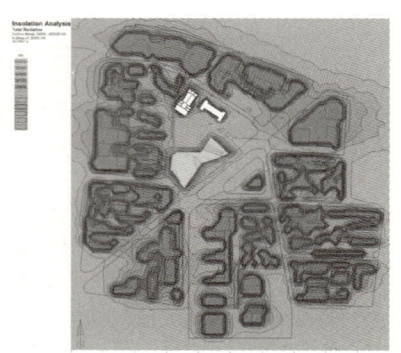
6、7、8月太阳辐射平均累计分析

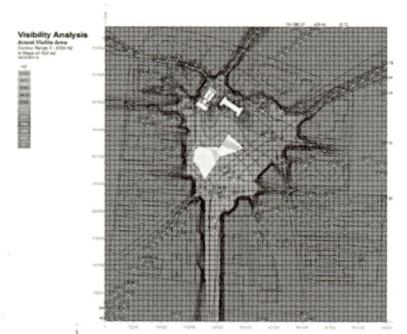
建筑可视角度分析

太阳辐射分析

设计范围内，因博物馆与周边住宅层高不同，参照分析结果，结合地形特点，使得办公区与主要公共空间达到最佳采光效果，提高整体区域品质。在景观植物的栽植设计上充分考虑太阳辐射，结合场地特征设计，配合合理的植物。例如在夏天太阳辐射强而冬天太阳辐射弱的区域可适当栽植落叶植物，如银杏树，可保证场地在夏天避免阳光直射，冬天照射日光吸取热能，对于建筑来说更为生态环保，减少公共资源的浪费及达到海河两岸风景区的"碳平衡"，落实生态、环保、低碳的理念。

建筑可视角度

设计范围周边建筑错综复杂，建筑密度大，通过可视分析，使得教堂与博物馆达到最佳视觉效果。

建筑、景观效果图展示

下沉式广场及建筑效果图

下沉式广场效果图

"历史记忆"主题记忆墙景观效果图

教堂祈福区效果图

苏州苏绣博物馆方案设计
Wonder on a Stitch – Soochow Embroidery Museum Building Design

学　　生：薄润嫣
学　　号：1141401072
学　　校：苏州大学

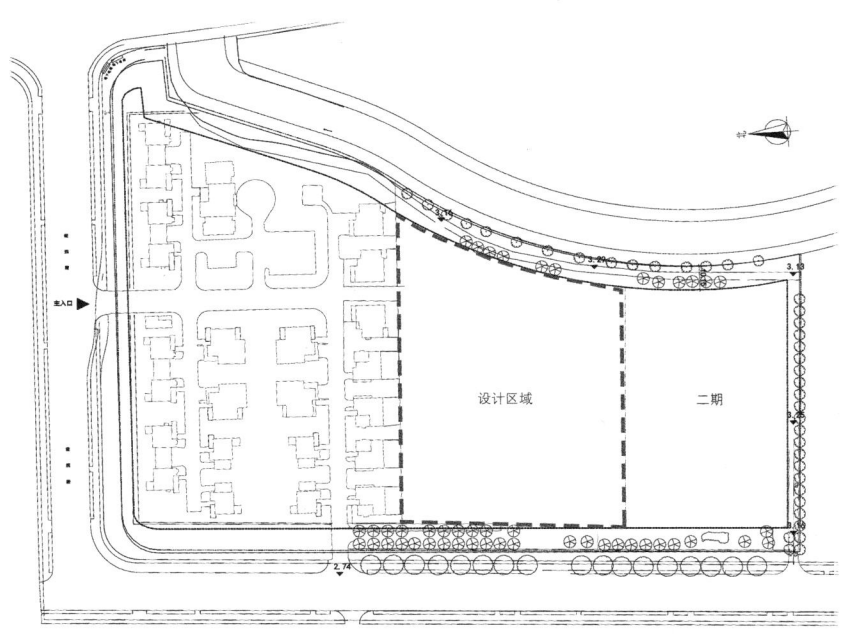

该设计场地位于苏州工业园区翠薇街，基地北部为一专家公寓，人流量较小，南部为预留二期，东部朝向景观（独墅湖小教堂及白鹭园景区），西侧毗邻主干道。

经过规划，用地区域为一片梯形区域。由于周围场地原因，使得主入口设置在场地的西侧。

　　一方水土养育一方人。小桥流水般沉静的苏州城，孕育了一代代传承了苏式文化的众多艺术，苏扇、苏绣、苏州评弹……然而随着时代演变，文化并未得到较好保护而保存下来。博物馆作为精神传承的文化场所，则承载了越来越多责任。该设计便是从苏州传统文化——苏绣出发，提取元素，完成苏绣博物馆的建筑与室内设计，旨在设计一体现苏州文化的休闲场所，在设计中渗透文化精神。

基地概况

该基地位于苏州独墅湖高教区,南临月亮湾商业区,东起独墅湖科教创新区,环境安静别致。西靠独墅湖湖畔白鹭园以及独墅湖小教堂,环境优雅宜人;北起仁爱路,延伸至北到湖底隧道以及邻瑞广场,交通十分便利且靠近商业中心,配套完善。

城市

场地

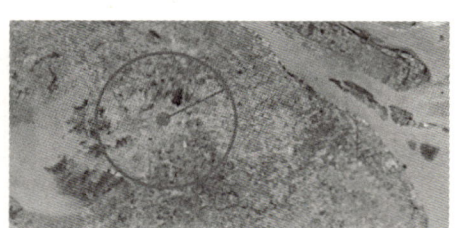

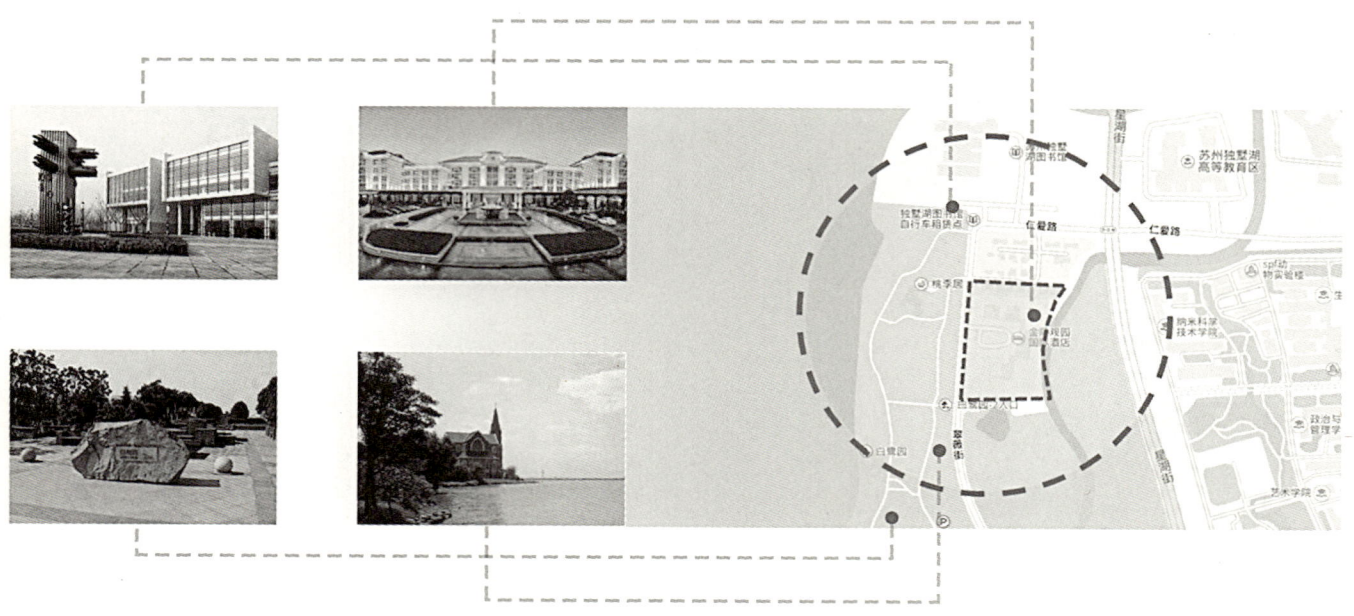

设计用地周边环境

入口门厅效果

苏州传统元素

特色建筑风格
粉墙黛瓦，小而轻巧，低层高密度，错落有致。

曲折水乡河道
前街后河、人家尽枕河的水乡风情。

丰富民间文化
苏扇、苏绣、苏州评弹、碧螺春。

宋人之绣，针线细密，用线一、二丝，用针如发细者为之。设色精妙，光彩射目。

——宋朝《清秘藏》

苏绣图案秀丽，构思巧妙，绣工细致，针法活泼，色彩清雅。

平：绣面平展。
齐：图面边缘整齐。
细：用针西樵，绣线精细。
密：线条排列紧凑。
和：设色适宜。
光：光彩夺目，色泽鲜明。
顺：丝理圆转自如。
匀：线条精细均匀，疏密一致。

"山水能分远近之趣，楼阁具现深邃之体，人物有瞻眺生动之情，花鸟能报绰约亲昵之态"。

形体分析

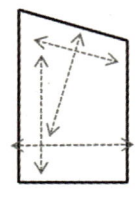
轴线

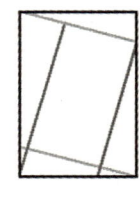
切割

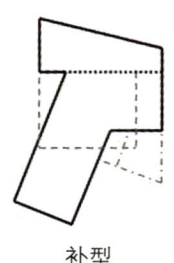
补型

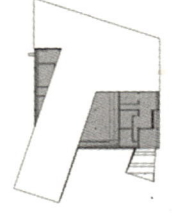
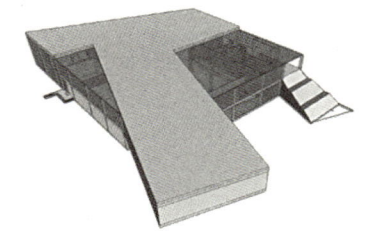

体块生成

在建筑体块生成部分，从建筑区域出发，由场地形态提取两套轴网，通过对形体的切割和补充以及模型的拉伸变化，生成最终建筑体块。从建筑的总平面可以看出两个体块的互相穿插以及在两套轴网方向上体块的拉伸变形。

元素提取

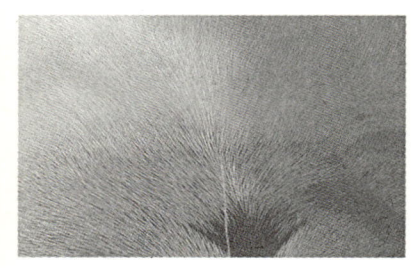
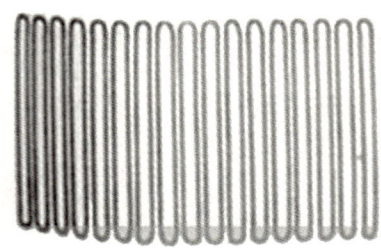

在建筑外立面的设计上，从苏绣常见针法——平针出发，提取线性元素，并将之运用在外立面表皮肌理之上。

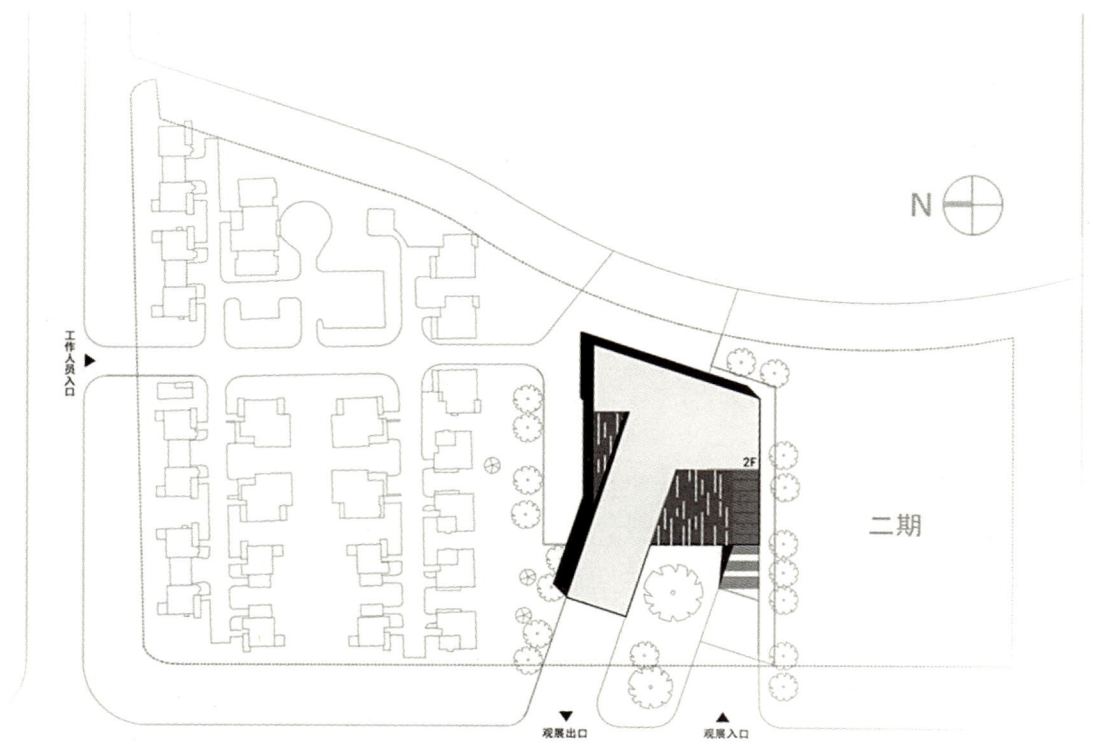

总平面图

方案设计

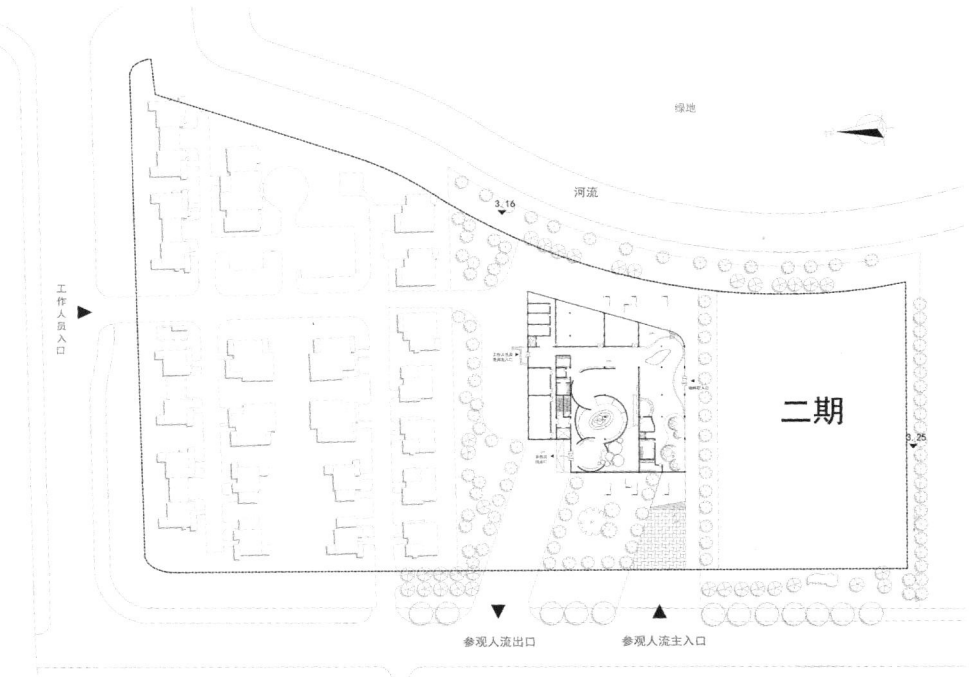

一层平面图

西立面图

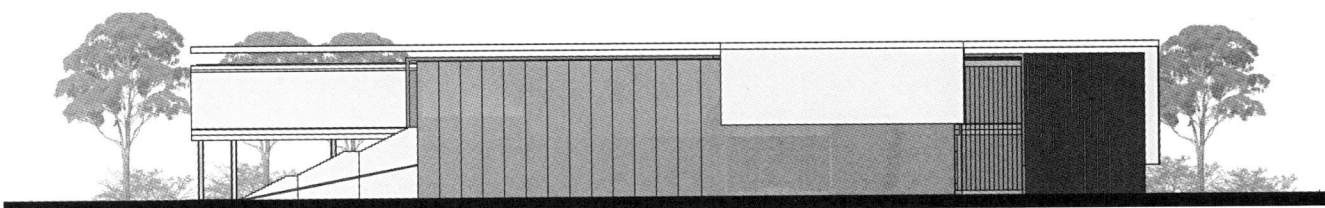

南立面图

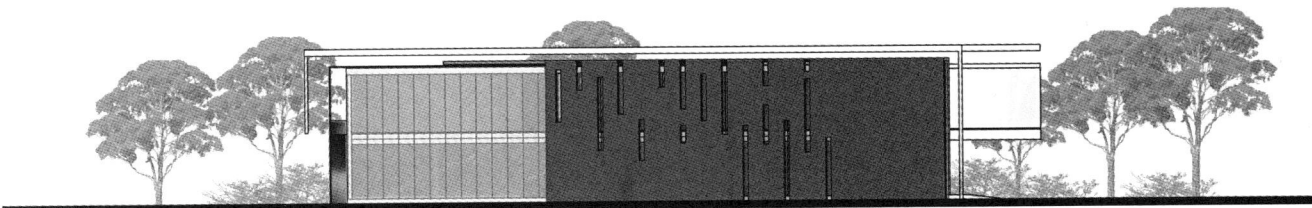

东立面图

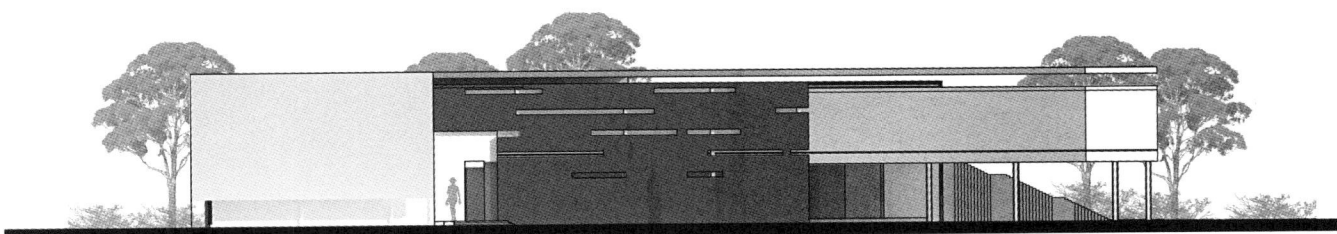

北立面图

建筑透视

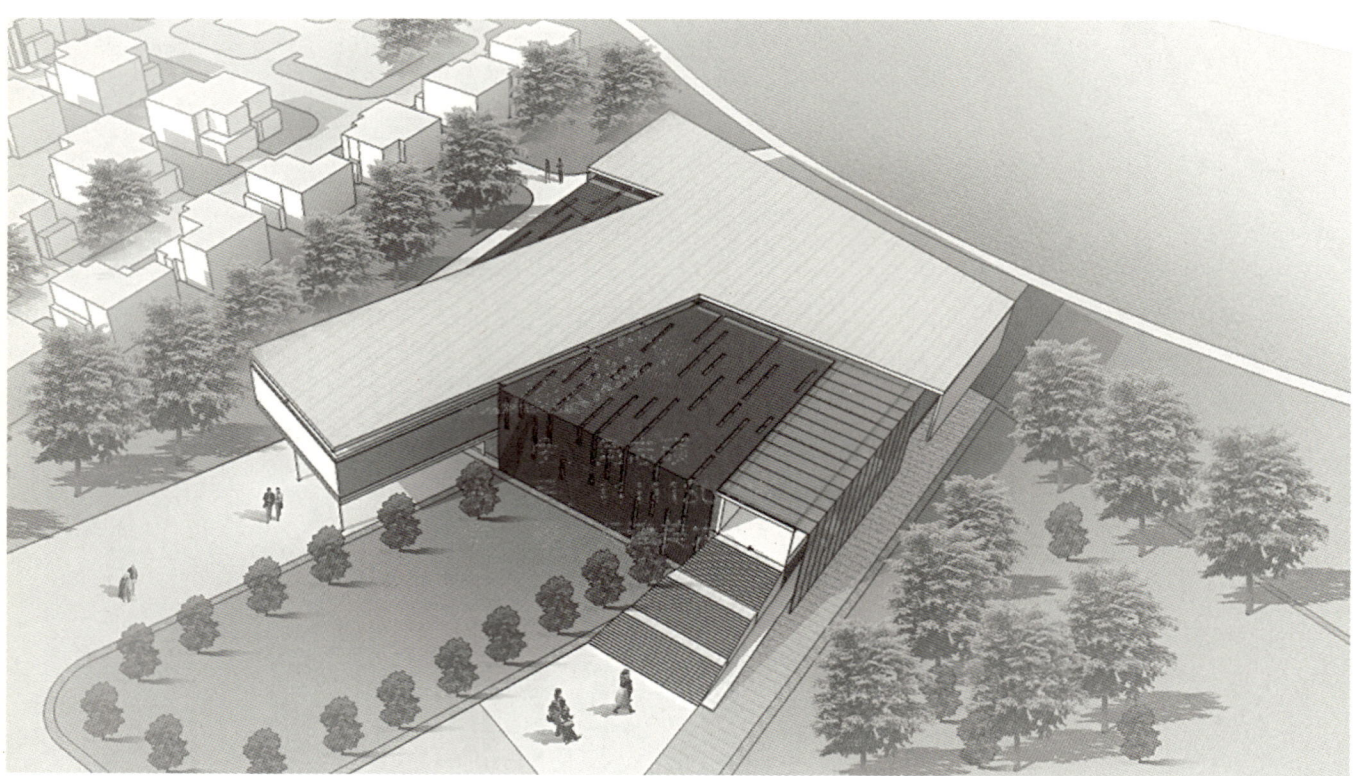
建筑鸟瞰

建筑透视

建筑生成

建筑入口透视

建筑透视

平面分析

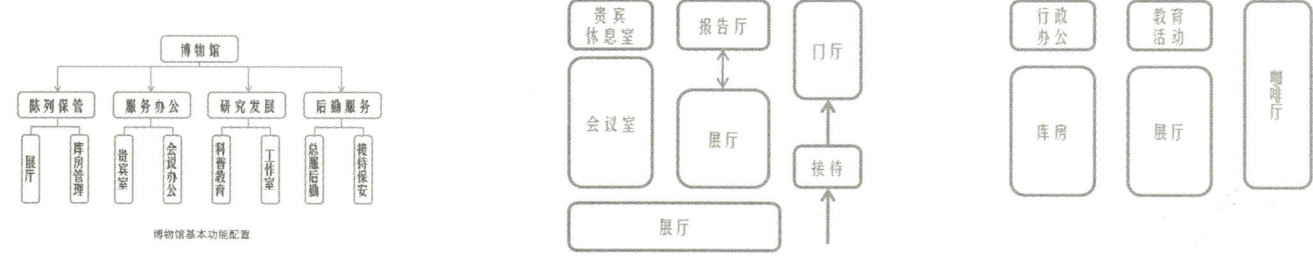

博物馆主要由陈列保管、服务办公、研究发展以及后勤服务等功能组成，每个功能分别对应一些细化功能，例如陈列保管又分为展厅和库房管理部分，服务办公分为工作人员使用区域以及贵宾使用区域等。

因而根据建筑形体，我将博物馆内功能大致分为右图的几部分。

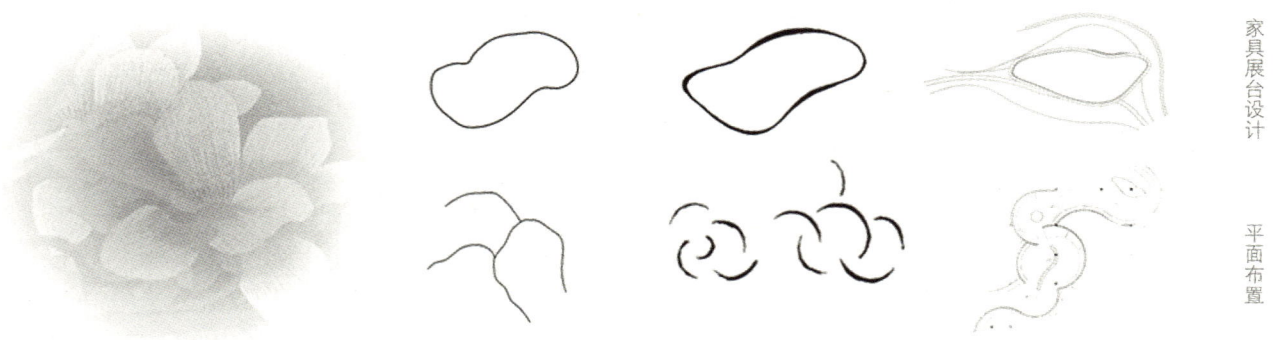

家具展台设计　平面布置

平面布置再次从苏绣出发：在前期调研中了解到，刺绣的本质是对一面素帛进行装饰，这便是成语"锦上添花"的原义。因而从苏绣中最常见元素"花瓣"入手，从一片花瓣中提取曲线形态，推演变形，形成了室内的一些家具、展台等室内装饰；之后从多片花瓣入手，提取花瓣与花瓣之间的咬合穿插关系，提取出更加符合苏绣主题柔性、流畅的平面空间构成元素。

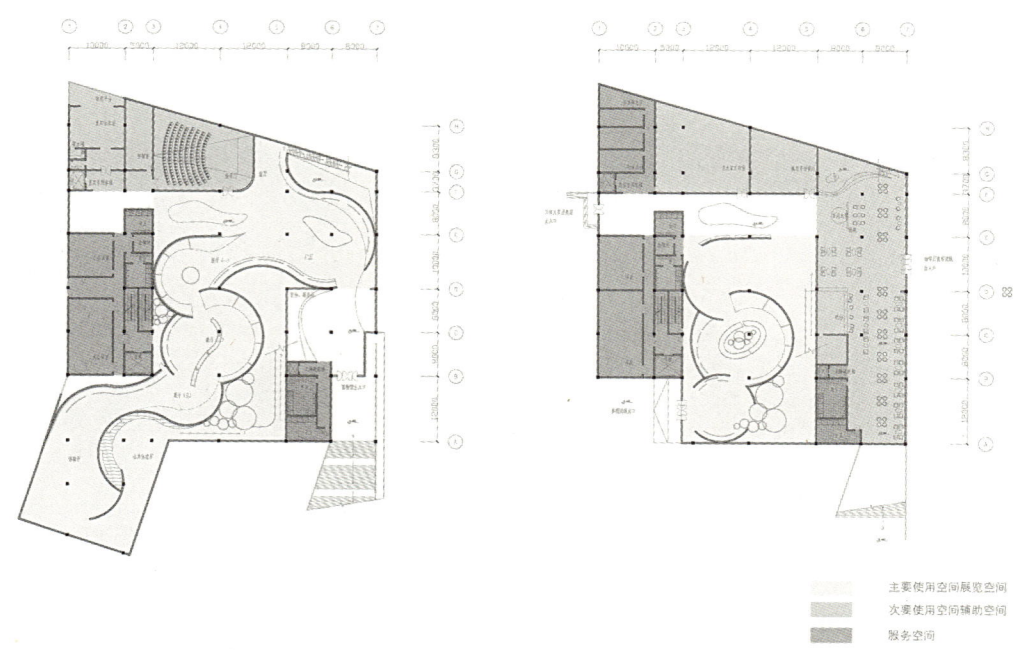

如图为主要使用部分（展览空间）、次要使用空间以及服务空间的分区。

平面生成

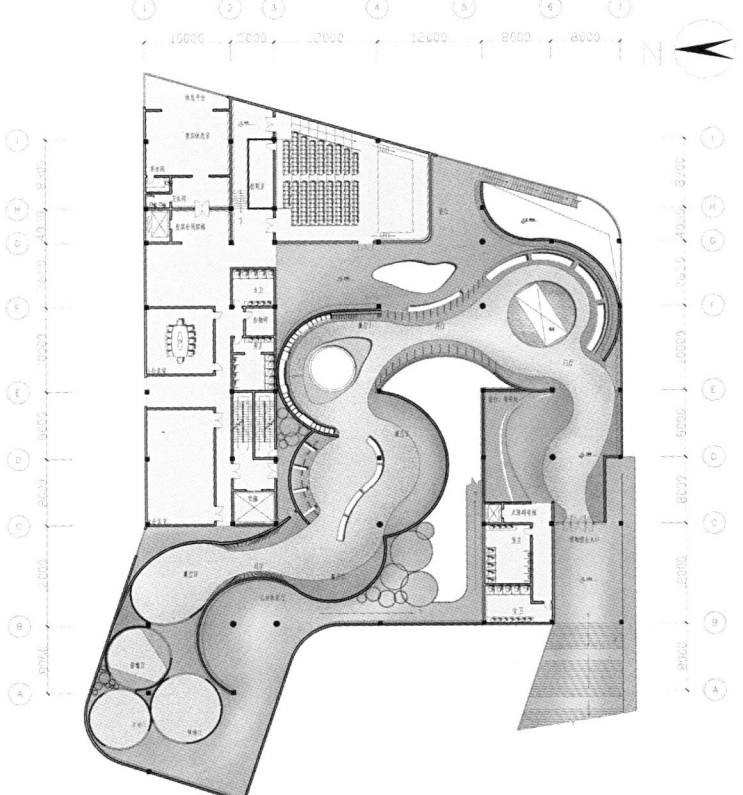

二层彩色平面

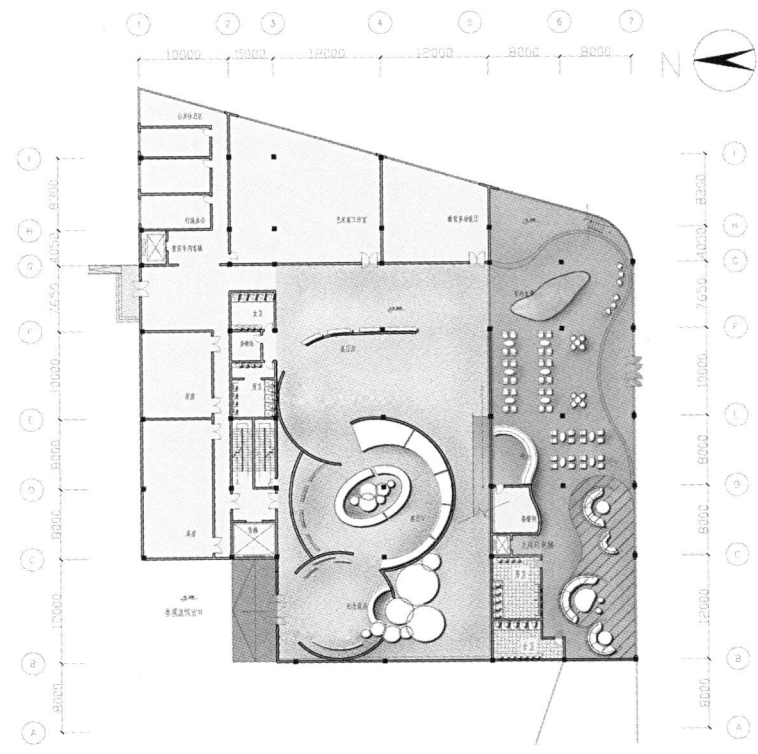

一层彩色平面

流线分析

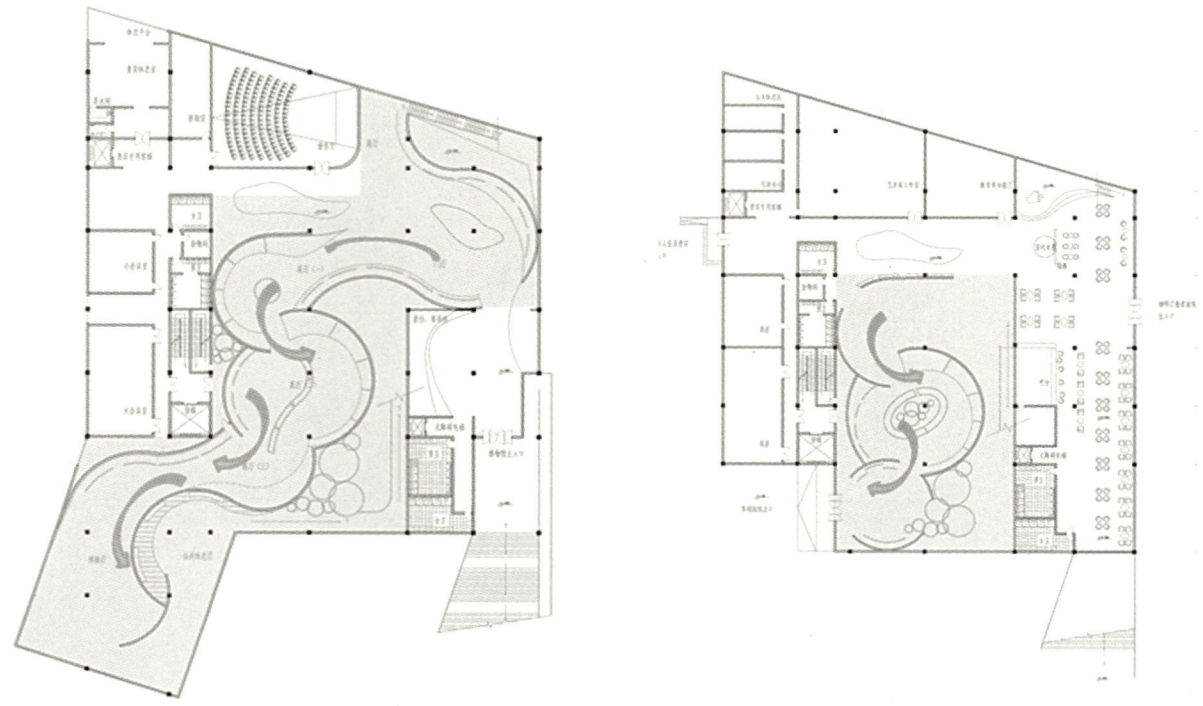

平面布置自然形成了一条贯穿通畅的参观流线，与曲线元素相呼应。

展陈设计

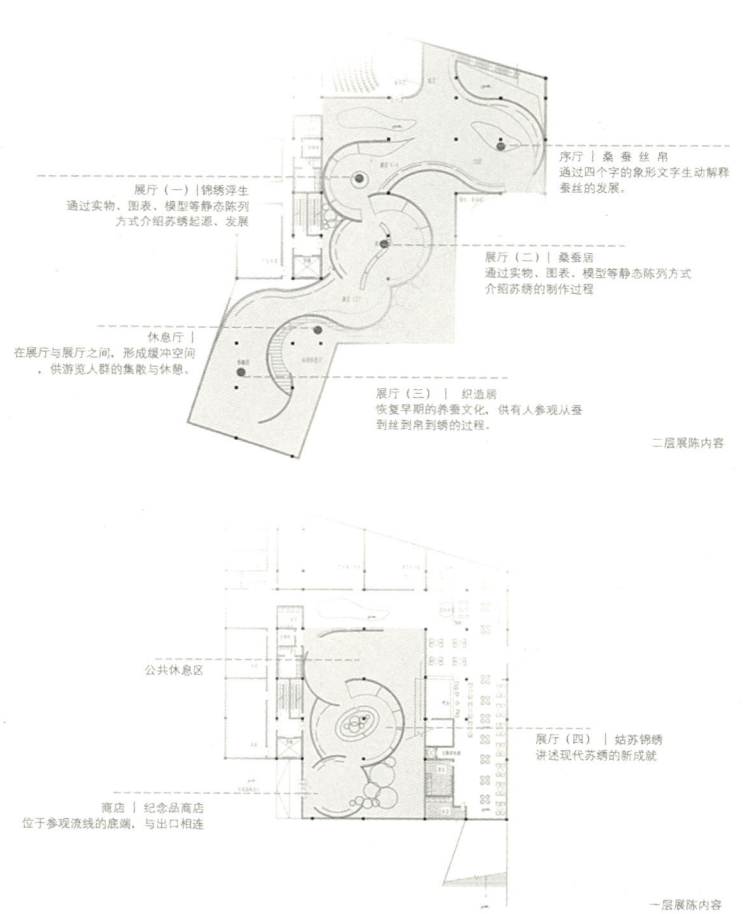

门厅：主题为"桑蚕丝帛"，旨在通过图片、实物的展示方式，为参观者介绍蚕丝的发展历史；

展厅（一）：主题为"锦绣浮生"，通过实物、图表、模型等静态陈列方法介绍苏绣的起源和发展，在整个博物馆的流线中处于起始位置，营造氛围；

展厅（二）：主题为"桑蚕居"，通过模型还原、实物陈列等方法，按时间还原古代劳动人民养蚕缫丝的过程，以及绣娘刺绣的各种细节，增加参观者的视觉感受。沿着参观流线参观者可以看到整个制丝及刺绣的流程；

展厅（三）：主题为"织造居"，在该部分博物馆设置了用户体验交互装置，通过投影、声光电特效等一些技术手段使参观者同展示机器进行互动，使得博物馆并不只是静态陈列的展览模式，增加参观者的互动体验；

展厅（四）：主题为"姑苏锦绣"，主要内容是展示现代的苏绣以及刺绣技术以及在新时代苏绣产生的一些新成就：新时代的苏绣产品、刺绣名家的著名作品、新时期刺绣方法都会在本展厅展出。

室内元素

 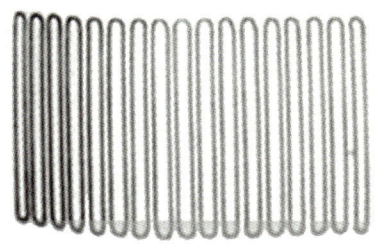 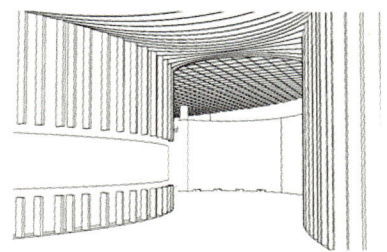

在空间造型上，该方案继续延续建筑外立面的表现手法，即从苏绣的针法中提取元素。例如如图所示，齐针依旧提供线性因素，在立面及顶面的设计上，我设置了一些线状木格栅，并通过造型构成流动性空间，增强博物馆展览空间的引导性。

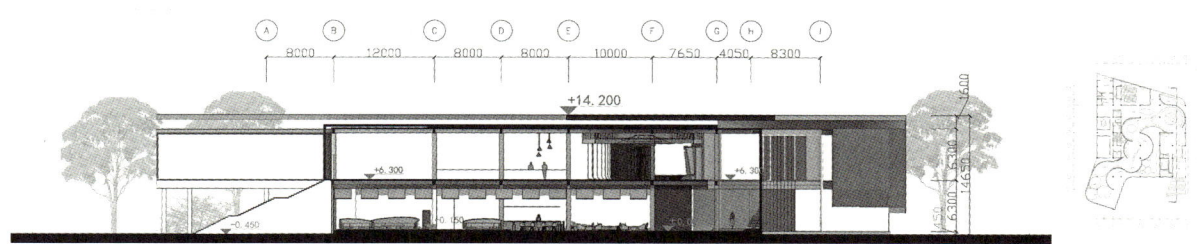

1-1 剖面图

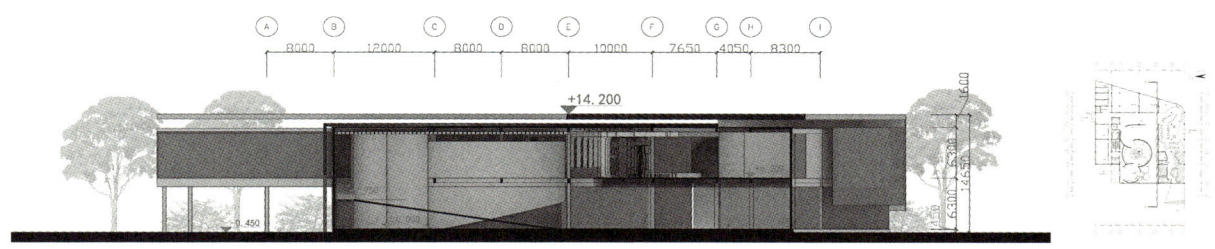

2-2 剖面图

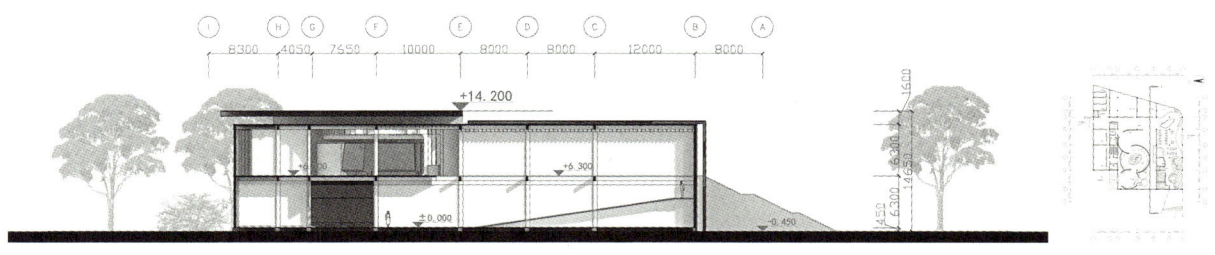

3-3 剖面图

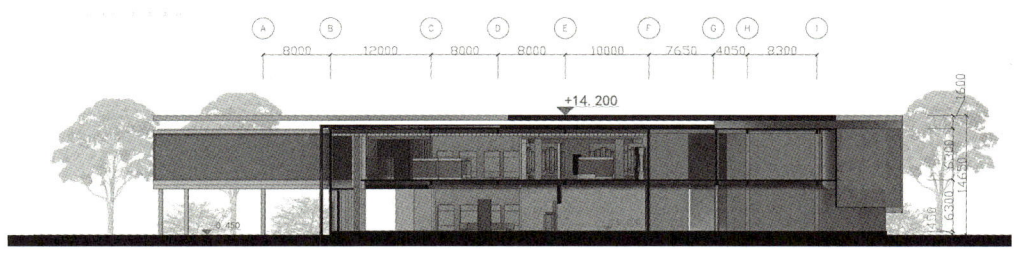

4-4 剖面图

空间探索

入口门厅

展厅空间

通高空间

咖啡厅

空间效果

过厅效果

展厅效果 1

展厅效果 2

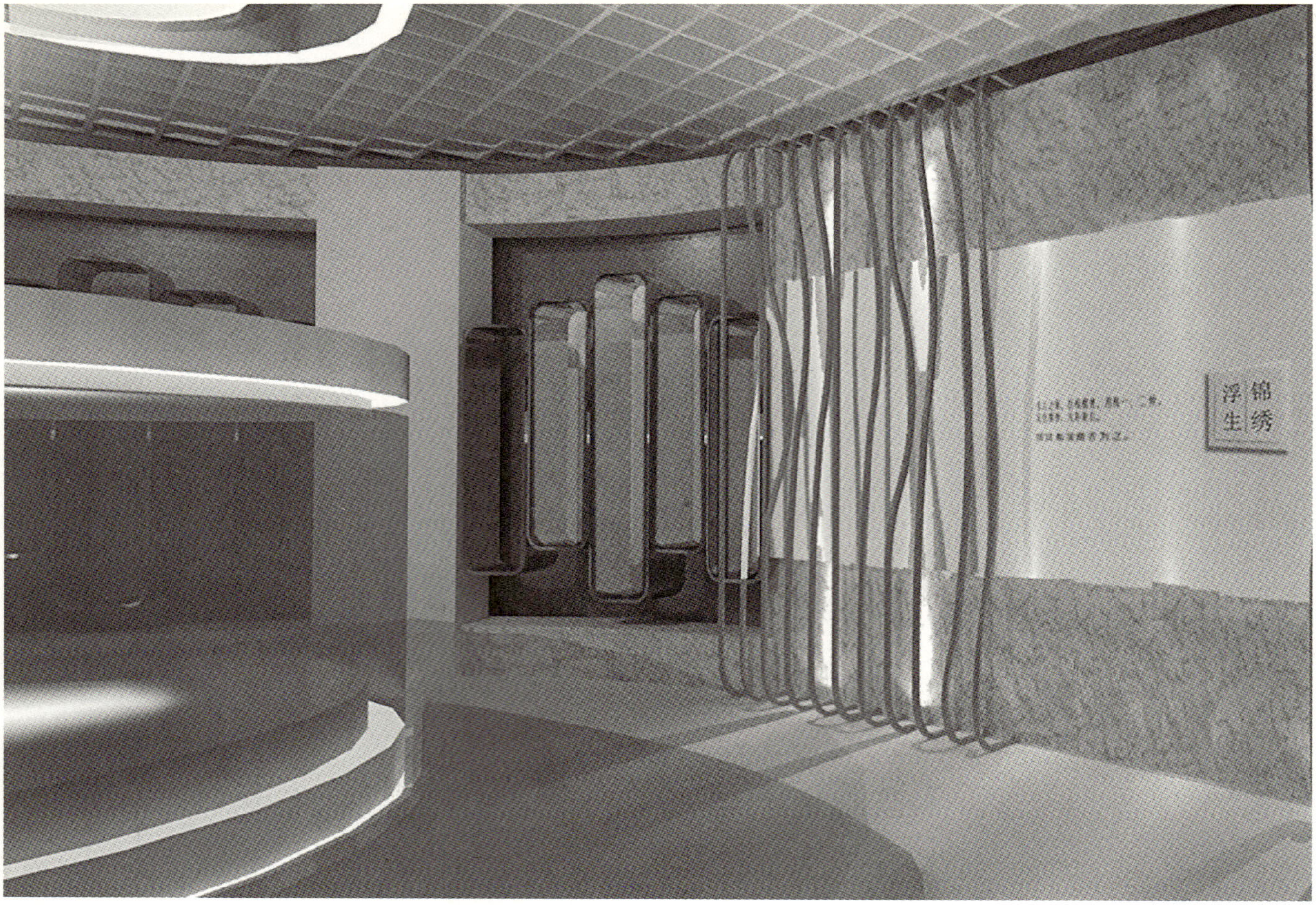

入口展墙

咖啡吧效果

让城市记忆升起
——天津市博物馆地块建筑概念及景观规划设计
Overbridge Market – Architectural and Landscape Design of Tianjin Museum

学　　生：牛云
学　　号：2011210331
学　　校：四川美术学院

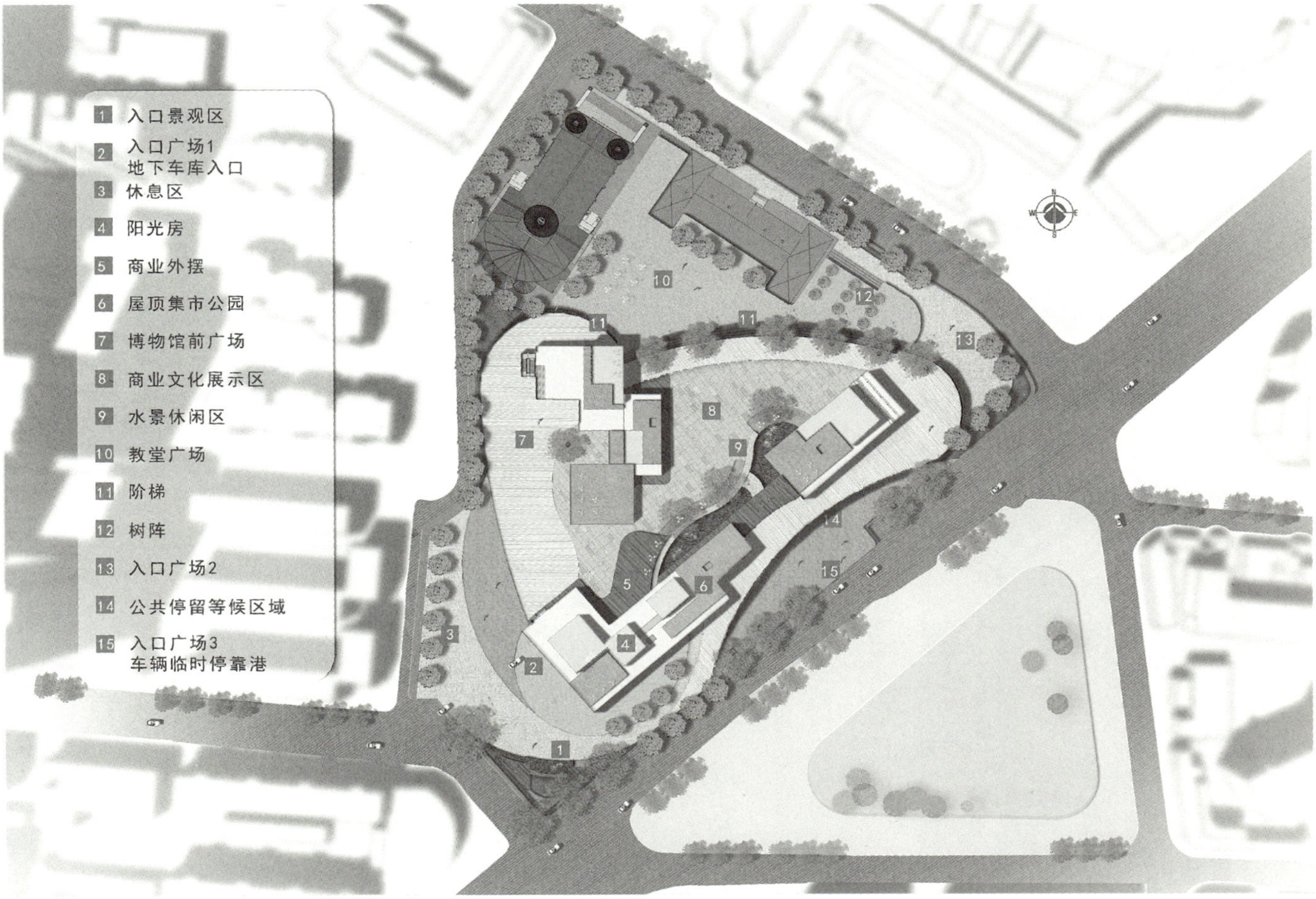

1. 入口景观区
2. 入口广场1 地下车库入口
3. 休息区
4. 阳光房
5. 商业外摆
6. 屋顶集市公园
7. 博物馆前广场
8. 商业文化展示区
9. 水景休闲区
10. 教堂广场
11. 阶梯
12. 树阵
13. 入口广场2
14. 公共停留等候区域
15. 入口广场3 车辆临时停靠港

基地概况

基地位于天津市滨江道商业街的南端，是南京路高档商务区的核心，是天津著名的地标性建筑，基地东至营口道，南至宝鸡东道，西至贵阳路，北至西宁道。规划设计用地内现有保留的历史建筑西开教堂又称法国教堂（Église Française），建筑包括天主教总堂和大教堂，该地区重视对西开教堂区域的历史价值挖掘与保护。

基地实景

区位介绍

天津市　　　　　和平区

规划总面积：28500m²
景观规划设计要求：
要求与博物馆及周边建筑环境和谐融和，满足不同年龄段人群的使用要求；规划布局合理，景观绿化和建筑的空间关系和谐。
建筑概念设计要求：
以建筑古迹、天津民俗文化、近代历史为构成主体，并结合天津地域特色，集旅游、休闲、饮食为一身，满足市民及游客的多种需求。

项目解读

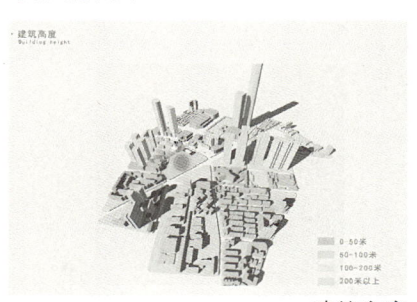

建筑高度

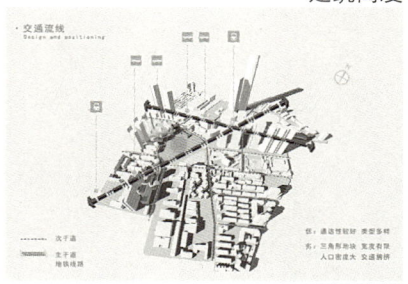

交通流线

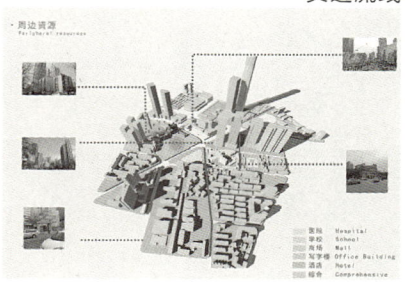

周边资源

设计规划地形图

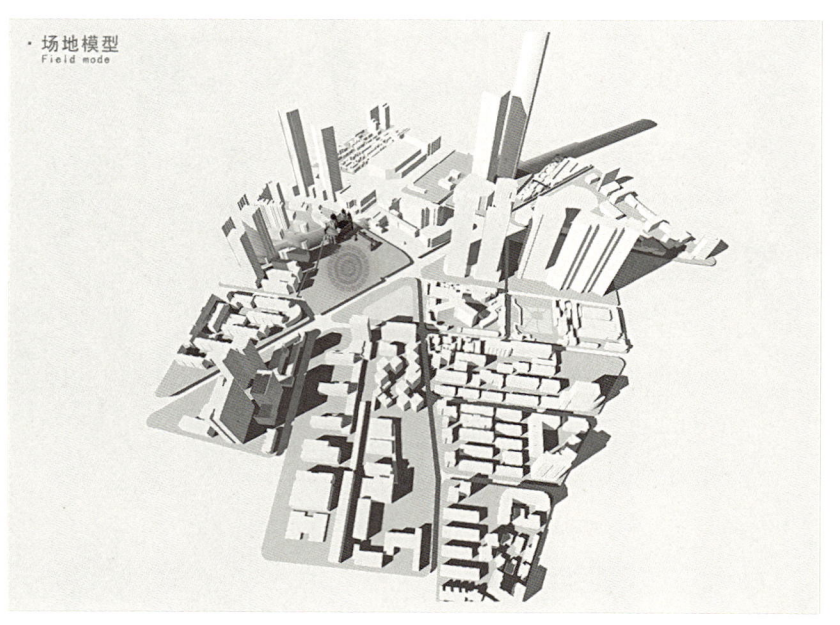

景观层平面图

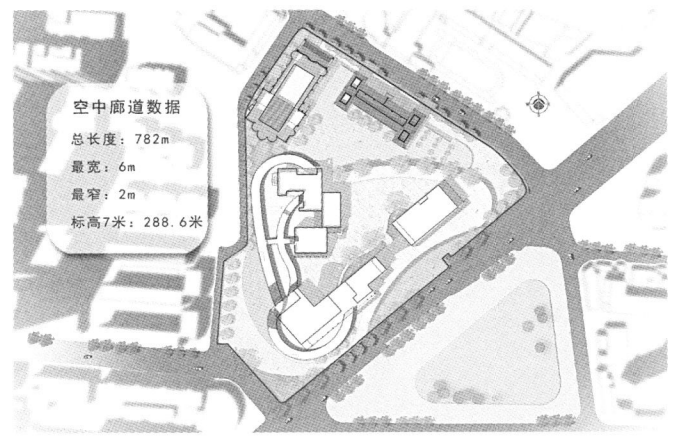

空中廊道数据
总长度：782m
最宽：6m
最窄：2m
标高7米：288.6米

标高 7m 平面图

标高14m：307.8m

标高 14m 平面图

鸟瞰图

311

景观层平面图

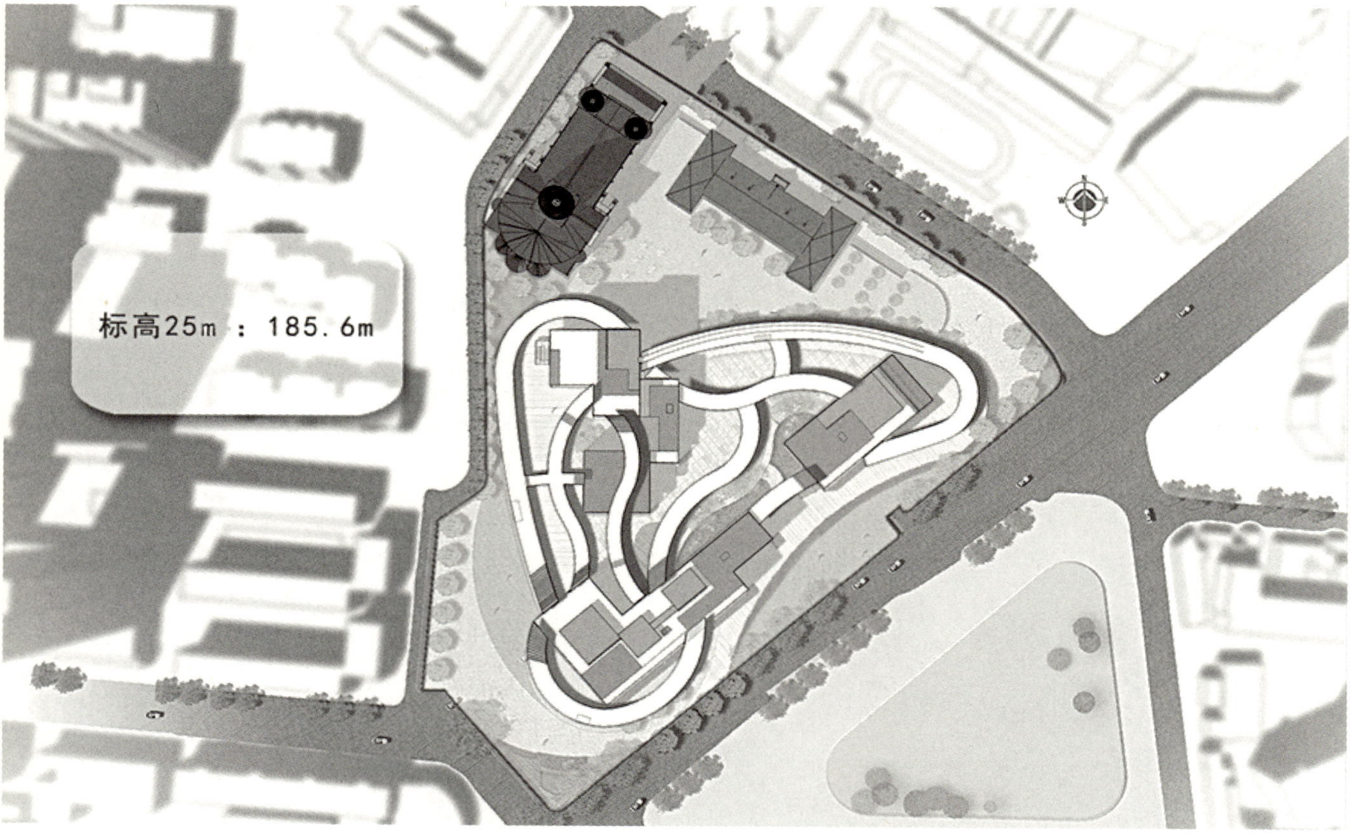

标高25m：185.6m

标高 25m 平面图

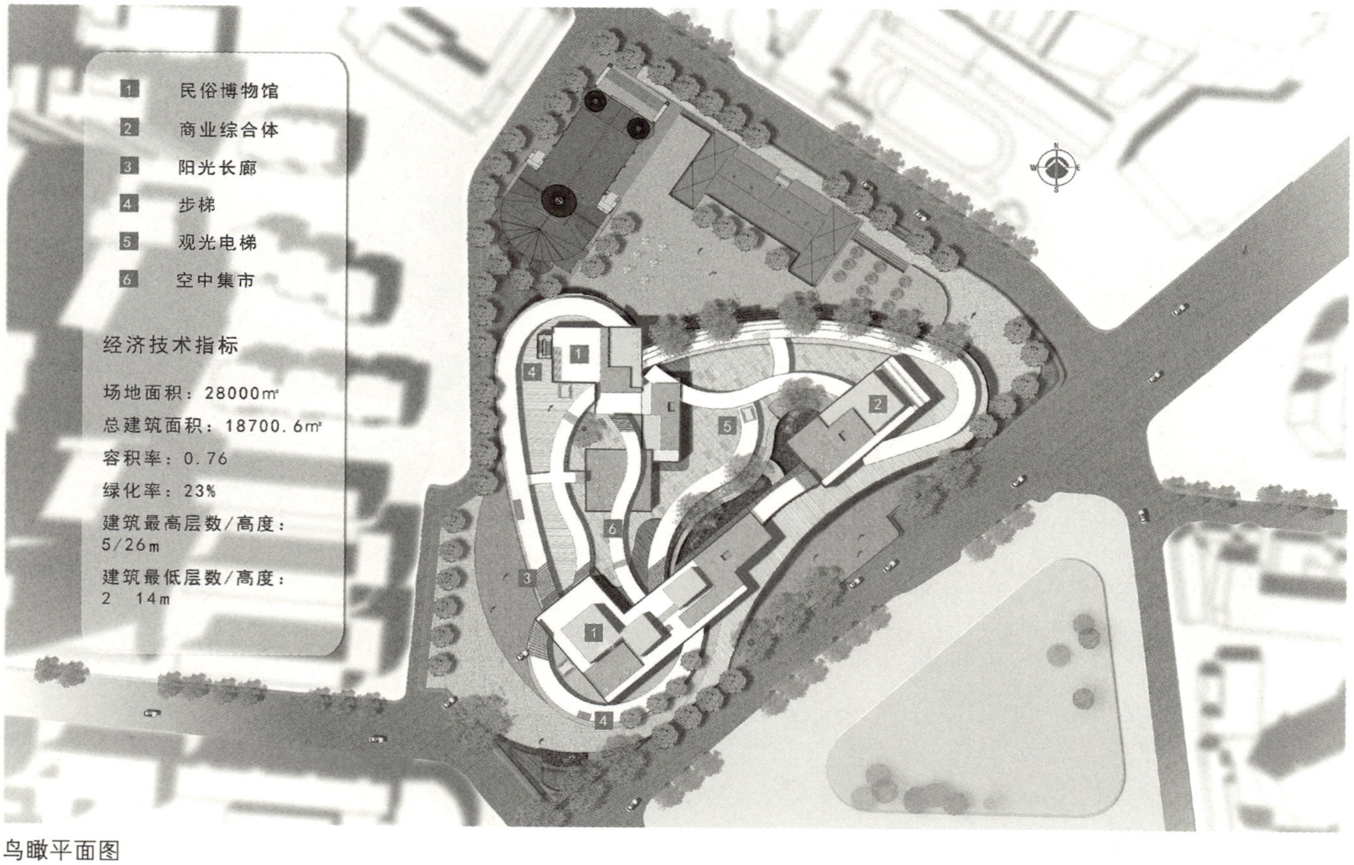

1. 民俗博物馆
2. 商业综合体
3. 阳光长廊
4. 步梯
5. 观光电梯
6. 空中集市

经济技术指标

场地面积：28000m²
总建筑面积：18700.6m²
容积率：0.76
绿化率：23%
建筑最高层数/高度：
5/26m
建筑最低层数/高度：
2　14m

鸟瞰平面图

空中廊道形态分析

R34
R24
R34
R27
R24
R31
R34
R24
36
28

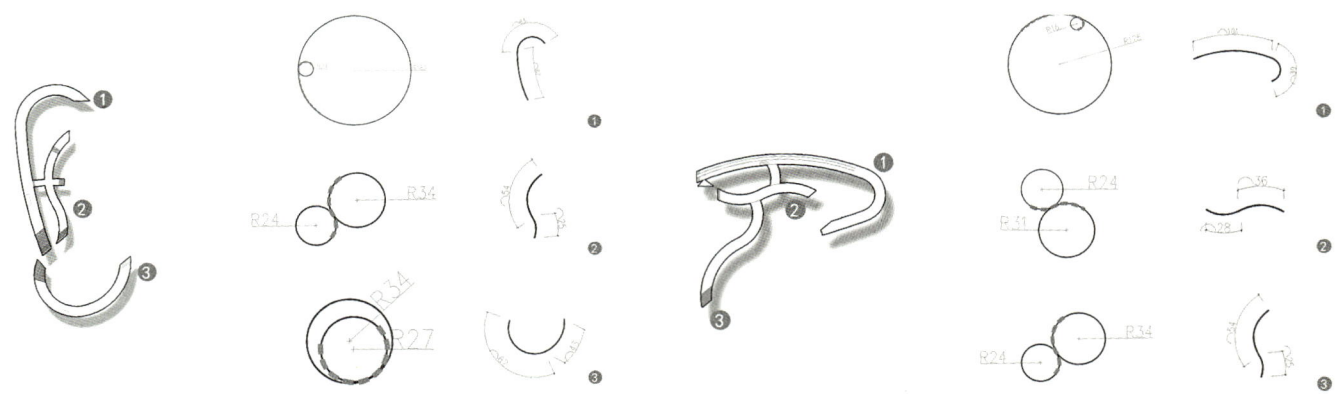

通过不同大小的圆相互内切、外切，变换其角度与方向，截取长短不同的弧度，组成空中廊道的基本形态。

空中集市内容

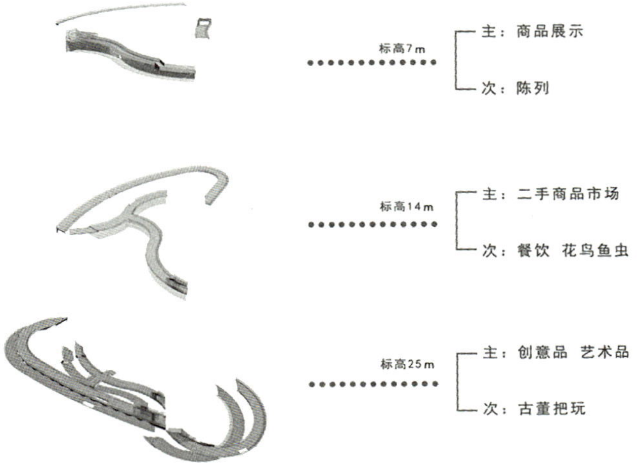

标高7m
主：商品展示
次：陈列
标高14m
主：二手商品市场
次：餐饮 花鸟鱼虫
标高25m
主：创意品 艺术品
次：古董把玩

空中廊道功能分区

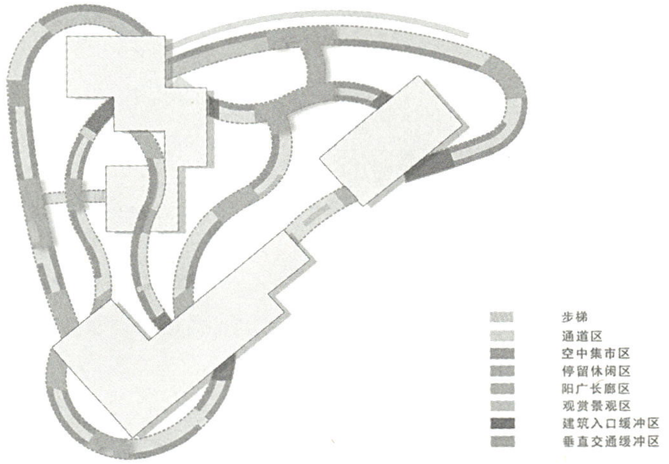

步梯
通道区
空中集市区
停留休闲区
阳广长廊区
观赏景观区
建筑入口缓冲区
垂直交通缓冲区

空中廊道尺寸

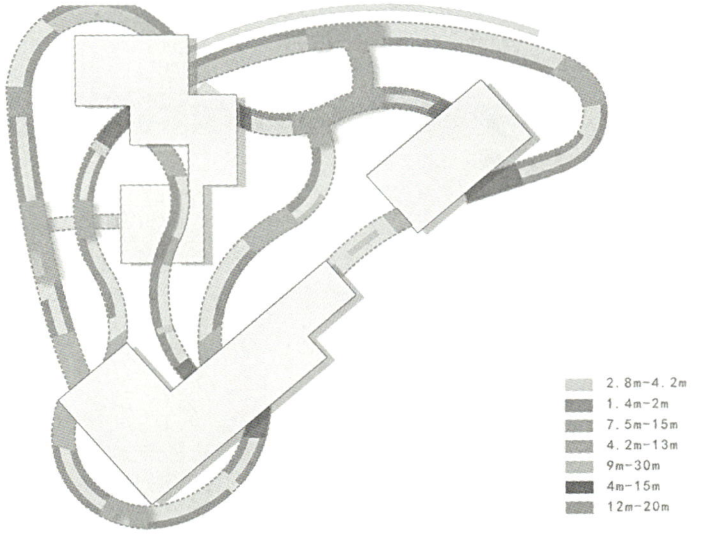

2.8m-4.2m
1.4m-2m
7.5m-15m
4.2m-13m
9m-30m
4m-15m
12m-20m

空中廊道人流密度

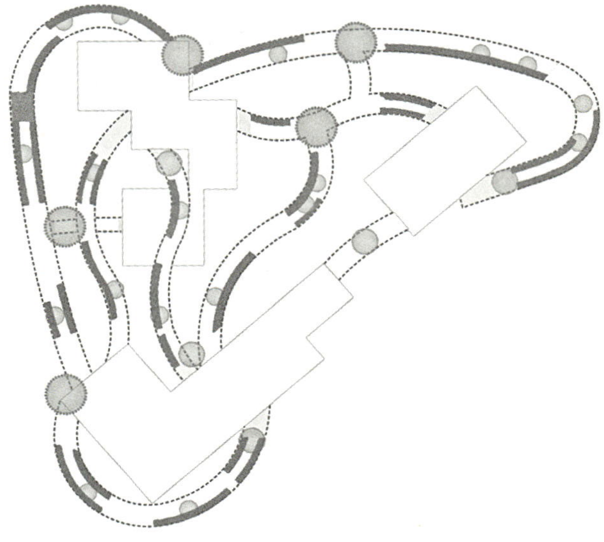

场地结构分析

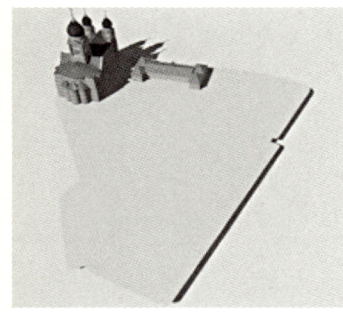
原始场地

基本成型

建筑形式合而不闭

对地面景观层进行深化

确定建筑高度、层数、层高

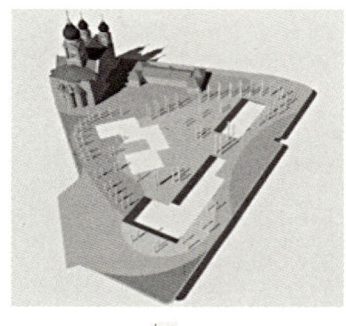
柱廊形成地面景观层的固定区域

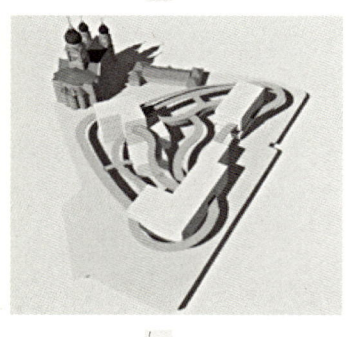
廊道流线

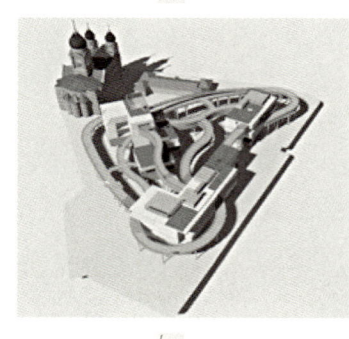
柱廊拱券的形式与教堂相呼应

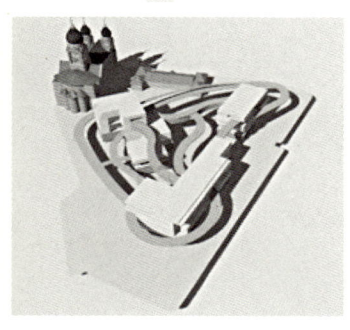
建筑与廊道间的穿插关系

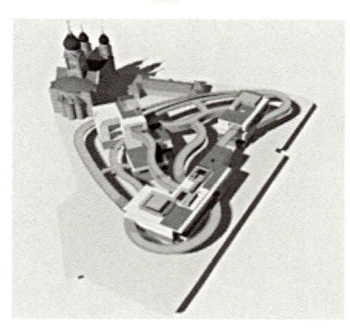
阳光房与景观廊道为满足季节变化的需求

空中廊道效果图

垂直交通分析

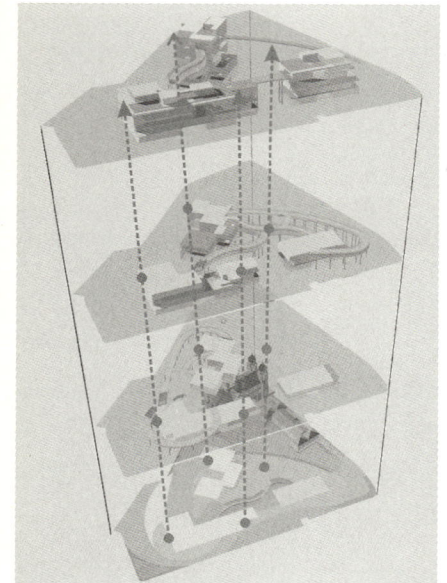

户外步梯

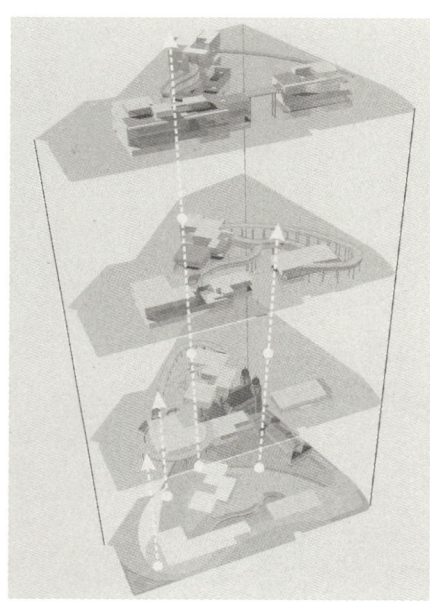

观光电梯

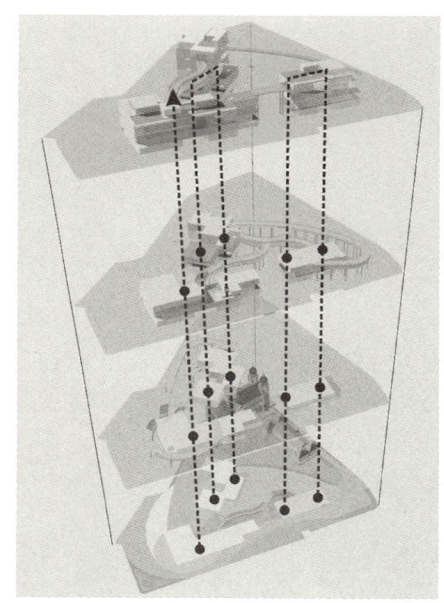

建筑内部

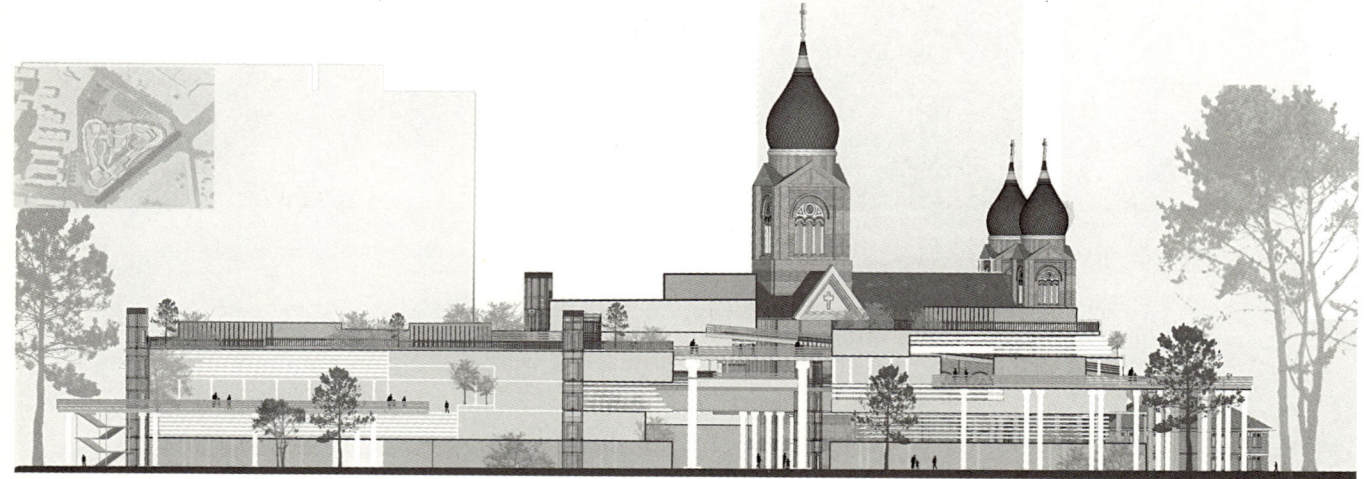

立面图 1

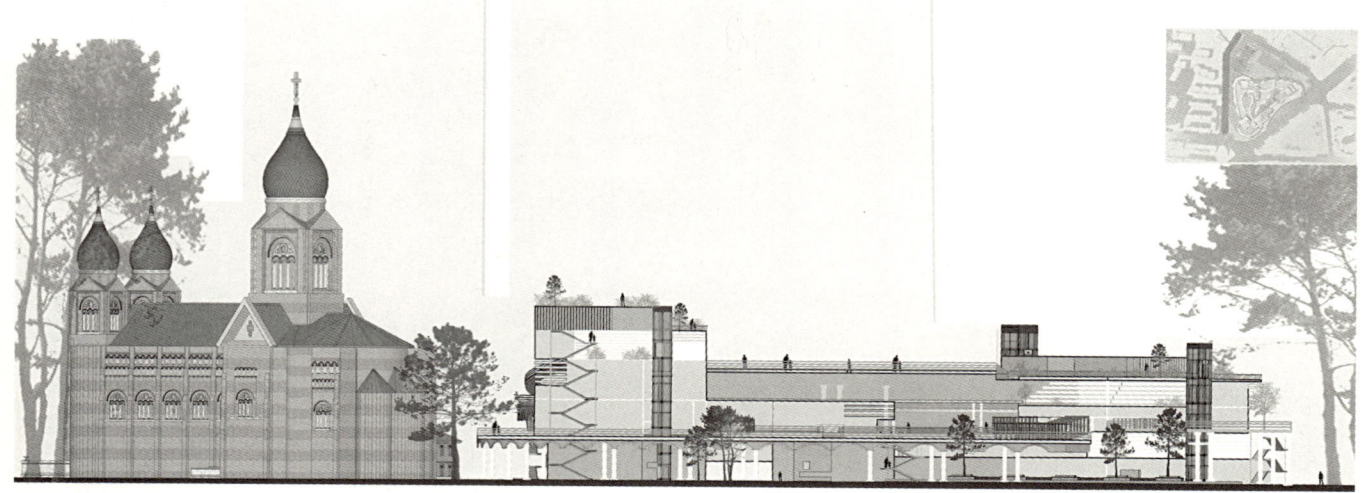

立面图 2

效果图

下部空间效果图

教堂前广场效果图

局部效果图

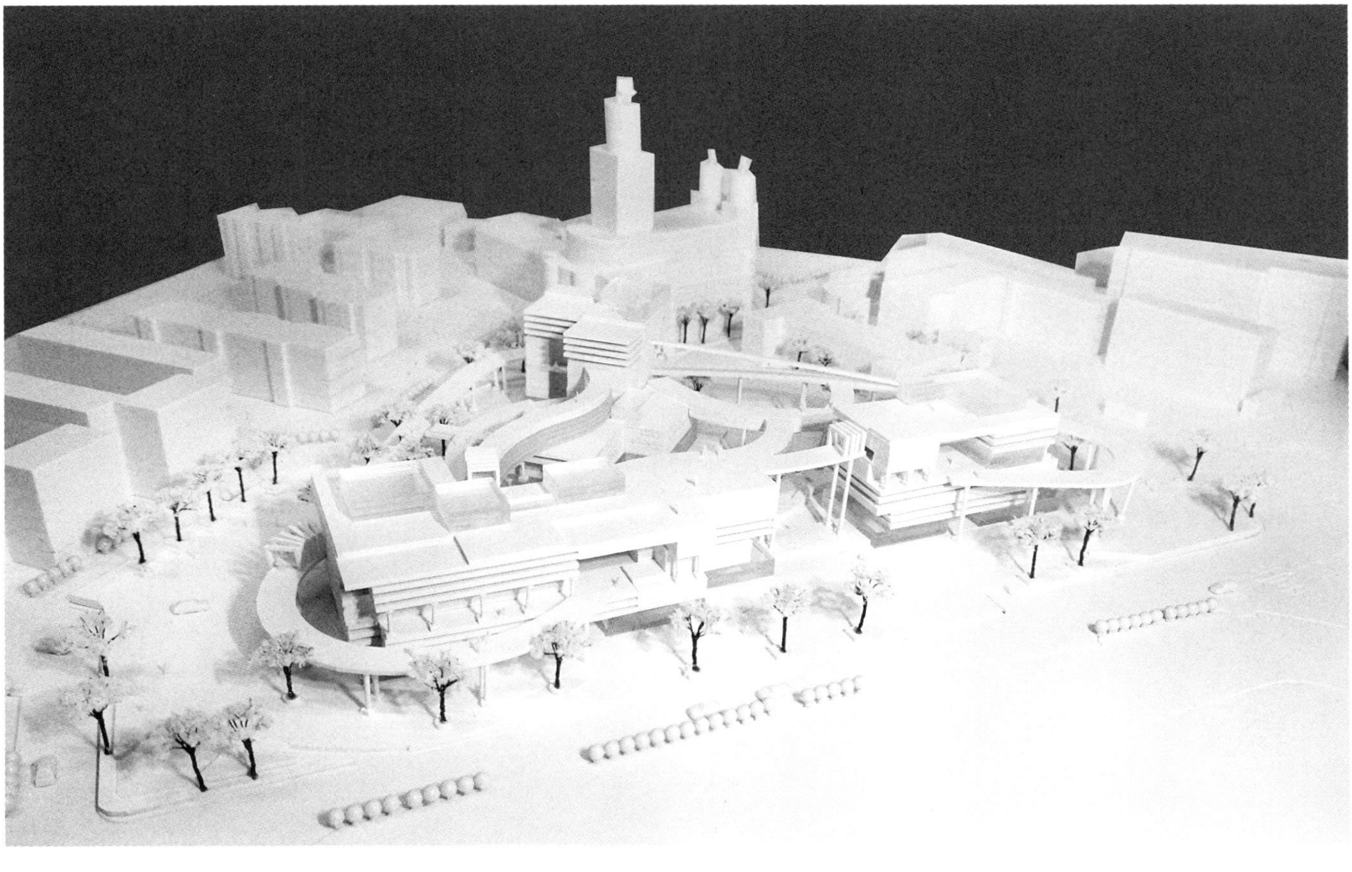

模型照片

天津市近代历史博物馆建筑及景观规划设计
Tianjin Modern History Museum Architectural and Landscape Design

学　　生：李桓企
学　　号：201110053
学　　校：青岛理工大学

基地分析

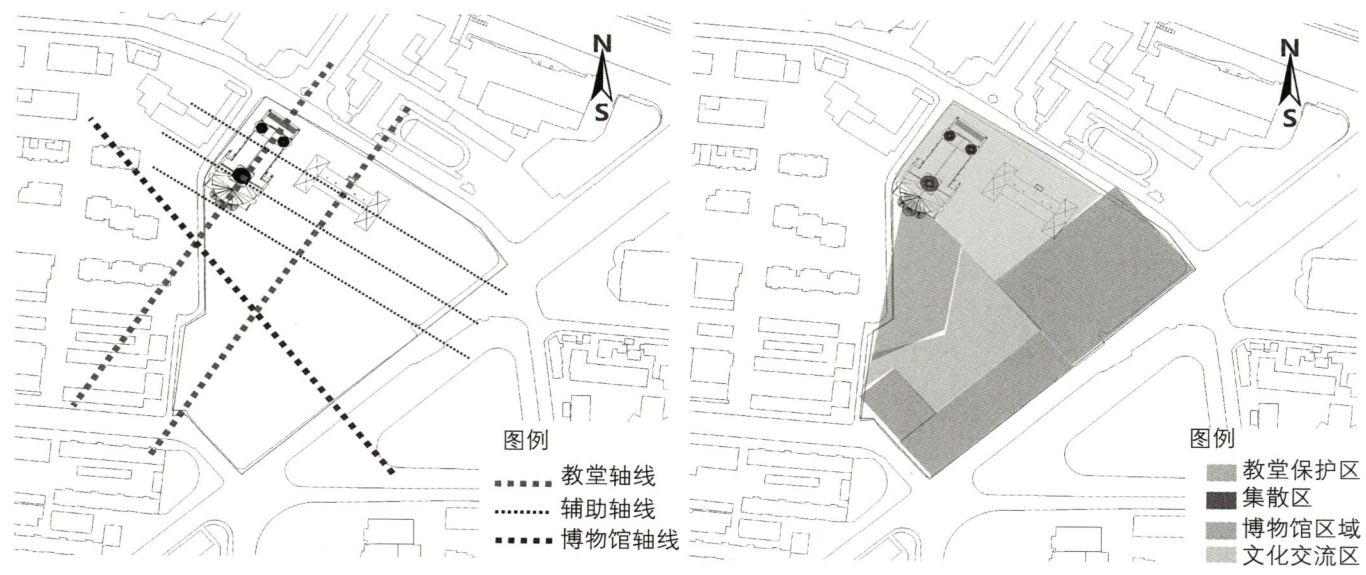

设计概念

博物馆不再是唯一的传播载体，其存在意义也在发生着变化，所以设计的应对方法是：1 保持传统博物馆的功能要求，2 凸显博物馆的公共性打造两条穿越建筑的通廊系统，希望将人们路过的这种自发行为引入到建筑中，使历史和展览成为我们日常生活的一部分。

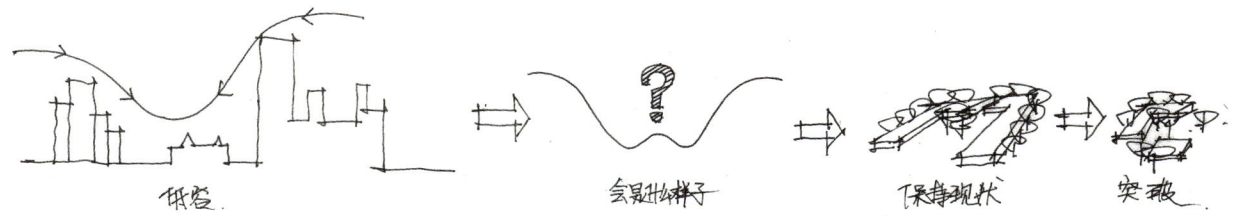

周边现状

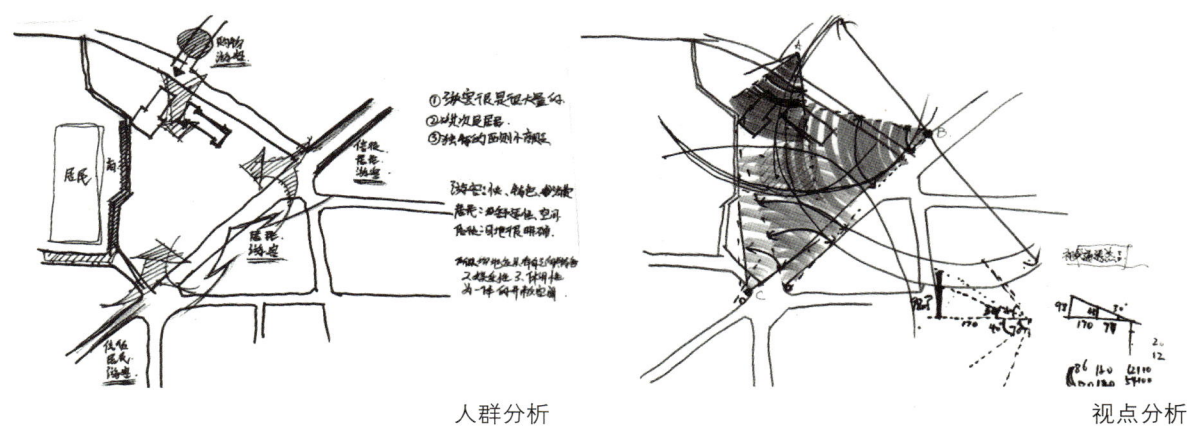

人群分析　　　　　　　　　　　　视点分析

场地设计注意要点
（1）合理布置广场与相接道路的交通线路。
（2）广场设计要与周围建筑布局相协调。
（3）不宜过多布置娱乐性设施。
（4）广场内应设照明、绿化花坛等，起到美化广场及组织内外交通的作用。
（5）广场横断面设计中，在保证排水的情况下，应尽量减少高差，使场地平坦。

色彩简析

对原有地块的西开教堂进行了色彩分析，提炼出橘黄、浅黄、绿色为主的三种颜色，将会在我的整个设计过程当中运用。

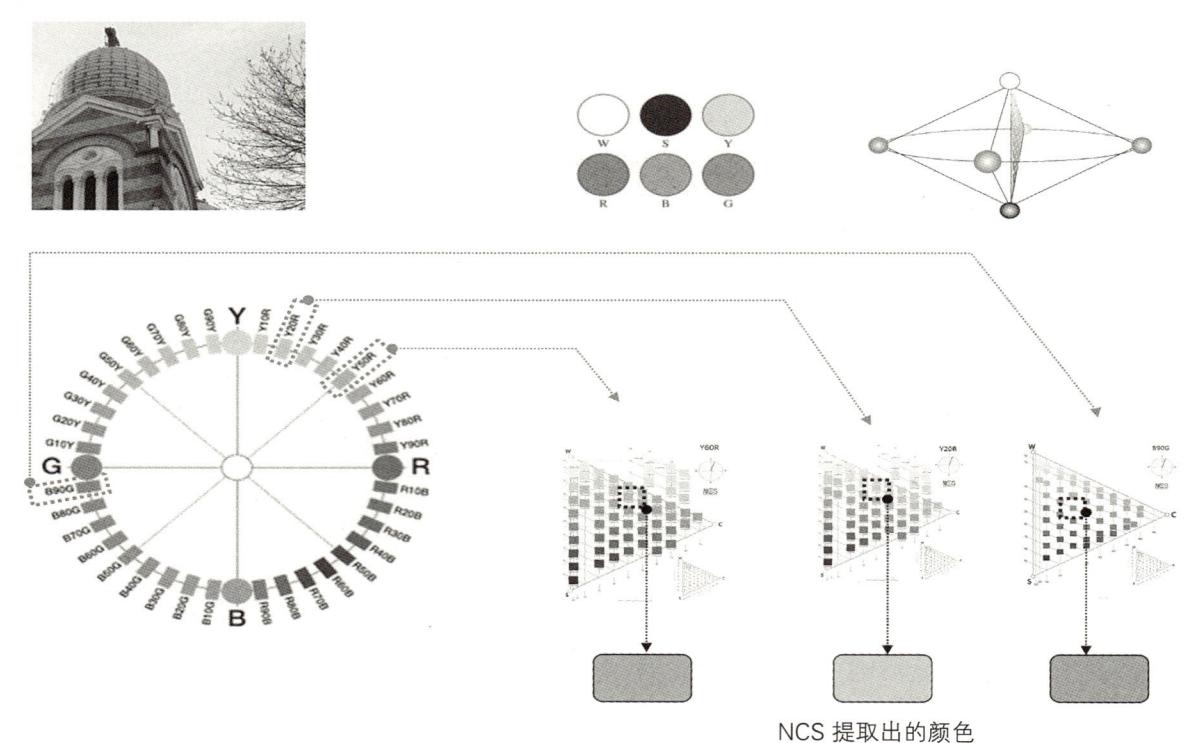

NCS 提取出的颜色

方案构思

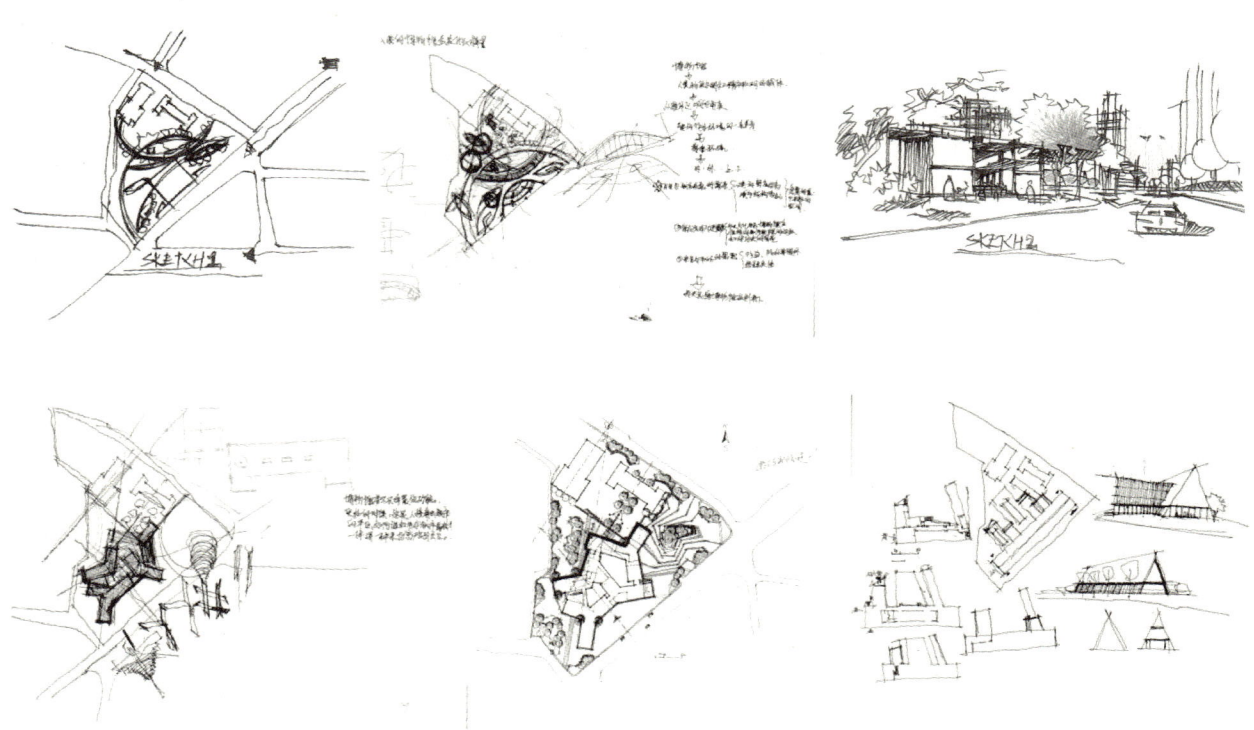

在前期构思当中，总是想在场地中尽量把所有的问题都解决掉，但这样往往会使自己陷入在解决源源不断的问题当中，但到最后其实我们也没有真正的解决好问题。最终我围绕前期的分析，着重在人与场地、建筑之间的关系上进行处理。

方案设计

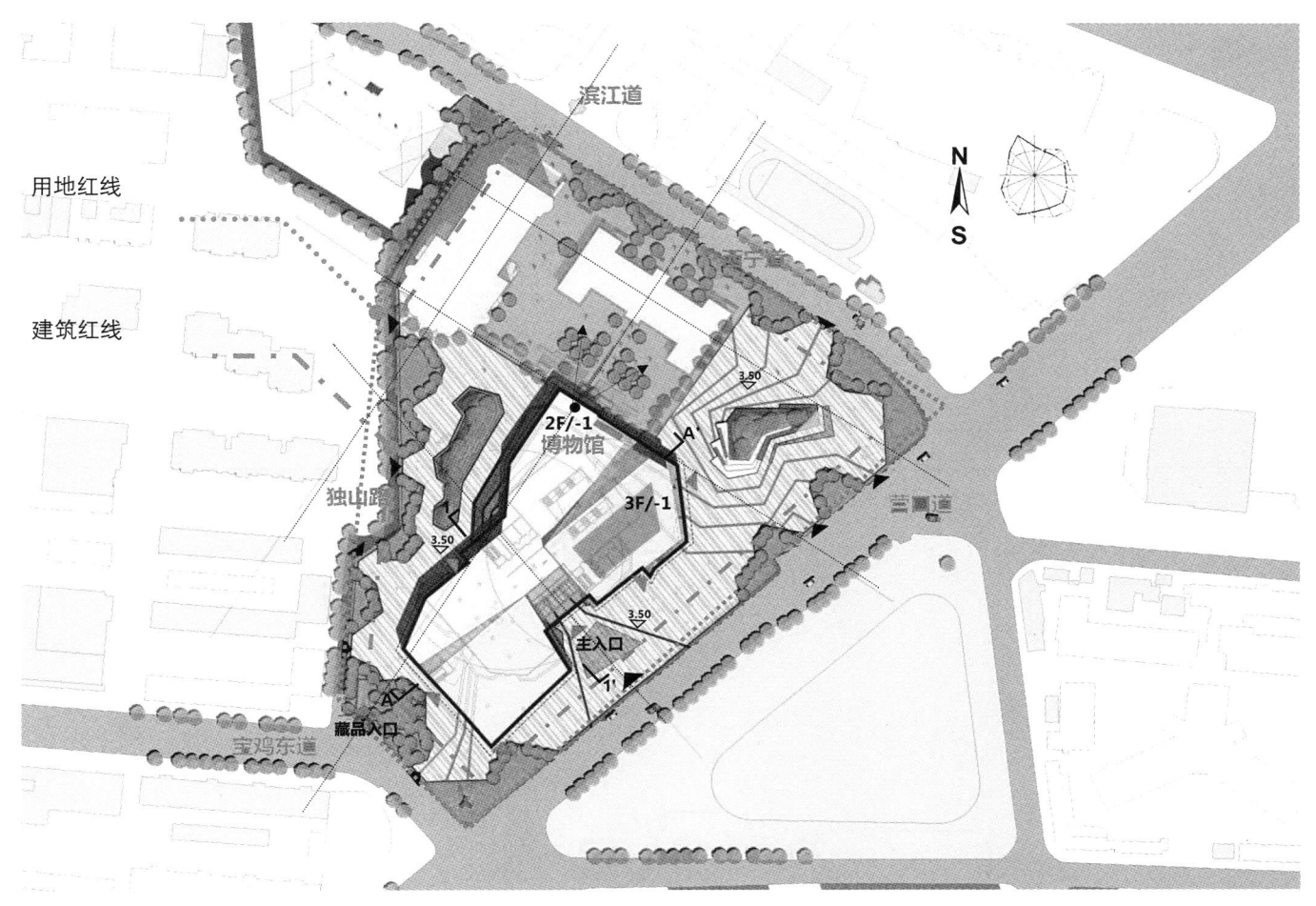

经济指标
用地面积 28000 ㎡
建筑用地面积 10000 ㎡
总建筑面积 21000 ㎡
计入容积率面积 15000 ㎡
不计算容积率面积 6000 ㎡
容积率 1.5
绿化率 53%

总平面

建筑总平面，建筑整体以二层为主，局部三层，地下一层。在颜色上呼应了以橘黄、淡黄、绿色为主的西开教堂。整个建筑色调，既立足当下，又通过写意的方式表达对传统建筑与文脉的敬意。建筑表皮使用深灰色铝镁锰屋顶、淡黄色毛面石材幕墙、半通透的点式玻璃幕墙、绿色扶梯、木色铝合金吊顶等现代材料。

建筑立面图

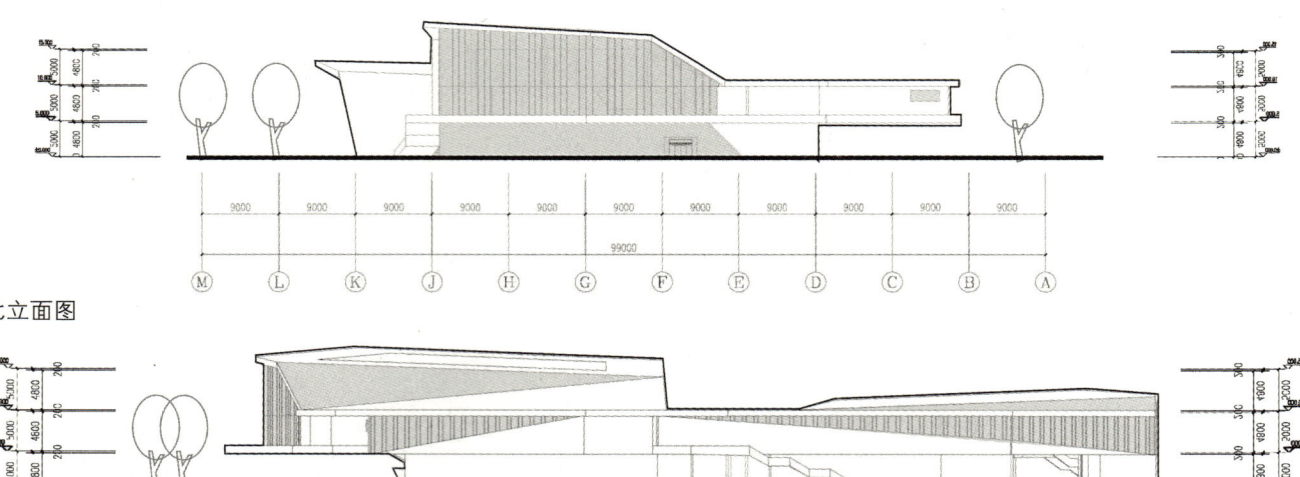

北立面图

西立面图

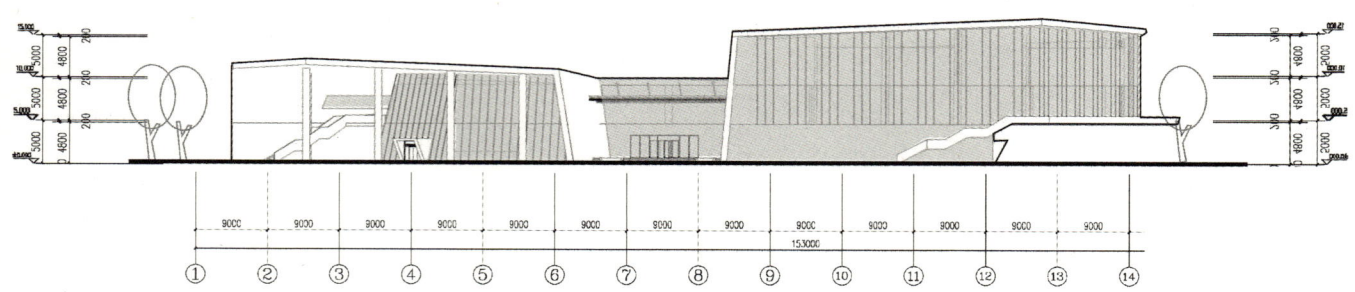

东立面图

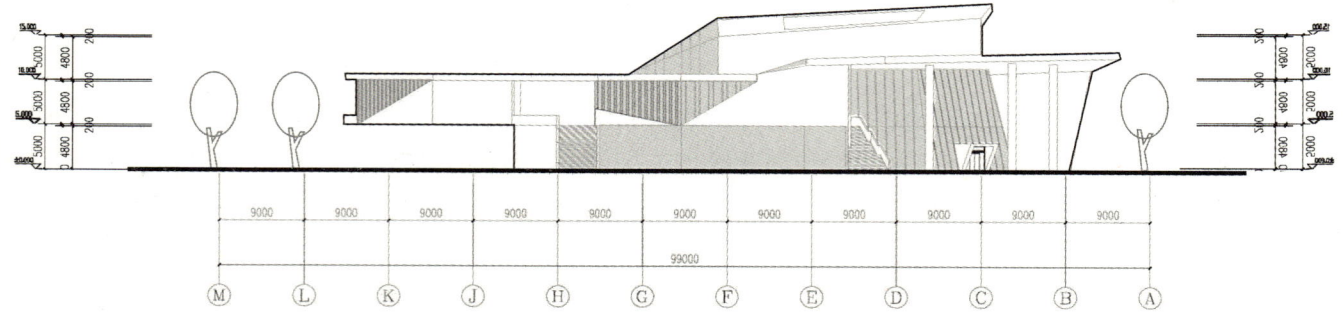

南立面图

建筑剖面图

建筑平面图

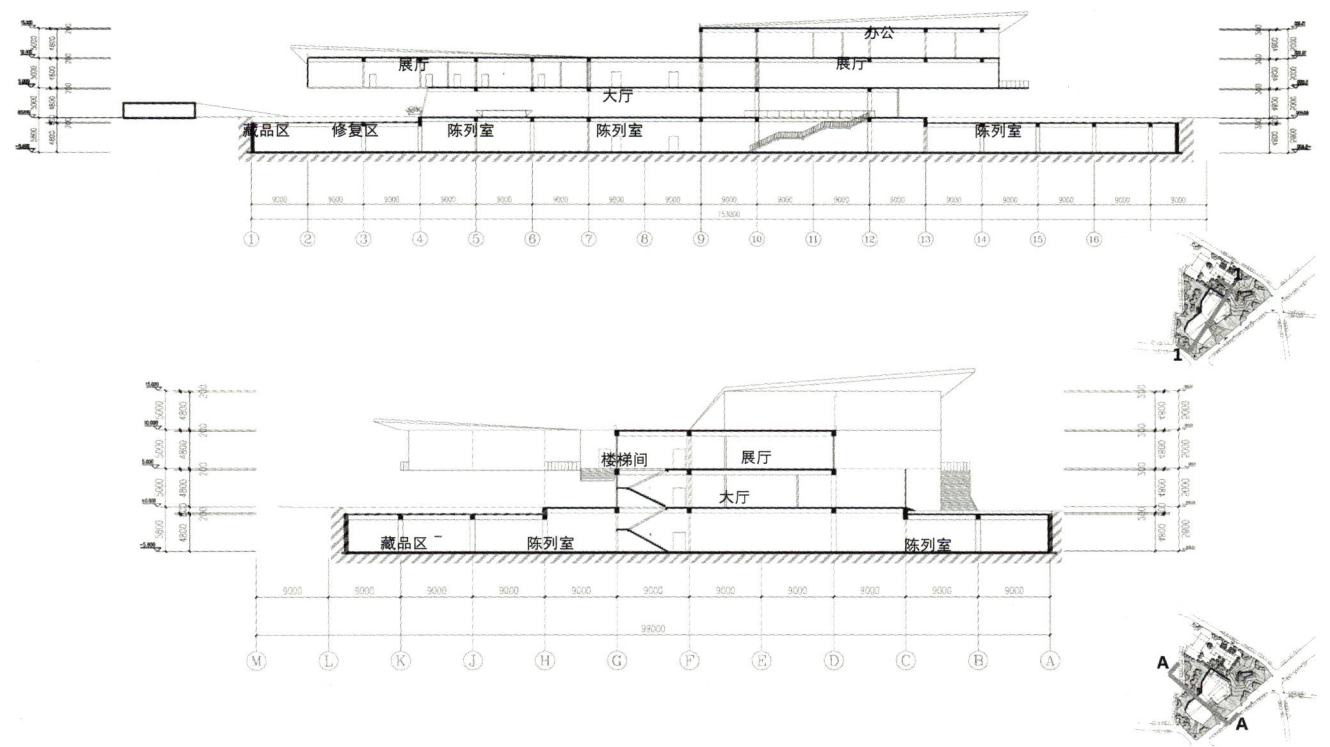

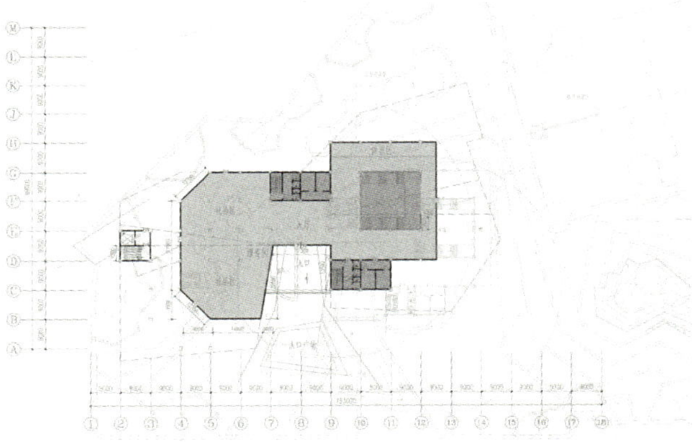

一层平面图

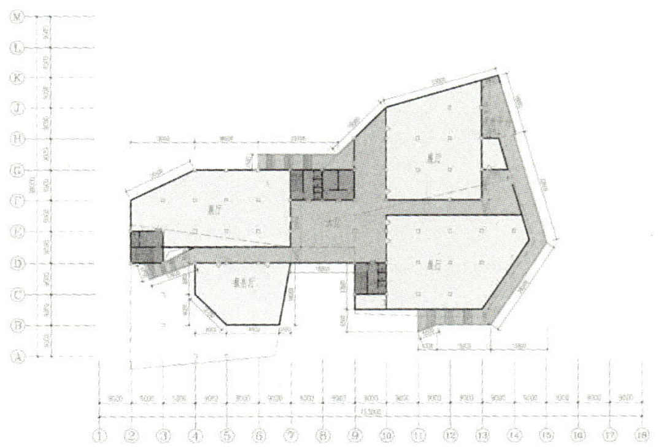

二层平面图

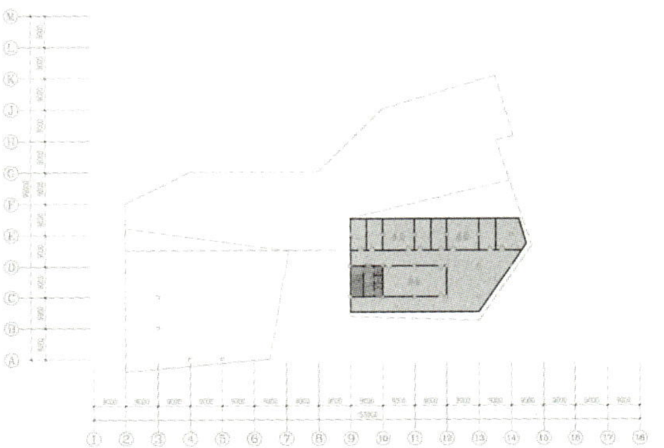

三层平面图

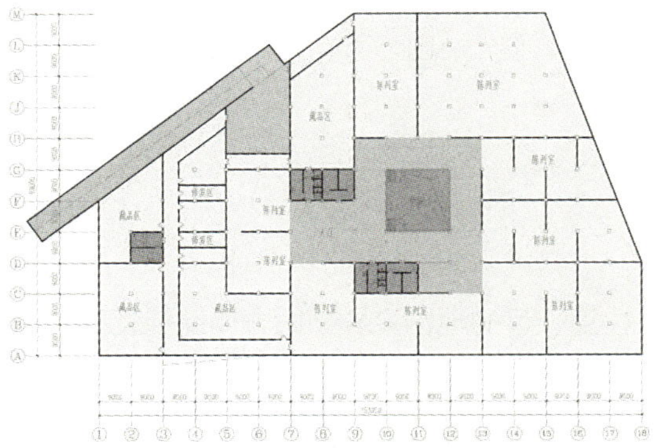

地下一层平面图

建筑分析图

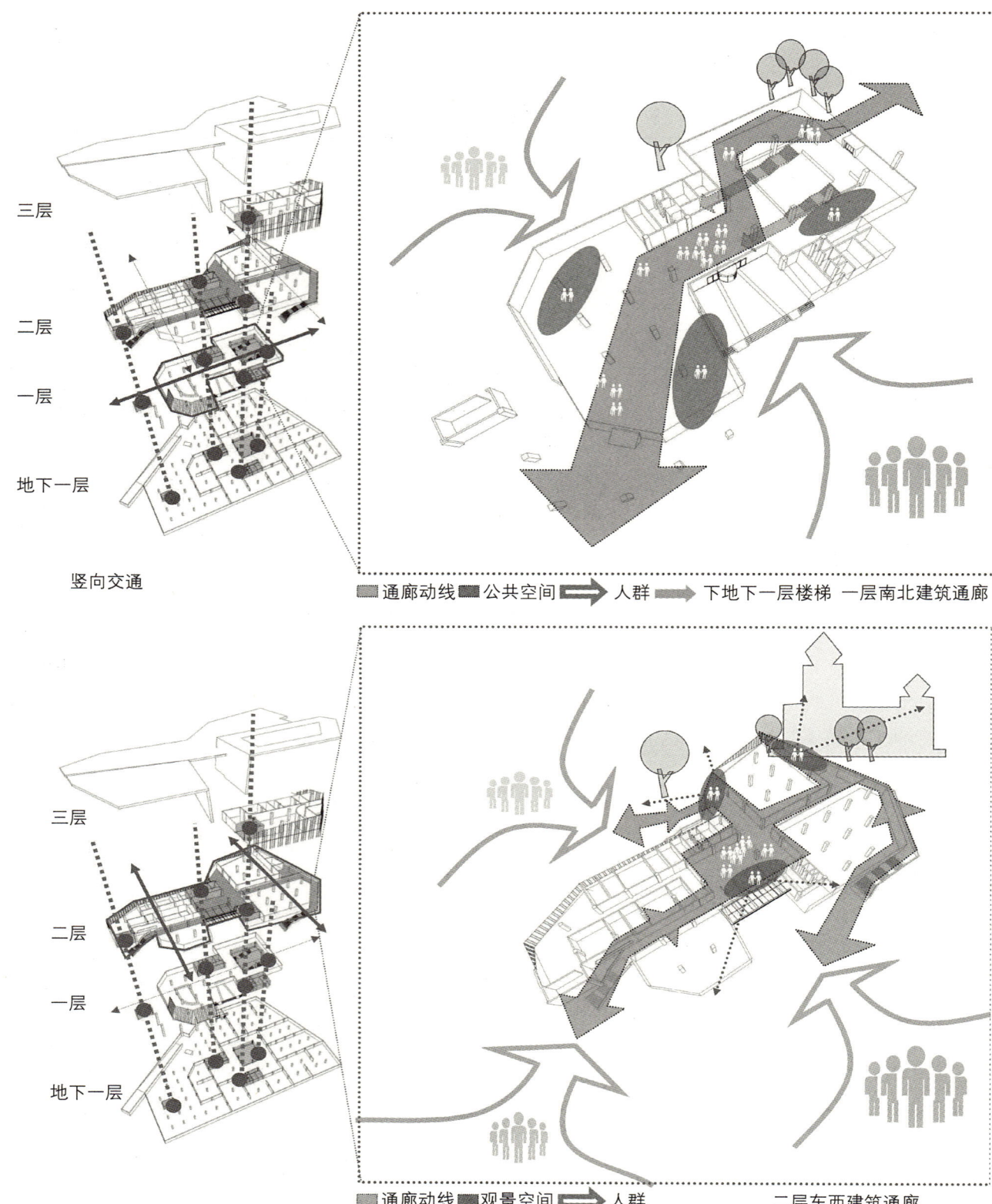

每日往返于目的地，会从不同方向途径此地。这种动线需要穿越建筑的十字形通廊系统，延伸到建筑当中，适应炎热的夏天，可以将路人引入建筑内部。南北向的通廊为公共区域，包括主入口大厅、服务区、休息区、纪念品区等。东西向通廊位于二层，途经茶室、天窗、多功能厅、展览区半室外平台，最后到达西侧的教堂花园。重叠的交通流线增进了人与人间的交流。他们可以到此参观或举办学术活动，并使历史和展览成为我们日常生活的一部分。

这是营口道沿街的建筑透视图,是建筑的主要形象立面,同时也找到与场地的视觉关系。

南侧的入口透视图

主图口透视图

西侧的室外平台透视图

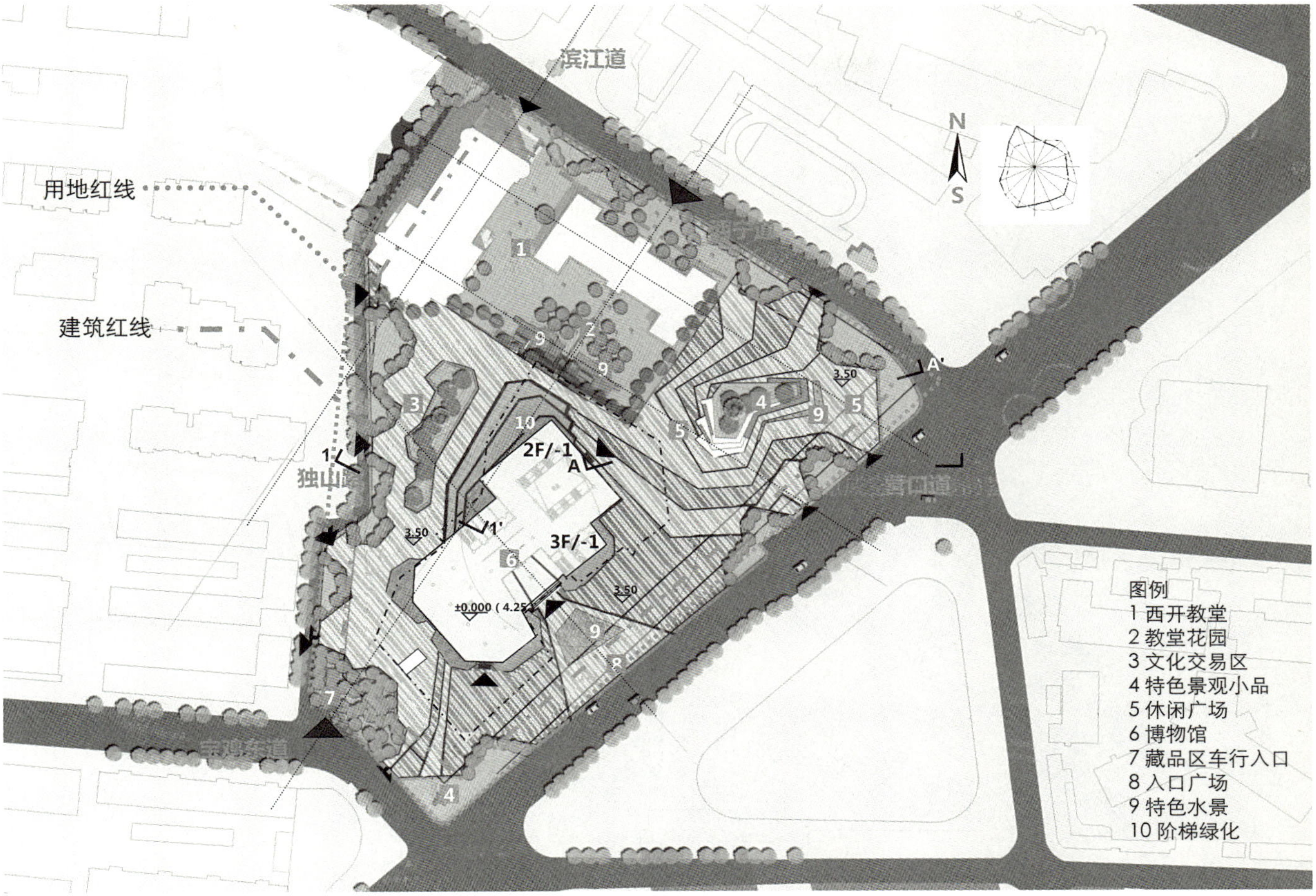

景观总平面

图例
1 西开教堂
2 教堂花园
3 文化交易区
4 特色景观小品
5 休闲广场
6 博物馆
7 藏品区车行入口
8 入口广场
9 特色水景
10 阶梯绿化

博物馆的区域以灰白色，带状铺装为主，并用引导性的折线铺装，和精心设计的微地形，使场地更加有趣味性和空间感。教堂区域保持原有的铺装，新的博物馆与老教堂衔接处用绿化结合坐凳的方式处理，温和的将教堂保护区进行有机的衔接。

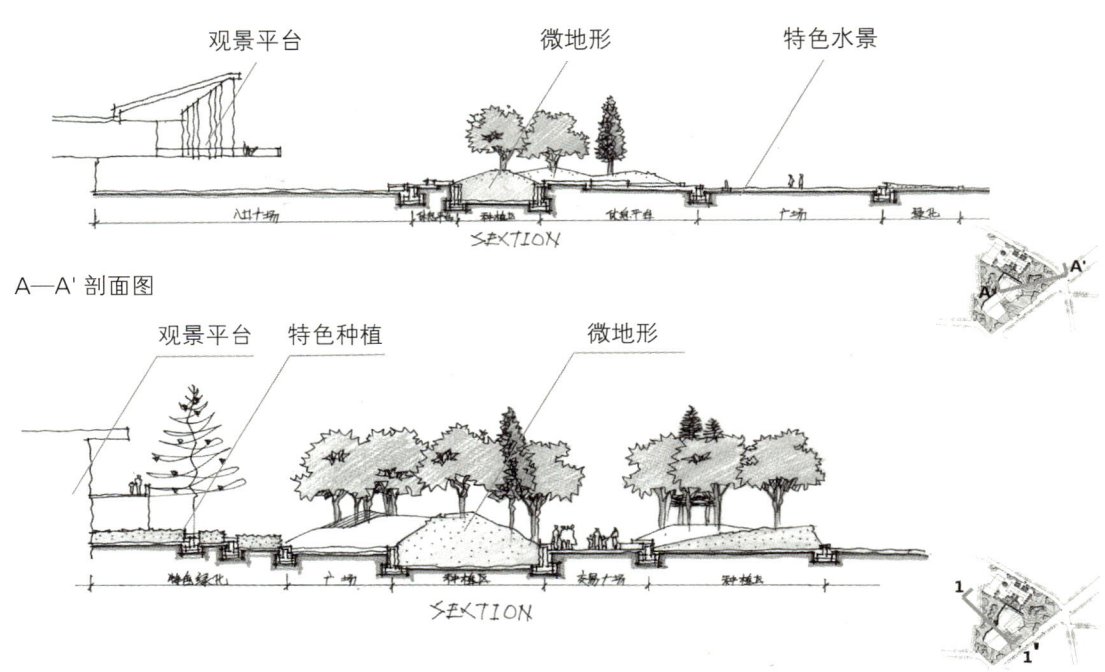

A—A' 剖面图

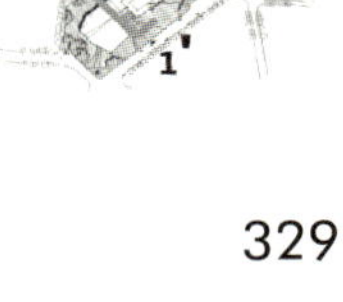

1—1' 剖面图

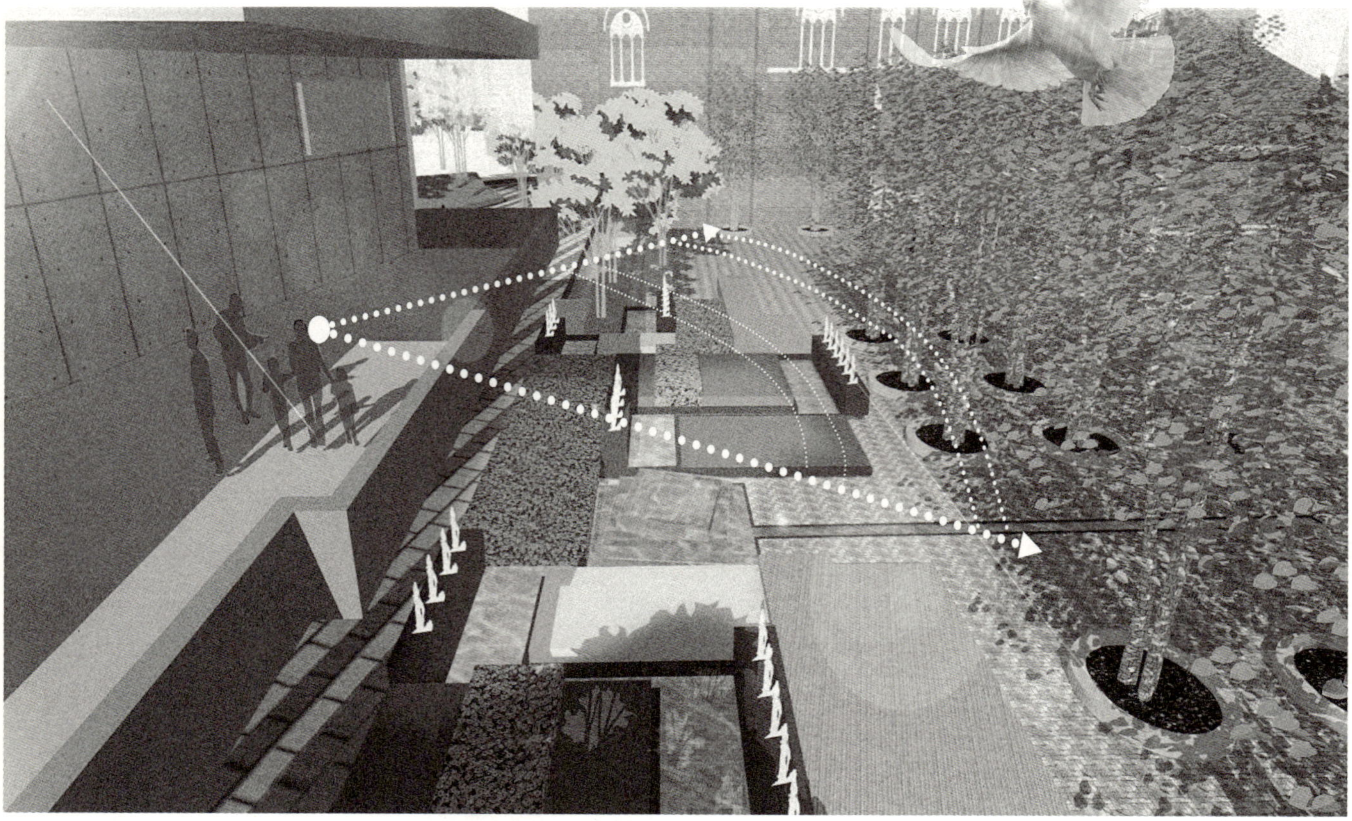

景观透视图

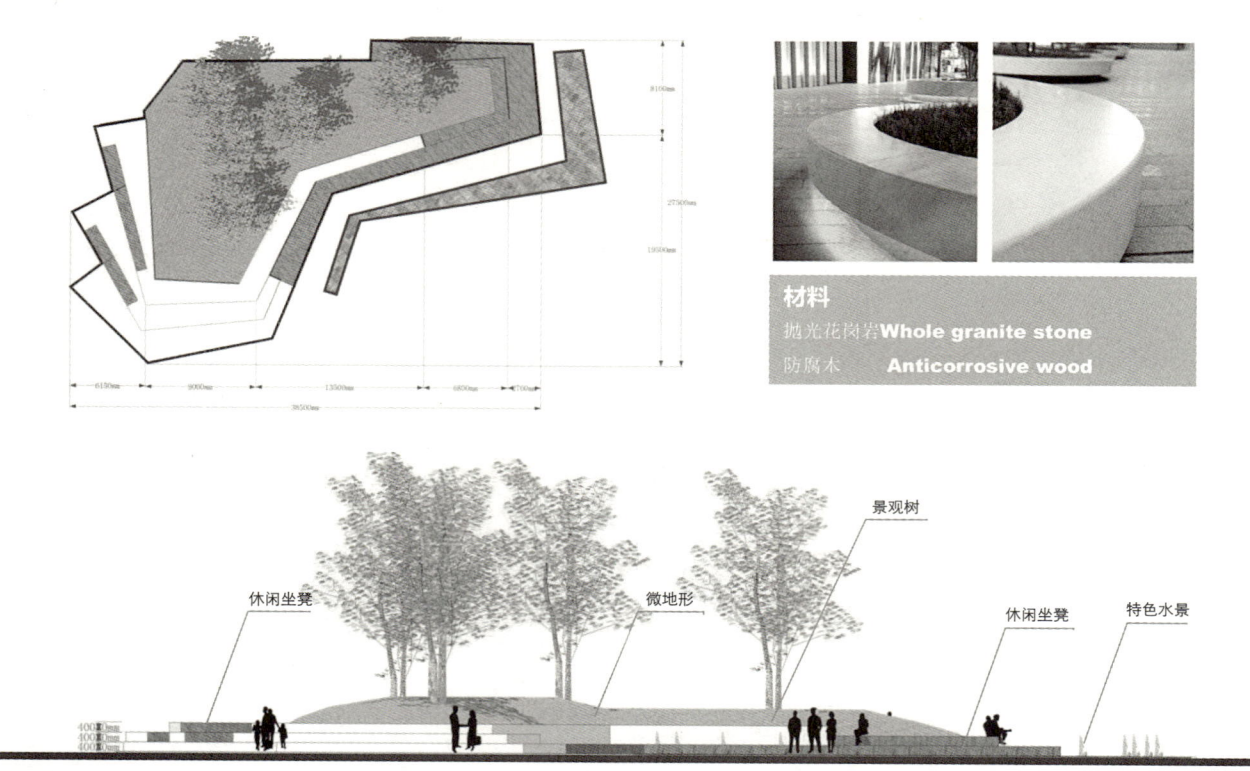

材料
抛光花岗岩 Whole granite stone
防腐木 Anticorrosive wood

特色景观小品

天津市近代历史博物馆建筑及景观设计
Tianjin Modern History Museum Architectural and Landscape Design

学　生：王明俐
学　号：201110002
学　校：青岛理工大学

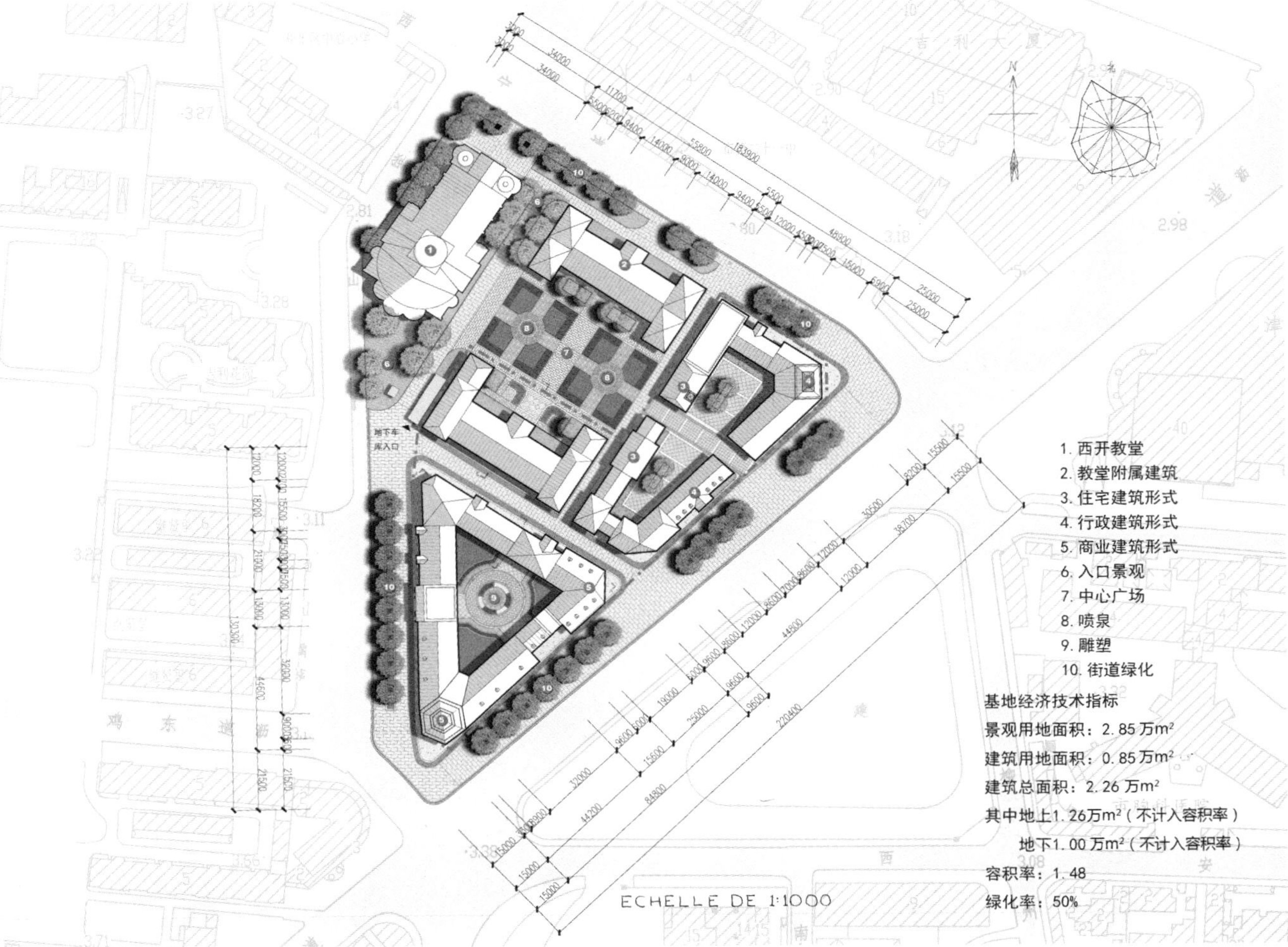

基地概况

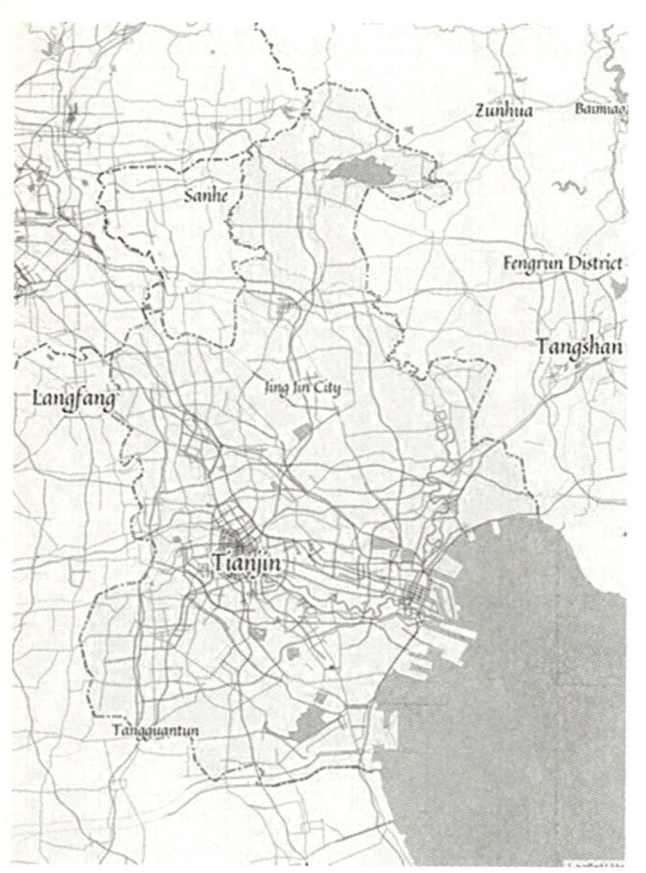 

　　项目位于天津市西开教堂地块，为天津市区重点规划区块之一。西开天主教堂位于天津市滨江道商业街的南端，是南京路高档商务区的核心区，是天津著名的地标性建筑。

用地历史变迁

　　1914年，西开教堂的附属医院建立，与法汉学院、西开小学等共同形成一片教会建筑群。
　　1953年，医院进行扩建。
　　1976年，由于地震使大部分建筑损坏，医院进行大规模重修，最终形成了2013年地图上的格局。
　　这一百年的时间，医院的面积不断扩大，其功能性也越来越完善，建筑样式却变得越来越趋同化，历史遗留下的痕迹也在逐渐消失。

用地现状

方案设计

天津市近代历史博物馆鸟瞰效果图

总平面图

在进行深入的调研后，考虑到用地的特殊性，我站在城市的角度，把用地当作一个城市景观对待，对场地的整体关系进行规划整理，还原用地的历史色彩和文化价值，成为城市中的一个真正可以承载近代历史的活态博物馆。

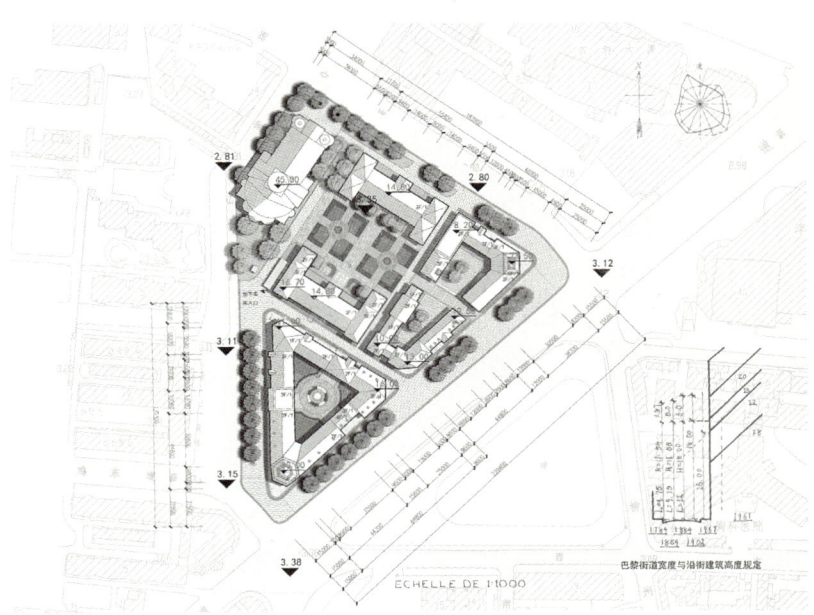

总平面分析图

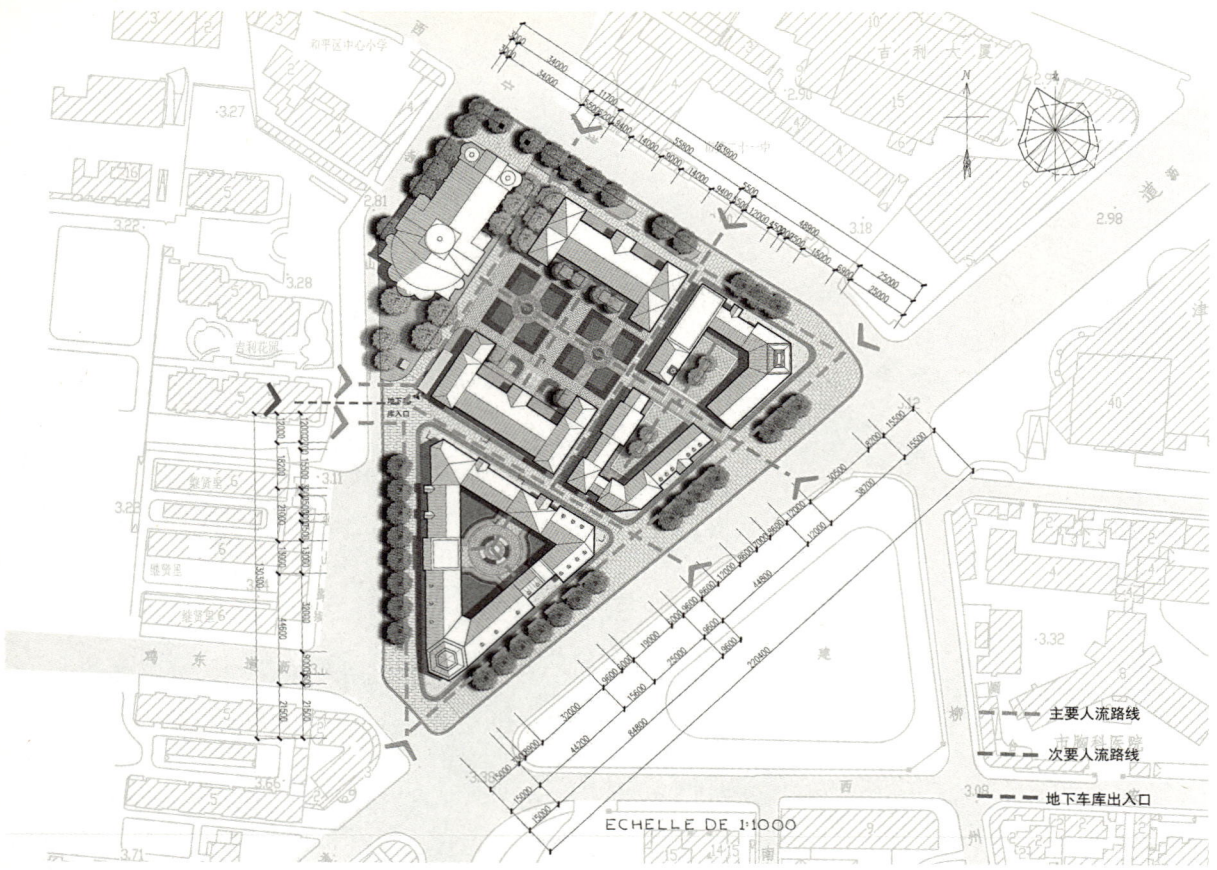

交通流线分析

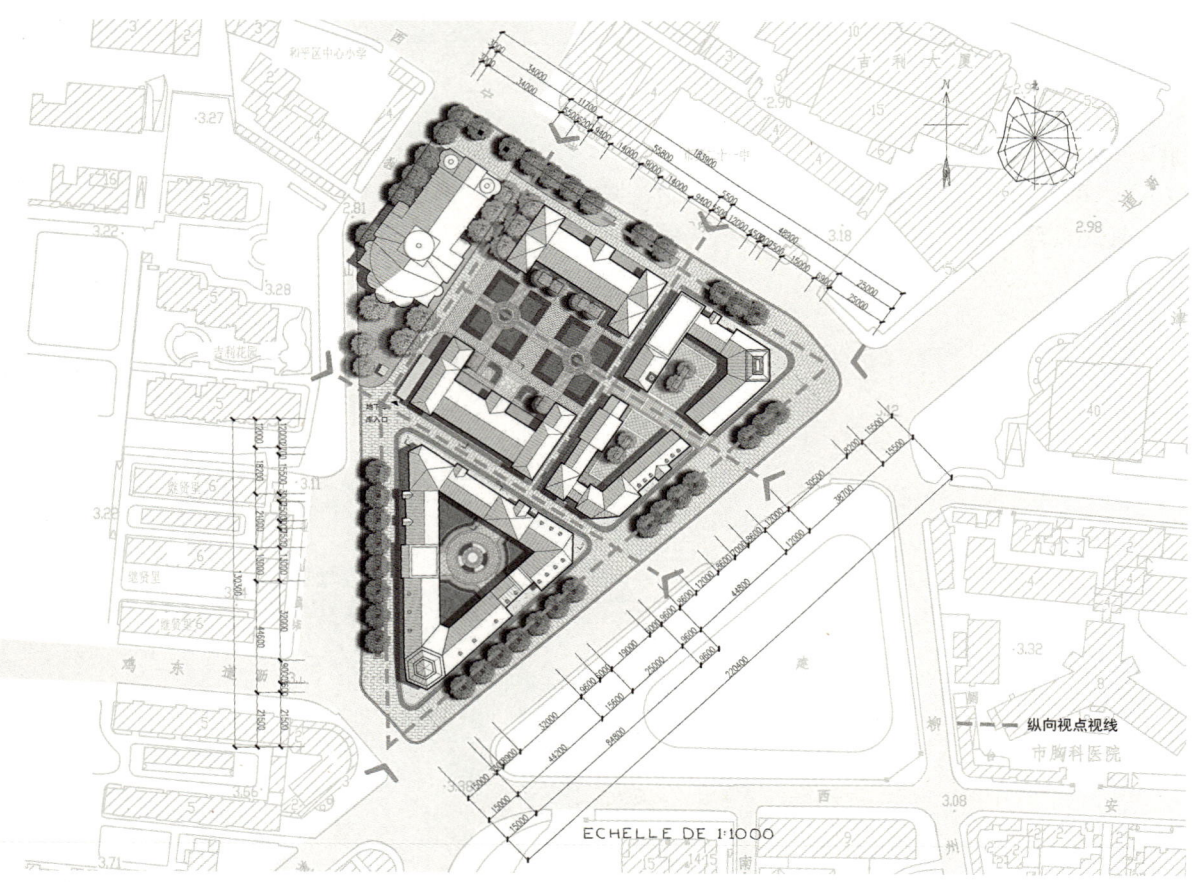

视点视线分析

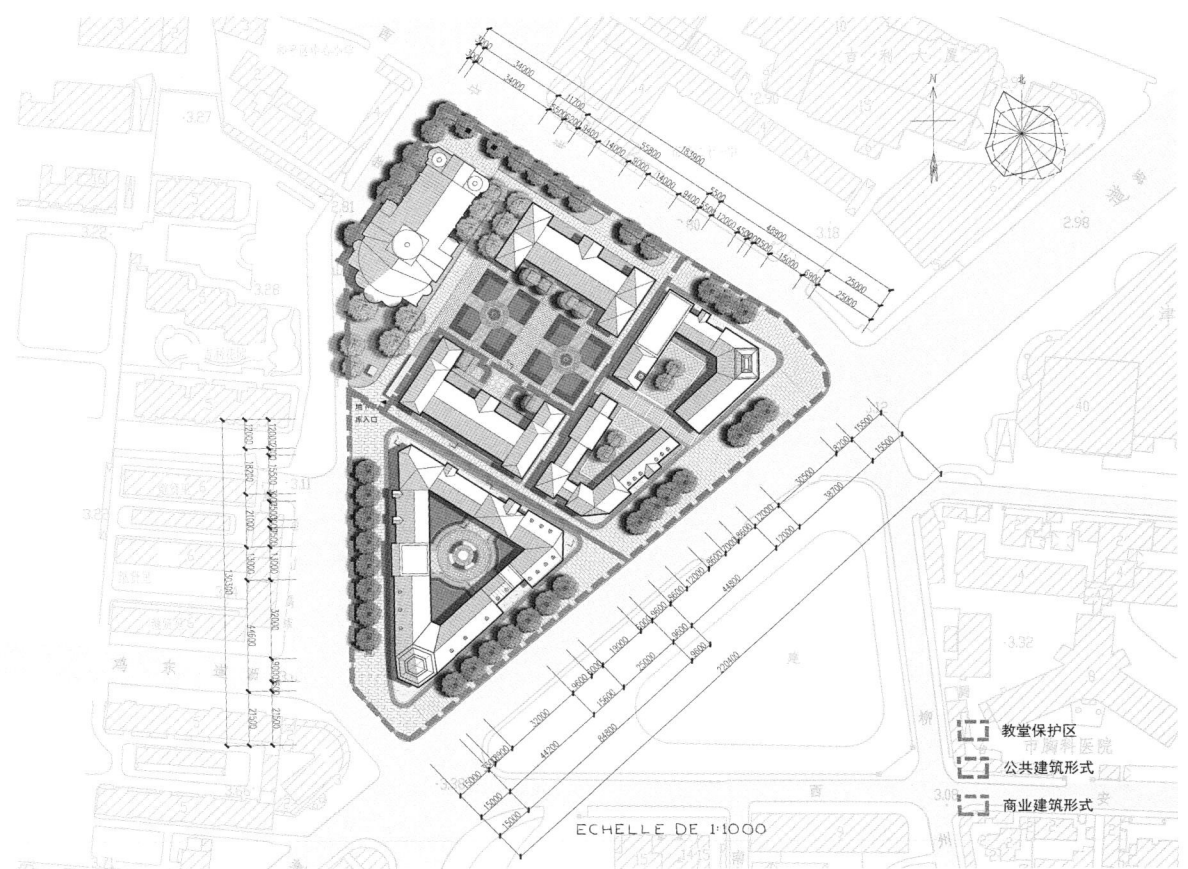

用地分区

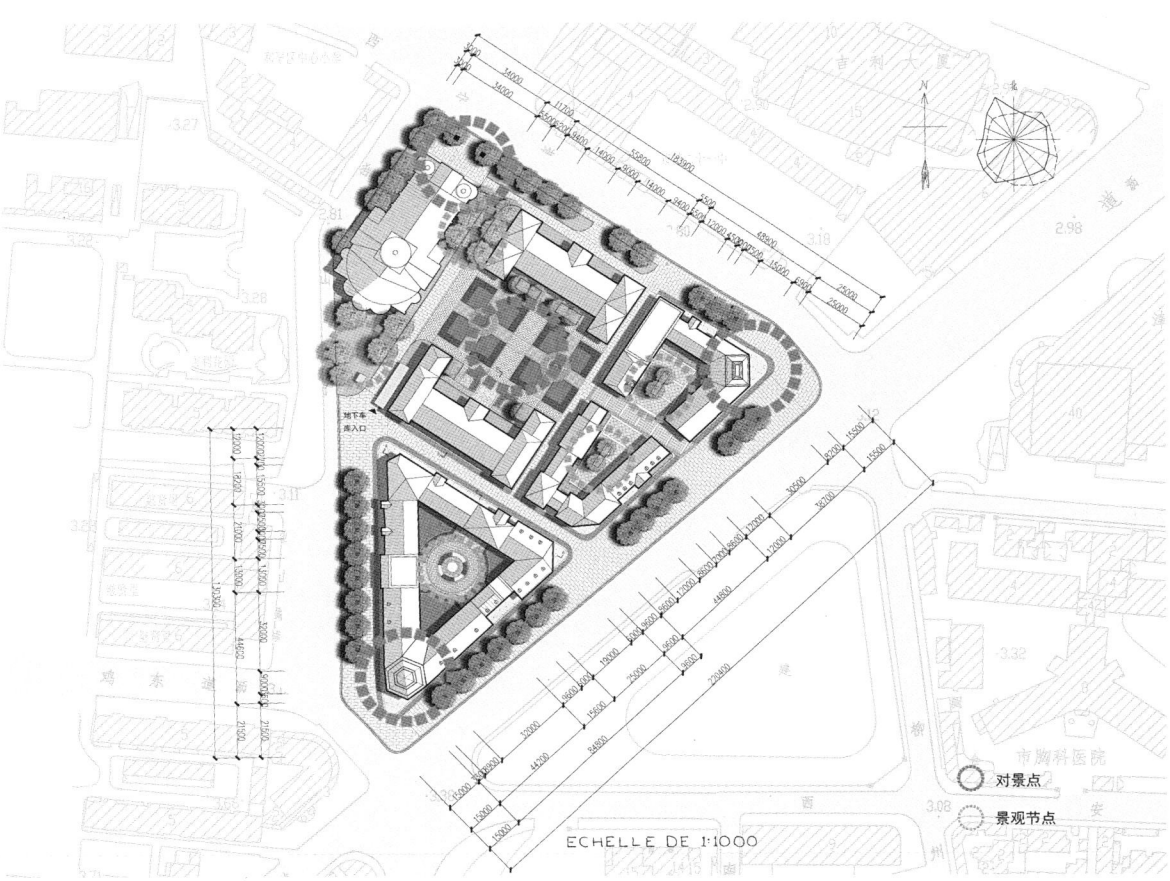

景观节点分析

335

竖向交通分析

建筑群共五层,地上最高四层,地下一层,地下一层设置密肋式结构转换层,转换层高1.5米,满足结构转换需要的同时解决人防问题。

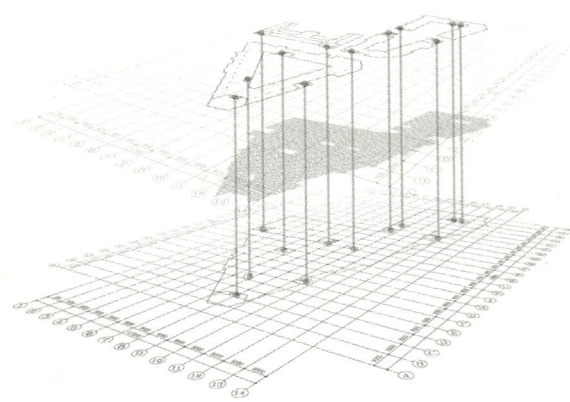

剖立面表现图

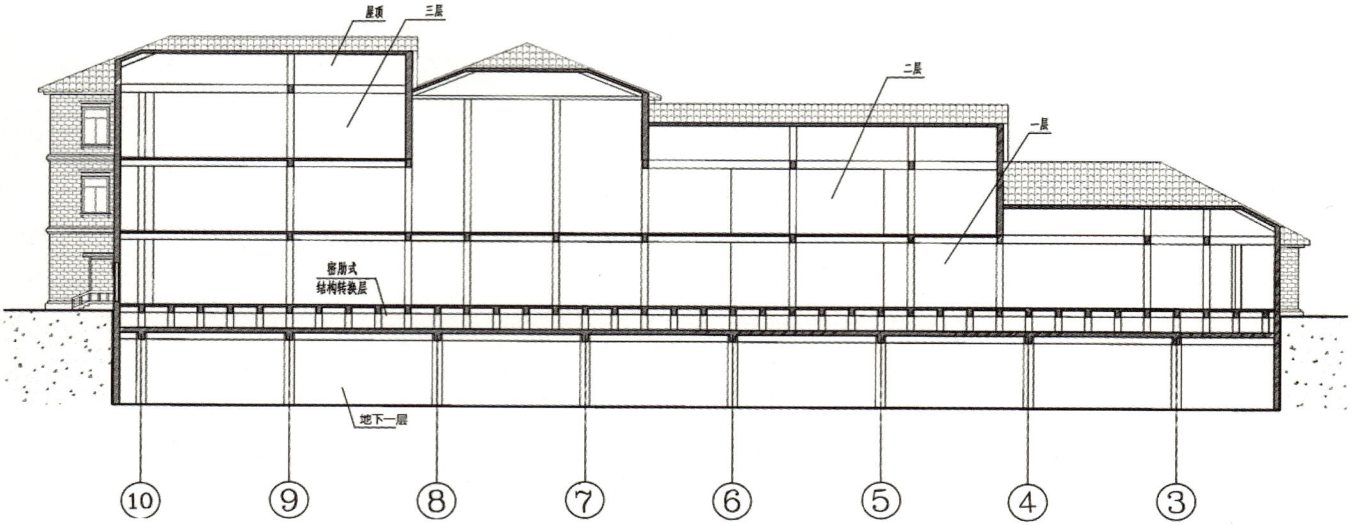

A-A 剖立面

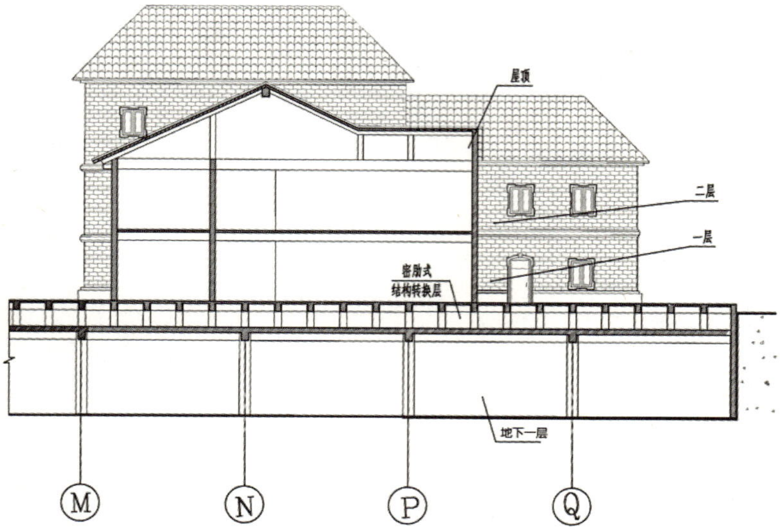

B-B 剖立面

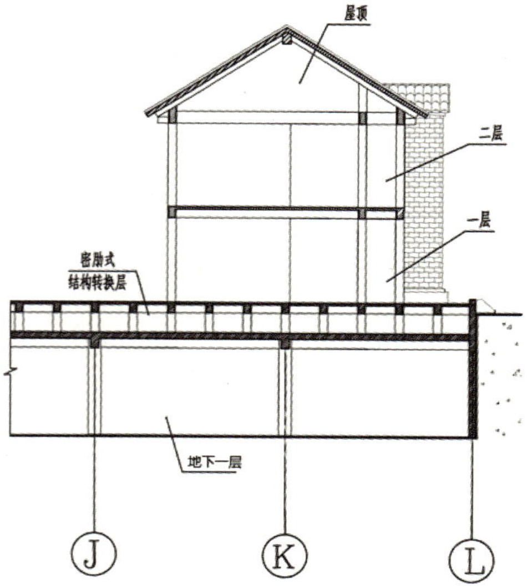

C-C 剖立面

立面表现图

立面表现图

西宁道立面表现图

营口道立面表现图

立面表现图

独山道立面表现图 1

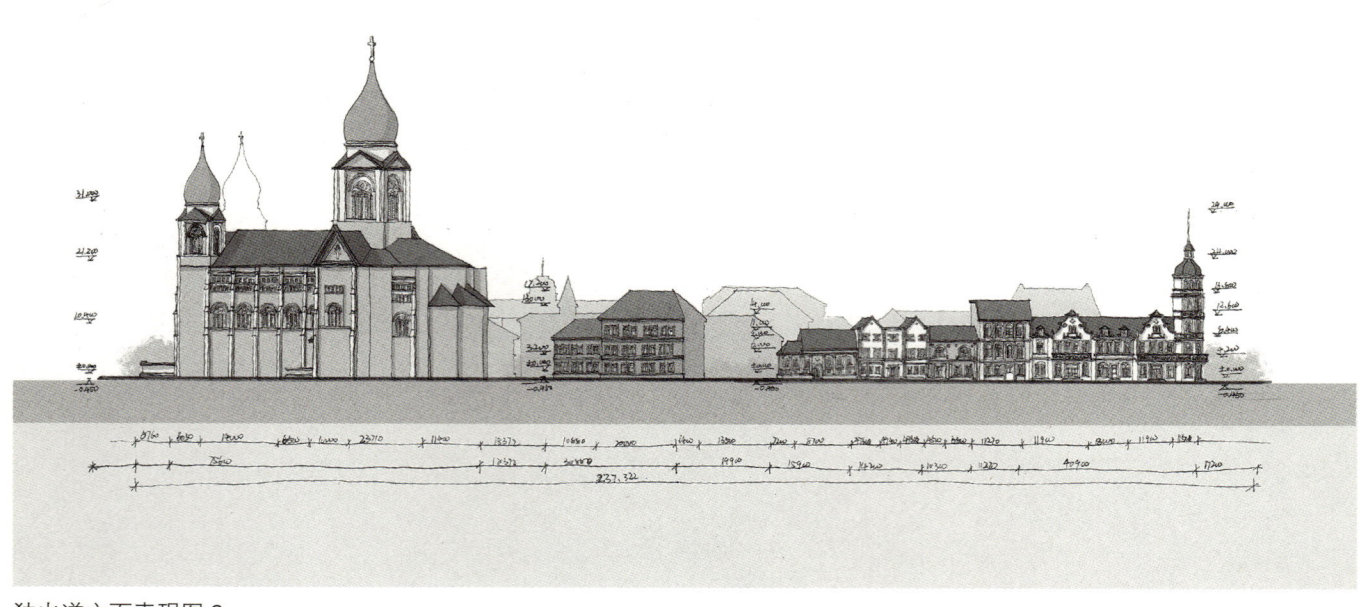

独山道立面表现图 2

单体建筑

商业建筑单体立面图

行政建筑单体立面图 1

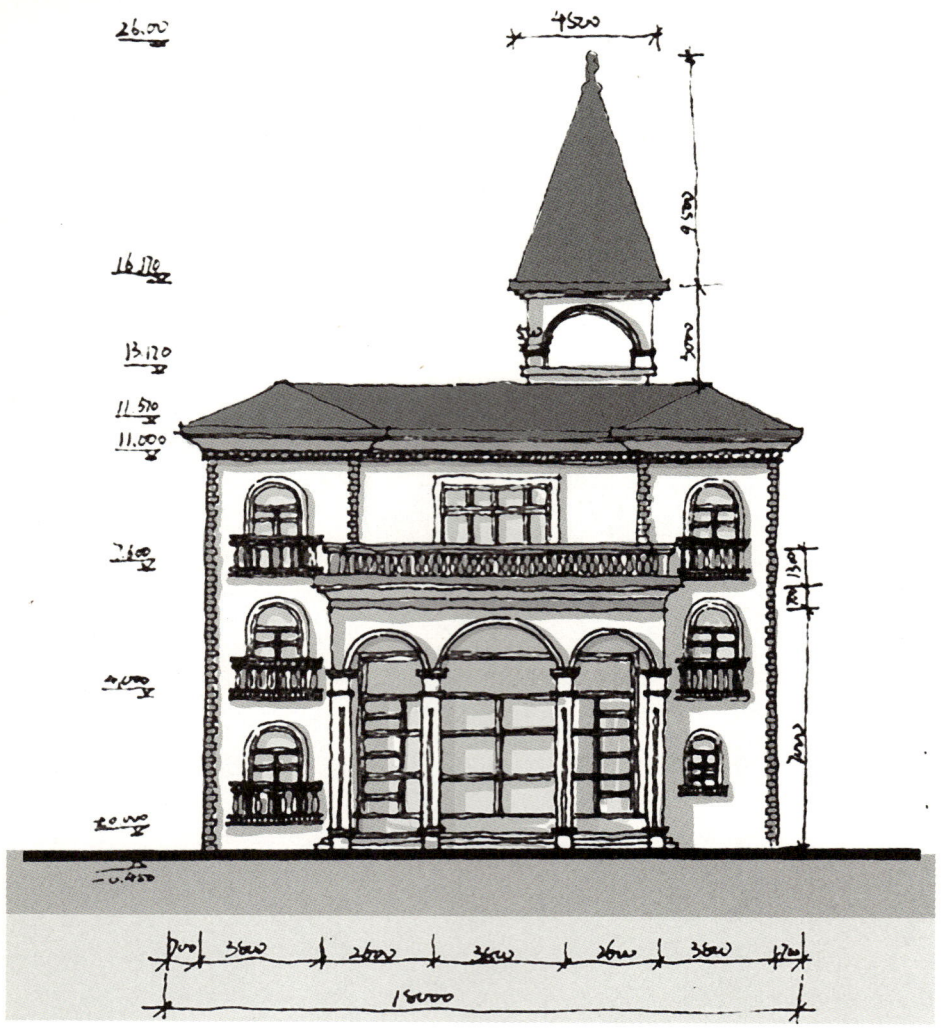

行政建筑单体立面图 2

景观小品意向图

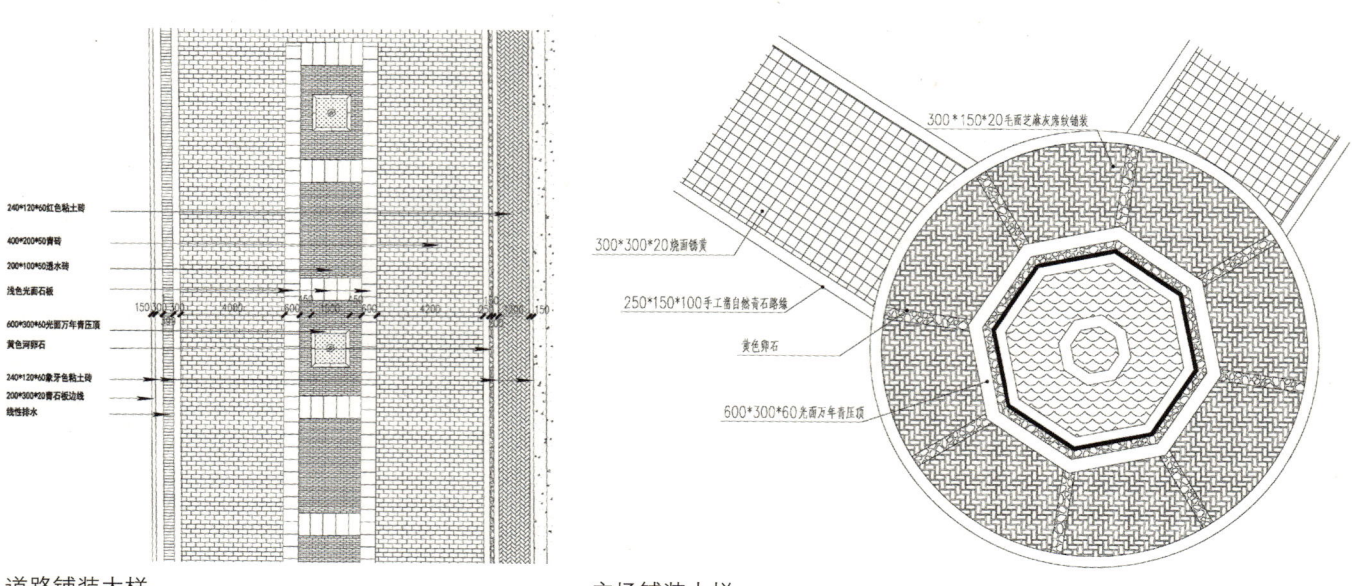

道路铺装大样　　　　　　　广场铺装大样

街道效果图

工业印记·主题博物馆空间设计
Industrial Mark – Theme Museum and Hotel Space Design

学　　生：常少鹏
学　　号：1169144101
学　　校：内蒙古科技大学

基地概况

基地位于中国内蒙古包头市昆都仑区，昆都仑区位于阴山脚下，黄河北岸，东经109°50′，北纬40°34′。大青山、乌拉山之间的昆都仑河流经境内，注入黄河，昆都仑区因河得名；是包头市的中心城区和自治区最大的企业包钢（集团）公司所在区，位于呼包银经济带和呼包鄂金三角腹地，是包头市政治、经济、文化中心和对外开放的窗口，土地总面积30159.04公顷。

解读任务书

项目背景

世界发达国家主要城市均有代表其地方城市特色的设计主题文化博物馆。而在我国，很多城市均没有代表性的主题文化博物馆。从这个角度来讲，需要相关部门与设计师配合为我们的城市设计出具有代表性的主题文化博物馆，传播历史文化，提供给广大市民更多的业余文化活动场所。博物馆大都是当地政府投资建设。而此次选址的基地由酒店运营，因此，此次博物馆的是由当地政府与酒店运营商共同投资建设，其地下一层及一至四层作为博物馆的使用空间。

本案设计构思

本设计属于地域工业特色主题博物馆设计范畴，在满足建筑外观形象及内部功能等方面的基本要求外，还应体现博物馆的经营内容与形式特点。要着重考虑整个运营体的主题概念与内部功能空间划分、流线设置以及相关配套设施的规范性。解决好相关主题地域的文化定位和对地域文化性的重新认识的问题，确立设计方向，凝练设计理念。

设计范围

1~4层的博物馆空间，约4000m^2。

项目概况

项目基地位于包头市昆都仑区白云鄂博路与少先路交汇处，是一座钢筋混凝土的单体建筑，其地上八层，地下一层。地下一层为设备间，不在设计范围内。其中地上四层为博物馆空间设计，层高为4.5米。

项目基地地处城市集中住宅区、商业区、休闲区、学校。交通便利，人流密集。具有可观的经济基础和精神文明的传播力。

概念分析

包头钢铁是中华人民共和国成立后最早建设的钢铁工业基地之一，1954年开始建设，1959年投产，周恩来总理亲临包钢为1号高炉出铁剪彩。

包头第一机械和第二机械装备是我国西北重要的军工生产基地，为我国国防建设提供了强有力的支撑，拥有着浓厚的国家荣誉感和使命感。

包头稀土产业拥有从稀土选矿、冶炼、分离、科研、深加工到应用的完整产业链条，是中国乃至全世界上最大的稀土产业基地，是我国稀土行业的龙头企业。

独具特色的工业城市，别具一格的工业标志性和工业历史感。
以"其城之广，其民之重的工业历史长河"为主题。
打造一个具有地域工业特色的工业历史博物馆。

综合性　　　　独特性　　　　标志性　　　　体验性

功能分区

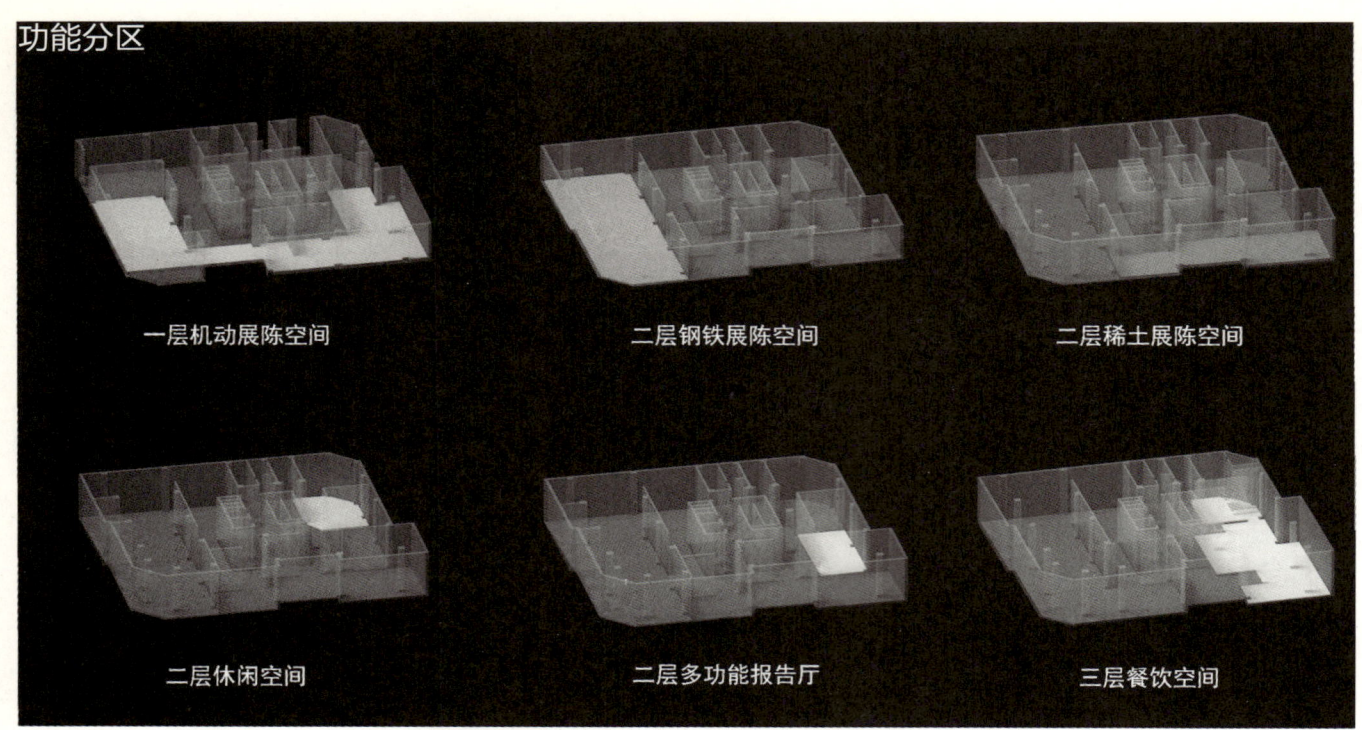

一层机动展陈空间　　二层钢铁展陈空间　　二层稀土展陈空间

二层休闲空间　　二层多功能报告厅　　三层餐饮空间

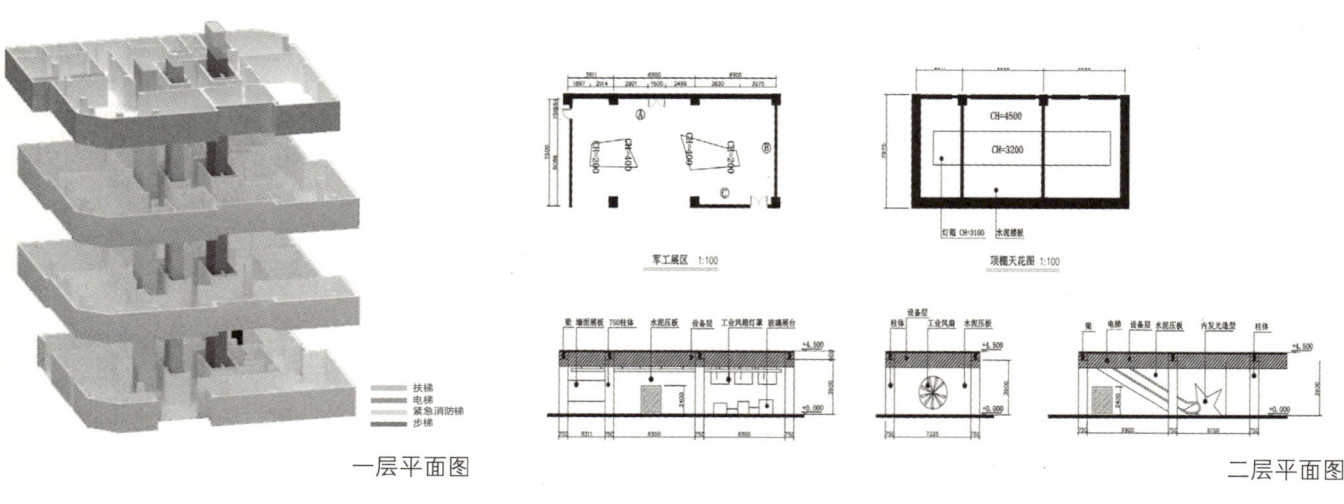

一层平面图　　　　　　　　　　　　　　　　二层平面图

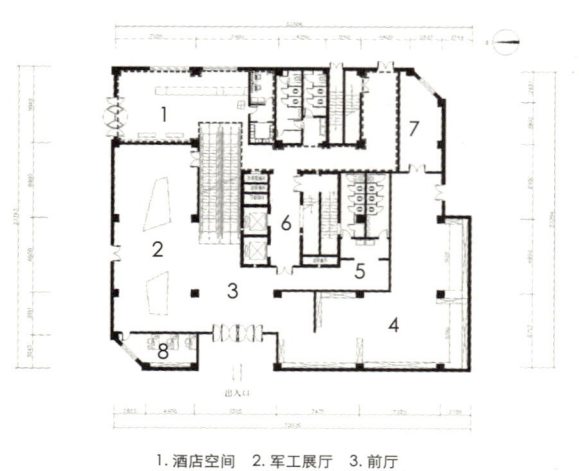

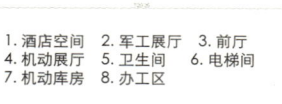

1. 酒店空间　2. 军工展厅　3. 前厅
4. 机动展厅　5. 卫生间　　6. 电梯间
7. 机动库房　8. 办公区

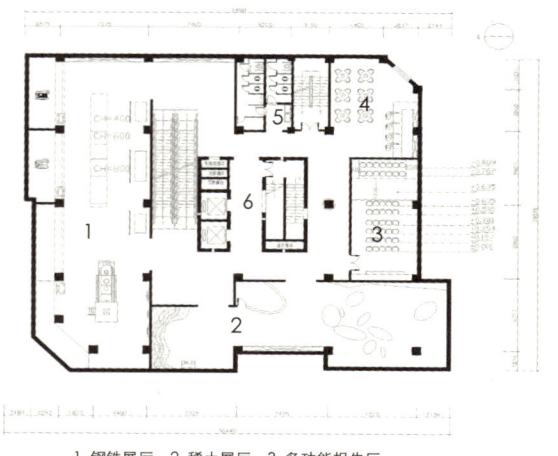

1. 钢铁展厅　2. 稀土厅　　3. 多功能报告厅
4. 休闲吧　　5. 卫生间　　6. 电梯间

344

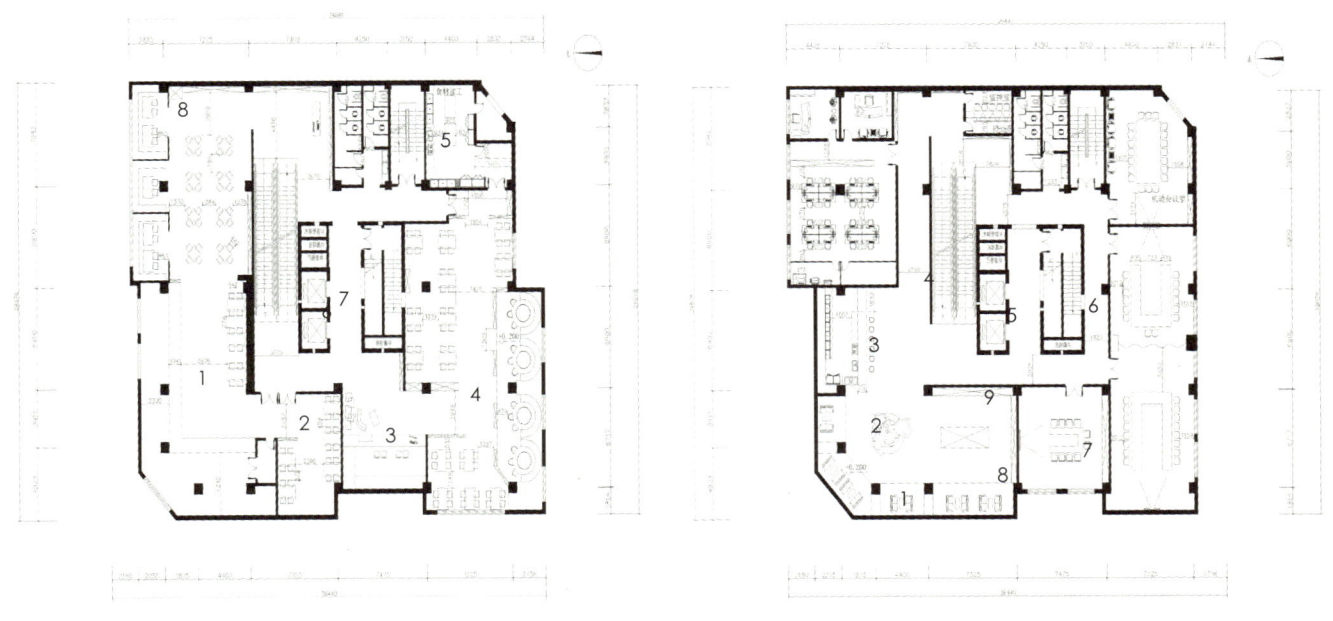

前厅效果图

1. 西餐区　2. 厨房　3. 中餐区接待
4. 中餐区　5. 厨房　6. 卫生间
7. 电梯间　8. 西餐区接待

三层平面图

1. 书吧　2. 茶点吧　3. 办工区
4. 监控室　5. 卫生间　6. 会议室
7. 机动会议室　8. 会议室　9. 电梯间

四层平面图

展厅效果图 1

展厅效果图 2

智趣·科普体验式博物馆室内设计
Interest of Intelligence – Science Experience Theme Museum

学　　生：李逢春
学　　号：1169201201
学　　校：内蒙古科技大学

基地概况

　　基地位于中国内蒙古包头市昆都仑区白云路和少先路的交汇处，比邻城市主干道钢铁大街和友谊大街，城市交通网稠密，车流及人流量大；基地对周边地域环境辐射广，具有很强的文化与精神的传播力。

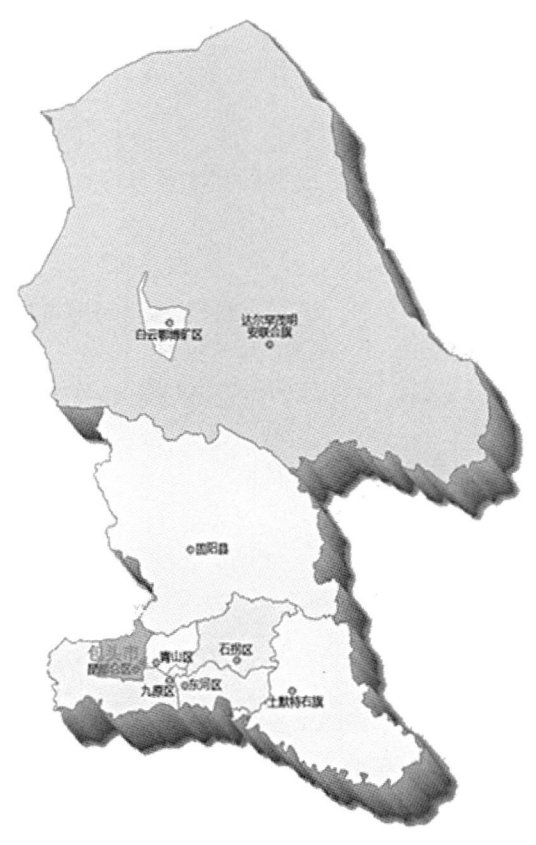

内蒙古包头市

基地基本信息

设计项目是一栋单体建筑,地上八层,地下一层,一至三层层高4.5m,三层以上3.5m;本次方案设计选取其一至四层在原有建筑基础上进行局部改造设计,旨在打造一个博物馆命题方案;其中五至八层为酒店空间。

项目意义

方案的定位不仅符合社会的需求,填补城市文化产业的空白;丰富博物馆业态的展陈内容,同时也能为学生开辟第二课堂,充实教学方式,培养青少年学生学习兴趣。

概念提出

概念阐述:通过对任务书的解读以及对基地周边的调研得出结论,我的方案设计将围绕以青少年为对象,以"智趣"为主题的科普体验博物馆室内空间设计。

建筑加建

设计原则:在满足建筑体规划基本红线前提下,对建筑体进行局部加建,满足其使用需求又使其富有变化、层次感以及趣味性,提取"积木"造型元素融入方案设计,既符合本次设计主题概念;用时也能增加建筑使用面积,满足博物馆各功能使用需求。

 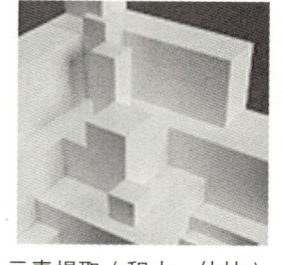 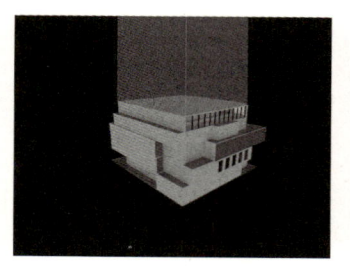 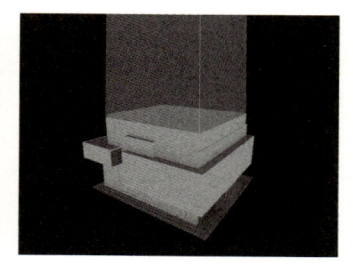

元素提取(积木、体块)　　　　　　　　　　概念生成(1~4层)

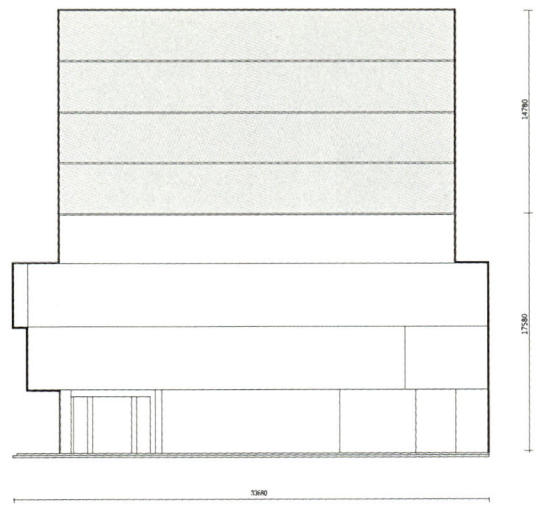
南立面

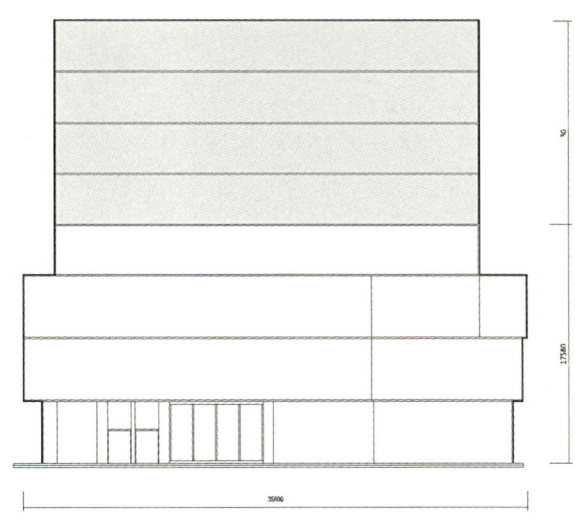
西立面

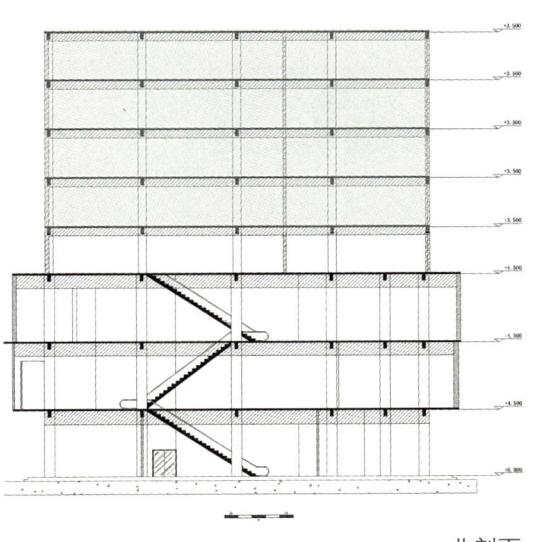
北剖面

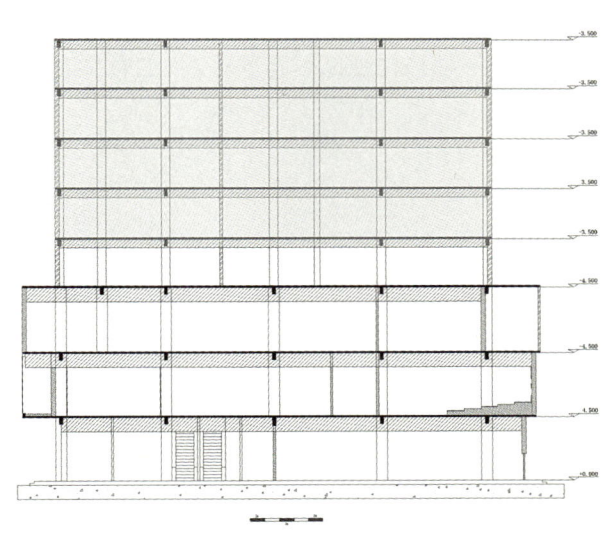
西剖面

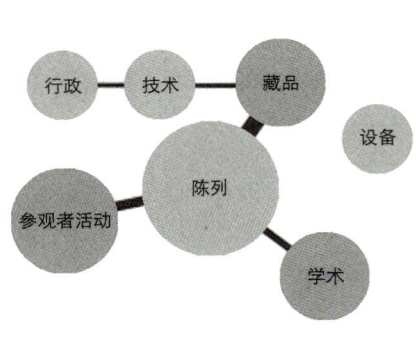
室内空间脚本及动线关系

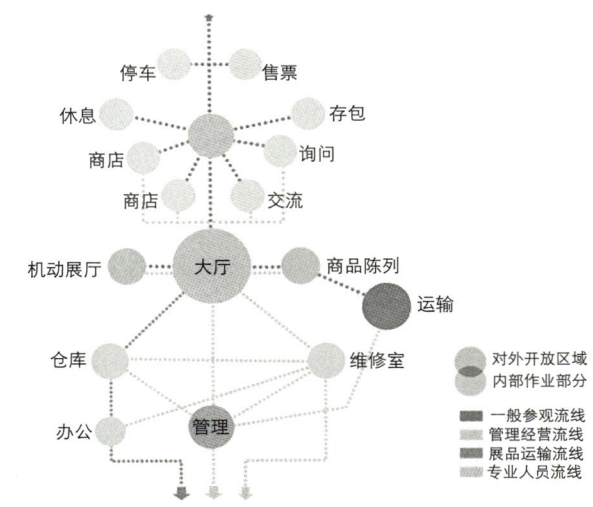

室内设计

展示空间

（一层）机动展厅

（二层）探索与未来主题展厅1—航天探索：人类航天发展史
空间站太空舱体验
互动界面
图片文字展示

（二层）探索与未来主题展厅2—宇宙之奇：月球畅想
航天飞机驾驶体验
互动界面
图片文字展示
视频动画

（三层）科技与生活主题展厅1—物质之妙：基因的秘密
光影之绚
生命密码
互动界面
视频动画

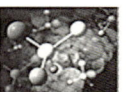

（三层）科技与生活主题展厅2—信息交通：交通之便
机械之巧
信息之桥
图片视频展示

各层平面图

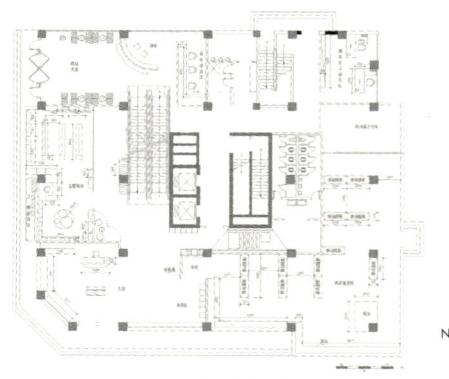

一层平面图

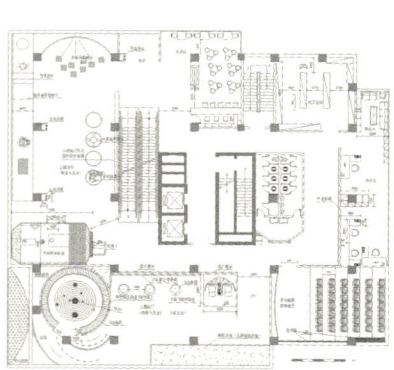

二层平面图

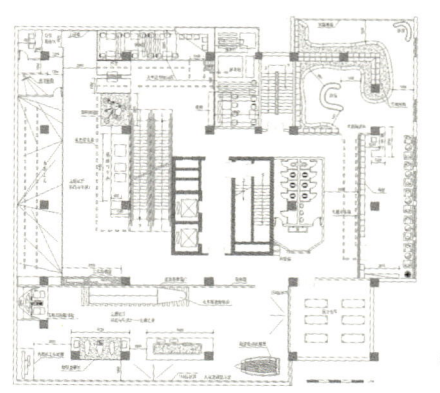

三层平面图

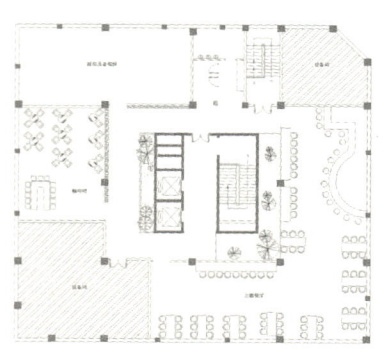

四层平面图

室内空间参观流线分析

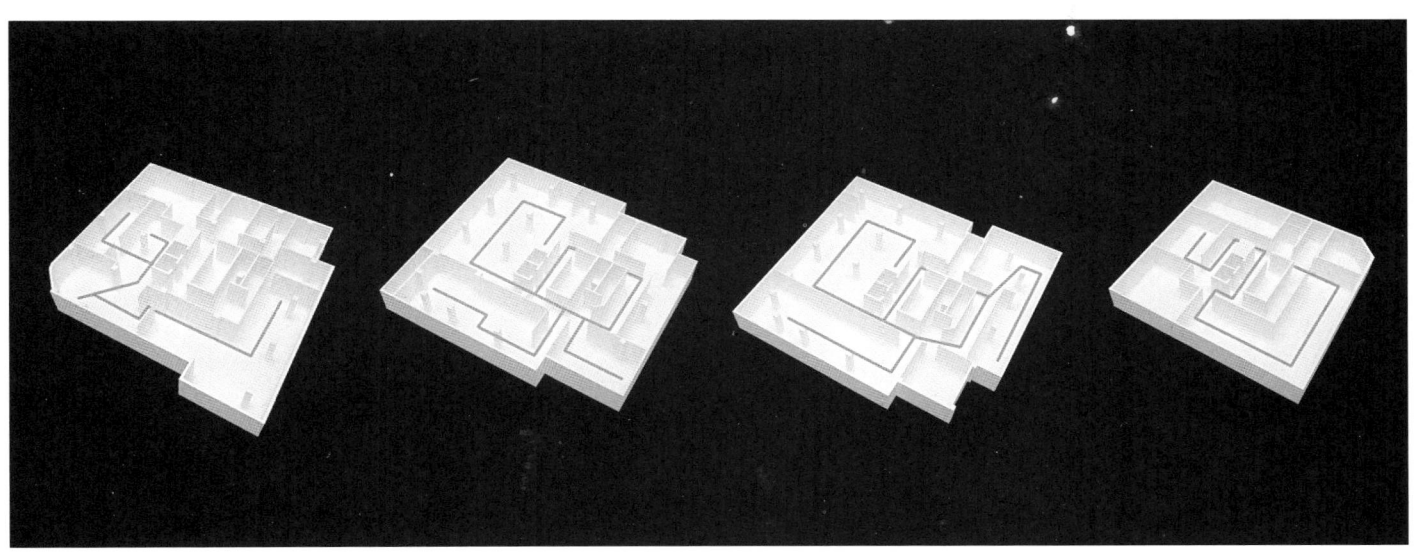

室内各层功能分区

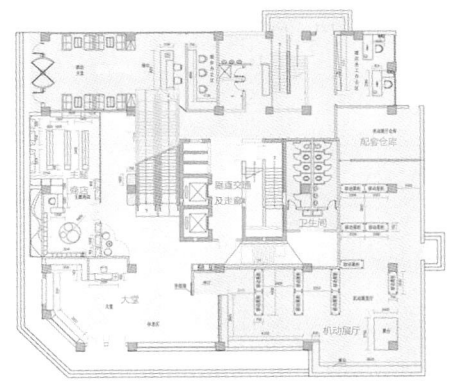

一层功能分区

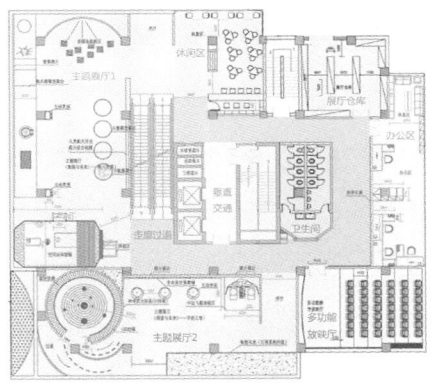

二层功能分区

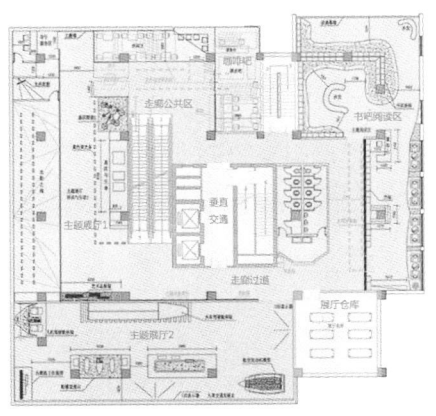

三层功能分区

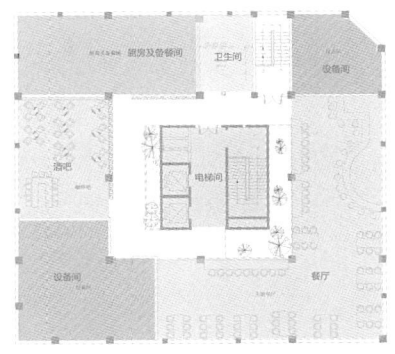

四层功能分区

室内展厅效果

二层宇宙之奇展厅

一层机动展厅

室内展厅立面图

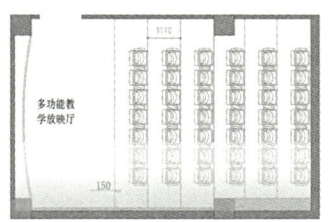 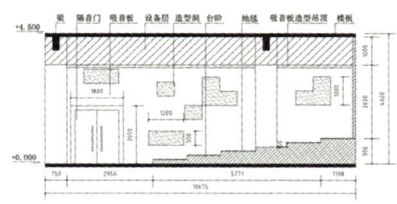 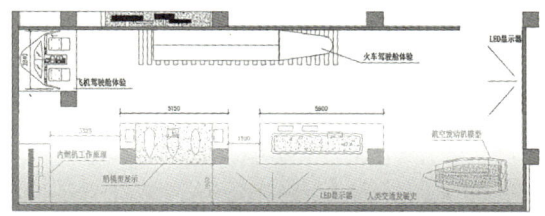

多功能放映厅立面

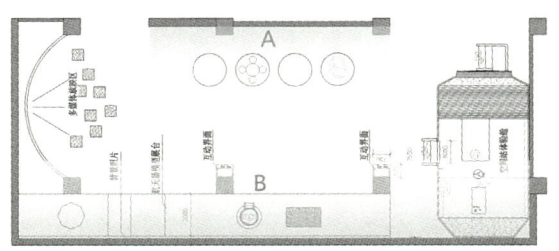 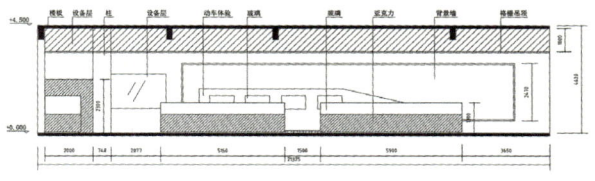

科技与生活展厅立面

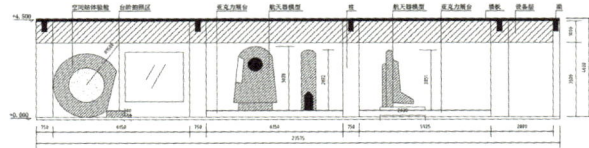 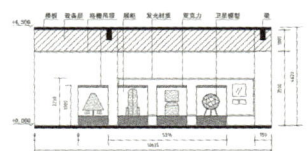

探索与未来展厅立面 1　　　探索与未来展厅立面 2

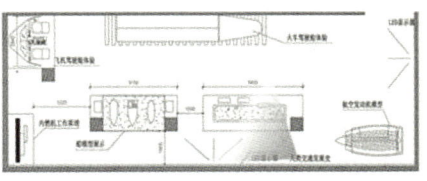

三层科技与生活展厅

353

吧台

餐厅

咖啡吧

书吧

鲁班博物馆方案设计
Lu Ban Museum Concept Design

学　生：杨坤
学　号：2011061279
学　校：山东建筑大学

基地概况

　　齐鲁文化是中华文明的瑰宝，具有地域文化的独特魅力。而作为鲁班故里滕州市，古为"三国五邑"之地，文化沉淀厚重，是历史人文孕育出的文化旅游名城。

选址周边分析

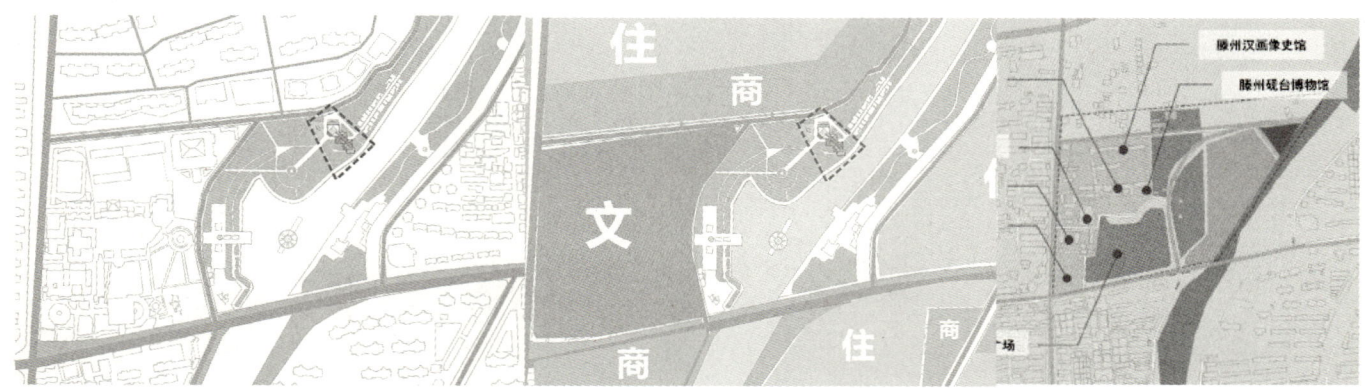

　　选址位于城市核心地段，山东龙泉文化广场，龙泉古塔、王学仲艺术馆、汉画像石馆、墨子国际研究中心、墨子中学等富有文化特色和地方气息的文化建筑群围绕在广场周围，成为集游览、观赏、休憩、娱乐、科普、文化教育于一体，极具民族传统和文化特色的综合性敞开式公共游乐场所。

　　选址紧邻即将开发的商业区和即将落成的滕州博物馆，且周围环绕沿河绿化区，文化娱乐活动众多。商业消费刺激，文化建筑的聚集，且处于健康绿色大环境内，加上滨河的地理条件，为博物馆的吸引游客，众多附加功能的延伸都提供了可能。

选址距离滕州火车站 2.2 公里
选址距离滕州高铁站 7.4 公里

选址距离滕州长途汽车站 3.7 公里

选址辐射半径 3.8 公里（辐射范围内四个主要街区人口接近 60 万，交通便捷，自行车等轻型代步工具可在半小时内到达）

场馆功能延伸

　　滕州市人口约170万，原有滕州市公共图书馆藏书2万余册，且图书种类少，更新慢，原图书馆位置条件差，内部阅读环境简陋。市区急需新建更开放的公共图书馆。

　　项目选址半径2公里范围辐射十余所中学，且选址处于市区最大人流吸引力的龙泉文化广场，若附加新的公共图书阅览室，便能够更有效的刺激地区文化吸引力，普及市民阅读量。

交通分析

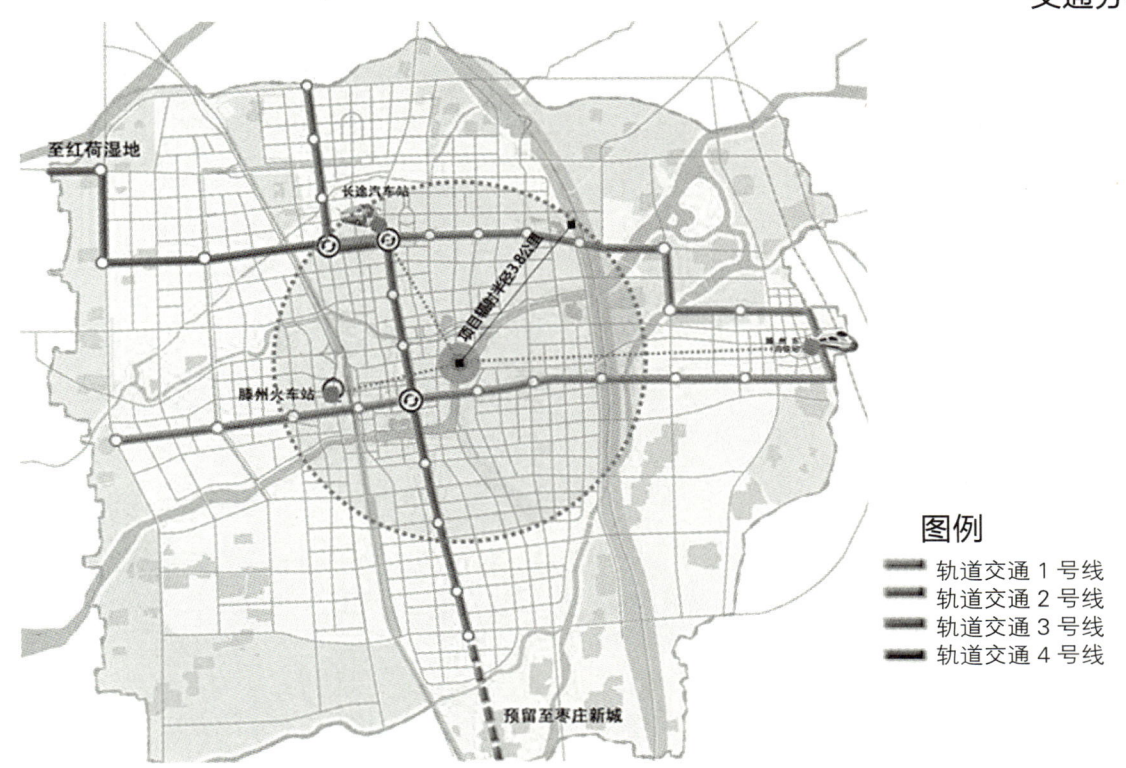

图例

▬ 轨道交通 1 号线
▬ 轨道交通 2 号线
▬ 轨道交通 3 号线
▬ 轨道交通 4 号线

设计思路

　　鲁班作为一个植根于人民心中的能工巧匠，以他的聪明才智和发明创造，赢得了后代人民的尊敬，而山东滕州作为鲁班故里，更有必要深入研究、传承、保护、开发和弘扬。鲁班故里有责任、有义务，把文献史料与民间传说有机地结合起来，去伪存真，吸取精华，再塑鲁班的光辉形象，弘扬鲁班精神，振兴民族文化。

　　挖掘历史，用以创造新的事物，遵循着这个理念，将影响整个设计思路。还原历史，从古文化中汲取灵感、遵循尺度，从而得以融合、创新。

设计构想

以鲁班锁为出发点,榫卯结构无论在建筑上还是室内中都广泛应用,根据其结构进行的演变。各个体块穿插、咬合、堆叠,出现多种多样的形式。

独立　　相隔　　围合　　扩散

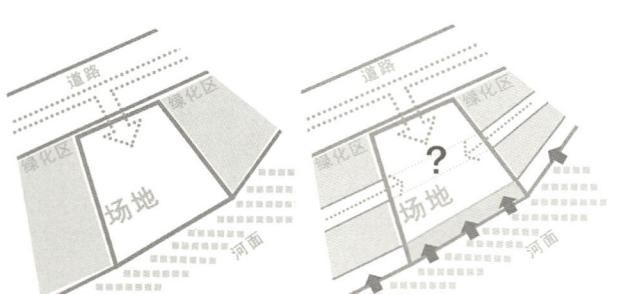

选址地处在两处绿化景观走廊之间,需解决游客流线贯穿以及如何利用此点所带来的商业效益。

建筑滨水而建,同样要解决水位上升所带来的安全隐患。

功能研究

　　HOW?(表现形式)
　　展示——模型场景搭建的立体展示
　　　　　多媒体的人机互动展示
　　　　　文献资料的传统展示
　　开放——与观众交流人性化
　　　　　综合功能、服务延伸
　　　　　探寻更多模式,使其"长"、"热"
　　绿色——健康、适用、高效
　　　　　材料回收、可持续
　　　　　节能、环境一体化

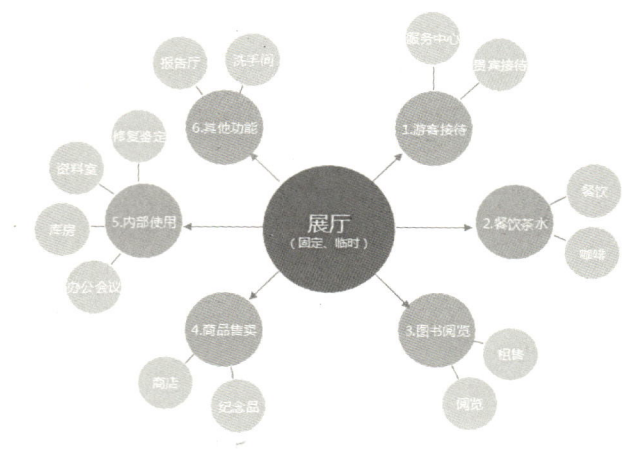

建筑生成

    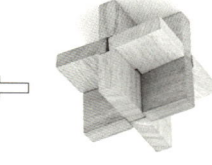

1. 原始形态　　　2. 从多种形态的鲁班锁中找寻组合方式　　　3. 找到咬合连续的组合形式　　　4. 置于地面的横向切割

8. 初步定型　　　7. 丰富演变　　　6. 穿插结合　　　5. 从鲁班锁中再次找寻另一种衔接方式

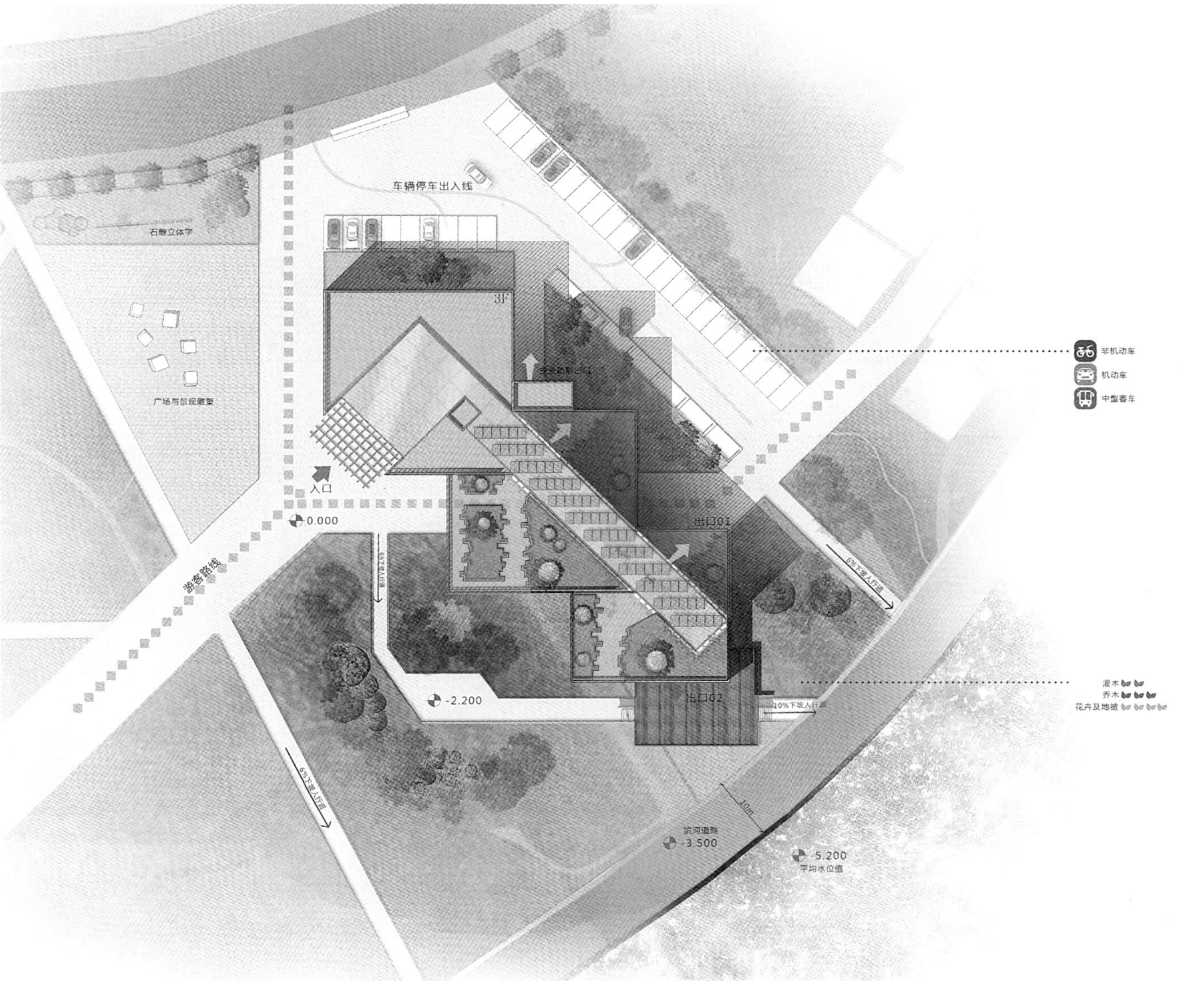

景观平面

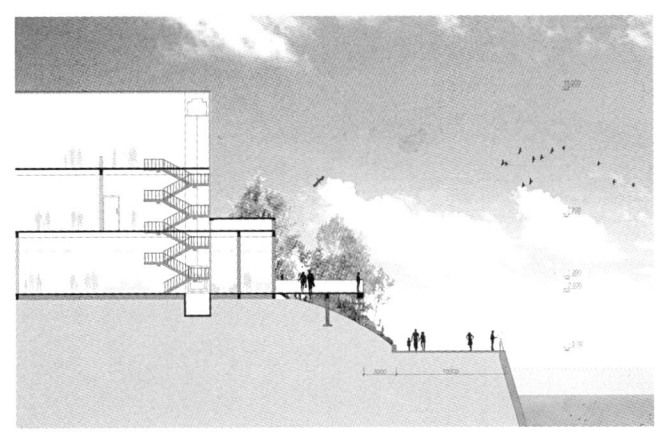

景观剖面

景观效果

规范说明

通过抬升滨河道路高度，建筑退让河面13m，在满足城市规划绿线与河道规划蓝线规范条件下，满足户外平台以及屋顶景观花园的最佳景观视野。

从图书阅览室走出到二层屋顶景观花园，为了提供更多的坐憩阅读的空间，在符合人流动线的前提下，做出一个凹凸变化的石凳护台。恰巧延长了坐台的周长，且形式上形成了多个c形的区域，提供了多个交流区。

剖面图

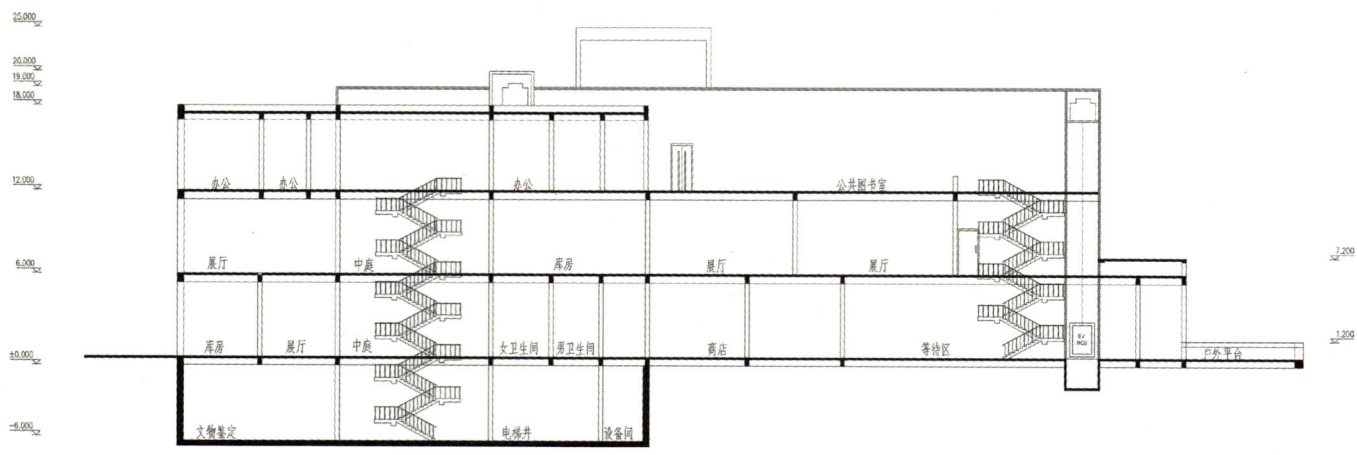

地源热泵在此建筑空调系统中的原理与应用：

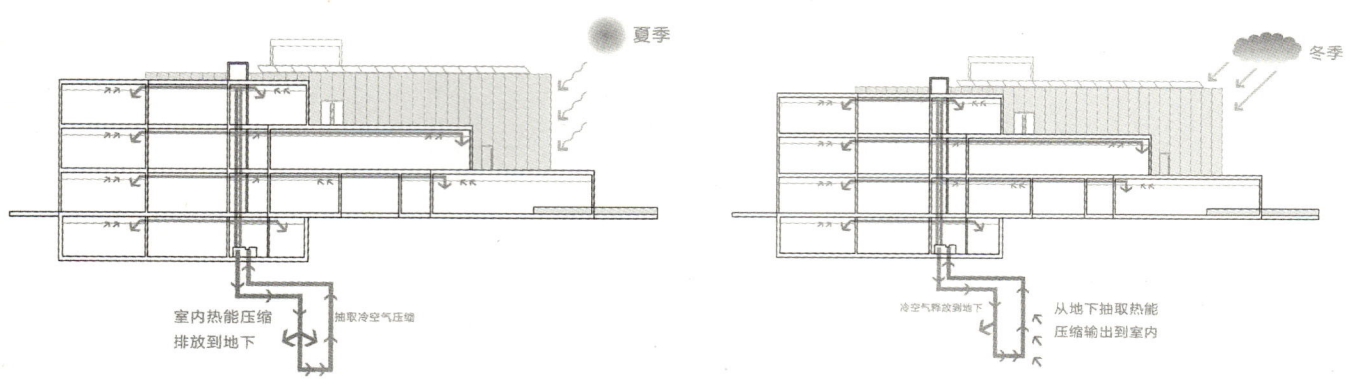

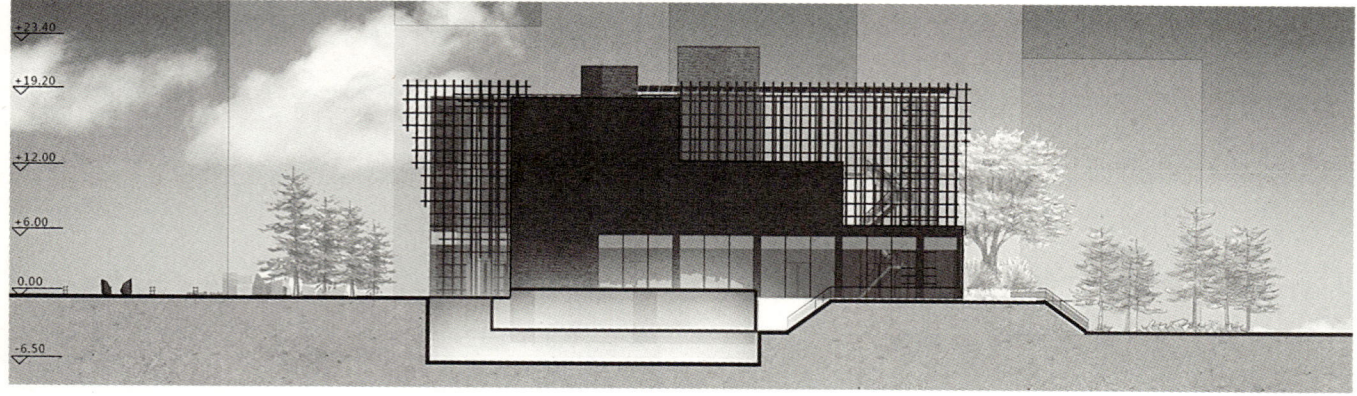

立面图

垂直交通

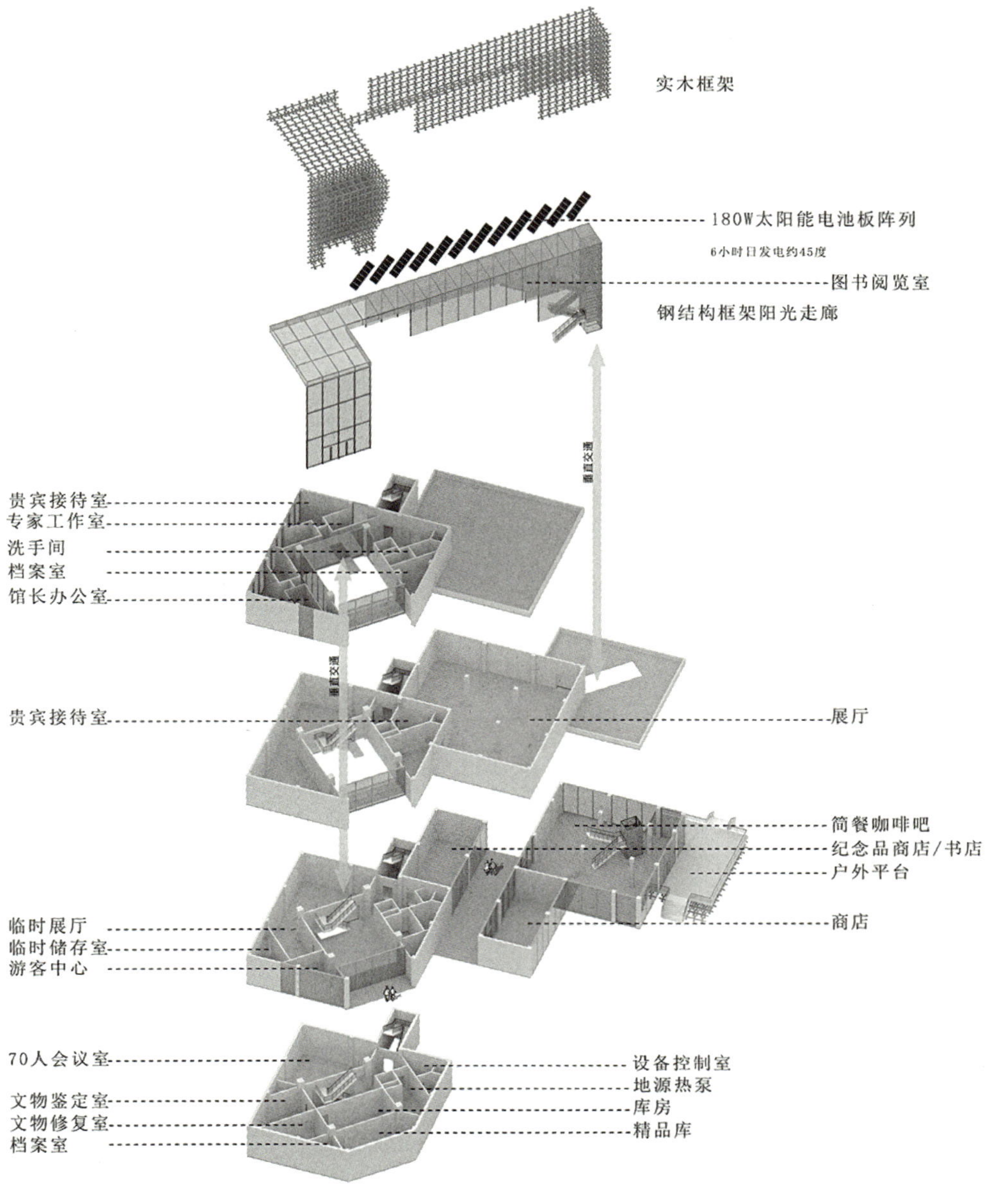

实木框架

180W太阳能电池板阵列

6小时日发电约45度

图书阅览室

钢结构框架阳光走廊

贵宾接待室
专家工作室
洗手间
档案室
馆长办公室

贵宾接待室

展厅

简餐咖啡吧
纪念品商店/书店
户外平台

临时展厅
临时储存室
游客中心

商店

70人会议室
文物鉴定室
文物修复室
档案室

设备控制室
地源热泵
库房
精品库

框架分析

1. 灵感来自鲁班锁之一的"十字玲珑锁"
2. 分析单个锁的衔接方式
3. 分析组合后的衔接方式

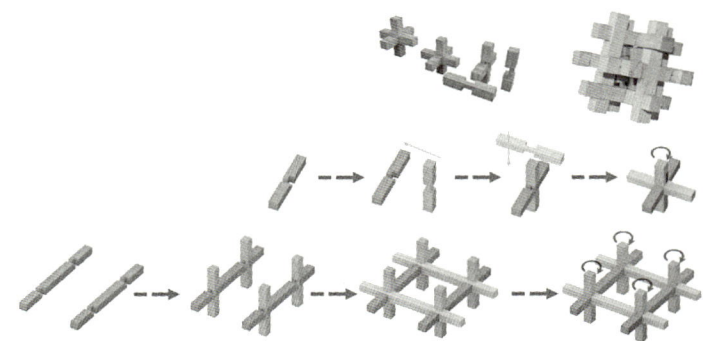

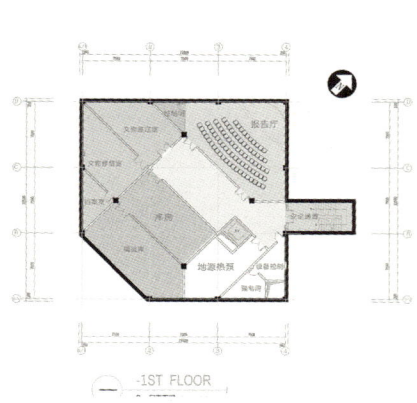

地下一层平面图

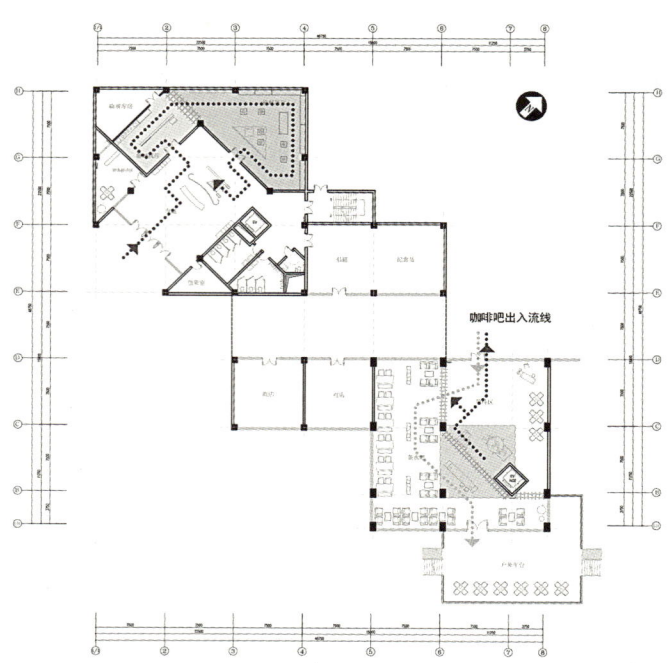

一层平面图

大厅效果图

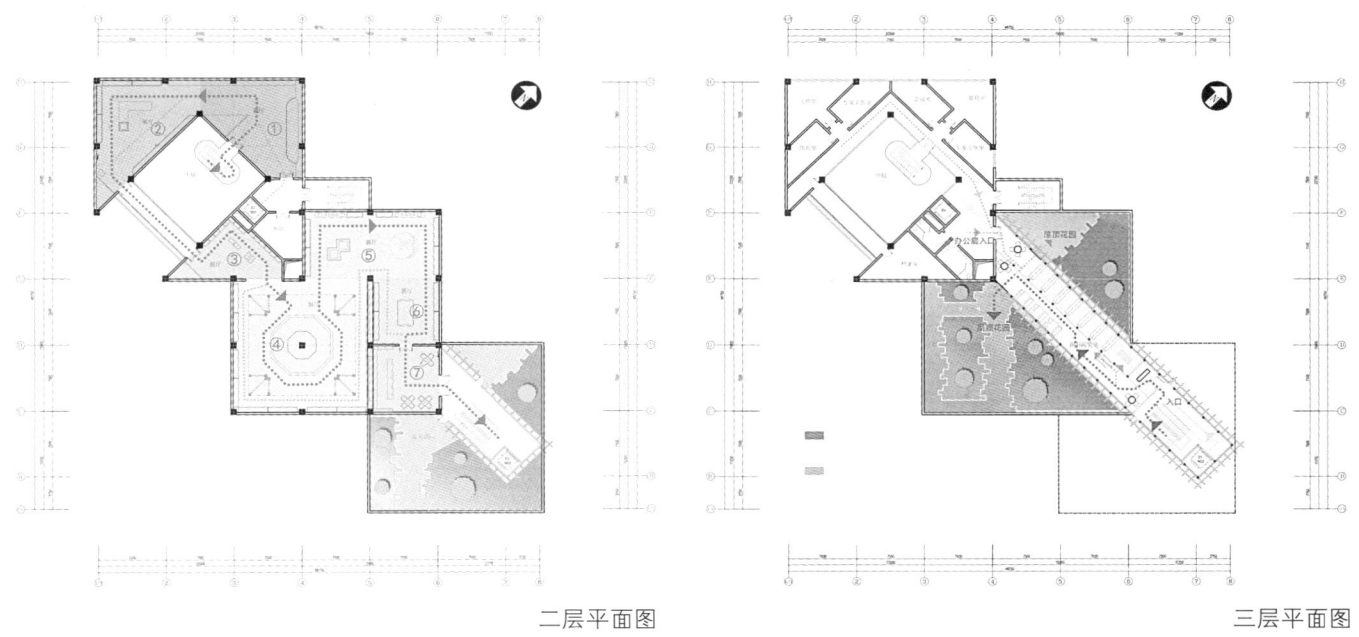

二层平面图　　　　　　　　　三层平面图

大厅设计

史料中的最早记载，鲁班是中国载人风筝的首创人。也许历史无从考证，但也反映出人们由古至近都有着对未知事物的想象和探索。

中庭的设计主要由空间尺度和功能所引导，材质上以木纹石、青砖文化石、防腐木、不锈钢和适当的留白为主；视觉上，入口结合前台引导搭配木条状格栅，背后透出具有力量感的楼梯，楼梯的设计尺度遵循空间流线以及楼层高度而设计；从前台向左进入临时展厅，临展出来后循序楼梯盘旋直上进入二层主展厅。

主展厅效果图

主展厅设计脚本

从传统建筑中斗栱的相互叠加形式，与榫卯凹凸咬合的形式中演变出新的组合形式。屋顶结构采用了创新的三角形结构，制造出具有力量感和曲线美的天花结构。

参观流线

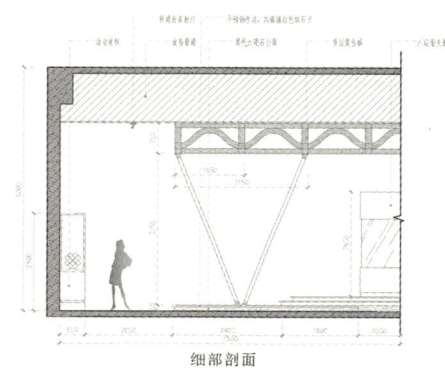

细部剖面

主展厅将以鲁班在各项领域所涉及的发明创造为展示主题，通过多媒体展示，场景模型搭建，民间文物收集的展示方式。中央八边形主展柜，主要凸显出其在土木工程领域的创造和成就。展示他在中国古建筑构造中的突出贡献。

鲁班一生有许多发明创造，给中华民族留下了丰厚的文化遗产。他发明了锛、凿、斧、锯等木工器械；创造了门、窗、桌、床等生活用品；打造的砻、碾、磨，实现了人类粮食加工的一次革命；他建行的亭、桥、殿、阁，完美了土木建筑的技巧艺术；他削制的木鸢，是对人类飞翔梦的首次成功尝试；他砌垒的碌砖大堤，变水害为水利，早于李冰都江堰二百余年，至今犹存。因此被后人誉为"百工之祖"，是与"科圣"墨翟同时代的平民圣人，受到后人的崇敬。

临时展厅效果图

　　临时展厅设置一个入厅的信息显示墙和固定的主展品展示区，无论是实物展示还是图片类展示，都能够提供可变的展陈形式。

　　色彩材质上，墙面统一的3:2的黑白比例粉刷，黑色的中下部配合射灯突出展示品的展示重点。整体风格与大厅相互统一。

序厅与第二展厅效果图

　　区别于传统复杂的古文物展示，归纳鲁班所涉及领域的展现方式以及文物的整理，简化整个场馆展区内的无关设计，简单的以材料和色彩烘托展示物，让参观者的视觉焦点始终追随展品移动。

咖啡吧效果图

咖啡吧设于参观流线最后的等待厅，风格上回归自然，搭配与外框架相同的小尺寸框架，设计元素内外统一，且由框架演变出陈设酒柜、植物盆景和顶部灯箱的装饰造型。

拼接木与混凝土和裸露的金属管线所形成的质感与风格强烈的碰撞。

外框架阴影遮蔽分析

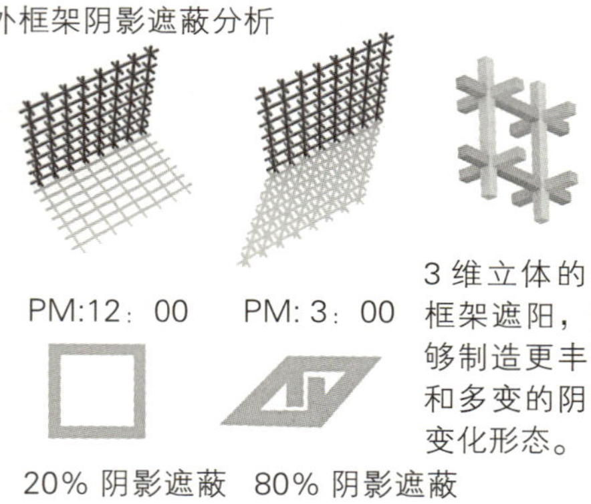

PM:12:00　　PM:3:00

20% 阴影遮蔽　80% 阴影遮蔽

3维立体的外框架遮阳，能够制造更丰富和多变的阴影变化形态。

图书阅览室效果图

天津历史博物馆建筑及景观设计
Tianjin Modern History Museum Architectural and Landscape Design

学　生：肖何柳
学　号：1109530116
学　校：沈阳建筑大学

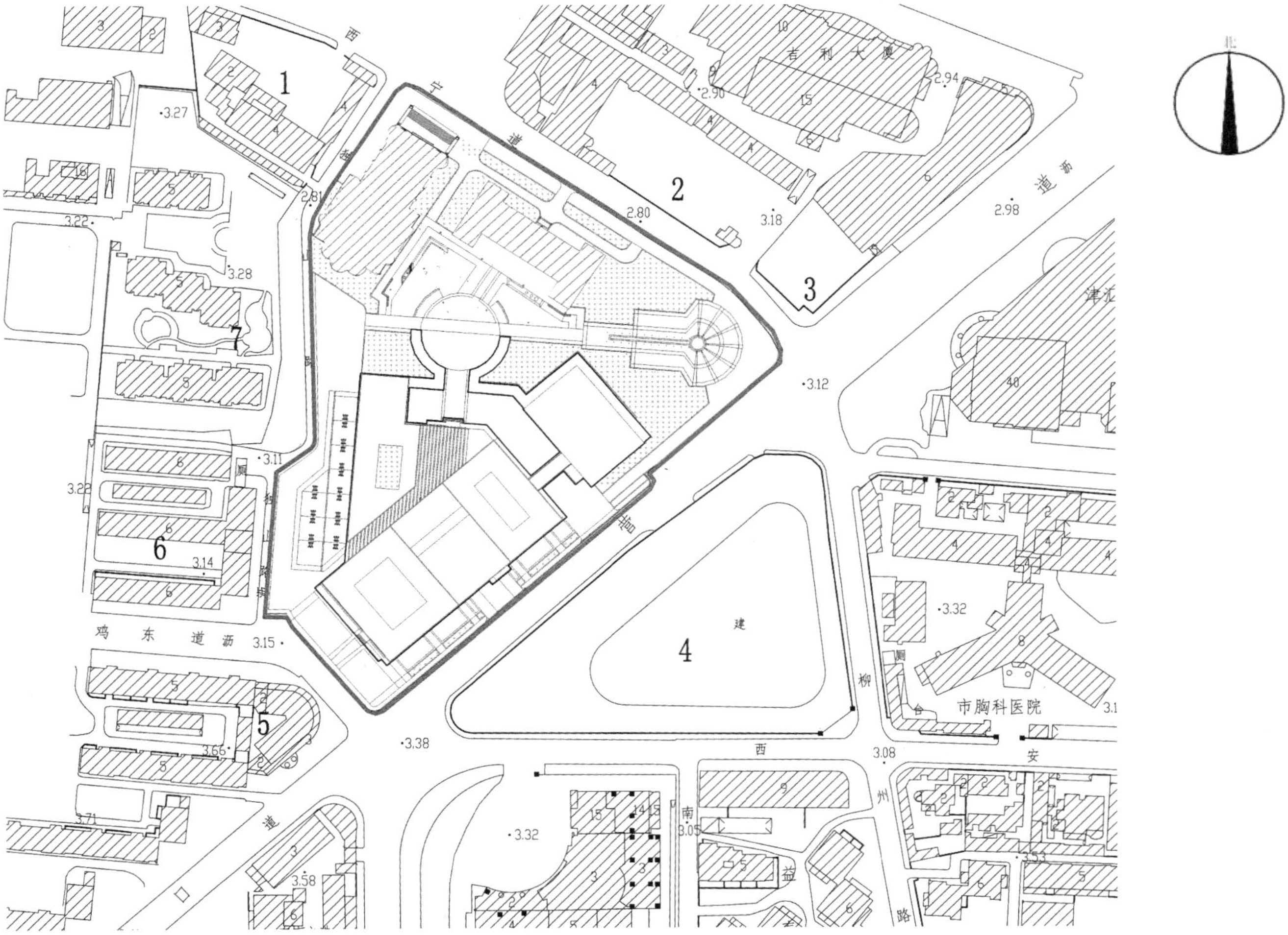

总平面图

基地概况

项目位于天津市西开教堂所在地块,为天津市区重点规划区块之一。西开天主教堂位于天津市滨江道商业街的南端,是南京路高档商务区的核心,是天津著名的地标性建筑。基地周边有独山路、宝鸡东路、西宁道、营口道等4条主要的道路,人口密度大,交通异常拥挤,基地周边汇集了商业用地、居住用地、教育用地,并且有两条地铁线交汇于此,最终形成了基地复杂的街区形态。

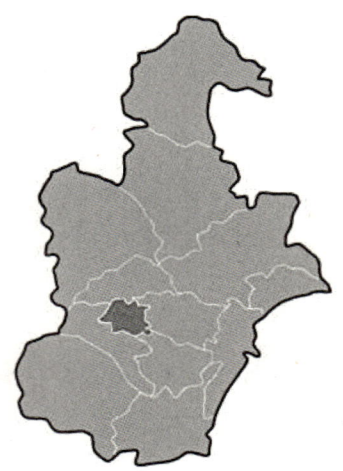

天津区位图

天津位于东经116°43′至118°04′,北纬38°34′至40°15′之间。市中心位于东经117°10′,北纬39°10′。地处华北平原北部,东临渤海,北依燕山。

天津位于海河下游,地跨海河两岸,是北京通往东北、华东地区铁路的交通咽喉和远洋航运的港口,有"河海要冲"和"畿辅门户"之称。北南长189千米,西东宽117千米。陆界长1137千米,海岸线长153千米。对内腹地辽阔,辐射华北、东北、西北13个省市自治区,对外面向东北亚,是中国北方最大的沿海开放城市。

■ 独山路　■ 贵阳道　■ 西宁道　■ 宝鸡东道　■ 营口道

交通概况

位于天津市和平区营口道地区,紧邻地铁一号线和三号线的换乘车站。基地是由西宁道、贵阳路、营口道,三条道路围合出的一个三角形地块。基地与滨江道商业区结合,人口密度较大,交通异常拥挤,尤其是教堂附近。基地内部交通混乱,道路等级普遍偏低,大部分道路宽度十分有限。地块东西两边均为居住区,每日上下班高峰,周末时段,交通繁忙,秩序相对混乱。

此地区北邻以滨江道为中心的天津商业圈,南邻天津历史文化景区,人口流动性较大,人口构成较为复杂,密度大。

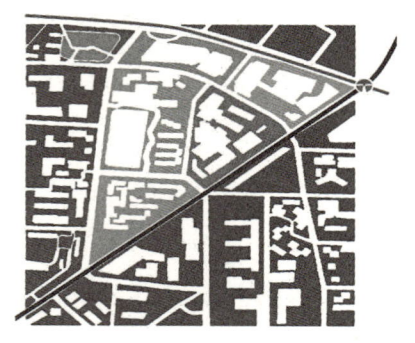

■ 设计地块　■ 居住用地　■ 商业用地　■ 教育用地

基地分析图

概念生成

以"文化的同源性"协调建筑与景观,新博物馆与老教堂之间的关系。建筑与景观是基于文化之上的,西开教堂是宗教文化下的罗曼式建筑,而我们做的建筑设计和景观设计同样需要基于一个文化源头。

而本设计选取的文化源头来源于罗曼式教堂建筑的平面"拉丁十字"式。

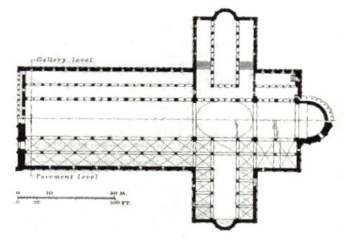

拉丁十字

本设计选取的文化源头来源于罗曼式教堂建筑的平面"拉丁十字"式。

拉丁十字,是不等臂十字,为基督教会崇尚的建筑形制,常用拉丁十字同巴西利卡结合,成为教堂。为世人熟知的米兰大教堂、施派尔教堂以及基地现存的西开教堂均是"拉丁十字"的平面布局。

米兰大教堂　　　　　　　　施派尔教堂　　　　　　　　西开教堂

方案生成

新建博物馆平面来源对拉丁十字平面的推导演化,进行分解重新组合,契合周边地形,然后对空间进行加减,从建筑延伸出来两段柱廊让博物馆形成一个内庭,建筑柱廊部分继续延伸,与景观部分形成连接。

最终形成契合地形,拥有前庭后院的建筑平面。

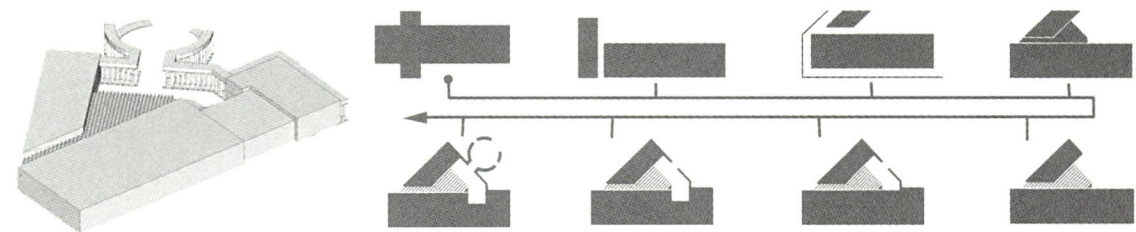

景观部分,四块人流密集区分别是:临近中学的西宁道与营口道交汇处;西开教堂的入口处;沿独山路的居住小区部分;以及新建博物馆内庭出入口处。

沿用"拉丁十字"的概念,将这些人口密集处设计成开敞空间,两条轴线将四个部分联系起来,形成主要人流动线。

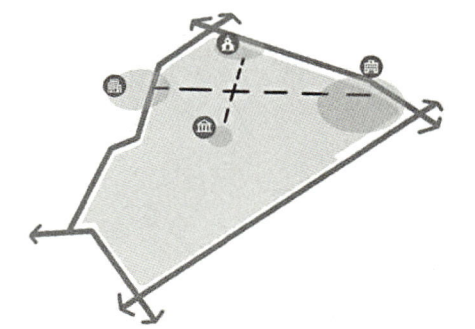

● 人流密集处
↖ 交通流线
↘ 景观轴线

建筑设计

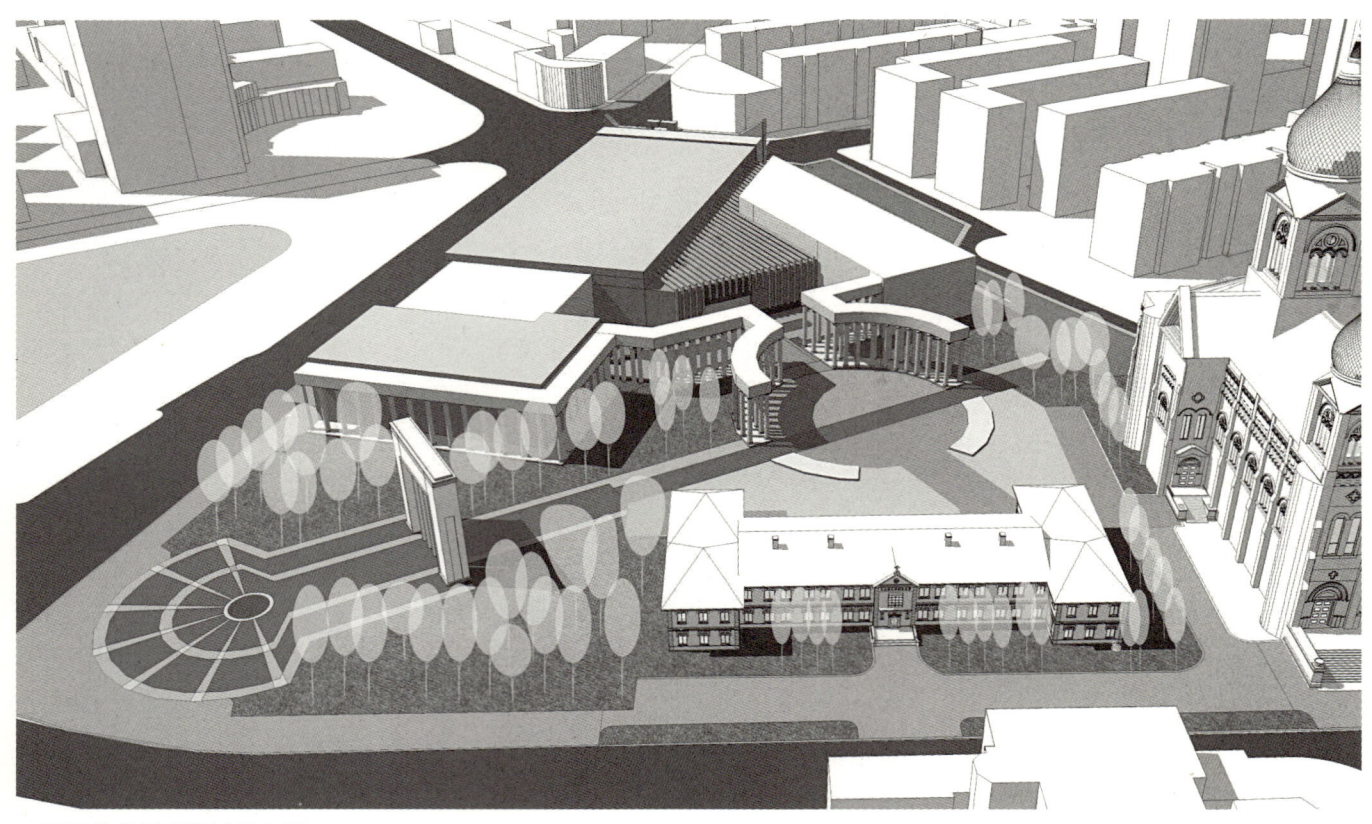

西开教堂景观设计概念图

西开教堂又称法国教堂，建筑包括天主教总堂和大教堂。位于天津和平区滨江道独山路原墙子河外老西开一带，即今西宁道营口道交口旁，故名西开教堂。

总体功能分区图

技术指标：
规划用地面积：28000m²
建筑占地：7000m²
绿化率：30%
建筑高度：19.5m
建筑层数：地上3层 地下1层

博物馆主入口
博物馆次入口
博物馆出口
工作人员出入口

陈列展览区（3F 共13000m²）
行政与研究办公区（2F 共2100m²）
藏品库存区（2F 共2400m²）
技术工作区（1F 共2400m²）
共享空间与服务区（2F 共1800m²）

各层功能分区图

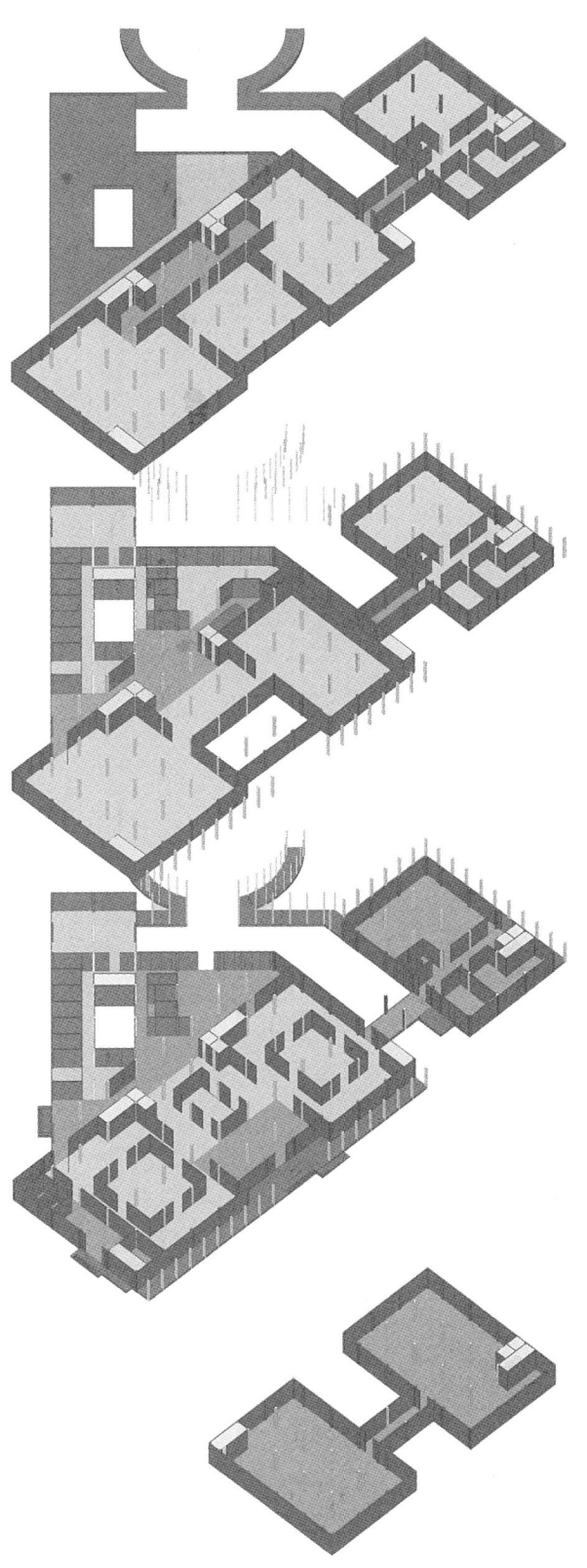

展览陈列区
行政与研究办公区
藏品库存区
技术工作区
共享空间
垂直交通

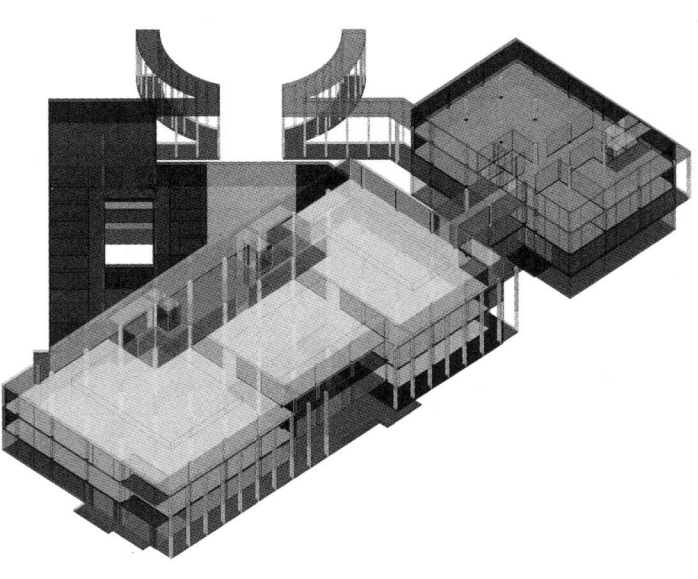

一层平面图

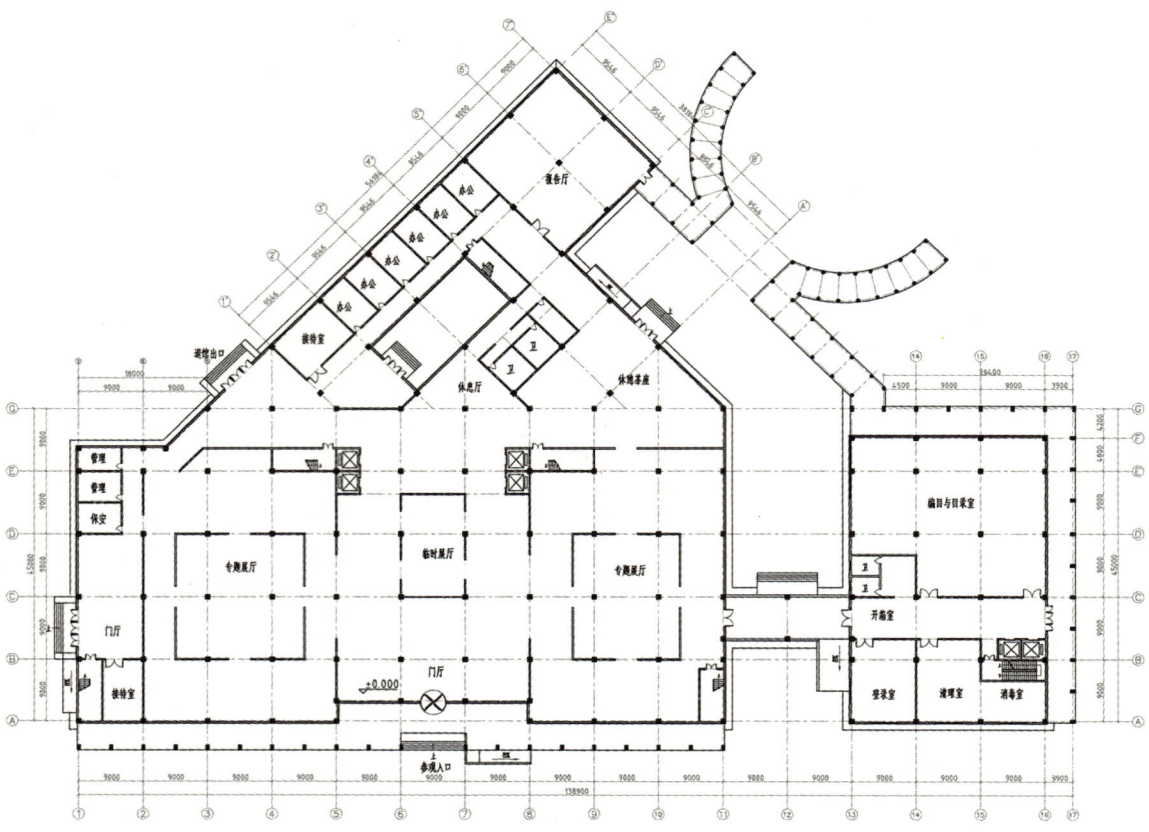

二层平面图

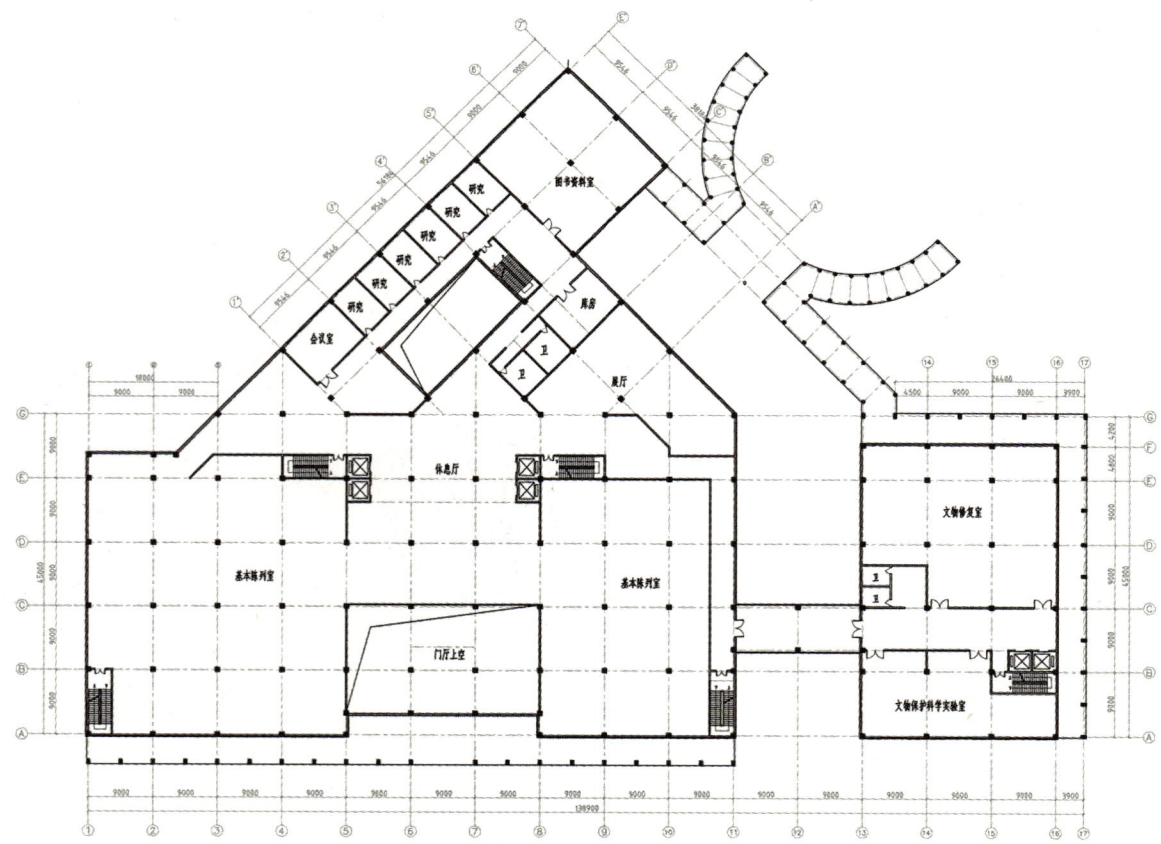

三层平面图

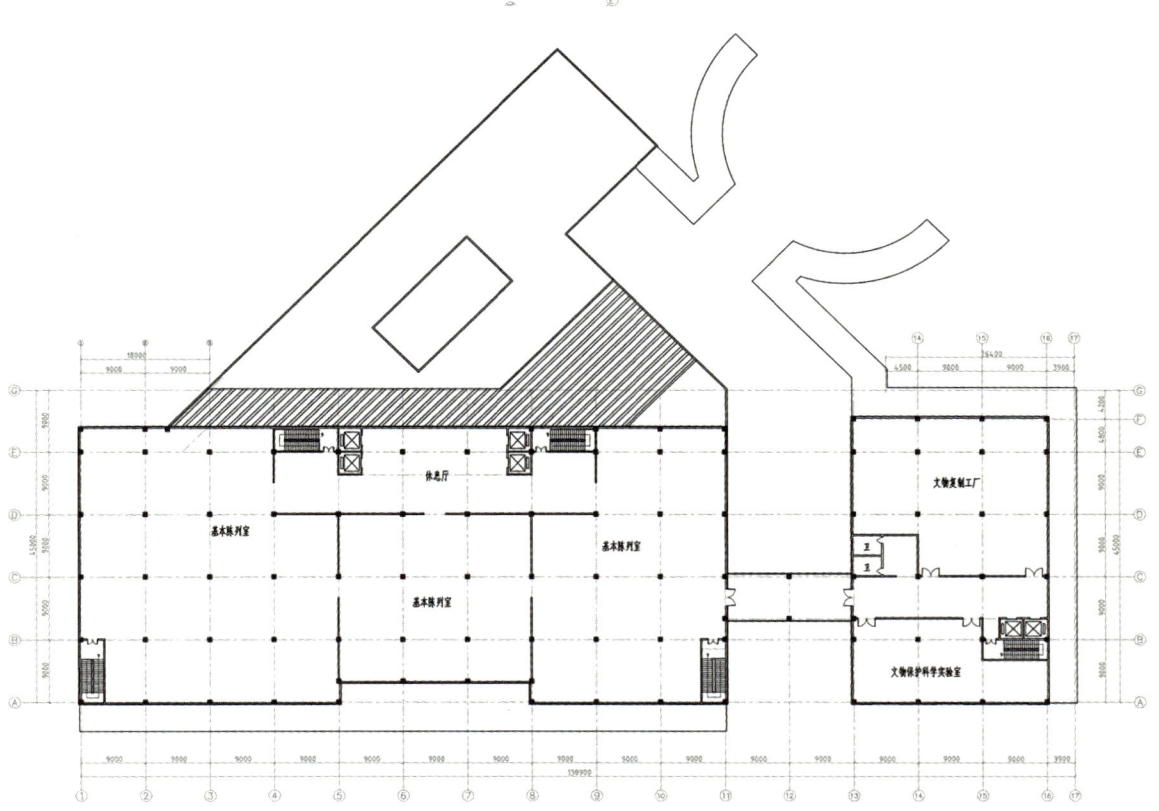

参观流线图

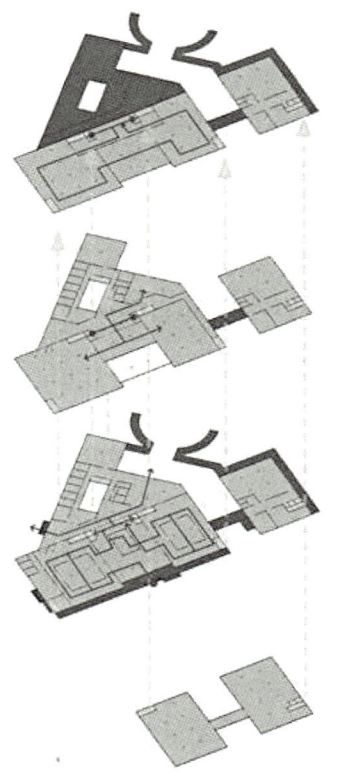

参观流线
垂直交通

地下一层平面图

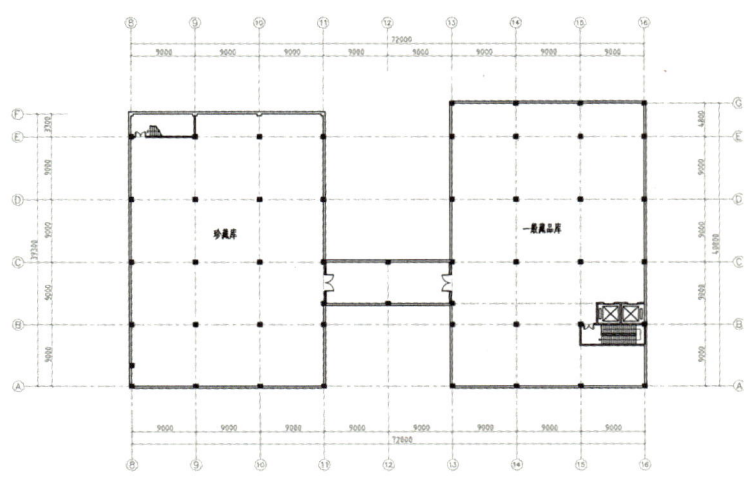

剖面图

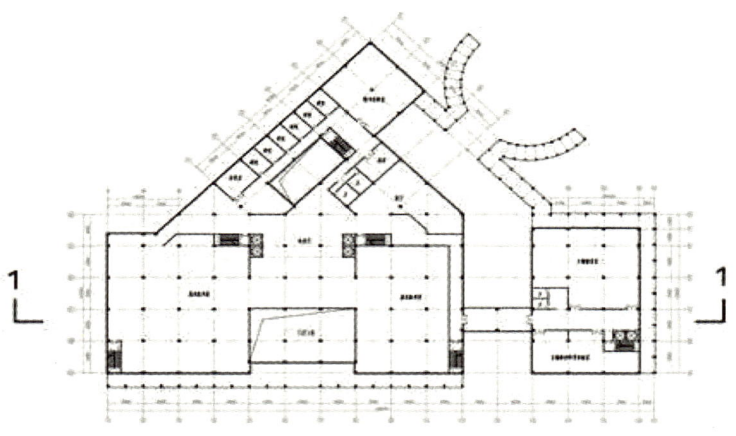

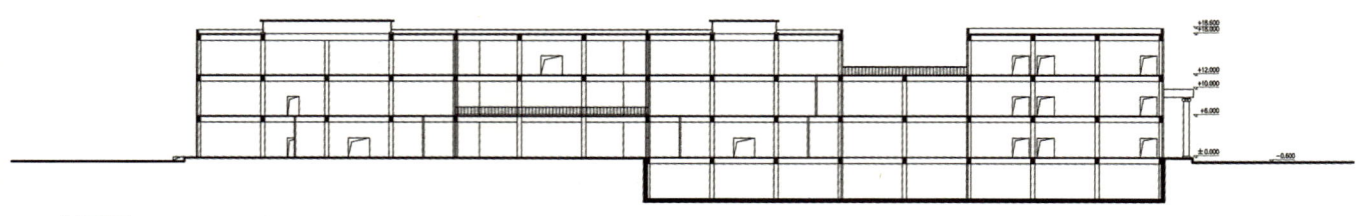

1-1 剖面图

立面图

1-17 立面图

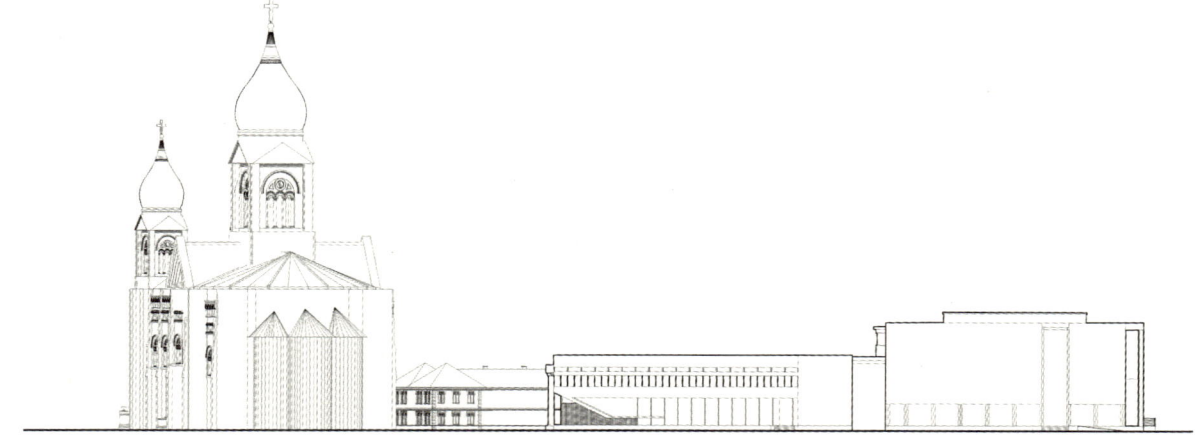

G-A 立面图

立面图

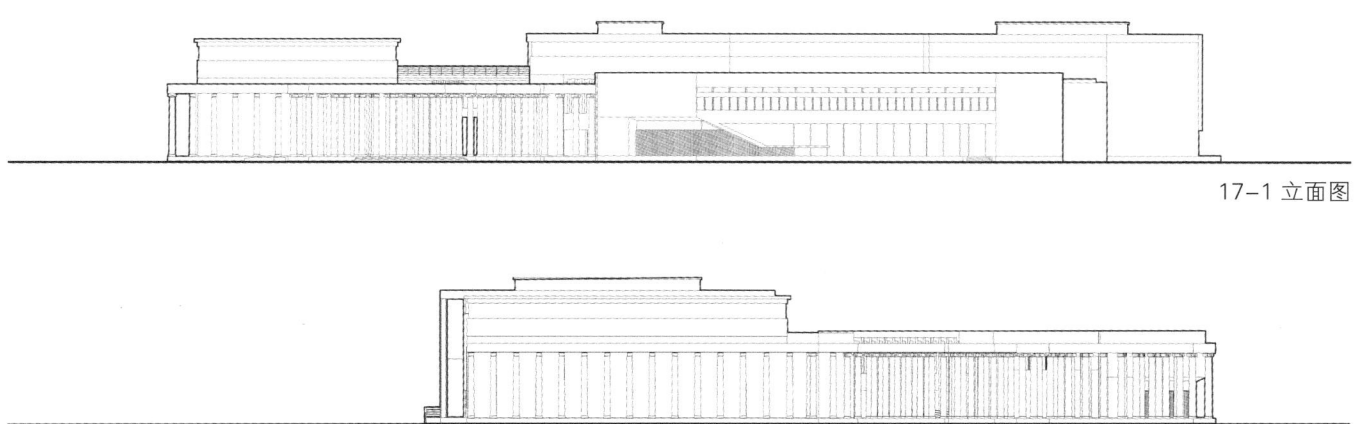

17-1 立面图

A-G 立面图

模型图

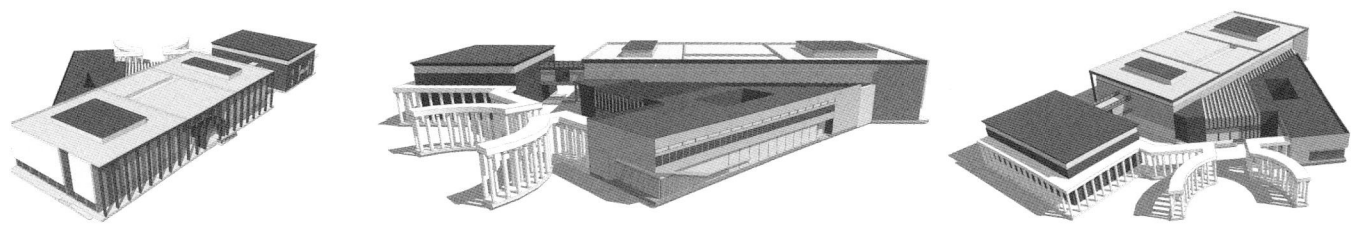

效果图

景观设计

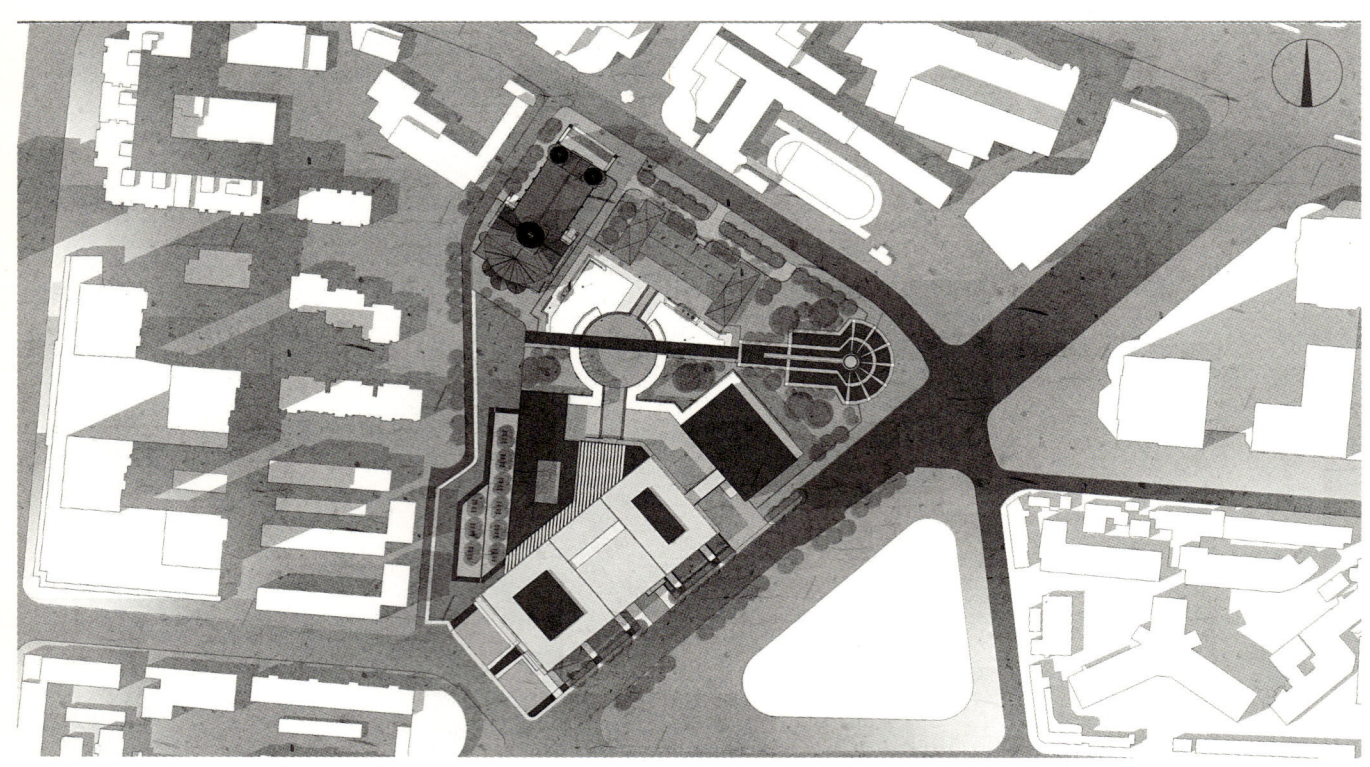

彩色平面图

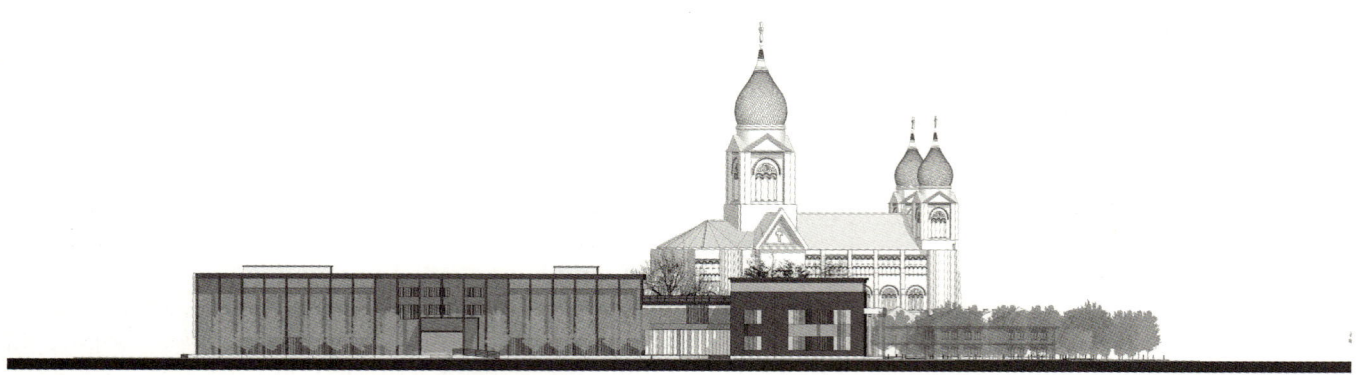

营口道沿街立面图

宝鸡东路沿街立面图

景观节点图1

　　这片开敞空间是西开教堂的后广场,由天津历史博物馆、西开教堂以及其主教楼围合而成。广场中由9盏路灯和树木形成主要垂直要素,在白天和黑夜里变换光影,平面上则依靠广场的铺装和两处低座位区实现区域的划分,连通老教堂和新博物馆。

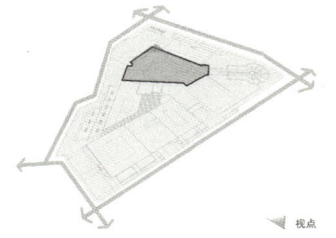

景观节点图2

　　此处为独山路处的景观区的入口,"拉丁十字"式景观轴线的长轴线起始处,开敞的西开教堂后广场与博物馆延伸而出高耸的柱廊形成对比。

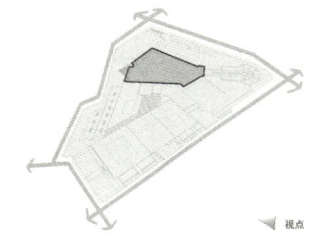

景观节点图3

　　这片开敞空间紧邻独山路，是天津历史博物馆的出口的景观步行区，其轴线一直延伸到西开教堂，满足博物馆的人流疏散的要求，其良好的视觉通透性，使西开教堂与博物馆相互辉映，具有视觉引导性。

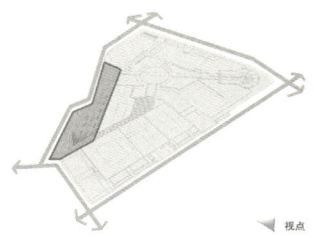

鸟瞰图

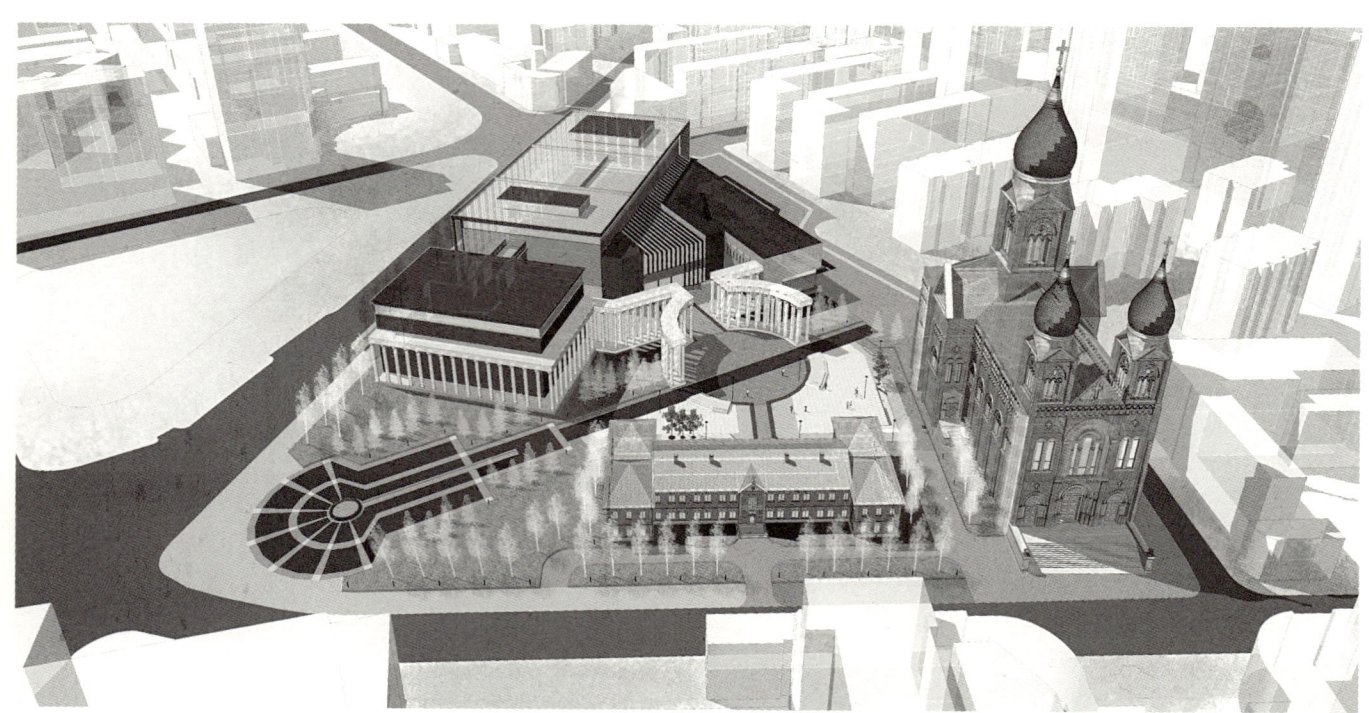

长影旧址博物馆 当代影音艺术馆室内设计
Tianjin Modern History Museum Architectural Design and Landscape Design

学　生：姚国佩
学　号：08211242
学　校：吉林建筑大学

基地概况

　　长春电影制片厂地处北方城市，是新中国第一家电影制片厂，是中国电影的摇篮，创造了新中国电影史上的七个第一。2010年，长春集团开始对老厂区进行改造，将长影老厂区旧址改建成博物馆。

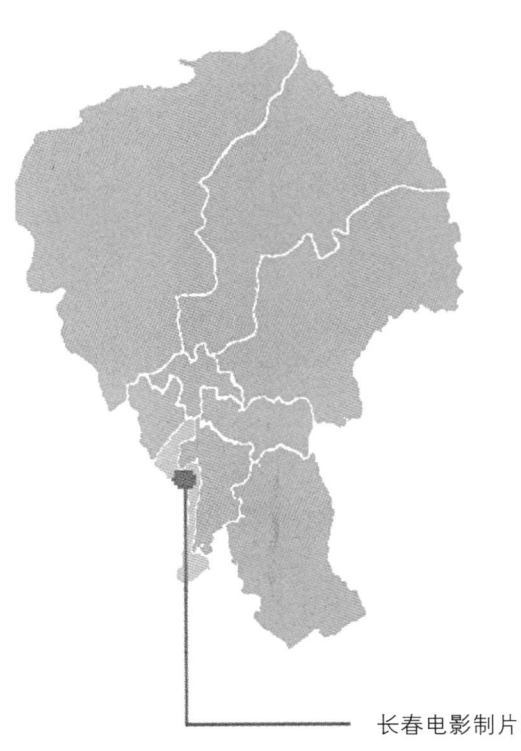

长春电影制片厂

　　基地位于长春市核心商业区，距离长春火车站5.7公里，距离火车南站2.8公里，距离长春最大的城市公园——南湖公园1公里。

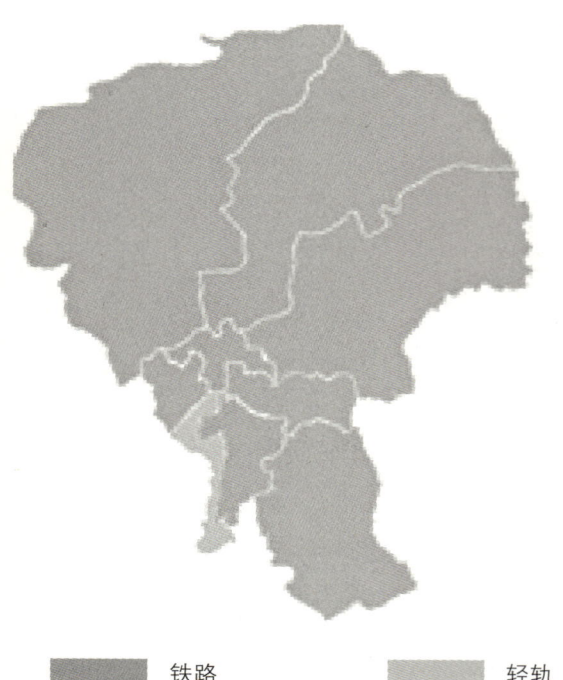

铁路　　　　　　　轻轨

项目背景

　　长春电影制片厂先后拍摄故事影片900多部，译制各国影片1000多部。《五朵金花》、《上甘岭》、《英雄儿女》、《刘三姐》等一大批优秀作品影响了几代人的成长。

七个第一

新中国第一部木偶片《皇帝梦》
新中国第一部动画片《瓮中捉鳖》
新中国第一部科教片《预防鼠疫》
新中国第一部短故事片《留下他打老蒋》
新中国第一部长故事片《桥》
新中国第一部译制片《普通一兵》

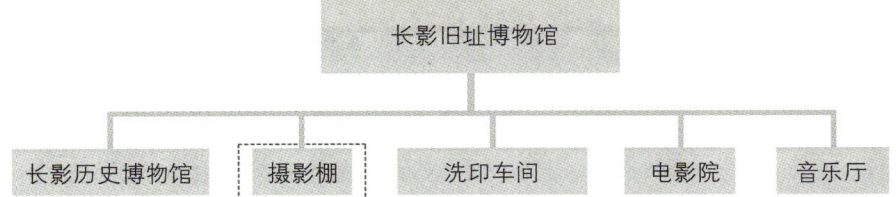

长影旧址博物馆

  长影旧址博物馆是长影集团在完整保留1937年原"满映"建筑的基础上，本着"修旧如旧"的原则修缮完成的，是记录长春电影制片厂发轫、成长、繁荣、变迁的艺术殿堂，包括长影电影历史博物馆、长影摄影棚、长影洗印车间、长影电影院、长影音乐厅和配套的长影文化街区。

问题梳理：当代艺术博展场馆的必要性 { 1. 城市文化性发展需要 2. 区域活力的人群参与性需要

设计意义

  长影曾经是新中国电影的摇篮，带着这样的使命感，长影不仅要以电影历史博物馆的形式展现自己的辉煌历史，更有责任向公众、向电影人发起集结号，深度挖掘本土文化，以一个当代影音馆的展现方式，表现电影艺术与技术的发展，探索长影旧址博物馆中的当代电影的艺术与技术创新；强化展品与主体人群的交互体验；和另外四部分一起构筑整体的电影文化园区；带动城区区域文化艺术活力；成为长春市标志性文化建筑群；引领中国电影艺术表现的发展。

概念定位

地域文脉　国际风向　　长影精神　使命感————————融合
历史记忆　当代表现　　未来和未知的探索尝试——————容纳
聚焦展览本身　　提供多维度交换式体验————————容器

空间定位

破盒子空间六界面认识————————————模糊的、不确定的、含混的、错觉的
突破带有旧的政治教育色彩的展陈方式——————交互体验
突破以视觉为核心的空间形象——————————集视觉、听觉、体觉、感觉交织的全方位多维度观念

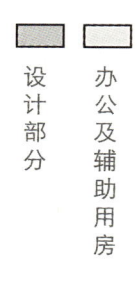

设计部分　办公及辅助用房

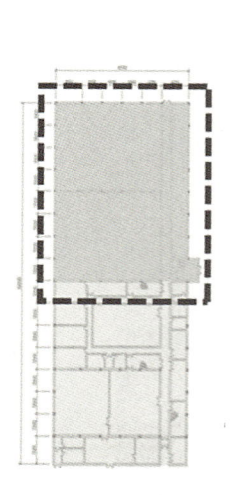

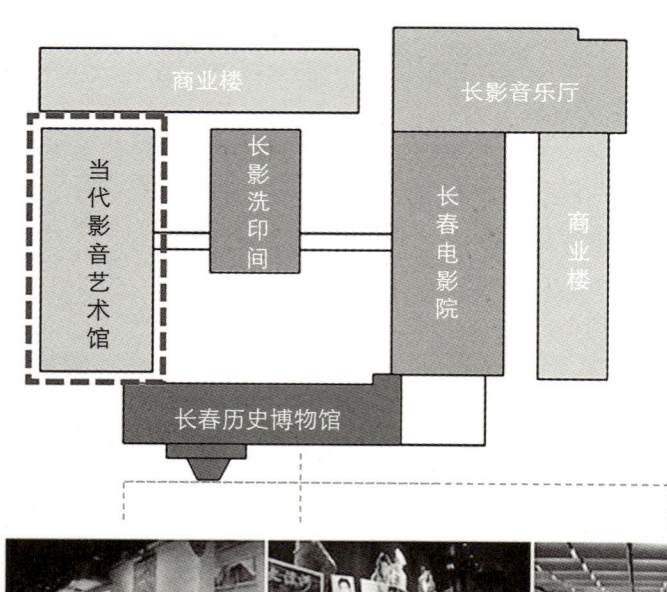

设计规划图

形式推敲

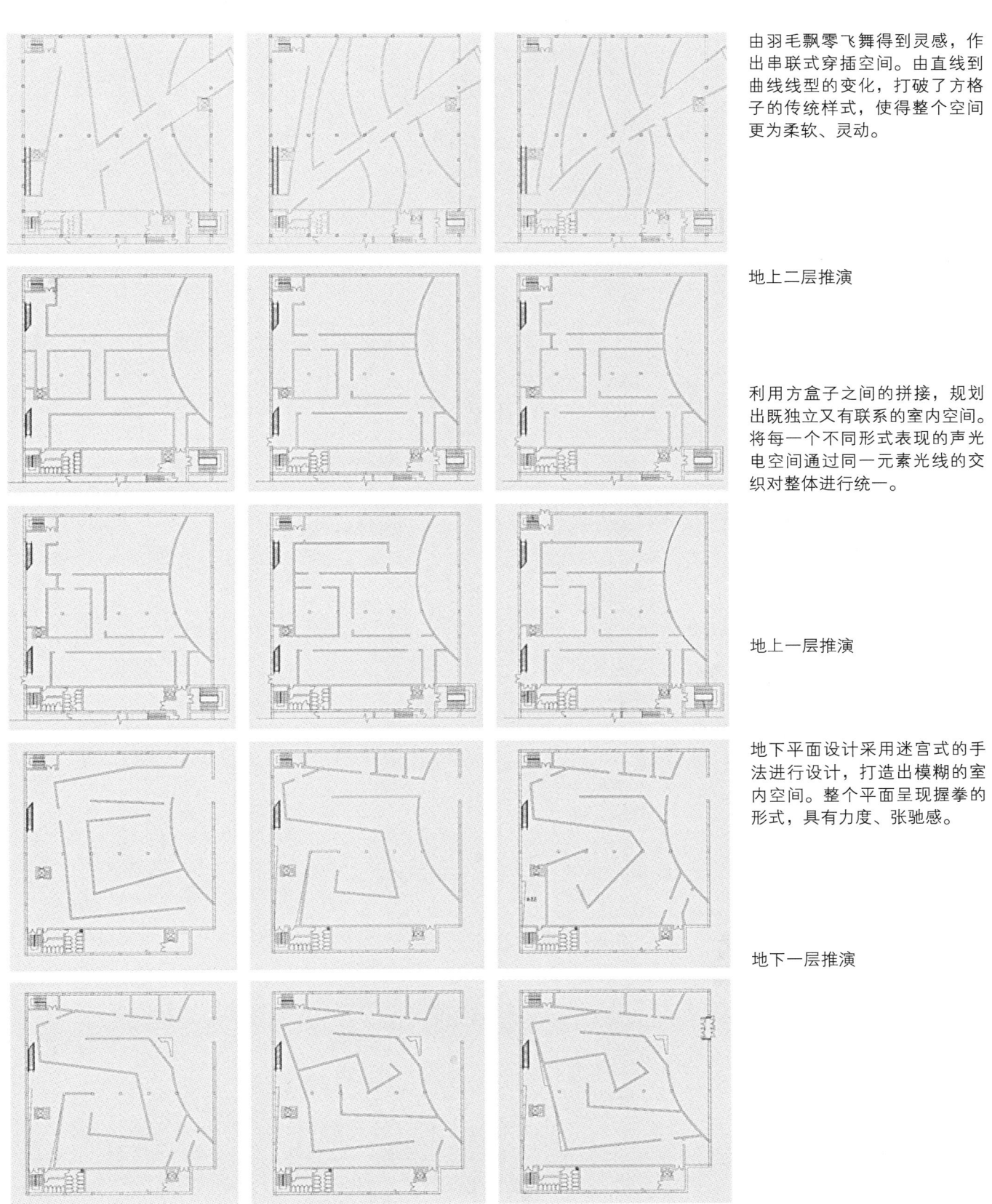

由羽毛飘零飞舞得到灵感，作出串联式穿插空间。由直线到曲线线型的变化，打破了方格子的传统样式，使得整个空间更为柔软、灵动。

地上二层推演

利用方盒子之间的拼接，规划出既独立又有联系的室内空间。将每一个不同形式表现的声光电空间通过同一元素光线的交织对整体进行统一。

地上一层推演

地下平面设计采用迷宫式的手法进行设计，打造出模糊的室内空间。整个平面呈现握拳的形式，具有力度、张驰感。

地下一层推演

动线分析

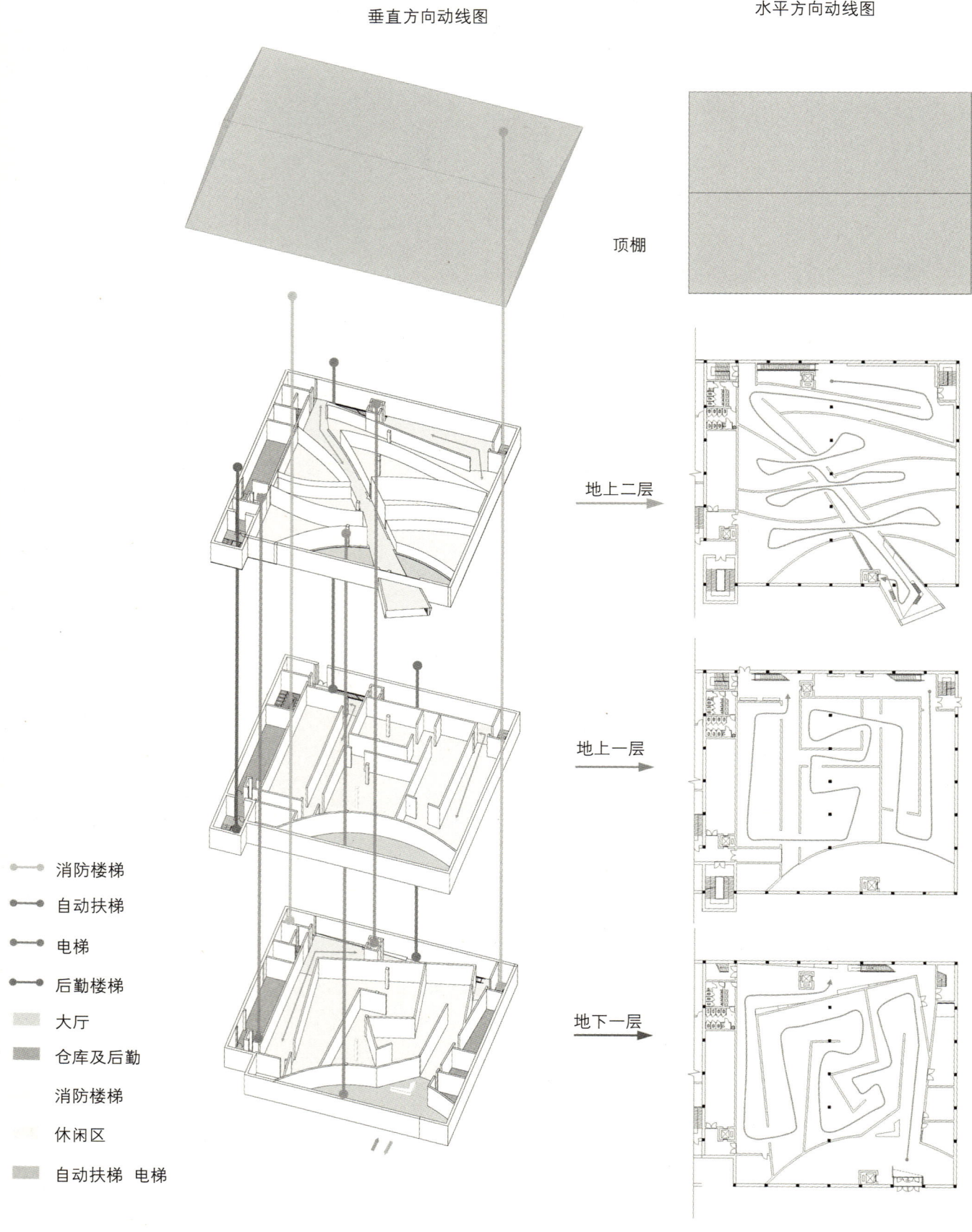

分区流线图

平面分区

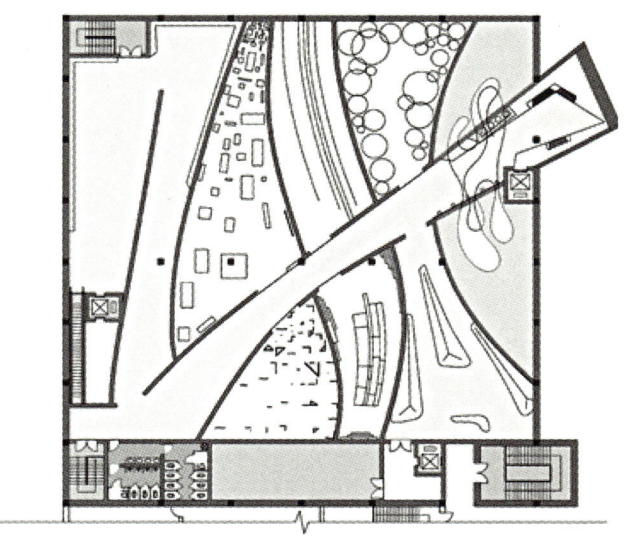

地上二层

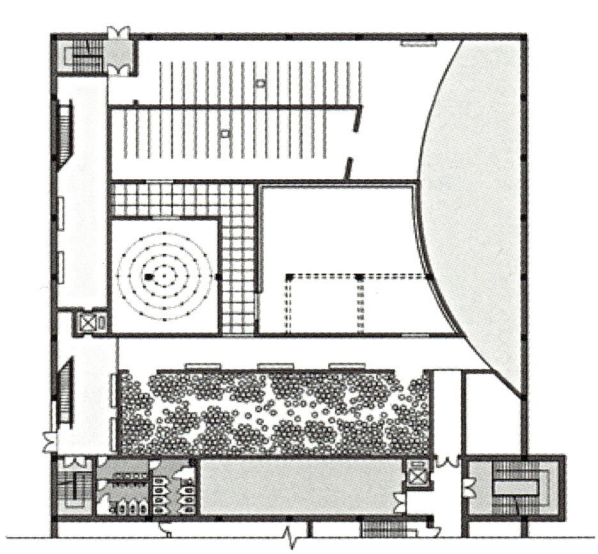

地上一层

卫生间

休息区

后勤区域

电梯 楼梯

大厅

展厅

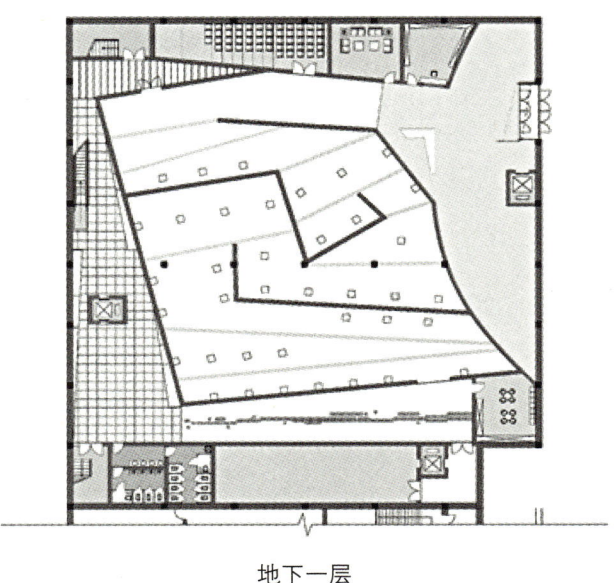

地下一层

地下一层：模糊空间

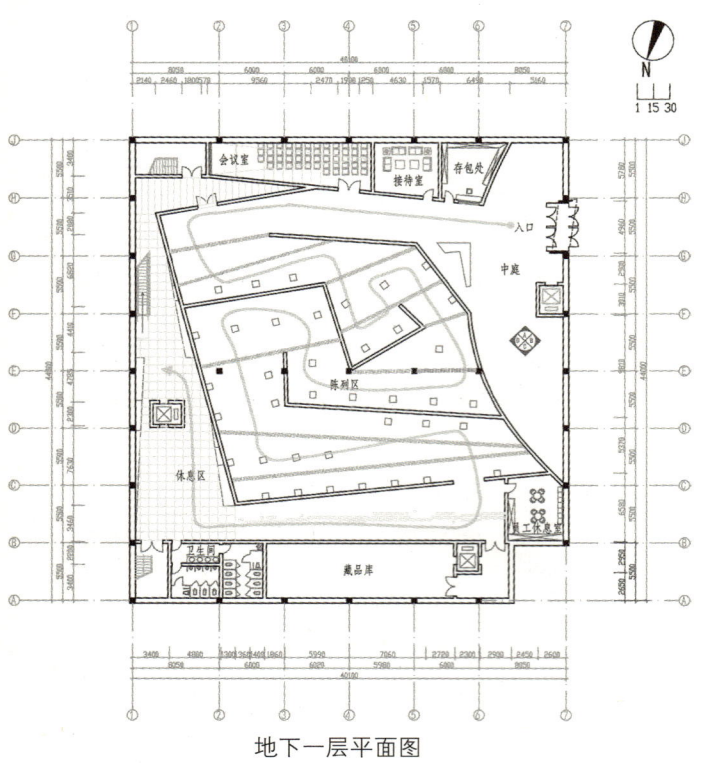

地下一层平面图

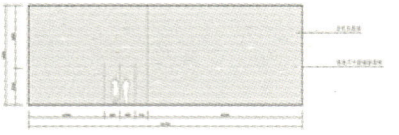

地下交通空间 A 向立面图

地下走廊 A 向立面图

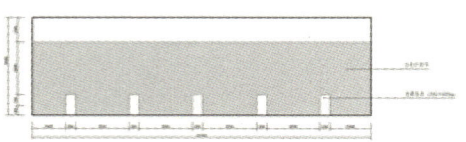

地下陈列区 C 向立面图

地下休息区 D 向立面图

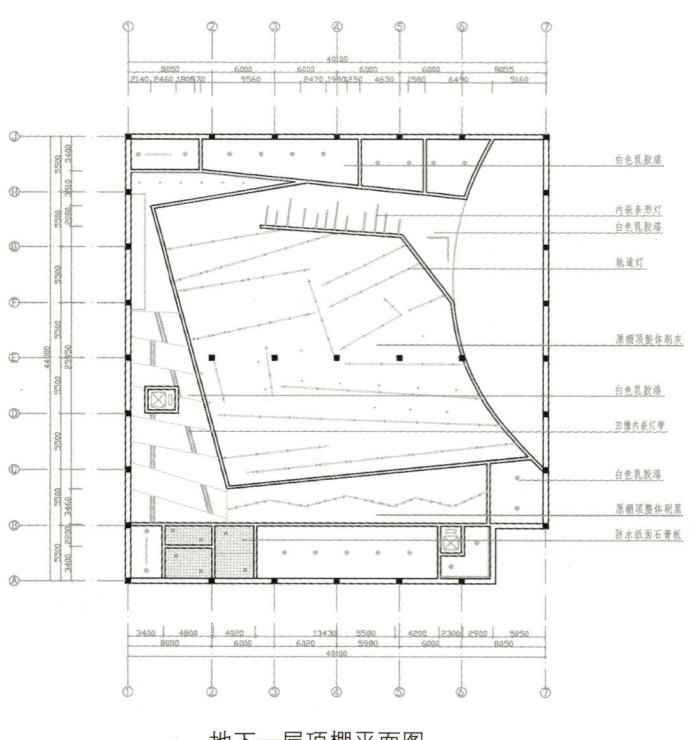

地下一层顶棚平面图

　　整个地下展厅采用纤维帘这一元素制造模糊、若隐若现的效果，在纤维帘上进行光影投射又会使纤维帘产生丰富的视觉效果，结合灯光效果产生丰富的光影变化。

地下空间效果图

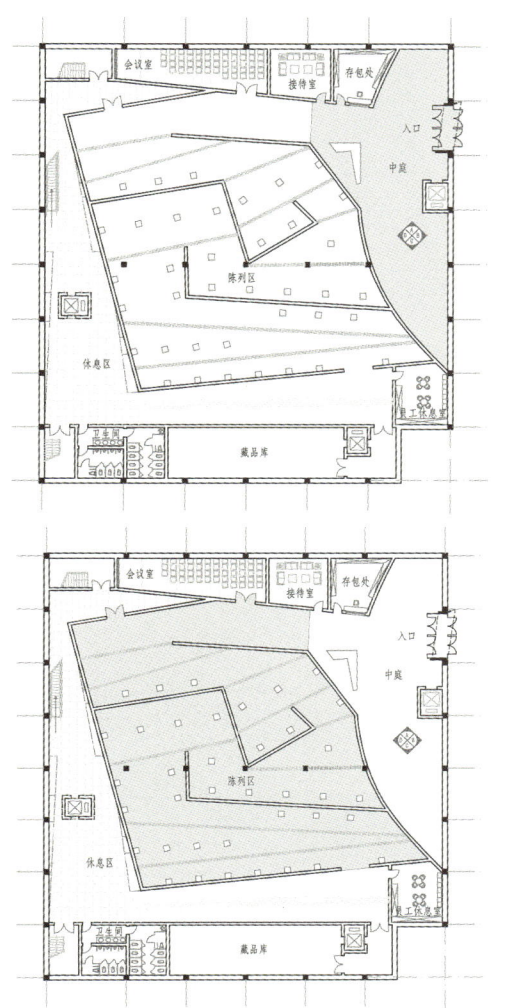

一层：声光电空间

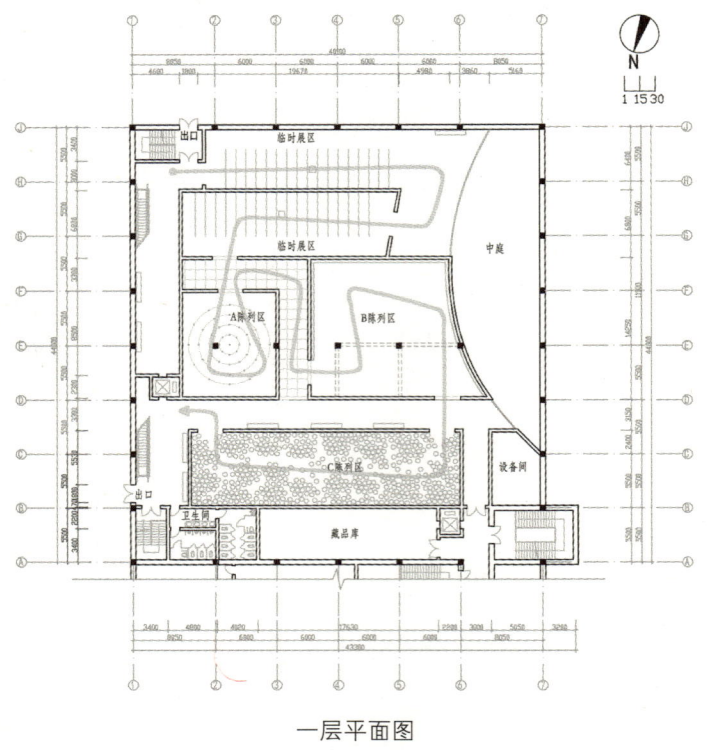

一层平面图

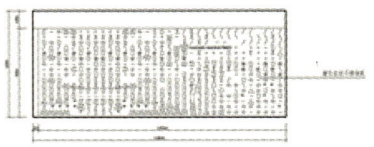

一层 B 陈列区 A 向立面图

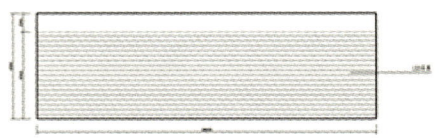

一层走廊 B 向立面图

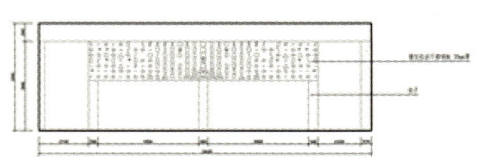

一层 B 陈列区 C 向立面图

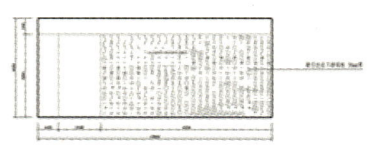

一层 B 陈列区 D 向立面图

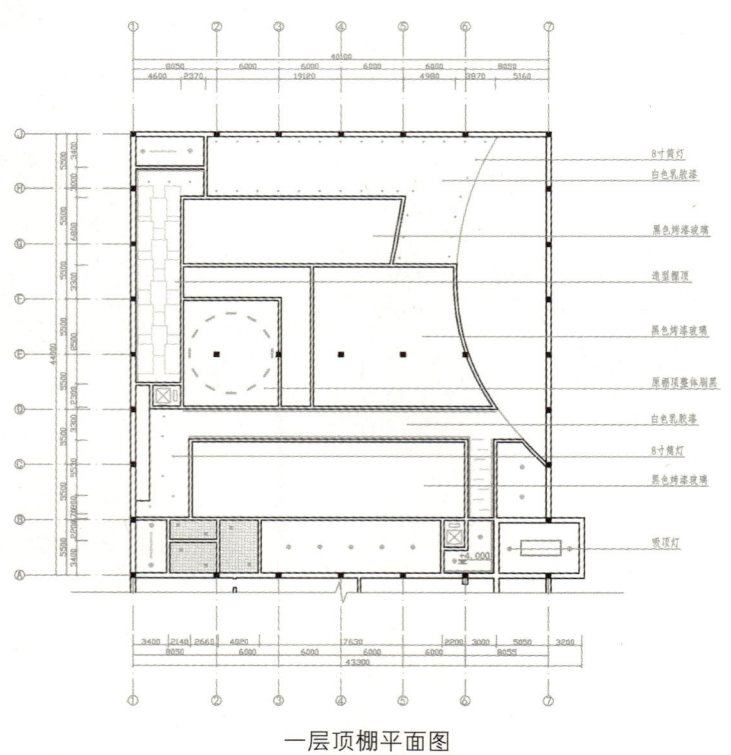

一层顶棚平面图

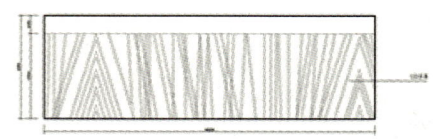

一层走廊 A 向立面图

采用声音、光影、电三者互相的碰撞制造出一个别致的影音空间，增强空间的不确定性。

声光电效果图1

声光电效果图2

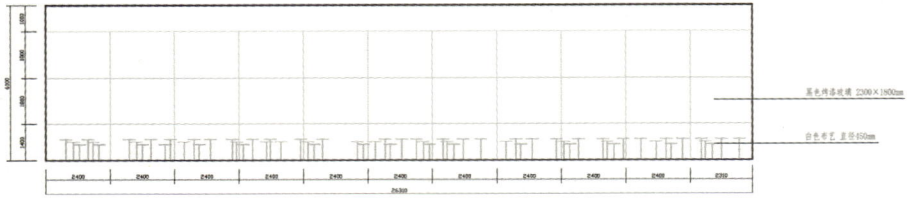

Acoustic electric light

出口
临时展区
临时展区
中庭
A陈列区
B陈列区
C陈列区
设备间
出口
卫生间
藏品库

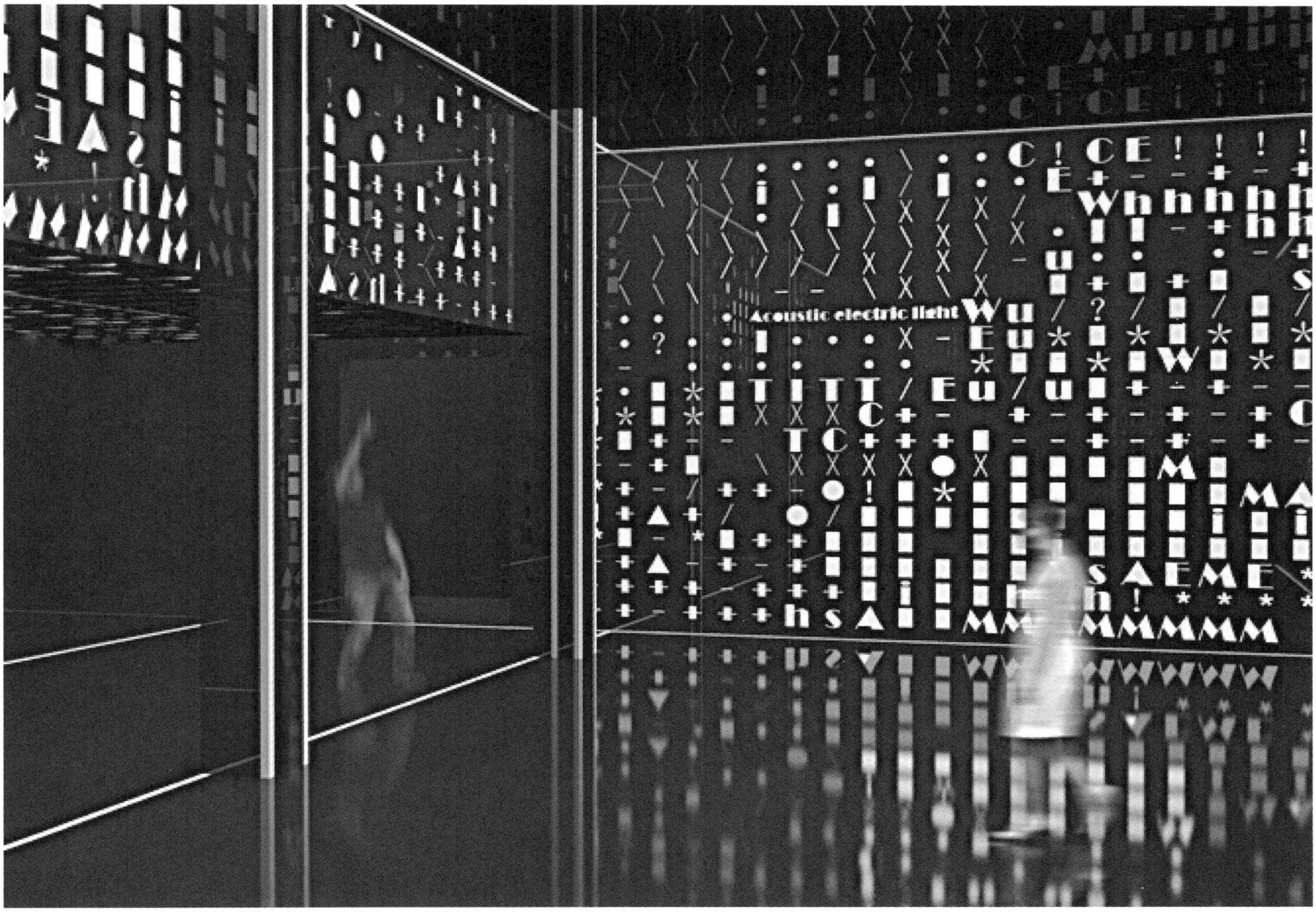

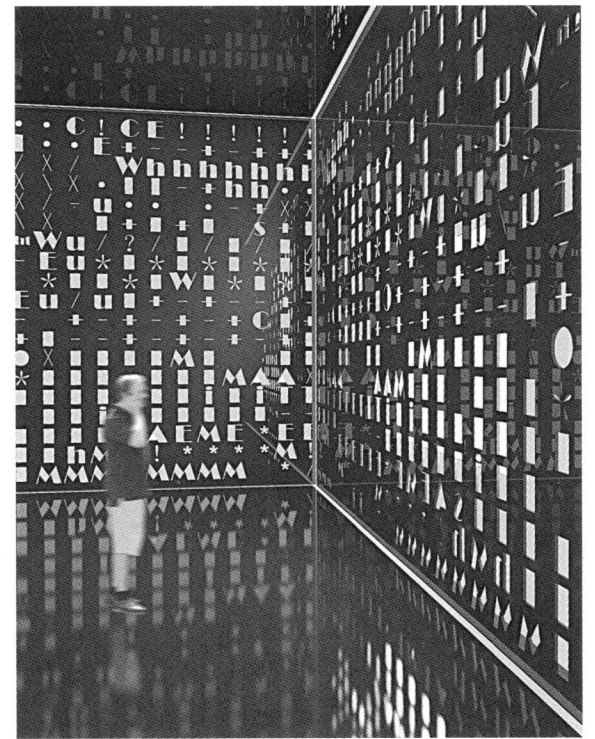

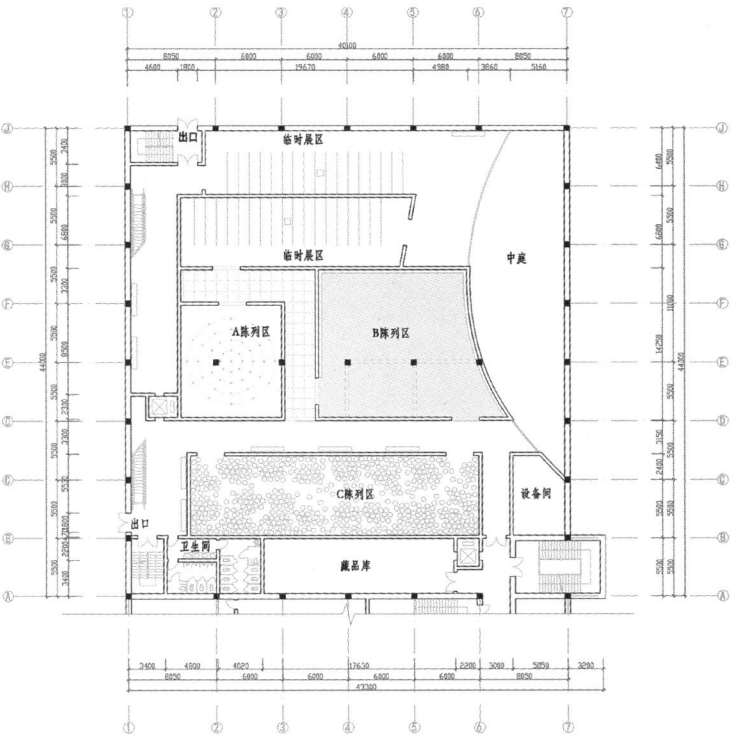

二层：碎片化空间

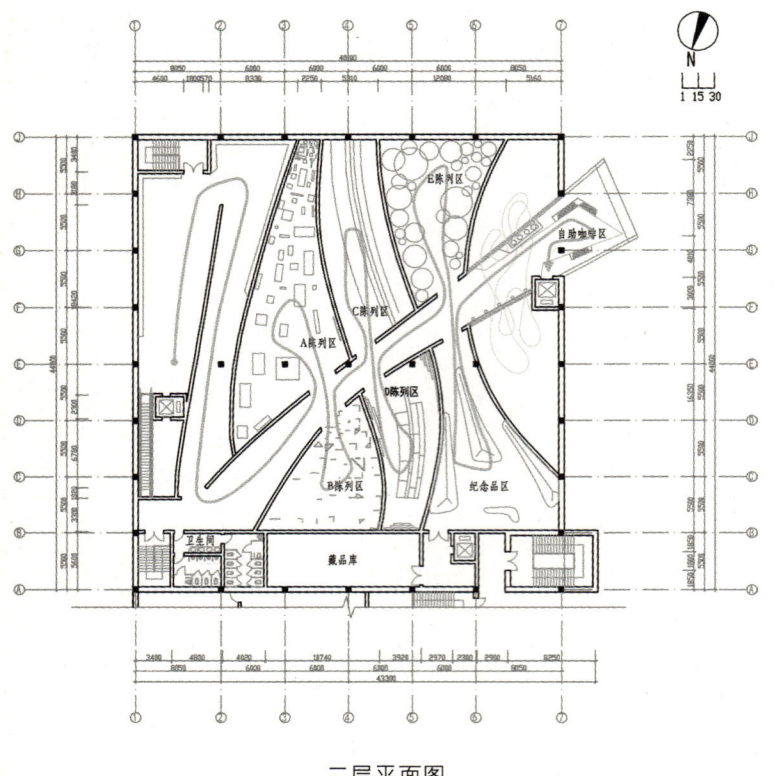

二层平面图

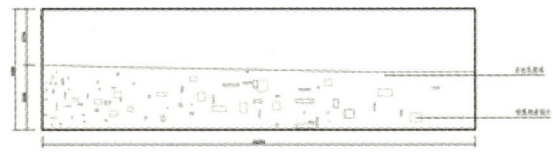

二层 A 陈列区 C 向立面图

二层 B 陈列区 C 向立面图

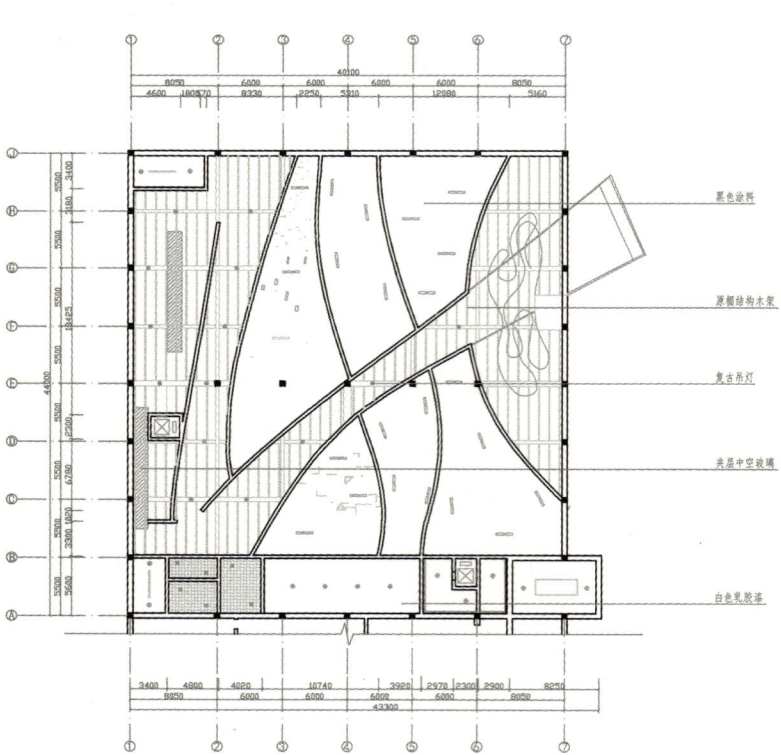

二层顶棚平面图

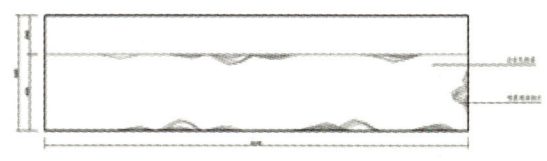

二层 C 陈列区 C 向立面图

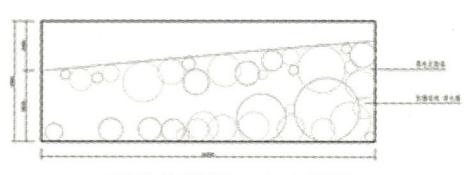

二层 E 陈列区 A 向立面图

整个二层概念墙的由来也遵从了空间的流动性和延展性，摆脱传统对线对二维空间和三维空间的限制，更符合二层碎片空间的主题。

碎片化空间效果图1

393

碎片化空间效果图2

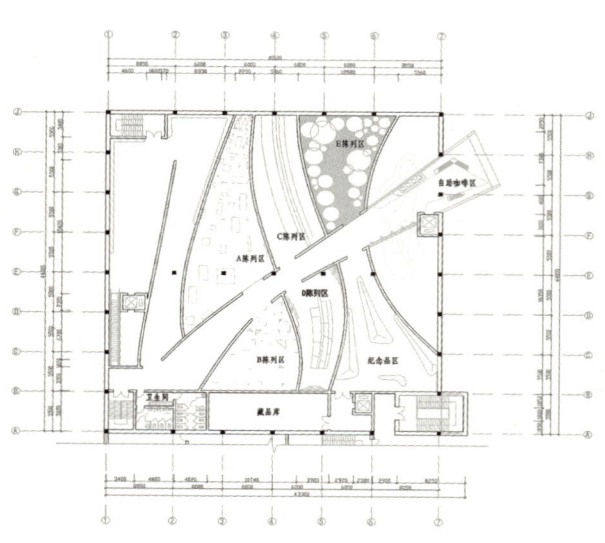

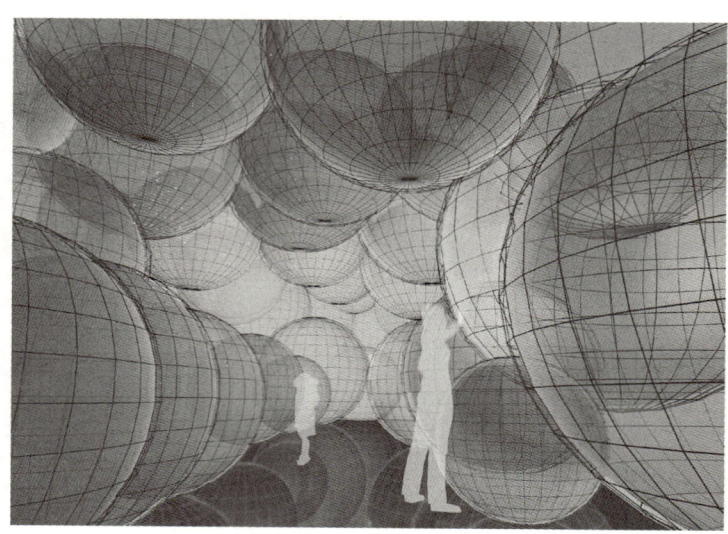

碎片化空间效果图3

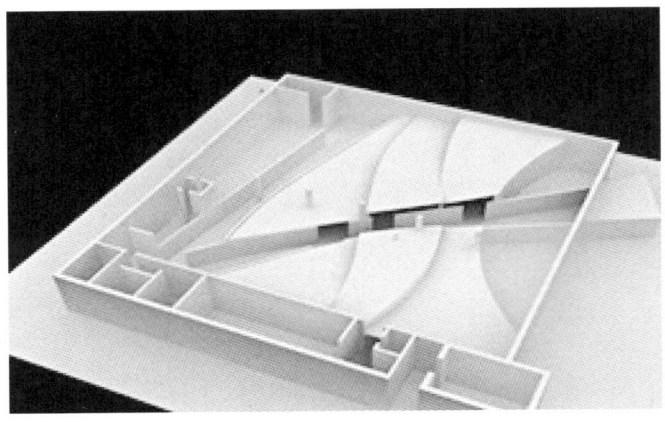

室内到室外的延伸

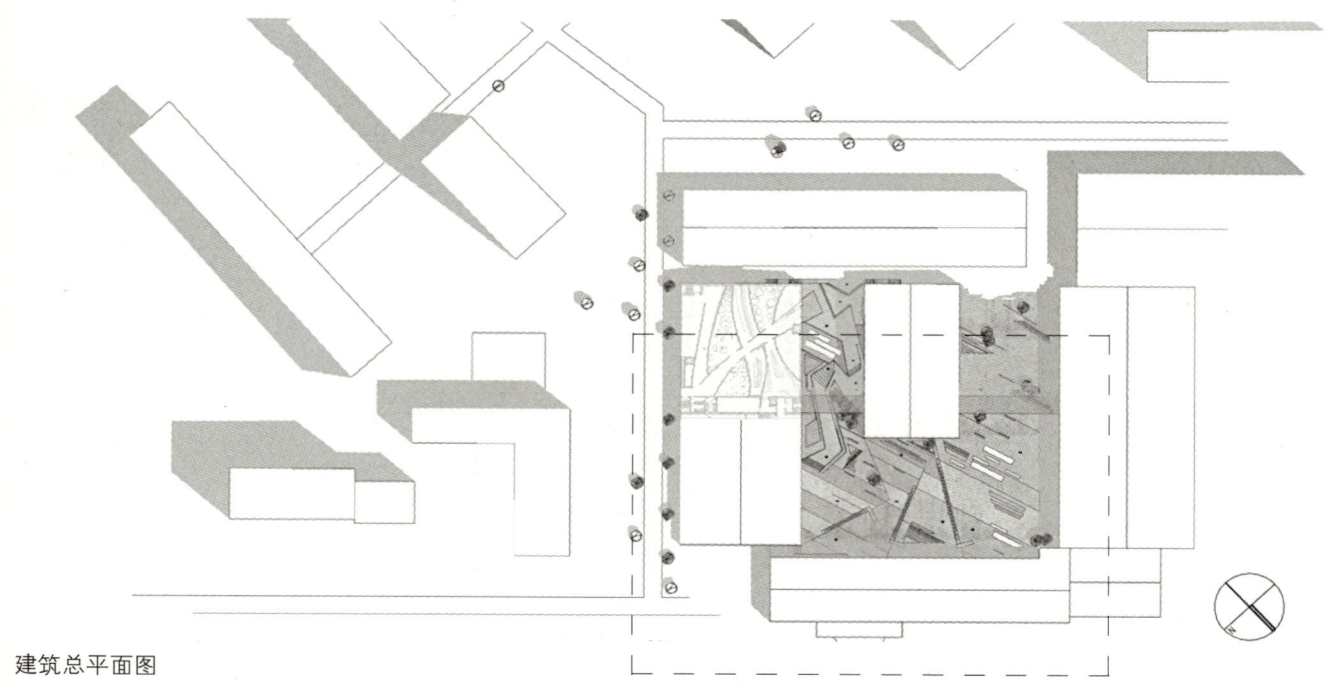

建筑总平面图

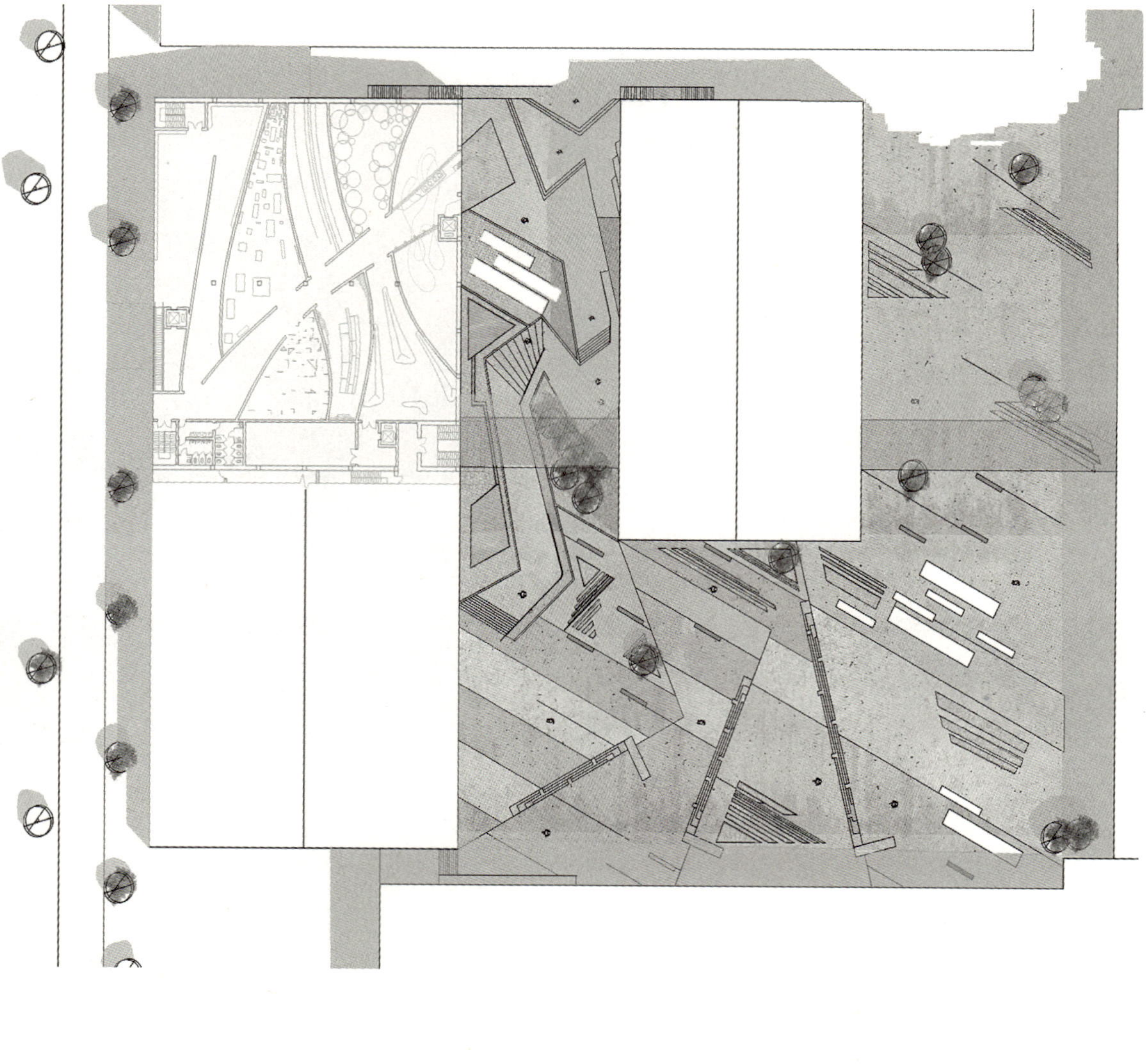

局部放大

室外景观

外部景观利用了折线下沉的方式，一方面作为地下空间的一部分，另一面也是根据地下的形体延伸而出的，使地下空间效果更大，从而使得外部景观更加融入到整个博物馆的设计当中。

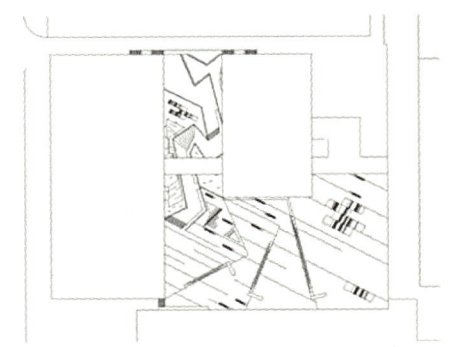

建筑剖面图

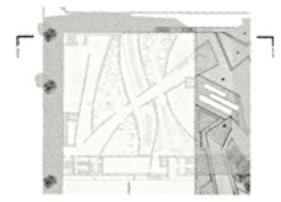

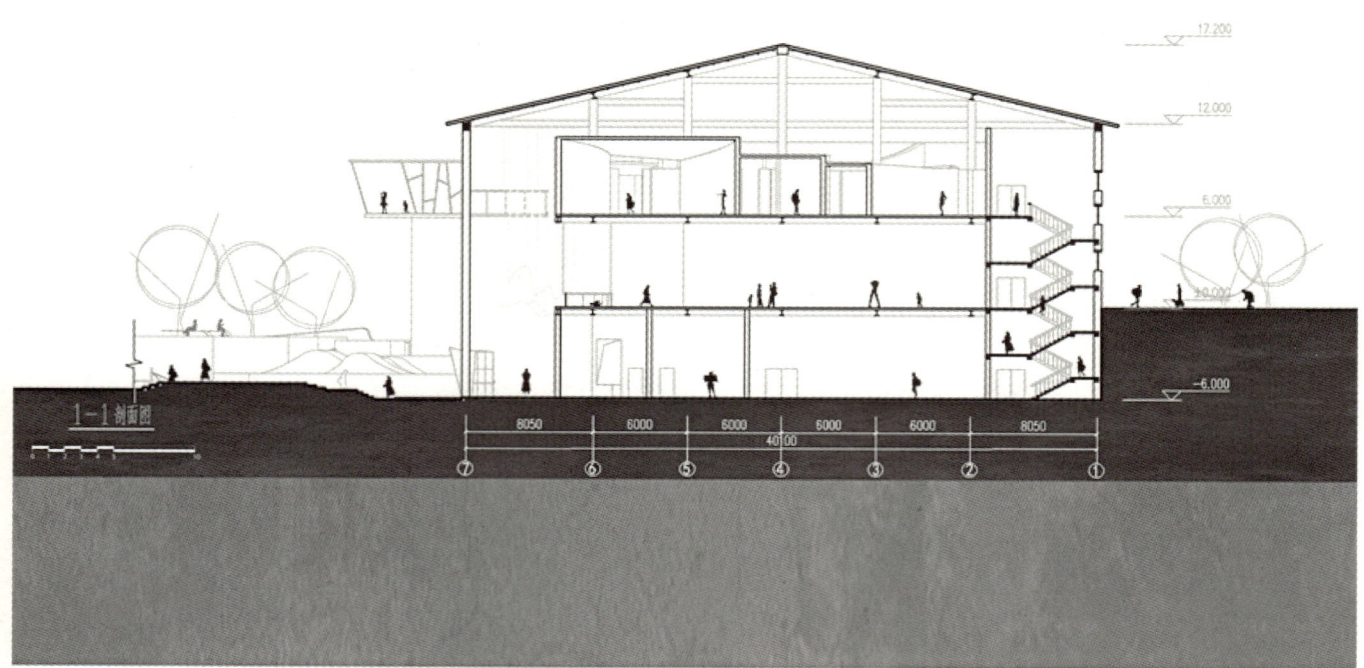

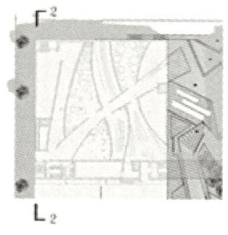

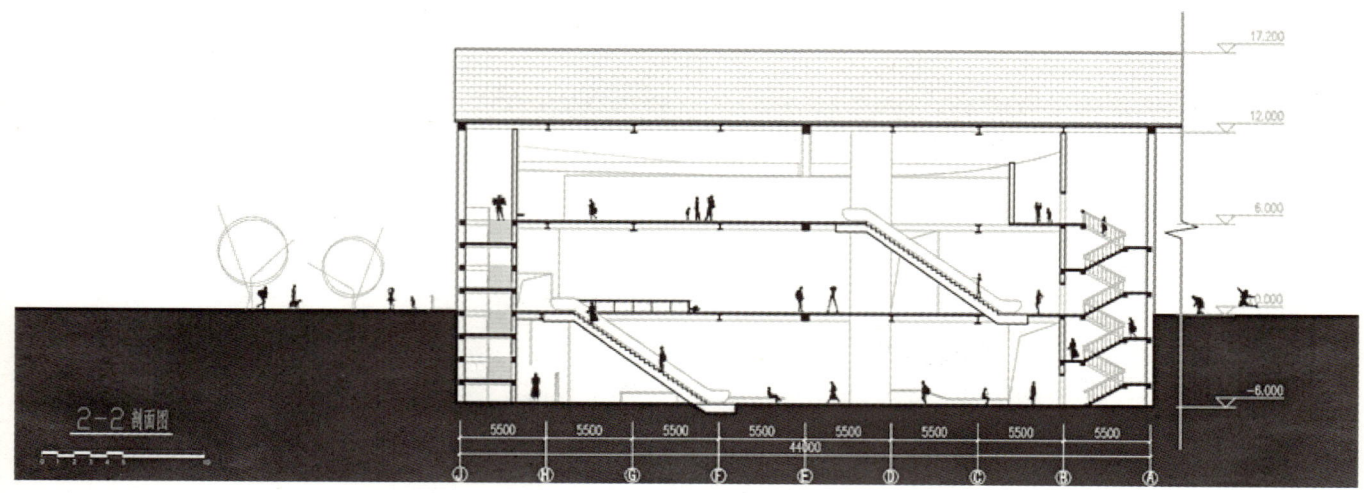

教育·传承——滕州博物馆新馆设计
Education · Inheritance – Tengzhou New Museum Design

学　　生：张文鹏
学　　号：201100720131
学　　校：山东师范大学

基地概况

滕州博物馆新馆选址在龙泉广场区域，墨砚馆东侧、荆河西侧、演艺广场北侧和规划杏坛路南侧范围。在此选址是为了和龙泉塔、汉画像石馆、王学仲艺术馆、鲁班纪念馆、墨砚馆和墨子纪念馆相呼应，以形成"一塔六馆"的文化氛围格局。新馆将集中展示北辛文化、古薛国、古滕国等珍贵历史文物。

滕州印象

滕州微山湖湿地公园

滕州当地民俗风情

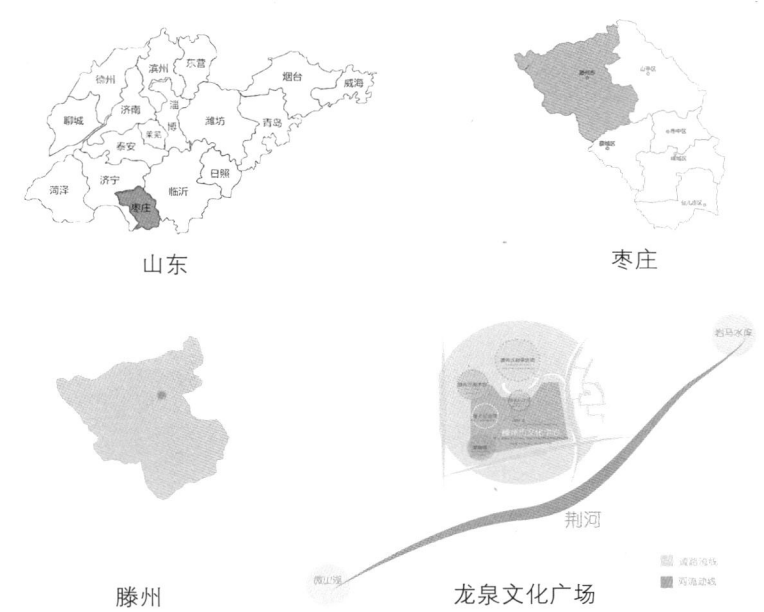

山东　　枣庄

滕州　　龙泉文化广场

滕州博物馆新馆效果图

滕州市历史悠久，文化灿烂，是7300多年北辛文化的发祥地，几千年的历史相继孕育了北辛、大汶口、龙山、岳石等史前文化，乃至商周、战国等。层迹清晰，绵绵至今。优秀的文化造就了大批历史名人，蕴藏了大量的地上地下文物，在全国乃至全国都享有较高的盛誉。

建筑规模：建筑占地面积约4200m²，为中小型地方博物馆。

项目所在地周边环境

周边环境

解读任务书

设计目的 充分利用当下各种展示形式，尤其是注重声、光、电等科技手段，营造多种参观形式，做到寓教于乐，注重观众精神上的熏陶

把滕州博物馆新馆建成一个地方标志性文化建筑，拥有自己的文化底蕴特色，充分发扬区域性民族历史文化。

文化传承

合理规划 将历史脉络贯穿整个空间中，以历史时间为主线，从而使观众流畅参观体验历史的层迹。

公共设施要体现便利性，配套性，注重人性化的无障碍设计。

公共设施

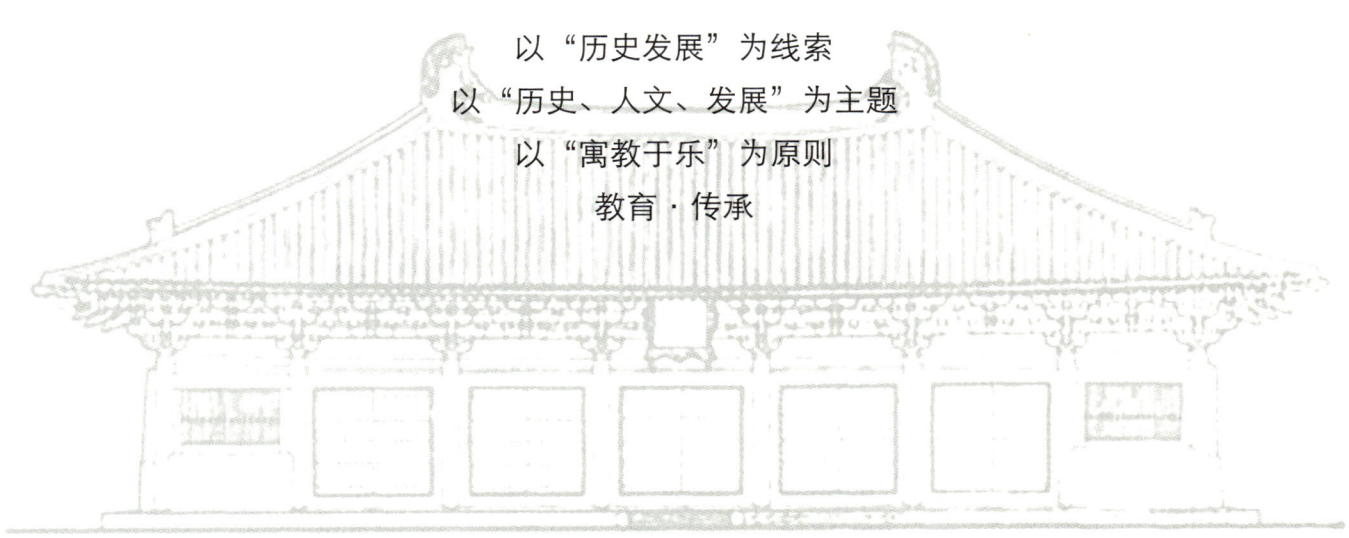

以"历史发展"为线索
以"历史、人文、发展"为主题
以"寓教于乐"为原则
教育·传承

周边建筑

新馆所在广场周边建筑均为仿古建筑风格，这也是滕州龙泉文化广场的建筑特色，古色古香，充满历史灿烂文化气息。

建筑设计应扎根于当地历史文化中，并融入到周边建筑环境中去，达到和谐与共鸣。

怎样使建筑融入周边建筑环境但又从中凸显出来？

现代　　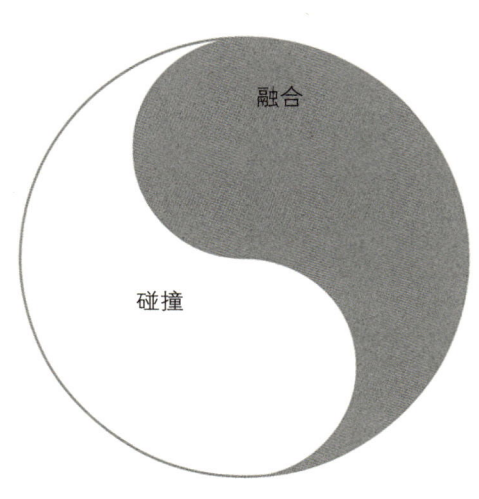　　过去

融合

碰撞

元素提取

提取周边建筑具有代表符号的屋顶为元素，深入挖掘，在不失古朴的基础上，抽象演化，达到与周边建筑相协调。

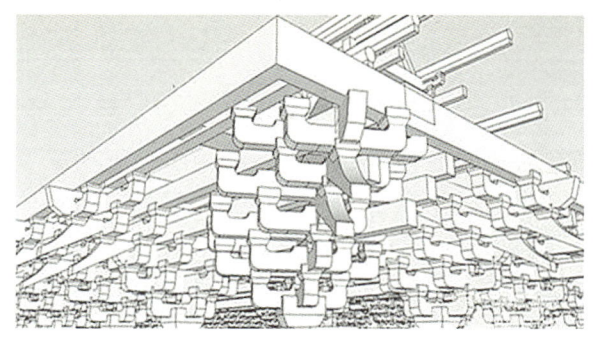

在建筑的整体形态上利用榫卯的形态带来的灵感对建筑形态进行空间上的额整合，使建筑形成一定的层次感。

建筑形态抽象演变

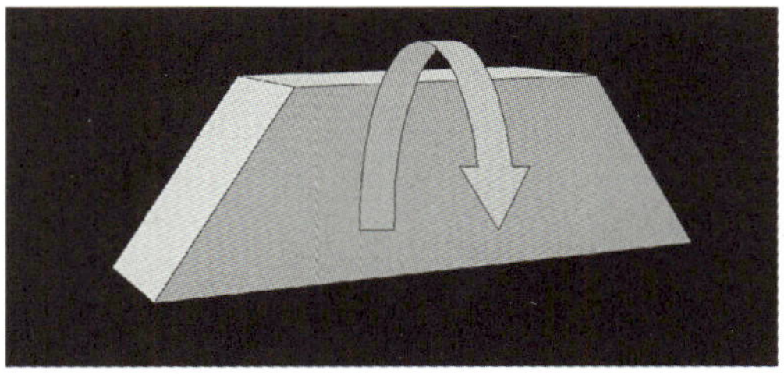

翻转

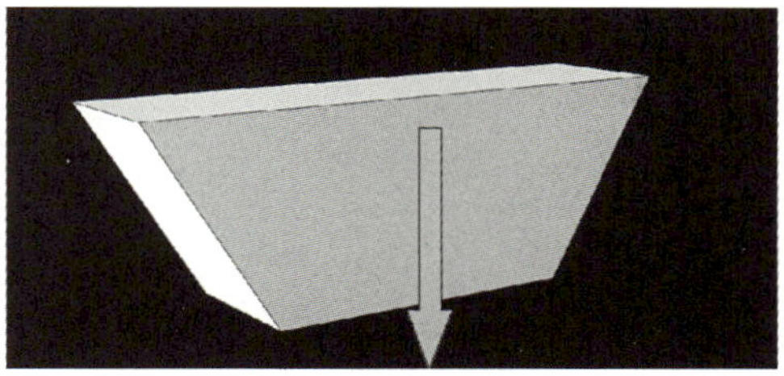

延伸

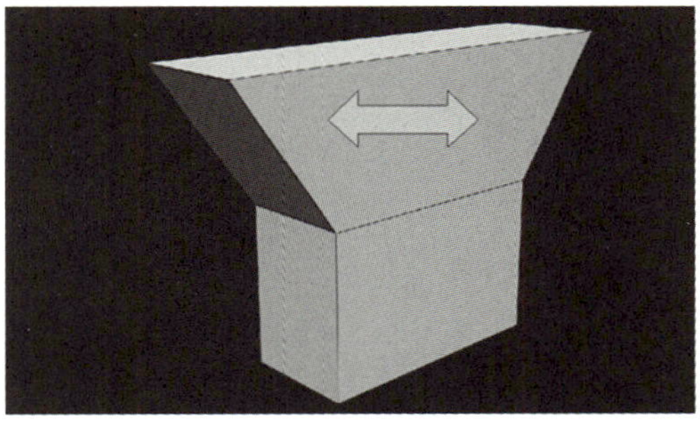

扩张

放射

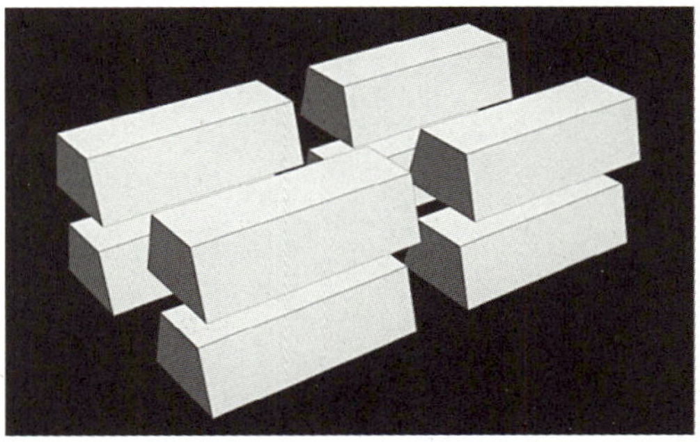

阵列

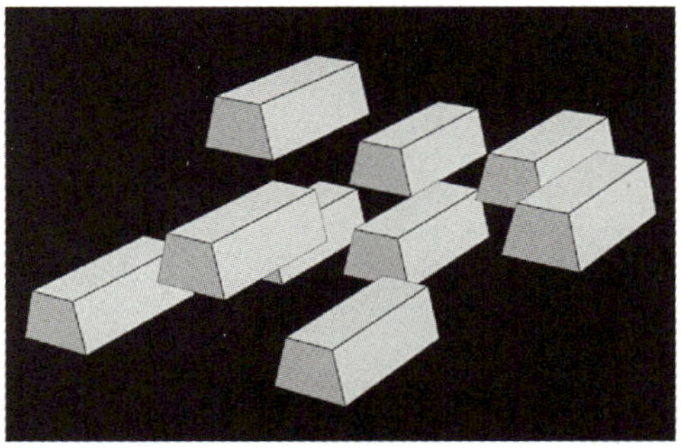

乱序

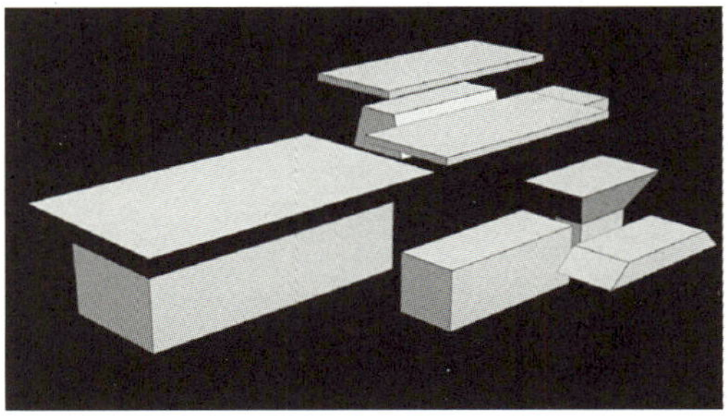

变形

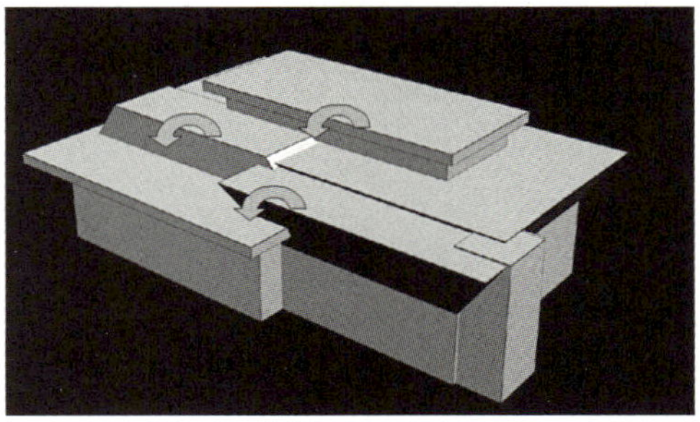

整合

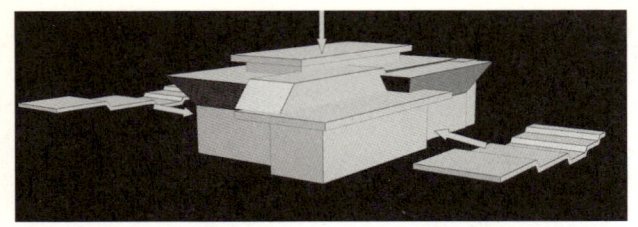

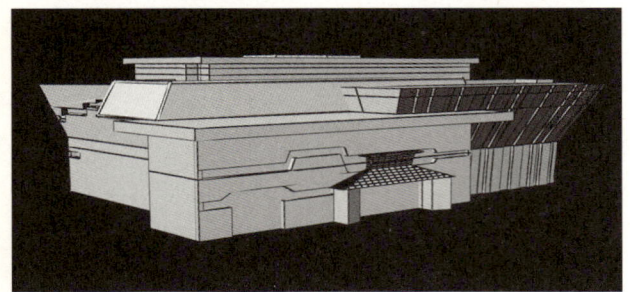

历史曾经有过辉煌但也已经成为过去,现在既是发生和正要发生的,我们不能重复过去的辉煌但却可以利用现有的资源和想象将古今链接,达到古今相融的当代风貌。

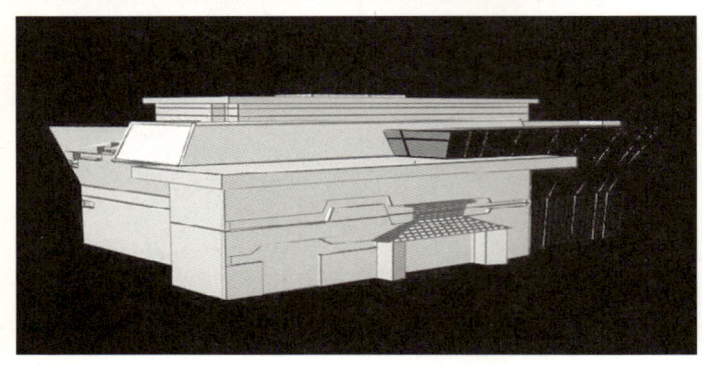

融合 这一部分形体利用榫卯结构的穿插方式将几何形体抽象演变形成具有现代特色的传统建筑形态,与周边建筑达到一种视觉上的融合。

碰撞 这一部分借鉴伞状结构,从上而下空间通透,与周边仿古建筑群形成对比鲜明的力量感和轻盈感,同时赋予新馆以极具敏锐的当代性和创造性,大面积的开窗形成"内外通透,贯穿古今"的思想。

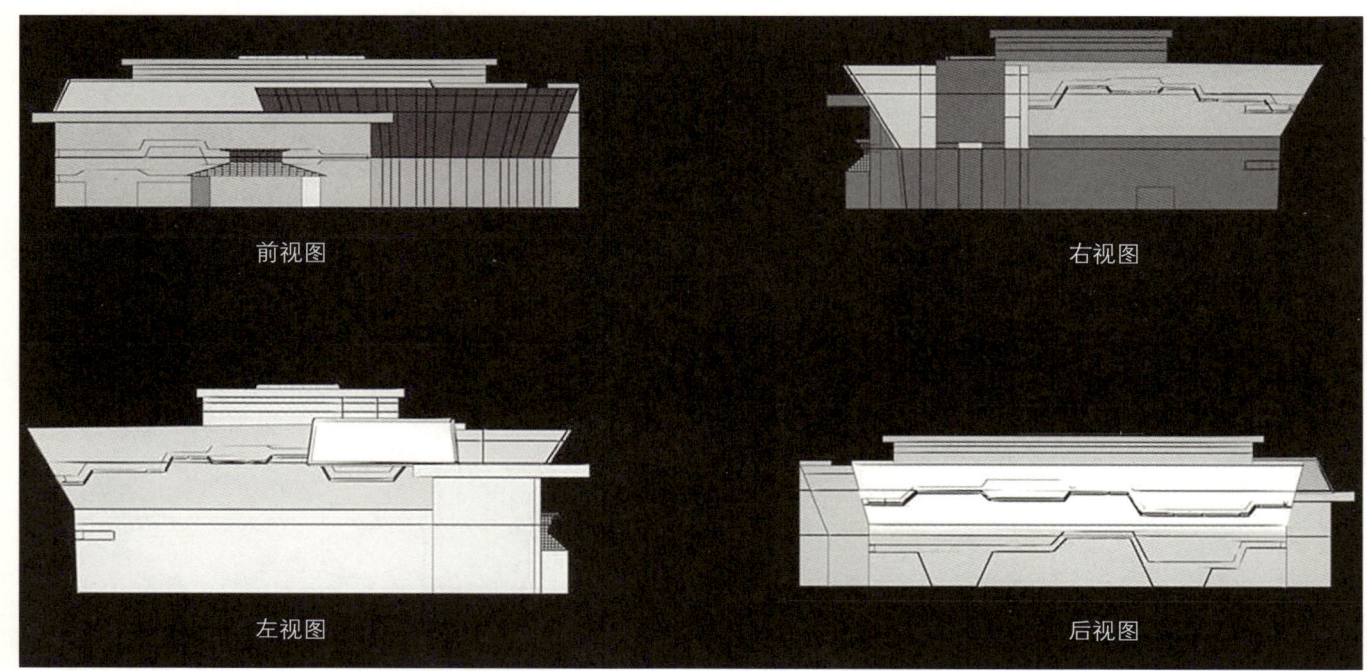

前视图　　　　　　　　　　　　　　　右视图

左视图　　　　　　　　　　　　　　　后视图

建筑材料

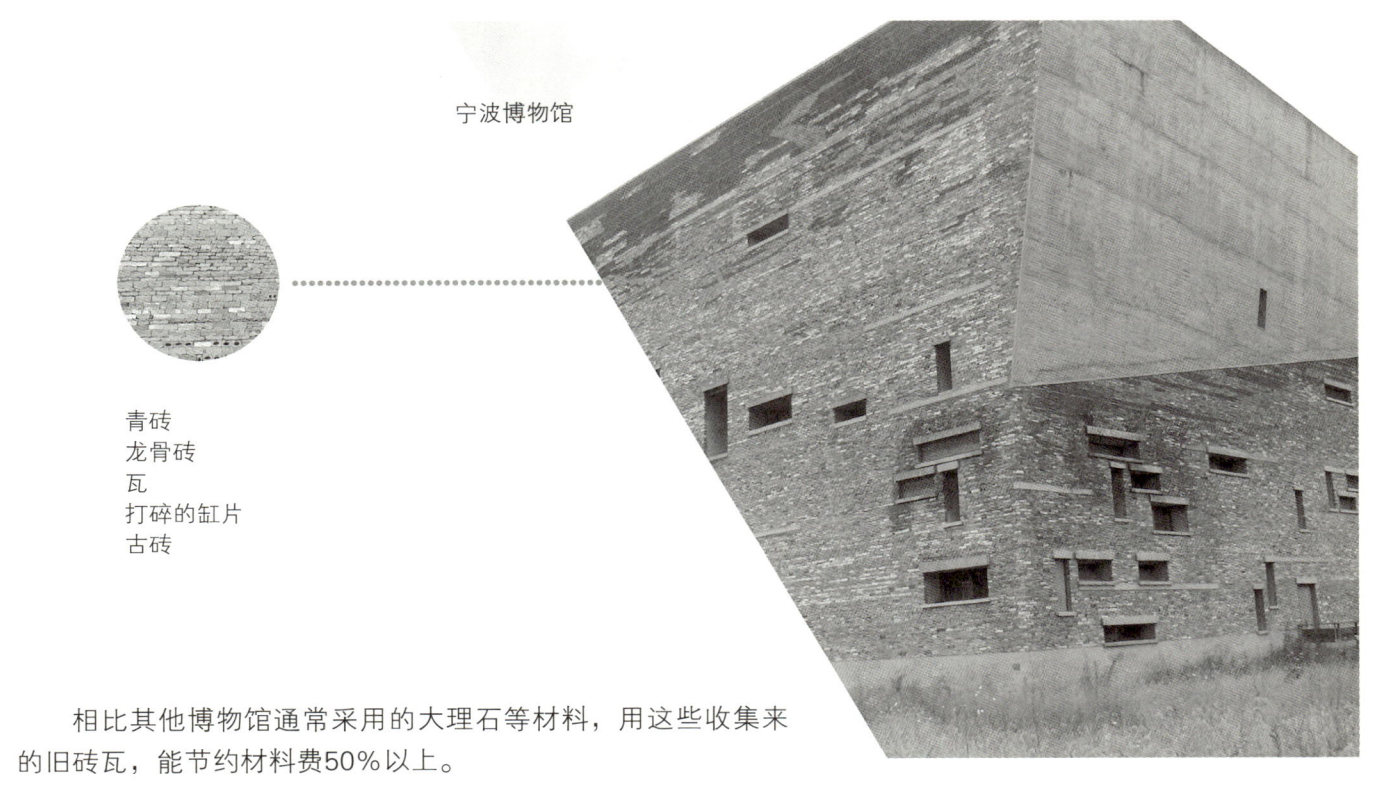

宁波博物馆

青砖
龙骨砖
瓦
打碎的缸片
古砖

相比其他博物馆通常采用的大理石等材料，用这些收集来的旧砖瓦，能节约材料费50%以上。

建筑自然通风

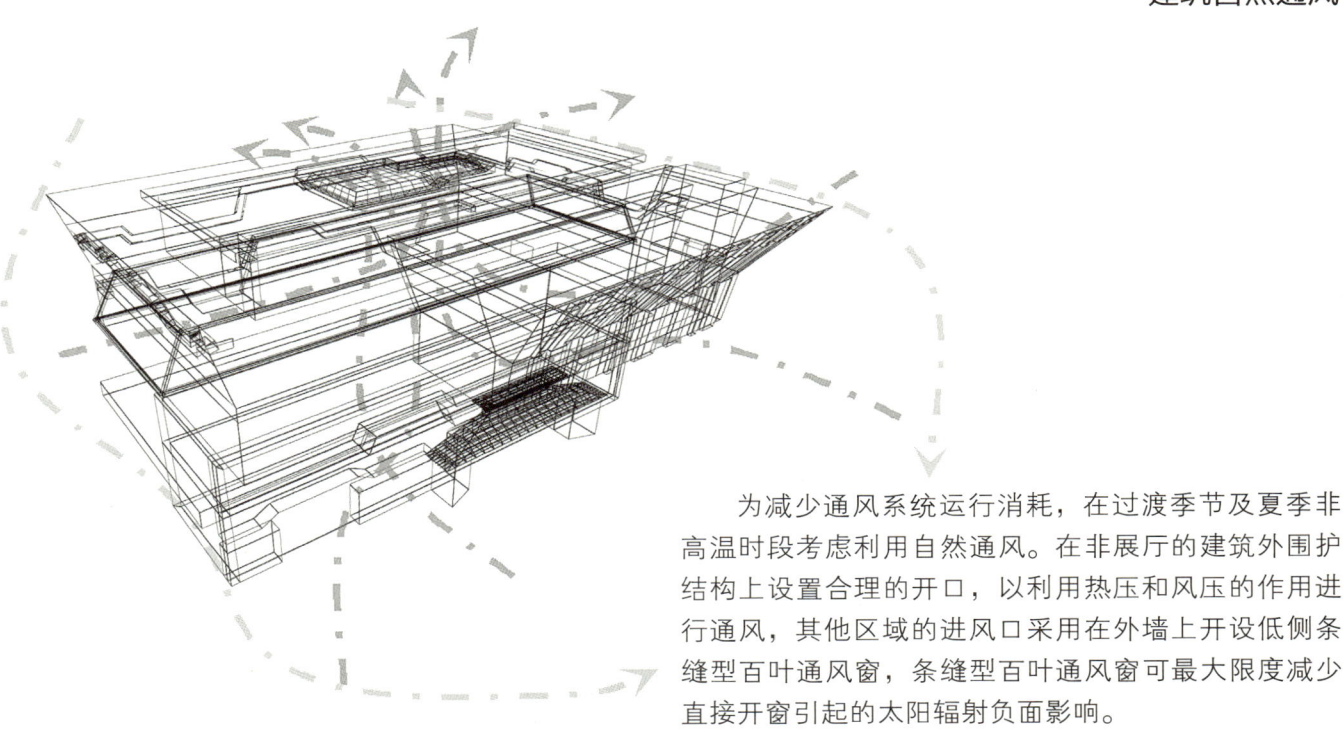

为减少通风系统运行消耗，在过渡季节及夏季非高温时段考虑利用自然通风。在非展厅的建筑外围护结构上设置合理的开口，以利用热压和风压的作用进行通风，其他区域的进风口采用在外墙上开设低侧条缝型百叶通风窗，条缝型百叶通风窗可最大限度减少直接开窗引起的太阳辐射负面影响。

建筑自然光照

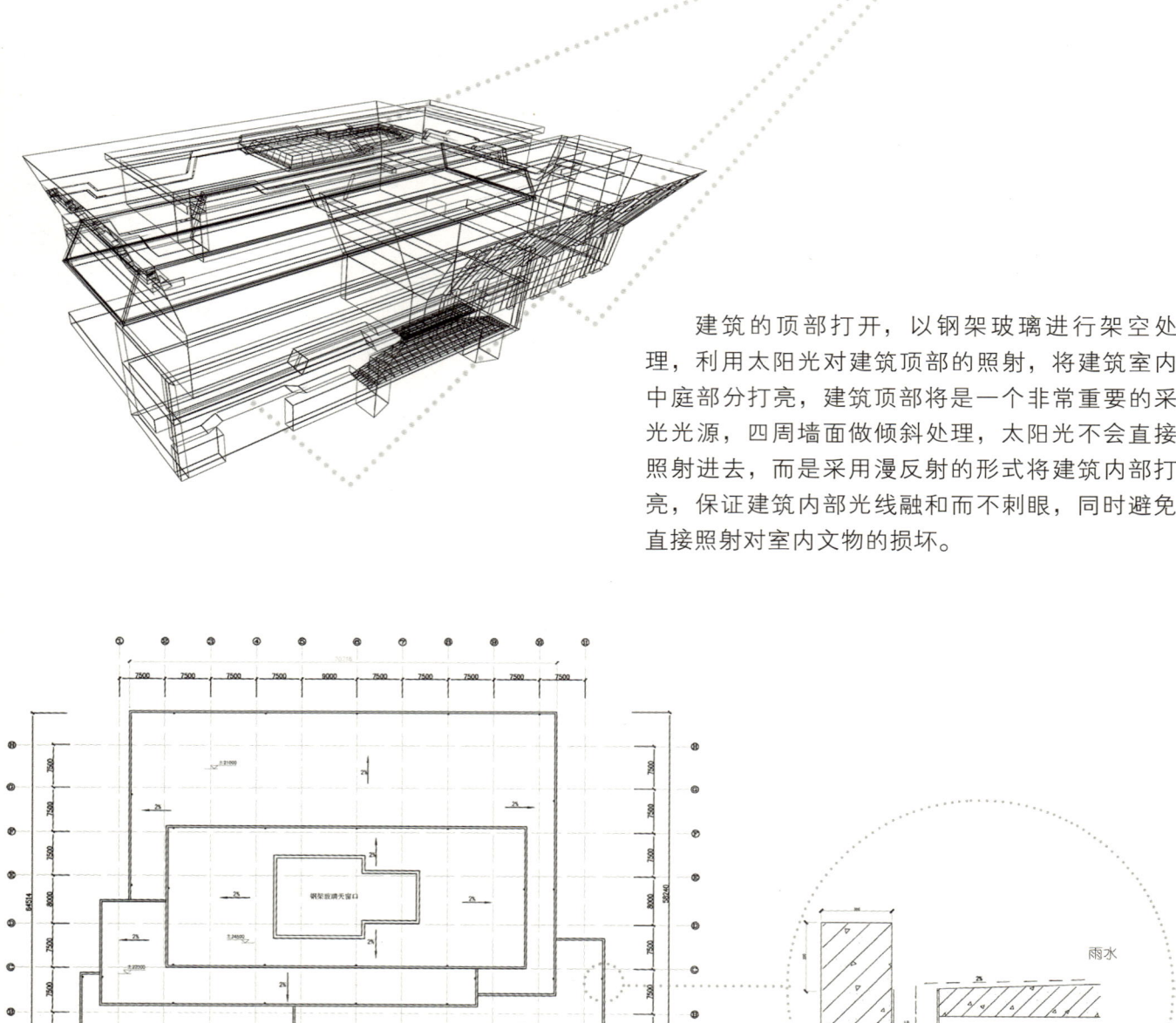

建筑的顶部打开,以钢架玻璃进行架空处理,利用太阳光对建筑顶部的照射,将建筑室内中庭部分打亮,建筑顶部将是一个非常重要的采光光源,四周墙面做倾斜处理,太阳光不会直接照射进去,而是采用漫反射的形式将建筑内部打亮,保证建筑内部光线融和而不刺眼,同时避免直接照射对室内文物的损坏。

建筑屋顶平面图

屋顶排水示意图

屋顶排水形式:平坡屋顶呈2%的缓坡向外排水,在建筑边缘处向上延伸出300×300的外翻檐,在外翻檐内设排水管道,在不影响建筑形式的情况下采用内排水方式。

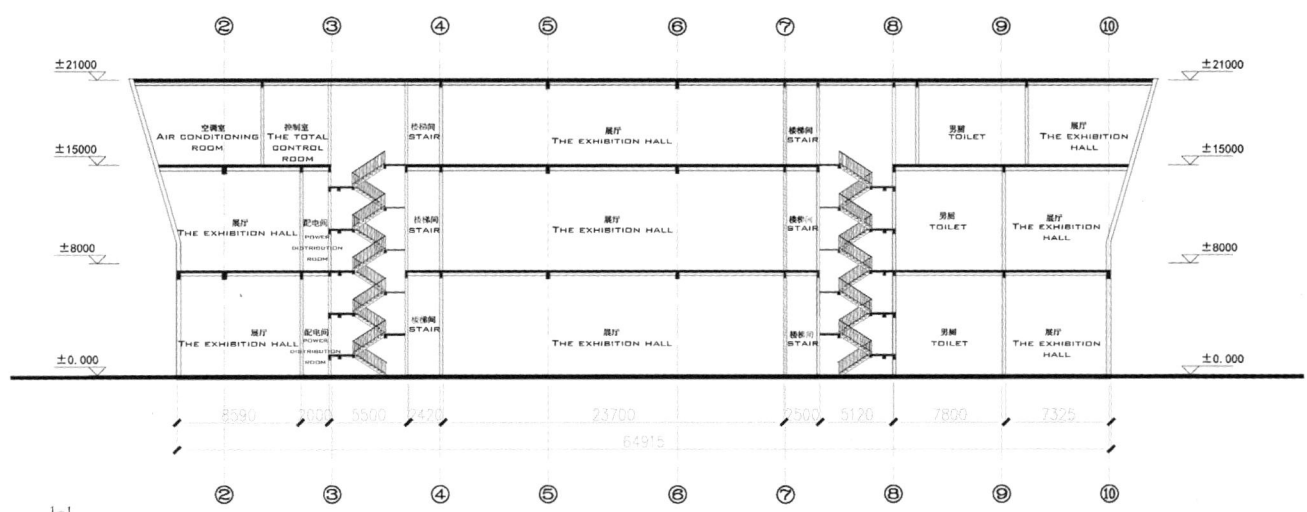
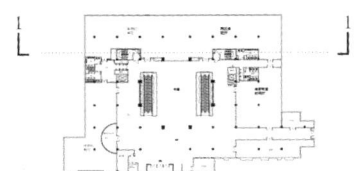

建筑剖面图 1-1

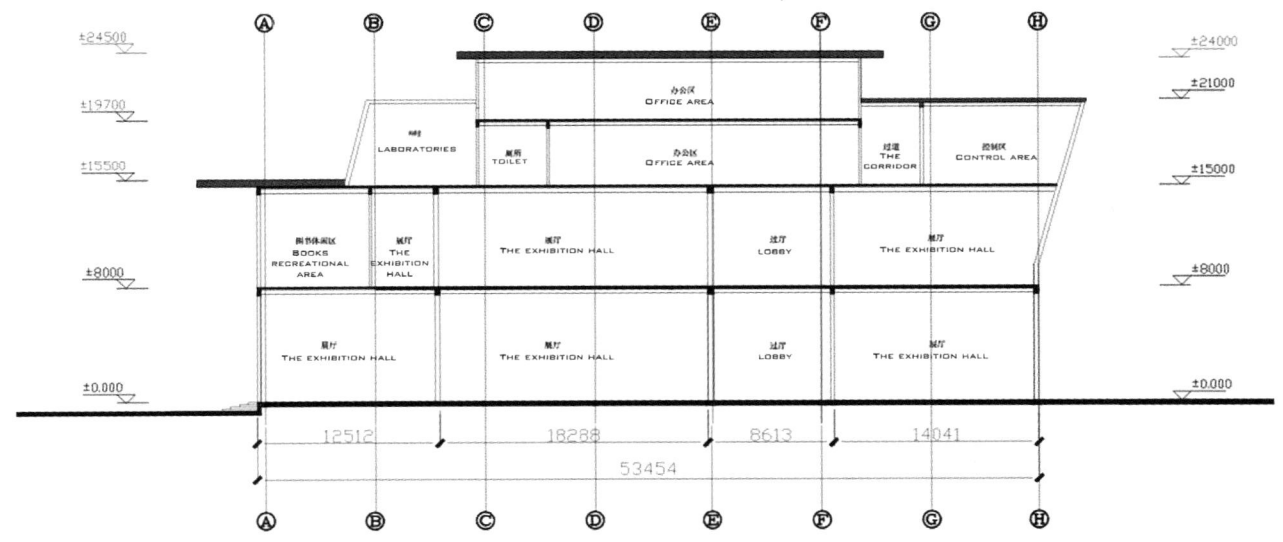
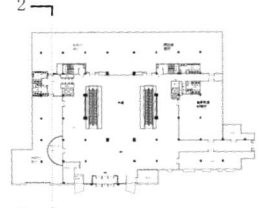

建筑剖面图 2-2

建筑空间序列

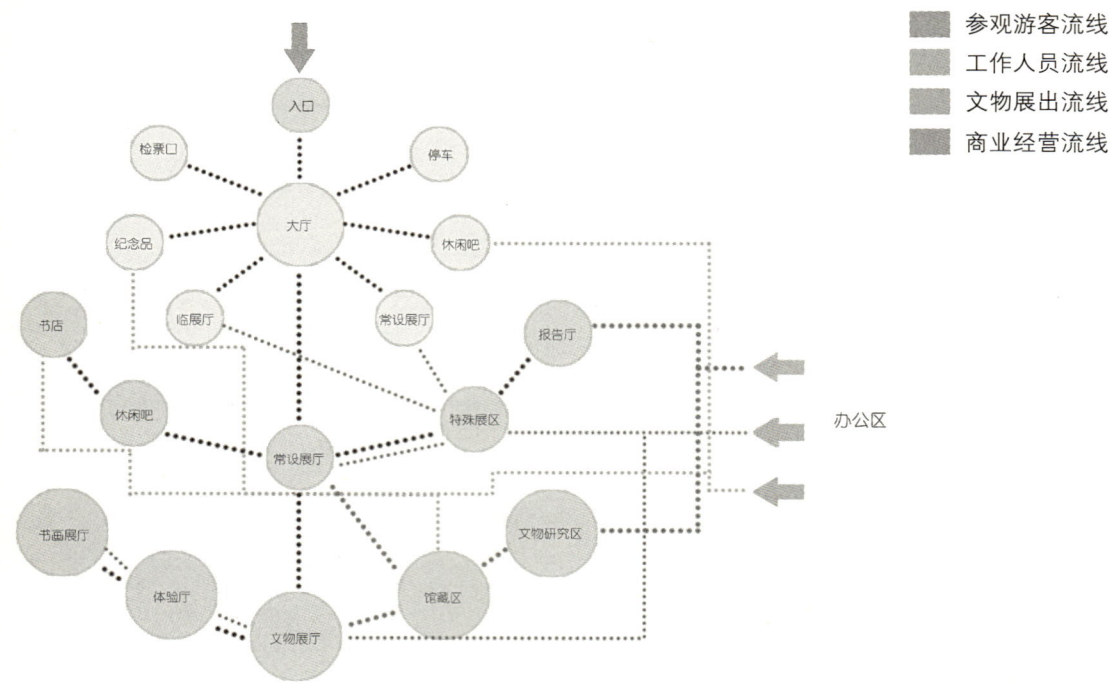

展示脚本大纲

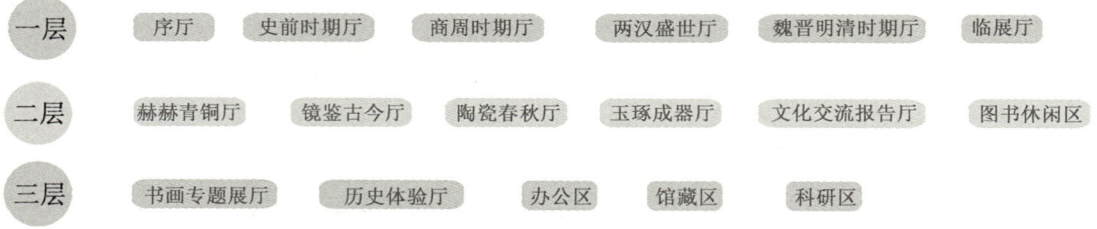

平面分析

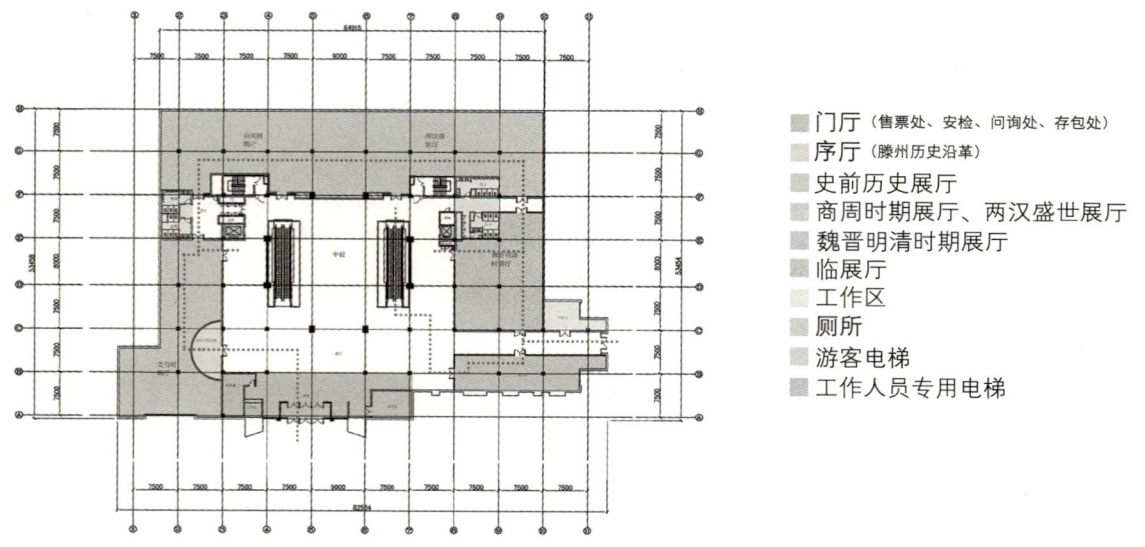

一层平面布局图

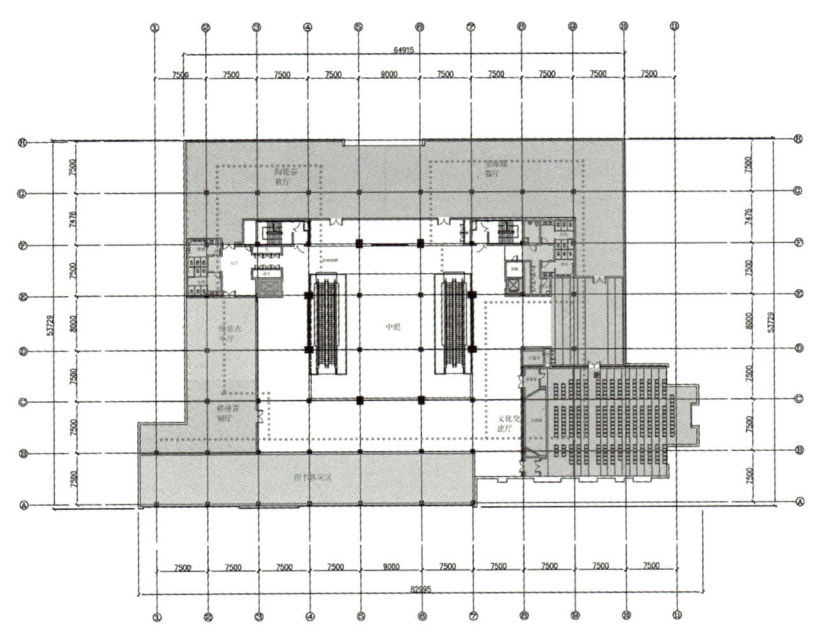

- 赫赫青铜厅
- 镜鉴古今厅
- 陶瓷春秋厅
- 玉琢成器厅
- 休闲阶梯区
- 文化交流报告厅
- 图书休闲区
- 厕所
- 游客电梯
- 工作人员专用电梯

二层平面布局图

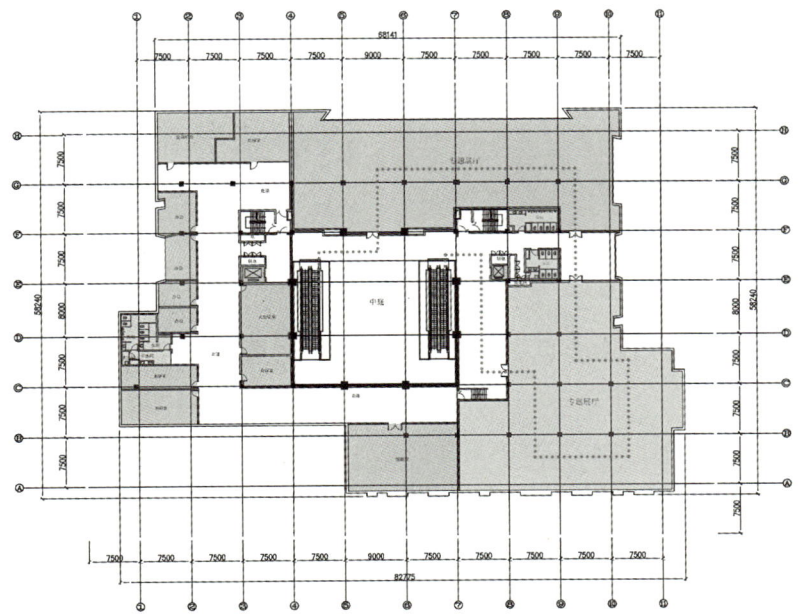

- 书画专题展厅
- 历史体验展厅
- 办公区
- 科研区
- 控制区
- 馆藏区
- 游客厕所
- 工作人员厕所
- 游客电梯
- 工作人员专用电梯

三层平面布局图

建筑垂直交通

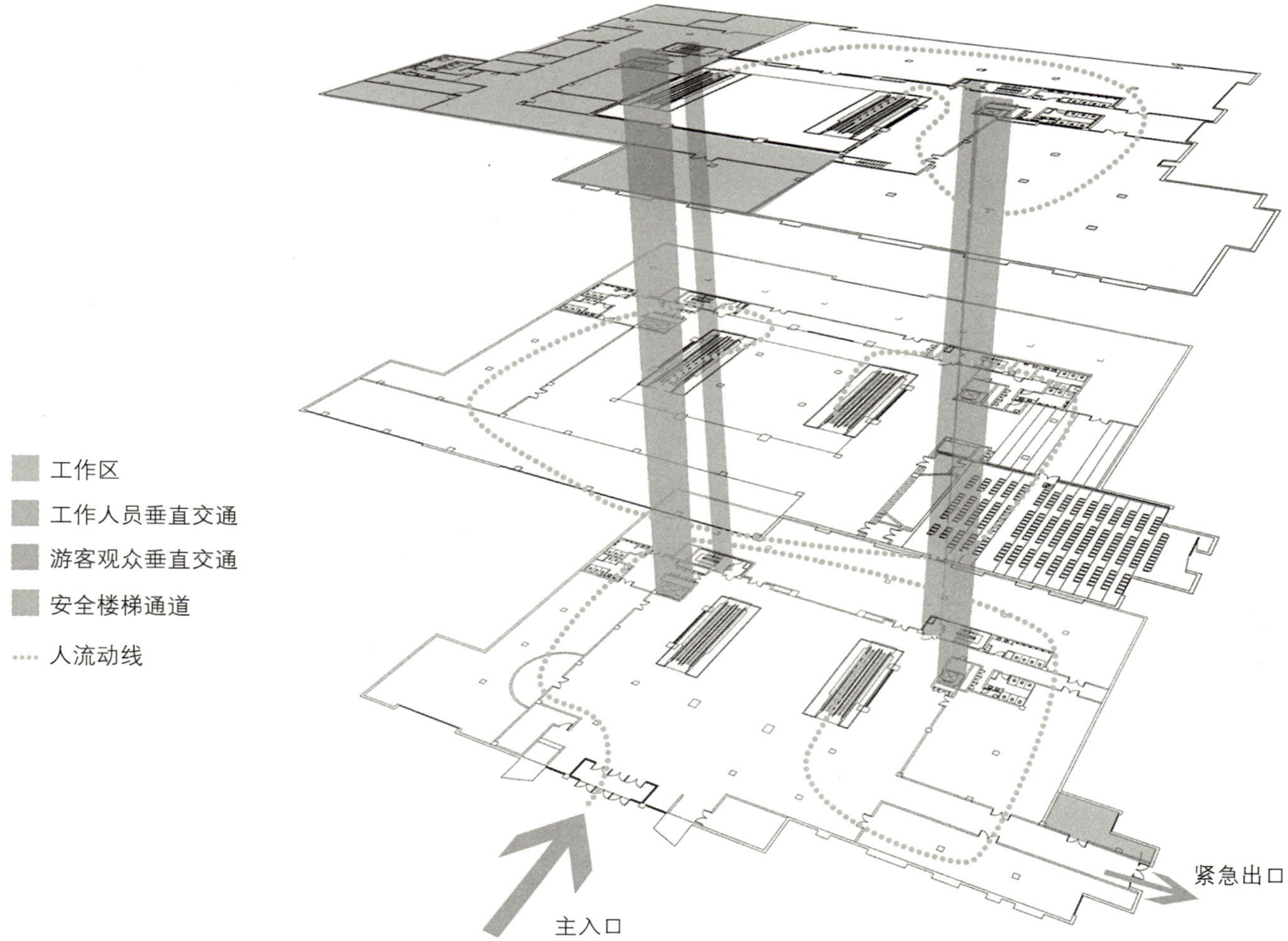

■ 工作区
■ 工作人员垂直交通
■ 游客观众垂直交通
■ 安全楼梯通道
⋯ 人流动线

紧急出口

主入口

指示样本角度视线分析

大型导向文字排版区域>170cm

主要图形文字排版区域100-170cm

次要图形、文字排版区域60~100cm

不易出现文字或图形的区域0~60cm

指示样本

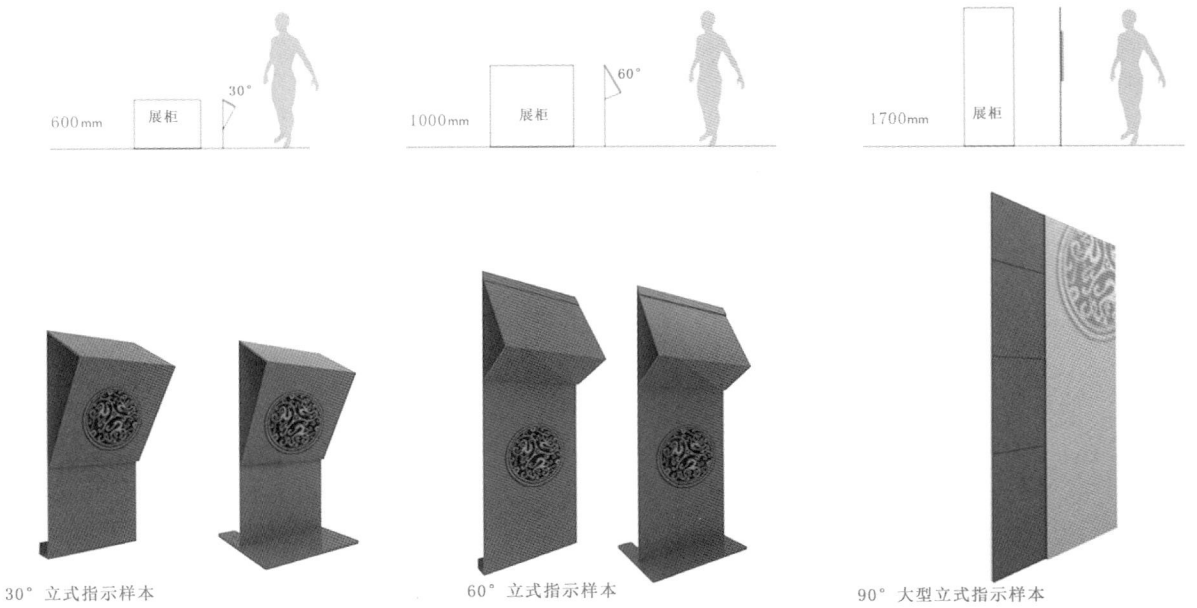

30°立式指示样本　　60°立式指示样本　　90°大型立式指示样本

建筑效果

建筑鸟瞰效果

建筑整体呈现恢弘大气感，在不失古朴的情况下增加了现代感。

室内空间效果

序厅效果

　　序厅采用大气浑厚的暖色为主色调，重在体现"滕文长风"的历史人文情怀，雕刻墙仿照滕州汉画石像的雕刻手法，由下而上以立体造型镌刻滕州名人及重要事件，投影动画展示历史沿革的不断发展变化，重在表现滕州名人辈出，文化昌盛，由古至今不断向前奔腾开拓的气度。

史前文明展厅效果

史前文明展厅以"考古探源"的手法营造聚落式的考古展示空间，整体营造一种史前山洞的氛围，通过投影动画和局部遗址复原相加，使参观者身临其境，做到寓教于乐。多种文物展示形式使场景更具趣味化。

图书休闲区采用极简风格，裸露的水泥墙面和木质吊顶。大面积的书墙，增加趣味。整体灰白色调，加上天蓝色调使整个空间生动起来，整体营造安静平和的氛围，可使参观者静下心来阅读书籍，另外图书休闲区可增加水吧，可办借书卡，增加博物馆的商业盈利。

休闲图书区效果

历史体验区效果

"智慧树"整个艺术造型由大小不一的电子屏幕构成，主题造型是"树状"。树为主体，周围安排若干立面显示滕州历史文化。

巨幕投影，通过音响灯光的配合提升展览趣味性的同时提升展示内容直观感受。

山东抗日战争博物馆设计
Shandong Anti-Japanese War Museum

学　生：乔凯伦
学　号：201100720216
学　校：山东师范大学

项目区位

展馆现状

兰山区政府

人民公园

沂河美景

临沂市政府

基地概况

项目建设位于山东省临沂市中心银雀山路。东临人民公园，西邻人民广场。项目基地原址为沂蒙革命纪念馆。

① 交通状况：以公路为主，水路为辅。
② 气候地质：属温带季风区大陆性气候，临沂地处鲁中南低山丘陵区。
③ 旅游业：绿色沂蒙，红色风情，文韬武略。

区位简介

沂蒙革命纪念馆，位于市区沂州路与银雀山路交汇处，纪念馆形态外方内圆，建筑形式简洁朴实，体现质朴高尚的沂蒙精神；暗红色基座稳扎大地，暗示沂蒙精神的革命根基。

结合现有的临沂革命纪念馆形象，设计山东抗日战争博物馆。展馆外观高大、威严、纯洁，富有山东元素，以黑白两色为主色调，寓意历史黑白分明，不容篡改。

项目意义

1. 全国重要的抗日根据地之一——国家重要的爱国教育基地。

2. 沂蒙红色精神的传承,突显地域文化,特殊历史使命。

3. 原展陈模式陈旧,展线造型单一推陈出新增强互动体验。

博物馆脚本

博物馆展示脚本设计大纲

1. 门厅
突出山东抗日军民浴血奋战的浮雕,体现伟大的抗战精神。
2. 抗战历程厅
以山东抗日战争的时间为轴,展示山东人民艰苦卓绝的抗战斗争。
3. 日军暴行厅
展示日军在在山东所犯下的残恶罪行。
4. 人民战争厅
展示地道战、铁道游击队等山东人民抗击日本侵略者史实的战役。

一层

5. 抗日根据地厅
以电子地图的形式,呈现山东各抗日根据地的概况。
6. 影音厅
虚拟影视墙的形式展现放映山东抗日的影音作品,体验战场实况。

二层

7. 祭奠厅
在这里为抗日英烈及在抗日战争中奋起抗日而牺牲的平民举行祭奠活动。
8. 抗日英烈厅
集纳山东抗日战争中英勇牺牲的抗日英烈。
9. 报告厅
红色文化学习及会议等,进一步加深对历史的了解。

三层

优势——突出历史特点，历史资源丰富，拥有深厚的红色文化。
劣势——红色战争文化逐渐被遗忘，设备陈旧。
挑战——如何利用设计手段最大化强化沂蒙根据地的历史价值和意义。

展馆室内现状

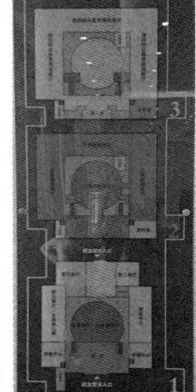

元素提取

在室内设计的元素设计上，提取战争对建筑的损坏元素构成墙体穿插、重叠等设计手法。

 穿插    重叠

平面布置

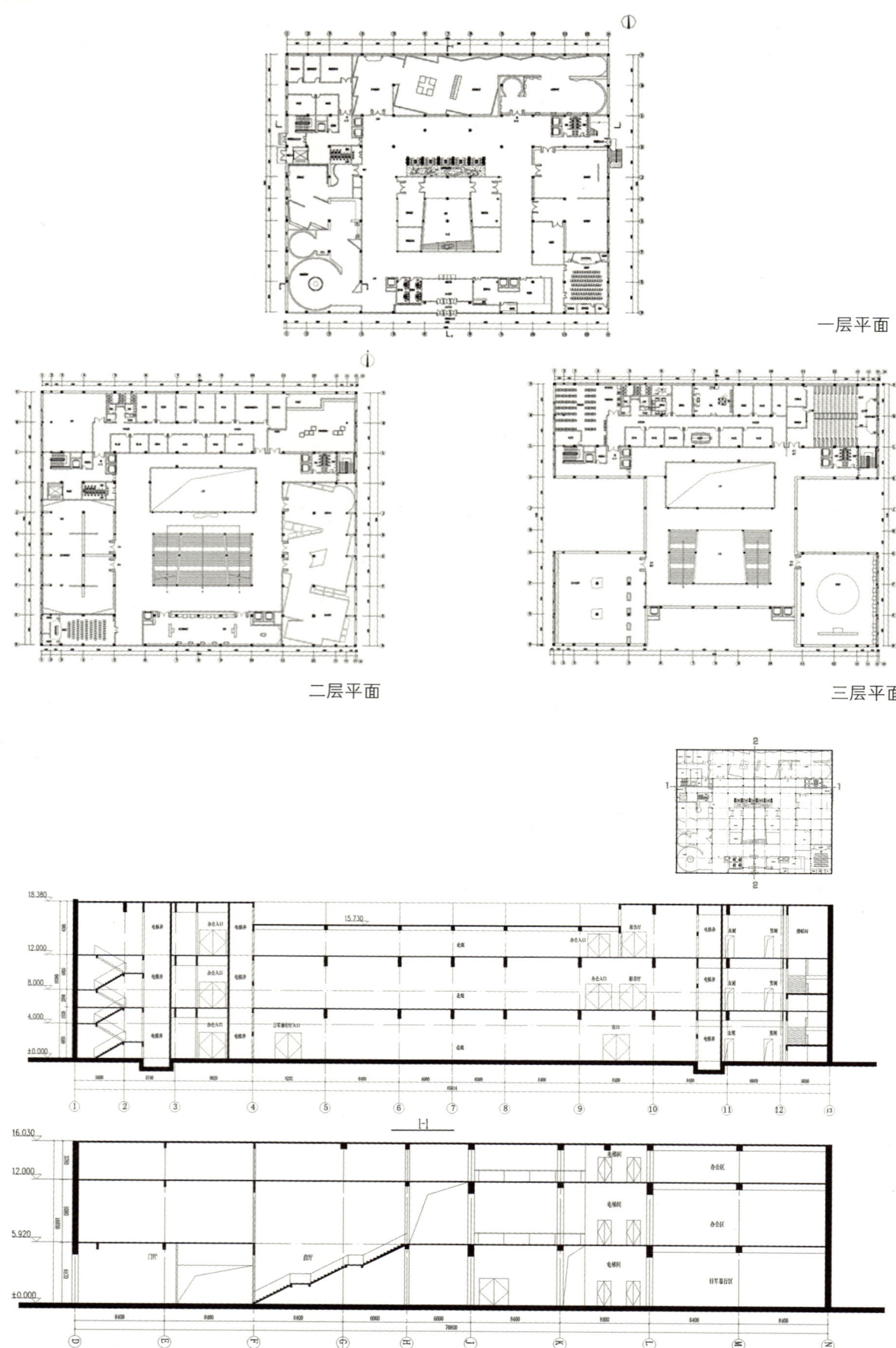

一层平面

二层平面

三层平面

建筑剖面图

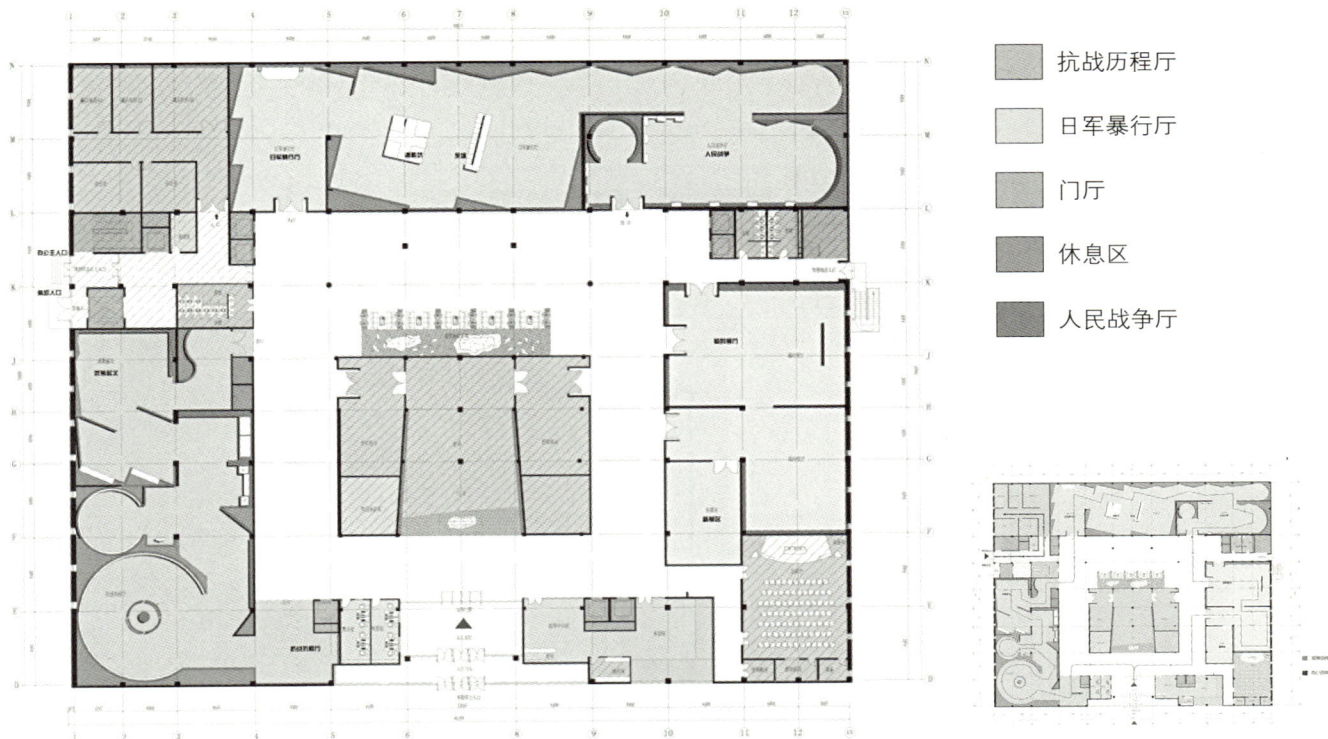

- 抗战历程厅
- 日军暴行厅
- 门厅
- 休息区
- 人民战争厅

一层动线

- 根据地厅
- 影音厅
- 办公区
- 战略反攻厅

二层动线

二层平面布置

三层平面布置

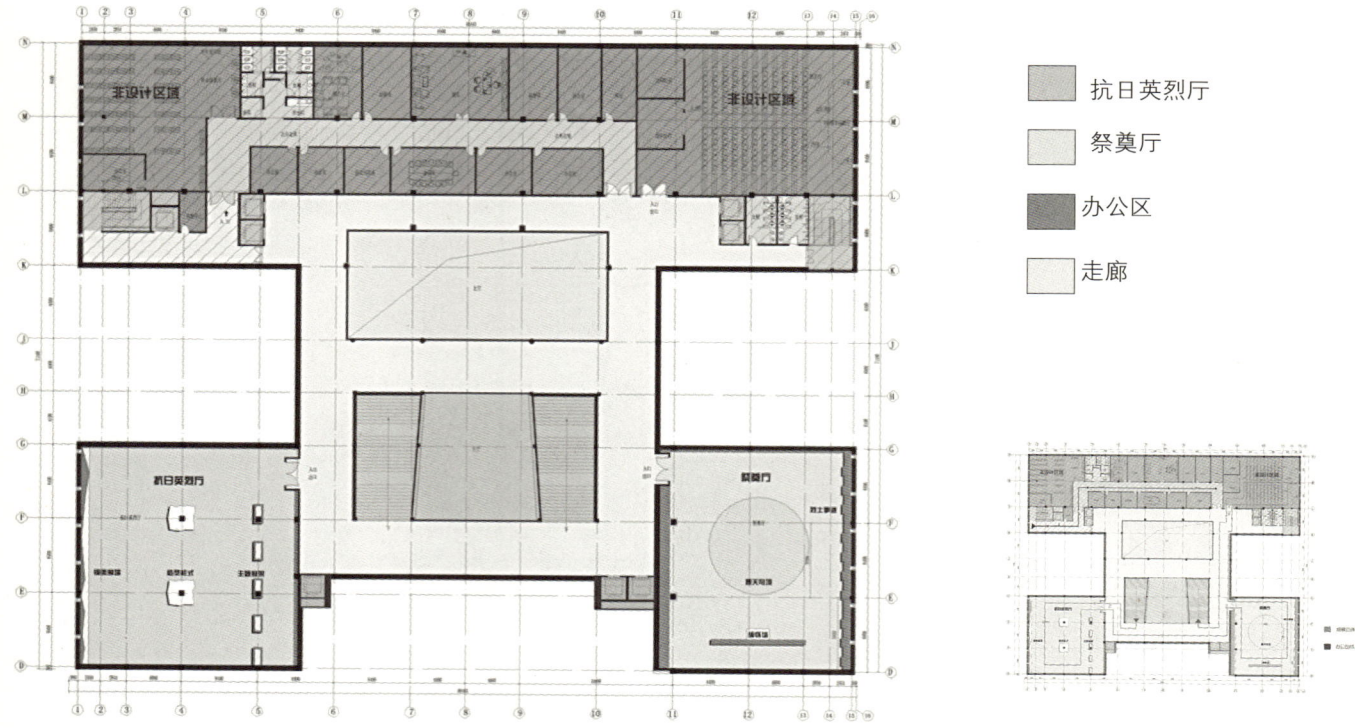

三层动线

功能布局

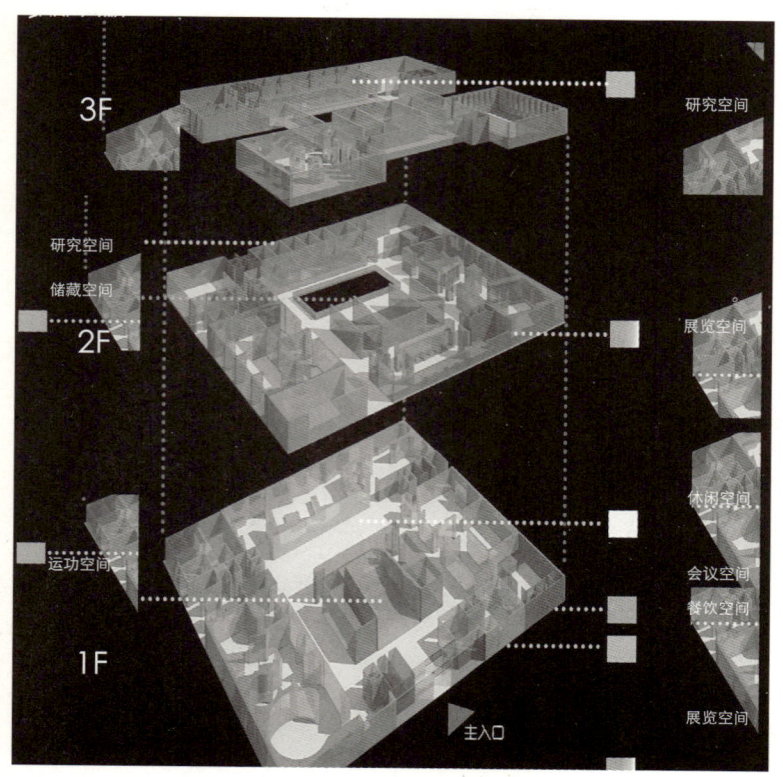

垂直动线分析

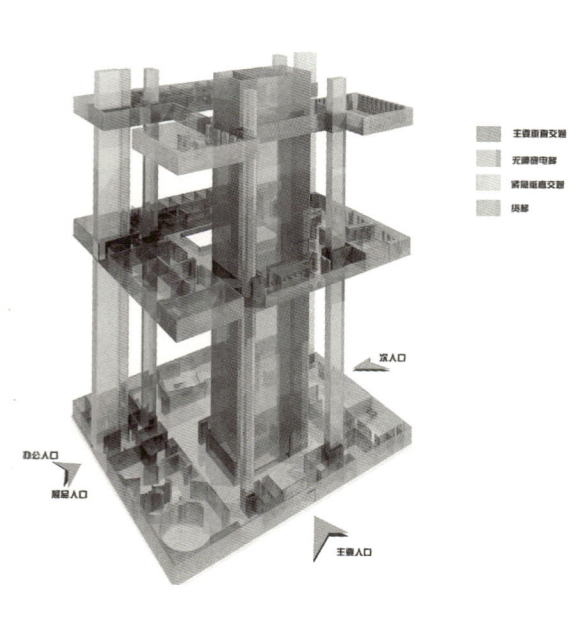

抗战历程厅立面图

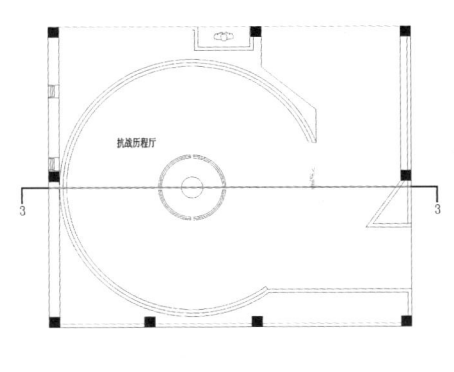

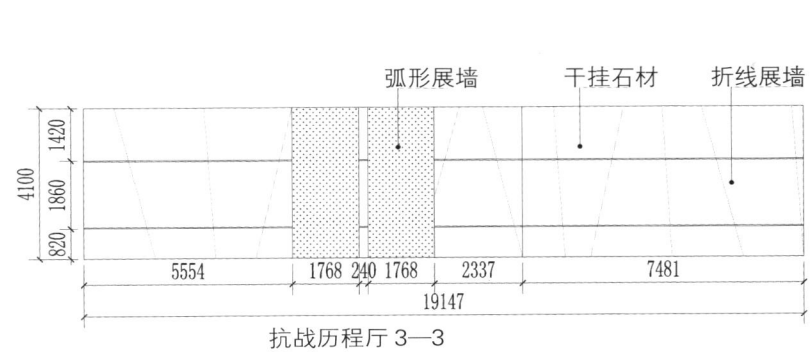

抗战历程厅 3—3

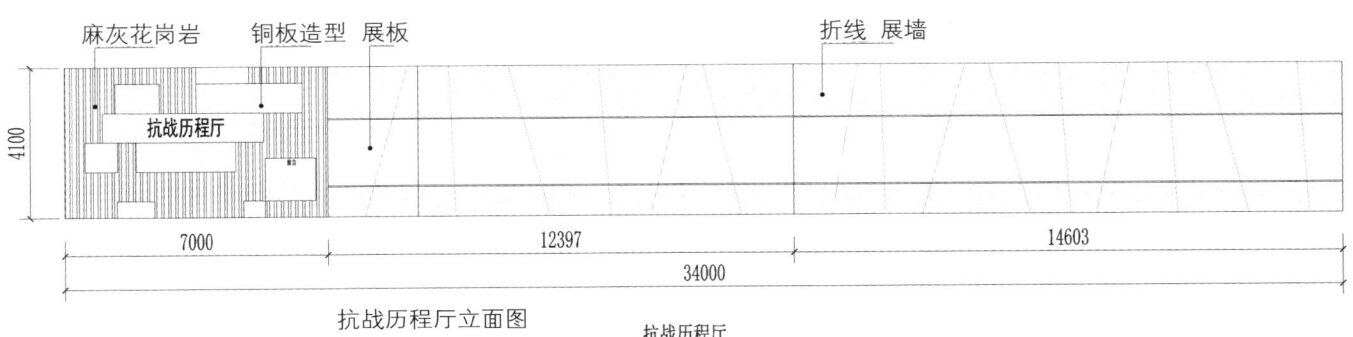

抗战历程厅立面图　抗战历程厅

日军暴行厅立面图

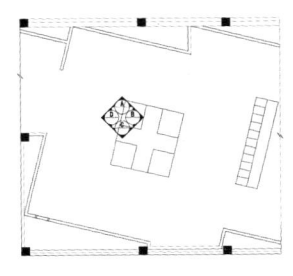

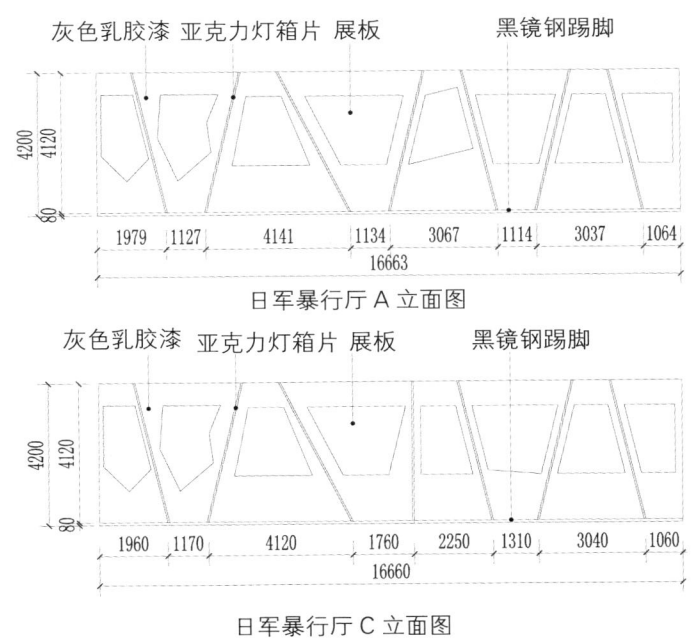

日军暴行厅 A 立面图

日军暴行厅 C 立面图

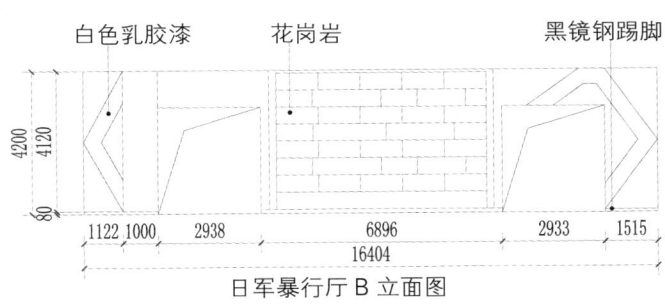

日军暴行厅 B 立面图

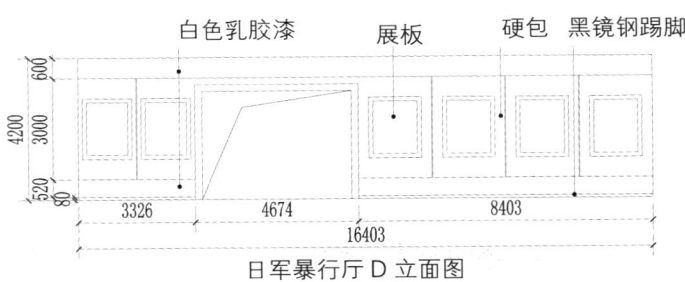

日军暴行厅 D 立面图

门厅问题与改进

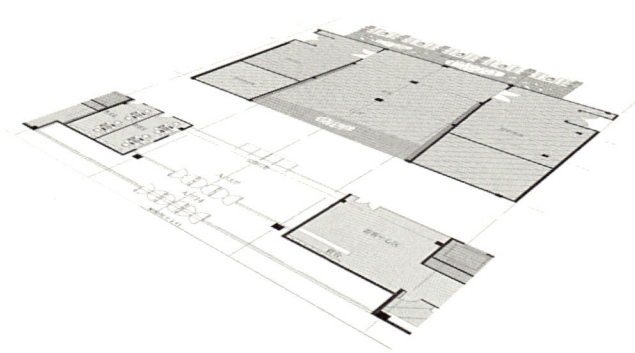

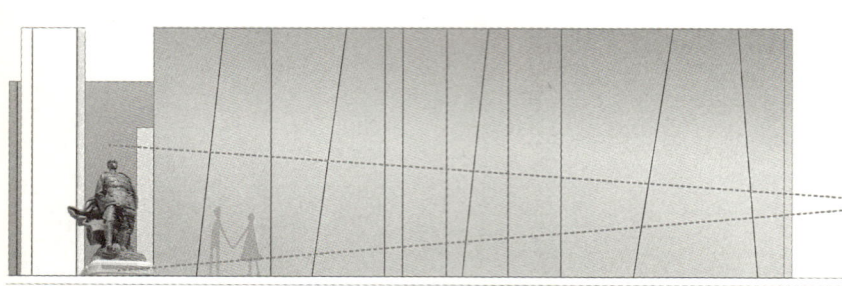

发现问题：
　　平淡的空间形态，展示效果不佳。

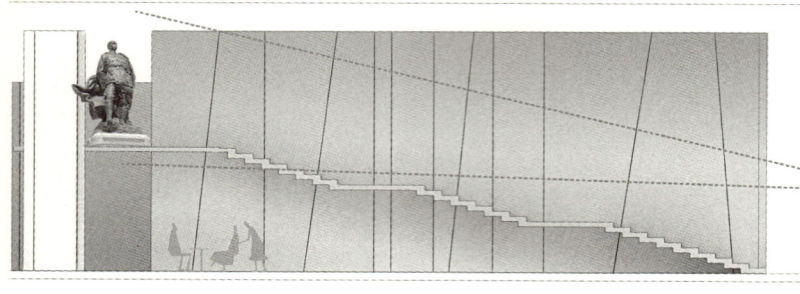

改进创新：
　　配合交通空间，通过空间的抬升改变视角，使其更具恢宏的气势。

展线数据

| 一层 | 二层 | 三层 |

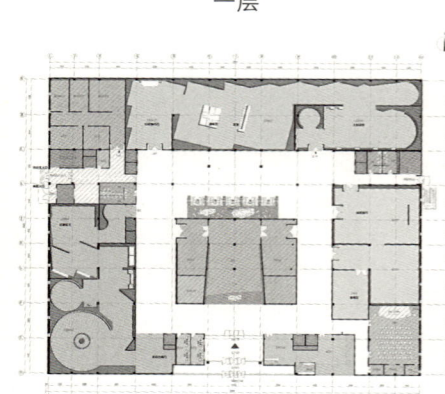
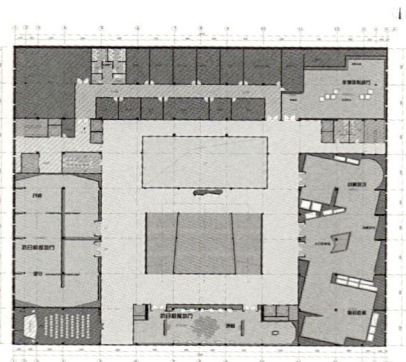
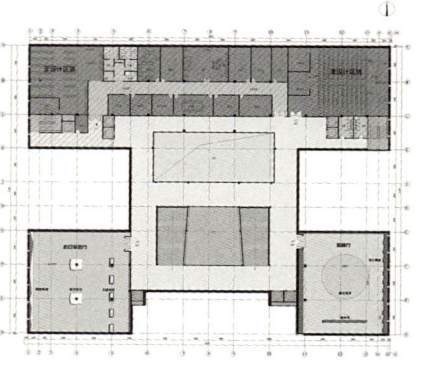

抗战历程厅 712m² 展线 202m
日军暴行厅 705m² 展线 223m
人民战争厅 477m² 展线 147m
临时展厅　 576m² 展线 109m

根据地厅　 529m² 展线 188m
战略反攻厅 477m² 展线 147m
多媒体厅　 288m² 展线 89m

抗日英烈厅 504m² 展线 115m
祭奠厅　　 514m² 展线 98m

　　使用空间和展厅走道面积比例为1/5，整个展馆设计面积为4782m²（符合任务书要求）。

山東抗日戰爭紀念館

博物馆外观效果图

体块演变

空间穿插、位移
空间斜切、抬升
空间单一，呆板。

建筑立面

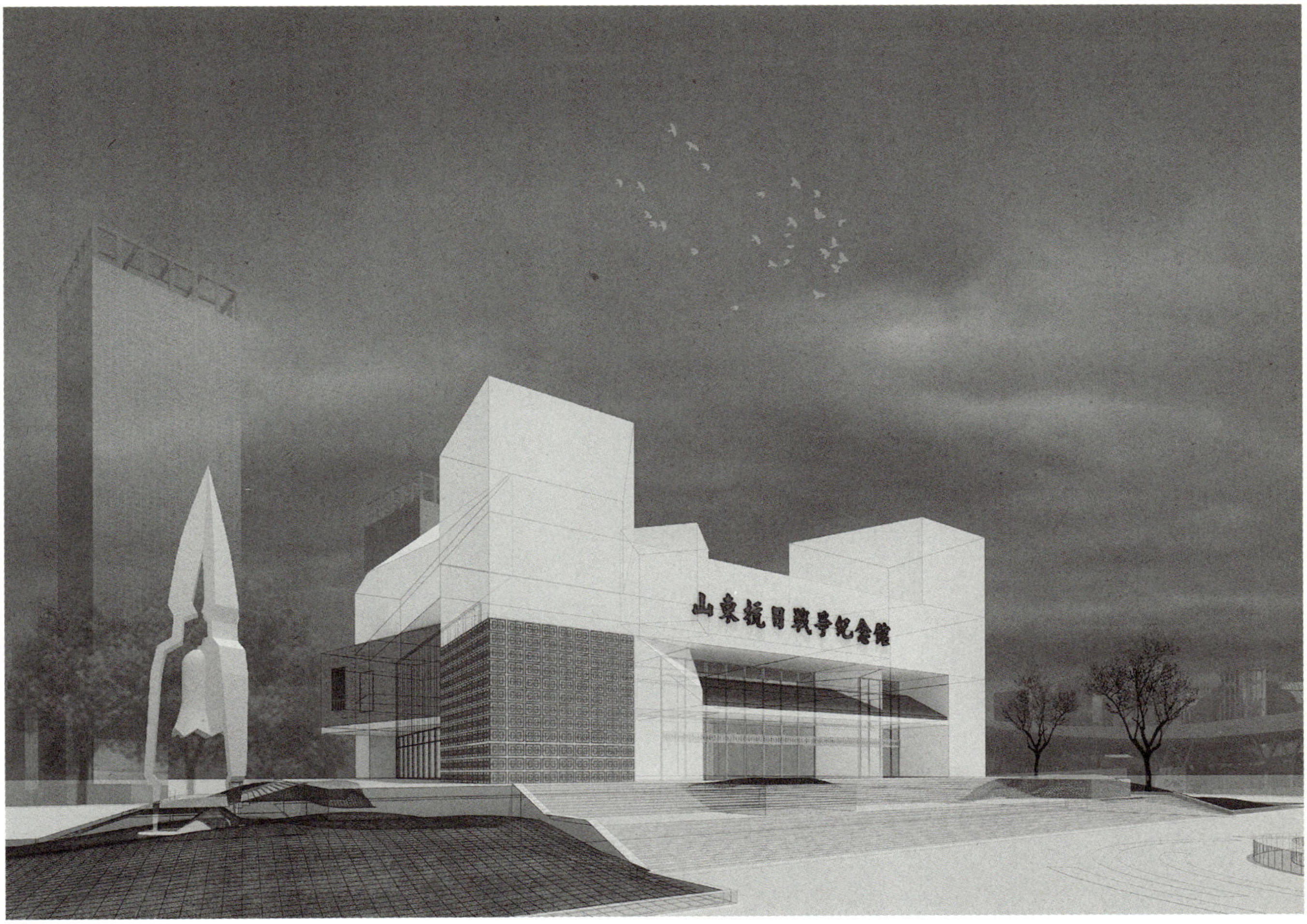

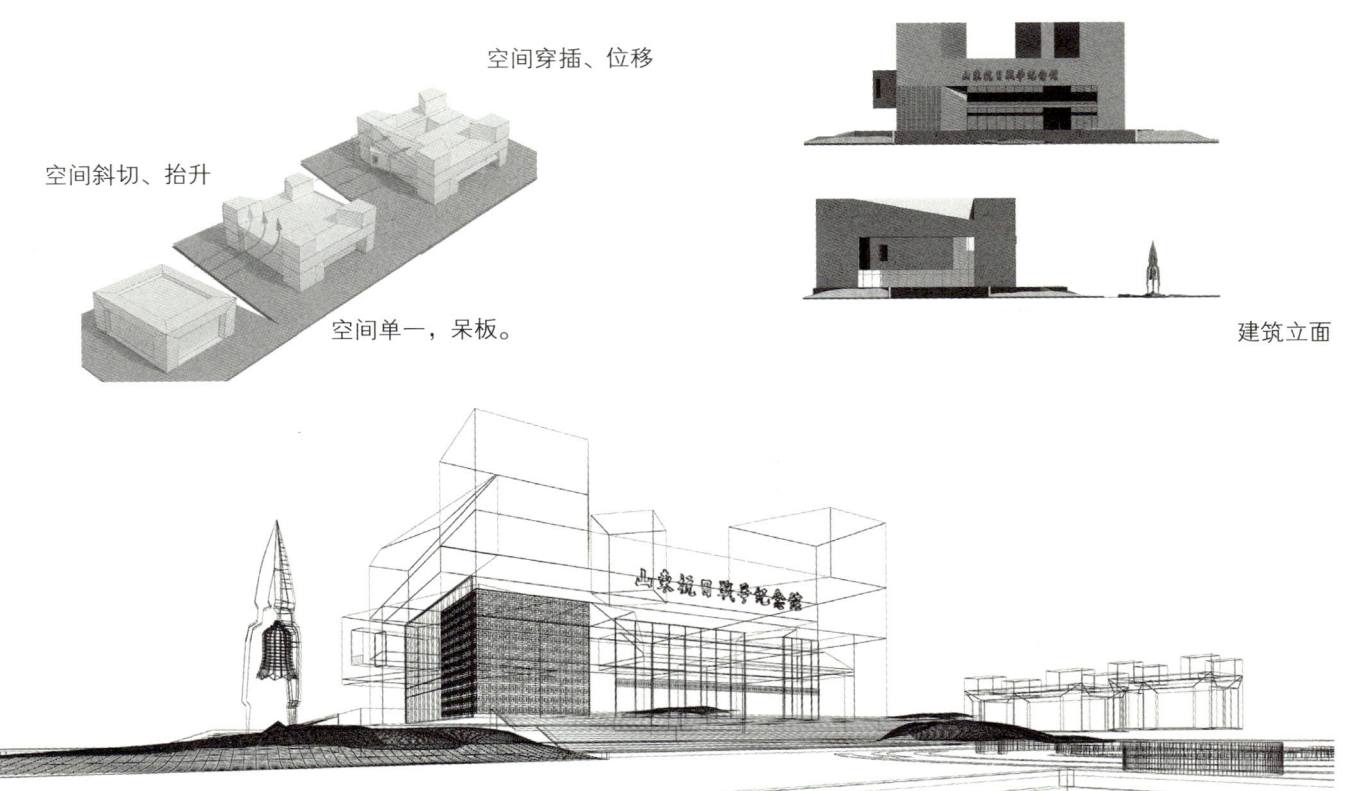

室内展厅效果图

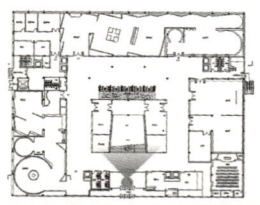

一层门厅
突出山东抗日军民浴血奋战的情景浮雕，提取沂蒙山起伏形态，环绕式浮雕造型，烘托气氛。
（上图）

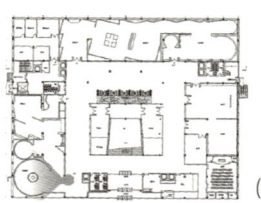

抗战历程厅
以山东抗日战争的时间为轴，展示山东人民艰苦卓绝的抗战斗争。环绕展墙，使其视觉更具连贯性。
（下图）

室内展厅效果图

以电子地图的形式，呈现山东各抗日根据地的概况。顶部悬挂道具模型配合光影特效使参观者具有身临其境的感受。

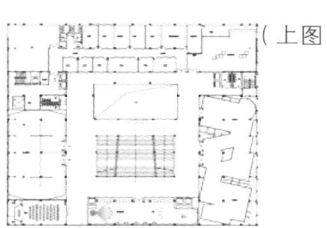（上图）

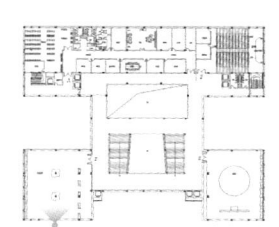（下图）

集纳战争中英勇牺牲的抗日英烈，以全媒体形式展现他们可歌可泣的英雄事迹。

室内展厅效果图

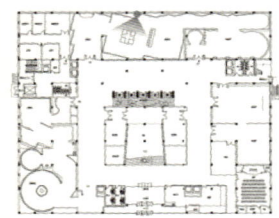

日军暴行厅
　　展示日军在山东所犯下的残恶罪行。

（上图）

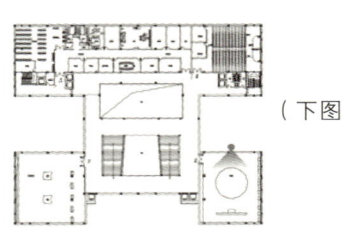

祭奠厅
　　祭奠厅吊顶造型以穹顶为主内部设置抗日将士照片墙，整个穹顶位于厅中央，是整个空间的视觉中心，具有强烈的震撼视效。

（下图）

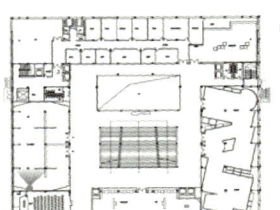

战略反攻厅

展厅将断裂的梁柱通过天花穿插下来配合战争场景，周边设有展柜，使观众像是在战争场景中体验。增强了震撼的感受。

（上图）

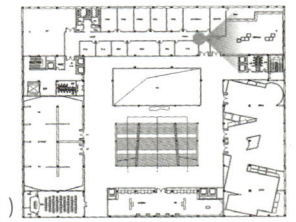

影音厅

本厅在界面和吊顶造型上，运用破裂和折线元素为背景，与墙板和灯带的构建融合；破裂的墙面效果配合文字、视频表现出战争的破坏性，以及可歌可泣的英雄事迹。

（下图）

天津近代历史博物馆景观与建筑设计
Tianjin Modern History Museum Architectural and Landscape Design

学　　生：李思楠
学　　号：131005467
学　　校：中央美术学院

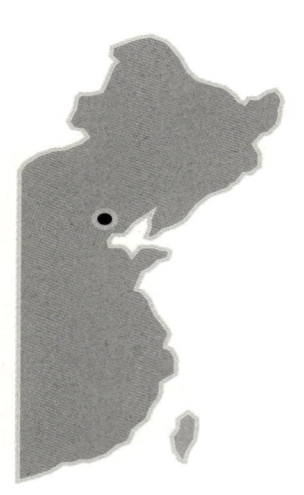

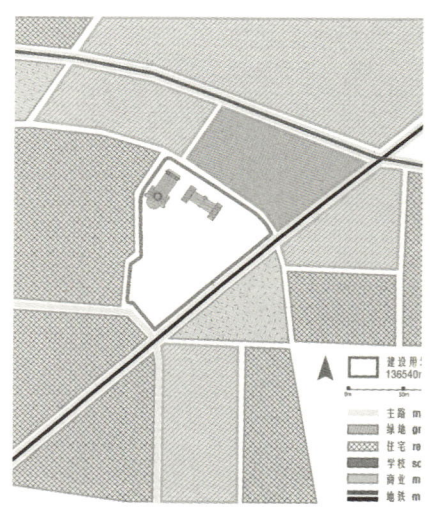

　　基地位于位于天津市和平区营口道地区，西开教堂地块，是天津市区重点规划区块之一。西开天主教堂位于天津市滨江道商业街的南端，是南京路高档商务区的核心，也是天津著名的地标性建筑。

　　基地紧邻地铁一号线和三号线的换乘车站。是一个三角形地块。与滨江道商业区结合，人口密度较大，交通异常拥挤。

　　基地周边有多处景点、商业区、学校，是现代建筑与历史文化区的交界点。

调研

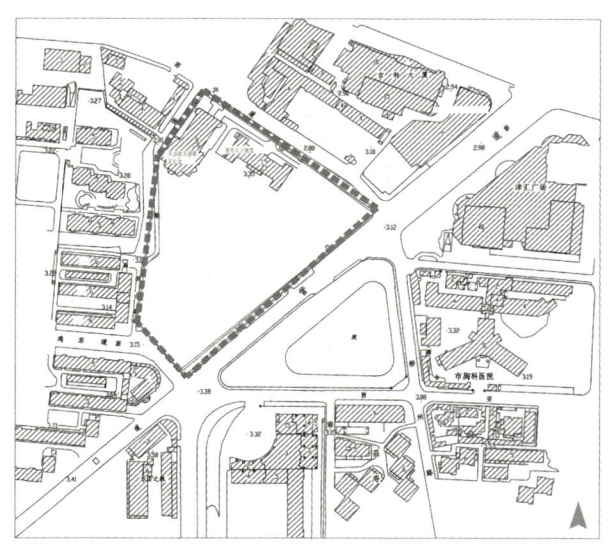

博物馆及周边建筑环境和谐融洽，满足不同年龄段人群的使用要求；规划布局合理，景观绿化和建筑的空间关系和谐。该设计不仅要为游客提供游览场所，同时也要作为城市的开放空间。在保留现有历史建筑的基础上，以天津近代历史博物馆为核心，重点研究该地区整体空间形象和天际线，形成具有特色的城市开放空间体系。以海河两岸风景区的"碳平衡"为理念，落实 生态、环保、低碳、节能、减排、绿色建筑等原则。以建筑古迹、天津民俗文化、近代历史为构成主体，并结合天津地域特色，集旅游、休闲、饮食为一身，满足市民及游客的多种需求。丰富市民生理心理体验，提高市民的历史认知感，传承天津历史文化。

本次设计以基地内的两所教堂为设计主体，根据其建筑轴线作为设计的基本结构，从而让其成为博物馆景观中的重要组成部分。进一步使博物馆的景观与建筑完美融合，全方位打造因地制宜的建筑景观共同体。

天津近代历史博物馆的形式与功能设计在展现近代历史厚重感的同时，同样要注重建筑本身与公园式景观的结合，使博物馆在满足陈列、展示、教育功能的基础上，与人们产生更多的互动，从而达到寓教于乐、过目不忘的效果。为前来博物馆的人们提供进一步的天津近代历史教育。使博物馆成为真正的形式与功能上的共同体。

意向

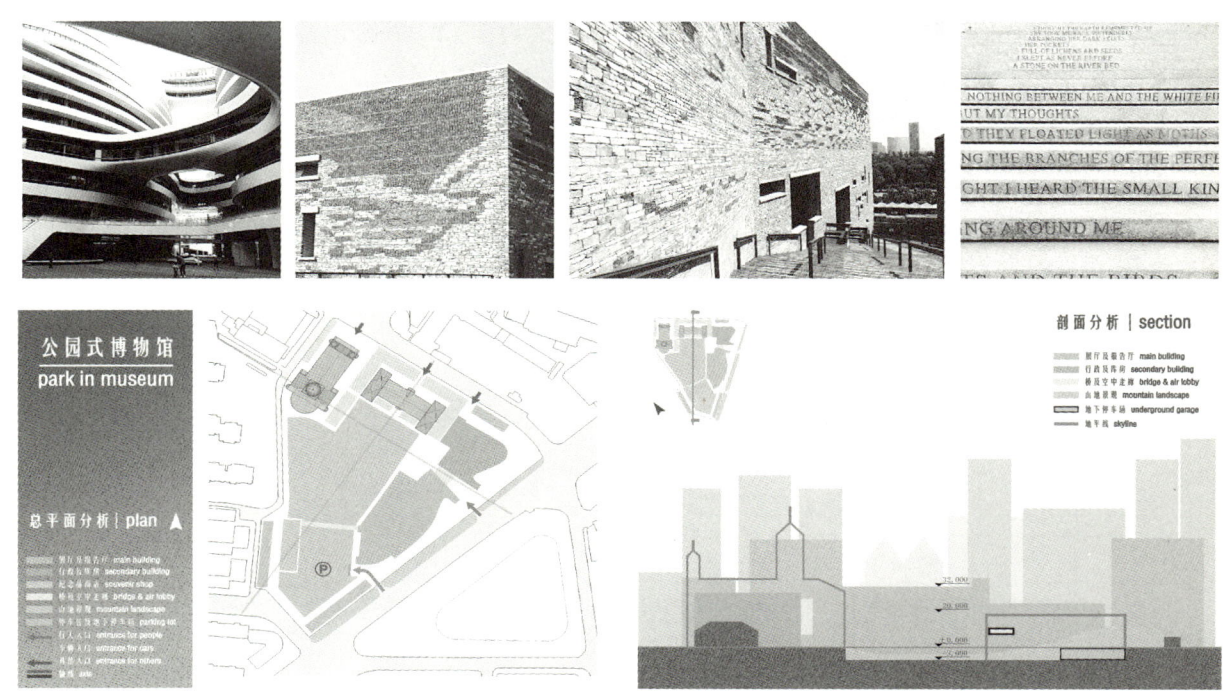

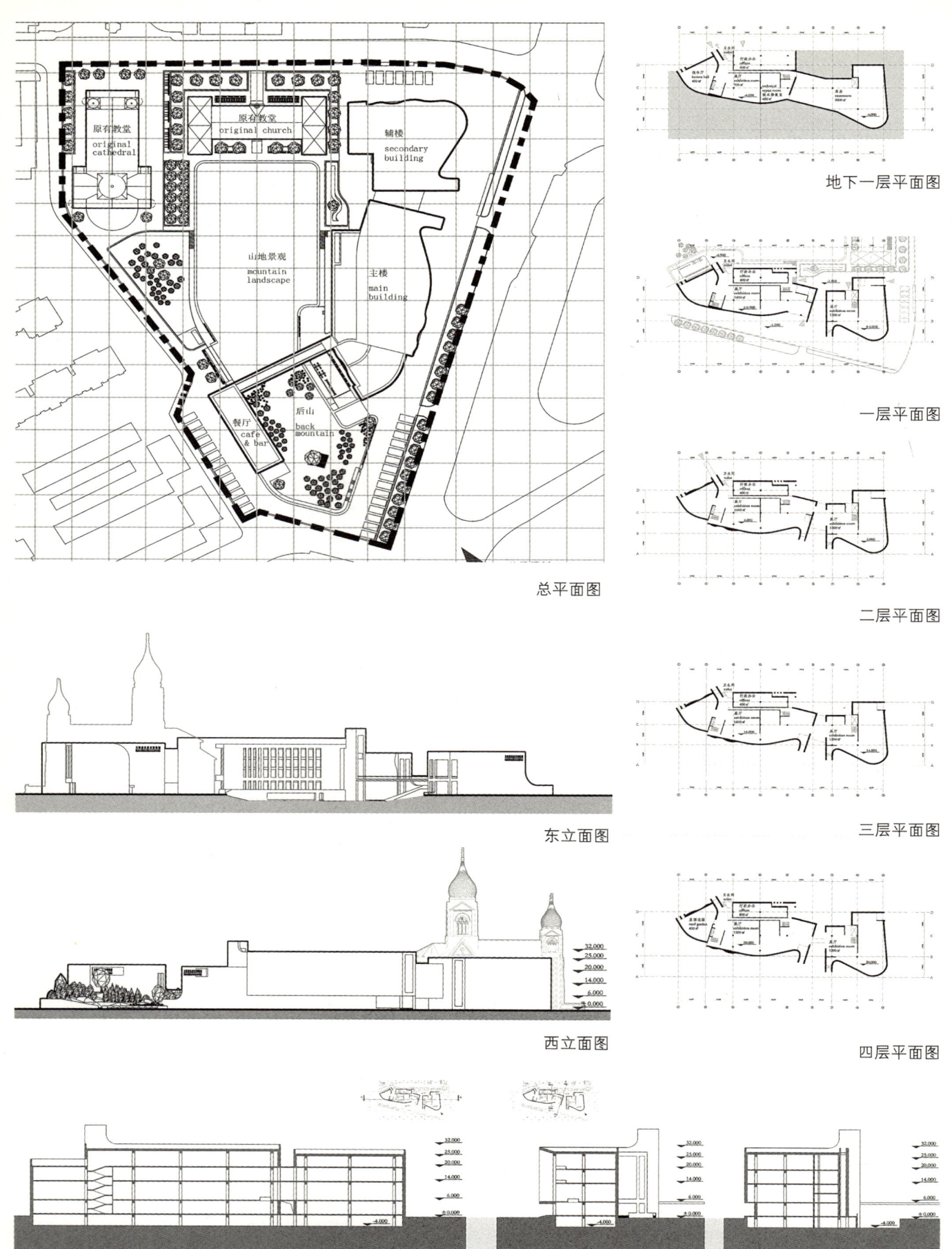

模型图效果图

立面图效果图

鸟瞰效果图

清华美院图书馆室内改造设计
Tsinghua Academy of Fine Arts Library Reconstruction Design

学　　生：邓斐斐
学　　号：2011013017
学　　校：清华大学美术学院

图书馆发展史

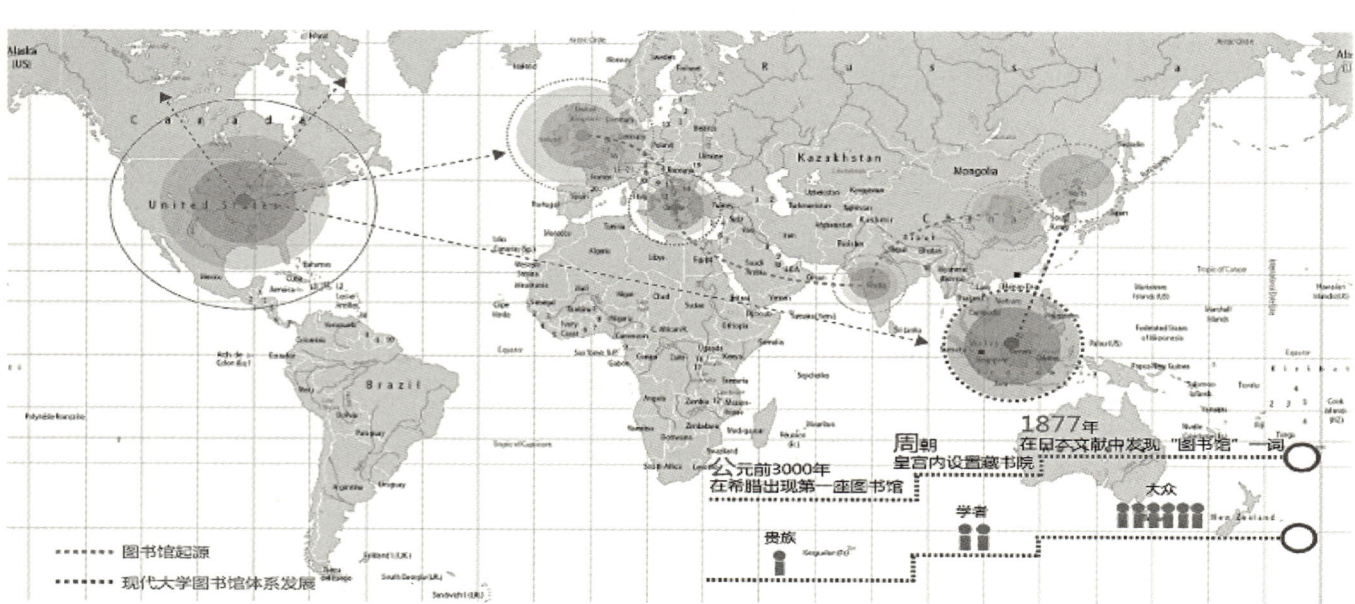

　　图书馆，作为功能建筑体系的重要成员。从文字出现开始，就以不同的姿态存在于人类历史文化中。对于我们来说，经历了几千年岁月的洗礼，一次又一次自然或人为的浩劫。书籍和图书馆的形式和内容不断地发展、变化，人们依就不遗余力地探索和挣扎，结果依然是无法割舍。

区位分析

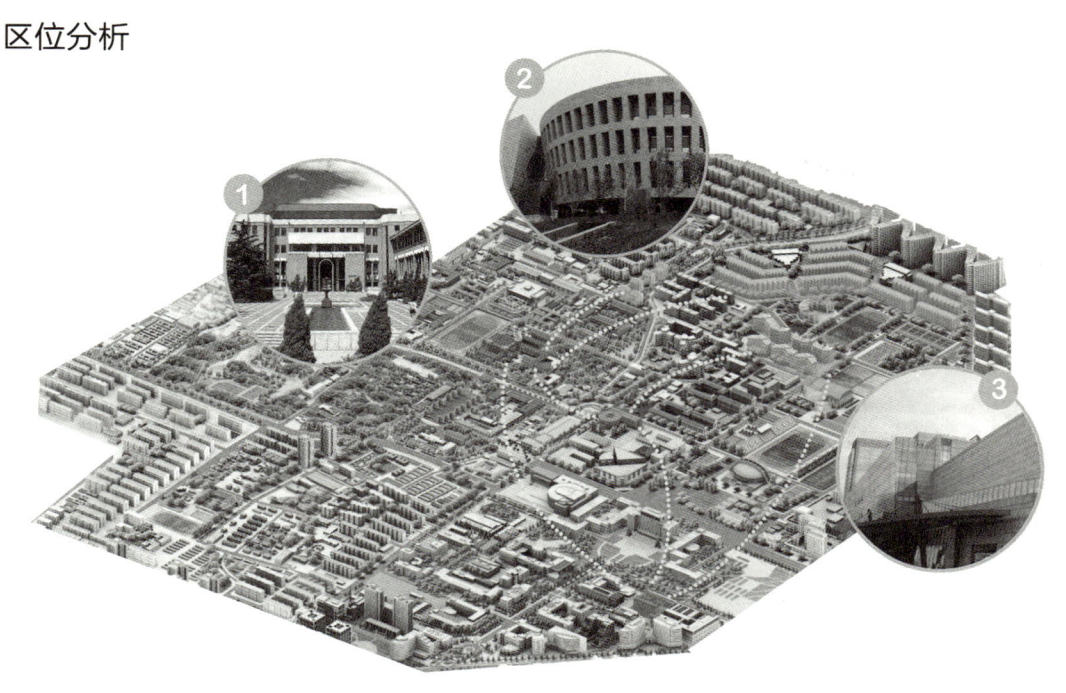

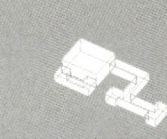

1. 老馆 & 逸夫馆
在旧建筑体的基础上进行加建，使新旧建筑成为一个统一的整体。

2. 老馆 & 逸夫馆
筒状建筑体与立方建筑体结合，使图书馆功能体块是一个完整的联合。

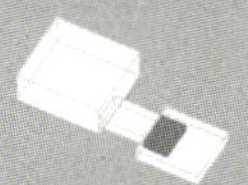

3. 美院图书馆
隶属于美院 A 区，是一个盒中盒。

读者调研

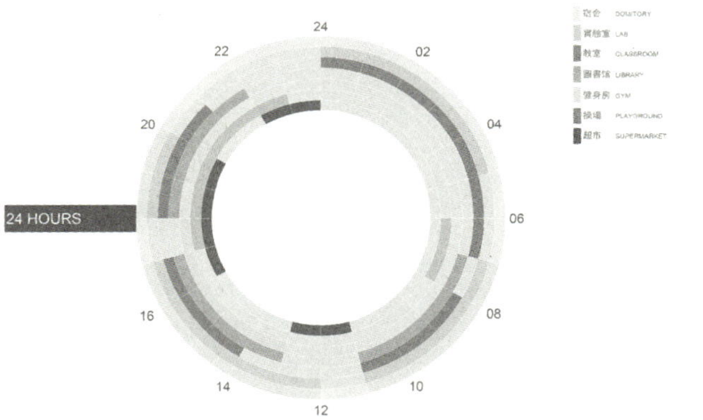

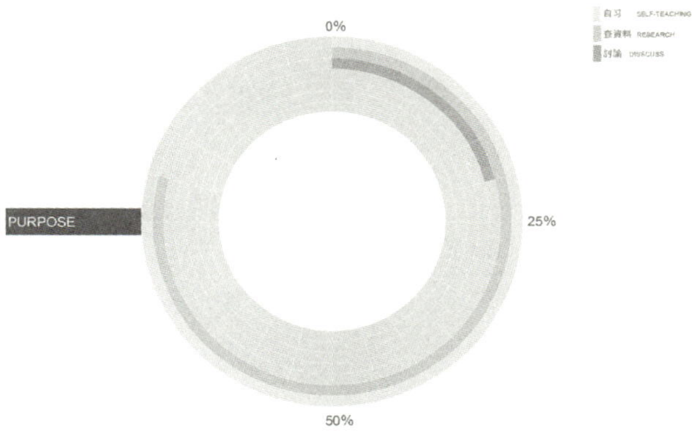

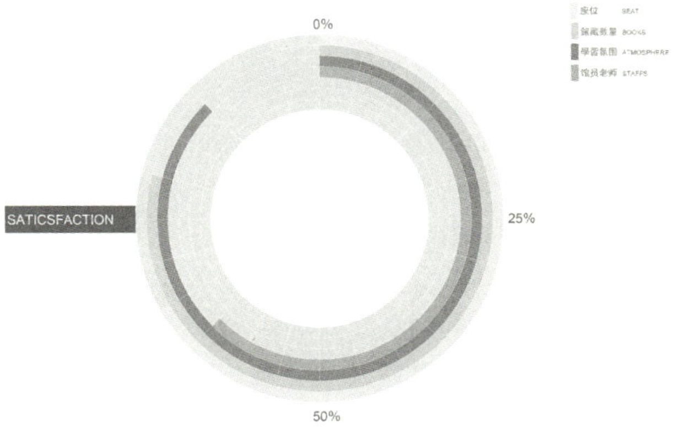

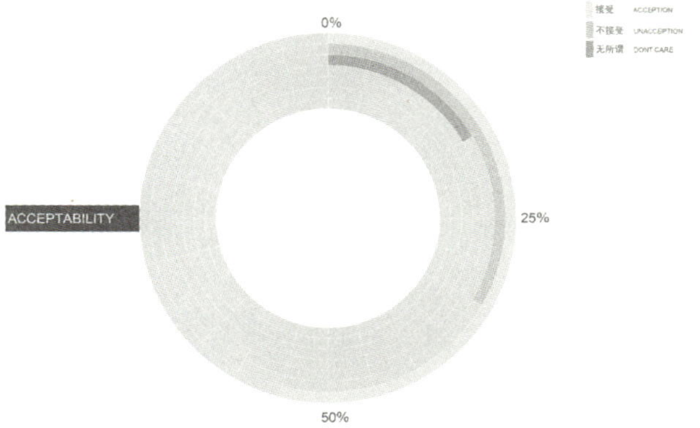

原图书馆功能体块分析

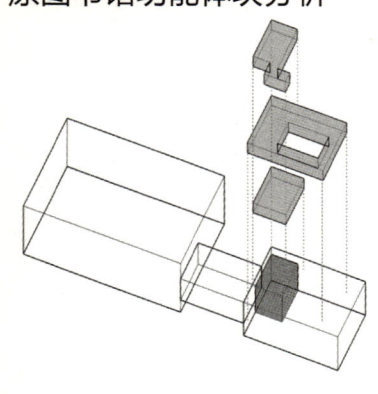
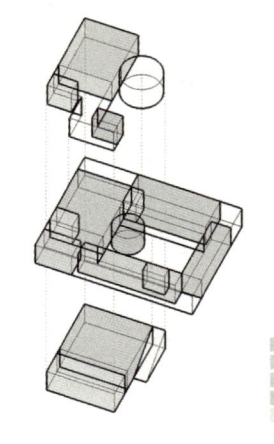

图书馆与A区的体块关系　　现有的图书馆功能体块

基于前期调研，对于A区图书馆本身空间所存在的问题，我进行了图解分析。并分别指出了问题所在，并制定相应的解决方案。

原图书馆问题所在

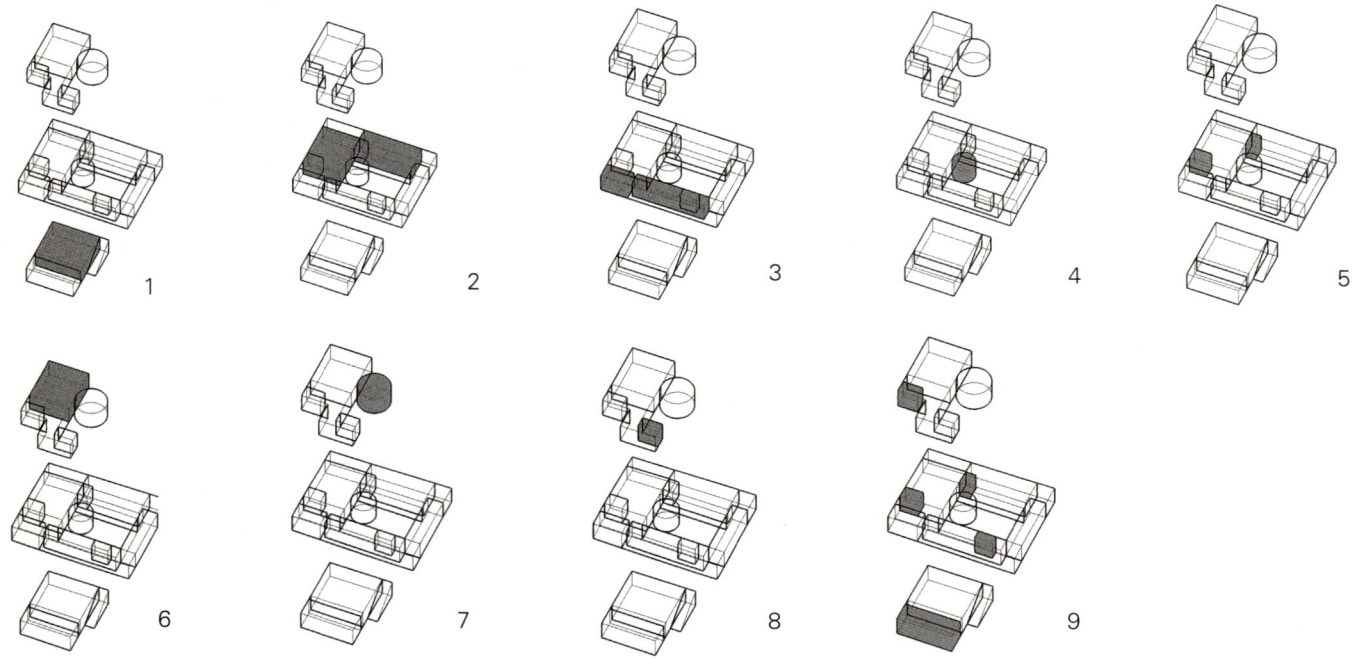

1. 一层开架阅览区检索困难　2. 二层专业书籍分类混乱　3. 期刊区和多媒体区空间浪费　4. 筒状区域为交通死角　5. 二层不同分类间缺乏过渡区域　6. 三层期刊区使用率低，书籍更新慢　7. 新书导览区位置不方便，开放时间短　8. 各服务台间联系少，无服务中枢。

体块生成

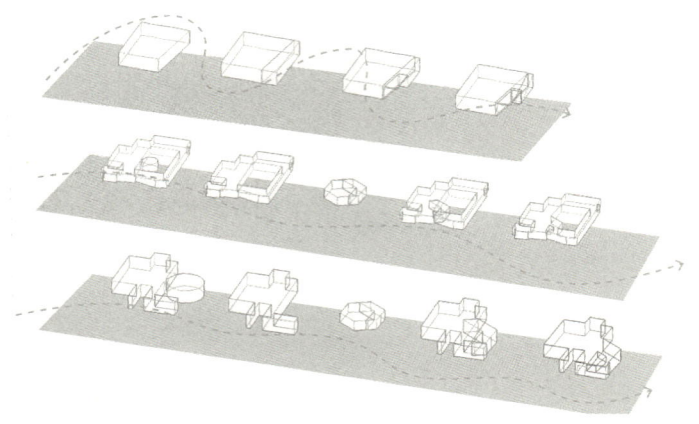

设计概念来源于短篇《巴别图书馆》，在其中对于宇宙的描述是一个由无限个六边形空间组成的空间体。且这个空间流线顺畅，隐藏了宇宙间所有的秘密。

我从中间提取出了六边形、三角形和顺畅的流线作为改造的概念。

并以此为基础进行了空间体块的改造。

改造后墙体

图书馆一层

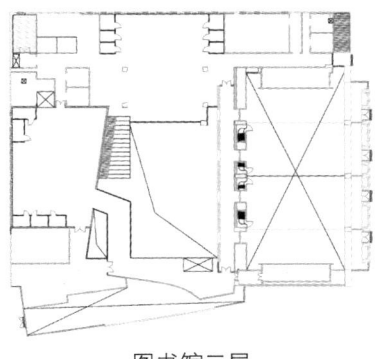
图书馆二层

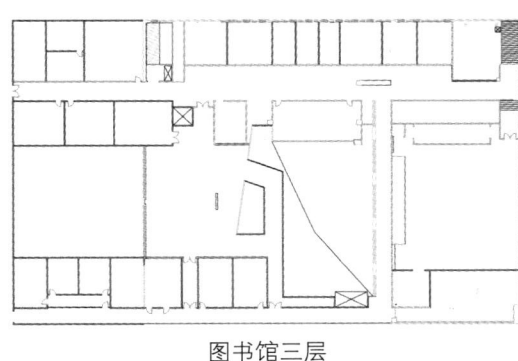
图书馆三层

家具列表

为了满足图书馆内的功能，并参照图书馆建筑设计规范。我将图书馆内的家具分为标准化家具与个性化家具。为了使概念贯穿整个设计，因此在个性化家具的设计上，遵循了由单一元素与现有家具组合的形式来设计家具。如以蜂窝的元素加上传统的储物柜，组成了蜂窝状的储物柜。

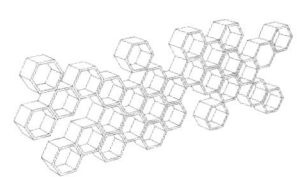
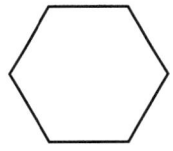

具体平面推敲

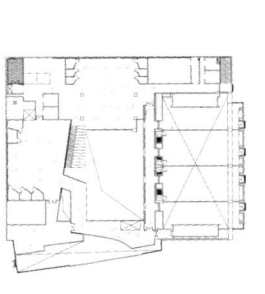

在具体平面的布置上，我通过结合使用流线的方式进行家具的布置。

公共休息区、新书导览区、期刊阅览区和多媒体区属于自由度较大的空间，因此流线上比较自由通透，在家具的设置上也考虑了这一特点。

而材料展示区、开架阅览区与专业书籍区应使读者最快到达所需要的书籍区域，因此流线将简单直接，保证借阅效率。

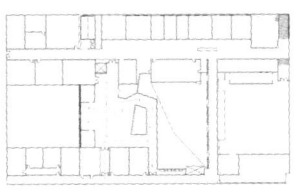
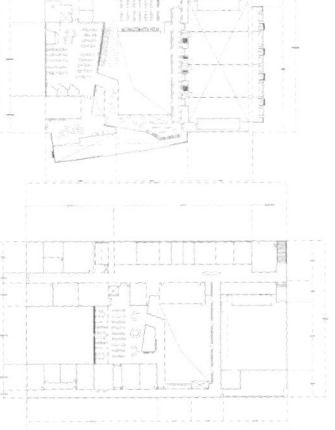

图书馆分层设计元素轴侧

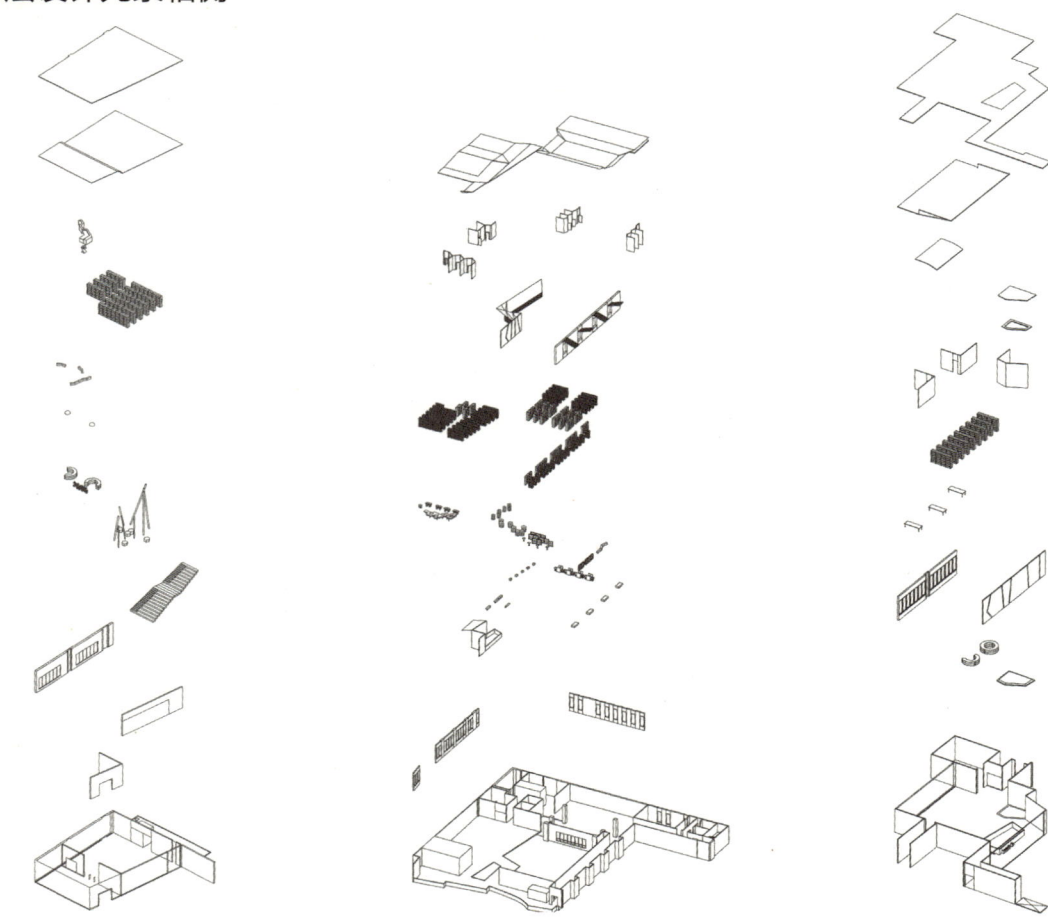

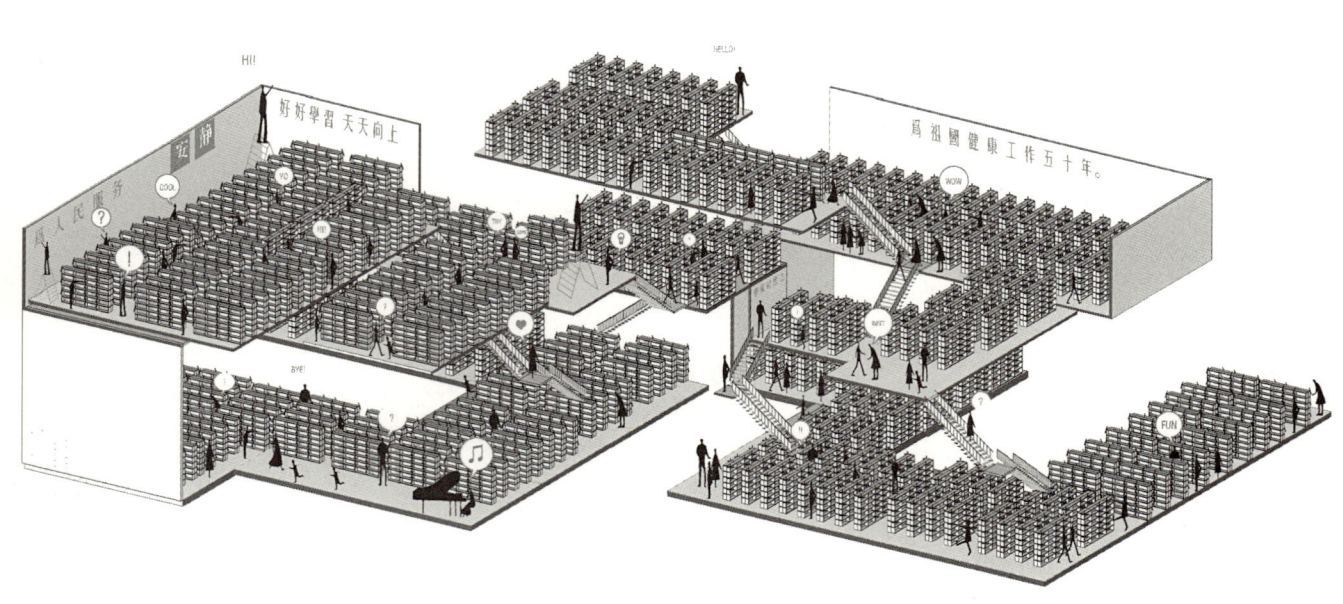

图书馆总体轴侧

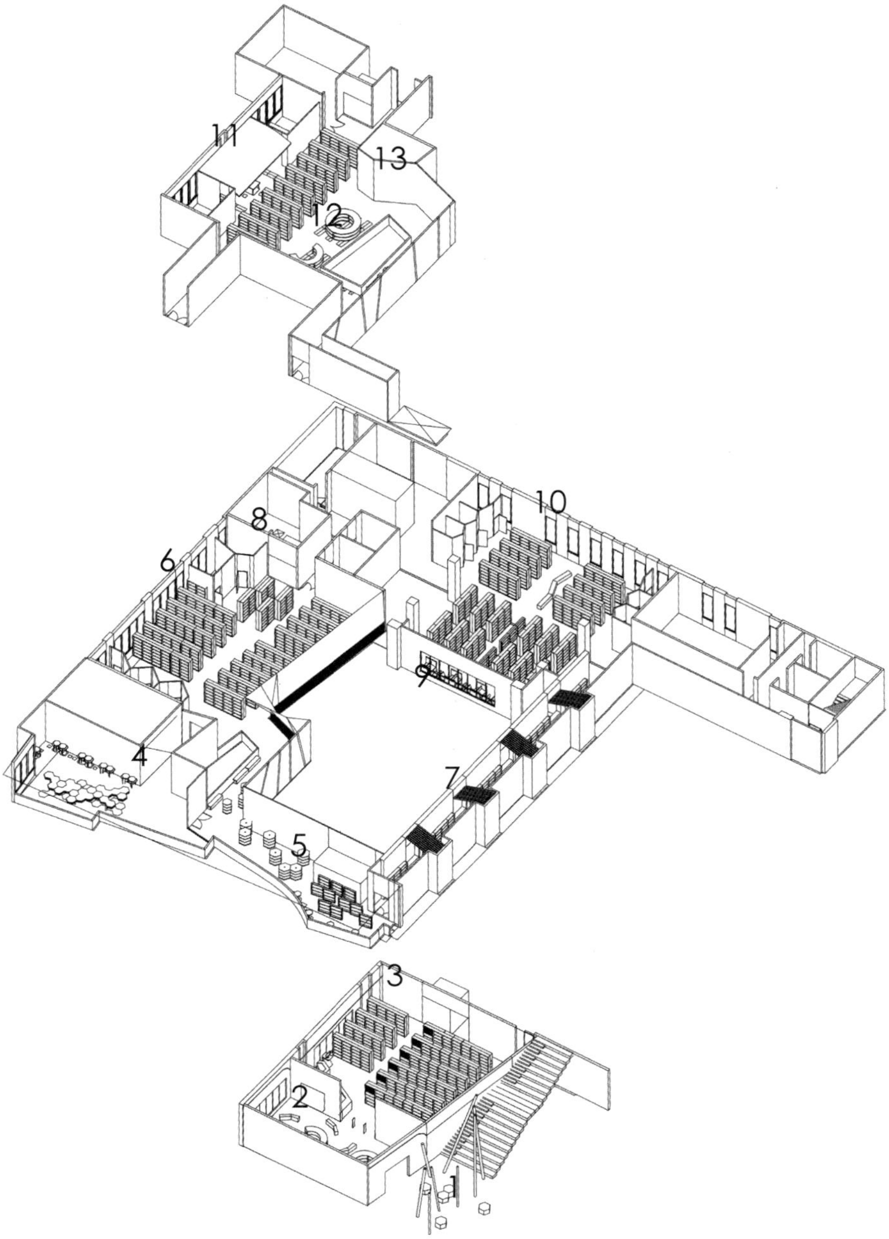

1. 公共休息区
2. 新书导览区
3. 开架阅览区
4. 多媒体电脑区
5. 期刊阅览区
6. 设计类书籍区
7. 文学辞典区
8. 研习间
9. 单人学习桌
10. 史论造型区域
11. 团体讨论区
12. 材料展示区
13. 灯光体验室

图书馆剖面

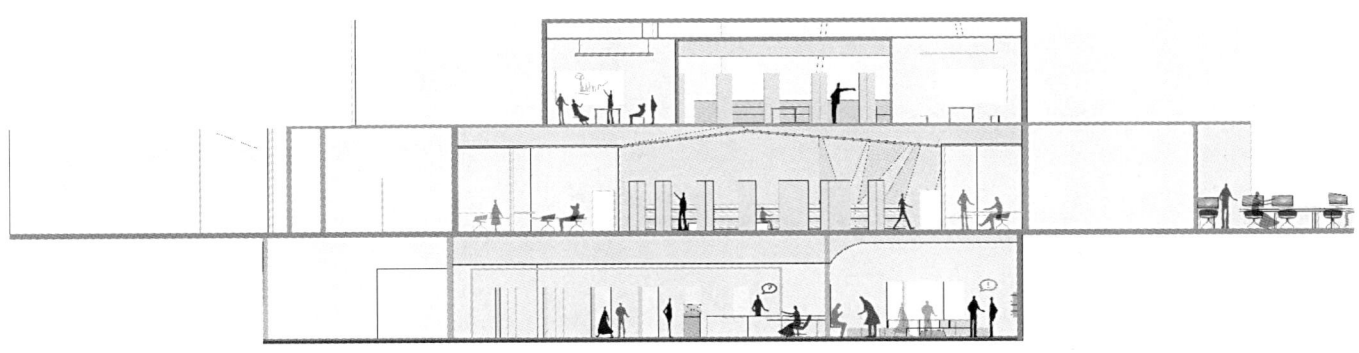

整体剖面图

图书馆剖面

设计区剖面

造型史论区剖面

节点

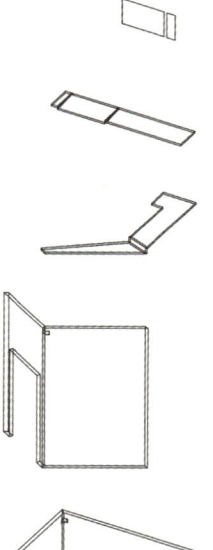

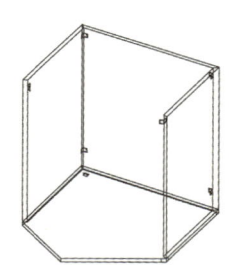

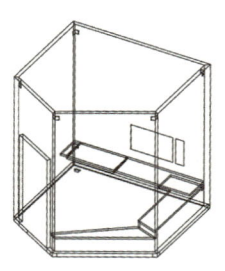

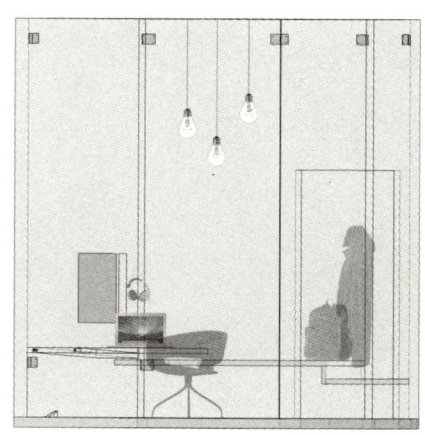

研习间立面

熄灯后研习间立面

  研习间是一个重要的模块装置。

  在人的学习过程中，事实上这是一个不断接受刺激并解读和分析的过程。然而因为氛围、体力等综合原因，人会在某些事件无法进行新的思考。

  这个临时模块可以通过连接任意组合，以满足单人甚至多人的研习需求。

  研习间内有墙上交互装置，当在里面进行研习时，可调节角度的拷贝桌可以满足写作、制图等需求。而当使用者感到疲惫或需要新的刺激激发灵感时，可以关闭装置内的灯光，打开交互设备进行视觉上或者听觉上的刺激。

所有家具的材料选择也遵循了相同的概念，使用同一种材料的不同质感、色彩和形态来满足不同的功能，并带来不同的氛围感受。

以塑料为例，在材料的选择中选择了不同形态的塑料，包括亚克力和亚光塑料等。透明磨砂亚克力用以做图书馆内的书架的材料，一方面降低空间色彩的复杂度，另一方面材料能够反射环境的色彩使空间既丰富又统一。

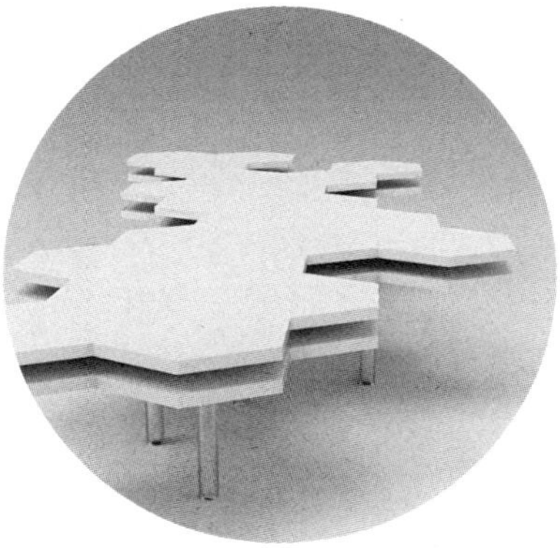

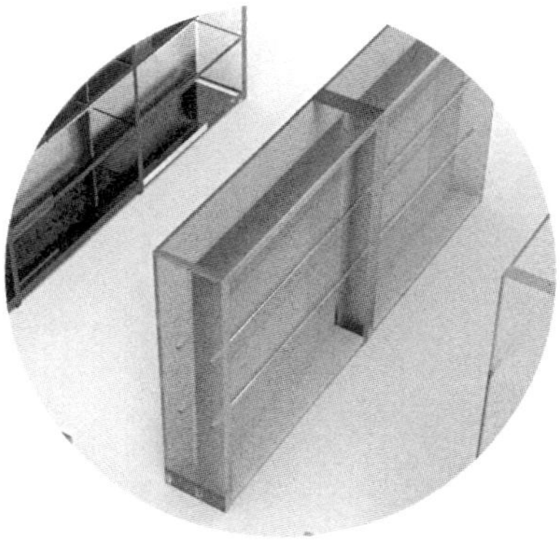

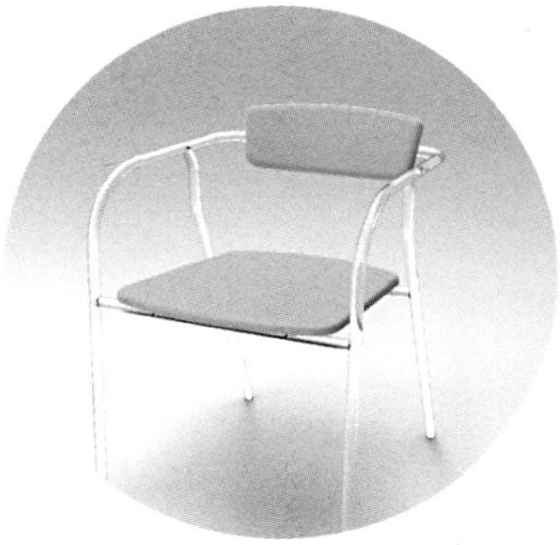

配色系统

整个美院的空间色调都为暖色，因此在图书馆内的配色也遵循了这一个特点，使图书馆内的空间与美院其他空间的色调统一。

效果图

新书导览区

此处作为图书馆的入口门厅，按照图书馆规范以及流线特点，应设置为新书导览区。又因其为中庭与图书馆的过渡空间，因此也作为公共社交区域使用。为此，在此处设置的家具较为随意，产生的流线的自由度也较大。使用者在此处可进行新书的翻阅、多媒体设备检索书籍以及公共讨论。在对于借阅有需求时，可通过入口进入图书馆开架借阅区。

开架阅览区

此处为图书馆的第一个正式阅读区域，使用者可在此借用导览系统或多媒体检索快速找到自己所需的书籍，并会有馆员提供相应帮助。书架间的通道区域采用镂空的天花，露出设备层，并使用点状光源进行装饰。在视觉上有一定的方向导引作用。也在空间上区分了书架与通道区域。

期刊阅览区

该区域连接期刊阅览区与多媒体区，此处的天花仍采用折板的模式。将个人和多人研习间的天花高度降低，防止小空间层高过高给使用者造成不适感。另外，折板天花在此处与折板的玻璃立面相呼应，使空间在各方面均有所变化。

造型史论区

此处为图书馆二层的史论与造型书籍区，该区域拥有连通一层中庭的大型楼梯。在天花的设计上，使用了折板天花。天花的施工使用软膜天花的工艺来制作，并使用基础膜与哑光膜相结合。软膜天花的反射能够节省光源数量，从而达到节能的效果。一方面是为了丰富空间层次，另一方面是为了达到光线引导的作用。从而用光线在天花的高差上形成功能区划分。

空间氛围与空间流线示意图

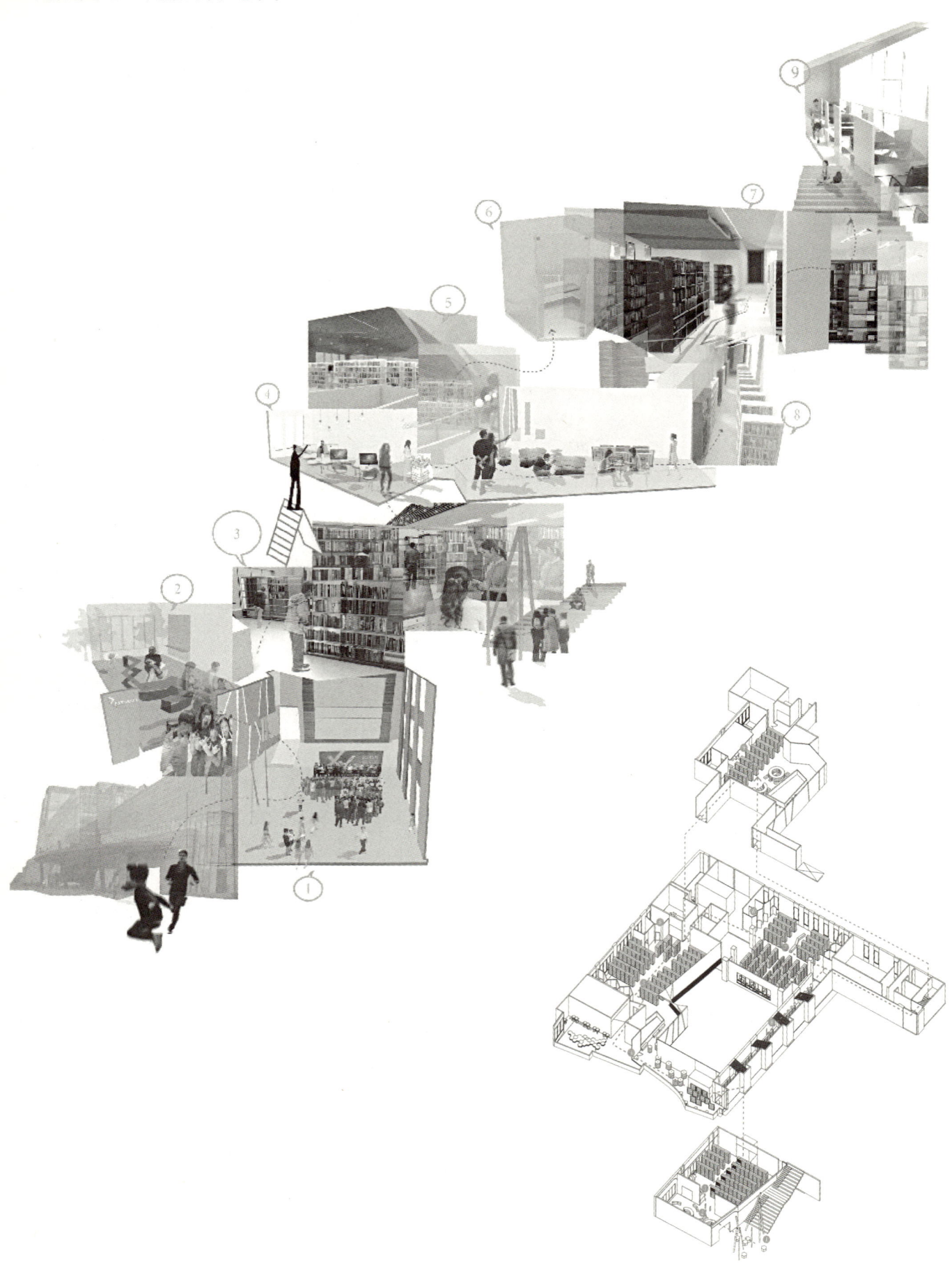

空间氛围与空间流线示意图

后记
Afterwords

中央美术学院建筑设计研究院院长　王铁教授
Central Academy of Fine Arts, Pr. Wang Tie

  2015年6月22日，2015创基金"四校四导师"实验教学课题圆满结束了。回想在这105天里的情景，为师生间共同的经历而感到骄傲，努力奋斗交上了一张让人满意的答卷是人生各个阶段的理想。

  初夏傍晚7点钟，天气格外的晴朗，天空中的云彩好像为了创造美景，不停地移动变幻着，时而遮着太阳编织出奇特的空间情景，瞬间半个天空呈现金黄色。我坐在北京工作室西墙窗台边的椅子上，欣赏西边天空自然的风景，心情格外放松。

  回想四校四导师实验教学课题，经过七年的不懈努力和探索过程，其成果已在业界得到广泛认可，特别是受到深圳创想基金会的认可。今年实验教学课题又增加了新内容，增加了两所国外知名大学，他们的加入让课题更加丰富了，理论性更强了，课题组导师深信"四校四导师"实验教学课题一定能够坚持做下去，因为公益和质量是它的生命力。经过全体课题师生多年来的认真努力，四校四导师已成为设计教育探索中的研究课题，四校导师教学研究活动正在随着科学的探讨，朝着建筑与环境艺术设计实践的学理化方向迈进。

  建筑设计教育需要环境设计，同时环境设计教育更需要建筑构造，发展中的环境设计教育需要一个综合艺术与技术设计教育基础，这是现阶段业内智者的话题，流露出在建立尊重自然科学与艺术的基础上，空间设计是设计教育业界共同的价值底线。掌握时代需求方能彰显学科发展的价值。当下在国际环境设计概念框架下，还存在着诸多尚未定位的领域，如何建立以空间环境设计系统下的统一战线，是未来设计教育面临的真正挑战。可是四校四导师实验教学课题经过七年的教学研究，在有些问题上已经进行了不同角度的有价值的探索。

  时下各个院校正在深思设计教育学理化、绿色化、科学化教学探讨，目的是要让中国设计教育向多元化发展，成为国际一流中的一员。然而教学中把握低碳设计、绿色理念并非易事。面对有人提出绿色设计到底需要有"多绿"的标准，确实值得学术研究。伴随着开放后的中国在国际教育舞台上究竟扮演着什么角色，同时面对不断变化的世界先进教育压力，需要中国教师继续艰难探索与进一步的放飞交流。回顾人类教育发展史可以看出，建设、教育、设计业是各国发展的风向标，都与经济发展有关。

  深化设计教育改革任重道远。也许中国设计教育从来就没有意识到严重危机？近几年一些院校在教学上出现无序狂奔的现象，如今美术院校的环境设计现状是教师素质偏低，学生大多数每天在幸福的校园环境中轻松地生活，努力学习的钻研精神不够，但是圈外的人们还是羡慕他们的光环，向他们送去笑容，可是他们还是微笑地点头，并摆出无所畏的姿态，一点也没有发现自身已经是危险一族了，也许"危险本身就是生产力"。经过七年的努力，"四校四导师"实验教学课题组的教学理念证明，其教学理念是可以激励他们的。四校四导师实验教学到目前为止已经培养出430多名学生，本次有6名全额免除学费留学匈牙利国立佩奇大学攻读硕士学位。课题组重视设计基础教育，启发学生用科学发展观去看待问题，锻炼他们成为具有综合能力的阳光设计师，同时验证教学的学理化系统，把科学的教学课程比例投放于社会实践，强调在指导过程中解决亟待思考的问题。探索需要大量的多学科有识之士参与，建立符合中国实际国情的设计教育体系，要面向未来，着眼于现在。今后"四校四导师"将努力培养出更多具有国际水平的高素质人才，这个责任将落在参加课题院校的中、青年教师肩上。

  "四校四导师"实验教学课题，从学生毕业工作后返回的信息来看，最大的受益者是参加课题的学生，他们回忆那段时光，留下的是感慨与感恩，课题组努力坚持四校四导师教学成果共享理念，这将成为用心血努力工作的导师团队最大的精神支柱。

2015 年 6 月 20 日于北京
方恒国际中心工作室